Die Laufkäfer Baden-Württembergs

Die Laufkäfer Baden-Württembergs

Herausgegeben und bearbeitet von Jürgen Trautner

Mit Textbeiträgen von Michael Bräunicke, Jürgen Förth, Michael-Andreas Fritze, Lando Geigenmüller, Karsten Hannig, Ingmar Harry, Gabriel Hermann, Jörg Rietze und Joachim Schmidt

692 Farbfotos
43 Diagramme und Zeichnungen
457 Verbreitungskarten
29 Tabellen

Band 2: Spezieller Teil II
Synoptischer Teil

Im Rahmen des Artenschutzprogrammes Baden-Württemberg

Mit Unterstützung der Stiftung Naturschutzfonds Baden-Württemberg gefördert aus zweckgebundenen Erträgen der Glücksspirale

Herausgabe in Zusammenarbeit mit der LUBW Landesanstalt für Umwelt, Messungen und Naturschutz Baden-Württemberg

Umschlagfotos:
Vorderseite: Schwarzschenkliger Sammetläufer, *Chlaenius tibialis*
Rückseite: Rostgelber Schnellläufer, *Harpalus flavescens*
Frontispiz Seite 2:
Gefleckter Halmläufer, *Demetrias imperialis*
Sofern nicht anders vermerkt, stammen die Fotos vom Herausgeber.

Zitiervorschlag:
Gesamtwerk: Trautner, J., Hrsg. (2017): Die Laufkäfer Baden-Württembergs. 2 Bde., Stuttgart: Verlag Eugen Ulmer. 848 S.
Beitrag aus dem Werk: Fritze, M.-A. (2017): Tribus Notiophilini. In: Trautner, J., Hrsg., Die Laufkäfer Baden-Württembergs, Bd. 1, Stuttgart: Verlag Eugen Ulmer, S. 123–130.

Bibliografische Information der Deutschen Nationalbibliothek
Die Deutsche Nationalbibliothek verzeichnet diese Publikation in der Deutschen Nationalbibliografie; detaillierte bibliografische Daten sind im Internet über http://dnb.d-nb.de abrufbar.

Papier 100% PEFC-zertifiziert aus nachhaltig bewirtschafteten Wäldern
135 g/m² Bilderdruckpapier Profisilk von IGEPA, GFA-COC-500137

Wollgrasweg 41, 70599 Stuttgart (Hohenheim)
E-Mail: info@ulmer.de
Internet: www.ulmer-verlag.de
Lektorat: Ulf Müller, Köln; Ina Vetter
Herstellung: Jürgen Sprenzel
Reproduktion: timeray Visualisierungen, Herrenberg
Satz: r&p digitale medien, Echterdingen
Druck und Bindung: Graphischer Großbetrieb Friedr. Pustet, Regensburg
Printed in Germany

ISBN Band 2: 978-3-8186-0192-8
ISBN Band 1 und Band 2: 978-3-8001-0380-5

Inhaltsverzeichnis

Band 2

Spezieller Teil II

Tribus Panagaeini

J. Trautner

Weltweit sind nach Lorenz (2015) bislang 297 Arten aus 20 Gattungen beschrieben, die dieser Tribus zugerechnet werden. In Bad.-Württ. ist sie mit 2 Arten einer Gattung vertreten, deren Imagines eine Größe von rd. 6,5–9 mm erreichen. Die Imagines sind durch eine deutliche Behaarung und grobe Punktur ihrer Oberseite sowie im Fall der einheimischen Arten durch eine schwarze Kreuzzeichnung der ansonsten roten Flügeldecken gekennzeichnet.

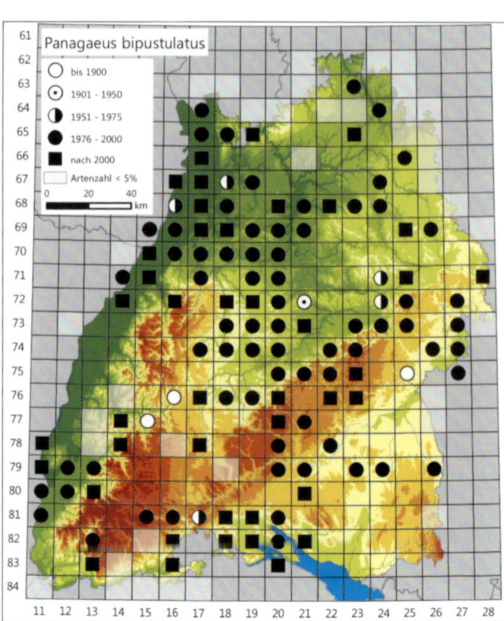

Panagaeus bipustulatus

(Fabricius, 1775)
Trockenwiesen-Kreuzläufer

Allgemeine Verbreitung: Westpaläarktisch verbreitete Art, in Europa vor allem im zentralen sowie südöstlichen Teil anzutreffen, in größeren Teilen Nord- und Südeuropas dagegen fehlend. Trotz weniger kleinerer Verbreitungslücken ist sie in Deutschland fast flächendeckend in geeigneten Lebensräumen vertreten.

Vorkommen in Baden-Württemberg: Relativ weit verbreitet, aber nur in einem Teil der Naturräume Baden-Württembergs stet nachgewiesen. Aus größeren Teilen des Schwarzwaldes sowie des Voralpinen Hügel- und Moorlandes keine Nachweise, dort wohl auch großräumiger fehlend. Die Schwerpunktvorkommen liegen in den wärmeren oder mit höherem Anteil an trockenen, mageren Lebensräumen ausgestatteten Naturräumen.

Panagaeus bipustulatus.

Lebensweise und Habitat: Flugfähige (makroptere) Art. Paarung und Eiablage (schwerpunktmäßig) im Frühjahr und Larvalentwicklung ab Frühjahr/Sommer. Aktive Imagines wurden in Bad.-Württ. nach den ausgewerteten Daten zwischen April und Oktober registriert, mit einem Aktivitätsmaximum im Mai und Juni.

P. bipustulatus besiedelt vorzugsweise trockene (bis teilweise frische), nährstoffärmere und besonnte Standorte. Eine Vorliebe für kalkhaltigen oder mergeligen Untergrund, wie teils in der Literatur angegeben, kann aus den baden-württembergischen Daten nicht abgeleitet werden. Die Art wurde hier z. B. auch auf kalkarmen Sanden im Oberrhein-Tiefland, auf oberflächig entkalktem Substrat im Schwäbischen Keuper-Lias-Land und im Sandstein-Odenwald nachgewiesen. Trotz einer gewissen Stetigkeit in Halbtrockenrasen, Sandrasen und Heiden ist ihr Vorkommen nicht auf diese Lebensraumtypen beschränkt. Es werden auch Begleitstrukturen in Acker- und Weinbaugebieten sowie im Grünland besiedelt, ebenso Wald-Offenland-Ökotone, soweit sie trocken und nicht zu eutroph sind. Typische Fundstellen der Art sind in diesem Zusammenhang gras- und krautreiche, zugleich aber nicht zu dicht- und zu hochwüchsige Böschungen in Grünlandgebieten, Ackerbegleit-

Panagaeus bipustulatus ist in einem breiten Spektrum an trockeneren, mageren Lebensräumen anzutreffen und kommt auch an besonnten Waldrändern mit entsprechenden Standortbedingungen vor.

säume und -brachen (z. B. KUBACH 1995), Ruderalfluren oder bereits grasdominierte Sukzessionsstadien in ehemaligen Abbaubgebieten.

Gefährdung und Schutz: *P. bipustulatus* ist bundesweit (Stand 2015) ungefährdet, wurde in Bad.-Württ. (Stand 2005) aber der Vorwarnliste zugerechnet. Es besteht Handlungsbedarf im Offenland, da die vorrangig besiedelten nährstoffärmeren und unbeschatteten Standorte rückläufig sind. Fördermaßnahmen für die Art sollten auf eine Erhöhung der strukturellen Vielfalt in Ackerbaulandschaften und von Grünlandnutzung dominierten Gebieten abzielen, insbesondere durch Förderung von Saumstrukturen und von 3–5-jährigen Rotationsbrachen in Äckern. In südost- bis südwestexponierten Lagen könnte die Art auch gut in Wald-Offenland-Ökotonen gefördert werden, indem eine breite, stark besonnte und magere Saumstruktur ohne den üblichen „gestuften" Waldrand entwickelt wird, wie es auch für andere Arten förderlich wäre (s. Kap. 16.8).

Panagaeus cruxmajor

(Linnaeus, 1758)

Feuchtbrachen-Kreuzläufer

Allgemeine Verbreitung: Paläarktisch verbreitete Art, die aber in größeren Teilen Nordeuropas und gebietsweise in Südwesteuropa fehlt. Trotz weniger kleinerer Verbreitungslücken ist sie in Deutschland fast flächendeckend in geeigneten Lebensräumen vertreten.

Vorkommen in Baden-Württemberg: Relativ weit verbreitet, aber nur in einem Teil der Naturräume Baden-Württembergs stet nachgewiesen und aus dem größten Teil des Schwarzwaldes sowie der Schwäbischen Alb keine Nachweise, dort wohl auch großräumiger fehlend. Die Schwerpunktvorkommen liegen in den mit einem höheren Anteil an feuchten bis nassen Lebensräumen ausgestatteten Naturräumen.

Lebensweise und Habitat: Flugfähige (makroptere) Art. Paarung und Eiablage (schwerpunktmäßig) im Frühjahr und Larvalentwicklung ab Frühjahr/Sommer. Aktive Imagines wurden in Bad.-Württ. nach den ausgewerteten Daten zwischen April und September registriert, mit einem Aktivitätsmaximum im Mai.

P. cruxmajor besiedelt vegetationsreiche, offene Feucht- und Nasslebensräume mit einer vorzugsweise krautigen, also auch stärker horizontal strukturierten Vegetation und gehört offenbar zu den in stärkerem Maße pflanzenkletternden Arten. Aus Bad.-Württ. liegen mehrere Beobachtungen

Panagaeus cruxmajor.

Feuchtbrache als Lebensraum von *Panagaeus cruxmajor.*

tagaktiver Individuen auf Pflanzen der Krautschicht vor. Typische Lebensräume sind Feuchte Hochstaudenfluren (Lebensraumtyp des Anhangs I der FFH-Richtlinie, Code 6430), Feucht- und Nassbrachen als frühe Sukzessionsstadien nach

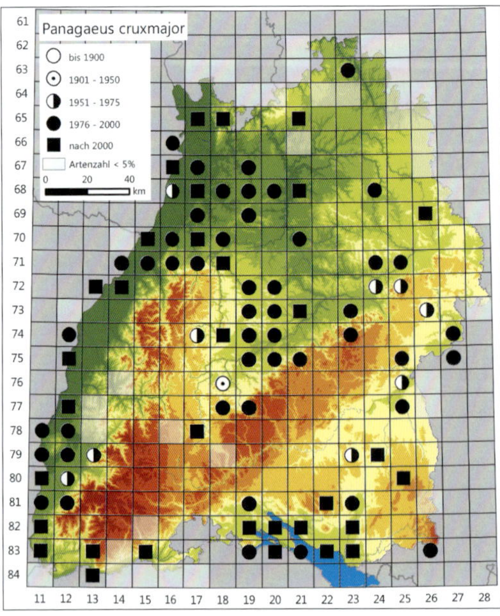

aufgegebener Grünlandnutzung (oder als in Grünlandgebieten kleinflächiger auftretende Begleitstrukturen) sowie diesen Typen ähnliche Wald-Offenland-Ökotone (soweit ausreichend besonnt) und ruderal beeinflusste Flächen. Im Waldverband wurde die Art früher durch Kahlhiebsnutzung im zeitlich-räumlichen Wechsel der entstehenden frühen Sukzessionsstadien auf feuchteren Standorten gefördert, entlang von Bächen z. B. durch Mahd in mehrjährigen Abständen, um den Aufwuchs eines durchgehend beschattenden Gehölzgürtels zu verhindern.

Gefährdung und Schutz: *P. cruxmajor* ist bundesweit (Stand 2015) ungefährdet, wurde in Bad.-Württ. (Stand 2005) aber der Vorwarnliste zugerechnet. Es besteht Handlungsbedarf im Offenland und in Wald-Offenland-Ökotonen, da die vorrangig besiedelten unbeschatteten vegetationsreichen Feucht- und Nassstandorte zwar zeitweise durch Brachfallen auf Grenzertragsstandorten gefördert wurden, zwischenzeitlich aber durch Gehölzsukzession und -pflanzung im Offenland, die Förderung durchgehend und dauerhaft beschattender Begleitgehölze an Fließgewässern sowie Änderungen der waldbaulichen Praxis auch im Waldverband rückläufig sind. Fördermaßnahmen für die Art sollten abzielen auf eine Erhöhung der strukturellen Vielfalt durch Verschließen von Drainagen vor allem im nahen Einzugsbereich von Graben- und Bachsystemen, die Rücknahme von Gehölzsukzession zugunsten offener Feucht- und Nassbrachen (auch entlang von Fließgewässern) sowie im Waldverband auf einen erhöhten Anteil von Lichtungen im nassen bis feuchten Standortspektrum.

Tribus Oodini

J. Trautner

Weltweit sind nach Lorenz (2015) bislang 396 Arten aus 40 Gattungen beschrieben, die dieser Tribus zugerechnet werden. In Bad.-Württ. ist sie mit einer Art vertreten, deren Imagines eine Größe von rd. 7–9,5 mm erreichen. Die vollständig schwarzen Imagines der einheimischen Art haben eine breitovale, vor allem vorne etwas abgeflacht wirkende Körperform.

Oodes helopioides

(Fabricius, 1792)
Eiförmiger Sumpfläufer

Allgemeine Verbreitung: Westpaläarktisch verbreitete Art, die in Europa mit Ausnahme einiger Teile Nord-, Nordwest- und Südwesteuropas vertreten ist. Sie kommt in Deutschland flächendeckend in geeigneten Lebensräumen vor.

Vorkommen in Baden-Württemberg: Landesweit mit Ausnahme großer Teile des Schwarzwaldes und der Hochflächen der Schwäbischen Alb weit verbreitet, fehlende Nachweise in der Verbreitungskarte sind ansonsten vorrangig als Erfassungslücken, i. d. R. aber nicht als ein tatsächliches Fehlen zu interpretieren. Lediglich in Landschaften, in denen Gewässer mit Verlandungszonen und sonstige offene Feucht- und Nassbiotope selten sind, dürfte die Art gebietsweise nicht oder kaum vertreten sein. Verbreitungsschwerpunkte sind das Oberrhein-Tiefland sowie die Naturräume der Donau-Iller-Lech-Platte und des Voralpinen Hügel- und Moorlandes.

Lebensweise und Habitat: Flugfähige (makroptere) und räuberische Art. Paarung und Eiablage (schwerpunktmäßig) im Frühjahr und Larvalentwicklung ab Frühjahr/Sommer. Aktive Imagines wurden in Bad.-Württ. nach den ausgewerteten Daten zwischen März und September registriert, mit einem Aktivitätsmaximum im April und Mai. Wasner (1974) beschreibt die Phänologie am

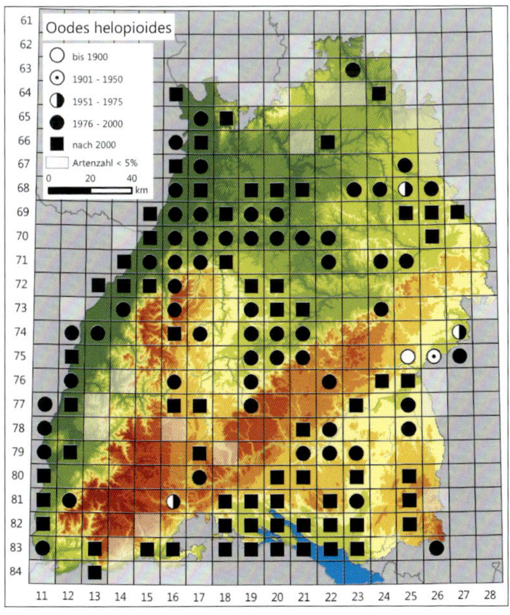

Oodes helopioides.

Federsee wie folgt: „Das Tier tritt phänologisch sehr früh auf und ist nach dem Auftauen der Gyttia im Phragmitetum nach dem Winter die häufigste Art überhaupt. Später im Jahr wird *O. helopioides* rasch selten und schon Ende Juli/Anfang August kaum noch aktiv, also ohne wesentlichen Herbstbestand."

O. helopioides ist eine Feuchtgebietsart mit deutlicher Präferenz für sehr nasse, mit recht dichter, stark vertikal strukturierter Vegetation bewachsene Standorte (Riede, Röhrichte), insbesondere solche mit Kontakt zu offenem Wasser. Am Federsee ist sie eine typische Art des Schilfgürtels und des anschließenden Seggenrieds (Wasner 1974). Das insgesamt besiedelte Spektrum an Feuchtlebensräumen ist allerdings breiter und schließt Nasswiesen sowie nasse Hochstaudenfluren ebenso ein wie zum Teil Au- und Bruchwälder, wobei in diesen Wäldern lichte Stellen mit Seggen-, Schilf- oder Binsenbeständen bevorzugt werden. Die Art zeigt ein ausgeprägtes Schwimm-, Tauch- und Flutverhalten (vgl. Siepe 1989), nutzt selbst schwimmende oder flutende Schilfpolster (z. B. Marggi 1992) und flüchtet bei Störung auch unter Wasser, wobei die Tiere an Halmen und abgestorbenem Pflanzenmaterial entlang hinabklettern.

Gefährdung und Schutz: *O. helopioides* ist bundesweit (Stand 2015) ungefährdet und in Bad.-Württ. (Stand 2005) der Vorwarnliste zugerechnet. Rückgangstendenzen zeigt die Art neben direkten Flächenverlusten insbesondere aufgrund von Sukzessionsprozessen (Gehölzzunahme mit primär struktureller Veränderung, möglicherweise zudem zu starke Beschattung) in einem Teil der von ihr besiedelten Standorte. Handlungsbedarf wird hier in der Wiedereinführung einer Riede und Röhrichte fördernden Pflege oder Nutzung nach Initialmaßnahmen der Gehölzentfernung gesehen.

Tribus Chlaeniini

M.-A. Fritze & J. Trautner

Weltweit sind nach Lorenz (2015) bislang 1180 Arten aus 19 Gattungen beschrieben, die dieser Tribus zugerechnet werden. In Bad.-Württ. ist oder war sie mit 7 Arten vertreten, deren Imagines eine Größe von rd. 4,2–14 mm erreichen. Die Oberseite der einheimischen, meist deutlich metallisch oder bunt gefärbten Arten weist eine i. d. R. deutlich erkennbare Behaarung auf.

Callistus lunatus

(Fabricius, 1775)
Mondfleckläufer

Allgemeine Verbreitung: Westpaläarktisch verbreitete Art, die in den nördlicheren Teilen Europas fehlt. Sie gehört in Deutschland zu den von Südwesten bis zum Nordrand der Mittelgebirge recht weit verbreiteten Laufkäferarten, fehlt aber weitestgehend im Norden und weist größere Verbreitungslücken etwa im Südosten auf.

Vorkommen in Baden-Württemberg: In Bad.-Württ. kommt die Art überwiegend in den wärmebegünstigten Landesteilen vor, mit Schwerpunkt in den Weinbauregionen des Oberrhein-Tieflands, in den Neckar- und Tauber-Gäuplatten, in Randbereichen des Schwäbischen Keuper-Lias-Landes sowie im Westteil des Voralpinen Hügel- und Moorlands (Bodenseeraum, Hegau). Lokal liegen Funde aus weiteren Naturräumen vor.

Lebensweise und Habitat: Art mit vollständig entwickelten Hinterflügeln (makropter), von der nach Auswertungsstand keine Flugbeobachtung vorliegt. Paarung und Eiablage (schwerpunktmäßig) im Frühjahr und Larvalentwicklung ab Frühjahr/Sommer. Aktive Imagines wurden in Bad.-Württ. nach den ausgewerteten Daten zwischen April und August registriert, mit einem Aktivitätsmaximum im Mai.

C. lunatus tritt schwerpunktmäßig in Weinbaugebieten mit hoher Reliefenergie auf und ist dort stark an voll besonnte Saumstrukturen sowie an Brachen im Bereich der Weinberge gebunden. Zu weiteren Lebensräumen zählen Pioniergesellschaften und Ruderalfluren in wärmebegünstigter Lage. Begleitstrukturen in Äckern und Halbtrockenrasen werden in geringerer Stetigkeit besiedelt.

Gefährdung und Schutz: *C. lunatus* gilt bundesweit (Stand 2015) und in Bad.-Württ. (Stand 2005) als gefährdet. Die Art wird im Informationssystem Zielartenkonzept Bad.-Württ. als Naturraumart geführt (Stand 2009) und ist vor allem durch die intensive Nutzung sowie durch Strukturverluste unter anderem infolge von Flurneuordnungen bedroht. In einem Projekt im Heilbronner Raum wurden die Folgen einer Rebflurneuordnung untersucht, in der ein strukturreiches Weinberggebiet mit hohem Bracheanteil und Vorkommen der Art durch großflächige, strukturarme Anbauflächen nach der Rebflurneuordnung ersetzt wurde. Die Art konnte sich dort nach zwischenzeitlichem Ausfall erst wieder nach einer langjährigen Zeitspanne kleinflächig in Randlagen ansiedeln (Kaule et al. 2011). Soweit überhaupt geeignete Lebensraum-

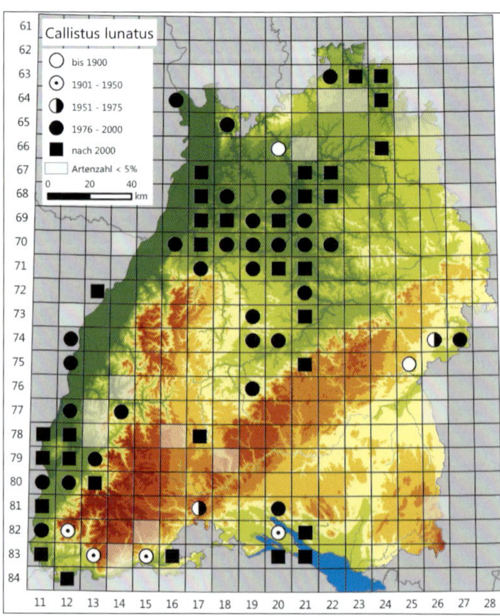

Große Populationen von *Callistus lunatus* finden sich in strukturreichen Weinbergen mit einem größeren Flächenanteil an jüngeren Brachen.

strukturen entstehen und einem geeigneten Pflegeregime unterliegen, hängt die Wiederbesiedlung von (Teil-)Flächen stark vom Umgebungspotenzial ab und erfolgt nur langsam. Vergleichbare Beobachtungen sind von Steinbrüchen in der Tschechischen Republik bekannt (Novotná & Šťastná 2012): *C. lunatus* ist dort offenbar aufgrund der fehlenden Strukturen und seiner eher geringen Mobilität nicht in der Lage, in die (wohl stillgelegten) Abbaubereiche vorzudringen. Aufgrund

Callistus lunatus.

der in Bad.-Württ. großflächig erfolgten Flurneuordnungen mit erheblichen Strukturverlusten an Grenzlinien, offenen Säumen und Brachen sowie des intensiven Weinanbaus ist von bereits erheblichen Rückgängen und einem weiteren Gefährdungspotenzial für *C. lunatus* auszugehen. Es besteht Handlungsbedarf, die Entwicklung der Bestände zu verfolgen und durch Fördermaßnahmen die strukturelle Vielfalt in Weinbaulandschaften wieder zu erhöhen, insbesondere dadurch, dass jüngere, offene Brachestadien und nutzungsbegleitende, breite Säume wieder in größerem Umfang entwickelt werden. Der Biotopverbund zwischen bestehenden Vorkommen und potenziellen Zielhabitaten, wie etwa mageren, sonnenexponierten und gehölzfreien Saum-, Ruderal- oder Grünlandstrukturen, muss erhalten und verbessert werden.

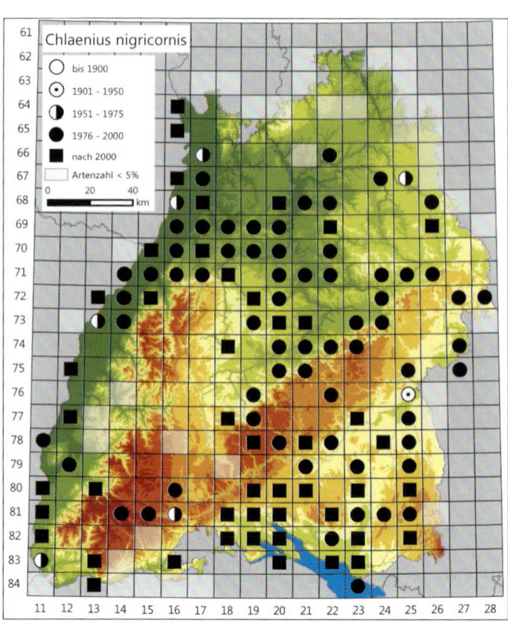

Chlaenius nigricornis

(Fabricius, 1787)

Sumpfwiesen-Sammetläufer

Allgemeine Verbreitung: Paläarktisch verbreitete Art, die in fast ganz Europa vertreten ist. Sie kommt in Deutschland flächendeckend in geeigneten Lebensräumen vor.

Vorkommen in Baden-Württemberg: Die Art ist im Großteil des Landes außer in feuchtgebiets- und gewässerarmen Gebieten sowie in walddominierten Räumen (wie etwa größeren Teilen des Schwarzwalds) vertreten oder zu erwarten. Die geringe Nachweiszahl in Teilen des nördlichen Baden-Württembergs ist vermutlich auf Erfassungsdefizite zurückzuführen.

Lebensweise und Habitat: Flugfähige (makroptere) und räuberische Art. Paarung und Eiablage (schwerpunktmäßig) im Frühjahr und Larvalentwicklung ab Frühjahr/Sommer. Aktive Imagines wurden in Bad.-Württ. nach den ausgewerteten Daten zwischen März und September registriert, mit einem Aktivitätsmaximum im Mai.

C. nigricornis tritt in offenen Habitaten mit hoher, teils wechselnder Bodenfeuchtigkeit auf und hat einen klaren Schwerpunkt an offenen, vegetationsreichen Ufern, in Großseggenrieden und Röhrichten sowie im Feucht- und Nassgrünland. Im Labor untersuchte Fritze (1990) an Imagines dieser sowie zweier weiterer in Mitteleuropa verbreiteter Arten den Verlust von Körperwasser durch Transpiration bei konstanter, niedriger Luftfeuchtigkeit. *C. nigricornis* nahm dabei eine Mittelstellung ein (mittlere Transpirationsrate von 0,0324 % des Körpergewichts pro Minute, n = 6); Larven des dritten Stadiums verloren unter gleichen Bedingungen mit 0,095 % des Körpergewichts (n = 3) annähernd dreimal so viel Wasser wie die Imagines und erwiesen sich erwartungsgemäß als der emp-

Chlaenius nigricornis.

Feuchtgebietskomplex in Ostwürttemberg. Zwar strahlt *Chlaenius nigricornis* auch in das Schilfröhricht des Bildhintergrundes ein, sein Aktivitätsschwerpunkt liegt jedoch in Feucht- und Nasswiesen (Bildvordergrund).

findlichere Lebensformtyp. *C. nigricornis* ist gerade an Lebensräume mit stark schwankender Feuchtigkeit gut angepasst. Auch Phasen der Austrocknung übersteht die Art aufgrund der gegenüber hochspezialisierten Feuchtgebietsarten wie *Blethisa multipunctata* geringeren Transpirationsrate gut (Arens 1984, Irmler 2014). Andererseits wird die enge Bindung von *C. nigricornis* an Feuchtgebiete oder feuchte bis nasse Grünlandbereiche verständlich, wenn man die Transpirationsrate der Art mit der deutlich niedrigeren Rate von *Poecilus cupreus* vergleicht, einer euryöken, weit verbreiteten Offenlandart (diese zeigt einen Verlust von 0,0186 % des eigenen Körpergewichts pro Minute; n = 6, vgl. Fritze 1990).

Gefährdung und Schutz: *C. nigricornis* ist bundesweit ungefährdet (Stand 2015), in Bad.-Württ. wird die Art aber in der Vorwarnliste geführt (Stand 2005). Zu Rückgangsursachen zählen unter anderem Nutzungsintensivierung (Drainage von Feuchtgrünland), Sukzession und direkte Flächenverluste z. B. durch Bebauung. Aufgrund der guten Bestandssituation in den baden-württembergischen Schwerpunktgebieten besteht aber aktuell kein landesweiter Handlungsbedarf.

Chlaenius nitidulus

(Schrank, 1781)

Lehmstellen-Sammetläufer

Allgemeine Verbreitung: Westpaläarktisch verbreitete Art, in Europa in den größten Teilen Nord- und Nordwesteuropas sowie der Iberischen Halbinsel fehlend. In Deutschland von Norden nach Süden trotz großer Verbreitungslücken zunehmend weiter und geschlossener verbreitet, wobei aus der Nordhälfte Deutschlands aufgrund massiver Bestandsrückgänge vorwiegend alte Meldungen vorliegen und dort nur noch punktuell isolierte Vorkommen existieren.

Vorkommen in Baden-Württemberg: Schwerpunktmäßig im Oberrhein-Tiefland, in Teilen der Neckar- und Tauber-Gäuplatten sowie des Schwäbischen Keuper-Lias-Landes und in der Donau-Iller-Lech-Platte verbreitet, zudem teilweise im Voralpinen Hügel- und Moorland. Oftmals nur sehr lokale Vorkommen. Fehlt vollständig oder weitestgehend im Schwarzwald und auf der Schwäbischen Alb. Im Nordosten des Landes möglicherweise in der Erfassung unterrepräsentiert, vermutlich aber ebenso großräumig fehlend.

Lebensweise und Habitat: Art mit vollständig ent-

Chlaenius nitidulus

wickelten Hinterflügeln (makropter), von der nach Auswertungsstand keine Flugbeobachtung vorliegt. Räuberische Art. Paarung und Eiablage (schwerpunktmäßig) im Frühjahr und Larvalentwicklung ab Frühjahr/Sommer. Aktive Imagines wurden in Bad.-Württ. nach den ausgewerteten Daten zwischen April und August registriert, für die Angabe eines Aktivitätsmaximums liegen keine ausreichenden Daten vor.

C. nitidulus ist von den drei häufigeren *Chlaenius*-Arten diejenige, deren Imagines im Laborversuch bei konstanter, niedriger Luftfeuchtigkeit prozentual am wenigsten Körperwasser durch Transpiration verlieren. Bei den Imagines betrug der Transpirationsverlust 0,0272 % des Körpergewichts pro Minute (n = 6), Larven des dritten Stadiums verloren unter gleichen Bedingungen mit 0,081 % des Körpergewichts (n = 3) annähernd die dreifache Wassermenge (Fritze 1990). Die Versuchsergebnisse korrelieren mit dem weiteren Lebensraumspektrum der Art und der geringen Bindung an Ufer oder Feuchtgebiete. In Bad.-Württ. tritt die Art bevorzugt auf Roh- oder Skelettböden mit lehmigen oder tonigen Anteilen (v. a. in Abbaugebieten) sowie in Begleitstrukturen der Ackerbaugebiete auf. Primäre Vorkommen dürften unter anderem in Lebensräumen bestanden haben, die innerhalb von Auen höher lagen, aber wiederkehrend durch Substratauf- oder -abtrag im Zuge von Hochwässern gestaltet wurden und heute in Bad.-Württ. weitestgehend zerstört sind. Das Fehlen auf reinen Sandböden hängt unmittelbar mit der Fortpflanzung zusammen: *C. nitidulus* verpackt – wie auch *C. nigricornis* und *C. vestitus* – seine Eier einzeln in Substrathüllen (s. Kap. 4.2), die an Steine, Holzstücke oder pflanzliches Material geheftet werden (Fritze 1990). Rein sandiges Substrat scheint für die Eiumhüllung ungeeignet.

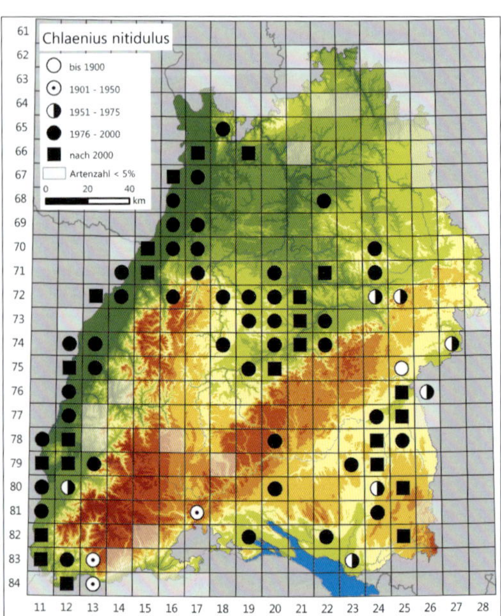

Gefährdung und Schutz: *C. nitidulus* ist bundesweit (Stand 2015) und in Bad.-Württ. (Stand 2005) als gefährdet eingestuft. Sie wird im Informationssystem Zielartenkonzept Bad.-Württ. als Naturraumart geführt (Stand 2009). Ihre Bestände sind vor allem durch Rekultivierung oder Nutzungs- bzw. Pflegeaufgabe in Abbaugebieten mit anschließender Sukzession bedroht sowie durch intensive ackerbauliche Nutzung und den Verlust kurzzeitiger Brachen und anderer offener Begleitstrukturen in Agrarlandschaften. Die Art sollte langfristig einem Monitoring unterzogen werden. Fördermaßnahmen müssen auf eine Erhöhung der strukturellen Vielfalt in Ackerbaulandschaften abzielen, insbesondere durch Förderung junger, sonnenexponierter und gehölzfreier Brachen und anderer Begleitstrukturen sowie durch eine stärkere Berücksichtigung der Ansprüche dieser Art im Rahmen von Abbau- und Rekultivierungsplanungen.

Typische Lebensraumstruktur für *Chlaenius nitidulus* in einem noch in Betrieb befindlichen Abbaugebiet im Schwäbischen Keuper-Lias-Land.

Chlaenius sulcicollis

(Paykull, 1798)

Grauhaariger Sammetläufer

Allgemeine Verbreitung: Diskontinuierlich eurosibirisch-kontinental verbreitete Art, die im westeuropäischen Arealanteil mit Ausnahme Frankreichs bereits verschollen, im mitteleuropäischen Arealanteil nur noch mit einzelnen, weiträumig separierten Vorkommen vertreten ist (s. Trautner & Rietze 2000). In Deutschland war sie ehemals sporadisch verbreitet und gilt mit Ausnahme weniger isolierter Vorkommen in Südbayern in allen anderen betroffenen Bundesländern als ausgestorben oder verschollen.

Vorkommen in Baden-Württemberg: Fischer (1843) verzeichnet die Art am Schlossberg bei Freiburg im Grenzbereich des Oberrhein-Tieflands zum Schwarzwald mit Fund eines Exemplars. Obwohl nach Kenntnisstand der Autoren keine Belege vorliegen, wird diese Meldung aufgrund des ins-

Chlaenius sulcicollis.

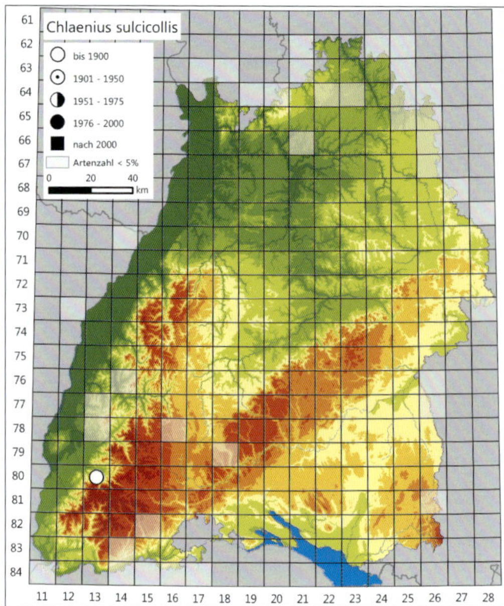

gesamt plausiblen Charakters des Verzeichnisses sowie der ehemaligen oder rezenten weiteren Vorkommen in Süddeutschland und Frankreich als glaubwürdig bewertet. Eine weitere alte Meldung aus Bad.-Württ. für Heidelberg nach Schaum (1860) wurde dagegen nicht übernommen; diese war bereits bei Horion (1941) als wohl auf das Verzeichnis von Mähler (1850) zurückgehend, „das als sehr unzuverlässig bekannt ist", kommentiert worden.

Lebensweise und Habitat: Flugfähige (makroptere) Art. Paarung und Eiablage (schwerpunktmäßig) im Frühjahr und Larvalentwicklung ab Frühjahr/Sommer. Aussagen zur Phänologie in Bad.-Württ. sind aufgrund fehlender Angaben für den historischen Einzelfund nicht möglich (vgl. Fischer 1843). In Bayern wurden Nachweise im Mai erbracht (Trautner & Rietze 2000). An einem schwedischen Fundort war *C. sulcicollis* von Mitte Juni bis September aktiv; überwinternde Tiere traten von Mitte Juni bis Mitte Juli und Tiere der neuen Generation von Mitte Juli bis Mitte September auf (Wallin et al. 2000).

Der (ehemalige) Lebensraum von *C. sulcicollis* in Bad.-Württ. ist nicht bekannt und vermutlich seit Langem überbaut oder anderweitig stark verändert, da die Stadt Freiburg bis dicht an den Schlossberg heranreicht und sich auch weit entlang des Dreisamtals ausdehnt. Die neueren Funde in Südbayern werden bei Trautner & Rietze (2000) wie folgt beschrieben: „Beim Fundort handelt es sich um die Verlandungszone des nordöstlich von Füssen gelegenen Bannwaldsees [...], einen der ungestörtesten Seeuferbereiche Schwabens mit vielfältigen Moortypen." Die dortige Fundstelle selbst ist ein nasser Schilfbestand im unmittelbaren Uferbereich, der dem *Carex elata-Phragmites-Scorpidium*-Verlandungsried zuzurechnen ist und nicht von Gehölzen beschattet wird. Europaweit kommt oder kam die Art offenbar ebenfalls in größeren Feuchtgebieten vor (vgl. Wallin 2000, Coulon et al. 2011).

Gefährdung und Schutz: *C. sulcicollis* ist bundesweit (Stand 2015) vom Aussterben bedroht. In Bad.-Württ. (Stand 2005) ist die Art ausgestorben, vermutlich bereits vor 1900. Eine erneutes Auftreten in Bad.-Württ. ist aufgrund der Seltenheit in Europa nicht absehbar, trotz aktueller Funde in Frankreich (Coulon et al. 2011) und in Bayern (Trautner & Rietze 2000). Es wird daher kein Handlungsbedarf gesehen.

Chlaenius tibialis

Dejean, 1826

Schwarzschenkliger Sammetläufer

Allgemeine Verbreitung: Art mit vermutlich zentraleuropäischer Verbreitung, bei der ein Teil frü-

Chlaenius tibialis.

Typischer Lebensraum von *Chlaenius tibialis* in einem bodenseenahen Kiesabbaugebiet.

herer Meldungen mit hoher Wahrscheinlichkeit auf unrichtiger Zuordnung beruht. In Deutschland kommt sie aktuell nur in Baden-Württemberg und Bayern vor, während wenige ausschließlich historische Nachweise aus anderen Bereichen Westdeutschlands vorliegen.

Vorkommen in Baden-Württemberg: Weitestgehend auf Teile des Voralpinen Hügel- und Moorlands sowie der Donau-Iller-Lech-Platte beschränkt. Daran anschließend punktuell auch im äußersten Süden der Neckar- und Tauber-Gäuplatten nachgewiesen. Alle überprüften Einzelmeldungen aus anderen Landesteilen erwiesen sich als Verwechslungen, darunter auch die bei Krell (1996) publizierte aus Exkursionslisten aus dem Raum Reutlingen. Daher wurden auch sonstige Meldungen der Art etwa aus dem zentralen Bad.-Württ. als unzutreffend oder zweifelhaft eingestuft und nicht in der Verbreitungskarte berücksichtigt.

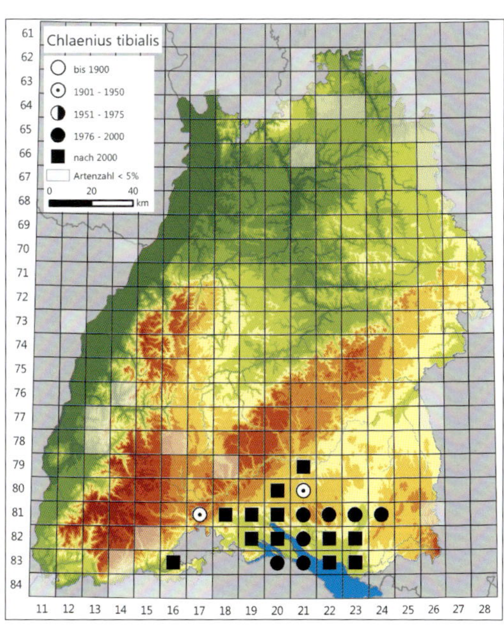

Lebensweise und Habitat: Art mit vollständig entwickelten Hinterflügeln (makropter), von der nach Auswertungsstand keine Flugbeobachtung vorliegt. Zur Paarung und Eiablage liegen keine Informationen vor. Wahrscheinlich finden, wie bei den anderen Vertretern der mitteleuropäischen Chlaeniini, Paarung und Eiablage (schwerpunktmäßig) im Frühjahr statt und die Larvalentwicklung ab Frühjahr/Sommer. Aktive Imagines wurden in Bad.-Württ. nach den ausgewerteten Daten zwischen April und September registriert, mit einem Aktivitätsmaximum im Mai.

C. tibialis tritt schwerpunktmäßig in voll besonnten, kurzlebigen Pioniergesellschaften und Ruderalfluren sowie auf weitestgehend vegetationslosen Kiesen auf, die heute vor allem in Abbaugebieten zu finden sind. Funde stammen aber auch aus offenen, vergleichbar ausgebildeten Begleitstrukturen der Agrarlandschaft sowie von vegetationsarmen Ufern. In Einzelfällen gelangen auch Nachweise auf offenen Kiesflächen im Siedlungsbereich. Im Gegensatz zu *C. nitidulus*, der lehmige oder tonige Böden bevorzugt, tritt *C. tibialis* vorwiegend auf schluffigem oder sandigem, stark mit Kies durchsetztem Untergrund auf. Wie bei *C. nitidulus* besteht keine Bindung an Ufer, wenngleich die Primärlebensräume weitgehend im Bereich dynamischer Auenstandorte gelegen haben dürften.

Gefährdung und Schutz: *C. tibialis* wird bundesweit (Stand 2015) und in Bad.-Württ. (Stand 2005) als gefährdet eingestuft. Das Informationssystem Zielartenkonzept Bad.-Württ. führt sie als Naturraumart (Stand 2009). Wie bei *C. nitidulus* sind ihre Bestände vor allem durch Rekultivierung oder Nutzungs- bzw. Pflegeaufgabe in Abbaugebieten mit anschließender Sukzession bedroht. Auch intensive ackerbauliche Nutzung und der Verlust kurzzeitiger Brachen und anderer offener Begleitstrukturen in Agrarlandschaften spielen eine Rolle, treten bei dieser Art jedoch in der Bedeutung zurück. Fördermaßnahmen müssen vorrangig darauf abzielen, dass die Ansprüche der Art im Rahmen von Abbau- und Rekultivierungsplanungen stärkere Berücksichtigung finden. Offene, mäßig bewachsene Rohbodenstandorte im Bereich der Abbaugebiete werden von der Art angenommen (vgl. Ostendorp et al. 2010). Gewisse Potenziale bestehen auch bei der Renaturierung größerer Gewässer, soweit diese eine ausreichend breite, einer (Substrat-)Dynamik unterworfene Aue aufweisen oder diese ausbilden können und potenzielle Standorte nicht durch aufkommende Gehölze beschattet werden. Die Art sollte langfristig einem Monitoring unterzogen werden.

Chlaenius tristis

(Schaller, 1783)

Schwarzer Sammetläufer

Allgemeine Verbreitung: Paläarktisch und in Teilen Nordafrikas verbreitete Art, fehlt teilweise in Nord- und Nordwesteuropa. Während sie im Nordosten Deutschlands weiter verbreitet ist, hatte sie im Westen und Süden meist nur sehr lokale Vorkommen und ist an den meisten dort historisch belegten Standorten verschwunden.

Vorkommen in Baden-Württemberg: Horion (1954b) kannte Nachweise aus dem Bodenseeraum bei Markelfingen einerseits vom Mindelsee, wo 1949 mehrere Individuen gefangen worden waren, und andererseits direkt vom Bodenseeufer (1951). In der Sammlung des Staatlichen Museums für Naturkunde in Stuttgart findet sich zudem ein Beleg vom Bodenseeufer bei Unteruhldingen mit Funddatum 27. 8. 1946. Im Jahr 2015 wurde *C. tristis* nun im Wollmatinger Ried für Bad.-Württ. wiedergefunden, und zwar bei Untersuchungen im Rahmen des Projekts Untersee-life (Götz & Kiechle, in lit.). Die Angaben v. d. Trappens (1929) für Stuttgart sowie nach dem Verzeichnis von Keller (1864) für Reutlingen und einzelne weitere Meldungen wurden als fraglich eingestuft und nicht in die Datenbank übernommen. Gleiches gilt für Tiere mit der Fundortangabe „Winterlingen" aus der Sammlung Burkart im Staatlichen Museum für Naturkunde Stuttgart: Da ansonsten keine Belege aus diesem Raum vorliegen und einige weitere faunistisch fragwürdige oder abzulehnende Funde auf jene Quelle zurückgehen, wurden sie nicht berücksichtigt.

Lebensweise und Habitat: Flugfähige (makroptere) und räuberische Art. Paarung und Eiablage (schwerpunktmäßig) im Frühjahr und Larvalentwicklung ab Frühjahr/Sommer. Aktive Imagines wurden in Bad.-Württ. nach den ausgewerteten Daten im Juli und August registriert.

Die alten baden-württembergischen Funde stammen vom Ufer des Mindelsees auf tonig-schlammigem Boden und vom Bodensee auf schlammigem Boden unter Schilf (Horion 1954b). Schilfgebiete werden im Zusammenhang mit Vorkommen der Art auch von anderen Autoren genannt. Marggi (1992) zählt *C. tristis* zu den in der Schweiz vorkommenden Arten, „welche in Schilfgebieten in der Verlandungszone bis ganz an den schlammigen Ufersaum vordringen, im Extremfall kann man Imagines auf schwimmendem Schilfdetritus beobachten. Sie können behände tauchen oder auf Schilfhalme klettern. Sie zählen zu den extremsten hygrophilen Carabiden unseres Gebietes." Auch Bräunicke & Trautner (2002) weisen auf Funde im Zusammenhang mit Schilfufern großer Stillgewässer hin, stellen aber die Eignung insbesondere dichter Schilfröhrichte als Lebensraum infrage. Eigene Funde aus anderen Regionen Deutschlands stammen von besonnten, moos- und detritusreichen Verlandungszonen kleiner Tümpel und großer Stillgewässer. Nachweise aus Verlandungsbereichen ehemaliger Torfstiche mit niedriger, spärlicher Vegetation in Brandenburg (Hau 1994) und in Überschwemmungswiesen entlang der Unteren Oder und der Mittleren Elbe (Kielhorn, in lit.) unterstreichen den offeneren Charakter typischer Habitate. Die aktuellen Nachweise von Götz & Kiechle stammen von August 2015. Hierbei wurden mittels Bodenfallen

Chlaenius tristis.

In diesem Bereich gelang 2015 der Wiederfund des bis dato verschollenen *Chlaenius tristis* am Bodensee. Foto: T. Götz.

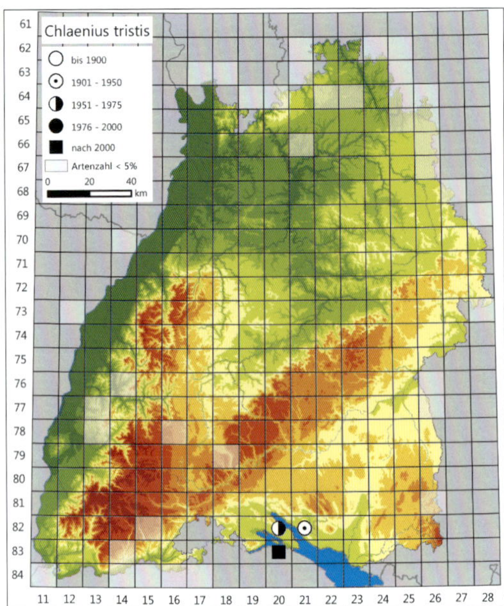

insgesamt 13 Exemplare der Art in einem lückig mit Schilf und Rohrkolben durchsetzten Großseggenried registriert, das teils mit Mähraupe (Mähgut wird abgeräumt) und teils durch Mulchen gepflegt wird (Götz & Kiechle, in lit.). Mit seinem Auftreten in den Seerieden des Bodensees und (ehemals) der Uferzone des Mindelsees kommt *C. tristis* als charakteristische Art meso- bis eutropher Stillgewässer (Lebensraumtypen 3140, 3150) des Anhangs I der FFH-Richtlinie infrage.

Gefährdung und Schutz: *C. tristis* ist bundesweit (Stand 2015) als gefährdet eingestuft. In Bad.-Württ. (Stand 2005) wird die Art noch als ausgestorben oder verschollen geführt. Dieser Status muss im Rahmen einer Fortschreibung der landesweiten Roten Liste geändert werden zu „vom Aussterben bedroht". Ob ein bislang persistierendes, aber zwischenzeitlich nicht bestätigtes Vorkommen am Bodensee besteht oder ob eine Wiederansiedlung im Zuge klimatischer Veränderungen aufgrund der bundesweit zu beobachtenden (Wieder-)Ausbreitungstendenz (Hannig 2015, eigene Daten) vorliegt, kann nicht entschieden werden. Handlungsbedarf besteht aber vor allem in der Nachsuche an den historischen Fundpunkten bei Markelfingen und an weiteren potenziellen Standorten sowie in der Optimierung geeigneter Bereiche für eine Wiederbesiedelung. Beweidung und andere derzeit beispielsweise im Wollmatinger Ried praktizierte Pflegemaßnahmen, aber auch das Brennen der Röhrichte als eine der „historische[n] und heute vollständig ausgesetzte[n] Nutzungs- oder Pflegeformen" (Bräunicke & Trautner 2002) sind notwendig, um durch wiederkehrende Auflichtung und Strukturierung dichter Uferröhrichte geeignete Habitate zu schaffen oder zu erhalten.

Chlaenius vestitus

(Paykull, 1790)

Gelbspitziger Sammetläufer

Allgemeine Verbreitung: Westpaläarktisch und in Teilen Nordafrikas verbreitete Art, die nur in Teilen Nordeuropas fehlt. In Deutschland ist sie weit verbreitet und weist nur im Norddeutschen Tiefland kleinere Verbreitungslücken auf.

Vorkommen in Baden-Württemberg: Die Art ist im Großteil des Landes vertreten und kommt teils verbreitet, aber nicht flächendeckend vor. Im Schwarzwald und auf der Schwäbischen Alb ist sie jedoch allenfalls sporadisch anzutreffen.

Lebensweise und Habitat: Flugfähige (makroptere) und räuberische Art. Paarung und Eiablage (schwerpunktmäßig) im Frühjahr und Larvalentwicklung ab Frühjahr/Sommer. Aktive Imagines

Chlaenius vestitus.

wurden in Bad.-Württ. nach den ausgewerteten Daten zwischen April und September registriert, mit einem Aktivitätsmaximum im Mai.

C. vestitus tritt in gewässerreichen Gebieten insbesondere entlang der Flusstäler und dort immer in Verbindung mit offenen Wasserflächen (Fließ- und Stillgewässer) auf. Schwerpunktvorkommen sind offene und besonnte, überwiegend gehölzfreie Geröll-, Kies- und Schotterufer an Fließgewässern. Die Art besiedelt aber ebenso anthropogene Ufer, z. B. in Abbaugebieten. Die enge Bindung an Ufer korreliert mit der vergleichsweise hohen Transpirationsrate, die sie gegenüber den anderen beiden häufigeren *Chlaenius*-Arten Baden-Württembergs zeigt: Im Laborversuch (FRITZE 1990) verlieren Imagines von *C. vestitus* bei konstanter, niedriger Luftfeuchtigkeit 0,0449 % Gewicht pro Minute (n = 6) und damit im Vergleich zu *C. nigricornis* die 1,4-fache und verglichen mit *C. nitidulus* die 1,6-fache Menge an Körperwasser; Larven des dritten Stadiums verlieren bei gleichen Bedingungen mit 0,122 % des Körpergewichts (n = 3) annähernd 2,7-mal mehr Körperwasser als die Imagines. Auch die Larvenstadien sind im Vergleich zu den beiden anderen häufigeren *Chlaenius*-Arten Baden-Württembergs deutlich empfindlicher: Der Gewichtsverlust durch Transpiration ist bei *C. vestitus* 1,3-mal größer als bei Larven desselben Stadiums von *C. nigricornis* und 1,5-mal größer als bei entsprechenden *C. nitidulus*-Larven (FRITZE 1990). Im Gegensatz zu den hohen Anforderungen an die Wasserversorgung ihrer Lebensräume sind die Ansprüche an Ausstattung und Ausdehnung der Habitate im Vergleich zu den beiden anderen Arten deutlich geringer. Besiedelt werden – mit breitem Substratspektrum – selbst kleinflächige Gewässerränder in Abbaugebieten, im Siedlungsbereich und in der offenen Kulturlandschaft, solange die Sonneneinstrahlung ausreichend ist und Versteckmöglichkeiten wie größere Blöcke oder Steine vorhanden sind. Daher kann die Art auch in stärker verbauten Uferbereichen, etwa in Abschnitten des Neckars mit Blockwurf, angetroffen werden.

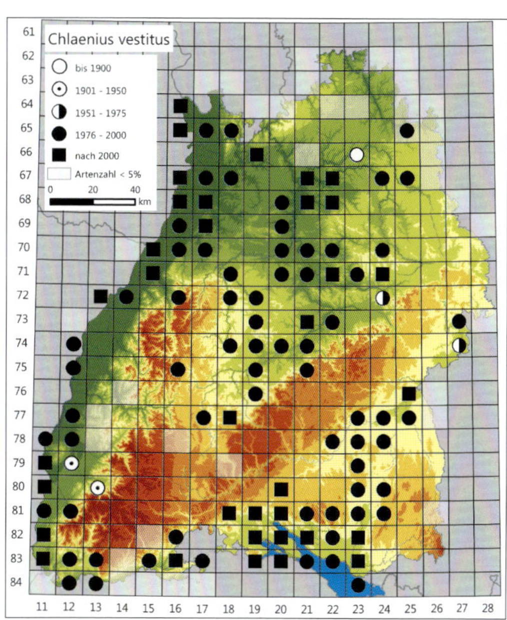

Lebensraum von *Chlaenius vestitus*, hier am Ufer eines Steinbruch-Gewässers.

Gefährdung und Schutz: *C. vestitus* ist bundesweit (Stand 2015) und in Bad.-Württ. (Stand 2005) ungefährdet. Aufgrund der weiten Verbreitung in unterschiedlichen, selbst kleinflächigen Uferlebensräumen ist auch keine zukünftige Gefährdung absehbar. Kein Handlungsbedarf.

Tribus Licinini

J. Trautner

Weltweit sind nach Lorenz (2015) bislang 240 Arten aus 22 Gattungen beschrieben, die dieser Tribus zugerechnet werden. In Bad.-Württ. ist sie mit 11 Arten aus 2 Gattungen vertreten, deren Imagines eine Größe von rd. 3,7–18 mm erreichen und asymmetrisch geformte Oberkiefer aufweisen. Die Vertreter der Gattung *Licinus* sind auf Gehäuseschnecken als Beute spezialisiert (s. Kap. 4.4).

Badister bullatus

(Schrank, 1798)

Gewöhnlicher Wanderläufer

Allgemeine Verbreitung: Paläarktisch verbreitete Art, die auch im Großteil Europas vorkommt. Sie tritt in Deutschland flächendeckend in geeigneten Lebensräumen auf.

Vorkommen in Baden-Württemberg: Landesweit mit Ausnahme meist walddominierter Räume des Schwarzwaldes verbreitet, fehlende Nachweise in der Verbreitungskarte sind ansonsten als Erfassungslücken, i. d. R. aber nicht als ein tatsächliches Fehlen zu interpretieren.

Lebensweise und Habitat: Flugfähige (makroptere) und räuberische Art. Paarung und Eiablage

Badister bullatus.

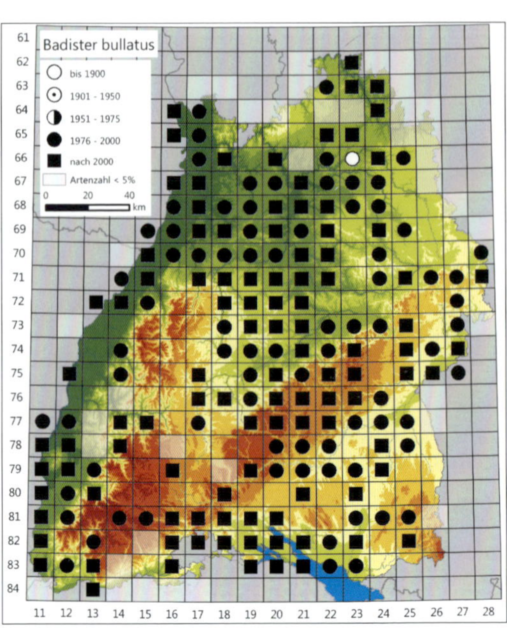

(schwerpunktmäßig) im Frühjahr und Larvalentwicklung ab Frühjahr/Sommer. Aktive Imagines wurden in Bad.-Württ. nach den ausgewerteten Daten zwischen Februar und September registriert, mit einem Aktivitätsmaximum im Mai.

B. bullatus ist eine eurytope Offenlandart frischer bis trockener Standorte, die vor allem in Begleitstrukturen in Acker- und Weinbaulandschaften, Ruderalfluren und Pioniergesellschaften sowie im Grünland auftritt. Auch in Magerrasen und Wald-Offenland-Ökotonen sowie in deutlich geringerem Maß in eher lichten Wäldern, dann vor allem der tieferen Lagen, vertreten. Kubach (1995) konnte sie z. B. in seinem Untersuchungsgebiet im Kraichgau in den neu angelegten Saumstrukturen und Ackerbrachen nachweisen. In Äckern selbst allerdings nicht stet und oftmals nur in einzelnen Individuen; in Ackerbaugebieten dürften für die Art insgesamt die Begleitstrukturen von besonderer Bedeutung sein. So wurden z. B. auf der Schwäbischen Alb in einem Saum auf Steinriegel zwischen Äckern relativ hohe Aktivitätsdichten ermittelt (eigene Daten). In Weinbaugebieten kann *B. bullatus* auch innerhalb der Rebflächen höhere Aktivitätsdichten erreichen, wie Walch (1990) zeigte.

Gefährdung und Schutz: *B. bullatus* ist bundesweit (Stand 2015) und in Bad.-Württ. (Stand 2005) nicht gefährdet. Aufgrund der weiten Verbreitung mit Vorkommen in unterschiedlichen und oft ungefährdeten Lebensraumtypen des Offenlands und von Wald-Offenland-Ökotonen ist auch keine zukünftige Gefährdung absehbar. Kein Handlungsbedarf.

Badister collaris

Motschulsky, 1844

Ried-Dunkelwanderläufer

Allgemeine Verbreitung: Westpaläarktisch verbreitete Art, die in Nord- und Nordwesteuropa weitestgehend fehlt. In Deutschland ist sie weit verbreitet, wobei sie im Norden und Osten Deutschlands flächendeckender und im Westen (u.a. Rheinland-Pfalz) sowie im Süden (Baden-Württemberg, Bayern) lückiger vorkommt.

Vorkommen in Baden-Württemberg: Verbreitungsschwerpunkte sind das Oberrhein-Tiefland, Teile der Neckar- und Tauber-Gäuplatten sowie der westliche Teil des Voralpinen Hügel- und Moorlandes (Bodenseeraum, Hegau), daneben tritt die Art – wohl nur punktuell – in weiteren Naturräumen mit entsprechendem Habitatangebot auf. Bei dem in Ade (1985, unter dem Syn. *anomalus*) publizierten Fund lag eine Verwechslung mit *B. dilatatus* vor, die nachträglich korrigiert wurde.

Lebensweise und Habitat: Flugfähige (makroptere) Art. Wie bei *B. peltatus* ist davon auszugehen, dass Paarung und Eiablage (schwerpunktmäßig) im Frühjahr stattfinden und die Larvalentwicklung ab Frühjahr/Sommer. Aktive Imagines wurden in Bad.-Württ. nach den ausgewerteten

Flutmulde im Donautal als ein Lebensraum von *Badister collaris*.

Badister collaris. Foto: C. Benisch.

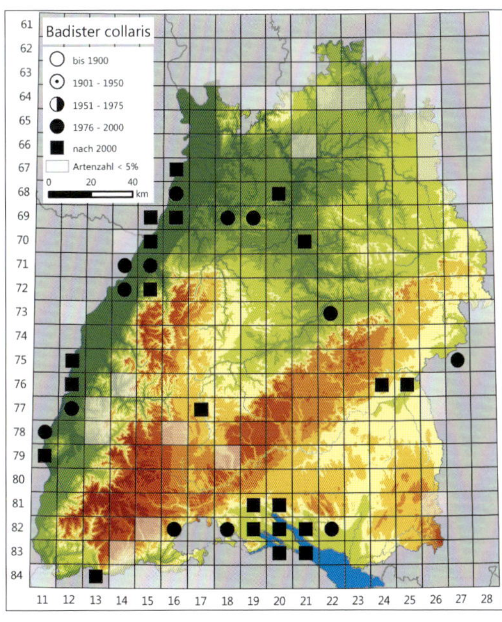

Daten zwischen Mai und August registriert, für die Angabe eines Aktivitätsmaximums liegen keine ausreichenden Daten vor.

B. collaris tritt des Öfteren gemeinsam mit *B. peltatus* auf und ist wie diese Art stark an vertikal strukturierte Vegetationsbestände der Riede und Röhrichte gebunden, aber weniger stark an Schilfröhrichte. Möglicherweise ist sie auch weniger schattentolerant, soweit sich dies aus den relativ wenigen Fundorten mit genauerer Beschreibung ableiten lässt. Die eigenen Nachweise stammen überwiegend aus Seggenrieden sowie Verlandungszonen mit Schilf- oder Rohrkolbenröhrichten. Die bei Wolf-Schwenninger & Schwenninger (1992) dokumentierten Funde am südlichen Oberrhein beinhalten Schilfröhrichte sowie ein flaches, schlammiges Tümpelufer (auch hier wohl mehrfach gemeinsam mit *B. peltatus*).

Gefährdung und Schutz: *B. collaris* wurde bundesweit (Stand 2015) als ungefährdet eingestuft, ist in Bad.-Württ. (Stand 2005) aber stark gefährdet sowie Landesart B des Informationssystems Zielartenkonzept Bad.-Württ. (Stand 2009). Schutzmaßnahmen sind primär in der Sicherung und Wiederausdehnung gut ausgebildeter, besonnter Röhricht- und Riedvegetation auf nassen Standorten zu sehen.

Badister dilatatus

Chaudoir, 1837

Breiter Dunkelwanderläufer

Allgemeine Verbreitung: Westpaläarktisch verbreitete Art, die in größeren Teilen Nord- und Nordwesteuropas sowie in Teilen Südeuropas fehlt. In Deutschland ist sie weit verbreitet, wobei sie im Norden und Osten Deutschlands flächendeckender und im Westen (u. a. Rheinland-Pfalz) sowie im Süden (Baden-Württemberg, Bayern) lückiger vorkommt.

Vorkommen in Baden-Württemberg: Verbreitungsschwerpunkte sind das Oberrhein-Tiefland, Teile der Neckar- und Tauber-Gäuplatten, des Schwäbischen Keuper-Lias-Landes sowie die Donau-Aue und das Voralpine Hügel- und Moorland. Daneben ist die Art auch in weiteren Naturräumen mit entsprechendem Habitatangebot punktuell vertreten oder zu erwarten. Obwohl auch ihre Verbreitung noch lückig dokumentiert ist, ist sie als die insgesamt verbreitetste der dunklen *Badister*-Arten einzuschätzen.

Badister dilatatus. Foto: M. Bräunicke.

Lebensweise und Habitat: Flugfähige (makroptere) Art. Wie bei *B. peltatus* ist davon auszugehen, dass Paarung und Eiablage (schwerpunktmäßig) im Frühjahr stattfinden und die Larvalentwicklung ab Frühjahr/Sommer; überwinternde

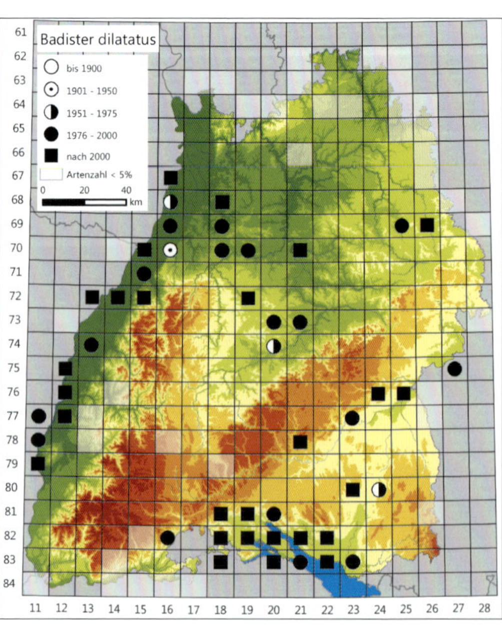

Imagines wurden mehrfach und teils in Anzahl im Winterquartier unter Rinde am Fuß von Bäumen gefunden, die in oder am Rand von Ried- und Röhrichtzonen stehen, wie es auch MARGGI (1992) für die Schweiz erwähnt. Aktive Imagines wurden in Bad.-Württ. nach den ausgewerteten Daten zwischen Mai und Oktober registriert, mit einem Aktivitätsmaximum im Mai und Juni.

B. dilatatus nutzt ein breiteres Lebensraumspektrum als *B. collaris* und *B. peltatus*, hat dabei offenbar eine stärkere Schattentoleranz, eine weniger enge Bindung an stark vertikal strukturierte Ried- und Röhrichtvegetation und tritt insbesondere auch in Bruchwäldern und nassen Flächen im Sukzessionsstadium zu Weidengebüschen regelmäßiger auf, vor allem in den wärmeren Naturräumen des Landes. Im Schilfgürtel des Federseegebiets wies WASNER (1974) sie nicht nach.

Gefährdung und Schutz: *B. dilatatus* ist bundesweit (Stand 2015) als ungefährdet eingestuft, in Bad.-Württ. (Stand 2005) aber gefährdet und als Naturraumart des Informationssystems Zielartenkonzept Bad.-Württ. (Stand 2009) ausgewiesen. Schutzmaßnahmen sind primär in der Sicherung und Wiederausdehnung nasser Standorte mit Röhrichten, Rieden und Nasswäldern zu sehen.

Badister lacertosus. Foto: E. Wachmann.

Badister lacertosus

Sturm, 1815

Stutzfleck-Wanderläufer

Allgemeine Verbreitung: Westpaläarktisch verbreitete Art, die jedoch auf der Iberischen Halbinsel und in weiteren Teilen Südeuropas sowie in Teilen Nordeuropas fehlt. Sie kommt in Deutschland in geeigneten Lebensräumen flächendeckend vor.

Vorkommen in Baden-Württemberg: Landesweit mit Ausnahme des größten Teils des Schwarzwaldes weit verbreitet, fehlende Nachweise in der Verbreitungskarte sind ansonsten als Erfassungslücken, i. d. R. aber nicht als ein tatsächliches Fehlen zu interpretieren. *B. lacertosus* wurde, obwohl bereits 1815 beschrieben, erst spät als eigenständige Art gewertet, nachdem die Bestimmungsmerkmale sicher herausgearbeitet waren (s. MAKOLSKI 1952). Wie bereits bei HORION (1959a) erwähnt, hatte allerdings schon KELLER (1864) in seinem württembergischen Käferverzeichnis einen klaren Hinweis auf das Vorkommen dieser Art in Bad.-Württ. hinterlassen, indem er schreibt: „Eine bedeutend größere Art [als *B. bullatus*] […], deren Rückenflecken aber gerade verlaufend, nicht mondförmig ist, fand ich im Walde ganz vereinzelt."

Lebensweise und Habitat: Art mit vollständig entwickelten Hinterflügeln (makropter), von der nach

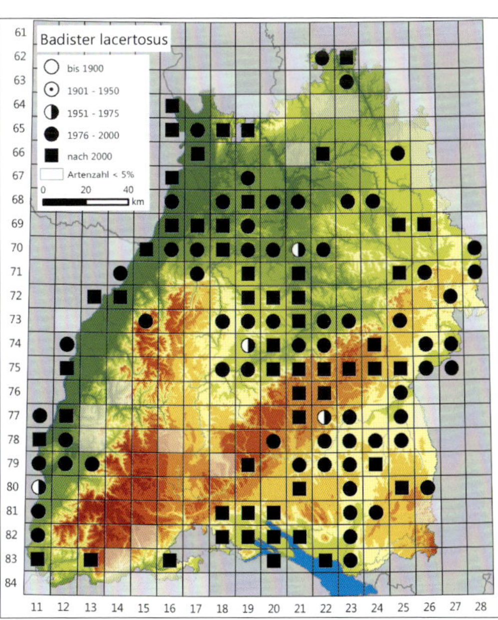

Auswertungsstand keine Flugbeobachtung vorliegt. Paarung und Eiablage (schwerpunktmäßig) im Frühjahr und Larvalentwicklung ab Frühjahr/Sommer. Aktive Imagines wurden in Bad.-Württ. nach den ausgewerteten Daten zwischen Ende Februar und September registriert, mit einem Aktivitätsmaximum im Mai.

B. lacertosus ist eine Art der Wälder und Wald-Offenland-Ökotone, die teilweise auch in Feldgehölzen auftreten oder in offene Lebensräume vordringen kann, insbesondere in höheren Lagen oder unter feuchteren Standortbedingungen. Im Wald bevorzugt sie tendenziell Randlagen oder räumig-lückigen bis lichten Bestandsschluss sowie Laubbaumbestände. Nach den vorliegenden Daten toleriert die Art ein breiteres Spektrum an Bodenfeuchte, tendiert aber eher in den frischen bis feuchten Standortbereich. Insgesamt tritt sie meist nur in geringer Aktivitätsdichte auf.

Gefährdung und Schutz: *B. lacertosus* ist bundesweit (Stand 2015) und in Bad.-Württ. (Stand 2005) nicht gefährdet. Aufgrund der weiten Verbreitung mit Auftreten in unterschiedlichen, jedenfalls teilweise ungefährdeten Lebensraumtypen (überwiegend) des Waldes und in Wald-Offenland-Ökotonen ist auch zukünftig keine Gefährdung absehbar. Kein Handlungsbedarf.

Badister meridionalis.

Badister meridionalis

Puel, 1925

Bogenfleck-Wanderläufer

Allgemeine Verbreitung: Südwestpaläarktisch verbreitete Art, fehlt im Norden Europas. In Deutschland ist sie mit einem Verbreitungsschwerpunkt im Osten (Thüringen, Sachsen-Anhalt, Brandenburg, Sachsen) hauptsächlich in der nördlichen Hälfte vertreten, während sie größere Verbreitungslücken in Westdeutschland aufweist und in Süddeutschland teils großflächig fehlt.

Vorkommen in Baden-Württemberg: Die Art wurde lange Zeit nicht oder nicht sicher von den verwandten, ebenfalls bunt gezeichneten Arten der Gattung (*B. bullatus, B. lacertosus, B. unipustulatus*) getrennt, und die landesweit publizierten sowie zusätzliche unpublizierte Meldungen gehen nach den bisherigen Erfahrungen bei Überprüfung von Belegtieren weitestgehend auf Verwechslungen mit einer der genannten Arten, meist *B. bullatus* mit teils untypischer Flügeldeckenfärbung, zurück. Als glaubhaft eingestufte

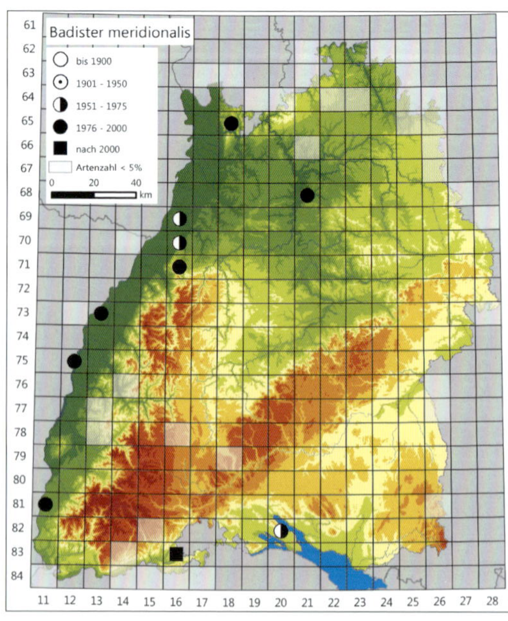

Meldungen liegen nur aus dem Oberrhein-Tiefland sowie punktuell von wenigen weiteren Fundorten vor.

Lebensweise und Habitat: Flugfähige (makroptere) Art. Aufgrund der Nachweissituation (s. o.) sind keine hinreichenden Angaben zu Phänologie oder anderen Aspekten der Biologie verfügbar. Auch für eine weitergehende Charakterisierung der Lebensräume in Bad.-Württ. reichen die Daten nicht aus.

B. meridionalis tritt nach den vorliegenden Einzelmeldungen an Nassstandorten im Uferbereich von Gewässern auf. Bundesweit liegen die Vorkommensschwerpunkte im Feucht- und Nassgrünland sowie in Röhrichten und Rieden (GAC 2009).

Gefährdung und Schutz: *B. meridionalis* ist bundesweit (Stand 2015) gefährdet und in Bad.-Württ. (Stand 2005) der Kategorie D (Daten defizitär) zugeordnet. Die tatsächliche Verbreitung muss näher untersucht werden, bevor man Schutzmaßnahmen oder einen weiteren Handlungsbedarf ableiten kann.

Badister peltatus

(Panzer, 1796)

Auen-Dunkelwanderläufer

Allgemeine Verbreitung: Vorwiegend europäisch verbreitete Art, die aber in größeren Teilen Süd- sowie Nordwest- und Nordeuropas fehlt. In Deutschland ist sie weit verbreitet, wobei sie im Norden und Osten Deutschlands flächendeckender und im Westen (u. a. Nordrhein-Westfalen, Rheinland-Pfalz) sowie im Süden (Baden-Württemberg, Bayern) lückiger vorkommt.

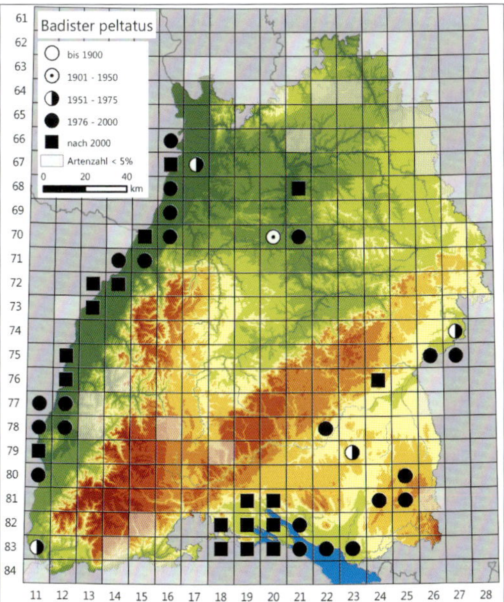

Badister peltatus. Foto: O. Bleich.

Vorkommen in Baden-Württemberg: Verbreitungsschwerpunkte sind das Oberrhein-Tiefland sowie Teile des Voralpinen Hügel- und Moorlands (Bodenseeraum mit Hegau), daneben tritt die Art – zum Teil nur punktuell – in weiteren Naturräumen mit entsprechendem Habitatangebot auf.

Lebensweise und Habitat: Flugfähige (makroptere) Art. Paarung und Eiablage (schwerpunktmäßig) im Frühjahr und Larvalentwicklung ab Frühjahr/Sommer. Überwinternde Imagines wurden wie bei *B. dilatatus* mehrfach und teils in Anzahl im Winterquartier unter Rinde am Fuß von Bäumen gefunden, die in oder am Rand von Ried- und Röhrichtzonen standen. Dies war z. B. der Fall im Oberrhein-Tiefland und in den Auerelikten der Donau bei Ulm. Aktive Imagines wurden in Bad.-Württ. nach den ausgewerteten Daten zwischen Mai und September registriert; am Federsee hatte die Art ihr Aktivitätsmaximum nach Ergebnissen von Bodenfallenfängen im Juli und August (Wasner 1974).

B. peltatus hat sein Schwerpunktvorkommen in der Verlandungszone etwas größerer Stillgewässer sowie in Röhrichten und Rieden der größeren Auen; dabei scheinen Schilfröhrichte deutlich bevorzugt zu werden. Am Federsee im Voralpinen Hügel- und Moorland gehört die Art „zur Fauna des Schilfgürtels und geht bis an den äu-

Fundort von *Badister peltatus* an einem Altwasserkomplex des Donautals.

ßersten, sehr nassen Ufersaum" (Wasner 1974). Typisch sind auch die bei Wolf-Schwenninger & Schwenninger (1992) dokumentierten Funde am südlichen Oberrhein aus einem Schilfröhricht am Altrheinarm sowie einem flachen, schlammigen Tümpelufer und Schilfröhricht. Teilweise sind die Lebensräume, insbesondere entlang der Auen, eng mit nassen, gehölzbestandenen Flächen (v.a. Weichholzauen oder Fragmente davon) verknüpft. *B. peltatus* ist aber, obwohl sie in Au- und Bruchwälder einstrahlen sowie am Fuß von Bäumen überwintern kann (s.o.), keine typische Art der Feucht- und Nasswälder, sondern stark an vertikal strukturierte Vegetationsbestände der Riede und Röhrichte gebunden. *B. peltatus* kommt als charakteristische Art des Lebensraumtyps 3150 (eutrophe Seen) des Anhangs I der FFH-Richtlinie infrage.

Gefährdung und Schutz: *B. peltatus* ist bundesweit (Stand 2015) gefährdet und in Bad.-Württ. (Stand 2005) als stark gefährdet eingestuft sowie Landesart B des Informationssystems Zielartenkonzept Bad.-Württ. (Stand 2009). Schutzmaßnahmen sind primär in der Sicherung von breit ausgebildeten Röhricht- und Riedverlandungszonen an Stillgewässern sowie von nassen Standorten mit entsprechender Vegetation in Auen zu sehen, des Weiteren die Wiederausdehnung solcher Lebensräume entlang der Auen.

Badister sodalis

(Duftschmid, 1812)

Kleiner Gelbschulter-Wanderläufer

Allgemeine Verbreitung: Westpaläarktisch verbreitete Art, die im Großteil Nord- sowie in Teilen Nordwest- und Südeuropas fehlt. Sie ist in Deutschland trotz kleinerer Vorkommenslücken weit verbreitet.

Vorkommen in Baden-Württemberg: Landesweit mit Ausnahme des größten Teils des Schwarzwaldes weit verbreitet, fehlende Nachweise in der Verbreitungskarte sind ansonsten als Erfassungslücken, i.d.R. aber nicht als ein tatsächliches Fehlen zu interpretieren.

Lebensweise und Habitat: Flugfähige (dimorphe bzw. polymorphe) Art. Paarung und Eiablage (schwerpunktmäßig) im Frühjahr und Larvalentwicklung ab Frühjahr/Sommer. Aktive Imagines wurden in Bad.-Württ. nach den ausgewerteten Daten zwischen April und September registriert, mit einem Aktivitätsmaximum im Mai.

Badister sodalis. Foto: C. Benisch.

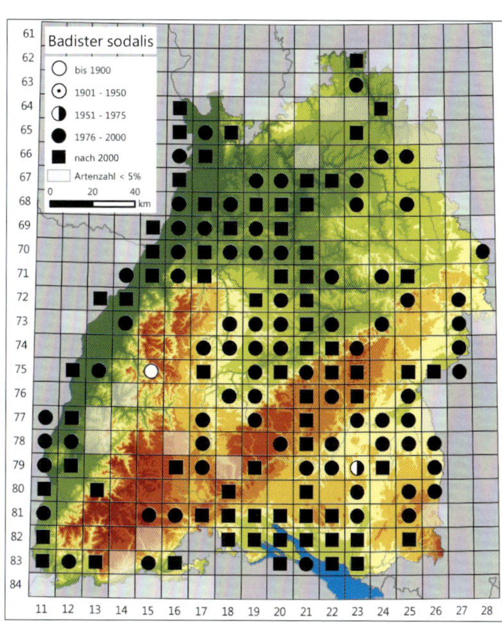

B. sodalis wird in der faunistischen Literatur meist als Sumpf- oder Feuchtgebietsart bezeichnet, was für viele aus Bad.-Württ. publizierte Funde passt. So fand sie Baehr (1980) im Schönbuch im zentralen Bad.-Württ. in „feuchten Auwäldern auf tiefgründigem Anschwemmungsboden, außerdem im Schilfsumpf", insgesamt aber nur vereinzelt. In anderen Untersuchungen wird sie ebenfalls für Auwälder, Röhrichte sowie Feucht- oder Nassbrachen gemeldet. Neben diesen Lebensräumen besiedelt die Art aber auch trockene Standorte, in denen sie zudem regelmäßig nachgewiesen wird. Dazu gehören etwa (zumeist) Brachestadien von Halbtrockenrasen und frischem bis trockenem Grünland sowie strukturell ähnliche Begleitstrukturen in Ackergebieten, vor allem auf der Schwäbischen Alb und in den Neckar- und Tauber-Gäuplatten. In Einzelfällen könnten solche Funde auf dispergierende Individuen oder Tiere beim Aufsuchen oder Verlassen ihres Winterquartiers zurückgehen, das gilt aber sicher nicht für den Hauptteil. Warum die Tiere diese unterschiedlichen Habitattypen nutzen, kann derzeit nicht zufriedenstellend erklärt werden.

Gefährdung und Schutz: *B. sodalis* ist bundesweit (Stand 2015) und in Bad.-Württ. (Stand 2005) ungefährdet. Aufgrund der weiten Verbreitung mit Auftreten in unterschiedlichen, darunter auch nicht gefährdeten Lebensraumtypen ist auch keine zukünftige Gefährdung absehbar. Kein Handlungsbedarf.

Badister unipustulatus

Bonelli, 1813

Großer Wanderläufer

Allgemeine Verbreitung: Westpaläarktisch verbreitete Art, die aber in größeren Teilen Süd- sowie Nordwest- und Nordeuropas fehlt. In Deutschland ist sie hauptsächlich in der nördlichen Hälfte ver-

Badister unipustulatus. Foto: M. Bräunicke.

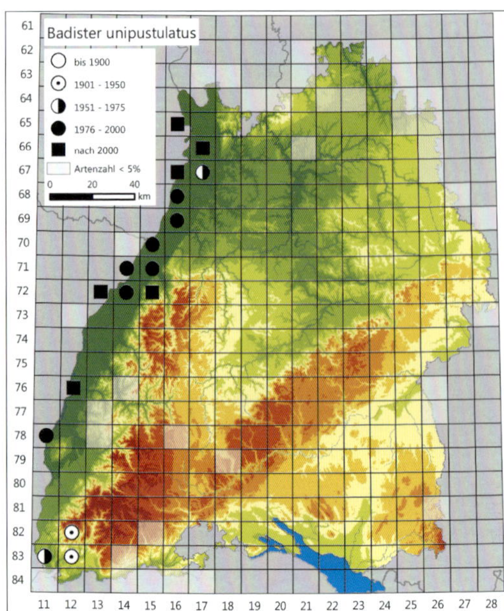

treten, mit einem Verbreitungsschwerpunkt im Osten (u. a. Sachsen-Anhalt, Brandenburg, Sachsen), während sie in Westdeutschland größere Verbreitungslücken aufweist und im Großteil Süddeutschlands weiträumig fehlt.

Vorkommen in Baden-Württemberg: Nur im Oberrhein-Tiefland nachgewiesen, dort deuten die vorliegenden Daten einen Schwerpunkt im nördlichen Bereich an. Einzelne Fundmeldungen aus anderen Landesteilen, z. B. aus einem Trockenrasen-Naturschutzgebiet im Tauberland, erwiesen sich als unzutreffend oder sind als fraglich einzuordnen und wurden daher nicht berücksichtigt; i. d. R. ist in diesen Fällen von einer Verwechslung mit *B. lacertosus* auszugehen.

Lebensweise und Habitat: Flugfähige (makroptere) und räuberische Art. Paarung und Eiablage (schwerpunktmäßig) im Frühjahr und Larvalentwicklung ab Frühjahr/Sommer. Aktive Imagines wurden in Bad.-Württ. nach den ausgewerteten Daten vor allem im Mai und Juni registriert, für die Bestimmung eines Aktivitätsmaximums liegen keine ausreichenden Daten vor. Die Art wird meist nur in sehr geringer Individuenzahl gefunden.

B. unipustulatus tritt in nassen Waldstandorten (soweit bekannt in der Weichholzaue) sowie in der Ufer- und Verlandungszone von Gewässern auf, wobei diese entweder durch Gehölze oder höhere Vegetation wie Schilf stärker beschattet sind. Wolf-Schwenninger & Schwenninger (1992) melden aus dem Oberrhein-Tiefland den Fund von einem flachen, sandigen und beschatteten Ufer am Restrhein, Zawadzki & Schmidt (1994) konnten die Art an dem von ihnen untersuchten Standort der Weichholzaue (Silberweiden-Aue) nachweisen. *B. unipustulatus* kommt als charakteristische Art der Lebensraumtypen *91E0 (Weichholzauenwälder) sowie 3150 (eutrophe Seen) des Anhangs I der FFH-Richtlinie infrage.

Gefährdung und Schutz: *B. unipustulatus* ist bundesweit (Stand 2015) gefährdet und in Bad.-Württ. (Stand 2005) als stark gefährdet eingestuft sowie Landesart B des Informationssystems Zielartenkonzept Bad.-Württ. (Stand 2009). Schutzmaßnahmen sind primär in der Sicherung und Wiederherstellung der Weichholzauen und mit ihnen verbundener Flachuferstrukturen an Rhein und Restrhein sowie in den Altarmen einschließlich ihrer hydrologischen Rahmenbedingungen zu sehen; möglicherweise kommt auch weiteren Flächen z. B. an dem Rhein zuführenden Gewässern im Oberrhein-Tiefland noch eine Bedeutung zu.

Licinus cassideus

(Fabricius, 1792)

Trockenrasen-Stumpfzangenläufer

Allgemeine Verbreitung: Von Teilen West- und Mitteleuropas über Südosteuropa bis nach Westasien verbreitete Art. Die in Deutschland an ihre

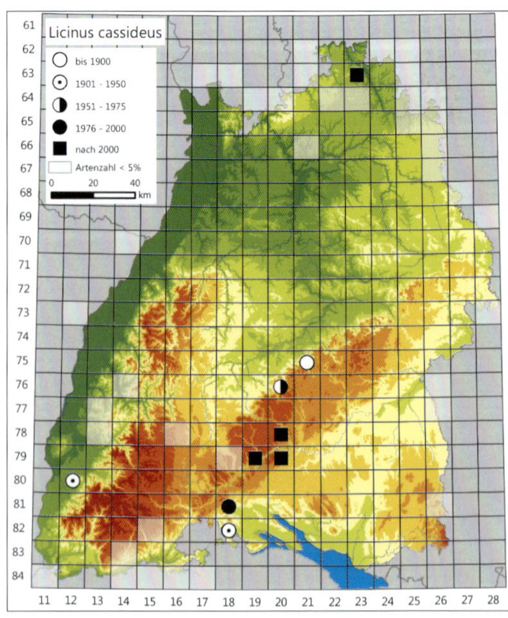

Lebensraum von *Licinus cassideus* im Oberen Donautal. Foto: J. Rietze.

Licinus cassideus.

nördliche Arealgrenze gelangende Art ist nur sehr lokal und zerstreut im Südwesten und Süden (Rheinland-Pfalz, Hessen, Baden-Württemberg) sowie nördlich bis Mitteldeutschland (Thüringen, Sachsen-Anhalt, Sachsen) in Wärmegebieten und lokalklimatisch begünstigten Lagen verbreitet.

Vorkommen in Baden-Württemberg: Aktuelle Nachweise beschränken sich auf den Südwestteil der Schwäbischen Alb mit Oberem Donautal sowie den nordöstlichsten Teil der Neckar- und Tauber-Gäuplatten (Taubergebiet); frühere Funde stammen zudem aus dem Bereich Hegaualb/Hegau, anderen Bereichen der Alb und der Neckar- und Tauber-Gäuplatten sowie dem südlichen Oberrhein-Tiefland. Die bei Köstlin (1968) enthaltene Fundangabe aus dem Brunnenholzried bei Aulendorf geht auf einen Übertragungsfehler aus Artenlisten zurück, da der angeführte Sammler die Art dort nicht gefunden hat (Kostenbader, in lit.).

Lebensweise und Habitat: Flugunfähige (brachyptere) und räuberische, nachtaktive Art, die wie die anderen Vertreter der Gattung auf den Verzehr von Gehäuseschnecken spezialisiert ist. Dabei brechen die Imagines, wie BRANDMAYR & ZETTO BRANDMAYR (1986) bei Terrarienhaltung beobachten konnten, Gehäuse mehrerer angebotener Schneckenarten auf, darunter z.B. von *Monacha carthusiana* und jungen Individuen von *Helix aspersa*. Typischerweise werden die Gehäuse der Beute beginnend am Gehäusemund längs der Windungen aufgebrochen (s. Kap. 4.4). Bei größeren Individuen von *Helix aspersa* konnten BRANDMAYR & ZETTO BRANDMAYR (1986) dagegen beobachten, dass *L. cassideus* direkt durch den Gehäusemund zum Weichkörper vordrang. Aktive Imagines wurden in Bad.-Württ. nach den ausgewerteten Daten zwischen April und November registriert, für die Angabe eines Aktivitätsmaximums liegen keine ausreichenden Daten vor.

L. cassideus tritt in besonnten, nach den vorliegenden Funden südost- bis südwestexponierten Halbtrockenrasen in starker Hanglage und auf Kalkböden auf, die jedenfalls in Teilbereichen mit Felsen oder Schuttfluren durchsetzt sind. Sie ist als charakteristische Art der Lebensraumtypen *6110 und 6210 (Kalk- Pionierrasen und -Trockenrasen) sowie möglicherweise auch *6240 (Steppenrasen) des Anhangs I der FFH-Richtlinie einzuordnen.

Gefährdung und Schutz: *L. cassideus* ist bundesweit (Stand 2015) und in Bad.-Württ. (Stand 2005) vom Aussterben bedroht und Landesart A des Informationssystems Zielartenkonzept Bad.-Württ. (Stand 2009). Zu den wesentlichsten Gefährdungsursachen dürften Nutzungs- bzw. Pflegeaufgabe mit anschließender Gehölzsukzession sowie Fragmentierung von Lebensräumen zählen. Ausgehend von den aktuell dokumentierten Vorkommen sollte geprüft werden, ob noch weitere Populationen in Bad.-Württ. existieren. Für alle Vorkommen muss sichergestellt werden, dass die für die Art entscheidenden Habitatbedingungen langfristig erhalten bleiben und ggf. bereits vorgesehene oder laufende Pflegemaßnahmen darauf abgestellt werden. Aufgrund der wenigen, räumlich offenbar eng begrenzten Lebensräume und der geringen Ausbreitungsfähigkeit der Art sollte zudem geprüft werden, ob die Lebensräume erweitert werden können, insbesondere durch (Wieder-)Öffnung gehölzdominierter Bereiche.

Licinus depressus

(Paykull, 1790)

Kleiner Stumpfzangenläufer

Allgemeine Verbreitung: Von Teilen West- und Mitteleuropas über das nördliche Süd- sowie das südliche Nordeuropa und Südosteuropa bis nach Mittelasien verbreitete Art. In Deutschland kommt sie von ihrem Verbreitungsschwerpunkt im Osten (v.a. Mecklenburg-Vorpommern, Brandenburg, Sachsen-Anhalt, Sachsen) südwestlich bis zum Oberrhein (Baden-Württemberg) und nach Rheinland-Pfalz vor, während sie in weiten Teilen Nordwest- und Westdeutschlands fehlt.

Vorkommen in Baden-Württemberg: Nachweise stammen aus den Naturräumen Schwäbische Alb und Oberrhein-Tiefland sowie in Einzelfällen aus direkt angrenzenden Bereichen.

Lebensweise und Habitat: Art mit unterschiedlicher Flügelausbildung (dimorph bzw. polymorph), von der nach Auswertungsstand keine Flugbeobachtung vorliegt. Räuberische und nachtaktive Art, die wie die anderen Vertreter der Gattung (s. bei *L. cassideus*) auf den Verzehr von Gehäuseschnecken spezialisiert ist. Paarung und Eiablage lt. Literaturangaben (schwerpunktmäßig) im Frühjahr und Larvalentwicklung ab Frühjahr/Sommer. Allerdings ist auf die glaubhafte Angabe im alten Verzeichnis von KELLER (1864) hinzuweisen, der schreibt: „1849 fand ich im August ein Paar i.c. [in copula] unter einem Stein am Waldsaum; seit-

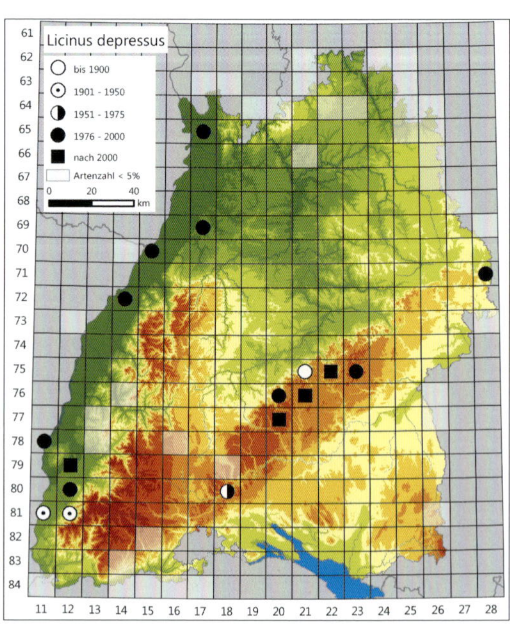

Licinus depressus.
Foto: T. Tolasch.

her nie wieder." Aktive Imagines wurden in Bad.-Württ. nach den ausgewerteten Daten zwischen Mai und Oktober registriert, für die Angabe eines Aktivitätsmaximums liegen keine ausreichenden Daten vor.

L. depressus tritt ganz überwiegend in Sandrasen und Kalkhalbtrockenrasen sowie deren initialen Stadien (teils im Übergang zu Schutt- und Felsfluren) auf, dringt aber auch in warme und trockene, meist sehr lichte Waldbestände im Übergangsbereich zu offenen Habitaten vor. Zudem liegen Nachweise der Art aus standörtlich und strukturell ähnlichen Lebensräumen unter anderem in Abbaugebieten sowie in Ackerbegleitstrukturen (junge Brachen, Säume mit magerer Vegetation) vor. Wolf-Schwenninger & Schwenninger (1992) melden aus dem Oberrhein-Tiefland Funde aus einer bewaldeten Flugsanddüne sowie einer lückig bewachsenen Böschung des Rheinhauptdamms. *L. depressus* kommt als charakteristische Art der Lebensraumtypen 6210 (Kalk-Trockenrasen), 5130 (Wacholderheiden) und 2330 (Dünen mit offenen Grasflächen) des Anhangs I der FFH-Richtlinie infrage.

Gefährdung und Schutz: *L. depressus* steht bundesweit (Stand 2015) auf der Vorwarnliste und ist in Bad.-Württ. (Stand 2005) als stark gefährdet eingestuft sowie als Landesart B im Informationssystem Zielartenkonzept Bad.-Württ. (Stand 2009). Zu den wesentlichsten Gefährdungsursachen dürften Nutzungs- oder Pflegeaufgabe mit anschließender flächiger Gehölzsukzession in Sand- und Halbtrockenrasen sowie Aufforstung zählen, außerdem die Beseitigung oder Eutrophierung und Gehölzsukzession offener, nutzungsbegleitender Strukturen (z. B. Verlust offener Steinriegel) sowie die Fragmentierung von Lebensräumen. Ausgehend von den aktuell dokumentierten Vorkommen sollte die Bestandssituation in Bad.-Württ. näher untersucht werden. In Vorkommensgebieten sollen die für die Art entscheidenden Habitatbedingungen langfristig erhalten bleiben und ggf. bereits vorgesehene oder laufende Pflegemaßnahmen darauf abgestellt werden. Auch die Ausweitung der aktuell bestehenden Lebensräume sollte geprüft werden. Hierfür dürfte sich einerseits insbesondere die Neuanlage von Magerrasen, trockenwarmer Säume und mehrjähriger Ackerbrachen in den agrarisch genutzten Landschaften anbieten, die an Magerrasengebiete mit Vorkommen der Art anschließen. Andererseits wäre gebietsweise auch die Zurückdrängung von Gehölzen nötig.

Licinus hoffmannseggii

(Panzer, 1803)

Berg-Stumpfzangenläufer

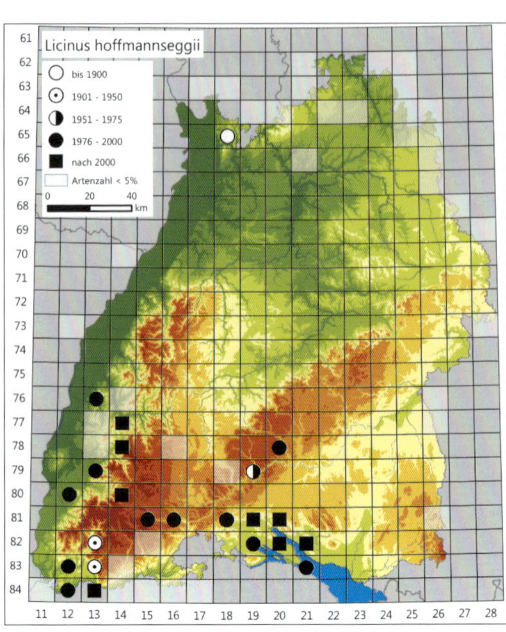

Allgemeine Verbreitung: In Mittelgebirgen und Gebirgen des zentralen Europas bis in die Karpaten und auf die Balkanhalbinsel verbreitete Art. Die in Deutschland an ihre nördliche Arealgrenze gelangende Art kommt schwerpunktmäßig im Süden Baden-Württembergs und Bayerns vor und weist in der Eifel (Rheinland-Pfalz, Nordrhein-Westfalen) noch ein isoliertes Teilareal auf.

Vorkommen in Baden-Württemberg: Vom Oberen Donautal und der Hegaualb am Südwestrand der Schwäbischen Alb über das Hegau, die südlichen Ausläufer der Neckar- und Tauber-Gäuplatten (Alb-Wutach-Gebiet) sowie Teile des südlichen Schwarzwalds, insbesondere an seinen Rändern zum Hochrhein und zum Oberrhein-Tiefland, verbreitet. Außerdem schreibt Horion (1941): „In coll. Röttgen (Mus. Krefeld) sind 2 Ex. „Heidelberg", Röttgen leg. (t. Horion). Ob der Fundort stimmt?" Horions Zweifel sind vor dem Hintergrund, dass er zu diesem Zeitpunkt aus dem gesamten Westen Deutschlands ansonsten nur einen Fund aus dem Schwarzwald kannte, verständlich. Nach dem heute bekannten Areal, das noch die Eifel erreicht, ist der alte Fundort Heidelberg glaubhaft und dem Naturraum Vorderer Odenwald zuzurechnen.

Lebensweise und Habitat: Flugunfähige (brachyptere) und räuberische, nachtaktive Art, die wie die anderen Vertreter der Gattung (s. bei *L. cassideus*) auf den Verzehr von Gehäuseschnecken spezialisiert ist. In Terrarienhaltung brach die Art Gehäuse der Schnecke *Helicigona planospira* auf (Brandmayr & Zetto Brandmayr 1986). Beobachtungen zeigen, dass Imagines nachts auch Baumstämme erklettern. Paarung und Eiablage (schwerpunktmäßig) im Sommer und Larvalentwicklung ab Sommer/Herbst. Aktive Imagines wurden in Bad.-Württ. nach den ausgewerteten Daten vor allem im Mai und Juni registriert, für die Angabe eines Aktivitätsmaximums liegen jedoch keine ausreichenden Daten vor.

L. hoffmannseggii tritt in montanen und submontanen Wäldern und deren Randzonen zum Offenland auf, wobei eine gewisse Bevorzugung lichter und randnaher Wälder zu bestehen scheint. Ein Teil der eigenen Nachweise sowie mehrere weitere Funde stammen aus Waldrandsituationen, z. B. wurde die Art mehrfach bei einer Untersuchungen zu Waldrändern nachgewiesen (Hondong et al. 1993). Die Angabe von Marggi (1992), wonach die Art in der Schweiz feuchte Stellen bevorzugen soll (ausgeführt dann: „besonders unter Laubschichten in den seitlichen Gräben

Licinus hoffmannseggii.

Lebensraum von *Licinus hoffmannseggii* in einem Waldgebiet im Hegau.

von Naturstraßen und Wegen [...] im Wald oder in Waldnähe"), ist nicht auf die Situation in Bad.-Württ. übertragbar und möglicherweise eher auf eine erhöhte Fangwahrscheinlichkeit an solchen Stellen als auf eine tatsächliche Bevorzugung feuchter Habitate zurückzuführen.

Gefährdung und Schutz: *L. hoffmannseggii* ist bundesweit (Stand 2015) und in Bad.-Württ. (Stand 2005) als gefährdet eingestuft und Landesart B des Informationssystems Zielartenkonzept Bad.-Württ. (Stand 2009). Hintergrund hierfür war in Bad.-Württ. das begrenzte Verbreitungsgebiet in Verbindung mit der Flugunfähigkeit der Art sowie der Präferenz für lichte oder randnahe Waldstandorte, die aufgrund der forstlichen Praxis der letzten Jahrzehnte als rückläufig bewertet wurden. Durch Förderung lichter Waldbestände vor allem in Waldrandsituation kann die Art unterstützt werden. Ob darüber hinaus Handlungsbedarf besteht, müsste durch vertiefte Untersuchungen zur aktuellen Bestandssituation geklärt werden.

Tribus Anisodactylini

M.-A. Fritze

Weltweit sind nach Lorenz (2015) bislang 376 Arten aus 32 Gattungen beschrieben, die dieser Tribus zugerechnet werden. In Bad.-Württ. ist sie mit 4 Arten aus 2 Gattungen vertreten, deren Imagines im Größenspektrum von rd. 7,4–13,5 mm liegen. Die einheimischen Arten sind mit einer Ausnahme (*Diachromus germanus*) mehr oder minder einheitlich dunkel gefärbt und weisen nur auf dem Kopf einen kleineren, unter einer Lupe häufig schwach erkennbaren rötlichen Stirnfleck auf.

Anisodactylus binotatus

(Fabricius, 1787)

Gewöhnlicher Rotstirnläufer

Allgemeine Verbreitung: Westpaläarktisch verbreitete Art, in fast ganz Europa, ausgenommen Teile des Nordens; in Nordamerika eingeschleppt (Bousquet 2012). Sie kommt in Deutschland in geeigneten Lebensräumen flächendeckend vor.

Vorkommen in Baden-Württemberg: Landesweit verbreitet, fehlende Nachweise in der Verbreitungskarte sind als Erfassungslücken, i. d. R.

Anisodactylus binotatus. Foto: E. Wachmann.

aber nicht als ein tatsächliches Fehlen zu interpretieren.

Lebensweise und Habitat: Flugfähige (makroptere) Art. Nahrungsgeneralistin. Paarung und Eiablage (schwerpunktmäßig) im Frühjahr und Larvalentwicklung ab Frühjahr/Sommer. Aktive Imagines wurden in Bad.-Württ. nach den ausgewerteten Daten zwischen April und Oktober registriert, mit einem Aktivitätsmaximum im Juni.

A. binotatus tritt in Bad.-Württ. schwerpunktmäßig in collinen bis submontanen Wiesen und Weiden sowie in Begleitstrukturen von Äckern auf eher feuchten und lehmigen Böden auf (BAEHR 1980). In geringeren Dichten werden auch Ruderalfluren, Pioniergesellschaften und weitere unterschiedliche Habitate der offenen Kulturlandschaft besiedelt, darunter auch Feuchtwiesen. Einzelne Individuen wurden zudem im Wald festgestellt, hierbei dürfte es sich aber um einstrahlende Tiere aus umgebenden Offenlandhabitaten handeln, die möglicherweise beim Aufsuchen oder Verlassen des Winterquartiers angetroffen wurden.

Gefährdung und Schutz: *A. binotatus* ist weder bundesweit (Stand 2015) noch in Bad.-Württ. (Stand 2005) gefährdet. Aufgrund der weiten Verbreitung in der offenen Kulturlandschaft und dem Vorkommen in unterschiedlichen Habitaten mittlerer Standorte ist auch keine zukünftige Gefährdung absehbar. Es besteht kein Handlungsbedarf.

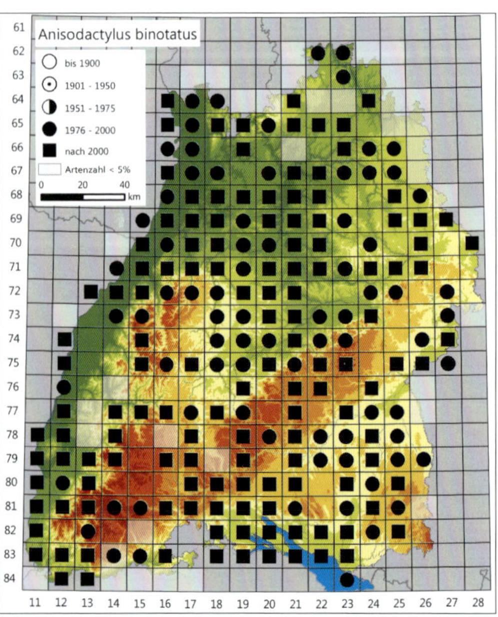

Anisodactylus nemorivagus

(Duftschmid, 1812)

Kleiner Rotstirnläufer

Allgemeine Verbreitung: Westpaläarktisch verbreitete Art, im Großteil Nord- und Nordwesteuropas sowie teilweise in Südeuropa fehlend. Die Art ist in Deutschland weit verbreitet, kommt in den meisten Regionen unter anderem auch aufgrund massiver Bestandsrückgänge jedoch nur selten und lokal vor, wobei sie einen Vorkommensschwerpunkt in Nordwestdeutschland (Nordrhein-Westfalen, Niedersachsen, Schleswig-Holstein) besitzt.

Vorkommen in Baden-Württemberg: Kein geschlossenes Verbreitungsgebiet, aber aus mehreren Naturräumen überwiegend vereinzelt gemeldet. Fehlende Nachweise aus größeren Bereichen der nördlichen und nordöstlichen Naturräume sind mit hoher Wahrscheinlichkeit Erfassungslücken und nicht als tatsächliches Fehlen zu interpretieren. Allerdings wird und wurde die Art oft fehlbestimmt, und nur ein Teil der bisherigen Fundmeldungen ist daraufhin überprüft. Die Angaben V. D. TRAPPENS (1930) wurden nicht übernommen; die Fundangabe Münster a. N. ist in der Sammlung des Staatlichen Museums für Naturkunde in Stuttgart nicht belegt (t. WOLF-SCHWENNINGER).

Lebensweise und Habitat: Flugfähige (makroptere) Art. Paarung und Eiablage (schwerpunktmäßig) im Frühjahr und Larvalentwicklung ab Frühjahr/Sommer. Aktive Imagines wurden in Bad.-Württ. nach den ausgewerteten Daten fast ausschließlich im Mai registriert, Einzeltiere auch im April und Juli. Für die Angabe eines Aktivitätsmaximums liegen keine ausreichenden Daten vor.

Anisodactylus nemorivagus. Foto: O. Bleich.

A. nemorivagus scheint schwerpunktmäßig in ausdauernden Ruderalfluren, Äckern mit typischen Begleitstrukturen sowie Wiesen und Weiden mittlerer Standorte aufzutreten. Aktuellere Funde sind nur aus den letztgenannten Lebensraumtypen bekannt. So wurde die Art in höherer Zahl in einer Obstwiese im Raum Winnenden nachgewiesen (Rietze u. a.). Die baden-württembergischen Fundumstände unterscheiden sich deutlich vom Habitatspektrum der Art in Nordwestdeutschland. Dort ist sie schwerpunktmäßig in Heideflächen auf sandigen Böden, aber auch in Austrocknungsstadien von Mooren zu finden (Assmann 1982, Schüle 2007).

Gefährdung und Schutz: *A. nemorivagus* ist bundesweit stark gefährdet (Stand 2015), in Baden-Württemberg wird die Art als gefährdet eingestuft (Stand 2005) und ist im Informationssystem Zielartenkonzept Bad.-Württ. (Stand 2009) als Naturraumart geführt. Die sporadischen Vorkommen erlauben aber derzeit keine Ableitung konkreter Ziele und Schutzmaßnahmen. Die Bedeutung extensiv genutzter Wiesen, Weiden und Streuobstbestände als Lebensraum für die Art sollte eingehender geprüft werden, möglicherweise besteht hier eine Korrelation mit dem Lebensraumtyp der Mageren Flachlandmähwiesen (6510) des Anhangs I der FFH-Richtlinie. Ansonsten kann derzeit kein Handlungsbedarf erkannt werden.

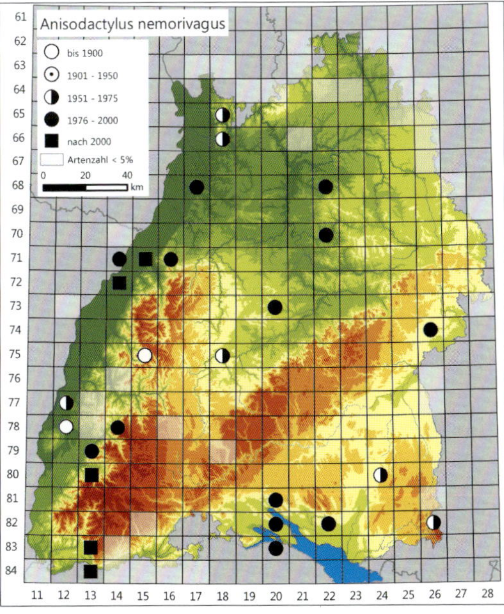

Anisodactylus signatus

(Panzer, 1796)

Schwarzhörniger Rotstirnläufer

Allgemeine Verbreitung: Paläarktisch verbreitete Art, in Nord- und Nordwesteuropa weitgehend und in Südeuropa teilweise fehlend. In Deutschland ist sie mit einem Verbreitungsschwerpunkt im Südwesten (Baden-Württemberg) hauptsächlich in der südlichen Hälfte vertreten, während vorwiegend historische Vorkommen punktuell nördlich bis Brandenburg bekannt sind.

Anisodactylus signatus. Foto: C. Benisch.

Vorkommen in Baden-Württemberg: In Bad.-Württ. in den collinen bis submontanen Wärmegebieten des Oberrhein-Tieflands, der Neckar- und Tauber-Gäuplatten und des Schwäbischen-Keuper-Lias-Landes verbreitet. Weitere Fundorte sporadisch aus anderen Teilen Baden-Württembergs mit Ausnahme der Naturräume Schwarzwald und Schwäbische Alb.

Lebensweise und Habitat: Flugfähige (makroptere) Art. Nahrungsgeneralistin. Paarung und Eiablage (schwerpunktmäßig) im Frühjahr und Larvalentwicklung ab Frühjahr/Sommer. Aktive Imagines wurden in Bad.-Württ. nach den ausgewerteten Daten zwischen April und August registriert. Für die Angabe eines Aktivitätsmaximums reichen die vorliegenden Daten nicht aus, die meisten aktiven Imagines wurden allerdings im

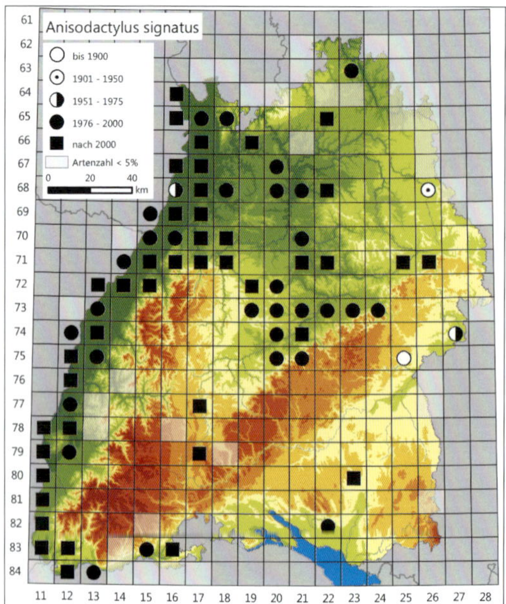

April und im Juni gefangen. In Ungarn weicht die Entwicklungsbiologie von *A. signatus* nach Fazekas et al. (1997) von den bekannten Standardtypen ab. Die Aktivität verläuft dort zweigipflig mit einem ersten Peak im Juni, der von überwinternden Imagines stammt, und einem zweiten Peak Mitte Juli, der zu über 80 % aus juvenilen (unausgehärteten) Imagines besteht. Die Weibchen des ersten Aktivitätsgipfels pflanzen sich im Gegensatz zu den Individuen des zweiten Peaks, wo die Weibchen keine Eier aufwiesen, fort. Es wird vermutet, dass die neue Generation erst nach der Überwinterung im nächsten Jahr zur Eiablage kommt.

A. signatus ist eine typische Art landwirtschaftlich geprägter Gebiete auf sandig-lehmigen Böden (Baehr 1980); hier sind ausgedehnte Saumstrukturen oder Brachen als besonders bedeutend für die Art einzustufen. Regelmäßig, aber weniger stet kommt sie auf kurzlebigen Ruderalfluren und Pioniergesellschaften, z. B. in Abbaugebieten, vor. Sporadische Vorkommen in weiteren Lebensräumen der offenen Kulturlandschaft sind bekannt.

Gefährdung und Schutz: *A. signatus* wird bundesweit (Stand 2015) und in Bad.-Württ. (Stand 2005) in den Vorwarnlisten geführt. Es besteht Handlungsbedarf im Offenland. Fördermaßnahmen für die Art sollten auf eine Erhöhung der strukturellen Vielfalt in Ackerbaulandschaften insbesondere durch Förderung von Saumstrukturen und 3–5-jährigen Rotationsbrachen abzielen.

Diachromus germanus

(Linnaeus, 1758)

Bunter Schnellläufer

Allgemeine Verbreitung: Westpaläarktisch und in Teilen Nordafrikas verbreitete Art, die in Nord- und Nordwesteuropa fehlt. Sie stößt in Deutschland an ihre nördliche Verbreitungsgrenze und fehlt in weiten Teilen vor allem Nordwestdeutschlands, während sie in der südlichen Hälfte, mit Ausnahme größerer Verbreitungslücken in Bayern, stetig vorkommt.

Vorkommen in Baden-Württemberg: Heute in den collinen bis submontanen, wärmeren Gebieten des Oberrhein-Tieflands, der Neckar- und Tauber-Gäuplatten und des Schwäbischen-Keuper-Lias-Landes stet und teils individuenreich vorkommend, entlang des Rheintals dringt die Art auch in die Vorbergzone des Schwarzwalds vor. Sie fehlt bis auf sporadische oder randliche Vorkommen ansonsten im Schwarzwald und auf der Schwäbischen Alb, auf der Donau-Iller-Lech-Platte sowie in größeren Teilen des voralpinen Hügel- und Moorlandes. Die wenigen Nachweise im Nordosten des Landes sind möglicherweise auf Erfassungslücken zurückzuführen. *D. germanus* hat sich in Bad.-Württ. deutlich ausgebreitet und an Häufigkeit und Stetigkeit zugenommen. Die Ausbreitung der Art ist in Bad.-Württ. anhand der Nachweise aus dem Voralpinen Hügel- und Moorland gut zu verfolgen: Vor

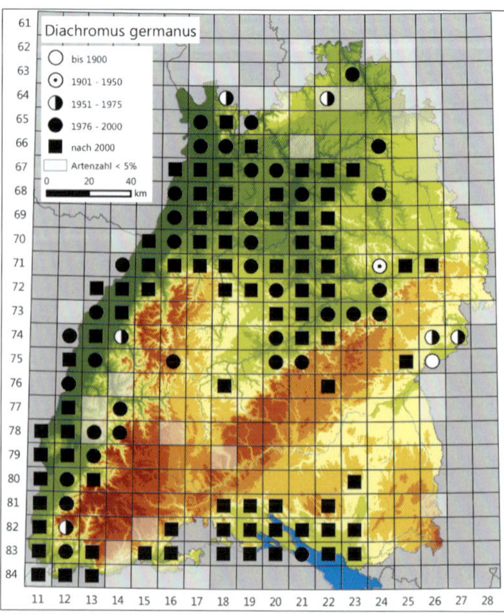

Diachromus germanus.

1988 waren aus dem Naturraum keine Funde bekannt (Trautner et al. 1988). Danach ist *D. germanus* vermutlich entlang des Hochrheins eingewandert und kommt heute im Bodenseeraum bis an die östliche Landesgrenze stet in geeigneten Lebensräumen vor.

Lebensweise und Habitat: Flugfähige (makroptere) und pflanzenfressende Art. Nach gegenwärtigem Auswertungsstand erfolgt die Paarung und Eiablage (schwerpunktmäßig) im Frühjahr, synchronisiert sich jedoch mit der Gräserblüte und kann so bis in den Frühsommer andauern. Die Larvalentwicklung findet entsprechend ab Frühjahr/Sommer statt. Funde im November, Februar und März aus dem Winterlager deuten auf Imaginalüberwinterung hin. Aktive Imagines wurden in Bad.-Württ. nach den ausgewerteten Daten von März bis August registriert, mit einem Aktivitätsmaximum im Mai – eigene Beobachtungen zu Massenauftreten stammen aus dem Juni.

D. germanus tritt mit klarem Schwerpunkt in eher extensiv bewirtschafteten collinen bis submontanen Wiesen und Weiden sowie in Äckern mit entsprechenden Begleitstrukturen auf. Es werden auch Waldrandsituationen sowie grasreiche Bestände auf Lichtungen und Sukzessionsstadien von Schlagfluren besiedelt. Frische Standorte werden insgesamt bevorzugt, das besiedelte Standortspektrum reicht allerdings von feucht bis trocken. Wesentlich für das Vorkommen sind Besonnung und eine ausreichende Nahrungsgrundlage. Beobachtungen von über 150 Tieren während der Gräserblüte auf einer kleinen, schwach gedüngten Zweimahdwiese deuten auf eine entscheidende Rolle von Grassamen hin. Trautner et al. (1988) schreiben dazu: „Eine der am häufigsten besuchten Pflanzenarten war das Gemeine Rispengras (*Poa trivialis* L.), an dem auch die Samenernte von *Diachromus* beobachtet werden konnte; aber auch am Wolligen Honiggras (*Holcus lanatus* L.) waren auffällig viele Tiere zu finden.“ Ein Zusammenhang von Samenernte und Samenabtransport mit der Brutfürsorge ist anzunehmen, zumal dieses Verhalten – das Sammeln und Eintragen von Samen in Erdhöhlen als Nahrungsgrundlage für die Larven – bei Harpalinen der Gattungen *Dixus*, *Carterus*, *Harpalus* und *Ophonus* bekannt ist (z. B. Kirk 1972, Schremmer 1960).

Gefährdung und Schutz: *D. germanus* ist weder bundesweit (Stand 2015) noch in Bad.-Württ. (Stand 2005) gefährdet. Die Art befindet sich in einer bereits länger anhaltenden Ausbreitungsphase, die aller Wahrscheinlichkeit nach mit der Klimaerwärmung zusammenhängt. Es besteht kein Handlungsbedarf.

Tribus Stenolophini

M.-A. Fritze & J. Trautner

Weltweit sind nach Lorenz (2015) bislang 651 Arten aus 36 Gattungen beschrieben, die dieser Tribus zugerechnet werden. In Bad.-Württ. ist sie mit 20 Arten vertreten, deren Imagines eine Größe von rd. 2,4–7,2 mm erreichen und vielfach (zu-

Acupalpus brunnipes. Foto: O. Bleich.

mindest schwach) mehrfarbig sind, etwa mit Schultermakeln oder einem andersfarbigen Streifen längs der Flügeldeckennaht.

Acupalpus brunnipes

(Sturm, 1825)

Bräunlicher Buntschnellläufer

Allgemeine Verbreitung: Europäische Art, die aber in großen Teilen Nordeuropas fehlt. In Nordamerika eingeschleppt (Bousquet 2012). In Deutschland kommt sie diskontinuierlich mit großen Verbreitungslücken vor und fehlt im äußersten Süden weitestgehend.

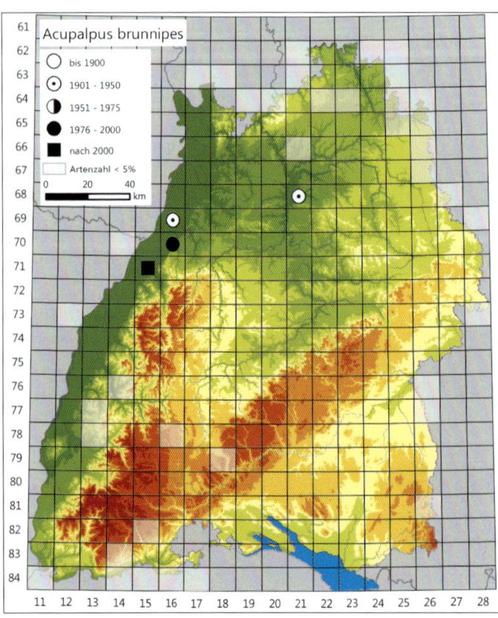

Vorkommen in Baden-Württemberg: Lokal und selten im Oberrhein-Tiefland (u. a. Rheinheimer 2000) sowie ehemals in den Neckar- und Tauber-Gäuplatten: Der von v. d. Trappen (1929) gemeldete Fundort Heilbronn (leg. Scriba) ist in der Sammlung des Staatlichen Museums für Naturkunde in Stuttgart belegt (Horion 1959a). Eine Meldung aus dem Wutachtal durch Roppel (1990) ging auf Verwechslung mit einer anderen Art zurück und wurde später zurückgezogen (Roppel, in lit.). Aus der angrenzenden Schweiz sind nur Einzelangaben von vor 1970 bekannt (s. Luka et al. 2009).

Lebensweise und Habitat: Flugfähige (makroptere) Art. Paarung und Eiablage (schwerpunktmäßig) im Frühjahr und Larvalentwicklung ab Frühjahr/Sommer. Für Angaben zu Phänologie und Aktivitätsmaximum liegen keine ausreichenden Daten aus Bad.-Württ. vor.

A. brunnipes tritt schwerpunktmäßig in offenen Lebensräumen mit Feuchtstellen auf Sand- oder ansandigen Böden auf, wobei es sich um Ufer, aber auch um Vernässungsstellen handeln kann. Irmler & Gürlich (2004) beschreiben ein individuenreiches Vorkommen „am Rande wassergefüllter Wagenspuren im Binnendünengelände [eines] Truppenübungsplatzes [...]." Funde aus Nordbayern stammen von spärlich bewachsenen Uferhabitaten in aufgelassenen Sandabbaugebieten sowie in Ackerbrachen und abgeschobenen Äckern; die Habitate stehen dabei immer in Verbindung mit Sand und einer gewissen Bodenfeuchtigkeit (eigene Daten, Niedling in lit.). Hannig et al. (2009) bestätigen diese Habitatcharakterisierungen für Nordrhein-Westfalen weitgehend. Die wenigen Funde aus Bad.-Württ. stammen, soweit bekannt, von vegetationsarmen Sandufern sowie von sandig-kiesigen Ruderalfluren (Letzteres z. B. bei einem Fund von Schwenninger im Jahr 2000 bei Neuforchheim; Wolf-Schwenninger, in lit.).

Gefährdung und Schutz: *A. brunnipes* ist bundesweit (Stand 2015) und in Bad.-Württ. (Stand 2005) stark gefährdet, zudem ist die Art als Landesart B des Informationssystems Zielartenkonzept Bad.-Württ. (Stand 2009) eingestuft. Ihre wenigen, sehr lokalen Vorkommen stammen aus Lebensräumen, die nach Aufgabe bestandserhaltender Nutzungen oder Pflegemaßnahmen hochgradig durch Sukzession gefährdet sind (vgl.

Desender & Bosmanns 1998). Daher sollte einerseits eine gezielte Prüfung auf weitere Vorkommen erfolgen, andererseits sollten ggf. geeignete Maßnahmen zum Erhalt eines ausreichenden Offenbodenangebots an den Standorten getroffen werden. Insbesondere bei Abbau- und Rekultivierungsplanungen in Bereichen potenziell geeigneter Substrate des Oberrhein-Tieflands sollten die Ansprüche der Art verstärkt berücksichtigt werden.

Acupalpus dubius

Schilsky, 1888

Moor-Buntschnellläufer

Allgemeine Verbreitung: Europäische Art, die aber in großen Teilen Nordeuropas und der Balkanhalbinsel fehlt. Sie ist trotz kleinerer Verbreitungslücken vor allem in der nördlichen Hälfte und im Südwesten Deutschlands weit verbreitet, während sie nach Südosten hin ausdünnt und im Süden Bayerns zu fehlen scheint.

Vorkommen in Baden-Württemberg: Vor allem in planaren bis collinen, teils submontanen Gebieten relativ weit verbreitet, dagegen sowohl im Schwarzwald als auch auf der Schwäbischen Alb und im Bereich der Donau-Iller-Lech-Platte vollständig oder weitestgehend fehlend. Geringe Fundzahlen und -dichten im Nordosten Baden-Württembergs könnten auf Erfassungsdefizite zurückgehen.

Lebensweise und Habitat: Flugfähige (makroptere) Art. Paarung und Eiablage (schwerpunktmäßig) im Frühjahr und Larvalentwicklung ab Frühjahr/Sommer. Aktive Imagines wurden in Bad.-Württ. nach den ausgewerteten Daten zwischen April und Oktober registriert, wobei zahlreiche Funde auch aus dem Herbst stammen (September). Aus eigenen Daten zu anderen Bundesländern deutet sich allerdings insgesamt ein Maximum im Mai und Juni an, was eher mit weiteren Literaturangaben (z. B. Turin 2000) korrespondiert.

A. dubius tritt in Bad.-Württ. schwerpunktmäßig in vegetationsreichen Habitaten mit feuchten bis nassen Bodenverhältnissen auf. Bevorzugt werden Großseggenriede, Röhrichte und Hochstaudenfluren. Die Art kommt auch in Sumpf- und Bruchwäldern sowie im Bereich von Feuchtgebüschen vor, scheint dabei aber lichtere Bereiche und Randzonen hin zum Offenland zu bevorzugen. Charakteristisch für Fundorte ist eine zumin-

Acupalpus dubius. Foto: C. Benisch.

Lebensraum von *Acupalpus dubius*: Vernässungsstellen in einem Tal der Neckar- und Tauber-Gäuplatten.

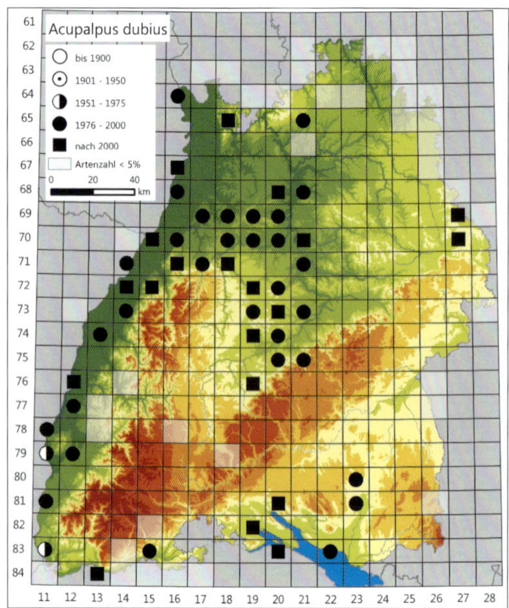

dest teilweise gut ausgeprägte Streu- oder Moosschicht.

Gefährdung und Schutz: *A. dubius* wird bundesweit (Stand 2015) und in Bad.-Württ. (Stand 2005) in der Vorwarnliste geführt. Als Gefährdungsursachen kommen, wie bei einer Reihe anderer Feuchtgebietsarten, Entwässerung, direkte Flächeninanspruchnahme etwa durch Bauvorhaben sowie flächige Gehölzsukzession bei Aufgabe bestandserhaltender Nutzungen oder Pflegemaßnahmen infrage. Schutzmaßnahmen sollten vor allem auf Wiedervernässung geeigneter Standorte und auf die Rücknahme großflächiger Gehölzsukzession zugunsten offener Feucht- und Nassbrachen abzielen.

Acupalpus exiguus

Dejean, 1829

Dunkler Buntschnellläufer

Allgemeine Verbreitung: Westpaläarktisch verbreitete Art, die auch in größeren Teilen Europas mit Ausnahme weiter Bereiche Nord- und Nordwesteuropas sowie der Iberischen Halbinsel vertreten ist. Sie ist trotz kleinerer Verbreitungslücken vor allem in der nördlichen Hälfte Deutschlands weit verbreitet, während sie nach Süden hin ausdünnt und in großen Teilen Baden-Württembergs und Bayerns fehlt.

Vorkommen in Baden-Württemberg: Nur im Oberrhein-Tiefland sowie punktuell in Bereichen der Neckar- und Tauber-Gäuplatten vertreten. Die alten Angaben v. d. Trappens (1929) für Reutlingen, Ulm und Laubach unter Bezug auf verschiedene Quellen werden als unglaubwürdig eingestuft und wurden nicht in die Datenbank übernommen.

Lebensweise und Habitat: Flugfähige (makroptere) Art. Beobachtungen zur Ernährung beschränken sich auf vage Hinweise, nach denen zumindest teilweise pflanzliche Kost aufgenommen wird. Paarung und Eiablage (schwerpunktmäßig) im Frühjahr und Larvalentwicklung ab Frühjahr/Sommer; Turin (2000) verweist auf ein jahreszeitlich sehr frühes Aktivitätsmaximum. Aktive Imagines wurden in Bad.-Württ. nach den ausgewerteten Daten zwischen März und Oktober registriert.

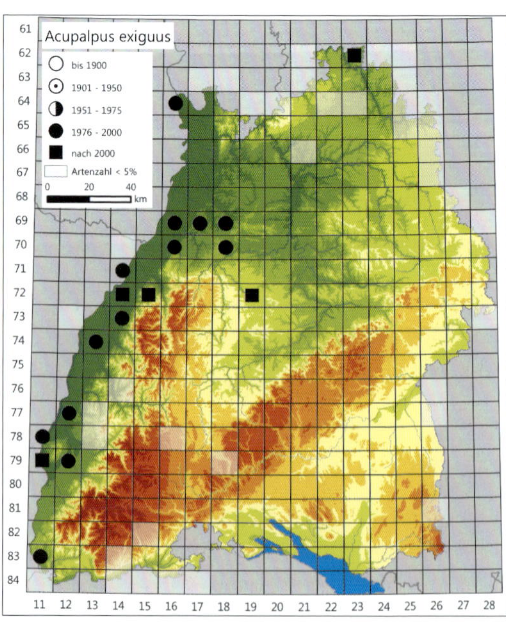

Acupalpus exiguus.

A. exiguus tritt vorwiegend in Großseggenrieden, Röhrichten und feuchten bis nassen Hochstaudenfluren (z. B. an Gräben), aber auch in Nasswiesen und Flutmulden sowie an Ufern auf. Vergleichbare Lebensräume werden auch in anderen Regionen Deutschlands bewohnt, wobei sich hier die große Bedeutung ausgesprochen nasser, zumindest kurzfristig überstauter Flächen zeigt (Fritze 2007, Handke 2004). Die Lebensräume der Art sind meist besonnt. *A. exiguus* ist in Bodenfallenfängen für gewöhnlich unterrepräsentiert. Handfang oder der Einsatz von Bodeneklektoren zum Nachweis der Art sind in geeigneten Lebensräumen erfolgversprechender und vermögen auch die Abundanz besser abzubilden. Handke (2004) schreibt dazu: „Kleinere Arten wie *A. exiguus*, *Pt. strenuus* und *A. lunicollis* sind offensichtlich im Grünland oder in Brachen häufiger, als es die Auswertung der Barberfallen erwarten lässt. Insbesondere *A. exiguus*, die dominante Art im Eklektormaterial, wird mit dieser Methode häufiger gefangen als mit Barberfallenreihen."

Gefährdung und Schutz: *A. exiguus* ist bundesweit ungefährdet (Stand 2015), wird in Bad.-Württ. aber als gefährdet eingestuft (Stand 2005) und ist Naturraumart des Informationssystems Zielartenkonzept Bad.-Württ. (Stand 2009). Als Gefährdungsursachen kommen insbesondere Entwässerung, Veränderungen der Geländeoberfläche im Grünland (u. a. durch Verfüllung von Flutmulden) und direkte Flächeninanspruchnahmen etwa durch Bauvorhaben in Betracht. Aufgrund ihrer hohen Ansprüche an die Wasserversorgung des Lebensraums kann man die Art insbesondere durch Wiedervernässungsmaßnahmen in geeigneten Grünlandhabitaten mit zeitweiser Überstauung fördern (vgl. Handke 2004).

Acupalpus flavicollis

(Sturm, 1825)

Nahtstreifen-Buntschnellläufer

Allgemeine Verbreitung: Westpaläarktisch verbreitete Art, die auch in größeren Teilen Europas vertreten ist, dabei aber teilweise in Süd-, Nordwest- und Nordeuropa fehlt. Sie kommt in Deutschland flächendeckend in geeigneten Lebensräumen vor.

Vorkommen in Baden-Württemberg: Landesweit mit Ausnahme großer Teile des Schwarzwalds und der Schwäbischen Alb nachgewiesen. Fehlende Nachweise in der Verbreitungskarte sind ansonsten als Erfassungslücken, i. d. R. aber nicht als ein tatsächliches Fehlen zu interpretieren.

Lebensweise und Habitat: Flugfähige (makroptere) Art. Paarung und Eiablage (schwerpunktmäßig) im Frühjahr und Larvalentwicklung ab Frühjahr/Sommer. Aktive Imagines wurden in Bad.-Württ. nach den ausgewerteten Daten zwischen März und Oktober registriert, mit einem Aktivitätsmaximum im Mai.

A. flavicollis tritt an feuchten bis nassen, überwiegend besonnten Standorten mit heterogenem Bewuchs auf, besonders häufig in mehrjährigen, aber noch nicht von Gehölzen dominierten Sukzessionsstadien von Feuchtbrachen mit kleinflächig noch offenen Bodenstellen sowie in Abbaugebieten (wie Sand- und Lehmgruben). Marggi

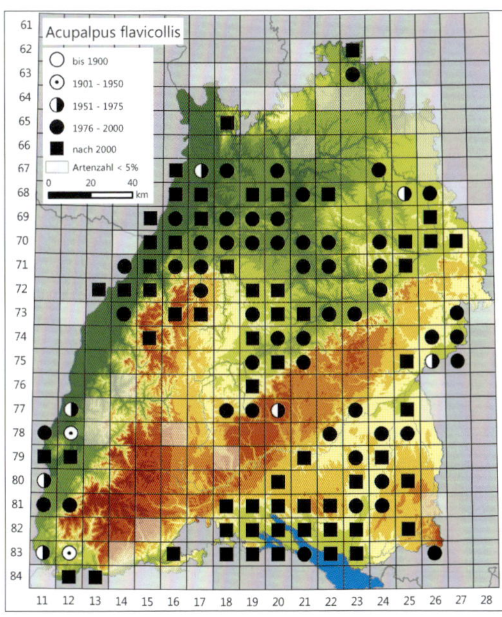

Acupalpus flavicollis.

(1992) beschreibt, dass „die Tierchen [...] meist im Detritus von Seggen und Riedgräsern zu finden" seien. Tatsächlich sind Imagines auch in Bad.-Württ. oft in hoher Dichte an der Basis von Binsen- und Seggenbeständen zwischen den Stängeln und in der Streu vorzufinden und können dort gut gesiebt werden.

Gefährdung und Schutz: *A. flavicollis* ist bundesweit (Stand 2015) und in Bad.-Württ. (Stand 2005) ungefährdet. Aufgrund der weiten Verbreitung und des relativ steten Auftretens an geeigneten Standorten ist auch keine zukünftige Gefährdung absehbar. Kein Handlungsbedarf.

Feuchtbrache in einer vernässten Mulde zwischen Äckern im Bodenseeraum: Während ein größerer Teil an Feuchtgebietsarten hier noch keine ausreichenden Habitatbedingungen vorfinden dürfte, kann eine solche Struktur bereits als (Teil-)Lebensraum von *Acupalpus flavicollis* ausreichen.

Acupalpus interstitialis

Reitter, 1884

Flachstreifiger Buntschnellläufer

Allgemeine Verbreitung: Südost- und zentraleuropäisch verbreitete Art, die im Südwesten bis Südfrankreich auftritt. In Deutschland kommt sie nur sehr lokal und zerstreut im Südwesten (Rheinland-Pfalz, Hessen, Baden-Württemberg) und nördlich bis Mitteldeutschland (Thüringen, Sachsen-Anhalt, Sachsen) in Wärmegebieten vor.

Vorkommen in Baden-Württemberg: Landesweit extrem selten. AUSMEIER (1998) meldet den ersten sicheren Fund (Rheinwald bei Grißheim, 1 Ex., 16. 5. 1997, leg. SZALLIES) für Bad.-Württ. aus dem Oberrhein-Tiefland. Die historische Angabe für Heilbronn von v. D. TRAPPEN (1929) nach SCRIBA wurde von HORION (1959a) als nicht gesichert eingeschätzt; er schreibt: „Das Belegstück für Heilbronn trug nicht das Kennzeichen ‚Hb', deshalb Fundort Heilbronn fraglich." Die Art tritt allerdings auch in Unterfranken (Maintal) auf – was HORION (1941) noch nicht bekannt war – sowie entlang des Rheintals in Rheinland-Pfalz und Hessen. Vor diesem Hintergrund wird die Angabe für Heilbronn als glaubwürdig eingestuft.

Lebensweise und Habitat: Flugfähige (makroptere) Art, zu der ansonsten nur wenige biologisch-ökologische Angaben verfügbar sind.

A. interstitialis wurde in Bad.-Württ. am südlichen Oberrhein (s. o.) „kurz vor der Dämmerung in einer Autokätscher-Ausbeute" nachgewiesen (AUSMEIER 1998). Dieses Gebiet weist zahlreiche Trockenstandorte auf und eine besondere Fauna mit vielen trockenheits- und wärmeliebenden Arten (s. BENSE et al. 2000). Insoweit korrespondiert der Fund mit dem bereits in der frühen Literatur erwähnten Schwerpunktvorkommen „auf Wärmeinseln" (HORION 1941). Auch der Heilbronner Raum ist wärmebegünstigt. Die Nachweise aus dem an Bad.-Württ. grenzenden Unterfranken stammen ebenfalls aus wärmbegünstigten Lagen, wo die Art in Magerrasen- und Ackerlebensräumen auf Kalk, aber auch in einer Ackerbrache auf sandigem Boden nachgewiesen wurde. Vergleichbare Lebensraumbeschreibungen liegen aus Thüringen von kontinental geprägten Trockenrasen auf Gipskeuper, Ackerflächen und Brachen vor (SPARMBERG 2004).

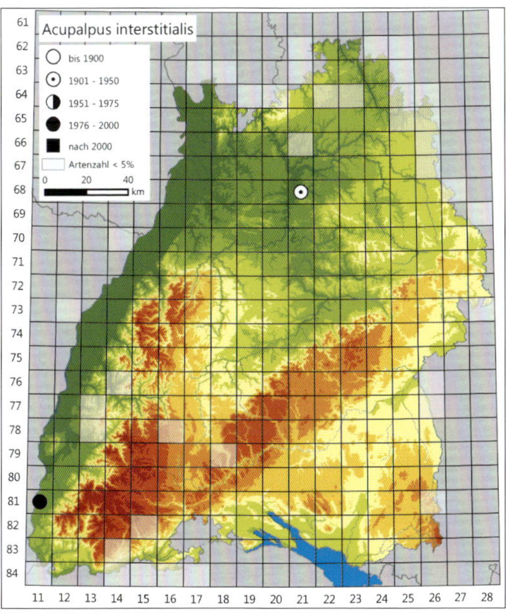

Acupalpus interstitialis.

Gefährdung und Schutz: *A. interstitialis* ist bundesweit extrem selten (Stand 2015), in Bad.-Württ. (Stand 2005) ist die Art der Kategorie D (Daten defizitär) zugeordnet und als Naturraumart des Informationssystems Zielartenkonzept Bad.-Württ. (Stand 2009) eingestuft. Ökologische Ansprüche und tatsächliche Verbreitung sind nur ungenügend bekannt. Die Ableitung von Schutzmaßnahmen oder eines weiteren Handlungsbedarfs ist mit dem derzeitigen Kenntnisstand nicht möglich.

Acupalpus luteatus

(Duftschmid, 1812)

Gelbbeiniger Buntschnellläufer

Allgemeine Verbreitung: Westpaläarktisch verbreitete Art, in Nord- und Nordwesteuropa fehlend. Sie kommt in Deutschland nur sehr diskontinuierlich und lokal im Südwesten (u. a. Rheinland-Pfalz, Baden-Württemberg) und im Norden sowie im Nordosten vor, wobei der Verbreitungsschwerpunkt in Ost-Brandenburg und das nördlichste Vorkommen in Niedersachsen (nördlich von Bremen) liegen.

Vorkommen in Baden-Württemberg: Nur sehr lokal ausschließlich im Oberrhein-Tiefland nachgewiesen (s. u. a. Bense et al. 2000). Die historische Angabe für Heilbronn von v. d. Trappen (1929) nach Scriba wurde bereits von Horion (1959a) als unzutreffend eingeordnet.

Lebensweise und Habitat: Flugfähige (makroptere) Art. Für Angaben zu Phänologie und Aktivitätsmaximum liegen keine ausreichenden Daten vor.

A. luteatus ist als Bewohnerin offener Nasslebensräume einzustufen; die Funde aus Bad.-Württ. stammen von sandigen, vegetationsarmen Ufern sowie aus Feucht- und Nassgrünland. Während die Fundangaben bei Horion (1941) noch eher auf eine Art trockenwarmer Standorte hinweisen, liegt nach aktueller Datenlage ein Großteil der entsprechend dokumentierten Funde aus Nassstandorten vor. So vermerkten bereits Wohlgemut-von Reiche & Grube (1999), dass „die neueren Nachweise eher eine Präferenz für nasse, z. T.

Acupalpus luteatus. Foto: O. Bleich.

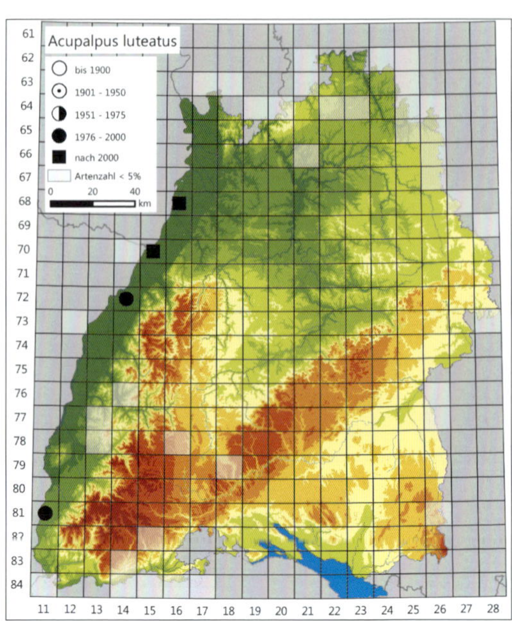

auch überflutete Lebensräume vermuten“ lassen. Dies hat sich zwischenzeitlich betätigt, wie aus diversen Funden in Deutschland und Österreich abzuleiten ist. So schreiben Paill & Holzer (2006) anhand ihrer Nachweise aus der Steiermark, dass die Art „nasse Stillgewässerverlandungen“ präferiert. Im Einzugsgebiet der Elbe in Niedersachsen und Mecklenburg-Vorpommern fand sie Ziegler (2011) immer „in Ufernähe an Gewässern mit sandigen Böden“.

Gefährdung und Schutz: *A. luteatus* ist bundesweit extrem selten (Stand 2015) und in Bad.-Württ. vom Aussterben bedroht (Stand 2005). Zudem ist sie Landesart A im Informationssystem Zielartenkonzept Bad.-Württ. (Stand 2009). In Bad.-Württ. gibt es, anders als in Norddeutschland (s. Drees et al. 2011a, Ziegler 2011), keine Hinweise auf eine Ausbreitungstendenz. Es ist davon auszugehen, dass *A. luteatus* im Oberrhein-Tiefland auf schon heute sehr seltene und hochgradig gefährdete Lebensraumtypen (u. a. Nassgrünland mit Flutmulden) angewiesen ist, für die zudem weitere Gefährdungen bestehen können, etwa durch Entwässerung oder direkte Flächeninanspruchnahme, möglicherweise auch durch Sukzession bei Aufgabe bestandserhaltender Nutzungen oder Pflegemaßnahmen. Es ist dringend erforderlich, ausgehend von den derzeit dokumentierten Funden auf weitere Vorkommen zu prüfen und die Standorte insgesamt in ein Schutz- und ggf. Pflegekonzept einzubinden. Eine Förderung könnte wie bei *A. exiguus* insbesondere durch Wiedervernässung geeigneter Grünlandhabitate mit zeitweiser Überstauung gelingen (vgl. HANDKE 2004), wobei im Gegensatz zu jener Art ein stärkeres Augenmerk auf spezifische sandige Substrate sowie lückig bewachsene Wasserwechselzonen zu legen ist.

Acupalpus maculatus

(Schaum, 1860)

Gefleckter Buntschnellläufer

Allgemeine Verbreitung: Paläarktisch verbreitete Art, die in Nord- und Nordwesteuropa fehlt. Sie erreicht in Deutschland ihre nördliche Verbreitungsgrenze und kommt von Baden-Württemberg im Südwesten nordöstlich bis Brandenburg vor, während sie in weiten Teilen West- und Norddeutschlands sowie Bayerns fehlt.

Vorkommen in Baden-Württemberg: Im Oberrhein-Tiefland, in Teilen der Neckar- und Tauber-Gäuplatten sowie am westlichen Bodensee (Teil des Voralpinen Hügel- und Moorlands) meist lokal vertreten.

Lebensweise und Habitat: Flugfähige (makroptere) Art. Aktive Imagines wurden in Bad.-Württ. nach den ausgewerteten Daten zwischen April und August registriert, wobei sich eine Häufung der Nachweise im Juni andeutet.

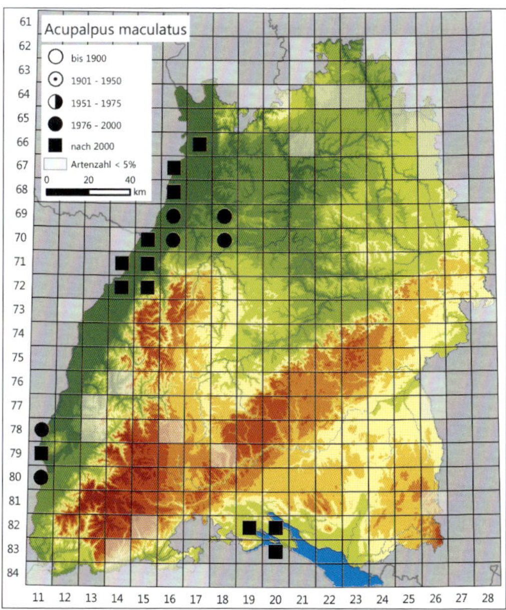

Acupalpus maculatus. Foto: C. Benisch.

A. maculatus wurde oft in Verbindung mit Salzlebensräumen genannt, ist aber weder in der südwestlichen Paläarktis noch in Mitteleuropa selbst an salzbeeinflusste Habitate gebunden und gilt allenfalls als halotolerant (s. FOLWACZNY 1959, MÜLLER-MOTZFELD 2007). Vielmehr handelt es sich um eine Art von Ufern und von meist wechselfeuchten bis nassen Rohböden unterschiedlicher Substrate, die von kiesig-schotterigem Grobmaterial mit Beimengungen von Sand oder Schluff bis hin zu Lehm oder Schlamm (z. B. an eutrophen Teichufern) reichen. Sie ist zumeist entweder in vegetationsarmen Bereichen oder im Grenzbereich von diesen hin zu stärker bewachsenen Zonen vorzufinden. Dabei wird eine gewisse Beschattung durch teilweise überschirmende Bäume offenbar toleriert, wenngleich die Mehrzahl der Nachweise mit entsprechenden Angaben aus gehölzfreien bis -armen Lebensräumen stammt. Typische Fundorte sind unter anderem derjenige von WOLF-SCHWENNINGER & SCHWENNINGER (1992) im Bereich einer „zeitweise überflutete[n] Senke mit schütter bewachsenem Grob- und Fein-Kies“ in einer Kiesgrube im Oberrhein-Tiefland sowie in der Verlandungszone des Roßweihers im Naturraum Stromberg (BREUNIG & TRAUTNER 1996).

Gefährdung und Schutz: *A. maculatus* ist bundesweit ungefährdet (Stand 2015), in Bad.-Württ.

Ufer eines Stillgewässers im südlichen Oberrhein-Tiefland: Hier siedelt auch *Acupalpus maculatus*.

wurde die Art hingegen als gefährdet (Stand 2005) eingestuft und ist Naturraumart des Informationssystems Zielartenkonzept Bad.-Württ. (Stand 2009). Gefährdungsursache ist insbesondere die Sukzession nach Aufgabe bestandserhaltender Nutzungen oder Pflege in den bisherigen Lebensräumen, die sich vielfach in Abbaugebieten oder anderen, nicht dauerhaft in günstigem Zustand gehaltenen Lebensraumkomplexen befinden. Auch Änderungen des Wasserhaushalts können sich negativ auswirken. An Stillgewässern und in anderen Feucht- und Nasslebensräumen dürfte die Art von Situationen mit ausgedehnten Flachufern profitieren, die im Jahresverlauf in größerem Umfang trocken fallen (z. B. bei der Teichsömmerung oder in periodisch/episodisch überschwemmten Flutmulden). Schutz- und Fördermaßnamen sollten auf die Erhaltung und Neuschaffung entsprechender Lebensräume abzielen. *A. maculatus* gehört zu denjenigen Arten, für die im Rahmen zukünftiger klimatischer Veränderungen möglicherweise eine Zunahme oder Ausbreitung zu erwarten ist.

Acupalpus meridianus

(Linnaeus, 1760)

Feld-Buntschnellläufer

Allgemeine Verbreitung: Westpaläarktisch verbreitete Art, die in Teilen Südwest-, Nordwest- und Nordeuropas fehlt. In Nordamerika eingeschleppt

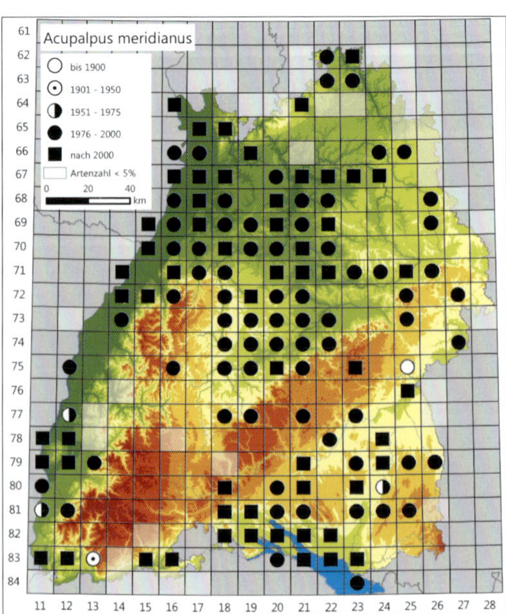

Acupalpus meridianus. Foto: C. Benisch.

(Bousquet 2012). Sie kommt in Deutschland flächendeckend in geeigneten Lebensräumen vor.

Vorkommen in Baden-Württemberg: Landesweit mit Ausnahme großer Teile des Schwarzwalds verbreitet, auch in den montanen Lagen der Schwäbischen Alb offenbar nicht stet vertreten. Fehlende Nachweise in der Verbreitungskarte sind ansonsten als Erfassungslücken, i. d. R. aber nicht als ein tatsächliches Fehlen zu interpretieren.

Lebensweise und Habitat: Flugfähige (makroptere) und pflanzenfressende Art. Paarung und Eiablage (schwerpunktmäßig) im Frühjahr und Larvalentwicklung ab Frühjahr/Sommer. Aktive Imagines wurden in Bad.-Württ. nach den ausgewerteten Daten zwischen März und Oktober registriert, mit einem Aktivitätsmaximum im Mai.

A. meridianus ist eine Art offener, meist schütter bewachsener und durch Bodenstörungen gekennzeichneter Standorte auf unterschiedlichem Substrat (vorzugsweise sandig oder lehmig); sie tritt sowohl in Äckern und deren Begleitstrukturen als auch in Weinbergen und Ruderalflächen auf. Kubach (1995) wies sie beispielsweise im Kraichgau auf Äckern und den dort neu angelegten Saumstrukturen nach. Hohe Individuendichten erreicht *A. meridianus* unter anderem auf Brachen (z. B. mehrjährige Ackerbrachen), soweit diese in der Entwicklung noch keinen weitgehenden oder vollständigen Vegetationsschluss erreicht haben.

Gefährdung und Schutz: *A. meridianus* ist bundesweit (Stand 2015) und in Bad.-Württ. (Stand 2005) ungefährdet. Aufgrund der weiten Verbreitung und der Bindung an wenig oder nicht gefährdete Lebensraumtypen ist auch keine zukünftige Gefährdung absehbar. Kein Handlungsbedarf.

Acupalpus parvulus

(Sturm, 1825)

Rückenfleckiger Buntschnellläufer

Allgemeine Verbreitung: Paläarktisch verbreitete Art, die in Teilen Nord- und Nordwesteuropas fehlt. Während sie in der nördlichen Hälfte Deutschlands flächendeckend in geeigneten Lebensräumen vorkommt, weist sie nur im süddeutschen Raum (Baden-Württemberg, Bayern) größere Verbreitungslücken auf.

Vorkommen in Baden-Württemberg: Schwerpunkt im Oberrhein-Tiefland und im Westteil der Neckar- und Tauber-Gäuplatten, dort lokal verbreitet. In einzelnen weiteren Naturräumen ist sie meist nur sehr lokal vertreten. Im Schwarzwald und auf der Schwäbischen Alb mit Ausnahme randlicher Vorkommen fehlend. Die Angaben v. d. Trappens (1929) für Cannstatt, den Schönbuch und für Seekirch wurden vor dem Hintergrund der ansonsten

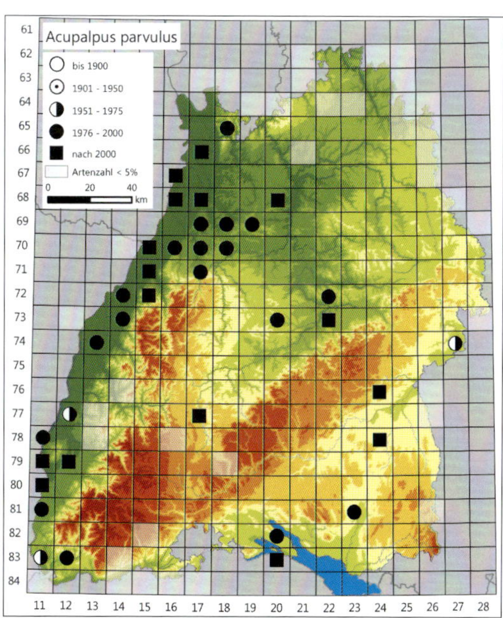

Lebensraum von *Acupalpus parvulus* im ehemaligen Rieselfeld in Freiburg im Breisgau.

vorliegenden Fundangaben als eher fraglich eingestuft und nicht in die Datenbank übernommen.
Lebensweise und Habitat: Flugfähige (makroptere) Art. Paarung und Eiablage (schwerpunktmäßig) im Frühjahr und Larvalentwicklung ab Frühjahr/Sommer. Aktive Imagines wurden in Bad.-Württ. nach den ausgewerteten Daten zwischen April und Oktober registriert, aus den Daten geht kein deutliches Aktivitätsmaximum hervor.

Acupalpus parvulus.

Relativ viele Funde liegen aus den Monaten Mai und Juni vor [hier auch die höchsten Nachweiszahlen in den Niederlanden nach TURIN (2000)] sowie aus dem September.

A. parvulus tritt in vegetationsreicheren, feuchten bis nassen Standorten entlang der größeren Flüsse und Niederungen auf. Verlandungszonen, Großseggenriede und Röhrichte, feuchte und nasse Hochstaudenfluren, Feucht- und Nassgrünland sowie Ufer (u. a. auch von kleineren Fließgewässern und Gräben) werden besiedelt, wobei die Substrate offenbar von untergeordneter Bedeutung sind. Tendenziell scheinen eine stellenweise spärliche bis lückige Vegetationsstruktur oder offene Bodenstellen günstig. So wurde die Art individuenreich am stellenweise vegetationsfreien Ufer eines eutrophen Teichs im ehemaligen Rieselfeld in Freiburg nachgewiesen, dort gemeinsam mit *A. dubius*, *A. flavicollis* und anderen (s. TRAUTNER 1998). Die Fundorte sind überwiegend besonnt, womöglich wird aber auch eine Beschattung durch überschirmende Gehölze in größerem Umfang toleriert, da ein Teil der Nachweise aus beschatteten Uferabschnitten (z. B. einer der bei WOLF-SCHWENNINGER & SCHWENNINGER 1992 mitgeteilten Funde) oder aus nassen Senken in Auwäldern und Feuchtgebüschen stammt.

Gefährdung und Schutz: *A. parvulus* ist bundesweit ungefährdet (Stand 2015). In Bad.-Württ. wird die Art als gefährdet geführt (Stand 2005) und ist Naturraumart des Informationssystems Zielartenkonzept Bad.-Württ. (Stand 2009). Als Gefährdungsursachen kommen insbesondere Entwässerung und die Einengung von Auestandorten, aber auch Veränderungen der Geländeoberfläche im Grünland (u. a. durch Verfüllung von Flutmulden) und direkte Flächeninanspruchnahmen etwa durch Bauvorhaben in Betracht. Zudem könnte die flächige Gehölzsukzession bei Aufgabe bestandserhaltender Nutzungen oder Pflegemaßnahmen negative Auswirkungen auf Bestände der Art haben. Schutz- und Fördermaßnahmen sollten vorrangig auf die Wiederentwicklung von Überflutungszonen in Auen sowie auf die Sicherung vorhandener, überwiegend offener Feucht- und Nasslebensräume in den Schwerpunktgebieten der Verbreitung der Art abzielen. Pflegemaßnahmen in Rieden und Röhrichten, wie etwa die gelegentliche Mahd von Schilfbeständen, scheinen die Art zu fördern (s. Schmidt et al. 2005).

Anthracus consputus

(Duftschmid, 1812)

Herzhals-Buntschnellläufer

Allgemeine Verbreitung: Westpaläarktisch verbreitete Art, die im Großteil Nord- und Nordwesteuropas sowie in Teilen Südeuropas fehlt. Während sie in der nördlichen Hälfte Deutschlands fast flächendeckend in geeigneten Lebensräumen vorkommt, weist sie nur im süddeutschen Raum (Baden-Württemberg, Bayern) größere Verbreitungslücken auf.

Vorkommen in Baden-Württemberg: Nahezu ausschließlich im Oberrhein-Tiefland sowie in Teilen der Neckar- und Tauber-Gäuplatten verbreitet, vor allem entlang der Auen größerer Fließgewässer. Lokal in einzelnen weiteren Naturräumen, dabei aktuell neu am westlichen Bodensee nachgewiesen (2015, Götz & Kiechle, in lit.). Die alte Angabe v. d. Trappens (1929) für Reutlingen nach Keller (1864) wäre für das dortige Neckartal durchaus plausibel; mangels jeglicher Neufunde aus diesem Raum wurde sie jedoch nicht in die Datenbank aufgenommen (Nachweise liegen ansonsten neckaraufwärts nur bis in den Raum Stuttgart vor).

Lebensweise und Habitat: Flugfähige (makroptere) Art. Beobachtungen zur Ernährung beschränken sich auf vage Hinweise, nach denen zumindest teilweise pflanzliche Kost aufgenommen wird. Paarung und Eiablage (schwerpunktmäßig) im Frühjahr und Larvalentwicklung ab Frühjahr/Sommer. *A. consputus* tritt schwerpunktmäßig im Bereich der Auen größerer Flüsse sowie

Anthracus consputus.

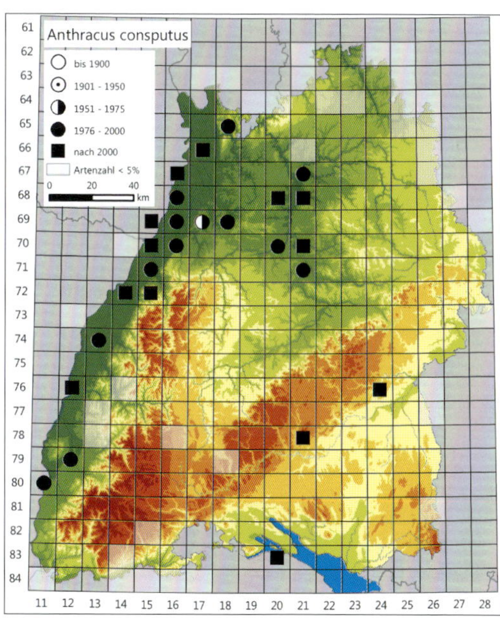

Lebensraum von *Anthracus consputus*, einer typischen Aueart. Foto: K. Geigenmüller.

der Verlandungszone von Stillgewässern auf und kommt dort vor allem in sehr nassen Habitaten mit einer stark vertikal strukturierten, dichteren Vegetation etwa aus Wasserschwaden-, Rohrglanzgras-, Schilf- oder Rohrkolben-Röhrichten vor. Die Art ist aber auch im Nassgrünland anzutreffen. So trat sie etwa in der Berkelaue in Nordrhein-Westfalen schwerpunktmäßig in zum Teil langfristig überstauten Grünlandbrachen und Sümpfen auf (Fritze 2007). Typisch sind auch in Auwälder oder deren Fragmente eingebundene Altarme und Flutmulden mit einer entsprechenden Vegetation und stärker schwankenden Wasserständen, die insgesamt jedoch eine dauerhaft sehr hohe Bodenfeuchte aufweisen. Imagines wurden in Bad.-Württ. mehrfach beim Klettern auf Pflanzenstängeln und -blättern beobachtet (Trautner, unveröff.). Die Art toleriert stärkere Beschattung durch überschirmende Gehölze, soweit die entsprechende Vegetation im Unterwuchs verbleibt.

Gefährdung und Schutz: *A. consputus* wird bundesweit in der Vorwarnliste geführt (Stand 2015). In Bad.-Württ. gilt die Art als stark gefährdet (Stand 2005) und ist Landesart B des Informationssystems Zielartenkonzept Bad.-Württ. (Stand 2009). Wichtige Gefährdungsfaktoren sind vor allem Einschränkungen der Auendynamik, Entwässerung und zum Teil direkte strukturelle Beeinträchtigungen der Uferzonen. Schutz- und Entwicklungsmaßnahmen müssen daher vor allem auf eine Wiederherstellung von Überschwemmungsbereichen entlang der Auen abzielen, in denen sich den Habitatbedingungen entsprechende Vegetationsbestände wiederetablieren oder ausdehnen können, sowie außerdem auf eine Sicherung der (auch an Stillgewässern) noch vorhandenen Bestände. Flächiger Gehölzsukzession mit Beeinträchtigung der günstigen Vegetationsstruktur sollte durch Pflegemaßnahmen begegnet werden.

Bradycellus caucasicus

(Chaudoir, 1846)

Heller Rundbauchläufer

Allgemeine Verbreitung: Westpaläarktisch verbreitete Art, die nur in Teilen Südeuropas fehlt. Sie ist in Deutschland weit verbreitet, kommt in allen Bundesländern vor und weist nur im Süden kleinere Verbreitungslücken auf.

Vorkommen in Baden-Württemberg: Landesweit sporadisch verbreitet, mit einem Schwerpunkt im Bereich des Oberrhein-Tieflands und des westlichen und südlichen Schwarzwalds. Die Art fehlt weitgehend auf der Schwäbischen Alb und im nordöstlichen Teil Baden-Württembergs, wobei für Letzteres auch Erfassungsdefizite verantwortlich sein könnten. Anzumerken ist, dass *B. caucasicus* aufgrund der starken Ähnlichkeit oft mit *B. csikii* und – noch häufiger – mit *B. harpalinus* verwechselt wird und grundsätzlich eine Überprüfung aller, auch historischen, Artmeldungen angestrebt werden sollte (was bisher nur teilweise erfolgt ist).

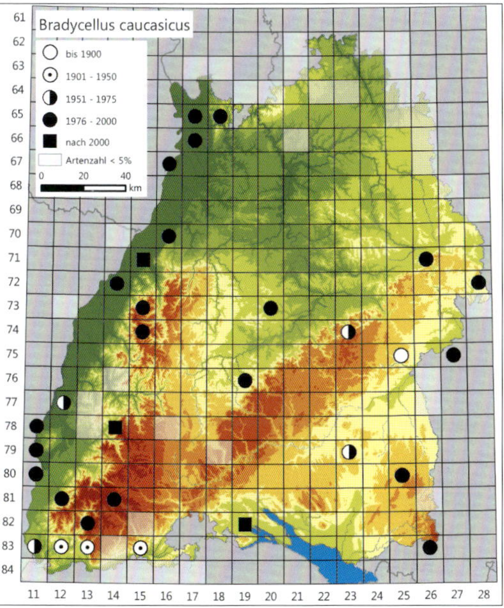

Bradycellus caucasicus.

Lebensweise und Habitat: Jedenfalls im deutschen Verbreitungsgebiet flugunfähige (brachyptere) und pflanzenfressende Art, deren Nahrungsspektrum in Heidelebensräumen zu über der Hälfte aus *Calluna*-Samen besteht (Melber 1983). Paarung und Eiablage nach Schjøtz-Christensen (1966b) in Dänemark sowohl im Frühjahr als auch im Herbst. Aktive Imagines wurden in Bad.-Württ. nach den ausgewerteten Daten zwischen April und Oktober registriert, für die Angabe eines Aktivitätsmaximums liegen keine ausreichenden Daten vor. Weitere Nachweise stammen aus den Wintermonaten und dem März, unter anderem aus Gesiebefängen, für die eine Zuordnung nach aktiven oder inaktiv überwinternden Tieren nicht möglich ist.

B. caucasicus ist eine Art nährstoffarmer, offener und sonnenexponierter Lebensräume (teils auch in entsprechenden Wald-Offenland-Übergangsbereichen), wobei sehr unterschiedliche Substrate vorliegen können. Mossakowski (1978) ordnet sie nach seinen Funden im Wurzacher Ried als Art der offenen, toten Torfe ein, und Wasner (1974) wies sie nach im Federseegebiet in einem verheideten Bereich „auf Hochmoortorf, der sich zwischen den *Calluna*-Rasen einschiebt". Weitere Funde stammen, soweit beschrieben, unter anderem von Sandtrockenrasen (Büche 1994), von

Heidegebiet im Oberrhein-Tiefland mit Vorkommen von *Bradycellus caucasicus*.

Ruderalvegetation auf sandig-kiesigen Standorten (Wolf-Schwenninger, in lit.) sowie aus hochmontanen Lebensräumen auf Weidfeldern und Heideflächen (z.B. Baum 1989, Trautner et al. 1998). Auch Magerrasen auf Keuperböden werden besiedelt (Trautner 1986a).

Gefährdung und Schutz: *B. caucasicus* wird bundesweit in der Vorwarnliste geführt (Stand 2015). In Bad.-Württ. gilt die Art als stark gefährdet (Stand 2005) und ist Landesart B des Informationssystems Zielartenkonzept Bad.-Württ. (Stand 2009). Ihre Lebensräume sind in hohem Maße von einer Nutzung oder Pflege abhängig, zum Teil sind früher dokumentierte Vorkommen bereits durch Ausbleiben oder Einschränkung solcher Maßnahmen und folgende Sukzessionsprozesse erheblich verringert worden oder erloschen. Bei *B. caucasicus* ist dies besonders kritisch, da hier aufgrund der fehlenden Flugfähigkeit der Art auch eine Neu- oder Wiederbesiedlung potenziell geeigneter Standorte nicht oder nur erschwert zu erwarten ist. Schutz- und Fördermaßnahmen müssen auf eine Offenhaltung und Ausdehnung entsprechender Habitate insbesondere durch Initialmaßnahmen zur Gehölzentfernung fokussieren, ggf. samt Abschieben des Oberbodens und anschließender Beweidung. Durch gezielte Prüfung auf weitere Vorkommen sollte zudem der Kenntnisstand zur aktuellen Verbreitung und Bestandssituation der Art verbessert werden.

Bradycellus csikii

Laczó, 1912

Csikis Rundbauchläufer

Allgemeine Verbreitung: Europäische Art mit südöstlichem Verbreitungsschwerpunkt, in weiten Teilen Süd-, West- und Nordeuropas fehlend. Sie ist in Deutschland weit verbreitet, kommt in allen Bundesländern vor und weist nur im Westen und Süden kleinere Verbreitungslücken auf.

Vorkommen in Baden-Württemberg: Schwerpunktmäßig im Oberrhein-Tiefland und in angrenzenden Bereichen der Neckar- und Täuber-Gäuplatten sowie in Teilen des Schwäbischen Keuper-Lias-Landes und des Voralpinen Hügel- und Moorlands festgestellt. In anderen Naturräumen teils lokale Nachweise. Im Schwarzwald und auf der Schwäbischen Alb vollständig oder weitestgehend fehlend. Der Mangel an Nachweisen im Nordosten des Landes ist möglicherweise auf Erfassungsdefizite zurückzuführen.

Lebensweise und Habitat: Flugfähige (makroptere) Art. Aktive Imagines wurden in Bad.-Württ. nach den ausgewerteten Daten zwischen März und September registriert, mit einem schwachen Aktivitätsmaximum im Juni und Juli. Es liegen auch Funde überwinternder Imagines vor.

Bradycellus csikii. Foto: O. Bleich.

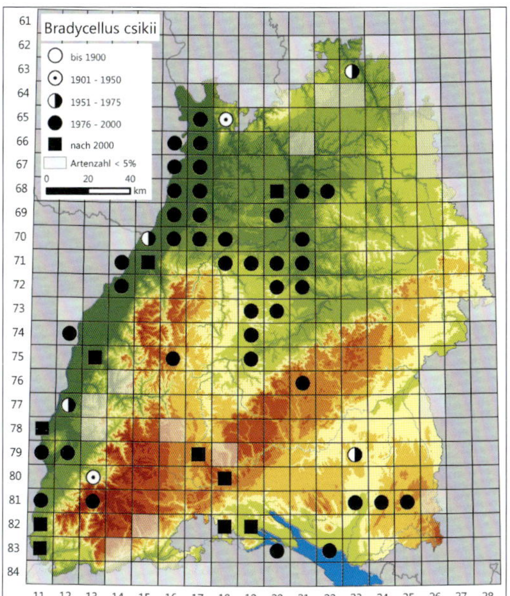

B. csikii tritt vorwiegend in mehrjährigen Ruderalfluren und in Pioniergesellschaften mit (noch) lückiger Vegetation und offenen Bodenstellen auf, etwa in Abbaugebieten und innerstädtischen Industriebrachen. Zudem wurde die Art in verheideten Bereichen (auch in Wald-Offenland-Übergangsbereichen) festgestellt. Die zeitliche Einnischung in der Vegetationsentwicklung lässt sich an den Beständen von *B. csikii* in durch Plaggen gepflegten norddeutschen Heidegebieten ableiten. Hier tritt die Art in den ersten 15 Jahren nach Abtragung des Oberbodens (mit Schwerpunkt nach 5 bis 9 Jahren) in der Reifephase der Heidebestände auf (Irmler 2004).

Gefährdung und Schutz: *B. csikii* ist bundesweit (Stand 2015) und in Bad.-Württ. (Stand 2005) ungefährdet. Nutzungsänderungen und Bebauung auf städtischen oder stadtnahen Brachflächen einschließlich der teils ausgedehnten Bahnareale sowie die Rekultivierung und Folgenutzung von Abbaugebieten könnten aber in Zukunft zu einer Gefährdung der Art führen. Insbesondere bei Abbau- und Rekultivierungsvorhaben sollten die Ansprüche der Art verstärkt berücksichtigt werden. Auch im innerstädtischen Bereich böten sich durch Erhalt und angepasste Pflege von Brachflächen vor allem auf skelettreichen Substraten Möglichkeiten, Bestände von *B. csikii* zusammen mit weiteren bereits gefährdeten Arten zu erhalten.

Bradycellus harpalinus

(Audinet-Serville, 1821)

Gewöhnlicher Rundbauchläufer

Allgemeine Verbreitung: Westpaläarktisch verbreitete Art, die in Teilen Südeuropas sowie im Großteil Nordeuropas fehlt; in Nordamerika eingeschleppt (Bousquet 2012). Sie ist in Deutschland fast flächendeckend vertreten und kommt in geeigneten Lebensräumen stetig vor.

Vorkommen in Baden-Württemberg: Landesweit verbreitet, fehlende Nachweise in der Verbreitungskarte sind als Erfassungslücken, i. d. R. aber nicht als ein tatsächliches Fehlen zu interpretieren. Die Art wird weniger gut in Bodenfallen registriert. Besser geeignet sind gezielter Handfang, Sieben der Bodenstreu an geeigneten Stellen oder Lichtfang.

Lebensweise und Habitat: Flugfähige (dimorphe bzw. polymorphe), pflanzenfressende Art. Paarung und Eiablage (schwerpunktmäßig) im Sommer und Larvalentwicklung ab Sommer/Herbst. Aktive Imagines wurden in Bad.-Württ. nach den ausgewerteten Daten zwischen Mai und November registriert. Für die Angabe eines Aktivitätsmaximums liegen keine ausreichenden Daten aus Bodenfallenfängen vor, viele Funde stammen jedoch aus Lichtfängen in den Sommermonaten. Die Art wurde in Bad.-Württ. auch imaginal überwinternd aus der Bodenstreu an Waldrändern und unter Heidekraut gesiebt.

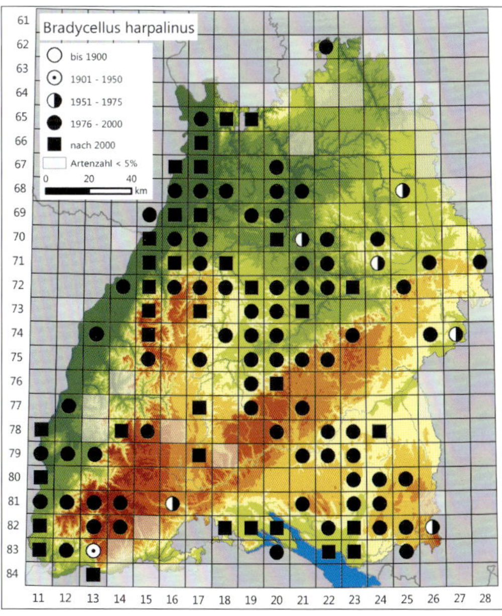

Bradycellus harpalinus.

B. harpalinus ist die häufigste einheimische Art der Gattung und kommt schwerpunktmäßig in eher nährstoffärmeren Säumen und Ruderalflächen sowie an besonnten Waldrändern und in zwergstrauchreichen Lebensräumen (v. a. Heiden) vor. Die Funde umfassen dabei das Standortspektrum von feucht bis trocken.

Gefährdung und Schutz: *B. harpalinus* ist bundesweit (Stand 2015) und in Bad.-Württ. (Stand 2005) ungefährdet. Aufgrund der weiten Verbreitung mit Auftreten in unterschiedlichen Lebensraumtypen ist auch zukünftig keine Gefährdung absehbar, auch wenn die Lebensräume heute oftmals nur noch geringe Ausdehnung haben. Kein Handlungsbedarf.

Bradycellus ruficollis

(Stephens, 1828)

Heide-Rundbauchläufer

Allgemeine Verbreitung: Europäische Art, die im äußersten Südwesten ihres Verbreitungsgebiets Nordafrika erreicht, jedoch ansonsten in weiten Teilen Südeuropas sowie in Teilen Nordeuropas fehlt. In Deutschland hat sie einen Vorkommensschwerpunkt in der Nordhälfte, während sie in Süddeutschland (Baden-Württemberg, Bayern) größere Verbreitungslücken aufweist.

Vorkommen in Baden-Württemberg: Überwiegend nur lokale Nachweise im Oberrhein-Tiefland, im Schwarzwald, in der Donau-Iller-Lech-Platte und randlich zu dieser im Voralpinen Hügel- und Moorland. Bemerkenswert ist der Nachweis aus dem Schopflocher Moor auf der Schwäbischen Alb aus den 1970er Jahren (leg. Rieger, Sammlung des

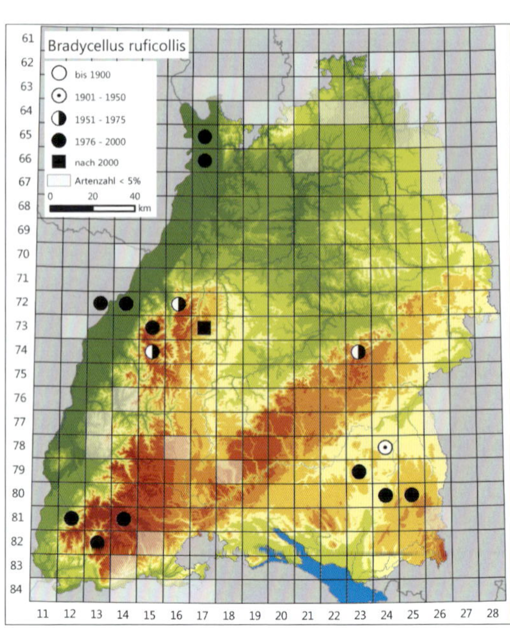

Staatlichen Museums für Naturkunde Stuttgart). Ein ehemaliges Vorkommen bei Heilbronn nach v. d. Trappen (1929) mit Bezug auf Scriba ist als fraglich einzuordnen und wurde nicht in die Datenbank übernommen, wenngleich bei Heilbronn auf den westlichen Ausläufern des Schwäbischen Keuper-Lias-Landes auch heute noch verheidete Bereiche existieren. Fraglich und nicht berücksichtigt ist auch die Meldung aus dem Kaiserstuhl durch Wolf (1944).

Bradycellus ruficollis.

Verheidete, besonnte Bereiche auf den Grinden des Schwarzwalds sind Lebensraum von *Bradycellus ruficollis*.

Lebensweise und Habitat: Flugfähige (makroptere) und pflanzenfressende Art, deren Nahrungsspektrum in Heidelebensräumen zu rund zwei Dritteln aus *Calluna*-Samen besteht (Melber 1983). Paarung und Eiablage nach Schjøtz-Christensen (1966b) in Dänemark sowohl im Frühjahr als auch im Herbst. Aktive Imagines wurden in Bad.-Württ. nach den ausgewerteten Daten zwischen März und Juni sowie im Herbst (v. a. Spätherbst) registriert, weitere Nachweise stammen aus den Wintermonaten, unter anderem aus Gesiebefängen, für die eine Zuordnung nach aktiven oder inaktiv überwinternden Tieren nicht möglich ist. Wasner (1974) vermerkte zu seinen Untersuchungen aus dem Federseegebiet, dass die Art „mitteldicht bis zahlreich vor allem in der ersten Jahreshälfte" auftrat, zudem aber ein „spätherbstlicher Aktivitätsschub vor der Überwinterung" in den Fallenfängen bemerkbar gewesen sei. Daten aus Nordbayern (Fritze, unveröff.) lassen dort eine ausgesprochen hohe Winteraktivität erkennen, wie sie auch aus anderen Räumen bekannt ist [z. B. Irmler & Gürlich (2004) für Schleswig-Holstein: „Die Hauptaktivitätszeit [...] liegt in den Wintermonaten"].

B. ruficollis tritt ausschließlich in Heidebiotopen und Borstgrasrasen auf Sand- oder ansandigen Böden, sonstigen kalkarmen Verwitterungsböden oder auf Heidebeständen über Torf auf. Letzteres ist zum Beispiel aus dem Wurzacher Ried bekannt (s. Mossakowski 1978 u. a.), aber auch aus dem Federseegebiet, wo „die stark verheideten Hochmoorbereiche im Süden [...] der Art passende Lebensbedingungen" bieten (Wasner 1974). Die Lebensräume der Art sind voll oder teilweise besonnt. In den nordbadischen Binnendünen ist die Art keineswegs weit verbreitet, sondern nur gebietsweise vertreten. So wurde sie zum Beispiel von Büche (1994) nicht für die Sandhausener Dünengebiete gemeldet. Nach Melber et al. (2001) ist ein starkes Auftreten der Art insbesondere auch mit einer ausreichenden Rohhumus-Auflage in *Calluna*-Heiden verbunden; die Mahd solcher Heiden reduziert die Aktivitätsdichte von *B. ruficollis* in den ersten Jahren nach der Mahd demnach deutlich, allerdings erreichte die Art ab dem dritten Jahr nach einer Mahd wieder die gleiche oder eine höhere Aktivität als auf den von Melber et al. (2001) mit untersuchten Kontrollflächen. *B. ruficollis* ist als charakteristische Art der Lebensraumtypen 2310 und 4030 (Trockene Sandheiden, Trockene europäische Heiden) des

Anhangs I der FFH-Richtlinie einzustufen, zudem für Hochmoor-Lebensräume (insbesondere 7120).

Gefährdung und Schutz: *B. ruficollis* ist bundesweit gefährdet (Stand 2015). In Bad.-Württ. gilt die Art als stark gefährdet (Stand 2005) und ist Landesart B des Informationssystems Zielartenkonzept Bad.-Württ. (Stand 2009). Mit Ausnahme von Heidebeständen in Moorbereichen, soweit unter heutigen Rahmenbedingungen langfristig auch natürlicherweise offen bleibend, sind die Lebensräume der Art von bestandserhaltenden Nutzungen oder Pflegemaßnahmen abhängig und an vielen Stellen durch Nutzungsaufgabe oder -änderung bedroht. Weitere Bedrohungen stellen direkte Flächeninanspruchnahme (Bebauung) sowie Sukzession mit Gehölzentwicklung dar. Entsprechende Prozesse oder Eingriffe können rasch zum vollständigen Verlust lokaler oder regionaler Bestände oder zu erheblichen Rückgängen der ohnehin bereits seltenen und auf wenige Naturräume beschränkten Art führen. In den Naturräumen mit Vorkommen der Art sollten alle verbliebenen Heidebestände gesichert und nach Möglichkeit deutlich ausgeweitet werden, insbesondere durch Rücknahme bereits erfolgter Gehölzsukzession auf geeigneten Standorten sowie durch flächig umfangreiche Auslichtung angrenzender Waldbestände und die Einführung einer langfristig geeigneten Pflege (u. a. mit Beweidung). Durch gezielte Prüfung auf weitere Vorkommen sollte zudem der Kenntnisstand zur aktuellen Verbreitung und Bestandssituation der Art verbessert werden.

Bradycellus verbasci

(Duftschmid, 1812)

Eckhalsiger Rundbauchläufer

Allgemeine Verbreitung: Westpaläarktisch verbreitete Art, die im Großteil Nordeuropas fehlt. Sie ist in Deutschland fast flächendeckend vertreten und weist nur im Südosten Bayerns kleinere Verbreitungslücken auf.

Vorkommen in Baden-Württemberg: Landesweit recht weit verbreitet, scheint aber insbesondere in den montanen Lagen (Schwarzwald, Schwäbische Alb, Teile des Voralpinen Hügel- und Moorlands) vollständig oder weitestgehend zu fehlen. Ansonsten sind fehlende Nachweise in der Verbreitungskarte als Erfassungslücken, i. d. R. aber nicht als ein tatsächliches Fehlen zu interpretieren. Die Art wird weniger gut in Bodenfallen registriert. Am

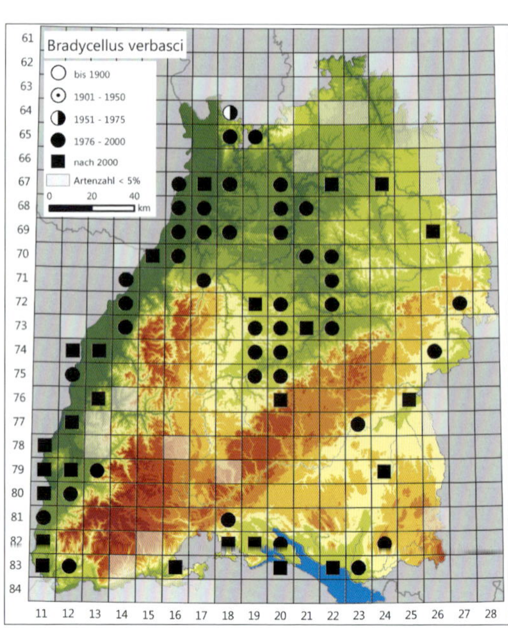

besten geeignet sind gezielter Handfang, Sieben der Bodenstreu an geeigneten Stellen oder Lichtfang.

Lebensweise und Habitat: Flugfähige (makroptere) und räuberische Art. Paarung und Eiablage (schwerpunktmäßig) im Sommer und Larvalentwicklung ab Sommer/Herbst. Aktive Imagines wurden in Bad.-Württ. nach den ausgewerteten Daten zwischen Mai und Oktober registriert. Für die Benennung eines Aktivitätsmaximums liegen keine ausreichenden Daten aus Bodenfallenfängen vor, viele Funde stammen aber wie im Fall von *B. harpalinus* aus Lichtfängen in den Sommermona-

Bradycellus verbasci. Foto: O. Bleich.

ten. Die Art wurde in Bad.-Württ. auch imaginal überwinternd zusammen mit der genannten Art aus der Bodenstreu an Waldrändern und unter Heidekraut gesiebt.

Auch *B. verbasci* kommt schwerpunktmäßig in eher nährstoffärmeren Säumen und Ruderalflächen, an besonnten Waldrändern und in zwergstrauchreichen Lebensräumen (v. a. Heiden) vor, gegenüber *B. harpalinus* scheint der Schwerpunkt jedoch im trockenen Standortbereich zu liegen.

Gefährdung und Schutz: *B. verbasci* ist bundesweit (Stand 2015) und in Bad.-Württ. (Stand 2005) ungefährdet. Aufgrund der relativ weiten Verbreitung mit Auftreten in unterschiedlichen Lebensraumtypen ist auch zukünftig keine Gefährdung absehbar, auch wenn die Lebensräume flächenhaft heute oftmals nur noch eine geringe Ausdehnung haben. Kein Handlungsbedarf.

Dicheirotrichus rufithorax

(C. R. Sahlberg, 1827)

Rothalsiger Kinnzahn-Schnellläufer

Allgemeine Verbreitung: Von Sibirien über Ost- und das südliche Nordeuropa bis ins zentrale Europa verbreitete Art. In Deutschland ist sie von Südostbayern bis in den Nordosten und in einem breiten Gürtel im mittleren Deutschland verbreitet. Dagegen fehlt sie großräumig im Nordwesten sowie beinahe im gesamten Südwesten.

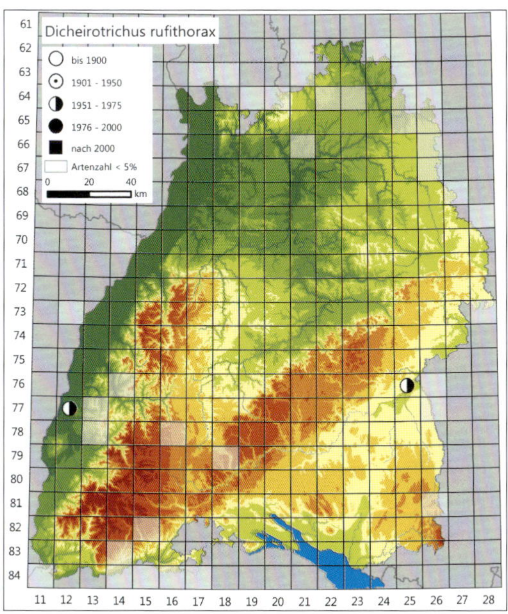

Dicheirotrichus rufithorax. Foto: O. Bleich.

Vorkommen in Baden-Württemberg: Punktuelle Meldungen aus der Oberrhein-Tiefebene und der Donau-Iller-Lech-Platte, die mehrere Jahrzehnte zurückliegen (Harde & Köstlin 1965, Kless 1969). Die Belegtiere der auf einen Fund von G. Schmid zurückgehenden Meldung aus dem Taubergießengebiet am Oberrhein (Kless 1969) wurden überprüft und erwiesen sich als korrekt (t. Trautner). Zudem lag eine Angabe über einen möglichen Fund im Raum Bad Wurzach aus einer unveröffentlichten Arbeit vor, der sich bei Überprüfung des Belegtieres jedoch als Fehlbestimmung herausstellte (t. Trautner).

Lebensweise und Habitat: Flugfähige (makroptere) Art. Paarung und Eiablage (schwerpunktmäßig) im Sommer und Larvalentwicklung ab Sommer/Herbst. Für Angaben zu Phänologie und Aktivitätsmaximum liegen aus Bad.-Württ. keine ausreichenden Daten vor.

D. rufithorax wurde in Bad.-Württ. im Auwald-Kontext an Rhein und Iller nachgewiesen, und zwar im „Illerauwald bei Ulm“ (leg. Schrepfer, Harde & Köstlin 1965) sowie unter angeschwemmtem Holz am Rheinufer (leg. Schmid, Kless 1969). Auch aus anderen Teilen Deutschlands liegen Funde aus Auelebensräumen und anderen Feuchtgebieten vor (z. B. Uferstandorte entlang des Mains in Bayern, junges Schilfröhricht auf Ackerbrache, Hochstaudenfluren; Fritze 1998, Metzner 2001), doch sind die Vorkommen der Art offensichtlich nicht auf solche beschränkt. So schreibt Stegemann (1992) für das östliche Mecklenburg-Vorpommern: „Die Art wurde auf Brachflächen, Rainen, Ruderalstellen und Schuttplätzen gesammelt. [So] wimmelte es an der Böschung einer Tongrube, die mit Ruderalvegetation auf lehmig-tonigem Boden bewachsen war, von herumlaufenden Tieren der Art."

Gefährdung und Schutz: *D. rufithorax* ist bundesweit gefährdet (Stand 2015). In Bad.-Württ. wurde die Art seit über 40 Jahren nicht mehr nachgewiesen und gilt als ausgestorben oder verschollen (Stand 2005). Da keine Hinweise auf eventuell noch vorhandene Populationen in Bad.-Württ. oder in den angrenzenden Bereichen Bayerns, Hessens und aus Rheinland-Pfalz vorliegen (vgl. Verbreitungskarte in Trautner et al. 2014), ist eine Wiederetablierung der Art unwahrscheinlich. Soweit Vorkommen bislang übersehen wurden, müsste bei entsprechendem Nachweis über spezifisch erforderliche Schutzmaßnahmen nachgedacht werden. Ansonsten wird derzeit kein Handlungsbedarf gesehen.

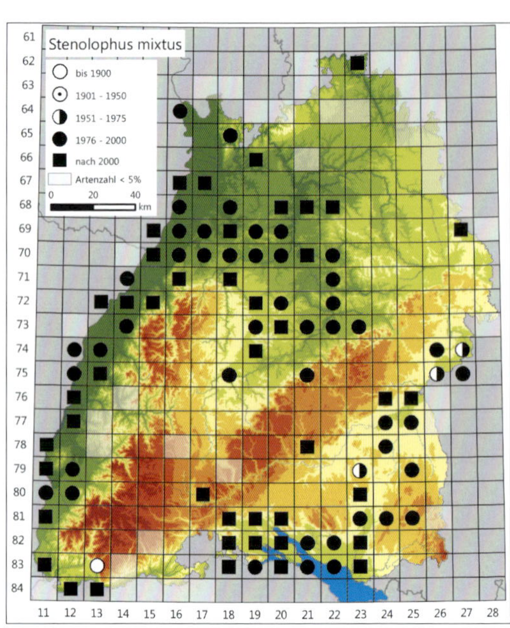

Stenolophus mixtus

(Herbst, 1784)

Dunkler Scheibenhals-Schnellläufer

Allgemeine Verbreitung: Paläarktisch verbreitete Art, die nur im Norden Europas teilweise fehlt. Sie ist in Deutschland trotz kleinerer Verbreitungslücken weit verbreitet.

Vorkommen in Baden-Württemberg: Mit Schwerpunkt in niedrigeren Lagen und entlang der größeren Flusstäler sowie der gewässerreichen Landschaften des Voralpinen Hügel- und Moorlands und der Donau-Iller-Lech-Platte verbreitet. In anderen Naturräumen teils nur lokale Vorkommen oder großräumig fehlend (insbesondere im Schwarzwald).

Stenolophus mixtus. Foto: E. Wachmann.

Lebensweise und Habitat: Flugfähige (makroptere), pflanzenfressende Art. Paarung und Eiablage (schwerpunktmäßig) im Frühjahr und Larvalentwicklung ab Frühjahr/Sommer. Aktive Imagines wurden in Bad.-Württ. nach den ausgewerteten Daten zwischen April und September registriert, mit einem Aktivitätsmaximum im Mai und Juni. Individuen der Art fliegen regelmäßig am Licht an.

S. mixtus tritt in vegetationsreichen, meso- bis eutrophen Feucht- und Nasslebensräumen auf, individuenreich besonders in zumindest zeitweise sehr nassen Seggen-, Binsen- oder Röhrichtbeständen an Ufern stehender Gewässer sowie in Flutmulden und Nasswiesen. Besiedelt werden aber auch vegetationsreiche Ufer an Flüssen sowie Au- und Bruchwälder. Typisch ist ein Substrat mit hohem Anteil an organischen Stoffen („schwarzschlammig") sowie eine zumindest teilweise vorhandene Streu- oder Detritusauflage, wobei kleinflächig vegetationsarme Bodenstellen mit dichter Vegetation eng verzahnt sind. Bei Untersuchungen in der Rastatter Rheinaue wiesen Zawadzki & Schmidt

(1994) die Art zum Beispiel in höherer Individuenzahl sowohl am Ufer eines periodisch überfluteten Altrheinarms als auch im Silberweiden-Auwald nach, bei etwas höherer Aktivitätsdichte am Ufer; (wohl dispergierende) Einzeltiere registrierten sie auch in anderen Lebensraumtypen.

Gefährdung und Schutz: *S. mixtus* ist bundesweit (Stand 2015) und in Bad.-Württ. (Stand 2005) ungefährdet. Aufgrund der weiten Verbreitung mit Auftreten in unterschiedlichen Lebensraumtypen des feuchten bis nassen Standortspektrums ist auch keine zukünftige Gefährdung absehbar. Kein Handlungsbedarf.

Stenolophus skrimshiranus

Stephens, 1828

Rötlicher Scheibenhals-Schnellläufer

Allgemeine Verbreitung: Westpaläarktisch verbreitete Art, die in Nord- und Nordwesteuropa weitgehend fehlt. In Deutschland ist sie mit einem Schwerpunkt in der nördlichen Hälfte südwestlich bis zum Oberrhein und Donauraum vertreten, während sie in großen Teilen Bayerns ansonsten fehlt.

Vorkommen in Baden-Württemberg: Punktuell im Oberrhein-Tiefland, den Neckar- und Tauber-Gäuplatten, im Schwäbischen Keuper-Lias-Land und im Bereich der Donau-Iller-Lech-Platte nachgewiesen.

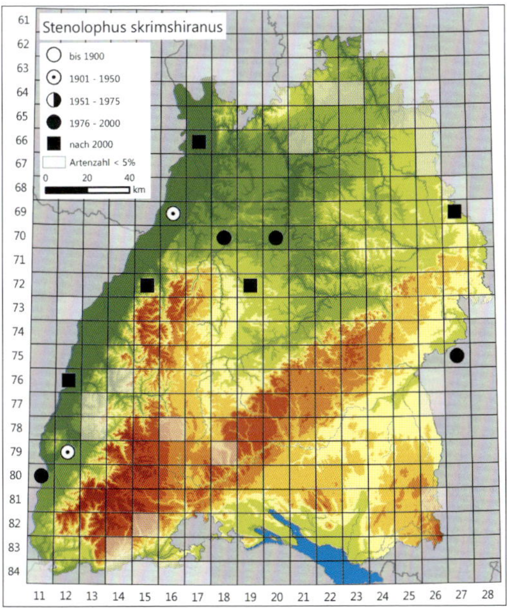

Stenolophus skrimshiranus. Foto: C. Benisch.

Lebensweise und Habitat: Flugfähige (makroptere) Art. Paarung und Eiablage (schwerpunktmäßig) im Frühjahr und Larvalentwicklung ab Frühjahr/Sommer. Aktive Imagines wurden in Bad.-Württ. nach den ausgewerteten Daten zwischen Mai und Juli registriert, für die Angabe eines Aktivitätsmaximums liegen keine ausreichenden Daten vor.

S. skrimshiranus tritt an besonnten, vegetationsreichen Ufern und Sümpfen (vorzugsweise in Großseggenrieden, Flutrasen und lichten Röhrichten) auf. Die Art stellt eine hohe, spezifische Anforderung an die Feuchtigkeit ihres Lebensraums. Figura et al. (2001) beschreiben sie als Indikatorart der tiefen „Flutrinnen mit langer Überschwemmung und gleichzeitig hohem Grundwasserstand in der Vegetationsperiode". Neben Einzelfunden dispergierender Individuen stammen die baden-württembergischen Nachweise, soweit dokumentiert, aus der Verlandungszone von Gräben und Stillgewässern sowie aus Nasswiesen und Flutmulden (u. a. im Stromberg, s. Breunig & Trautner 1996).

Gefährdung und Schutz: *S. skrimshiranus* ist bundesweit gefährdet (Stand 2015). In Bad.-Württ. gilt die Art aufgrund der wenigen aktuellen Nachweise und der Habitatbindung als vom Aussterben bedroht (Stand 2005) und ist Landesart A

Lebensraum von *Stenolophus skrimshiranus*. Trotz einer in ihrem Lebensraum meist stark entwickelten Krautschicht ist die Art auf eine ausreichende Besonnung in Bodennähe angewiesen.

des Informationssystems Zielartenkonzept Bad.-Württ. (Stand 2009). Als Gefährdungsursachen kommen insbesondere Entwässerung, Veränderungen der Geländeoberfläche im Grünland (u.a. durch Verfüllung von Flutmulden) und direkte Flächeninanspruchnahmen etwa durch Bauvorhaben sowie Gehölzsukzession bei Aufgabe bestandserhaltender Nutzungen oder Pflegemaßnahmen in Betracht. Beeinträchtigungsfaktoren an Stillgewässerufern sind strukturelle Veränderungen mit Wegfall besonnter, vegetationsreicherer Flachuferzonen. Entscheidend ist neben einer Sicherung des Wasserhaushalts, das Aufkommen beschattender Gehölze auch langfristig durch Pflegemaßnahmen (z.B. winterliches Brennen oder Mahd der Großseegenriede und Röhrichte) zu verhindern.

Stenolophus teutonus

(Schrank, 1781)

Bunter Scheibenhals-Schnellläufer

Allgemeine Verbreitung: Westpaläarktisch verbreitete Art, die in Nord- und Nordwesteuropa weitgehend fehlt. Sie kommt in Deutschland flächendeckend in geeigneten Lebensräumen vor.

Vorkommen in Baden-Württemberg: Landesweit mit Ausnahme der Schwäbischen Alb sowie eines Großteils des Schwarzwaldes verbreitet, fehlende Nachweise in der Verbreitungskarte sind ansonsten als Erfassungslücken, i.d.R. aber nicht als ein tatsächliches Fehlen zu interpretieren.

Lebensweise und Habitat: Flugfähige (makroptere) Art. Paarung und Eiablage (schwerpunktmäßig) im Frühjahr und Larvalentwicklung ab Frühjahr/Sommer. Aktive Imagines wurden in Bad.-Württ. nach den ausgewerteten Daten zwischen April und Oktober registriert, mit einem Aktivitätsmaximum im Mai und Juni.

S. teutonus ist wie *Acupalpus meridianus* eine Art offener, meist schütter bewachsener und durch Bodenstörungen charakterisierter Standorte auf unterschiedlichem Substrat. Gegenüber jener hat sie jedoch eine Präferenz für wechselfeuchte und feuchte Standorte. *S. teutonus* tritt sowohl in Äckern und ihren typischen Begleitstrukturen als auch im Grünland auf, in letzterem vor allem dann, wenn durch die Bewirtschaftung (z.B. auf Weiden) vegetationsarme bis -freie „Störstellen“

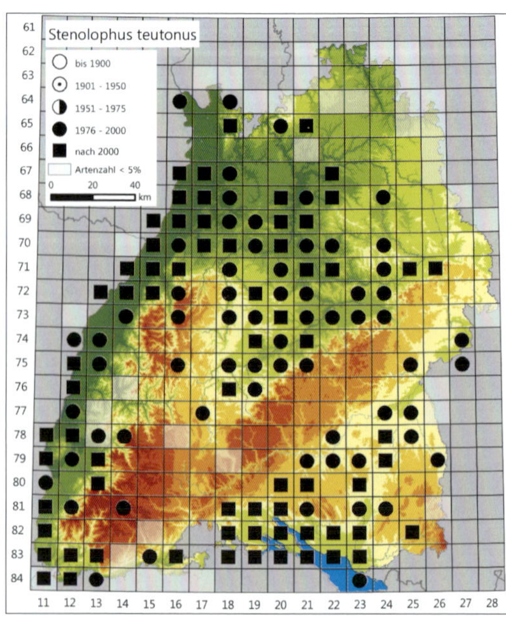

Stenolophus teutonus.

entstehen. Hohe Aktivitätsdichten erreicht die Art vor allem in kurzlebigen Ruderalfluren und Pioniergesellschaften, etwa auf jungen Ackerbrachen und in Abbaugebieten. Auch an Ufern tritt sie auf.

Gefährdung und Schutz: *S. teutonus* ist bundesweit (Stand 2015) und in Bad.-Württ. (Stand 2005) ungefährdet. Aufgrund der weiten Verbreitung und der Bindung an wenig oder nicht gefährdete Lebensraumtypen ist auch keine zukünftige Gefährdung absehbar. Kein Handlungsbedarf.

Trichocellus placidus

(Gyllenhal, 1827)

Sumpf-Pelzdeckenläufer

Allgemeine Verbreitung: Westpaläarktisch verbreitete Art, die im zentralen, nordwestlichen und nördlichen Europa vertreten ist. Sie ist vor allem in der nördlichen Hälfte Deutschlands annähernd flächendeckend verbreitet und zeigt nur im zentralen Deutschland (Hessen) und in Süddeutschland (Baden-Württemberg, Bayern) große Verbreitungslücken.

Vorkommen in Baden-Württemberg: Schwerpunkte im nördlichen Teil des Oberrhein-Tieflands

Trichocellus placidus. Foto: C. Benisch.

sowie in kleinen Teilen der Neckar- und Tauber-Gäuplatten und des Schwäbischen Keuper-Lias-Landes, zudem am westlichen Bodensee (Teil des Voralpinen Hügel- und Moorlandes). Oft nur vereinzelte Nachweise.

Lebensweise und Habitat: Flugfähige (makroptere) Art. Paarung und Eiablage (schwerpunktmäßig) bei uns wohl im Frühjahr und Larvalentwicklung ab Frühjahr/Sommer, wobei Turin

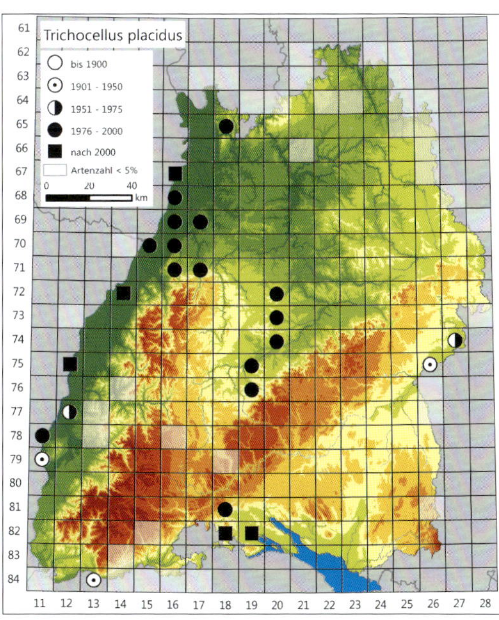

(2000) für die Niederlande mit Bezug auf DEN BOER (1980) als Fortpflanzungszeitraum den Winter und das zeitige Frühjahr nennt. Aktive Imagines wurden in Bad.-Württ. nach den ausgewerteten Daten zwischen April und Oktober registriert; bei Funden im Zeitraum November bis März könnte es sich um Tiere im Winterquartier gehandelt haben; für die Angabe eines Aktivitätsmaximums liegen aus Bad.-Württ. keine ausreichenden Daten vor. TURIN (2000) gibt für die Niederlande ein Maximum der Funde im Mai an.

T. placidus ist eine Art mit Schwerpunktvorkommen in vegetationsreichen Feuchtgebieten, insbesondere von Schilf-, Seggen- und Binsenrieden, die aber zumindest teilweise offene Bodenstellen aufweisen. BAEHR (1980) fand sie im Schönbuch im zentralen Bad.-Württ. auf „einer sumpfigen Lichtung auf schwarzschlammigem Boden und im Schilfsumpf im Ammertal". Soweit Daten dazu vorliegen, sind die Lebensräume unbeschattet oder teilweise beschattet, einige Fundstellen liegen als offene Flächen im Waldverband.

Gefährdung und Schutz: *T. placidus* ist bundesweit (Stand 2015) als ungefährdet eingestuft, in Bad.-Württ. (Stand 2005) aber stark gefährdet und Landesart B des Informationssystems Zielartenkonzept Bad.-Württ. (Stand 2009). In Bad.-Württ. ist die Art offenbar nur regional vertreten und dort überwiegend in gefährdeten Lebensräumen. An mehreren ehemaligen Fundstellen konnte bei späterer Nachsuche kein Nachweis mehr erbracht werden (t. TRAUTNER), dort sind die Vorkommen vermutlich sukzessionsbedingt erloschen (Entwicklung dicht geschlossener krautiger Vegetation oder flächiger Gehölzbestände). Allerdings besteht zu dieser Art noch ein Kenntnisdefizit; sie wurde auch vielfach nur in sehr geringer Individuenzahl registriert. Nach derzeitiger Einschätzung kommen als Gefährdungsfaktoren insbesondere sukzessionsbedingte Veränderungen in Feucht- und Nasslebensräumen, Entwässerung sowie Rekultivierung von Sekundärlebensräumen unter anderem in Abbaugebieten und direkte Flächeninanspruchnahme etwa bei Bauvorhaben in Betracht. Im Hinblick auf spezifische Schutzmaßnahmen sollten zunächst nähere Untersuchungen zur aktuellen Verbreitung und zu Schwerpunkten in Lebensraumgradienten durchgeführt werden.

Tribus Harpalini

J. TRAUTNER & M.-A. FRITZE

Weltweit sind nach LORENZ (2015) bislang 1880 Arten aus 94 Gattungen beschrieben, die dieser Tribus zugerechnet werden. In Bad.-Württ. ist bzw. war sie mit 55 Arten vertreten, deren Imagines eine Größe von rd. 4,3–16 mm erreichen. Unter den einheimischen Arten, von denen eine ganze Reihe eine metallisch glänzende Oberseite hat, fressen viele Pflanzensamen. Einige Arten sind oberseits behaart.

Amblystomus niger

(Heer, 1841)
Dunkler Schieflippenläufer

Allgemeine Verbreitung: Südeuropäisch verbreitete Art. Bereits vor einigen Jahren war ein Exemplar in Sachsen gefunden worden (KLAUSNITZER et al. 2009), ein erneuter Beleg konnte dort aber trotz intensiver Suche nicht erbracht werden (WRASE in lit.). Daraufhin ging man davon aus, dass sich die Art „vermutlich [...] in Deutschland bislang nicht etabliert" hat (SCHMIDT et al. 2016). Nun liegt ein weiterer Nachweis, diesmal aus Bad.-Württ. vor. Auch in der Schweiz waren bereits Wiederfunde gelungen, dabei zum ersten Mal auch auf der Alpennordseite, nachdem MARGGI (1992) die Art als verschollen eingestuft hatte (HUBER & MARGGI 2005).

Vorkommen in Baden-Württemberg: In Bad.-Württ. wurde 2015 ein Exemplar am westlichen Bodensee bei Konstanz im Wollmatinger Ried (Zugwiesen) nachgewiesen (28.07.2015, GÖTZ & KIECHLE, in lit.).

Amblystomus niger. Foto: O. Bleich.

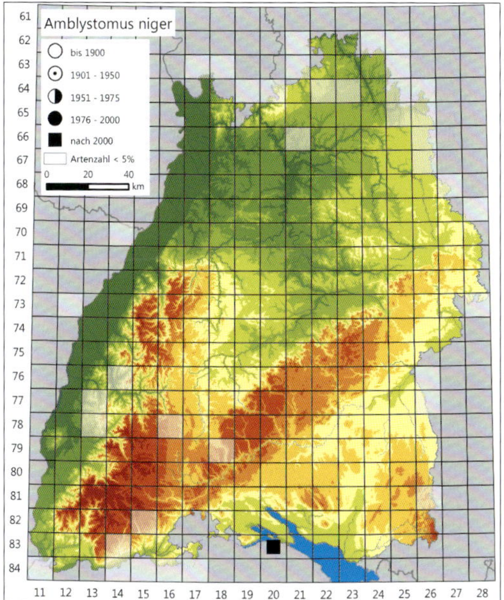

Lebensweise und Habitat: Flugfähige, möglicherweise konstant makroptere Art. Für Angaben zu Phänologie und Aktivitätsmaximum liegen aus Bad.-Württ. keine ausreichenden Daten vor.

A. niger ist eine Bewohnerin feuchter bis nasser Lebensräume, die als halophil und „Schilfverlandungen bevorzugend" (Paill & Holzer 2003) gilt. Eigene Funde aus Südeuropa stammen unter anderem von vegetationsreichen Stillgewässerufern mit bindigem Substrat sowie von wohl salzbeeinflussten, schilfbestandenen Gräben und Stillgewässern. Beim baden-württembergischen Fundort handelt es sich um eine Viehweide auf wechselnassem Untergrund (Götz & Kiechle, in lit.).

Gefährdung und Schutz: *A. niger* ist bundesweit (Stand 2015) bislang nicht in die Checkliste und Rote Liste aufgenommen worden, ebensowenig in Bad.-Württ. (Stand 2005). Ob ein bereits etabliertes Vorkommen vorliegt, ist derzeit zwar nicht abschließend zu beurteilen, wird aber nach aktuellem Stand als eher wahrscheinlich erachtet. Die Art ist vermutlich in Ausbreitung begriffen, was mit klimatischen Veränderungen in Zusammenhang gebracht werden kann. Weitere Funde in Deutschland und Bad.-Württ. bleiben abzuwarten. Vorläufig könnte die Art bei einer Fortschreibung der landesweiten Roten Liste mit der Einstufung „D" (Daten defizitär) aufgenommen werden, sofern sich bis dahin keine verbesserte Datenlage ergibt. Handlungsbedarf wird nicht gesehen.

Harpalus affinis

(Schrank, 1781)

Haarrand-Schnellläufer

Allgemeine Verbreitung: Paläarktisch verbreitete Art, in Nordamerika eingeschleppt (Bousquet 2012). Sie kommt in Deutschland flächendeckend in geeigneten Lebensräumen vor.

Vorkommen in Baden-Württemberg: Landesweit verbreitet, fehlende Nachweise in der Verbreitungskarte sind – mit Ausnahme weitestgehend bewaldeter Gebiete des Schwarzwalds – als Erfassungslücken, i. d. R. aber nicht als ein tatsächliches Fehlen zu interpretieren.

Lebensweise und Habitat: Flugfähige (makroptere) Art. Nahrungsgeneralistin. Aktive Imagines wurden in Bad.-Württ. nach den ausgewerteten Daten zwischen März und Oktober registriert, mit einem Aktivitätsmaximum im Mai und Juni. Kubach (1995) beschreibt die Phänologie für zwei Untersuchungsjahre in Flächen des Kraichgaus wie folgt: „Die Fortpflanzungszeit und damit das Maximum des Auftretens lag 1991 im Juni, 1992 etwa Mitte bis Ende Mai; die Jungkäfer schlüpften be-

Harpalus affinis.

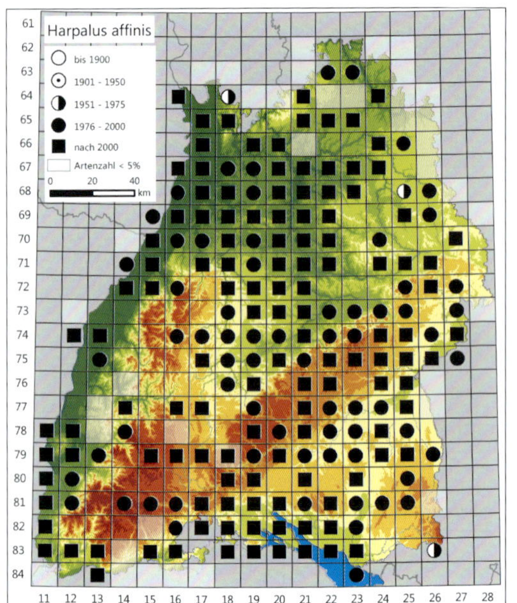

reits ab den Frühsommer, vermehrt ab August und vereinzelt bis in den Oktober hinein. Bei *H. aeneus* [= *H. affinis*] handelt es sich um eine frühjahrsbrütende Art."

H. affinis ist eine eurytope Offenlandart mit Schwerpunkt in Äckern, Weinbergen und deren Begleitstrukturen. Sie trat z. B. in allen von Feurer (1985) untersuchten Weizenbeständen auf und im Untersuchungsgebiet von Kubach (1995) war die Art „auf Neuanlagen, Ackerbrachen und Ackerflächen sehr häufig und auch auf den Vergleichsstandorten überall verbreitet. Auch fiel keine Habitatbindung an bestimmte Varianten und Sukzessionsstadien der Neuanlagen [von Saumstrukturen] auf."

Gefährdung und Schutz: *H. affinis* ist bundesweit (Stand 2015) und in Bad.-Württ. (Stand 2005) ungefährdet. Aufgrund der weiten Verbreitung und Häufigkeit mit Auftreten in ungefährdeten Lebensraumtypen des Offenlands ist auch keine zukünftige Gefährdung absehbar. Kein Handlungsbedarf.

Harpalus albanicus

Reitter, 1900

Südlicher Schnellläufer

Allgemeine Verbreitung: Pontisch-ostmediterran verbreitete Art, nach Osten bis zur Krim und in den Kaukasus. Nach Westen diskontinuierlich vertreten, im Mittelmeerraum bis Südfrankreich. Diese in Deutschland an ihre nördliche Arealgrenze gelangende Art weist bundesweit nur wenige Vorkommen in Baden-Württemberg und Sachsen-Anhalt auf.

Vorkommen in Baden-Württemberg: Einzelne Nachweise im Kraichgau (Nordostteil der Neckar- und Tauber-Gäuplatten). Die Art wurde erstmals von Meid bei Bruchsal gefunden (2 Ex., 27.03. 1976), was zugleich den Erstnachweis für Deutschland darstellte (Trautner 1992c). Es folgten Funde bei Jöhlingen (1 Ex. 1993, leg. Schwan, s. Persohn et al. 2006) und bei Oberacker/Kraichtal (2 Ex. 1995, Spies 1998) sowie in neuester Zeit bei Weingarten (2008 und 2010, leg. Forcke).

Lebensweise und Habitat: Flugfähige (makroptere) Art. Für Angaben zu Phänologie und Aktivitätsmaximum liegen keine ausreichenden Daten vor.

H. albanicus wurde bei Jöhlingen in einem Hochrain gefunden (Persohn, mdl. Mitt.), die Funde von Spies (1998) bei Kraichtal stammen aus einer zwischen Äckern neu angelegten Saumstruktur in Südostexposition, die im Nachweisjahr

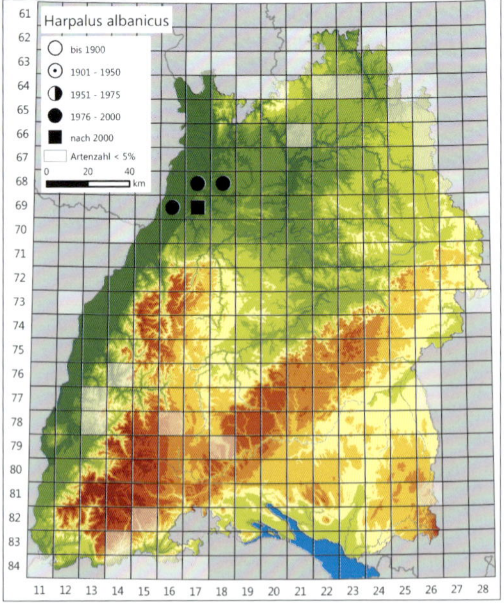

Harpalus albanicus. Foto: O. Bleich.

durch Vogelwicke (*Viccia cracca*) dominiert war. Trost et al. (1999) gehen für Sachsen-Anhalt davon aus, dass die Art am „ehesten den xerothermen Brachen bzw. ruderal beeinflussten Steppenrasenbiotopen“ zuzuordnen ist.

Gefährdung und Schutz: *H. albanicus* ist bundesweit (Stand 2015) und in Bad.-Württ. (Stand 2005) als extrem seltene Art der Kategorie R eingestuft und Landesart B im Informationssystem Zielartenkonzept Bad.-Württ. (Stand 2009). Als Gefährdungsursachen kommen insbesondere der direkte Verlust offener Begleitstrukturen in Ackerbaugebieten etwa bei einer Flurneuordnung oder anderen lokalen Eingriffen in Betracht, zudem ggf. negative Sukzessionsprozesse in besiedelten Flächen. Der Kenntnisstand zu den Vorkommen der Art sollte durch gezielte Untersuchungen ausgehend von den bisher dokumentieren Vorkommen verbessert werden. Ggf. sind hieraus spezifische Schutz- und Fördermaßnahmen abzuleiten, die zudem auch weiteren Arten der Ackerbegleitbiotope dienen dürften.

Harpalus anxius

(Duftschmid, 1812)

Seidenmatter Schnellläufer

Allgemeine Verbreitung: Paläarktisch verbreitete Art, die im größten Teil Nordeuropas und in kleineren Teilen Südeuropas fehlt. Sie ist in Deutschland mit einem flächendeckenden Schwerpunkt im Norden und Osten weit verbreitet und weist nur im Westen und Süden kleinere Verbreitungslücken auf.

Harpalus anxius. Foto: E. Wachmann.

Vorkommen in Baden-Württemberg: Weitgehend auf das Oberrhein-Tiefland beschränkt. Einzelfunde in anderen Naturräumen. Bei älteren Fundangaben zu dieser Art ist die späte Trennung

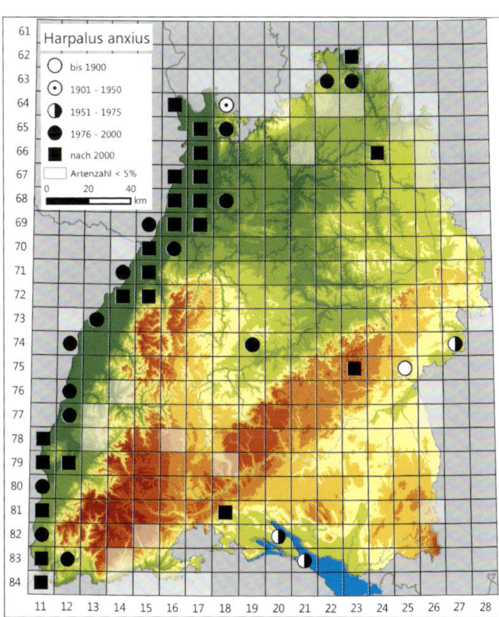

von der nah verwandten und nach äußerlichen Merkmalen schwierig zu unterscheidenden Art *H. subcylindricus* (s. dort) zu berücksichtigen und jedenfalls außerhalb des Schwerpunktraums eine Prüfung des Belegmaterials sinnvoll. Die alten Angaben v. d. Trappens (1929) bzw. Kellers (1864) für Heilbronn, Reutlingen und Ulm wurden nicht in die Datenbank aufgenommen.

Lebensweise und Habitat: Flugfähige (makroptere) Art. Nahrungsgeneralistin. Paarung und Eiablage (schwerpunktmäßig) im Frühjahr und Larvalentwicklung ab Frühjahr/Sommer. Aktive Imagines wurden in Bad.-Württ. nach den ausgewerteten Daten zwischen März und Oktober registriert, mit einem Aktivitätsmaximum im Mai und Juni, bei teilweise aber bereits individuenreicherem Auftreten im April.

H. anxius wird nahezu ausschließlich auf sandigen bis sandig-kiesigen, sehr mageren und mit einer meist lückigen bis rasigen Krautschicht bewachsenen Flächen in voll besonnter, selten teilweise beschatteter Lage nachgewiesen. Vielfach handelt es sich um Sand- oder Halbtrockenrasen, zum Teil um trockene Standorte mit Pionier- oder Ruderalvegetation etwa in Abbau-, Industrie- oder Infrastrukturflächen wie Bahnanlagen oder Industriebrachen. Darüber hinaus liegen aber auch (wenige) sichere Funde von mageren Flächen anderer Substrate vor.

Gefährdung und Schutz: *H. anxius* ist bundesweit (Stand 2015) ungefährdet und steht in Bad.-Württ. (Stand 2005) auf der Vorwarnliste. Als Gefährdungsursachen kommen insbesondere der Rückgang offener, nährstoffarmer Lebensräume unter anderem durch direkte Flächeninanspruchnahme bei der Konversion bisheriger Industrie- und Infrastrukturflächen und durch Sukzession bei Aufgabe bestandserhaltender Nutzungen oder Pflegemaßnahmen sowie Eutrophierung in Betracht. Auch die Rekultivierung von Abbaugebieten führt zu Rückgängen. Schutzmaßnahmen müssen auf eine verstärkte Berücksichtigung der Ansprüche dieser Art bei solchen Vorhaben und die Sicherung offener Sandlebensräume durch extensive Nutzung oder Pflege (z. B. Beweidung) abzielen.

Harpalus atratus

Latreille, 1804

Schwarzer Schnellläufer

Allgemeine Verbreitung: Westpaläarktisch verbreitete Art, die in Europa von Südosteuropa über größere Teile Mittel- und Südeuropas nach Westen bis zur französischen Atlantikküste und Nordostspanien verbreitet ist. Sie erreicht in Deutschland ihre nördliche Arealgrenze und gehört zu den von Süden bis zum Nordrand der Mittelgebirge recht verbreiteten Laufkäferarten, fehlt aber im Nord- und Ostdeutschen Tiefland.

Vorkommen in Baden-Württemberg: Landesweit verbreitet, aber in sehr unterschiedlicher Häufigkeit und Funddichte. Fehlt weitestgehend in den höheren Lagen des Schwarzwalds; wenige Nachweise auf der Schwäbischen Alb und im Großteil des Voralpinen Hügel- und Moorlandes.

Lebensweise und Habitat: Flugfähige (dimorphe bzw. polymorphe) und pflanzenfressende Art. Aktive Imagines wurden in Bad.-Württ. nach den ausgewerteten Daten zwischen März und September registriert, mit einem Aktivitätsmaximum im Mai und Juni.

H. atratus hat einen Vorkommensschwerpunkt in Ruderalfluren, Brachestadien von Grünland sowie in Vorwaldgehölzen und eher lichten, trockenen Gehölzen oder deren Randbereichen. Relativ stet tritt die Art in Weinanbaugebieten und auf Brachflächen im Siedlungsbereich auf. In in-

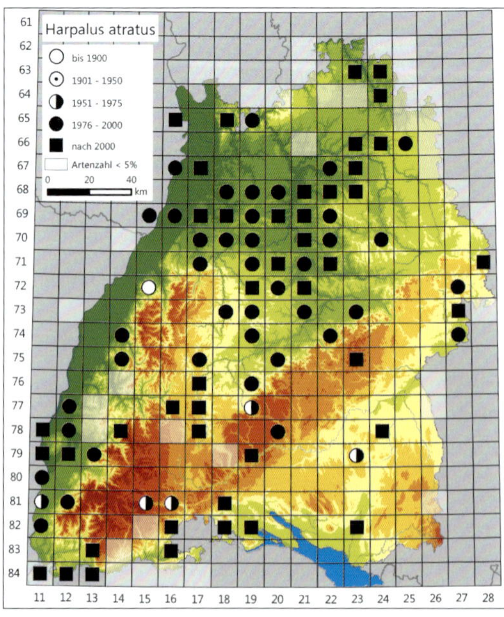

Harpalus atratus. Foto: O. Bleich.

nerstädtischer Lage ist dies eine der wenigen Arten, die lückige sekundäre Gehölzbestände und krautreiche Brachen z. B. in ehemaligen Gärten zu besiedeln vermag.

Gefährdung und Schutz: *H. atratus* ist weder bundesweit (Stand 2015) noch in Bad.-Württ. (Stand 2005) gefährdet. Aufgrund der weiten Verbreitung mit Auftreten in unterschiedlichen, oft ungefährdeten Lebensraumtypen ist auch keine zukünftige Gefährdung absehbar. Kein Handlungsbedarf.

Harpalus attenuatus

Stephens, 1828

Westlicher Schnellläufer

Allgemeine Verbreitung: Von Madeira über Westeuropa und Teile Mitteleuropas sowie den Mittelmeerraum nach Osten bis in Teile Zentralasiens verbreitete Art. In Deutschland gelangt sie an ihre nordöstliche Arealgrenze und kommt nur lokal im Westen und Südwesten (Nordrhein-Westfalen, Rheinland-Pfalz, Saarland, Baden-Württemberg) vor. Die Art scheint sich von Westen her in Ausbreitung zu befinden und wurde in den 1980er Jahren erstmals in Deutschland festgestellt (Trautner 1993a).

Vorkommen in Baden-Württemberg: Nur vereinzelte Nachweise im Oberrhein-Tiefland. Hier in neuester Zeit unter anderem 2010 und 2011 bei Oftersheim durch Benisch und Forcke (in lit.) nachgewiesen.

Lebensweise und Habitat: Art mit vollständig entwickelten Hinterflügeln (makropter), von der nach

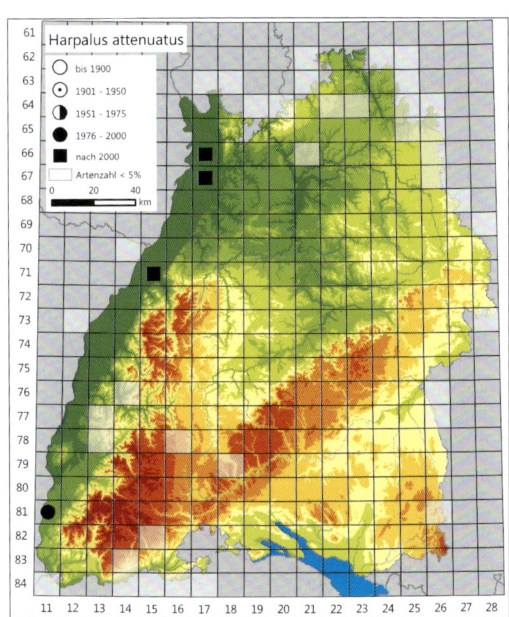

Auswertungsstand keine Flugbeobachtung vorliegt. Pflanzenfressende Art. Für Angaben zu Phänologie und Aktivitätsmaximum liegen keine ausreichenden Daten vor.

H. attenuatus tritt vorwiegend auf sandigem oder sandig-kiesigem Untergrund mit lückigem Bewuchs auf. Die ersten Funde im Saarland stammten aus Sandrasen und einer aufgelassenenen Sandgrube, diejenigen im nördlichen Rhein-

Harpalus attenuatus. Foto: C. Benisch.

land aus Ackersäumen (s. Trautner 1993a). Auch die Funde aus Oftersheim im nördlichen Oberrhein-Tiefland stammen von Sandboden (Binnendünengebiet, Benisch in lit.).

Gefährdung und Schutz: *H. attenuatus* ist bundesweit (Stand 2015) und in Bad.-Württ. (Stand 2005) ungefährdet. Aufgrund der moderaten Ausbreitungstendenz in Deutschland in den letzten Jahrzehnten ist trotz der bisher nur punktuellen Nachweise auch keine zukünftige Gefährdung absehbar. Kein Handlungsbedarf.

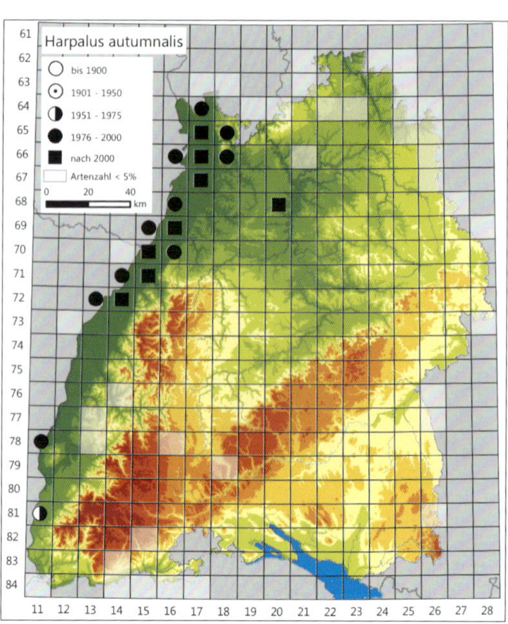

Harpalus autumnalis

(Duftschmid, 1812)

Herbst-Schnellläufer

Allgemeine Verbreitung: Europäische Art des westlichen und zentralen Europas, die im Osten bis in den Süden Russlands vorkommt. Sie fehlt in weiten Teilen Südeuropas sowie in Nordwest- und Nordeuropa. Die in Deutschland an ihre nördliche Arealgrenze stoßende Art ist vor allem im Nordosten Deutschlands weit verbreitet, weist aber im zentralen Deutschland sowie im Westen und Süden größere Verbreitungslücken auf.

Vorkommen in Baden-Württemberg: Fast ausschließlich auf den nördlichen Teil des Oberrhein-Tieflands mit sandigen Böden beschränkt. Ein möglicherweise weiträumig isoliertes Vorkommen auf sandigem Substrat in einem ehemaligen Abbaugebiet im Raum Heilbronn (eigene Daten). Die alte Angabe für Reutlingen nach Keller (1864), die auch bei v. d. Trappen (1929) gelistet wird, ist zweifelhaft und wurde nicht in die Datenbank übernommen.

Harpalus autumnalis. Foto: E. Wachmann.

Lebensweise und Habitat: Art mit unterschiedlicher Flügelausbildung, von der aber nach Auswertungsstand keine Flugbeobachtung vorliegt. Nahrungsgeneralistin. Tietze (1974) stuft sie als Art ein, bei der Paarung und Eiablage (schwerpunktmäßig) im Frühjahr und Larvalentwicklung ab Frühjahr/Sommer stattfinden. Aktive Imagines wurden in Bad.-Württ. nach den ausgewerteten Daten zwischen April und September registriert, mit einem Aktivitätsmaximum im Mai und Juni.

H. autumnalis ist eine Art der offenen Sande und Sandrasen (z. B. Büche 1994, Funde bei Wolf-Schwenninger & Schwenninger 1992) sowie der Pionier- und Ruderalvegetation auf sandigem bis sandig-kiesigem Substrat z. B. in Abbaugebieten sowie in Industrie- und Infrastrukturflächen. Es liegen auch Funde aus sandigen Ackerbrachen vor, wobei hier der Zusammenhang mit Vorkommen in Sandrasen des nahen Umfelds bestand. Auch in Sandgebieten Österreichs wurde sie in Brachestadien des Kulturlands auf passendem Substrat festgestellt (dort in Rebbrachen, AGNEZY 2008).

Gefährdung und Schutz: *H. autumnalis* ist bundesweit (Stand 2015) und in Bad.-Württ. (Stand 2005) gefährdet sowie Naturraumart des Informationssystems Zielartenkonzept Bad.-Württ. (Stand 2009). Gefährdungsursachen sind in erster Linie Aufgabe bestandserhaltender Nutzungen oder Pflegemaßnahmen und nachfolgende Sukzessionsprozesse mit Entwicklung einer dichten Kraut- und später Gehölzdeckung. Von jüngeren Brachestadien auf offenen Kies- oder Sandböden vermag *H. autumnalis* offenbar zu profitieren, solange die Vegetation noch in Teilen lückig ist. Zu Gefährdungsursachen sind auch direkte Flächenverluste durch Aufforstungen und Bebauung oder die Konversion von Industrie- und Infrastrukturflächen zu rechnen. Schutzmaßnahmen für die Art müssen ausgerichtet sein auf die Erhaltung offener Sandlebensräume von jungen Sukzessionsstadien auf sandigem und kiesigem Substrat, bei denen wiederkehrende Störungen der Vegetationsdecke auftreten. Bei Abbau- und Rekultivierungsplanungen sollen die Ansprüche der Art stärker berücksichtigt werden. Im landwirtschaftlich genutzten Bereich innerhalb der Schwerpunktverbreitung der Art könnten rotierende Ackerbrachen einen Beitrag zu Bestandserhalt und -förderung leisten.

Harpalus calceatus

(Duftschmid, 1812)

Sand-Haarschnellläufer

Allgemeine Verbreitung: Paläarktisch verbreitete Art, die in Europa im Nordwesten und Norden weitestgehend und zudem in kleineren Teilen Südeuropas fehlt. Die in Deutschland an ihre nördliche Arealgrenze stoßende Art ist weit verbreitet, wird aus allen Bundesländern gemeldet und besitzt im Norden und Osten einen Vorkommensschwerpunkt, während sie nach Westen und Süden zunehmend größere Verbreitungslücken aufweist.

Vorkommen in Baden-Württemberg: Schwerpunkt im Oberrhein-Tiefland sowie im nordwestlichen Teil der Neckar- und Tauber-Gäuplatten. Zudem im Hegau am westlichen Bodensee (Teil des Voralpinen Hügel- und Moorlandes) sowie punktuell im Odenwald und im Schwäbischen Keuper-Lias-Land nachgewiesen. HORION (1959a) führt für den württembergischen Landesteil einen Fund von Murr (1 Ex., IV.1900, HERMANN leg., coll. HUEBER) auf, die alten Angaben aus dem Raum Tübingen (u. a. V. D. TRAPPEN 1929) wurden als fraglich eingestuft. Für den badischen Landesteil war die Art bereits bei HORION (1941) mit einer glaubwürdigen Angabe gelistet.

Lebensweise und Habitat: Flugfähige (makroptere) Art, die gut am Licht registriert werden kann. Nahrungsgeneralistin. Paarung und Eiablage (schwerpunktmäßig) im Sommer und Larvalentwicklung ab Sommer/Herbst. Aktive Imagines wurden in Bad.-Württ. nach den ausgewerteten Daten zwischen April und September registriert. Für die Angabe eines Aktivitätsmaximums liegen keine ausreichenden Daten vor, die meisten Nachweise stammen allerdings aus dem Juli und August.

H. calceatus wurde sowohl in Sandrasen als auch im Kulturland, insbesondere in Acker- und Weinbauflächen mit ihren typischen Begleitstrukturen nachgewiesen (z. B. WOLF-SCHWENNINGER & SCHWENNINGER 1992, KUBACH 1995, eigene Daten), in der Regel aber nur in geringer Individuenzahl. KUBACH (1995) vermutet, dass die Art in ihren Habitatansprüchen große Ähnlichkeiten zu *H. griseus* zeigt und als eher „agrophil" einzustufen ist.

Gefährdung und Schutz: *H. calceatus* ist bundesweit (Stand 2015) ungefährdet und war in Bad.-

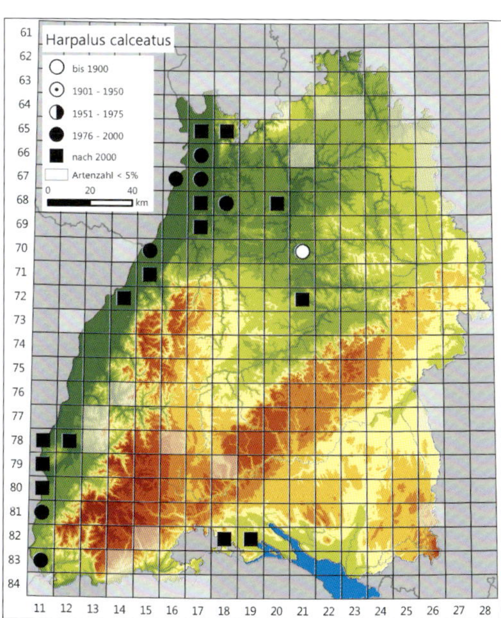

Harpalus calceatus.

Harpalus cupreus.

Württ. (Stand 2005) als stark gefährdet sowie als Naturraumart des Informationssystems Zielartenkonzept Bad.-Württ. (Stand 2009) eingestuft worden. Nach heutigem Kenntnisstand ist trotz des eingeschränkten Verbreitungsgebietes und der eher geringen Fundzahl der Art fraglich, ob die landesweite hohe Gefährdungseinstufung so aufrechterhalten werden kann. Im Rahmen der Fortschreibung der landesweiten Roten Liste sollte diskutiert werden, ob für diese Art eine niedrigere Einstufung angebracht sein könnte. Vermutlich kann sie durch offene Begleitstrukturen in der Acker- und Weinbaulandschaft gefördert werden.

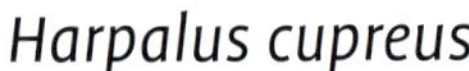

Harpalus cupreus

Dejean, 1829

Kupferfarbener Schnellläufer

Allgemeine Verbreitung: Euromediterrane Art, von der mehrere Unterarten beschrieben wurden. Diese in Deutschland an ihre Arealgrenze gelangende Art wurde nur im äußersten Südwesten (Baden-Württemberg) in ihrer Stammform nachgewiesen.

Vorkommen in Baden-Württemberg: Ausschließlich im Oberrhein-Tiefland. Dort in den 1990er Jahren erstmals bei Bühl nachgewiesen, was zugleich den Erstnachweis für Deutschland darstellte (Kramer & Trautner 2000). Inzwischen liegt ein weiterer Fund aus dem Jahr 2009 vor (leg. Schiel, s. Persohn et al. 2012, Hunger & Schiel 2015).

Lebensweise und Habitat: Art mit vollständig entwickelten Hinterflügeln (makropter), von der nach Auswertungsstand keine Flugbeobachtung vorliegt. Räuberische Art. Nach Angabe bei Pilon et al. (2013) Paarung und Eiablage (schwerpunktmäßig) im Frühjahr und Larvalentwicklung ab Frühjahr/Sommer. Für Angaben zu Phänologie und Aktivitätsmaximum liegen keine ausreichenden Daten vor. Das erste in Deutschland registrierte Individuum wurde zwischen dem 18.07. und dem 01.08.1995 in einer Bodenfalle gefangen (Kramer & Trautner 2000).

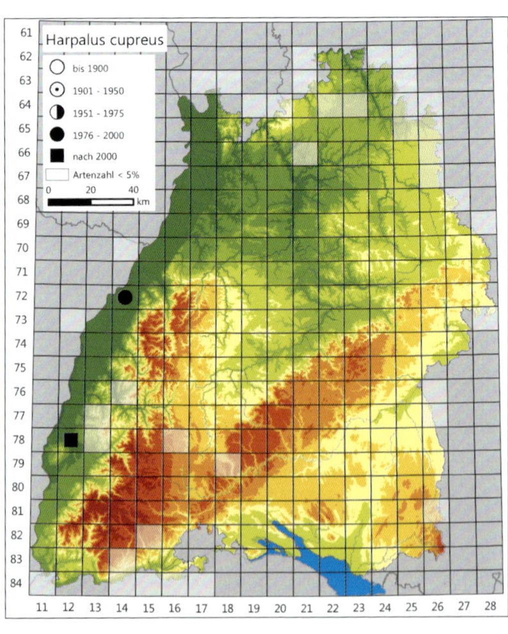

H. cupreus wird als feuchtgebietsbewohnende Art eingestuft. HŮRKA (1996) schreibt von „mäßig feuchten bis feuchten, unbeschatteten Habitaten" und nennt als Beispiele unter anderem Ränder von Sümpfen sowie Feuchtwiesen in der Nähe von Gewässern. Hiermit korrespondiert der von KRAMER & TRAUTNER (2000) beschriebene Nachweis, der aus einer Silgen-Wiese (Sanguisorba-Silaetum) angrenzend an den Hauptbewässerungsgraben des Feuchtgebiets Aarbruch stammt. Von HUNGER & SCHIEL (2015) wurde die Art bei Maßnahmen zur Förderung von Zwergbinsen-Gesellschaften (Isoëto-Nanojuncetea) festgestellt.

Gefährdung und Schutz: *H. cupreus* ist bundesweit (Stand 2015) extrem selten (Kategorie R) und wurde in Bad.-Württ. (Stand 2005) der Kategorie D (Daten defizitär) zugeordnet. Aufgrund der bisherigen Nachweissituation und wahrscheinlichen Habitatbindung erscheint eine Gefährdung zwar möglich, doch liegen für eine weitergehende Beurteilung keine ausreichenden Daten vor. Im Rahmen der Fortschreibung der landesweiten Roten Liste wäre möglicherweise eine Zuordnung zur Kategorie G (Gefährdung anzunehmen) vorzunehmen, sofern dann keine zusätzlichen Daten verfügbar sind.

Harpalus dimidiatus

(Rossi, 1790)

Blauhals-Schnellläufer

Allgemeine Verbreitung: Südwestpaläarktisch verbreitete Art, die in Nordeuropa und im größten Teil Nordwesteuropas fehlt. Sie erreicht in Deutschland ihre nördliche Arealgrenze und gehört mit Ausnahme großer Teile Bayerns zu den von Süden bis zum Nordrand der Mittelgebirge recht verbreiteten Laufkäferarten, fehlt aber weitestgehend im Nord- und Ostdeutschen Tiefland.

Vorkommen in Baden-Württemberg: Landesweit relativ weit verbreitet. Ausnahmen bilden der größte Teil von Schwarzwald und Voralpinem Hügel- und Moorland sowie die Donau-Iller-Lech-Platte, in denen die Art vollständig oder weitestgehend fehlt.

Lebensweise und Habitat: Art mit vollständig entwickelten Hinterflügeln (makropter), von der nach Auswertungsstand keine Flugbeobachtung vorliegt. Pflanzenfressende Art. Paarung und Eiablage (schwerpunktmäßig) im Frühjahr und Larvalentwicklung ab Frühjahr/Sommer. Aktive Imagines wurden in Bad.-Württ. nach den ausgewerteten Daten zwischen April und Oktober registriert, mit einem Aktivitätsmaximum im Juni. KUBACH (1995) beschreibt, dass ein (zweiter) niedrigerer Aktivitätspeak im Herbst „fast ausschließlich durch schlüpfende Käfer gebildet wird" und führt zudem aus: „Unausgehärtete Tiere traten zu Beginn der Aktivitätszeit häufig auf; es ist anzunehmen, dass es sich hierbei um junge Käfer handelte, die außerhalb des normalen Fortpflanzungszyklus schlüpften. Einige überwinterte Käfer hatten ein Lebensalter von wenigstens 12 Monaten erreicht."

Harpalus dimidiatus.

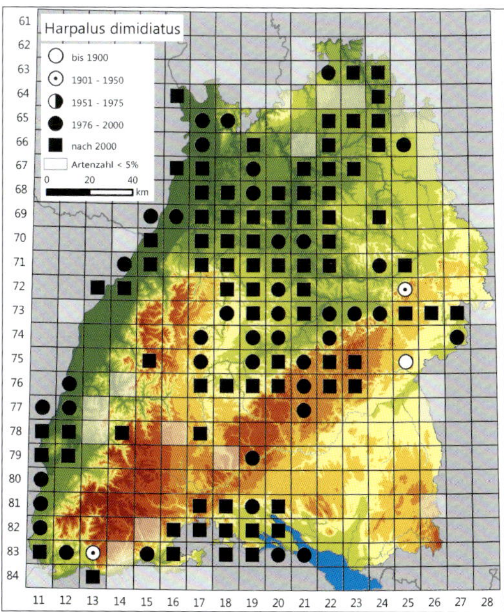

Harpalus dimidiatus kommt im mageren Grünland einiger Landschaftsräume, wie hier an Hängen der Jagst und ihrer Seitentäler, stet und in großen Beständen vor.

H. dimidiatus ist eine Art überwiegend trockener, besonnter Lebensräume, die bevorzugt im Grünland (z. B. Salbei-Glatthaferwiesen), auf Magerrasen, Ruderalflächen und Acker- sowie Weinbergbrachen oder dortigen Begleitstrukturen wie zum Beispiel Säumen auftritt. Im Untersuchungsgebiet von Kubach (1995) im Kraichgau wurde die Art „auf allen untersuchten Kleinstrukturen, auf Neuanlagen, Stufenrainen, Ackerbrachen und innerhalb der Ackerflächen, in höheren Fangzahlen registriert." Allerdings verweist Kubach (1995) darauf, dass *H. dimidiatus* vor allem in den Saumstrukturen und Ackerbrachen überwintert und die Äcker selbst „wohl nur als Teillebensraum, etwa als Nahrungshabitat" genutzt würden.

Gefährdung und Schutz: *H. dimidiatus* ist bundesweit (Stand 2015) gefährdet, wurde in Bad.-Württ. (Stand 2005) aufgrund der hier besseren Bestandssituation aber lediglich der Vorwarnliste zugeordnet. Als Gefährdungsursachen kommen in erster Linie Verluste offener Begleitstrukturen in Acker- und Weinbaugebieten sowie die Aufgabe oder Intensivierung bisher extensiver Grünlandnutzungen auf geeigneten Standorten in Betracht. Dem sollte – wie bereits für andere gefährdete Arten formuliert – durch die Förderung von offenen Begleitstrukturen wie etwa Säumen und Brachen in den landwirtschaftlichen Nutzflächen sowie eine Förderung extensiver Grünlandnutzung vor allem im trockenen Standortbereich entgegengewirkt werden.

Harpalus distinguendus

(Duftschmid, 1812)

Düstermetallischer Schnellläufer

Allgemeine Verbreitung: Paläarktisch verbreitete Art. Sie ist in Deutschland trotz kleinerer Lücken weit verbreitet.

Vorkommen in Baden-Württemberg: Annähernd landesweit verbreitet, in den höheren Lagen aber schwächer oder gar nicht vertreten. Fehlende Nachweise in der Verbreitungskarte sind ansonsten – mit Ausnahme vor allem weitestgehend bewaldeter Gebiete – als Erfassungslücken, i. d. R. aber nicht als ein tatsächliches Fehlen zu interpretieren.

Lebensweise und Habitat: Flugfähige (makroptere) und pflanzenfressende Art, wird als Samenfresser (granivor) eingestuft. Aktive Imagines wurden in Bad.-Württ. nach den ausgewerteten Daten zwischen März und November registriert, mit einem Aktivitätsmaximum im Frühjahr. Kubach (1995) beschreibt die Phänologie für seine Untersuchungsflächen im Kraichgau wie folgt: „Einem ausgeprägten Frühlingsmaximum, von Ende April bis Mitte Juni, folgt eine Zeitspanne geringer Aktivität im Hochsommer, bis zum herbstlichen Schlupf der neuen Generation. Die Jungkäfer erscheinen hauptsächlich im September, ausnahmsweise auch im Frühjahr.“

Auch *H. distinguendus* ist eine eurytope Offenlandart mit Schwerpunkt in Wein- und Ackerbaulandschaften, wo sie aber weniger stet und häufig in den Nutzflächen selbst auftritt. Dies wurde auch von Kubach (1995) für sein Untersuchungsgebiet im Kraichgau hervorgehoben, wo die Art in erster Linie die neu angelegten Saumstrukturen besiedelte und dort sehr hohe Aktivitätsdichten aufwies, während sie „im Acker [...] in sehr viel geringerem Maße nachgewiesen [wurde] als die sonst ähnlich häufige Art *H. aeneus* [= *H. affinis*].“ Weiter schreibt Kubach (1995): „*H. distinguendus* scheint kulturbegünstigt, indem ackernahe Standorte bevorzugt werden; die Abhängigkeit von Kleinstrukturen ist dennoch offensichtlich.“

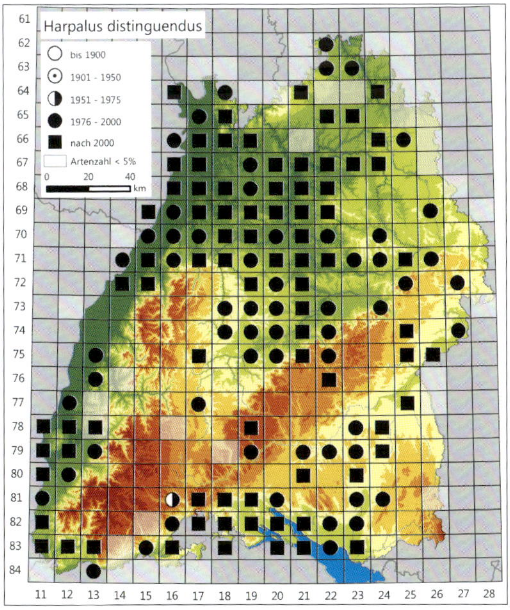

Harpalus distinguendus. Foto: O. Bleich.

Gefährdung und Schutz: *H. distinguendus* ist bundesweit (Stand 2015) und in Bad.-Württ. (Stand 2005) ungefährdet. Aufgrund der weiten Verbreitung und Häufigkeit mit Auftreten in ungefährdeten Lebensraumtypen des Offenlands ist auch keine zukünftige Gefährdung absehbar, wenngleich offene Begleitstrukturen in ackerbaulich genutzten Landschaften zurückgegangen sind. Kein Handlungsbedarf.

Harpalus flavescens

(Piller & Mitterpacher, 1783)
Rostgelber Schnellläufer

Allgemeine Verbreitung: Westpaläarktisch diskontinuierlich verbreitete Art, die sowohl in Nord- und Nordwesteuropa als auch in Südwesteuropa weitestgehend fehlt. In Deutschland kommt sie schwerpunktmäßig im Norden und Osten vor, während sie nach Westen und Süden zunehmend lückiger verbreitet ist und regional vollständig fehlt.

Vorkommen in Baden-Württemberg: Sichere Nachweise im Oberrhein-Tiefland. Hier im Bereich der nordbadischen Binnendünen bei Sandhausen (Horn 1980) und Schwetzingen (Ausmeier in lit. sowie eigene Daten) nachgewiesen, zudem von Rheinheimer (2000) für Rheinau (17. 10. 1999) angegeben. Die alte Angabe v. d. Trappens (1929) für den Schönbuch nach Döttling ist zweifelhaft und wurde nicht in die Datenbank übernommen. Fraglich ist zudem ein Vorkommen im Südschwarzwald bzw. Alb-Wutach-Gebiet: Nowotny (1949) teilt mit, dass sich 1 Ex. „vom 1. 6. 1941 aus der Wutachschlucht im südlichen Schwarzwald, det. Horion" in der Sammlung Resenheimer befinde. Potenziell geeignete Lebensräume (s. u.) fehlen dort jedoch. Auch Horion, der das Tier bestimmt haben soll, gibt in seinen späteren Arbeiten keinen Hinweis auf diesen Fund, obwohl die Art nach seiner Faunistik (Horion 1941) noch ohne Meldungen für Baden und Württemberg war. Aus angrenzenden Gebieten der Schweiz ist *H. flavescens* nicht bekannt (Marggi 1992). Es wird daher davon ausgegangen, dass es sich am ehesten um eine Fundortverwechslung handelt. Diese Angabe wurde nicht in die Datenbank übernommen, ebenso wenig wie einzelne weitere unbelegte Mitteilungen z. B. aus dem Schwäbischen Keuper-Lias-Land.

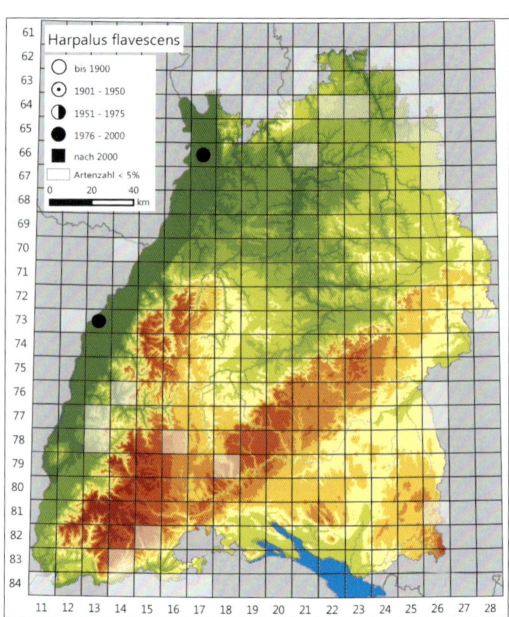

Lebensweise und Habitat: Art mit vollständig entwickelten Hinterflügeln (makropter), von der nach Auswertungsstand keine Flugbeobachtung vorliegt. Räuberische Art. Paarung und Eiablage (schwerpunktmäßig) im Sommer und Larvalentwicklung ab Sommer/Herbst. Aktive Imagines wurden in Bad.-Württ. im September und Oktober registriert, für die Angabe eines Aktivitätsmaximums liegen keine ausreichenden Daten vor (die zweifelhafte Angabe aus dem Wutachgebiet – s. o. – blieb hierbei unberücksichtigt).

H. flavescens ist eine Art der offenen, vollständig oder nahezu vegetationsfreien Sande und lückigen Sandrasen, in denen sich die Imagines teils tief einzugraben vermögen. Wiederholt wird darüber berichtet, dass Tiere aus dem Sand ausgegraben oder – so bei Horion (1970) – zwischen den Wurzeln von Gräsern oder „aus ausgerissenen Grasbüscheln" gefunden wurden. *H. flavescens* ist als charakteristische Art der Lebensraumtypen 2330 und *6120 (Dünen und Sandrasen) des Anhangs I der FFH-Richtlinie einzustufen.

Harpalus flavescens.

Gefährdung und Schutz: *H. flavescens* ist bundesweit (Stand 2015) gefährdet und in Bad.-Württ.

Günstige Lebensraumstruktur für *Harpalus flavescens*. Das gezeigte Bild stammt nicht aus Baden Württemberg, sondern von einem Standort in Brandenburg, an dem die Art noch individuenreich vertreten ist.

(Stand 2005) vom Aussterben bedroht. Sie wurde als Landesart A des Informationssystems Zielartenkonzept Bad.-Württ. (Stand 2009) eingestuft. Für ihre Vorkommen sind offene Sande mit einer entsprechenden Dynamik der Dünen oder aber Störungen der Bodendecke erforderlich, die langfristig ein qualitativ und quantitativ ausreichendes Lebensraumangebot gewährleisten. Die Art tritt auch innerhalb der Binnendünengebiete offenbar nur (noch) sehr lokal in Bad.-Württ. auf (z. B. kein Nachweis bei Büche 1994 verzeichnet) und ist insbesondere durch direkte Flächeninanspruchnahmen oder Konversion bisheriger Nutzungen und Sukzessionsprozesse gefährdet, die zu einem Dichtschluss der Vegetation auf ansonsten geeigneten Substraten führen. Alle dokumentierten Funde liegen vor dem Jahrtausendwechsel. Es ist dringend erforderlich, gezielte Prüfungen auf aktuelle Vorkommen der Art sowie die Ausdehnung und Qualität noch vorhandener Habitate durchzuführen. Dort müssen Maßnahmen getroffen werden, um langfristig geeignete Lebensraumbedingungen zu erhalten, was voraussichtlich ein Pflegemanagement mit regelmäßigen umfangreicheren Störungen der Vegetation und wiederkehrender Initialentwicklung von Sandrasen voraussetzt (insbesondere in Flächen mit bereits erfolgter Sukzession hin zu größeren, geschlossenen grasig-krautigen Beständen oder Gehölzen). Soweit erforderlich, müssen in diesem Rahmen auch Aufforstungen zur Wiederherstellung von offenen Sandlebensräumen zurückgenommen werden.

Harpalus froelichii

Sturm, 1818

Froelichs Schnellläufer

Allgemeine Verbreitung: Paläarktisch verbreitete Art, die in Europa jedoch weitgehend auf den zentral- und osteuropäischen Raum beschränkt ist. Im Nordwesten erreicht sie die Niederlande und Südengland. In Deutschland kommt sie annähernd flächendeckend im Norden und Osten vor, während sie nach Westen und Süden zunehmend lückiger verbreitet ist und im Süden Bayerns und Baden-Württembergs vollständig fehlt.

Vorkommen in Baden-Württemberg: Im nördlichen Teil des Oberrhein-Tieflands sowie teilweise im Odenwald, den nordwestlichen Teilen der Neckar- und Tauber-Gäuplatten (insbesondere im Kraichgau) sowie punktuell im Schwäbischen Keuper-Lias-Land (u. a. Lichtfang, Tolasch in lit.) nachgewiesen. Die alte Angabe Kellers (1864) für Reutlingen, die auch v. d. Trappen (1929) auflistet, ist als fraglich einzustufen und wurde nicht in die Datenbank übernommen. Dagegen fand sich in der Sammlung des Staatlichen Museums für Naturkunde in Stuttgart auch ein historischer Beleg für ein Vorkommen in Stuttgart, der v. d. Trappen wohl nicht bekannt war, weil offenbar damals unzutreffend bestimmt (1 Ex., Stuttgart, 10. 8. 1923, coll. Döttling, rev. Fritze, vid. Trautner).

Lebensweise und Habitat: Flugfähige (makroptere) Art. Paarung und Eiablage (schwerpunktmäßig) im Frühjahr und Larvalentwicklung ab Frühjahr/Sommer. Aktive Imagines wurden in Bad.-Württ. nach den ausgewerteten Daten zwi-

Harpalus froelichii. Foto: O. Bleich.

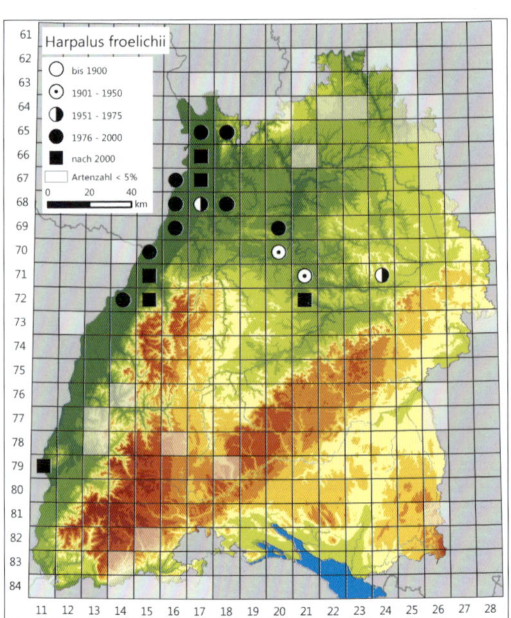

schen April und Oktober registriert. Kubach (1995) schreibt zur Phänologie in seinem Untersuchungsgebiet im Kraichgau, dass die Art bereits Ende April bis Anfang Mai die höchste Aktivitätsdichte aufgewiesen habe, und fährt fort: „Der Schlupf der juvenilen Käfer erfolgte vor allem im Spätsommer und Herbst; vereinzelte Tiere schlüpften jedoch auch im Frühjahr. [...] Ein Teil der Tiere konnte sich, bei einem Mindestalter von 11 Monaten, mindestens zweimal fortpflanzen."

H. froelichii tritt schwerpunktmäßig in offenen Lebensräumen auf sandigem, sandig-kiesigem oder Lößboden auf, wobei die Lebensräume – soweit dokumentiert – meist nur lückige bis spärliche Vegetation tragen. In der Untersuchung von Kubach (1995) war *H. froelichii* überwiegend sehr lokal in einer der neu angelegten Saumstrukturen anzutreffen und dort „fast ausschließlich am Saumrand [...], meist in einem eng abgegrenzten Bereich der Rohbodenvarianten; gelegentlich war sie auch wenige Meter im angrenzenden Acker anzutreffen". Innerhalb des mehrjährigen Untersuchungszeitraums von Kubach (1995) nahm die Aktivitätsdichte der Art stark ab, wofür er die fortschreitende Sukzession der Vegetation auf den Rohbodenstandorten als Ursache annimmt. Auch Büche (1994) gibt an, die Art präferiere offene Sande. Neben Vorkommen in Binnendünen und Äckern oder Ackerbegleitstrukturen sind Nachweise einerseits aus Ruderalflächen und andererseits

seits aus Feldgehölzen, Waldrandsituationen und einzeln auch aus Wäldern bekannt. Bei letzteren könnte es sich um Tiere gehandelt haben, die solche Strukturen während der Dispersion oder im Zusammenhang mit Winterquartieren aufgesucht haben.

Gefährdung und Schutz: *H. froelichii* ist bundesweit (Stand 2015) ungefährdet, wurde in Bad.-Württ. (Stand 2005) aber als gefährdet sowie als Naturraumart des Informationssystems Zielartenkonzept Bad.-Württ. (Stand 2009) eingestuft. Als Gefährdungsursachen kommen insbesondere eine Strukturverarmung im ackerbaulich genutzten Bereich sowie Sukzessionsprozesse in offenen Sand-, Sand/Kies- und Lößflächen in Betracht. Insbesondere kurzlebige Brachen im Agrarbereich in den Schwerpunkträumen der Artverbreitung sowie eine Offenhaltung der Binnendünengebiete stellen wichtige Schutzmaßnahmen dar. Zudem sollten in Abbau- und Rekultivierungsvorhaben in diesen Räumen die Ansprüche der Art verstärkt berücksichtigt werden.

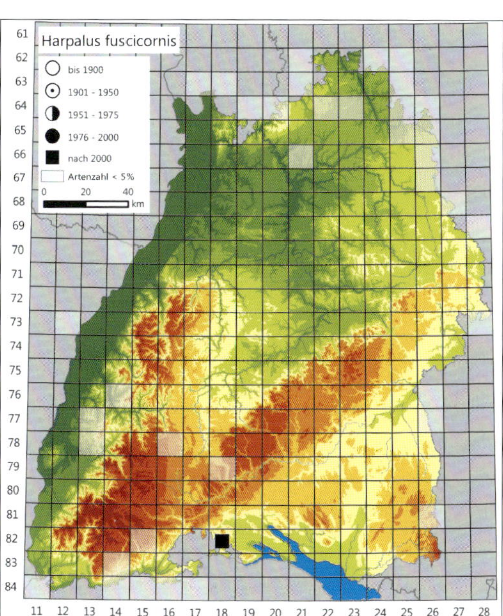

Harpalus fuscicornis

Ménétriés, 1832

Braunfühleriger Schnellläufer

Allgemeine Verbreitung: Von Nordwestafrika über West- und Südeuropa, den Balkan und den Nahen Osten bis nach Mittelasien verbreitete Art. Diese in Deutschland an ihre nördliche Arealgrenze gelangende Art weist nur zwei vermutlich weiträumig isolierte Vorkommensgebiete in Baden-Württemberg (Wrase et al. 2003) und Bayern (Hannig 2006) auf.

Harpalus fuscicornis. Foto: O. Bleich.

Vorkommen in Baden-Württemberg: Am Hohentwiel im Hegau (Teil des Voralpinen Hügel- und Moorlandes) nachgewiesen (Wrase et al. 2003) und dort in Folgeuntersuchungen regelmäßig wieder registriert (Götz & Kiechle, in lit.).

Lebensweise und Habitat: Flugfähige (makroptere) und überwiegend räuberische Art. Paarung und Eiablage dürften nach den bisher vorliegenden Daten (schwerpunktmäßig) im Sommer und die Larvalentwicklung ab Sommer/Herbst stattfinden. Aktive Imagines wurden in Bad.-Württ. nach den ausgewerteten Daten zwischen Mai und September registriert. Für die Angabe eines Aktivitätsmaximums liegen keine ausreichenden Daten vor, es wurden jedoch mehr Tiere im Spätsommer als im Frühjahr registriert.

H. fuscicornis war in einem Gebiet des Hegaus zunächst in Rebflächen und ihren Begleitstrukturen an einem Rebhang mit überwiegend sandiggrusigem, stellenweise aber auch lehmigem Substrat und lückiger Bodenvegetation nachgewiesen worden und besiedelt auch in Mittelasien trockene Habitate (u. a. Steppen und Halbwüsten, s. Wrase et al. 2003). Die inwischen gemachten weiteren Funde in diesem Gebiet (Götz & Kiechle, in lit.) bestätigen die bereits in Wrase et al. (2003) geäußerte Vermutung, dass neben den Rebflächen auch andere magere und sonnenexponierte Bio-

Weinberge und ihre Begleitstrukturen am Hohentwiel im Hegau stellen den Lebensraum von *Harpalus fuscicornis* dar.

tope besiedelt werden, unter anderem Grünlandbrachen und Schuttfluren. Im Jahr 2015 trat die Art in dem untersuchten Weinberggebiet sehr individuenreich auf (Götz & Kiechle, in lit.).

Gefährdung und Schutz: *H. fuscicornis* ist bundesweit (Stand 2015) und in Bad.-Württ. (Stand 2005) als extrem seltene Art (Kategorie R) und als Landesart B des Informationssystems Zielartenkonzept Bad.-Württ. eingestuft (Stand 2009). Potenzielle Gefährdungsursachen sind insbesondere Gehölzsukzession in besiedelten Flächen nach einer Nutzungs- oder Pflegeaufgabe sowie der Verlust von Begleitstrukturen der Nutzflächen. Aufgrund der bisherigen Entwicklung im Fundgebiet, in dem Begleituntersuchungen stattfinden, ist aber zumindest aktuell nicht von einer Bedrohung auszugehen. Interessant wäre eine Prüfung auf weitere Vorkommen in diesem Raum, ausgehend vom bisher dokumentierten Gebiet.

Harpalus griseus

(Panzer, 1796)

Stumpfhalsiger Haarschnellläufer

Allgemeine Verbreitung: Paläarktisch verbreitete Art. Sie ist in Deutschland mit einem flächendeckenden Schwerpunkt im Norden und Osten weit

Harpalus griseus. Foto: O. Bleich.

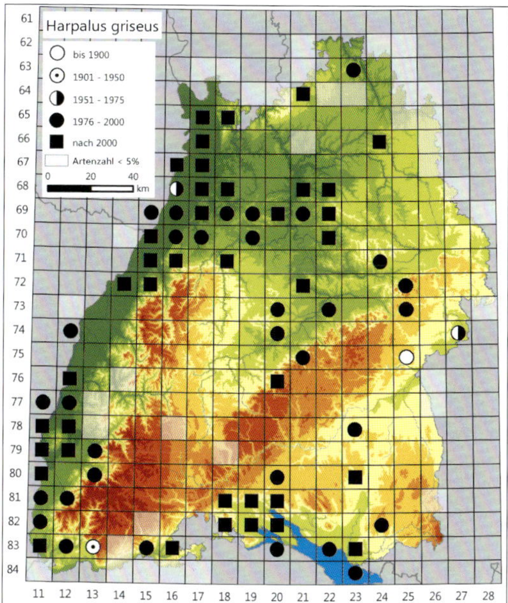

verbreitet und weist nur im Westen und Süden kleinere Verbreitungslücken auf.

Vorkommen in Baden-Württemberg: In den niedrigeren oder wärmeren Lagen weit verbreitet, fehlende Nachweise in der Verbreitungskarte sind dort als Erfassungslücken, i. d. R. aber nicht als ein tatsächliches Fehlen zu interpretieren. Dagegen fehlt die Art weitgehend auf der Schwäbischen Alb, im Schwarzwald (jedenfalls in den höheren Lagen) sowie in größeren Teilen des Voralpinen Hügel- und Moorlandes.

Lebensweise und Habitat: Flugfähige (makroptere) und überwiegend räuberische Art. Vorwiegend nachtaktiv und relativ stet am Licht zu registrieren. Paarung und Eiablage (schwerpunktmäßig) im Sommer und Larvalentwicklung ab Sommer/Herbst. Aktive Imagines wurden in Bad.-Württ. nach den ausgewerteten Daten zwischen April und September registriert, mit einem Aktivitätsmaximum im Juli und August.

H. griseus wird vorzugsweise in Gebieten mit Sand-, ansandigen, oder Lößböden gefunden, ist jedoch nicht darauf beschränkt. Die Art besiedelt ein breites Spektrum offener Lebensräume im trockenen bis frischen Standortbereich, meist solche mit zumindest stellenweise lückiger oder spärlicher Vegetation. Hierzu zählen Weinberge und Ackergebiete, aber auch z. B. Sandrasen. Ruderalflächen und trockene Wald-Offenland-Übergangsbereiche. Im Kraichgau trat die Art in zum Teil hoher Aktivitätsdichte unter anderem in ost- und südexponierten Stufenrainen auf, war aber z. B. auch auf Graswegen und in Äckern nachzuweisen (Kubach 1995, Spies 1998).

Gefährdung und Schutz: *H. griseus* ist weder bundesweit (Stand 2015) noch in Bad.-Württ. (Stand 2005) gefährdet. Aufgrund der relativ weiten Verbreitung mit Auftreten in unterschiedlichen, auch ungefährdeten Lebensraumtypen des Offenlands ist auch keine zukünftige Gefährdung absehbar. Kein Handlungsbedarf.

Harpalus hirtipes

(Panzer, 1796)

Zottenfüßiger Schnellläufer

Allgemeine Verbreitung: Eurosibirisch verbreitete Art, die in Nordeuropa Südschweden erreicht. Sie stößt in Deutschland an ihre westliche Arealgrenze, wobei sie von ihrem Verbreitungsschwerpunkt im Osten (v. a. Mecklenburg-Vorpommern, Brandenburg, Sachsen-Anhalt, Sachsen) unter anderem aufgrund starker Bestandsrückgänge zerstreut südwestlich bis ins nördliche Baden-Württemberg und Rheinland-Pfalz vorkommt und ansonsten großflächig in Nordwest-, West- (Nordrhein-Westfalen, Saarland) und Süddeutschland fehlt.

Vorkommen in Baden-Württemberg: Nur sehr lokal in Binnendünen des nördlichen Oberrhein-

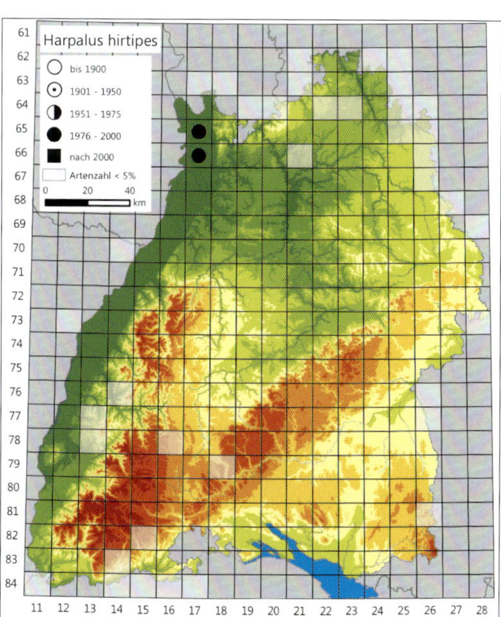

Harpalus hirtipes. Foto: E. Wachmann.

Tieflands nachgewiesen (z. B. Horn 1980, Büche 1994), von dort bereits bei Horion (1941) verzeichnet. Die alte Angabe v. d. Trappens (1929) für Stuttgart nach Döttling ist zweifelhaft und wurde nicht in die Datenbank übernommen.

Lebensweise und Habitat: Flugfähige (makroptere) und räuberische Art. Die Paarung und Eiablage findet nach Schjøtz-Christensen (1966a) zu unterschiedlichen Zeitpunkten statt; neben einer Fortpflanzungsperiode im Frühjahr mit sommerlicher Larvalentwicklung treten auch im Sommer reproduzierende Tiere auf, deren Nachkommen vermutlich als Larve überwintern. Zu Phänologie und Aktivitätsmaximum liegen aus Bad.-Württ. keine ausreichenden Daten vor.

H. hirtipes ist eine Art der trockenen, offenen Sande und Sandrasen (z. B. Büche 1994). Auch aus Dänemark, wo die Art zwar weit verbreitet, aber vergleichsweise selten ist, wird sie als trockenheitsliebende Art beschrieben, die ausschließlich auf sandigem Boden mit spärlichem Bewuchs vorkommt (Schjøtz-Christensen 1966a). *H. hirtipes* ist als charakteristische Art der Lebensraumtypen 2330 und *6120 (Dünen und Sandrasen) des Anhangs I der FFH-Richtlinie einzustufen.

Gefährdung und Schutz: *H. hirtipes* ist bundesweit (Stand 2015) gefährdet und in Bad.-Württ. (Stand 2005) vom Aussterben bedroht. Sie wurde als Landesart A des Informationssystems Zielartenkonzept Bad.-Württ. (Stand 2009) eingestuft. Für ihre Vorkommen sind ähnlich wie bei *H. flavescens* offene bis spärlich bewachsene Sande mit einer entsprechenden Dynamik der Dünen oder aber Störungen der Bodendecke erforderlich, die langfristig ein qualitativ und quantitativ ausreichendes Lebensraumangebot gewährleisten. Auch bei dieser Art sind direkte Flächeninanspruchnahmen und Sukzessionsprozesse als wesentliche Gefährdungsursachen zu nennen. Dringend erforderlich ist es, gezielte Prüfungen auf aktuelle Vorkommen der Art durchzuführen sowie die Ausdehnung und Qualität noch vorhandener Habitate zu ermitteln. Ein Pflegemanagement mit regelmäßigen umfangreicheren Störungen der Vegetation und wiederkehrender Initialentwicklung von Sandrasen ist notwendig. Zur Habitaterweiterung müssen in diesem Rahmen auch bereits erfolgte Gehölzsukzessionen oder Aufforstungen zur Wiederherstellung von offenen Sandlebensräumen zurückgenommen werden.

Harpalus honestus

(Duftschmid, 1812)

Leuchtendblauer Schnellläufer

Allgemeine Verbreitung: Südwestpaläarktisch verbreitete Art, die in Nordwest- und Nordeuropa fehlt. Sie erreicht in Deutschland ihre nördliche Arealgrenze und gehört mit Ausnahme großer Teile Bayerns zu den von Süden bis zum Nordrand der Mittelgebirge recht verbreiteten Laufkäferar-

Harpalus honestus.

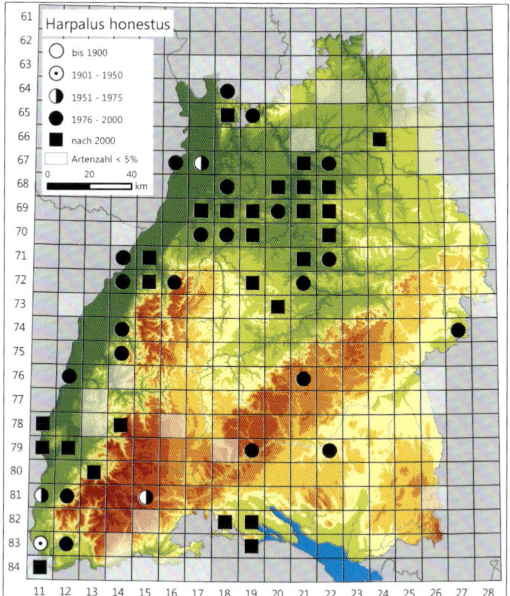

ten, fehlt aber weitestgehend im Nord- und Ostdeutschen Tiefland.

Vorkommen in Baden-Württemberg: Relativ weit verbreitet, aber mit teils unterschiedlicher Häufigkeit und Funddichte. Schwerpunkte in den warmen, planaren bis collinen Gebieten des Oberrhein-Tieflands und von Teilen der Neckar- und Tauber-Gäuplatten sowie der an diese angrenzenden Hänge des Schwäbischen Keuper-Lias-Landes.

Lebensweise und Habitat: Art mit unterschiedlicher Flügelausbildung, von der aber nach Auswertungsstand keine Flugbeobachtung vorliegt. Paarung und Eiablage (schwerpunktmäßig) im Frühjahr und Larvalentwicklung ab Frühjahr/Sommer. Aktive Imagines wurden in Bad.-Württ. nach den ausgewerteten Daten annähernd ganzjährig registriert, mit einem Aktivitätsmaximum im Mai.

H. honestus tritt mit besonders hoher Aktivitätsdichte und Stetigkeit in Weinbergen und ihren typischen, offenen Begleitstrukturen auf, ist darüber hinaus aber auch im Grünland trockener Standorte, auf Ruderalflächen und in Ackerbaugebieten vertreten. Einzelne Funde liegen zudem aus lichten Wäldern und Waldrandsituationen vor, wobei es sich meist um oberhalb von Weinbergen liegende Bestände handelte.

Gefährdung und Schutz: *H. honestus* ist bundesweit (Stand 2015) eine Art der Vorwarnliste, in Bad.-Württ. (Stand 2005) aber als ungefährdet eingestuft. Aufgrund der relativ weiten Verbreitung mit Auftreten in unterschiedlichen, dabei auch ungefährdeten Lebensraumtypen des Offenlands ist auch keine zukünftige Gefährdung absehbar. Kein Handlungsbedarf.

Harpalus laevipes

Zetterstedt, 1828

Vierpunktiger Schnellläufer

Allgemeine Verbreitung: Holarktisch verbreitete Art, die in Deutschland weit verbreitet in geeigneten Lebensräumen vorkommt.

Vorkommen in Baden-Württemberg: Annähernd landesweit mit Schwerpunkt in montanen bis submontanen Lagen verbreitet, bei allerdings meist geringer Nachweisdichte und Häufigkeit. Kaum Funde aus dem Oberrhein-Tiefland und dem niedrig gelegenen, warmen Teil der Neckar- und Tauber-Gäuplatten.

Lebensweise und Habitat: Flugfähige (makroptere) und überwiegend räuberische Art. Paarung und Eiablage (schwerpunktmäßig) im Frühjahr und Larvalentwicklung ab Frühjahr/Sommer. Aktive Imagines wurden in Bad.-Württ. nach den ausgewerteten Daten zwischen März und Oktober registriert, mit einem Aktivitätsmaximum im Mai und Juni.

H. laevipes hat das Schwerpunktvorkommen in offenen Waldstrukturen mit sehr jungen Sukzessionsstadien der Wiederbewaldung, wie sie sich

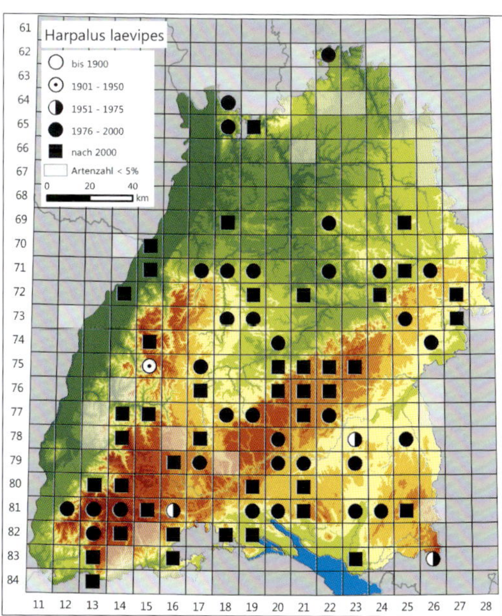

Harpalus laevipes. Foto: C. Benisch.

etwa auf Windwurf- oder Kahlschlagflächen finden. So trat die Art auch stet auf einer Waldbrandfläche im Odenwald auf, während sie auf Vergleichsflächen im benachbarten geschlossenen Bestand fast völlig fehlte (Trautner & Rietze 2001). In den von Trautner et al. (1998) untersuchten Bannwäldern war die Art nur in einem Gebiet in zum Untersuchungszeitpunkt offenen Flächen eines ehemaligen Fichtenbestands nachzuweisen. Die Art tritt zudem teilweise in Wald-Offenland-Übergangsbereichen, an Waldrändern sowie im Hochwald in meist eher lichten Waldbeständen (z. B. Kiefernbeständen) auf. Bei einzelnen Fängen im Offenland dürfte es sich um dispergierende Tiere gehandelt haben.

Gefährdung und Schutz: *H. laevipes* ist bundesweit (Stand 2015) ungefährdet, wurde in Bad.-Württ. (Stand 2005) aber der Vorwarnliste zugerechnet. Als beeinträchtigend ist insbesondere die zwischenzeitliche forstliche Praxis mit möglichst weit-

Harpalus laevipes profitiert von flächigen Hieben im Waldverband und kann zum Beispiel in sehr lichten Beständen, auf Windwurfflächen und auf Kahlschlägen individuenreich auftreten.

gehender Vermeidung von Kahlhieben und Förderung dichter, oft unterwuchsreicher Baumbestände einzustufen. Auch haben offene Strukturen in Wäldern, etwa entlang von Wegen, als potenzielle Habitate der Art erkennbar abgenommen. Zur Förderung dieser und weiterer Arten lichter Waldstrukturen sollte im Rahmen der forstlichen Nutzung wieder ein höheres Angebot junger Waldsukzessionsstadien im räumlich-zeitlichen Wechsel etabliert werden.

Harpalus latus

(Linnaeus, 1758)

Breiter Schnellläufer

Allgemeine Verbreitung: Paläarktisch verbreitete Art. Sie kommt in Deutschland flächendeckend in geeigneten Lebensräumen vor.

Vorkommen in Baden-Württemberg: Landesweit verbreitet, fehlende Nachweise in der Verbreitungskarte sind als Erfassungslücken, aber nicht als ein tatsächliches Fehlen zu interpretieren.

Lebensweise und Habitat: Flugfähige (makroptere) und pflanzenfressende Art. Paarung und Eiablage (schwerpunktmäßig) im Sommer und Larvalentwicklung ab Sommer/Herbst. Aktive Imagines wurden in Bad.-Württ. nach den ausgewerteten Daten zwischen April und Oktober registriert, mit einem Aktivitätsmaximum im Juni und Juli.

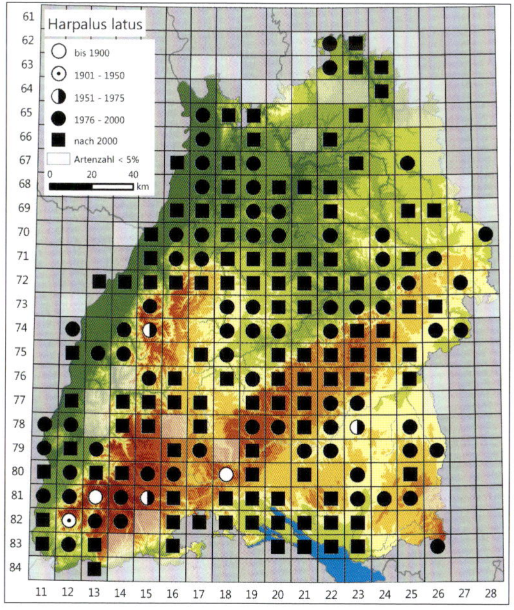

Harpalus latus.

H. latus tritt sowohl im Offenland – dort überwiegend in Begleitstrukturen von Nutzflächen sowie in Brachen – als auch im Wald auf. Baehr (1980) zählt sie zu den im Schönbuch im zentralen Bad.-Württ. „ziemlich seltenen“ Arten, die dort „fast ausschließlich auf dicht bewachsenen Lichtungen und an buschreichen Waldrändern“ gefunden worden war. Die Seltenheit lässt sich nicht auf die Situation in Bad.-Württ. insgesamt übertragen, die oben genannten Fundortcharakteristika passen aber recht gut: *H. latus* bevorzugt offenbar Wald-Offenland-Ökotone und eher lichte Waldstandorte. Auch bei vergleichenden Untersuchungen zu Bann- und Wirtschaftswäldern in verschiedenen Naturräumen Baden-Württembergs (Trautner et al. 1998) wurde eine besonders hohe Individuendichte an einem Standort mit räumig/lückigem Bestandsschluss registriert.

Die Art hat von der Landschaftsentwicklung der letzten Jahrzehnte mit der Zunahme an Gehölzbeständen und Verbrachung von Grenzertragsstandorten aufgrund mangelnder Nutzung oder Pflege, was auf Kosten zahlreicher gefährdeter Offenlandarten ging, sicherlich profitiert. In einer vergleichenden Untersuchung der Laufkäferfauna einer offenen Kulturlandschaft der Ostalb in den 1990er Jahren mit früheren Daten aus den 1930er bis 1950er Jahren erwies sich *H. latus* als eine der wenigen Arten, die erst in den 1990er Jahren neu nachgewiesen wurden; dies wird auf die Sukzession vor allem in Halbtrocken-/Magerrasen zurückgeführt (Kubach et al. 1999).

Gefährdung und Schutz: *H. latus* ist bundesweit (Stand 2015) und in Bad.-Württ. (Stand 2005) ungefährdet. Aufgrund der weiten Verbreitung mit Auftreten in unterschiedlichen und ungefährdeten Lebensraumtypen ist auch keine zukünftige Gefährdung absehbar. Kein Handlungsbedarf.

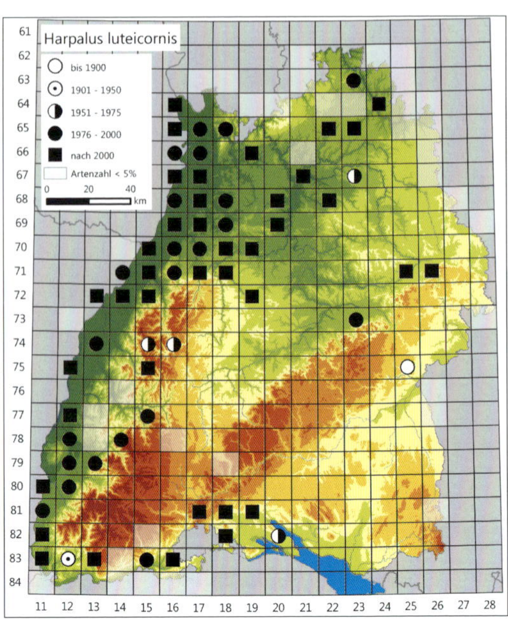

Harpalus luteicornis

(Duftschmid, 1812)

Zierlicher Schnellläufer

Allgemeine Verbreitung: Westpaläarktisch verbreitete Art, die in größeren Teilen Nord- und Nordwesteuropas sowie auf der Iberischen Halbinsel fehlt. In Deutschland ist sie weit verbreitet und kommt in allen Bundesländern rezent vor, wobei sie nur in großen Teilen Bayerns sowie kleinräumiger in West- und Norddeutschland fehlt.

Vorkommen in Baden-Württemberg: Vom westlichen Bodenseegebiet (Teil des Voralpinen Hügel- und Moorlandes) über den Hochrhein und das Oberrhein-Tiefland sowie das nordwestliche Bad.-Württ. (Odenwald, Teile der Neckar- und Tauber-Gäuplatten) verbreitet. Einzelne Nachweise in weiteren Naturräumen.

Lebensweise und Habitat: Flugfähige (makroptere) Art. Paarung und Eiablage (schwerpunktmäßig) im Frühjahr und Frühsommer und Larvalentwicklung im Sommer. Aktive Imagines wurden in Bad.-Württ. nach den ausgewerteten Daten zwischen April und Oktober registriert, mit einem Aktivitätsmaximum im Juni.

Harpalus luteicornis. Foto: C. Benisch.

H. luteicornis tritt in verschiedenen Lebensräumen des Offenlands auf, wobei die Art zwar auch in trockenen Lebensräumen registriert wurde (z. B. Sandrasen), insgesamt aber ihren Schwerpunkt eher im frischen Standortbereich hat. Neben Wirtschaftsgrünland wurde die Art zum Beispiel auf Ruderalflächen, Ackerbrachen und Feldrainen sowie an Graben- und Gehölzrändern nachgewiesen. Bei seinen Untersuchungen im Kraichgau stellte Kubach (1995) fest, dass die Art dort „auf den Ackerbrachen und Stufenrainen [...] bevorzugt die feuchteren, schattigeren Randbereiche“ besiedelte und die neu angelegten Saumstrukturen „erst bei zunehmendem Vegetationsaufwuchs und stärkerer Beschattung eine geeignete Habitatstruktur“ boten.

Gefährdung und Schutz: *H. luteicornis* ist bundesweit (Stand 2015) ungefährdet, wurde in Bad.-Württ. (Stand 2005) aber in die Vorwarnliste aufgenommen. Als Rückgangsursache kommt vor allem eine Verringerung offener, nutzungsbegleitender Strukturen in der agrarisch geprägten Landschaft infrage. Die Art kann durch die Neuanlage offener Säume und eine verstärkte Aufnahme mehrjähriger Ackerbrachen in die ackerbauliche Nutzung in ihren Schwerpunkträumen der Verbreitung gefördert werden.

Harpalus melancholicus

Dejean, 1829

Dünen-Schnellläufer

Harpalus melancholicus. Foto: C. Benisch.

Allgemeine Verbreitung: Westpaläarktisch diskontinuierlich verbreitete Art, in Europa teils nur im küstennahen Bereich vertreten, in Nord- und Nordwesteuropa nur im äußersten Süden. In Deutschland weist sie mehrere voneinander getrennte Teilareale auf, wobei sie lokal an der Ostseeküste Mecklenburg-Vorpommerns, in Ostdeutschland (Sachsen-Anhalt, Brandenburg, Sachsen) in der Nordhälfte Bayerns sowie in Südwest-Deutschland (Baden-Württemberg, Rheinland-Pfalz, Hessen) vorkommt. Im Nordwesten Deutschlands fehlend.

Vorkommen in Baden-Württemberg: Ausschließlich im Oberrhein-Tiefland nachgewiesen, eine Übersicht der bis dahin bekannten Meldungen geben Ausmeier & Szallies (1999). Für die Meldung v. d. Trappens (1929) für Ulm mit Bezug auf Lampert (1897) gibt es keinen Anhaltspunkt; die Art ist in der Sammlung Hueber falsch belegt (Horion 1959a), so dass diese Angabe nicht in die Datenbank übernommen wurde.

Lebensweise und Habitat: Flugfähige (makroptere) Art, bei der von vorwiegender Dämmerungs- und Nachtaktivität ausgegangen wird (Ausmeier & Szallies 1999). Wahrscheinlich teilweise oder vorwiegend pflanzenfressend, in Hessen wurde sie in der Dämmerung von Sand-Wegerich (*Plantago arenaria*) gestreift (Malten, mdl. Mitt. nach Ausmeier & Szallies 1999). Paarung und Eiablage nach Larsson (1939) im Frühjahr und Larvalentwicklung ab Frühjahr/Sommer. Aktive Imagines wurden in Bad.-Württ. nach den ausgewerteten Daten meist im Sommer und Herbst (Juli bis September) registriert, allerdings liegen auch einzelne Funde aus dem Mai und Juni vor; für die Angabe eines Aktivitätsmaximums liegen keine ausreichenden Daten vor.

H. melancholicus tritt auf voll besonnten, sandigen bis sandig-kiesigen, lückig bewachsenen Flächen auf und wird von Büche (1994) als „Dünenspezialist“ bezeichnet. Die baden-württembergischen Funde stammen, soweit dokumentiert, sowohl aus Sandrasen (z. B. Wolf-Schwenninger & Schwenninger 1992) als auch von Ruderalflächen in Abbaugebieten und Industriebrachen mit sandigem oder sandig-kiesigem Untergrund, die standörtlich und strukturell mit den Standorten der Binnendünen vergleichbar sind. Dabei scheint die Art anders als *H. hirtipes* und *H. flavescens* weniger stark mit großflächig offenen oder ausgesprochen spärlich bewachsene Sandflächen assoziiert zu sein, sondern die lückig bewachsenen Sandrasen oder solche mit einem kleinräumigen Mosaik aus offenen Sanden und stärker bewachsenen Bereichen zu bevorzugen. *H. melancholicus* ist als charakteristische Art der Lebensraumtypen 2330 und *6120 (Dünen und Sandrasen) des An-

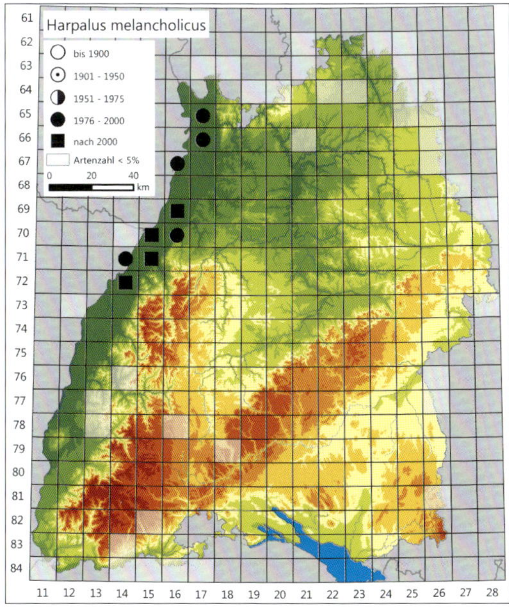

Gerade noch Lebensraum von *Harpalus melancholicus* (Ende der 1980er Jahre): Rest einer Binnendüne im Siedlungsbereich.

hangs I der FFH-Richtlinie einzustufen, obwohl auch Nachweise aus Flächen vorliegen, die diesem Lebensraumtyp in Einzelfällen nicht oder nur in Teilen entsprechen.

Gefährdung und Schutz: *H. melancholicus* ist bundesweit (Stand 2015) stark gefährdet und in Bad.-Württ. (Stand 2005) vom Aussterben bedroht sowie Landesart A des Informationssystems Zielartenkonzept Bad.-Württ. (Stand 2009). Für ihre Vorkommen sind offene, nährstoffarme und lückig bis spärlich bewachsene Sande oder sandig-kiesige Standorte mit einer entsprechenden Dynamik der Dünen oder auch Störungen der Bodendecke erforderlich, die langfristig ein qualitativ und quantitativ ausreichendes Lebensraumangebot gewährleisten. Die Art ist insbesondere durch direkte Flächeninanspruchnahmen oder Konversion bisheriger Nutzungen und Sukzessionsprozesse gefährdet, die zu einem Dichtschluss der Vegetation auf ansonsten geeigneten Substraten führen. Wie bei anderen Sandspezialisten der Laufkäferfauna in Bad.-Württ. ist es dringend erforderlich, gezielte Prüfungen auf aktuelle Vorkommen der Art sowie die Ausdehnung und Qualität noch vorhandener Habitate durchzuführen. Dort müssen Maßnahmen getroffen werden, um langfristig geeignete Lebensraumbedingungen zu erhalten, etwa ein Pflegemanagement mit regelmäßigen umfangreicheren Störungen der Vegetation und wiederkehrender Initialentwicklung von Sandrasen (insbesondere in Flächen mit bereits erfolgter Sukzession hin zu größeren, geschlossenen grasig-krautigen Beständen oder Gehölzen). Soweit erforderlich, müssen in diesem Rahmen auch Aufforstungen zur Wiederherstellung von offenen Sandlebensräumen zurückgenommen werden.

Harpalus modestus

Dejean, 1829

Kleiner Schnellläufer

Allgemeine Verbreitung: Paläarktisch verbreitete Art, in Europa vor allem im zentralen Bereich mit Ausnahme größerer Teile Nord-, Nordwest- und Südeuropas vorkommend. Sie erreicht in Deutschland ihre nördliche Arealgrenze und ist sehr weit zerstreut und diskontinuierlich verbreitet, wobei sie gerade im zentralen Deutschland massive Bestandsrückgänge zu verzeichnen hat.

Vorkommen in Baden-Württemberg: Nur regional verbreitet, Schwerpunkte im nordwestlichen Bad.-Württ. (Oberrhein-Tiefland, Teile der Neckar- und Tauber-Gäuplatten) sowie am westlichen Bodensee (Teil des Voralpinen Hügel- und Moorlandes), daneben meist nur Einzelfunde. Die alte Angabe v. d. Trappens (1929) bzw. Kellers (1864) für Reutlingen ist zweifelhaft und wurde nicht in die Datenbank aufgenommen.

Lebensweise und Habitat: Art mit vollständig entwickelten Hinterflügeln (makropter), von der nach Auswertungsstand keine Flugbeobachtung vorliegt. Aktive Imagines wurden in Bad.-Württ. nach den ausgewerteten Daten zwischen April (Funde aus dem März möglicherweise noch dem Winterquartierzeitraum zuzurechnen) und September registriert, mit einem Aktivitätsmaximum im Mai; Kubach (1995) bezeichnet die Art nach seinen Untersuchungen im Kraichgau als „ausgeprägten Frühjahrsbrüter", wobei er einzelne unausgehärtete Imagines Ende April nachwies; dies deutet auf eine zumindest teilweise larvale Überwinterung hin.

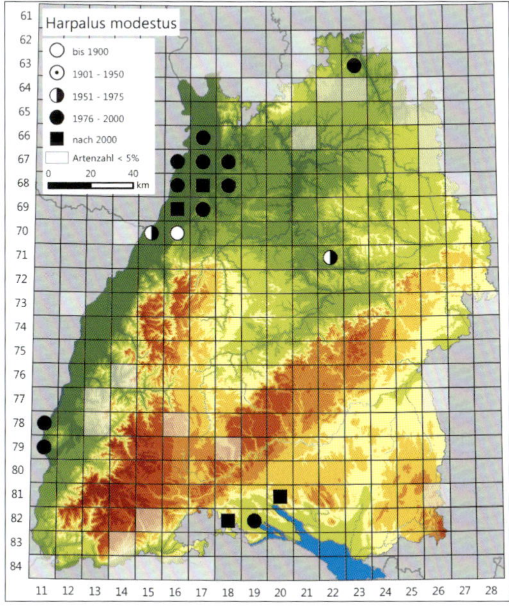

Harpalus modestus. Foto: O. Bleich.

H. modestus tritt schwerpunktmäßig in trockenen bis frischen, voll besonnten Standorten mit einer zumindest teilweise lückigen Vegetation auf; die Mehrzahl der Nachweise stammt – soweit dokumentiert – aus Säumen, Brachen und „Grenzlinien" (z. B. Übergängen zwischen Acker und Grünland) in vorwiegend acker- oder weinbaulich genutzten Gebieten. Zudem liegen Nachweise aus Abbaugebieten vor. Im Kraichgau trat die Art in der Untersuchung von Kubach (1995) „meist im Bereich von offeneren, sonnenexponierten Bodenstellen der Neuanlagen [Anm.: neu angelegte Saumstrukturen] und Ackerbrachen auf. In den dichter bewachsenen Stufenrainen oder im Acker war die Art dagegen nicht zu finden."

Gefährdung und Schutz: *H. modestus* ist bundesweit (Stand 2015) gefährdet und wurde in Bad.-Württ. (Stand 2005) als stark gefährdet sowie als Landesart B des Informationssystems Zielartenkonzept Bad.-Württ. (Stand 2009) eingestuft. Die Art scheint in besonderem Maße auf Begleitstrukturen der Kulturlandschaft in einem solchen Sukzessionsstadium angewiesen zu sein, das noch keinen dichten Vegetationsschluss aufweist, schwerpunktmäßig offene Säume und Brachen. Trotz gebietsweise individuenreichen Auftretens (z. B. in Weinbergstrukturen des Hohentwiels im Hegau, s. Wrase et al. 2003) ist aufgrund des geringen Anteils solcher Begleitstrukturen, der dort bei fehlender Einbindung in wiederkehrende Nutzungen rasch negativ verlaufenden Sukzession sowie der eingeschränkten Schwerpunkträume der Verbreitung die bisherige landesweite Gefährdungseinstufung auch bei einer Fortschreibung der Roten Liste voraussichtlich aufrechtzuerhalten. Maßnahmen zum Schutz und zur Förderung der Art müssen insbesondere auf eine Erhöhung des Anteils an Säumen und kurzzeitigen Brachen abzielen, die in ein möglichst rotierendes System in den acker- und weinbaulich genutzten Schwerpunkträumen der Artverbreitung eingebunden sind. Zudem kann die verstärkte Berücksichtigung der Ansprüche der Art bei Abbau- und Rekultivierungsplanungen sinnvoll sein.

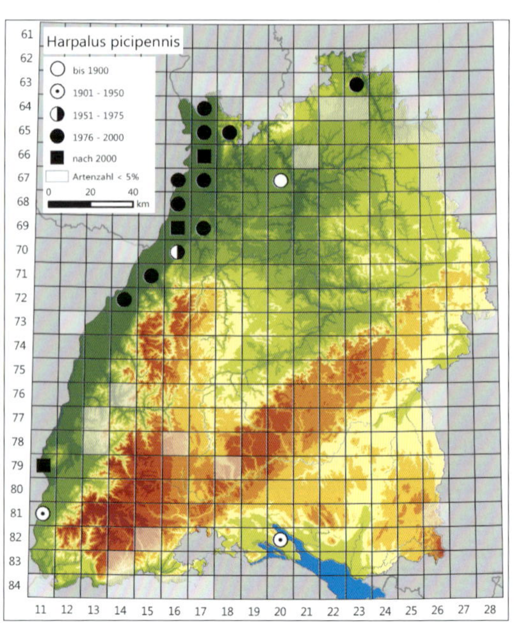

Harpalus picipennis
(Duftschmid, 1812)
Steppen-Schnellläufer

Allgemeine Verbreitung: Von Zentralrussland über die Ukraine bis auf die nördliche Balkanhalbinsel und nach Frankreich teils diskontinuierlich verbreitet, erreicht im Norden den Süden Schwedens. In Deutschland ist die Art von ihrem Verbreitungsschwerpunkt im Osten (v.a. Mecklenburg-Vorpommern, Brandenburg, Sachsen-Anhalt, Sachsen) unter anderem aufgrund starker Bestandsrückgänge zerstreut nach Südwesten bis zum Oberrhein (Baden-Württemberg) und zum Saarland verbreitet, während sie in weiten Teilen Nordwest-, West- und Süddeutschlands fehlt.

Vorkommen in Baden-Württemberg: Schwerpunktmäßig in den Sandgebieten der nördlichen Hälfte des Oberrhein-Tieflands, daneben im Süden unter anderem am Kaiserstuhl (auch eigene Daten). Die alten Angaben v. d. Trappens (1929) für Rohrdorf und Laubach nach Pfarrer Müller sind weder für diese Art noch für den erst spät abgetrennten *H. pumilus* glaubwürdig und wurden nicht in die Datenbank aufgenommen. Einzelmeldungen stammen unter anderem aus dem Taubergebiet (Dynort 1995) sowie vom Bodensee bei Überlingen (Horion 1954b). Bei diesen Einzelangaben ist eine Verwechslung mit *H. pumilus* zwar nicht völlig auszuschließen (bisher keine Prüfung erfolgt); aufgrund der Lage in Weinbauregionen und der zugleich belegten Funde aus dem Kaiserstuhl wurden sie aber in der Datenbank berücksichtigt.

Lebensweise und Habitat: Flugfähige (dimorphe bzw. polymorphe) Art. Aktive Imagines wurden in Bad.-Württ. nach den ausgewerteten Daten zwischen April und August registriert; für die Angabe eines Aktivitätsmaximums liegen keine ausreichenden Daten vor, die meisten Funde stammen aber aus dem April und Mai. Dies korrespondiert mit anderen Angaben (Lindroth 1986, Turin 2000), wonach von Frühjahrsfortpflanzung und Imaginalüberwinterung auszuge-

Harpalus picipennis. Foto: C. Benisch.

Lebensraum von *Harpalus picipennis* im Oberrhein-Tiefland.

hen ist. Auch aus Bad.-Württ. liegen Nachweise von Imagines bei Suche im Winterquartier vor (eigene Daten).

H. picipennis tritt in Sandrasen sowie diesen ähnlichen, trockenen und sonnenexponierten Standorten auf sandigem bis sandig-kiesigem Substrat auf. Entsprechende Fundorte werden z. B. bei Wolf-Schwenninger & Schwenninger (1992) genannt. In Einzelfällen wurden Exemplare im lichten, südexponierten Übergangsbereich von Sandrasen in angrenzende Gehölzbestände registriert, auch diese Fundstellen wiesen aber ein volle bis weitestgehende Besonnung auf. Neben typischen Sandrasen vermag die Art auch Sekundärstandorte mit ähnlichen Bedingungen auf Infrastruktur- und Industriebrachen zu besiedeln. Noch stärker als *H. melancholicus* bewohnt *H. picipennis* auch Sandrasen mit nur noch teilweise lückigem Bewuchs bis hin zu solchen mit einer weitgehend geschlossenen, grasig-krautigen Vegetationsdecke, scheint aber in stärker verbrachten und verfilzten Bereichen zu fehlen. *H. picipennis* ist als charakteristische Art der Lebensraumtypen 2330 und *6120 (Dünen und Sandrasen) des Anhangs I der FFH-Richtlinie einzustufen, obwohl – wie bei *H. melancholicus* – auch Nachweise aus Flächen vorliegen, die diesem Lebensraumtyp in Einzelfallen und bestimmten Naturräumen nicht oder nur fragmentarisch entsprechen.

Gefährdung und Schutz: *H. picipennis* ist bundesweit (Stand 2015) gefährdet und wurde in Bad.-Württ. (Stand 2005) als stark gefährdet sowie als Landesart B des Informationssystems Zielartenkonzept Bad.-Württ. (Stand 2009) eingestuft. Für ihre Vorkommen sind weitgehend offene, nährstoffarme und überwiegend lückig bis spärlich bewachsene Sande oder sandig-kiesige Standorte erforderlich. Die Art ist insbesondere durch direkte Flächeninanspruchnahmen oder Konversion bisheriger Nutzungen und Sukzessionsprozesse gefährdet. Für ihre Bestandssicherung ist in solchen Flächen ein Pflegemanagement z. B. mit Beweidung von Sandrasen erforderlich.

Harpalus politus

Dejean, 1829

Polierter Schnellläufer

Allgemeine Verbreitung: Von Nordwestchina über Mittelasien und den Balkan bis nach Mitteleuropa und das südwestliche Frankreich verbreitete Art, deren Verbreitungsgebiet teils diskontinuierlich ist. Die in Deutschland an ihre nördliche Arealgrenze stoßende Art tritt nur regional bis lokal in Mittel- (Thüringen, Sachsen-Anhalt), Südwest- (Rheinland-Pfalz) und Süddeutschland (Baden-Württemberg, Bayern) und dort vor allem in Wärmegebieten auf, wobei ihr Bestand stark rückläufig ist.

Vorkommen in Baden-Württemberg: Bei Horion (1941) noch nicht für Bad.-Württ. gemeldet, der zu dieser Art anmerkt, er habe bis dato „noch kein echtes deutsches Stück [der Art] gesehen" und müsse die Verantwortung für die aufgeführten Meldungen aus den anderen Regionen Deutschlands den entsprechenden Determinatoren überlassen. Tatsächlich gehen viele frühere Meldungen dieser Art auf Fehlbestimmung zurück. Letztlich ist es dann allerdings Horion (1957, 1959a) selbst, der als ersten baden-württembergischen Fund ein Tier vom Bodensee (Langenargen, in Kiesgrube unter Stein, R. zur Strassen leg., VIII.1954) anführt. Diese Angabe erscheint allerdings zweifelhaft und dürfte am ehesten auf eine Fundortverwechslung oder Fehlbestimmung zurückgehen, wie es auch für *Ophonus cordatus* von diesem Fundort angenommen wird (s. dort), da weiträumig Nachweise und auch ein plausibles Habitatangebot für diese Arten im dortigen Umfeld fehlen. Später wird *H. politus* von Rheinheimer (2000) nach Angaben Meids von drei verschiedenen Fundorten aus den 1970er Jahren im Oberrhein-Tiefland gemeldet (Altlußheim, Oberhausen, Wiesental). Diese Meldungen sind vor dem Hintergrund mehrerer weiterer faunistisch zweifelhafter Angaben, die auf die gleiche Quelle zurückgehen, fraglich. Daher wurde keine dieser Meldungen in die Datenbank aufgenommen. Ende der 1950er Jahre soll die Art bereits von Köstlin bei Burgberg/Giengen a. d. Brenz (TK 7427) gefunden worden sein, was durchaus plausibel erscheint. Allerdings konnte in der Sammlung des Staatlichen Museums für Naturkunde in Stuttgart, wo sich das betreffende Belegtier befinden sollte, kein solches aufgefunden werden (t. Wolf-Schwenninger). Möglicherweise wurde die Bestimmung zwischenzeitlich revidiert; die Angabe wurde daher nicht in die Datenbank aufgenommen. Ein Nachweis der Art gelang aktuell aber am Ipf am Ostrand der Schwäbischen Alb (2010;

Harpalus politus. Foto: C. Benisch.

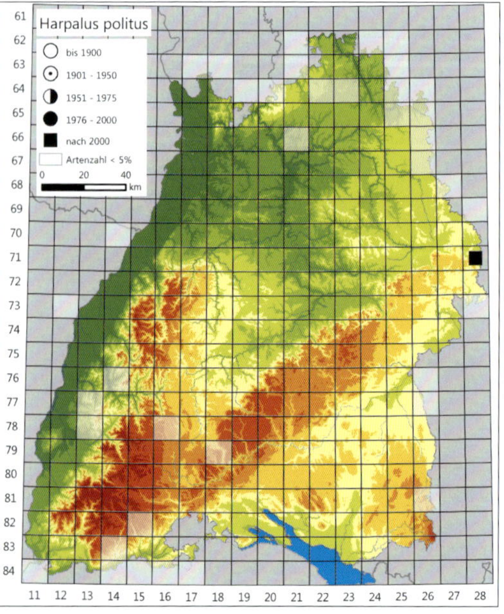

1 Männchen, gesichert durch Genitaluntersuchung, eigene Daten).
Lebensweise und Habitat: Art mit vollständig entwickelten Hinterflügeln (makropter), von der nach Auswertungsstand keine Flugbeobachtung vorliegt. Für Angaben zu Phänologie und Aktivitätsmaximum liegen aus Bad.-Württ. keine ausreichenden Daten vor.

H. politus gilt als Bewohnerin trockenwarmer Lebensräume und kommt z. B. in Trockenrasen im Bereich des Thüringer Beckens, in Xerothermstandorten des Nahetals (Wenzel & Hannig 2002) sowie des Steinfelds in Niederösterreich (Rotter & Zulka 1999) vor. Der Fund vom Ipf aus einem Kalkhalbtrockenrasen in Hanglage korrespondiert mit diesen Angaben. Es ist davon auszugehen, dass *H. politus* zu den charakteristischen Arten der Lebensraumtypen *6110, 6210 sowie 5130 (Kalktrocken- und Pionierrasen, Wacholderheiden) des Anhangs I der FFH-Richtlinie zählt.
Gefährdung und Schutz: *H. politus* ist bundesweit (Stand 2015) vom Aussterben bedroht und wurde in Bad.-Württ. (Stand 2005) der Kategorie D (Daten defizitär) zugeordnet. Aufgrund des neuen, sicheren Nachweises, der extremen Seltenheit und der Lebensraumbedingungen, die die Art zu benötigen scheint, wäre bei einer Fortschreibung der landesweiten Roten Liste jedenfalls eine Einstufung in die Kategorie G (Gefährdung anzunehmen) vorzusehen, soweit bis dahin nicht eine verbesserte Datenlage besteht, die eine konkretere Zuordnung erlaubt. Es ist davon auszugehen, dass zum Schutz der Art die langfristige Offenhaltung entsprechender Xerothermstandorte, insbesondere der besonders lückig bewachsenen mit Hangneigung, durch Beweidung erforderlich ist.

Harpalus progrediens

Schauberger, 1922
Auwald-Schnellläufer

Allgemeine Verbreitung: Westpaläarktisch verbreitete Art, die in Europa aber weitgehend auf Teile Mitteleuropas sowie die nördliche Balkanhalbinsel beschränkt ist. Sie stößt in Deutschland an ihre Arealgrenze und kommt rezent nur regional im Süden (Baden-Württemberg, Bayern) und Osten (Sachsen) vor.
Vorkommen in Baden-Württemberg: Schwerpunkt im Oberrhein-Tiefland, zudem über das bayerische Donaugebiet den Raum Ulm erreichend. Aus dem

Harpalus progrediens. Foto: O. Bleich.

Bodenseeraum (Bräunicke & Trautner 2002) bisher nur außerhalb der baden-württembergischen Landesgrenze im Osten nachgewiesen. Ein Vorkommen auf der Schwäbischen Alb bei Erpfingen (1 Ex., 14. 07. 1980, leg. Jansen; Baehr 1981) ist vor dem Hintergrund der bislang ansonsten dokumentierten Verbreitung fraglich. Diese Angabe wurde nicht in die Datenbank aufgenommen; möglicherweise handelte es sich um eine Fundortverwechslung oder um ein weiträumig dispergierendes Individuum.
Lebensweise und Habitat: Flugfähige (makroptere) Art. Aktive Imagines wurden in Bad.-Württ. nach den ausgewerteten Daten im Mai und Juni

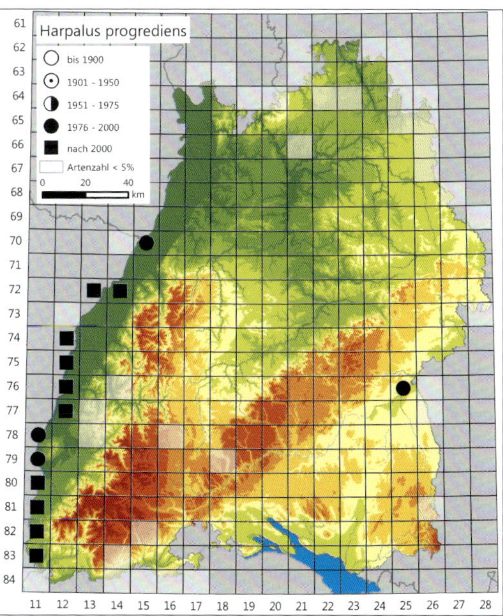

Lebensraum von *Harpalus progrediens* in Hartholzauwäldern und deren Fragmenten im südlichen Oberrhein-Tiefland. Foto: K. Geigenmüller.

registriert, für die Angabe eines Aktivitätsmaximums liegen keine ausreichenden Daten vor.

H. progrediens ist bundesweit in den Großlandschaften, in denen sie vorkommt, als Auwaldart eingeordnet (GAC 2009) und tritt in Bad.-Württ. schwerpunktmäßig auf Standorten der Weich- und Hartholzaue auf, die von direkten Uferzonen und dem Silberweiden-Auwald bis in den Eichen-Ulmenwald und anthropogene Ersatzgesellschaften (z. B. Pappelforste) reichen. Zudem liegen aber auch wenige Funde von Waldwegsäumen, Trockengebüschen und einzelnen Wäldern mittlerer Standorte vor, ebenso einzelne Funde aus Röhrichten. Auch aus anderen Regionen ist die Art aus Auwäldern bekannt, so wurde sie z. B. im Nationalpark Donauauen (Rust 2000) sowie in einem Weichholzauwald der Auwaldrestbestände im Zusammenfluss von Drau und Gail in Kärnten (Pentermann 1989) nachgewiesen. Sie kommt aufgrund ihrer Schwerpunktvorkommen als charakteristische Art der Lebensraumtypen *91E0 und 91F0 (Auenwälder) infrage.

Gefährdung und Schutz: *H. progrediens* ist sowohl bundesweit (Stand 2015) als auch in Bad.-Württ. (Stand 2005) als stark gefährdet eingestuft und Landesart B des Informationssystems Zielartenkonzept Bad.-Württ. (Stand 2009). Ihre Vorkommen beschränken sich – soweit dokumentiert – auf Standorte der rezenten und ehemaligen Aue in wenigen Naturräumen. Dort ist sie zwar in einem breiteren Standortspektrum in ganz überwiegend gehölzbestandenen Bereichen anzutreffen, ihren Schwerpunkt dürfte sie aber in periodisch oder episodisch überfluteten Waldbeständen haben. Zu ihren Lebensraumansprüchen sollten weitergehende Untersuchungen erfolgen, ebenso zu ihrer Verbreitung im baden-württembergischen Teil des Donauraums und ggf. entlang der Iller. Als Gefährdungsursachen sind insbesondere Flächenverluste und Änderungen des Wasserhaushalts in Auwäldern und deren Fragmenten entlang von Rhein und Donau einzustufen. Entsprechend sollten Schutzmaßnahmen primär auf Erhalt und Förderung von Auwäldern in den Verbreitungsräumen der Art durch Sicherung oder Wiederherstellung der entsprechenden naturnahen Wasserhaushalts- und Geschiebedynamik sowie ggf. über vorhandene gehölzdominierte Bestände hinaus die Zulassung von Gehölzsukzession ausgerichtet sein, wo diese nicht mit vorrangigeren Zielen zur Offenhaltung konkurriert.

Harpalus pumilus

Sturm, 1818

Zwerg-Schnellläufer

Allgemeine Verbreitung: Westpaläarktisch verbreitete Art, in größeren Teilen Nord- und Nordwesteuropas sowie in Teilen Südeuropas fehlend. In Deutschland kommt sie von ihrem Verbreitungsschwerpunkt im Osten (v.a. Mecklenburg-Vorpommern, Brandenburg, Sachsen-Anhalt, Sachsen) südwestlich bis zum Oberrhein (Baden-Württemberg) und nach Rheinland-Pfalz vor, während sie ansonsten in weiten Teilen Nordwest-, West- und Süddeutschlands zumindest rezent fehlt.

Harpalus pumilus. Foto: C. Benisch.

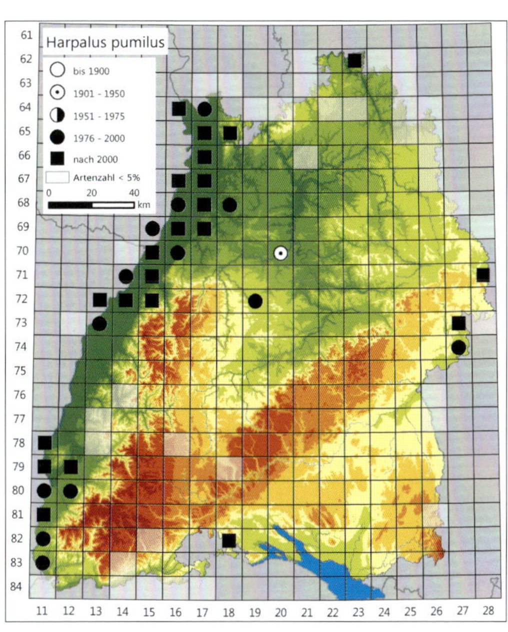

Vorkommen in Baden-Württemberg: Schwerpunkt im Oberrhein-Tiefland, daneben regional oder lokal eng begrenzt in weiteren Naturräumen. Die alten Angaben v. d. Trappens (1929) für Rohrdorf und Laubach nach Pfarrer Müller für *H. picipennis*, von dem *H. pumilus* früher noch nicht abgetrennt worden war, sind weder für diese Art noch für *H. picipennis* glaubwürdig und wurden nicht in die Datenbank aufgenommen.

Lebensweise und Habitat: Flugfähige (dimorphe bzw. polymorphe) und pflanzenfressende Art. Paarung und Eiablage (schwerpunktmäßig) im Frühjahr und Larvalentwicklung ab Frühjahr/Sommer. Im Untersuchungsgebiet von Kubach (1995) erreichte die Art ihr Aktivitätsmaximum im Juni und war danach noch in geringer Individuenzahl bis Mitte September nachweisbar. Zwei dort „nachweislich überwinterte Käfer wiesen ein Alter von mindestens 9 bzw. 11 Monaten auf" (Kubach 1995).

H. pumilus tritt sowohl auf Sandrasen als auch regional auf Kalkhalbtrockenrasen, in Brachen von Abbau-, Industrie- und Infrastrukturflächen mit ruderal beeinflusster Vegetation sowie in durch Wein- oder Ackerbau geprägten Landschaften und dort überwiegend in typischen, offenen Begleitstrukturen auf. Vereinzelt wurde die Art in Wald-Offenland-Übergangsbereichen gefunden, auch dort allerdings – soweit dokumentiert – an trockenen, überwiegend besonnten Stellen. In seinem Untersuchungsgebiet im Kraichgau fand Kubach (1995) die Art vor allem auf neu angelegten Saumstrukturen, häufig am Ackerrand und „vereinzelt" auf Ackerbrachen; er stuft sie als wärme- und trockenheitsliebende, „charakteristische Art der besonnten Saumstrukturen" ein. Vor allem in den Sandgebieten des Oberrhein-Tieflands kommt *H. pumilus* oftmals gemeinsam mit der verwandten Art *H. picipennis* im gleichen Lebensraum vor.

Gefährdung und Schutz: *H. pumilus* ist bundesweit (Stand 2015) ungefährdet und wurde in Bad.-Württ. (Stand 2005) der Vorwarnliste zugerechnet. Als Gefährdungsursachen kommen insbesondere der Verlust offener Saumstrukturen und Brachen in Acker- und Weinbaugebieten z. B. bei Flurneuordnungen oder durch Sukzession bei ausbleibender bestandserhaltender Nutzung oder Pflege infrage. Letzteres trifft auch für Sand- und Halbtrockenrasen sowie für Brachen in Abbaugebieten und dergleichen zu, bei denen zudem Rekultivierungsmaßnahmen zum Wegfall der auschlaggebenden Habitatcharakteristika führen können. Lokal ist das Erlöschen von Populationen der Art durch solche Prozesse belegt, so in einem Abbaugebiet im Landkreis Böblingen, wo die Art noch Anfang der 1980er Jahre nachgewiesen war (Trautner 1986a).

Harpalus rubripes

(Duftschmid, 1812)

Metallglänzender Schnellläufer

Allgemeine Verbreitung: Paläarktisch verbreitete Art, in Nordamerika eingeschleppt (Bousquet 2012). Sie kommt in Deutschland flächendeckend in geeigneten Lebensräumen vor.

Vorkommen in Baden-Württemberg: Landesweit verbreitet, fehlende Nachweise in der Verbreitungskarte sind – mit Ausnahme weitestgehend bewaldeter Gebiete des Schwarzwalds – als Erfassungslücken, i. d. R. aber nicht als ein tatsächliches Fehlen zu interpretieren.

Lebensweise und Habitat: Flugfähige (makroptere) Art. Nahrungsgeneralistin. Aktive Imagines wurden in Bad.-Württ. nach den ausgewerteten Daten zwischen April und Oktober registriert, mit einem Aktivitätsmaximum im Sommer. Kubach

Harpalus rubripes. Foto: O. Bleich.

(1995) schreibt aufgrund seiner Daten davon, dass die Art eher als „Spätsommerart mit ineinandergreifender Generationsfolge" einzuordnen sei. Er konnte einen kleineren Aktivitätspeak im Frühjahr, gefolgt von einem kurzzeitigen Absinken der Aktivitätsdichte registrieren, „die anschließend im August auf höchste Werte ansteigt". Juvenile Käfer wies er sowohl im zeitigen Frühjahr als auch zwischen Juni und September nach, ein juveniles Individuum noch im Oktober.

H. rubripes tritt auf Magerrasen, in Acker- und Weinbaulandschaften sowie auf Ruderalfluren und in ähnlichen Lebensräumen an trockenen (bis

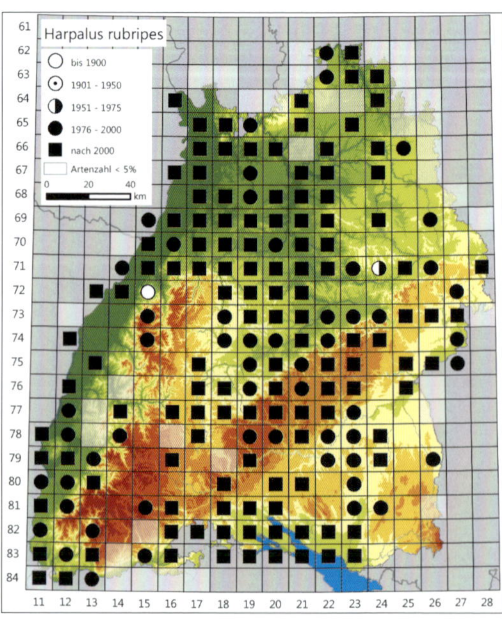

frischen), besonnten Standorten auf. Teilweise halten sich Bestände noch lange an kleinräumig offenen Stellen in ansonsten bereits weit fortgeschrittener Gehölzsukzession, wie etwa auf Sukzessionsflächen von Abraumhalden in Steinbrüchen mehrfach beobachtet werden konnte. Sie ist keine „Flächenart" in Ackerbaulandschaften. Kubach (1995) zeigte vielmehr in seinem Untersuchungsgebiet im Kraichgau, dass sie dort „eng an Ackerbrachen und Saumstrukturen, die Neuanlagen [von Saumstrukturen] und vor allem die etwas dichter bewachsenen Stufenraine" gebunden war und „nur sehr vereinzelt am Ackerrand oder gar im Acker" auftrat.

Gefährdung und Schutz: *H. rubripes* ist bundesweit (Stand 2015) und in Bad.-Württ. (Stand 2005) ungefährdet. Aufgrund der weiten Verbreitung mit Auftreten in unterschiedlichen Lebensraumtypen des Offenlands ist trotz der stärkeren Bindung an offene Begleitstrukturen in landwirtschaftlichen Nutzflächen auch zukünftig keine Gefährdung absehbar. Kein Handlungsbedarf.

Harpalus rufipalpis.

Harpalus rufipalpis

Sturm, 1818

Rottaster-Schnellläufer

Allgemeine Verbreitung: Westpaläarktisch verbreitete Art, fehlt in Europa im äußersten Norden. Sie ist in Deutschland in geeigneten Lebensräumen weit verbreitet und weist kleinere Verbreitungslücken nur im äußersten Süden und Südosten auf (Baden-Württemberg, Bayern).

Vorkommen in Baden-Württemberg: Schwerpunkte im Oberrhein-Tiefland und am Westabfall des Schwarzwalds, daneben im Odenwald und offenbar teils räumlich eng begrenzt in weiteren Naturräumen (z. B. Hochrhein, Teile der Neckar- und Tauber-Gäuplatten). Die alte Angaben v. d. Trappens (1929) bzw. Kellers (1864) für Reutlingen sind zweifelhaft und wurden nicht in die Datenbank aufgenommen.

Lebensweise und Habitat: Flugfähige (makroptere) und pflanzenfressende Art. Paarung und Eiablage (schwerpunktmäßig) im Frühjahr und Larvalentwicklung ab Frühjahr/Sommer. Aktive Imagines wurden in Bad.-Württ. nach den ausgewerteten Daten zwischen April und Oktober registriert. Für die Angabe eines Aktivitätsmaximums liegen keine ausreichenden Daten vor, die meisten Imagines wurden allerdings im Mai und Juni gefangen. Schjøtz-Christensen (1966a) fand unausgefärbte Käfer in Sandrasen in Dänemark Anfang September, zudem ein Weibchen, dass nach Untersuchung der Ovarien offenbar bereits im Vorjahr reproduziert hatte. Dies deutet auf eine mögliche längere Lebensdauer mit mehrmaliger Teilnahme am Reproduktionsgeschehen hin, wie

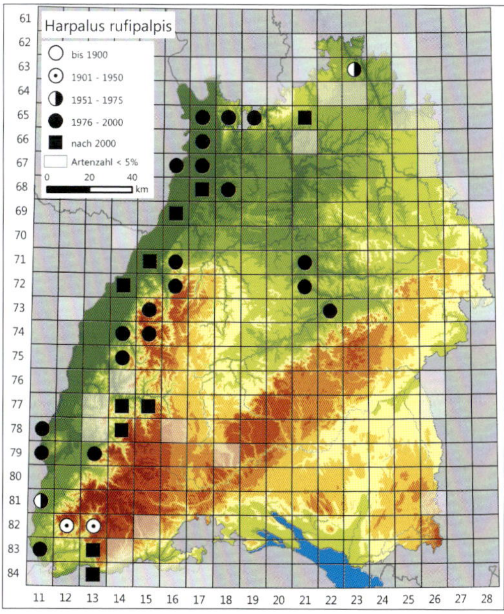

es für andere *Harpalus*-Arten bekannt ist (vgl. KUBACH 1995). In Westfalen werden frisch geschlüpfte Imagines ab August gefunden (KAISER 2004).

H. rufipalpis tritt vor allem auf Brachen in Abbau-, Industrie- und Infrastrukturflächen, auf Sandrasen sowie an lichten Standorten im Wald oder in Wald-Offenland-Übergangsbereichen auf, wobei sandige oder sandig-kiesige Substrate bevorzugt werden. Beispiele solcher Fundorte finden sich bei WOLF-SCHWENNINGER & SCHWENNINGER (1992). Hervorzuheben ist das teils individuenreiche Auftreten der Art nach „Störungen" in Wäldern, bei denen offene, lichte Strukturen entstehen. HOCHHARDT (2001) fand *H. rufipalpis* vor allem in der Lichtphase direkt nach dem Kahlschlag einer Niederwaldfläche. Vergleichbares wird von TRAUTNER & RIETZE (2001) für die Sukzession einer Waldbrandfläche im Odenwald beschrieben: Die Art trat dort in der ersten Untersuchungsphase im zweiten Jahr nach dem Brandereignis an allen bearbeiteten Standorten der Brandfläche mit einer Reihe von Individuen auf (nicht aber in den Vergleichsstandorten des Umfelds), wurde in den Folgejahren dann in deutlich geringerer Anzahl und Stetigkeit nachgewiesen und blieb erst im fünften Jahr nach Untersuchungsbeginn ohne Nachweis.

Gefährdung und Schutz: *H. rufipalpis* ist bundesweit (Stand 2015) ungefährdet und wurde in Bad.-Württ. (Stand 2005) der Vorwarnliste zugerechnet, zudem als Naturraumart des Informationssystems Zielartenkonzept Bad.-Württ. (Stand 2009) eingestuft. Als beeinträchtigend ist – wie bei der weiter verbreiteten Art *H. laevipes* – insbesondere die zwischenzeitliche forstliche Praxis mit möglichst weitgehender Vermeidung von Kahlhieben und Förderung dichter, oft unterwuchsreicher Baumbestände einzustufen. Auch offene Strukturen in Wäldern, etwa entlang von Wegen, haben als potenzielle Habitate der Art erkennbar abgenommen. Zur Förderung dieser und weiterer Formen von lichten Waldstrukturen sollte im Rahmen der forstlichen Nutzung wieder ein höheres Angebot an jungen Waldsukzessionsstadien im räumlich-zeitlichen Wechsel etabliert werden; hierfür bietet sich unter anderem in den Schwarzwald-Vorbergen sowie im Odenwald eine verstärkte niederwaldartige Nutzung mit entsprechend geeigneten Baumarten an.

Harpalus rufipes

(De Geer, 1774)

Gewöhnlicher Haarschnellläufer

Allgemeine Verbreitung: Paläarktisch verbreitete Art, in Nordamerika eingeschleppt (BOUSQUET 2012). Sie kommt in Deutschland flächendeckend in geeigneten Lebensräumen vor.

Vorkommen in Baden-Württemberg: Landesweit verbreitet, fehlende Nachweise in der Verbreitungskarte sind – mit Ausnahme weitestgehend bewaldeter Gebiete des Schwarzwalds – als Erfassungslücken, i. d. R. aber nicht als ein tatsächliches Fehlen zu interpretieren.

Lebensweise und Habitat: Flugfähige (makroptere) Art, die regelmäßig am Licht registriert wird. Nahrungsgeneralistin mit der Tendenz zu überwiegend pflanzlicher Ernährungsweise. Die Entwicklung des ersten und zweiten Larvenstadiums erfolgt sowohl bei pflanzlicher Kost als auch bei Ernährung mit gemischter Insektennahrung, bei letzterer verdoppelt sich aber die Entwicklungszeit (JØRGENSEN & TOFT 1997b). Die Art kann in Erdbeerfeldern als Schädling auftreten, da die Früchte infolge des Samenfraßes verfaulen (BURMEISTER 1939). Ganz überwiegend nachtaktiv, bei THIELE (1977) der Gruppe mit lediglich 0–15 % Tagaktivität zugeordnet. Paarung und Eiablage (schwerpunktmäßig) im Sommer und Larvalentwicklung ab Sommer/Herbst. In Bad.-Württ. wurde unter anderem Paarung Ende August im

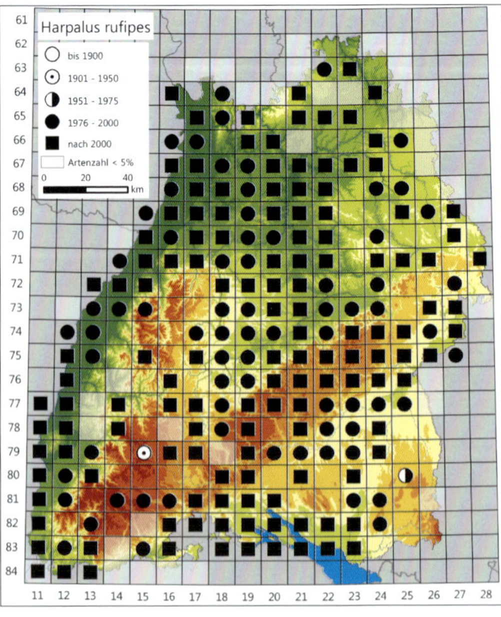

Harpalus rufipes.

Freiland bei nächtlichen Bestandsaufnahmen beobachtet. Aktive Imagines wurden in Bad.-Württ. nach den ausgewerteten Daten zwischen April und Oktober registriert, mit einem Aktivitätsmaximum im Juli und August. Kubach (1995) konnte juvenile Imagines bereits ab Ende April feststellen, führt aber weiter aus, dass sich die Masse der Imagines aus der vorjährigen Eiablage erst im Hochsommer voll entwickelt hatte.

H. rufipes ist eine eurytope Offenlandart mit Schwerpuntkvorkommen in schwach bis lückig mit Vegetation bestandenen Flächen der acker- oder weinbaulich genutzten Landschaften, wo sie sehr hohe Aktivitätsdichten erreichen kann; sie tritt aber auch im Grünland auf. Kubach (1995) bezeichnet die Art als „agrobiont" und konnte zeigen, dass die Aktivitätsdichten der Imagines auf den neu angelegten Saumstrukturen mit zunehmend dichterem Vegetationsbewuchs bereits von 1991 bis 1992 deutlich abnahmen. Er weist aber zudem darauf hin, dass „Saumstrukturen und Ackerbrachen [...] zumindest bei der Larvalentwicklung eine Rolle zu spielen [scheinen], indem die Mehrzahl der frisch geschlüpften Exemplare auf den Neuanlagen gefangen wurde."

Gefährdung und Schutz: *H. rufipes* ist bundesweit (Stand 2015) und in Bad.-Württ. (Stand 2005) ungefährdet. Aufgrund der weiten Verbreitung und Häufigkeit mit Auftreten in unterschiedlichen und ungefährdeten Lebensraumtypen des Offenlands ist auch keine zukünftige Gefährdung absehbar. Kein Handlungsbedarf.

Harpalus serripes

(Quensel in Schönherr, 1806)

Gewölbter Schnellläufer

Allgemeine Verbreitung: Westpaläarktisch von Nordwestafrika bis Westsibirien verbreitet. In Deutschland kommt sie von ihrem Verbreitungsschwerpunkt im Osten (v. a. Mecklenburg-Vorpommern, Brandenburg, Sachsen-Anhalt, Sachsen) südwestlich bis zum Oberrhein (Baden-Württemberg) und nach Rheinland-Pfalz vor, während sie in weiten Teilen Nordwest-, West- und Süddeutschlands fehlt.

Vorkommen in Baden-Württemberg: Weitestgehend auf das Oberrhein-Tiefland, den Odenwald sowie Teile der Neckar- und Tauber-Gäuplatten beschränkt, zudem lokal vom Randbereich der Schwäbischen Alb bei Owen (1995, leg. Ausmeier) und vom Ipf bei Bopfingen (2010, eigene Daten) nachgewiesen. Vor diesem Hintergrund wurde auch die alte Angabe v. d. Trappens (1929) bzw. Kellers (1864) für Reutlingen in die Datenbank aufgenommen.

Lebensweise und Habitat: Art mit vollständig entwickelten Hinterflügeln (makropter), von der nach Auswertungsstand keine Flugbeobachtung vorliegt. Nahrungsgeneralistin. Paarung und Eiablage wird (schwerpunktmäßig) im Frühjahr und Larvalentwicklung ab Frühjahr/Sommer angenommen, allerdings verweist Kubach (1995) darauf, dass er unausgehärtete und unausgefärbte Imagi-

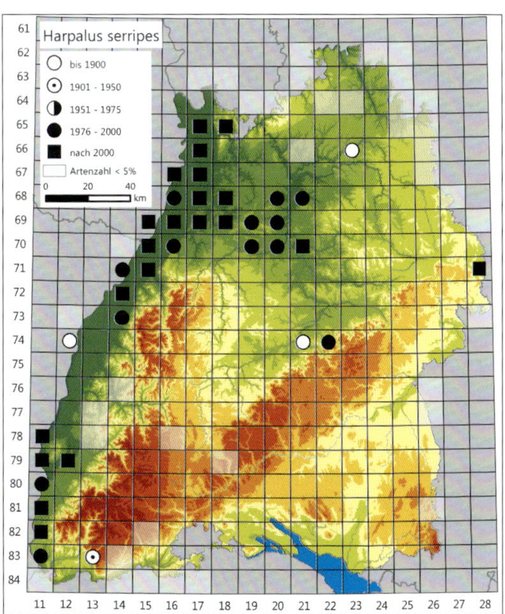

Harpalus serripes.

nes sowohl im Frühjahr als auch im Hochsommer (August) feststellen konnte, „sodass […] bei dieser Art mit jährlich unregelmäßigen Schlupfzeiten gerechnet werden kann.“ Aktive Imagines wurden in Bad.-Württ. nach den ausgewerteten Daten zwischen April und Oktober registriert, mit einem Aktivitätsmaximum im Juni.

H. serripes tritt schwerpunktmäßig in trockenwarmen (bis teils frischen) und mageren, offenen Lebensräumen auf, bei denen es sich ganz überwiegend um Magerrasen, Pionierfluren und Ruderalflächen in Abbau-, Infrastruktur- und Industriebrachen sowie um Begleitstrukturen in Wein- und Ackerbaugebieten handelt. Kubach (1995) bezeichnet sie für die von ihm untersuchte Landschaft im Kraichgau als wärme- und trockenheitsliebende, „charakteristische Art der grasdominierten Kleinstrukturen“ und sieht – obgleich weitere Faktoren eine Rolle gespielt haben könnten – aufgrund seiner Ergebnisse eine Präferenz für höhere Vegetationsbedeckung (parallele Entwicklung des Bestands der Art zur grasig-krautigen Pflanzensukzession auf den angelegten Saumstrukturen). Dies korrespondiert mit eigenen Daten unter anderem aus Weinbergen im Raum Heilbronn, wo die Art vor allem in grasreichen Brachen und Saumstrukturen festgestellt werden konnte. Einzelne Funde liegen auch aus Waldrandsituationen und trockenen Gebüschen oder Gehölzen vor. Dabei könnte es sich um einstrahlende Individuen aus nahe gelegenen Offenland-Lebensräumen gehandelt haben. Besser ausgebildete Saumstrukturen an Waldaußenrändern sowie ausreichend große und besonnte Strukturen im Waldverband (z. B. entlang südexponierter Wegböschungen) könnten aber durchaus von der Art besiedelt sein.

Gefährdung und Schutz: *H. serripes* ist bundesweit (Stand 2015) sowie in Bad.-Württ. (Stand 2005) gefährdet und ist als Naturraumart des Informationssystems Zielartenkonzept Bad.-Württ. (Stand 2009) eingestuft. Als Gefährdungsursachen sind insbesondere direkte Flächenverluste geeigneter Lebensräume etwa im Rahmen der Flurneuordnung, Pflanzung von Gehölzen auf grasreichen, bislang offenen Begleitstrukturen oder dortige Sukzessionsprozesse nach Aufgabe einer geeigneten Nutzung oder Pflege einzuordnen. Ergänzend kommen weitere Beeinträchtigungen wie Eutrophierung in Betracht. Für den Erhalt und die Förderung der Bestände von *H. serripes* in der Agrarlandschaft (Acker- und Weinbaugebiete) ist es erforderlich, besonnte, grasig-krautige Begleitstrukturen zu erhalten und in größerem Umfang wiederzuentwickeln. Dies gilt in besonderem Maße für wärmebegünstigte Gebiete.

Lebensraum von *Harpalus serripes* in Großböschungen des Rebanbaugebiets im Kaiserstuhl.

Harpalus servus

(Duftschmid, 1812)

Ovaler Schnellläufer

Allgemeine Verbreitung: Von Südwestfrankreich und dem Süden Englands über das zentrale Europa bis Westsibirien verbreitet, im Nordwesten und Norden Europas ebenso wie im Süden weitestgehend fehlend. In Deutschland kommt sie vorrangig im Osten (v.a. Mecklenburg-Vorpommern, Brandenburg, Sachsen-Anhalt, Sachsen), entlang der Nord- und Ostseeküste sowie in einem kleinen isolierten Areal in Südwestdeutschland (Hessen, Rheinland-Pfalz, Baden-Württemberg) vor, während sie ansonsten in West-, Mittel- und Süddeutschland weitestgehend fehlt oder nur historische Meldungen aufweist.

Harpalus servus. Foto: O. Bleich.

Vorkommen in Baden-Württemberg: Sichere Nachweise liegen aus den Binnendünen im Norden des Oberrhein-Tieflands (z.B. Wolf-Schwenninger & Schwenninger 1992, Büche 1994) vor. Daneben wurde vor dem Hintergrund der älteren Meldungen aus dem Kaiserstuhl (s. Horion 1941, t. Wolf) auch eine einzelne spätere Meldung aus dem südlichen Teil des Oberrhein-Tieflands (Spang 1996) berücksichtigt. Alle übrigen Angaben aus Bad.-Württ. haben sich bei Überprüfungen als sicher oder wahrscheinlich unzutreffend erwiesen. Für ein Auftreten bei Ulm (Lampert 1897, v.d. Trappen 1929) gibt es keinen Beleg in der Sammlung Hueber, lediglich ein undatiertes Exemplar von Hermann (Murr), zu dem bereits Horion (1959a) vermerkt: „ob das Stück von dort stammt, erscheint zweifelhaft". Die Angaben zu Funden auf der Schwäbischen Alb (Indelhausen) und im Schwäbischen Keuper-Lias-Land (Neuhütten) nach Ulbrich (Harde & Köstlin 1965) sind nicht durch Belege in der Sammlung des Staatlichen Museums für Naturkunde in Stuttgart gestützt (t. Wolf-Schwenninger), wo diese zu erwarten gewesen wären. Für die bei Krell (1996) enthaltene Meldung aus dem Wiesaztal bei Reutlingen (leg. Lau, det. und coll. Kirschenhofer) ist Fundortverwechslung oder unzutreffende Bestimmung wahrscheinlich. Diese Meldungen wurden daher nicht in die Datenbank aufgenommen.

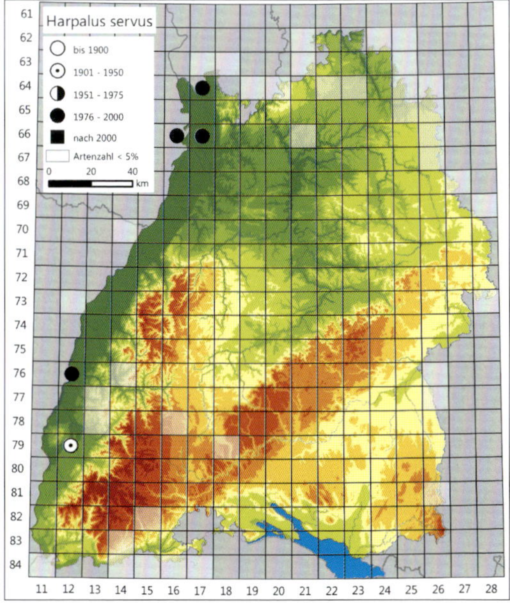

Lebensweise und Habitat: Flugfähige (makroptere) und pflanzenfressende Art. Paarung und Eiablage (schwerpunktmäßig) im Frühjahr und Larvalentwicklung ab Frühjahr/Sommer. Aktive Imagines wurden in Bad.-Württ. nach den ausgewerteten Daten zwischen März und Juni registriert, für die Angabe eines Aktivitätsmaximums liegen keine ausreichenden Daten vor.

H. servus ist eine Art der trockenen, offenen Sande und Sandrasen (z.B. Büche 1994) und als charakteristische Art der Lebensraumtypen 2330 und *6120 (Dünen und Sandrasen) des Anhangs I der FFH-Richtlinie einzustufen, wenngleich möglicherweise auch Einzelvorkommen auf anderen Böden oder in anderen Lebensraumtypen Bad.-Württ. existierten (s.o.).

Gefährdung und Schutz: *H. servus* ist bundesweit (Stand 2015) gefährdet und in Bad.-Württ. (Stand

2005) vom Aussterben bedroht. Sie wurde als Landesart A des Informationssystems Zielartenkonzept Bad.-Württ. (Stand 2009) eingestuft. Für ihren Bestandserhalt sind ähnlich wie bei *H. flavescens* und *H. hirtipes* offene bis spärliche bewachsene Sande mit einer entsprechenden Dynamik der Dünen oder Störungen der Bodendecke von entscheidender Bedeutung. Auch bei dieser Art sind direkte Flächeninanspruchnahmen und Sukzessionsprozesse als wesentliche Gefährdungsursachen zu nennen. Es ist dringend erforderlich, gezielte Prüfungen auf aktuelle Vorkommen der Art vorzunehmen und die Ausdehnung und Qualität noch vorhandener Habitate zu ermitteln. Ein Pflegemanagement mit regelmäßigen umfangreicheren Störungen der Vegetation und wiederkehrender Initialentwicklung von Sandrasen ist notwendig.

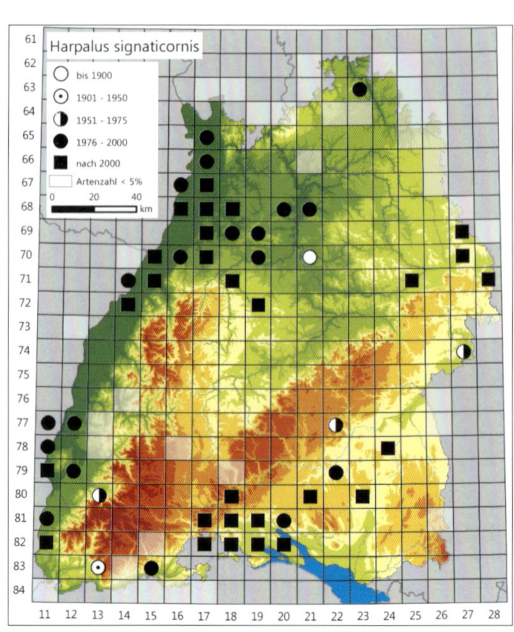

Harpalus signaticornis

(Duftschmid, 1812)

Kleiner Haarschnellläufer

Allgemeine Verbreitung: Paläarktisch verbreitete Art, die im zentralen Europa nach Westen bis vor kurzem seltener wurde und in Nordeuropa weitgehend fehlt. Aktuell scheint die Art aber ihr Verbreitungsgebiet nach Westen und Norden zu erweitern und wurde z. B. nach langer Zeit wieder in den Niederlanden festgestellt, wo sie nun bis in den Norden (Friesland) vorgedrungen ist (Turin et al. 2012). Auch in Deutschland zeichnete sich über die letzte Zeit eine Bestandszunahme ab. Derzeit ist die Art weit verbreitet und weist auf grobem Betrachtungsmaßstab nur regional (noch) eher wenige Verbreitungslücken auf (s. Verbreitungskarte in Trautner et al. 2014).

Vorkommen in Baden-Württemberg: Schwerpunkt im Oberrhein-Tiefland, in Teilen der Neckar- und Tauber-Gäuplatten, in der Donau-Iller-Lech-Platte sowie im westlichen Bodenseegebiet (Teil des Voralpinen Hügel- und Moorlands). Das weitgehende Fehlen von Nachweisen im Nordosten des Landes ist möglicherweise auf Erfassungsdefizite zurückzuführen; im Osten unter anderem im Übergangsbereich der Schwäbischen Alb zum Schwäbischen Keuper-Lias-Land mehrere aktuelle Nachweise.

Lebensweise und Habitat: Flugfähige (makroptere) und pflanzenfressende Art. Paarung und Eiablage (schwerpunktmäßig) im Frühjahr und Larvalentwicklung ab Frühjahr/Sommer. Kubach (1995) beschreibt die auffällige Phänologie der Art, die in seinem Untersuchungsgebiet ab Anfang Juni eine stark ansteigende Aktivitätsdichte zeigte (Maximum Ende Juni) und dann bereits ab Mitte Juli stark abfiel, wobei bis „in die Herbstmonate [...] neben adulten Tieren immer wieder frisch geschlüpfte Exemplare gefunden [wurden] – besonders zahlreich Ende September bis Oktober, also nach dem fast völligen Verschwinden der adulten Käfer. Damit ist die Art eher als Frühjahrsbrüter oder ‚Frühsommerart', mit zwei ausgeprägteren Schlupfperioden im Frühsommer und Herbst, zu bezeichnen." Eine Überwinterung von

Harpalus signaticornis. Foto: M. Bräunicke.

Imagines konnte er mehrfach nachweisen; bei einem Mindestalter von 9–11 Monaten waren diese Tiere in der Lage, wenigstens in zwei aufeinander folgenden Phasen am Reproduktionsgeschehen teilzunehmen (KUBACH 1995).

H. signaticornis tritt in unterschiedlichen Lebensräumen des Offenlands auf, bevorzugt aber lückig bewachsene, sonnenexponierte Bereiche. KUBACH (1995) bezeichnet sie für sein Untersuchungsgebiet im Kraichgau als ausgesprochen trockenheits- und wärmeliebende Art besonnter Stufenraine und Ackerbrachen und führt aus, dass im Untersuchungszeitraum „die Pflanzensukzession auf den Neuanlagen und der Rückgang unbewachsener Bodenstellen [...] wahrscheinlich zu einer langsamen Verschlechterung der Lebensbedingungen" für die Art führte.

Gefährdung und Schutz: *H. signaticornis* ist weder bundesweit (Stand 2015) noch in Bad.-Württ. (Stand 2005) gefährdet. Aufgrund der weiten Verbreitung mit Auftreten in unterschiedlichen, auch ungefährdeten Lebensraumtypen des Offenlands und ihrer Ausbreitungstendenz ist auch keine zukünftige Gefährdung absehbar. Kein Handlungsbedarf.

Harpalus smaragdinus

(Duftschmid, 1812)

Smaragdfarbener Schnellläufer

Allgemeine Verbreitung: Westpaläarktisch verbreitete Art, in Europa mit Ausnahme des hohen Nordens sowie weniger Bereiche Südeuropas verbreitet. Mit einem Verbreitungsschwerpunkt in der nördlichen Hälfte wird sie aus allen Bundesländern Deutschlands gemeldet, wobei sie größere Verbreitungslücken nur im Süden (Teile Baden-Württembergs und Bayerns) aufweist.

Vorkommen in Baden-Württemberg: Schwerpunkt in der Nordhälfte des Oberrhein-Tieflands, darüber hinaus im Nordwestteil der Neckar- und Tauber-Gäuplatten bis in den Heilbronner Raum sowie am westlichen Bodensee (Teil des Voralpinen Hügel- und Moorlandes) mit jeweils mehreren Nachweisen. Nach MEYER (1966) zudem am Spitzberg bei Tübingen gefunden. Bezüglich der Meldung durch KOPF & FUNKE (1998) aus dem Raum Langenau ist aufgrund der naturräumlichen Lage sowie des Lebensraumtyps (Sturmwurffläche) am ehesten von Fehlbestimmung auszugehen; Letzteres ist auch für die alte Angabe V. D. TRAPPENS

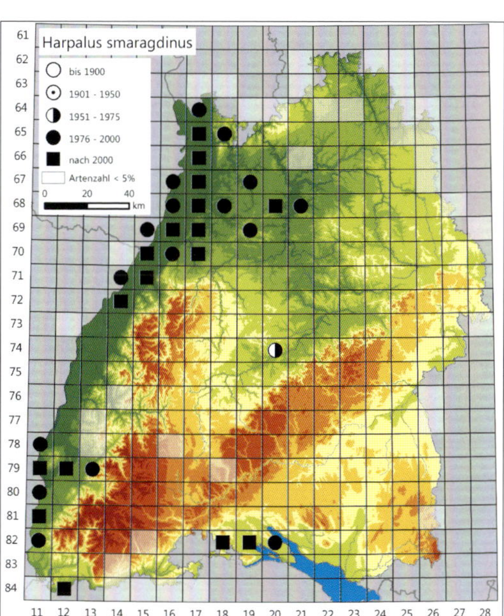

(1929) für Laimnau nach Pfarrer MÜLLER anzunehmen. Der ebenfalls bei V. D. TRAPPEN (1929) genannte Fundort Gutenberg (Gemeinde Lenningen) war in der Sammlung des Staatlichen Museums für Naturkunde in Stuttgart falsch belegt (t. WOLF-SCHWENNINGER, TRAUTNER). Diese Funde wurden daher nicht in die Datenbank übernommen.

Lebensweise und Habitat: Flugfähige (makroptere) Art. Nahrungsgeneralistin. Paarung und Eiablage wahrscheinlich zu unterschiedlichen Zeitpunkten, wobei meist von Fortpflanzung im Sommer (mit Aktivitätsmaximum im Juli und Au-

Harpalus smaragdinus.

gust, z. B. BARNDT 1976) und Larvalentwicklung ab Sommer/Herbst ausgegangen wird. Aktive Imagines wurden in Bad.-Württ. nach den ausgewerteten Daten zwischen April und September registriert. Für die Angabe eines Aktivitätsmaximums liegen keine ausreichenden Daten aus Bad.-Württ. vor, die Mehrzahl der Funde stammt aber aus dem Juni und Folgemonaten.

H. smaragdinus tritt vorzugsweise auf Sandböden und ansandigen Böden auf, ist jedoch offenkundig nicht völlig darauf beschränkt, sondern besiedelt z. B. auch Lößstandorte. GEILER (1957) schrieb, dass sie „eine ausgeprägt xerophile Art [sei], die sich nur in trockenwarmen Perioden auf bindigen Böden halten" könne. Funde der Art stammen vorwiegend von Sandrasen sowie von Pionier- und Ruderalvegetation auf sandigen bis sandig-kiesigen Standorten etwa in Abbaugebieten und auf Industriebrachen. Zudem liegen aber auch meist einzelne Funde aus Äckern (z. B. FEURER 1985) sowie Ackerbegleitstrukturen (z. B. KUBACH 1995) vor. Offenkundig werden besonnte, lückig bis spärlich bewachsene Lebensräume bevorzugt.

Gefährdung und Schutz: *H. smaragdinus* ist bundesweit (Stand 2015) ungefährdet und wurde in Bad.-Württ. (Stand 2005) der Vorwarnliste zugerechnet sowie als Naturraumart des Informationssystems Zielartenkonzept Bad.-Württ. (Stand 2009) eingestuft. Als Gefährdungsursachen kommen insbesondere direkte Flächeninanspruchnahme etwa durch Konversion von Industrie- und Infrastrukturflächen, Rekultivierung von Abbaugebieten sowie Sukzession bei Aufgabe bestandserhaltender Nutzungen oder Pflege in offenen Sandlebensräumen infrage. Letztere müssen erhalten werden. In den Schwerpunkträumen ihrer Verbreitung könnte die Art stark von einer Förderung junger Brachestadien vor allem in den Ackerbaulandschaften profitieren, zudem sollten ihre Ansprüche bei Flächenkonversion und der Abbau- und Rekultivierungsplanung verstärkt berücksichtigt werden.

Harpalus solitaris

Dejean, 1829

Sand-Schnellläufer

Allgemeine Verbreitung: Holarktisch verbreitete Art, die in Südeuropa fehlt. Sie ist in Deutschland vor allem in der nördlichen Hälfte zerstreut, aber weit verbreitet, während sie in Süddeutschland lückiger vorkommt.

Vorkommen in Baden-Württemberg: Schwerpunkte in der nördlichen Hälfte des Oberrhein-Tieflands und im Schwarzwald, daneben Funde aus dem Odenwald und dem Spessart sowie punktuell aus dem Schwäbischen Keuper-Lias-Land.

Lebensweise und Habitat: Flugfähige (makroptere) und pflanzenfressende Art. Paarung und Eiablage wahrscheinlich zu unterschiedlichen Jahreszeiten; Funde unausgehärteter Tiere im Sommer und im Herbst (SCHJØTZ-CHRISTENSEN 1966a, TURIN 2000) in Verbindung mit den bei KAISER (2004) für Westfalen dargestellten Fundhäufigkeiten nach Monaten legen allerdings nahe, dass die Fortpflanzungsperiode überwiegend im Frühjahr liegt. Hiermit korrespondieren auch die Funddaten aus Bad.-Württ.: Aktive Imagines wurden hier nach den ausgewerteten Daten zwischen April und September registriert, die ganz überwiegende Zahl der Nachweise stammt aber aus dem Mai und Juni.

H. solitaris tritt schwerpunktmäßig in Waldlichtungssituationen oder Wald-Offenland-Über-

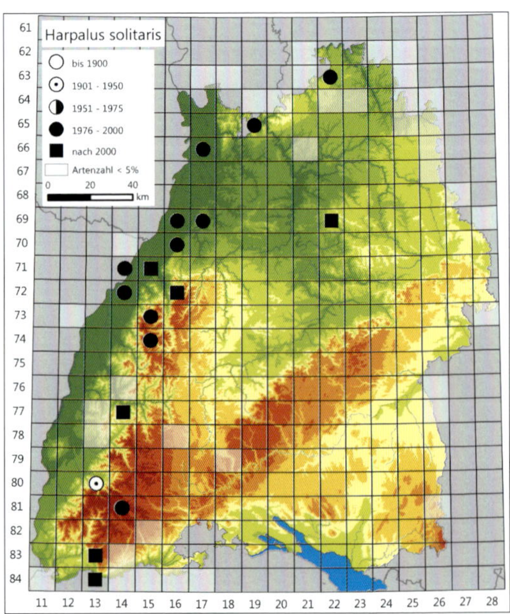

gangsbereichen auf, daneben in geringerer Zahl in lichten Wäldern, in Sandrasen oder offenen Sanden (z. B. Büche 1994: „auch leicht beschattet"), Magerrasen, Heiden oder trockenen, besonnten Moorrändern (Letzteres im Nordschwarzwald, Trautner et al. 1998). Auf einer Waldbrandfläche im Odenwald wurde *H. solitaris* in der ersten Untersuchungsphase (zweites Jahr nach dem Brandereignis) in 7 Individuen auf der Brandfläche nachgewiesen, „davon fast alle im abgebrannten Altholzbestand mit umfangreicheren offenen Flächen" (Trautner & Rietze 2001); auch in einzelnen Folgejahren trat die Art dort noch mit abnehmender Individuenzahl auf. Soweit dokumentiert oder ableitbar, sind den baden-württembergischen Fundorten neben einer zumindest teilweisen Besonnung nährstoffarme und saure Bodenverhältnisse sowie offene Bodenstellen gemeinsam, alle stammen von Sand- oder in Einzelfällen Torfböden.

Gefährdung und Schutz: *H. solitaris* ist bundesweit (Stand 2015) gefährdet und in Bad.-Württ. (Stand 2005) stark gefährdet sowie Landesart B des Informationssystems Zielartenkonzept Bad.-Württ. (Stand 2009). Die Lebensräume der Art sind Wald-Offenland-Ökotone mit besonderen Standortverhältnissen, die teils nur relativ kurzzeitig im Rahmen von natürlichen Ereignissen wie Waldbrand oder anthropogenen Einflüssen, etwa forstlichen Maßnahmen, entstehen oder erweitert werden, teils von einer spezifischen Nutzung oder Pflege abhängig sind. Als beeinträchtigend ist insbesondere die zwischenzeitliche forstliche Praxis mit möglichst weitgehender Vermeidung von Kahlhieben und Förderung dichter, oft unterwuchsreicher Baumbestände einzustufen. Zudem führt die Aufgabe oder Reduktion habitaterhaltender Nutzungs- oder Pflegemaßnahmen auch in lichten Wald-Offenland-Ökotonen wie etwa in Heide- und Moorrandbereichen zu einer Zunahme der Gehölzbedeckung und Verschattung. Zur Förderung dieser und weiterer Arten lichter Waldstrukturen sollten im Rahmen der forstlichen Nutzung wieder ein höheres Angebot junger Waldsukzessionsstadien im räumlich-zeitlichen Wechsel etabliert und z. B. Waldbrandereignisse dort, wo es unter Sicherheitsaspekten möglich ist, als Teil der Walddynamik angesehen und nur in geringerem Ausmaß eingedämmt oder bekämpft werden. Insbesondere in Randzonen offener Sand-, Heide- und Moorgebiete oder in geschlossenen Waldflächen

Harpalus solitaris.

mit entsprechendem Potenzial zur Wiederentwicklung sollten, zusätzlich zu großflächig offenen Bereichen, verstärkt sehr lichte Waldstrukturen und Übergangsbereiche zum Offenland durch wiederkehrende, gezielte Entnahme von Bäumen geschaffen werden.

Harpalus subcylindricus

Dejean, 1829

Walzenförmiger Schnellläufer

Allgemeine Verbreitung: Paläarktisch verbreitete Art, die im größten Teil Nordeuropas und in Teilen Südeuropas fehlt. In Deutschland an ihre nördliche Arealgrenze stoßend, ist sie vom Oberrhein (Baden-Württemberg) im Südwesten über Mitteldeutschland bis in den Nordosten Brandenburgs verbreitet und fehlt in Nord- und Westdeutschland (Nordrhein-Westfalen, Niedersachsen, Schleswig-Holstein, Mecklenburg-Vorpommern) sowie in der Südhälfte Bayerns. Die Art wurde lange Zeit nicht von dem nahe verwandten *H. anxius* getrennt (vgl. Butterweck et al. 2000).

Vorkommen in Baden-Württemberg: Schwerpunkt im Oberrhein-Tiefland, im Hegau am westlichen Bodensee (Teil des Voralpinen Hügel- und Moorlandes) sowie in Teilen von Schwäbischer Alb und Taubergebiet (nordöstlicher Teil der Neckar- und Tauber-Gäuplatten). Gegenüber der ersten Zusammenstellung nach Überprüfung vorliegenden Fundmaterials durch Wolf-Schwenninger (2003) hatte sich der Kenntnisstand etwas verbessert.

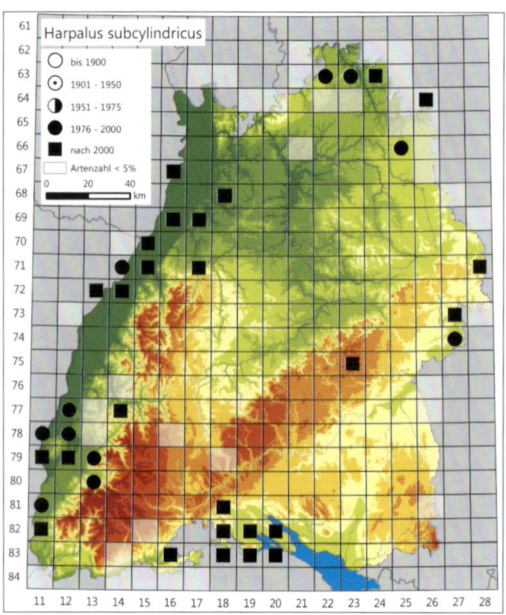

Lebensweise und Habitat: Art mit vollständig entwickelten Hinterflügeln (makropter), von der nach Auswertungsstand keine Flugbeobachtung vorliegt. Aktive Imagines wurden in Bad.-Württ. nach den ausgewerteten Daten zwischen Mai und September registriert. Für die Angabe eines Aktivitätsmaximums liegen keine ausreichenden Daten vor, die meisten Funde stammen aber aus dem Mai.

H. subcylindricus ist nach Wolf-Schwenninger (2003) „übereinstimmend mit den Ergebnissen von Butterweck et al. (2000) [...] an trockenwarme, nicht zu dicht bewachsene Biotope wie Halbtrockenrasen oder ruderalisierte Wiesen gebunden[...]. In den offenen Sanden der Binnendünen der nördlichen Oberrheinebene konnte [sie] *H. subcylindricus* noch nicht nachweisen, alle [...] überprüften Tiere [aus diesen Flächen] gehören zu *H. anxius*. Ein syntopes Vorkommen der beiden Schwesterarten konnte [...] in den Halbtrockenrasen auf sandig-kiesigem Untergrund in der Umgebung von Grißheim" am südlichen Oberrhein festgestellt werden. Diese Befunde stimmen auch mit dem aktuellen Kenntnisstand überein. In Kalkhalbtrockenrasen ist meist nur *H. subcylindricus* vertreten. Dennoch scheint die Art aufgrund des breiteren Lebensraumspektrums nicht den charakteristischen Arten von Trockenrasen-Lebensraumtypen des Anhangs I der FFH-Richtlinie zuzuordnen zu sein.

Gefährdung und Schutz: *H. subcylindricus* ist bun-

Ein typischer Lebensraum von *Harpalus subcylindricus*: Wacholderheide mit Felsstrukturen. Foto: K. Geigenmüller.

Harpalus subcylindricus. Foto: C. Benisch.

desweit (Stand 2015) in der Kategorie G (Gefährdung anzunehmen) eingestuft. In Bad.-Württ. (Stand 2005) ist sie stark gefährdet sowie Landesart B des Informationssystems Zielartenkonzept Bad.-Württ. (Stand 2009). Möglicherweise ist diese Einstufung aufgrund der zwischenzeitlich vorliegenden Funde etwas zu relativieren. So wäre im Zuge einer Fortschreibung der Roten Liste zu diskutieren, ob eine Einstufung als gefährdet angebracht ist. Als Gefährdungsursachen kommen in den besiedelten Lebensräumen in erster Linie Sukzession nach Aufgabe bestandserhaltender Nutzungen oder Pflegemaßnahmen sowie direkte Flächenverluste durch lokale Eingriffe in Betracht. Schutzmaßnahmen müssen vor allem auf die Sicherung offener Magerstandorte durch extensive Nutzung oder Pflege (z. B. Beweidung) abzielen.

Harpalus tardus

(Panzer, 1796)

Gewöhnlicher Schnellläufer

Allgemeine Verbreitung: Westpaläarktisch verbreitete Art, die im größten Teil Europas vorkommt und nur im äußersten Norden sowie in Teilen Nordwesteuropas und im Süden der Iberischen Halbinsel fehlt. Sie kommt in Deutschland annähernd flächendeckend in geeigneten Lebensräumen vor und fehlt nur im südlichsten Bayern.

Vorkommen in Baden-Württemberg: In Bad.-Württ. relativ weit verbreitet, aber in großen Teilen von Schwarzwald, Schwäbischer Alb sowie dem Voralpinen Hügel- und Moorland fehlend oder ohne Nachweis. Dies dürfte nicht auf die Höhenlage, sondern auf die vorherrschenden Böden und Nutzungen zurückzuführen sein (s. u.).

Lebensweise und Habitat: Flugfähige (makroptere) und pflanzenfressende Art, wird als Samenfresser (granivor) eingestuft. Paarung und Eiablage (schwerpunktmäßig) im Frühjahr und Larvalentwicklung ab Frühjahr/Sommer. Aktive Imagines wurden in Bad.-Württ. nach den ausgewerteten Daten zwischen April und Oktober registriert, mit einem Aktivitätsmaximum im Mai. Nach Kubach (1995) wurden juvenile Imagines vor allem in den Herbstmonaten, vereinzelt aber auch im zeitigen Frühjahr gefangen.

H. tardus ist eine eurytope Offenlandart, die sowohl Äcker und ihre Begleitstrukturen als auch

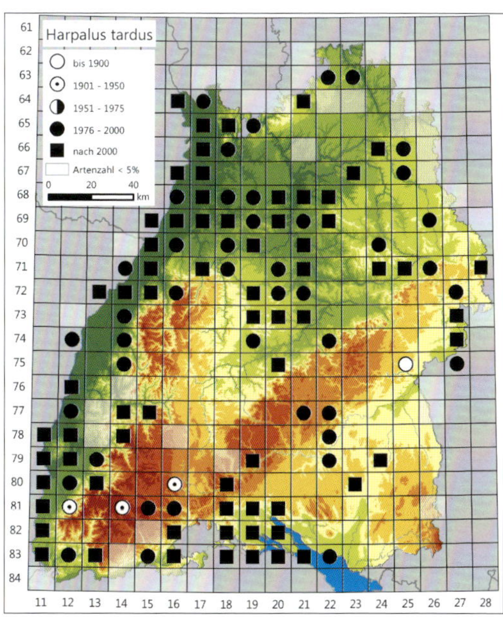

Harpalus tardus.

Harpalus tenebrosus. Foto: O. Bleich.

Weinbaugebiete und Grünland besiedelt, insbesondere soweit es sich um Sand-, Löss- oder kiesreiche Böden handelt. Lehmige Böden scheinen gemieden zu werden. Aus walddominierten Gebieten liegen kaum Nachweise der Art vor. Kubach (1995) vermutet aufgrund der Entwicklung in den von ihm untersuchten, neu angelegten Saumstrukturen eine Tendenz der Art, dichtere Vegetationsbestände zu bevorzugen.

Gefährdung und Schutz: *H. tardus* ist bundesweit (Stand 2015) und in Bad.-Württ. (Stand 2005) ungefährdet. Aufgrund der weiten Verbreitung mit Auftreten in unterschiedlichen, ungefährdeten Lebensraumtypen des Offenlands ist auch keine zukünftige Gefährdung absehbar. Kein Handlungsbedarf.

Harpalus tenebrosus

Dejean, 1829

Dunkler Schnellläufer

Allgemeine Verbreitung: Westpaläarktisch verbreitete Art, von den Kanarischen Inseln bis Mittelasien, erreicht im Nordwesten den Süden Englands. Sie tritt in Deutschland aktuell nur sehr regional und vor allem in Kalkgebieten im Westen (Nordrhein-Westfalen) und Südwesten (Rheinland-Pfalz) sowie im Süden (Baden-Württemberg, Bayern) über Mitteldeutschland bis nach Sachsen auf, wobei ihr Bestand stark rückläufig ist.

Vorkommen in Baden-Württemberg: Nach der alten Angabe von Fischer (1843) für den Freiburger Raum sehr wenige Nachweise in wärmebegünstigten Bereichen des Oberrhein-Tieflands (u. a. Grißheim, Szallies 2001) und den Neckar-Tauber-Gäuplatten (Enzweihingen 2002, leg. M. Kramer).

Lebensweise und Habitat: Flugfähige (makroptere) und pflanzenfressende Art. Paarung und

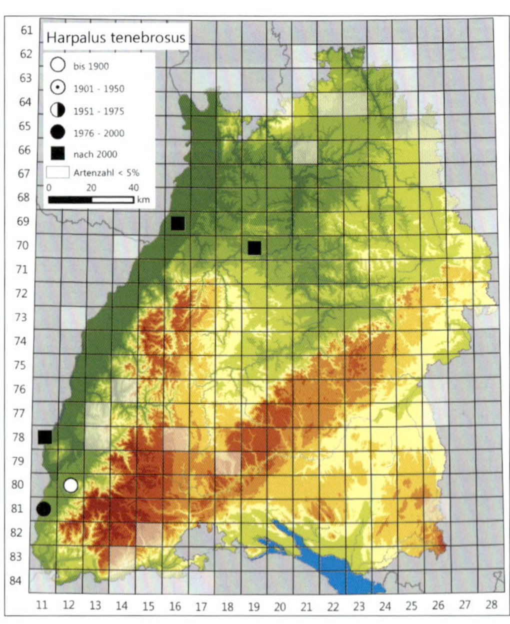

Eiablage (schwerpunktmäßig) im Frühjahr und Larvalentwicklung ab Frühjahr/Sommer. HORION (1957) erwähnt, dass die Art in Weinberghängen „besonders im ersten Frühjahr (März, April), vereinzelt bis in den Sommer hinein" gefunden wurde. Für Angaben zu Phänologie und Aktivitätsmaximum liegen aus Bad.-Württ. keine ausreichenden Daten vor.

H. tenebrosus lebt nach HORION (1957) „bei uns nur auf xerothermen, sonnenexponierten Hängen, meist auf Kalkboden". In GAC (2009) wird die Art für die naturräumlichen Großlandschaften, aus denen bundesweit Vorkommen belegt sind, entweder der Lebensraumgruppe von Heiden und Magerrasen und/oder den Weinbergen mit typischen Begleitstrukturen sowie den kurzlebigen Ruderalfluren und Pioniergesellschaften zugeordnet. Der Fund von KRAMER bei Enzweihingen stammt aus einem Weinberggebiet.

SZALLIES (2001) wies die Art bei einem Lichtanflug an ein innerstädtisches Schaufenster nach (1 Ex., 8.8. 1998), so dass über den konkreten dortigen Lebensraum keine Aussage möglich ist; der Nachweis liegt aber im direkten Umfeld hochgradig bedeutender Trockenstandorte am südlichen Oberrhein (vgl. BENSE et al. 2000).

Gefährdung und Schutz: *H. tenebrosus* ist bundesweit (Stand 2015) gefährdet und wurde in Bad.-Württ. (Stand 2005) als vom Aussterben bedroht eingestuft. Sie ist zudem Landesart A des Informationssystems Zielartenkonzept Bad.-Württ. (Stand 2009). Es ist davon auszugehen, dass die Lebensräume und potenziellen Standorte der Art, wie die anderer extrem wärmeliebender Arten, insbesondere bei Aufgabe bestandserhaltender Nutzungen oder Pflegemaßnahmen gefährdet sind. Möglicherweise kommen in den Weinbergslagen intensive weinbauliche Nutzung und der Verlust geeigneter offener Lebensräume im Zuge von Rebflurneuordnungen hinzu. Es sollten, ausgehend von den bisher bekannten Nachweisen, gezielte Prüfungen auf Vorkommen der Art insbesondere in größeren Trockenlebensraumkomplexen sowie in Weinbergslagen mit ihren typischen Begleitstrukturen erfolgen. Schutzmaßnahmen müssen auf eine Offenhaltung der Standorte fokussieren, möglicherweise ist für die Bestandssicherung ein erhöhter Anteil an Halbtrockenrasen, jungen Brachen und Saumstrukturen in Weinberglagen wesentlich.

Harpalus xanthopus

Gemminger & Harold, 1868

Goldfüßiger Schnellläufer

Allgemeine Verbreitung: Paläarktisch verbreitete Art, deren in Deutschland vorkommende ssp. *winkleri* Schauberger, 1923 den Westteil des Areals von Nordeuropa und Teilen Westeuropas über Mittel- und Südosteuropa bis zum Kaukasus, der Krim und Kleinasien besiedelt. Sie ist in Deutschland mit einem Verbreitungsschwerpunkt im Norden und Osten (v.a. Schleswig-Holstein, Mecklenburg-Vorpommern bis Sachsen) vertreten und kommt nur sehr sporadisch und punktuell im Süden (Bayern) und Südwesten (Hessen, Rheinland-Pfalz, Saarland, Teile Baden-Württembergs) vor.

Vorkommen in Baden-Württemberg: Nur im Oberrhein-Tiefland. Dort in neuerer Zeit von A. SCHANOWSKI im Jahr 2005 und von H. KNAPP 2006 nachgewiesen (vgl. KNAPP 2007, PERSOHN et al. 2007).

Lebensweise und Habitat: Flugfähige (makroptere) Art. Für Angaben zu Phänologie und Aktivitätsmaximum liegen aus Bad.-Württ. keine ausreichenden Daten vor. BARNDT (1976) ermittelte im Berliner Raum die höchste Aktivitätsdichte im Juni und gibt die Art als Imaginalüberwinterin an.

H. xanthopus ist als Waldart einzustufen, für die BARNDT (1976) aus dem Berliner Raum eine Bevorzugung von Standorten mit Nadelstreuschicht angibt. Auf Rekultivierungsflächen des

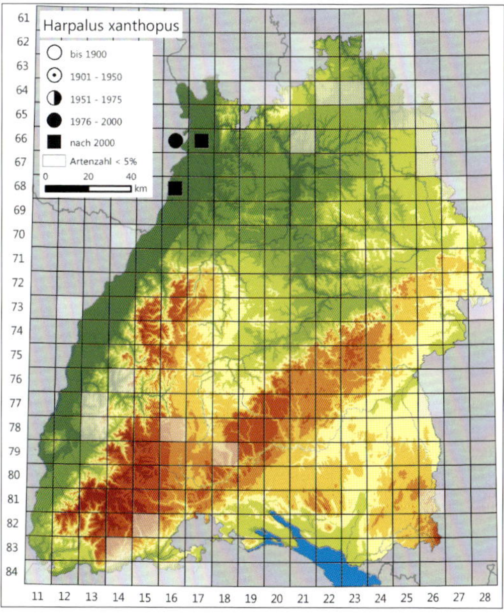

Harpalus xanthopus. Foto: O. Bleich.

Ophonus ardosiacus.

Lausitzer Braunkohletagebaus konnte sie in einem angelegten Baumstreifen mit schnellwachsenden Gehölzen und dreijährigem Umtrieb festgestellt werden (Moll & Voigtländer 2012), zudem als Einzeltier in einem angrenzenden Ackerstreifen. Schwerk (2014) fand *H. xanthopus* in älteren Aufforstungsflächen (überwiegend mit Waldkiefer) auf Abraumhalden in Polen, wo die Aktivitätsdichte der Art positiv mit dem Alter der Baumbestände korreliert war. Knapp (2007) wies die Art in der Bodenstreu eines Kiefern-Laubmischwalds der Schwetzinger Hardt „auf sandigem Boden" nach (1 Ex., 19.04.2006).

Gefährdung und Schutz: *H. xanthopus* ist bundesweit (Stand 2015) ungefährdet und war in Bad.-Württ. (Stand 2005) in die Kategorie D (Datenlage defizitär) eingestuft worden. Vor dem Hintergrund des weiteren Fundes und des Erkenntniszuwachses zu Habitaten der Art aus anderen Regionen ist eine Gefährdung sehr unwahrscheinlich. Im Rahmen einer Fortschreibung der landesweiten Roten Liste könnte eine Umstufung in die Kategorie „ungefährdet" vorgenommen werden. Kein Handlungsbedarf.

Ophonus ardosiacus

Lutshnik, 1922
Blauer Haarschnellläufer

Allgemeine Verbreitung: Von den Azoren über Teile Nordafrikas bis nach Europa verbreitet, wo sie jedoch in großen Teilen des Nordens fehlt. Die Arealerweiterin stößt in Deutschland an ihre nördliche Verbreitungsgrenze, wobei sie aus Südwesten (Baden-Württemberg, Rheinland-Pfalz) kommend im Norden bis Nordrhein-Westfalen und im Osten lokal bis Sachsen vordringt, während sie in Norddeutschland und größeren Teilen Bayerns fehlt. Nach Revision von Sammlungsmaterial sind viele frühere Meldungen anderer großer *Ophonus*-Arten auf diese Art zu beziehen, da erst aufgrund der Revision der Gruppe durch Sciaky (1986, 1991) eine zutreffende und sichere Einordnung möglich war (vgl. Persohn & Büngener 1989).

Vorkommen in Baden-Württemberg: Relativ weit verbreitet, fehlt weitestgehend nur im Schwarzwald sowie im Bereich der Donau-Iller-Lech-Platte und des Voralpinen Hügel- und Moorlands (dort nur am westlichen Bodensee gut vertreten).

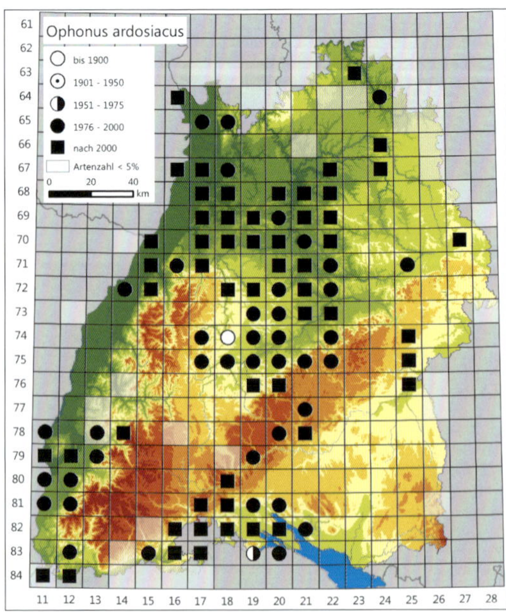

Umfangreicher Bestand der Wilden Möhre (*Daucus carota*) in einem aufgelassenen Steinbruch im Nordosten der Neckar- und Tauber-Gäuplatten. Hier trat *Ophonus ardosiacus* zahlreich zusammen mit *O. puncticeps* auf.

Lebensweise und Habitat: Flugfähige (makroptere) und pflanzenfressende Art, die häufig auf Wilder Möhre (*Daucus carota*) beim Fraß an Samen zu finden ist. Dabei wurden die Imagines im Gegensatz zu jenen der oft gemeinsam mit ihnen auftretenden, stärkere Tagaktivität zeigenden Art *O. puncticeps*, mehrfach nur in der Dämmerungsphase, bei stärkerer Bewölkung oder nachts in den Samenständen beobachtet (eigene Daten). Spies (1998) fand bei stichprobenartiger Absammlung von abreifenden Dolden der Wilden Möhre auf einer Ackerbrache im Kraichgau Mitte September bis zu 13 Individuen/100 Dolden, mit einem deutlich höheren Weibchen-Anteil. Paarung und Eiablage (schwerpunktmäßig) im Sommer und Larvalentwicklung ab Sommer/Herbst. Tiere in Kopula wurden in Anzahl im August beobachtet (eigene Daten). Es kommt auch Imaginalüberwinterung vor (s. Kubach 1995), während ansonsten überwiegend von larvaler Überwinterung ausgegangen werden muss. Aktive Imagines wurden in Bad.-Württ. nach den ausgewerteten Daten zwischen April und Oktober registriert, das Aktivitätsmaximum liegt im Juli und August (Spies 1998).

O. ardosiacus tritt vorwiegend auf besonnten, lückig bewachsenen Brachen oder Ruderalflächen auf, die Wilde Möhre im Bestand aufweisen. Die Fundorte liegen im trockenen bis frischen bzw. wechseltrockenen bis wechselfeuchten Standortbereich; besonders hohe Individuenzahlen wurden auf Untergründen mit einem Anteil an bindigem Substrat registriert (eigene Daten), z. B. in Ziegeleien, Steinbrüchen und Kiesgruben. Spies (1998) diskutiert die Bevorzugung etwas feuchterer gegenüber trockenen Standorten bei der Fortpflanzung.

Gefährdung und Schutz: *O. ardosiacus* ist weder bundesweit (Stand 2015) noch in Bad.-Württ. (Stand 2005) gefährdet. Aufgrund der weiten Verbreitung mit Auftreten in unterschiedlichen, auch ungefährdeten Lebensraumtypen des Offenlands und der relativ raschen Besiedlung neu entstehender, kurzfristig existierender Lebensräume ist auch keine zukünftige Gefährdung absehbar. Kein Handlungsbedarf.

Ophonus azureus

(Fabricius, 1775)

Leuchtender Haarschnellläufer

Allgemeine Verbreitung: (West-)Paläarktisch verbreitete Art, die in Nord- und Nordwesteuropa aber weitgehend fehlt. Sie ist in der südlichen Hälfte Deutschlands mit Ausnahme Ostbayerns weit verbreitet und weist nur in Norddeutschland größere Verbreitungslücken auf.

Vorkommen in Baden-Württemberg: Landesweit mit Ausnahme des Schwarzwalds, Teilen des Schwäbischen Keuper-Lias-Landes und großer Teile des Voralpinen Hügel- und Moorlands sowie der Donau-Iller-Lech-Platte verbreitet, fehlende Nachweise in der Verbreitungskarte sind ansonsten als Erfassungslücken, i. d. R. aber nicht als ein tatsächliches Fehlen zu interpretieren. Unberücksichtigt blieb die alte Angabe v. d. Trappens (1929) für Laubach nach Pfarrer Müller, die vor dem Hintergrund der ansonsten dokumentierten Artverbreitung als zweifelhaft angesehen wird.

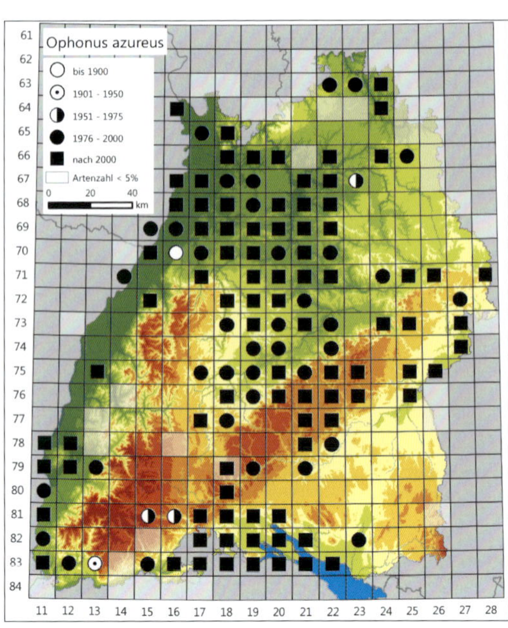

Lebensweise und Habitat: Flugfähige (dimorphe bzw. polymorphe), pflanzenfressende Art (Samenfresserin, granivor). Aktive Imagines wurden in Bad.-Württ. nach den ausgewerteten Daten zwischen März und Oktober registriert. Entgegen anderslautenden Literaturangaben führt Kubach (1995) für sein Untersuchungsgebiet im Kraichgau aus, dass die Art dort – bei einer *O. puncticeps* ähnelnden Jahresentwicklung – „vornehmlich als Herbst- oder besser als Spätsommerart anzusehen" sei. Sie erreichte dort erst in den Sommermonaten das Maximum der Aktivitätsdichte, und die Mehrzahl der juvenilen Imagines trat erst im Juni und Juli auf. Eigene Funde unausgehärteter Imagines in diesen Monaten aus anderen Gebieten Baden-Württembergs stützen dies.

Ophonus azureus.

O. azureus besiedelt trockene und vorzugsweise wärmebegünstigte Standorte und tritt in besonders hoher Individuenzahl in Begleitstrukturen von Weinbergen und teils in Rebflächen selbst, in sonnenexponierten Ruderalflächen und leicht verbrachten Magerrasen sowie in Ackersäumen und -brachen auf, soweit diese noch keine zu dichte und hochwüchsige Vegetation zeigen. Während Baehr (1980) für den Schönbuch Fundstellen „mit verhältnismäßig dichter Vegetation" beschreibt, lag der Vorkommensschwerpunkt der Art im Kraichgau „deutlich auf offeneren Flächen mit schütterer, niedrigwüchsiger Vegetation (Ackerbrache, Randbereiche der Neuanlagen [von Saumstrukturen])" (Kubach 1995).

Gefährdung und Schutz: *O. azureus* ist bundesweit (Stand 2015) und in Bad.-Württ. (Stand 2005) ungefährdet. Aufgrund der weiten Verbreitung mit Auftreten in unterschiedlichen, zumindest zum Teil ungefährdeten Lebensraumtypen des Offenlands ist auch keine zukünftige Gefährdung absehbar. Kein Handlungsbedarf.

Ophonus cordatus

(Duftschmid, 1812)
Herzhals-Haarschnellläufer

Allgemeine Verbreitung: Westpaläarktisch verbreitete Art, die in Deutschland ihre nördliche Verbreitungsgrenze erreicht. Sie ist in der südlichen Hälfte Deutschlands zerstreut nach Norden bis Mitteldeutschland (Sachsen-Anhalt) in Wärmegebieten vertreten, während sie in West-, Nord- und weiten Teilen Ostdeutschlands fehlt.

Vorkommen in Baden-Württemberg: Schwerpunkt auf der Schwäbischen Alb, im südlichen Teil des Oberrhein-Tieflands sowie in Teilen der Neckar- und Tauber-Gäuplatten. Die Angabe Horions (1959a) nach einem Fund von zur Strassen aus einer Kiesgrube bei Langenargen am Bodensee wurde nicht in die Datenbank aufgenommen; die Angabe erscheint zweifelhaft und dürfte am ehesten auf eine Fundortverwechslung oder Fehlbestimmung zurückgehen. Ebenso unberücksichtigt blieb die alte Angabe v. d. Trappens (1929) für Laubach nach Pfarrer Müller.

Lebensweise und Habitat: Flugfähige (makroptere) und pflanzenfressende Art. Aktive Imagines wurden in Bad.-Württ. nach den ausgewerteten Daten zwischen April und Oktober registriert, für die Angabe eines Aktivitätsmaximums liegen keine ausreichenden Daten vor. Eigene Funde von Imagines im Winterquartier sowie jahreszeitlich sehr frühe Angaben einzelner Tiere in der Sammlung P. Dolderers im Stadtmuseum Heidenheim, die möglicherweise ebenfalls aus einer Suche im Winterquartier resultierten (2 Ex., Oberstotzingen, Haldenberg, 24. 03. 1950, leg. P. Dolderer), belegen eine imaginale Überwinterung und weisen auf Paarung im Frühjahr und Larvalentwicklung im Sommer/Herbst hin. Dagegen geht Turin (2000) für die Niederlande von einer Fortpflanzung im Spätsommer/Herbst und wahrscheinlich larvaler Überwinterung aus.

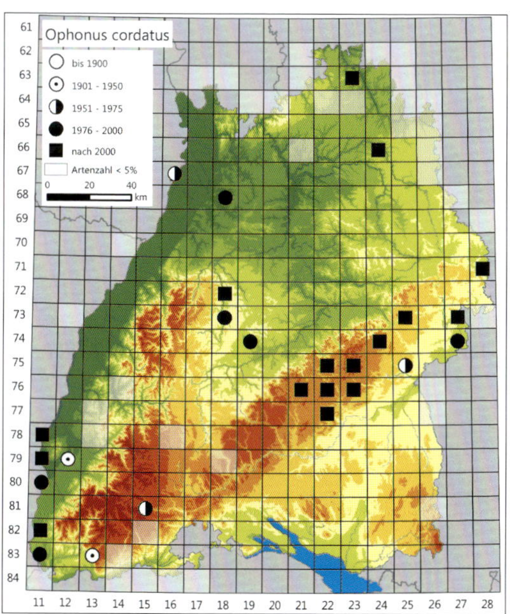

Ophonus cordatus.

O. cordatus tritt schwerpunktmäßig auf Kalkhalbtrockenrasen auf, wobei die Art hier Bereiche mit offen zutage tretendem felsigem Untergrund (Felsbänder) oder Felsschutt und Felsgrus bevorzugt (eigene Daten). Zudem besiedelt sie Magerrasen auf kiesigem Substrat und trockenwarme Standorte auf Löß (Kaiserstuhl; z. B. Wolf 1937). Bei entsprechender Ausstattung und Ausgangsbiotopen im Umfeld dringt *O. cordatus* meist punktuell auch in Begleitstrukturen der Weinbergslagen sowie in Sekundärlebensräume der Abbaugebiete (Steinbrüche und Kiesgruben) vor. Funde aus Halbtrockenrasen oder Wacholderheiden wurden unter anderem von Rausch (1996) und Baehr (1986) publiziert. *O. cordatus* ist als charakteristische Art der Lebensraumtypen *6110, 6210 sowie 5130 (Kalktrocken- und Pionierrasen, Wacholderheiden) des Anhangs I der FFH-Richtlinie einzustufen, möglicherweise kommen auch die Lebensraumtypen *6240, 8210 und *8160 (Subpannonische Steppen-Trockenrasen, Kalkfelsen und Schutthalden) als wichtige zu berücksichtigende Lebensräume infrage.

Skelettreiche Böden und Felsstrukturen bei voller Besonnung kennzeichnen die meisten Lebensräume von *Ophonus cordatus*; hier ein solcher Lebensraum auf der Schwäbischen Alb.

Gefährdung und Schutz: *O. cordatus* ist bundesweit (Stand 2015) gefährdet und in Bad.-Württ. (Stand 2005) stark gefährdet sowie Landesart B des Informationssystems Zielartenkonzept Bad.-Württ. (Stand 2009). Als Gefährdungsursachen sind insbesondere die Aufgabe habitatprägender Nutzungen oder Pflegemaßnahmen mit nachfolgender Sukzession zu nennen, die sich bei kleinräumigen Vorkommen auch außerhalb der eigentlich besiedelten Standorte durch Gehölzaufwuchs mit anschließender Beschattung besiedelter Halbtrockenrasen und Felsbänder negativ auswirken können. In Sekundärlebensräumen können Standorte der Art durch Rekultivierung beeinträchtigt oder zerstört werden. Wesentliche Schutzmaßnahmen sind die Offenhaltung und Wiederausdehnung kurzrasiger, felsiger Trockenstandorte in den Verbreitungsgebieten der Art, auch durch Rücknahme bereits erfolgter Gehölzsukzession auf zur Wiederherstellung von Habitaten geeigneten Flächen sowie durch Zurückdrängung stärker verfilzter Brachestadien. Die Bestandssicherung erfordert eine langfristig geeignete Pflege, insbesondere durch eine entsprechende Beweidung.

Ophonus diffinis

(Dejean, 1829)

Nahtwinkel-Haarschnellläufer

Allgemeine Verbreitung: Von Südeuropa über Westeuropa und das südliche Mitteleuropa bis in den Nahen Osten und zum Kaukasus verbreitete

Ophonus diffinis. Foto: O. Bleich.

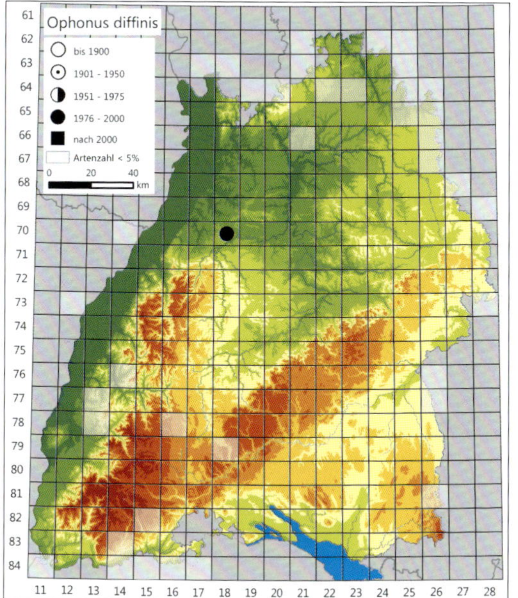

Art. Sie ist in Deutschland nur sehr sporadisch vom Südwesten bis in die mitteldeutschen Wärmegebiete nachgewiesen.

Vorkommen in Baden-Württemberg: *O. diffinis* gehört zu denjenigen Arten, die erst aufgrund der Revision der Gruppe durch SCIAKY (1986, 1991) zutreffend und sicher einzuordnen sind und deren (vor allem frühere) Meldungen jedenfalls zum großen Teil auf die wesentlich häufigere Art *O. ardosiacus* (s. dort) zurückgehen; Letzteres trifft z. B. auch auf die Meldung von TRAUTNER (1986b) zu. Auch die neuere Angabe von THEVES (2007) für zwei Standorte im Raum Stuttgart erwies sich als unzutreffend (Belege waren *O. ardosiacus*). Für Bad.-Württ. ist das Belegmaterial der Gruppe noch nicht vollständig überprüft. In der Verbreitungskarte wurden nur Funde dieser Art berücksichtigt, die bereits geprüft wurden oder bei denen davon ausgegangen werden kann, dass zur Bestimmung schon auf die oben genannte Literatur und die neueren Bestimmungswerke zurückgegriffen wurde. Ein entsprechend sicherer Nachweis der offenbar sehr seltenen Art liegt nur mit mehreren von SCHWENNINGER (in lit.) 1991 bei Neulingen in den Neckar- und Tauber-Gäuplatten gefangenen Individuen vor.

Lebensweise und Habitat: Flugfähige (makroptere) und pflanzenfressende Art. Für Angaben zu Phänologie und Aktivitätsmaximum liegen keine ausreichenden Daten vor.

O. diffinis gilt als sehr wärmeliebende Art, die bundesweit (GAC 2009) der Fauna von Binnenlandsalzstellen sowie kurzlebigen Ruderalfluren und Pioniergesellschaften zugeordnet wird. Zum Vorkommen in Österreich schreiben TRUXA & WAITZBAUER (2008), dass sie „halotolerant [...] und in Österreich neben Wärmehängen auch an Binnenlandsalzstellen, Hutweiden und Ruderalflächen anzutreffen“ ist. NIEDLING & WELSCH (1997) fanden sie in einer Tongrube in Franken. Die von SCHWENNINGER (in lit.) nachgewiesenen Individuen stammen von Ackerlebensräumen (Rapsfeld, Stoppelacker).

Gefährdung und Schutz: *O. diffinis* ist bundesweit (Stand 2015) vom Aussterben bedroht und war in Bad.-Württ. (Stand 2005) bislang nicht in der Checkliste und Roten Liste geführt worden. Nach den bisher vorliegenden Daten ist eine Gefährdungseinstufung in Bad.-Württ. nicht möglich. Die Art sollte daher im Rahmen einer Fortschreibung der landesweiten Roten Liste in die Kategorie D (Daten defizitär) gestellt werden, sofern bis dahin keine bessere Datengrundlage vorhanden ist. Handlungsbedarf wird derzeit nicht gesehen, eine gezielte Prüfung auf weitere Vorkommen erscheint mit vertretbarem Aufwand nicht durchführbar.

Ophonus laticollis

Mannerheim,1825

Grüner Haarschnellläufer

Allgemeine Verbreitung: Westpaläarktisch verbreitete Art, die allerdings in Teilen Nord-, Nordwest- und Südeuropas fehlt. Mit einem Verbreitungsschwerpunkt im zentralen Deutschland ist sie bundesweit vertreten und nur in Richtung Norden sowie nach Süden hin lückiger verbreitet.

Vorkommen in Baden-Württemberg: Landesweit relativ weit verbreitet, im Südwesten (südliches Oberrhein-Tiefland, Schwarzwald) sowie im Voralpinen-Hügel- und Moorland allerdings in großen Bereichen ohne Nachweise oder fehlend. Die geringe Zahl an Nachweisen im Nordosten Baden-Württembergs dürfte auf Erfassungslücken zurückzuführen sein.

Lebensweise und Habitat: Art mit unterschiedlicher Flügelausbildung (dimorph bzw. polymorph), von der nach Auswertungsstand keine Flugbeobachtung vorliegt. Pflanzenfressende Art. Paarung und Eiablage (schwerpunktmäßig) im

Ophonus laticollis beim Samenfraß im Fruchtstand eines Kälberkropfs (*Chaerophyllum*).

Sommer und Larvalentwicklung ab Sommer/Herbst. Aktive Imagines wurden in Bad.-Württ. nach den ausgewerteten Daten zwischen April und September registriert; die Mehrzahl der Funde stammt aus den Monaten Juli bis September, in diesem Zeitraum traten auch in Kopula befindliche Tiere auf.

O. laticollis tritt vorzugsweise in Säumen an Gehölzen, Uferböschungen, Hochrainen und stellenweise in trockenen Hängen (z. B. im Keuper und Muschelkalk, dort oft am Hangfuß) auf, wobei die dokumentierten Standorte meist dem frischen (bis trockenen) und zumindest etwas nährstoffreicheren Bereich mit Hochstaudenfluren zuzurechnen sind oder Brachecharakter aufweisen. Die Standorte sind voll bis teil- oder zeitweise besonnt. Bei gezielter Suche wurden tagaktive Individuen mehrfach in Anzahl in den Dolden von Kälberkropf-Arten (*Chaerophyllum* spec.) nachgewiesen, darunter an *Chaerophyllum aureum*; dort fraßen die Tiere Samen (eigene Daten).

Gefährdung und Schutz: *O. laticollis* ist weder bundesweit (Stand 2015) noch in Bad.-Württ. (Stand 2005) gefährdet. Aufgrund der relativ weiten Verbreitung mit Auftreten in überwiegend ungefährdeten Lebensraumtypen ist (noch) keine zukünftige Gefährdung absehbar, wenngleich das Angebot an für die Art geeigneten, besonnten Saumstrukturen rückläufig zu sein scheint.

Ophonus melletii

(Heer, 1837)

Mellets Haarschnellläufer

Allgemeine Verbreitung: In Europa und Kleinasien vertretene Art, die aber in Nord- und Nordwesteuropa sowie in Teilen Südwesteuropas fehlt. Mit einem Verbreitungsschwerpunkt im zentralen

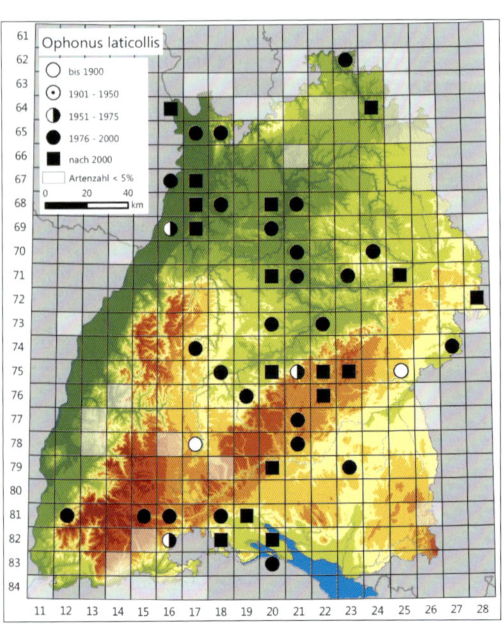

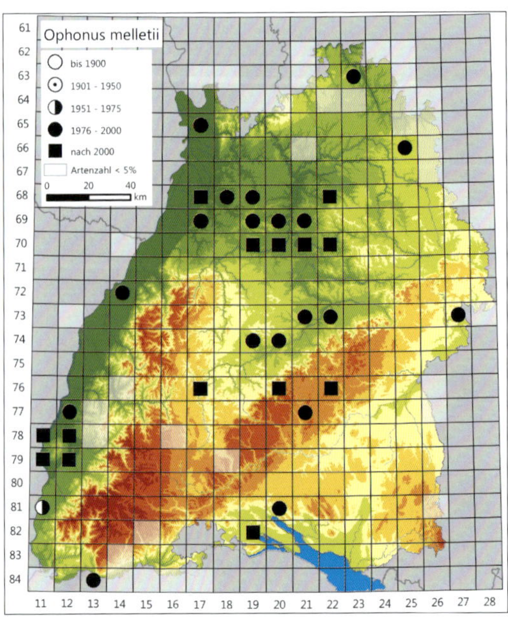

Ophonus melletii. Foto: O. Bleich.

Deutschland ist sie bundesweit vertreten und weist vor allem in Nordwestdeutschland sowie in Bayern größere Verbreitungslücken auf.

Vorkommen in Baden-Württemberg: Schwerpunkte in den wärmeren Naturräumen mit kalkreichen Böden, vor allem in größeren Teilen der Neckar- und Tauber-Gäuplatten und daran angrenzenden Gebieten des Schwäbischen Keuper-Lias-Lands sowie in der südlichen Hälfte des Oberrhein-Tieflands. Daneben unter anderem auf der Schwäbischen Alb, im Hegau am westlichen Bodensee (Teil des Voralpinen Hügel- und Moorlands) sowie am Hochrhein vertreten. Fehlt in den Sandgebieten des nördlichen Oberrhein-Tieflands sowie vollständig oder größtenteils im Schwarzwald, im Gebiet der Donau-Iller-Lech-Platte sowie im Voralpinen Hügel- und Moorland.

Lebensweise und Habitat: Flugfähige (makroptere) und pflanzenfressende Art. Aktive Imagines wurden in Bad.-Württ. nach den ausgewerteten Daten zwischen April und September registriert. Kubach (1995) erwähnt, dass er die Art in einem Gebiet auf der Schwäbischen Alb „erst ab Mitte August in größerer Zahl nachgewiesen [habe], was auf Herbstfortpflanzung hindeutet". Auch aus den eigenen Daten deutet sich für Bad.-Württ. ein Aktivitätsmaximum im Herbst (September) an. Demgegenüber gehen andere Autoren (u. a. Turin 2000) aufgrund eines von ihnen festgestellten Aktivitätsmaximums von einer Fortpflanzung (wahrscheinlich) im Frühjahr aus.

O. melletii tritt in spärlich bis dichter und zum Teil hoch krautig bewachsenen Flächen an Standorten vor allem in Säumen, in Brach- oder Ruderalflächen in acker- und weinbaulich genutzten Arealen sowie in Abbaugebieten auf, zudem in Kalkhalbtrockenrasen und Wacholderheiden sowie in Grünlandbrachen. In einem Gipsbruch bei Tübingen wies sie Baehr (1985) nur an der dort „wärmsten Stelle" nach, nämlich südexponierten Rutschhängen mit spärlicher Vegetation im Hangfußbereich. Eine spärliche Vegetation kennzeichnet allerdings nicht die Schwerpunktvorkommen der Art, die vielmehr in eher dichten, teils auch stärker verfilzten, zugleich aber sonnenexponierten und wärmebegünstigten Bereichen liegen. Auch in Bad.-Württ. wurden Individuen der Art in Dolden der Wilden Möhre (*Daucus carota*) gefunden (eigene Daten), wie bereits aus anderen Regionen bekannt (Jeannel 1942; Angabe dort nur auf die Gattung *Daucus* bezogen).

Gefährdung und Schutz: *O. melletii* ist bundesweit (Stand 2015) eine Art der Vorwarnliste und in Bad.-Württ. (Stand 2005) gefährdet sowie Naturraumart des Informationssystems Zielartenkonzept Bad.-Württ. (Stand 2009). Gefährdungsursa-

Ophonus melletii kommt zum Beispiel in Brachen auf mageren, sonnenexponierten Standorten vor, die mit einer recht dichten Krautschicht bewachsen sind. Hier eine von der Art besiedelte Weinbergsbrache im Raum Heilbronn.

chen sind insbesondere der Verlust nutzungsbegleitender, offener Strukturen z. B. durch direkte Flächenverminderung (wie etwa im Zuge von Flurneuordnungen) oder durch fortschreitende Sukzession auch auf älteren Brachen bei Gehölzentwicklung. Im Gegensatz zu einer ganzen Reihe anderer Laufkäferarten offener und trockenwarmer Standorte benötigt *O. melletii* weniger die lückigen und kurzrasigen Vegetationsstrukturen, sondern ist in spätere, aber noch nicht gehölzdominierte Sukzessionsstadien eingenischt. Auch diese sollten, etwa im Rahmen einer rotierenden Pflege oder Nutzung, mit einem gewissen Flächenanteil vor allem in Acker- und Weinbaulandschaften gefördert werden. Ebenso sollten die Ansprüche der Art verstärkt bei der Abbau- und Rekultivierungsplanung berücksichtigt werden.

Ophonus parallelus. Foto: O. Bleich.

Ophonus parallelus

(Dejean, 1829)
Schmaler Haarschnellläufer

Allgemeine Verbreitung: Von Westeuropa über das südliche Mitteleuropa bis in den ostmediterranen Raum verbreitete Art. Sie erreicht in Deutschland ihre nördliche Arealgrenze und kommt nur sehr lokal und zerstreut von Südwesten (Rheinland-Pfalz, Hessen, Baden-Württemberg) nach Norden bis Mitteldeutschland (Thüringen) in Wärmegebieten vor. Eine sichere Artansprache bzw. -zuordnung wurde erst nach der Revision von Sciaky (1986, 1991) erreicht.

Vorkommen in Baden-Württemberg: Lokale Nachweise aus mehreren Naturräumen, darunter aktuelle nach 2000 unter anderem aus dem Hegau am westlichen Bodensee (Götz & Kiechle, in lit.), vom Kaiserstuhl (Renner 2005: Sasbach, Lützelberg, 1 Ex., 02. 06. 2005) sowie von der Schwäbischen Alb (Harry in lit. und eigene Daten). Die von Baehr (1981, 1986) und von Trautner (1986a) unter dem Artnamen *O. zigzag* (Costa) publizierten Funde werden dieser Art zugerechnet (geprüft für den Fund aus dem Landkreis Böblingen); andere ältere Fundangaben, für die keine Prüfung erfolgt ist, wurden nicht berücksichtigt.

Lebensweise und Habitat: Art mit vollständig entwickelten Hinterflügeln (makropter), von der nach Auswertungsstand keine Flugbeobachtung vorliegt. Für Angaben zu Phänologie und Aktivitätsmaximum liegen keine ausreichenden Daten vor, die meisten Funde stammen aber aus dem Zeitraum Juni bis September.

O. parallelus wurde, soweit Fundortbeschreibungen verfügbar sind, auf Ackerbegleitstrukturen, Magerrasen und in Ruderalflächen nachgewiesen. Ein aktueller Fund von der Schwäbischen Alb stammt aus einem Bereich mit Störstellen (skelettreich, sehr lückige Vegetation) im Magerrasenkomplex (eigene Daten), andere aus Wacholderheiden (Harry, in lit.).

Gefährdung und Schutz: *O. parallelus* ist bundesweit (Stand 2015) stark gefährdet und in Bad.-Württ. (Stand 2005) der Kategorie D (Daten defizi-

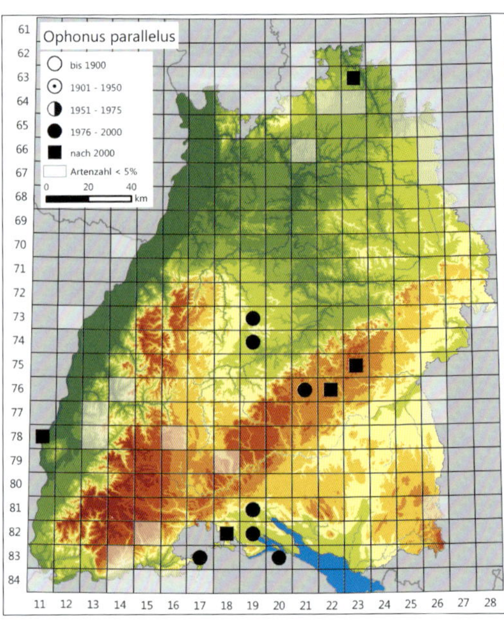

tär) zugeordnet. Nach den inzwischen vorliegenden Funden wäre im Rahmen einer Fortschreibung der landesweiten Roten Liste aufgrund der Fundumstände eine Einstufung in die Kategorie G (Gefährdung anzunehmen) naheliegend. Bei dieser Art ist aber auch nicht auszuschließen, dass sie von klimatischen Veränderungen profitiert und sich in den kommenden Jahren ausbreitet. Spezifischer Handlungsbedarf wird derzeit nicht gesehen.

Ophonus puncticeps

Stephens, 1828

Feinpunktierter Haarschnellläufer

Allgemeine Verbreitung: Westpaläarktisch verbreitete Art, in Nordamerika eingeschleppt (Bousquet 2012). Sie ist in Deutschland trotz kleinerer Verbreitungslücken fast flächendeckend in geeigneten Lebensräumen vertreten.

Vorkommen in Baden-Württemberg: Landesweit mit Ausnahme des größten Teils des Schwarzwalds verbreitet, in einzelnen Naturräumen aber offenbar nur lokale Vorkommen; fehlende Nachweise in der Verbreitungskarte sind ansonsten als Erfassungslücken, i. d. R. aber nicht als ein tatsächliches Fehlen zu interpretieren.

Lebensweise und Habitat: Flugfähige (makroptere) und pflanzenfressende Art (Samenfresser, granivor). Die Larven ernähren sich nach Untersuchungen von Brandmayr & Zetto Brandmayr (1975; s. Kap. 4.4) bevorzugt von Samen der Wilden Möhre (*Daucus carota*), von denen sie Depots in unterirdischen, selbst gegrabenen Kammern anlegen. Imagines wurden in Bad.-Württ. häufig in Samenständen dieser Pflanzenart beim Samenfraß beobachtet, sowohl tags als auch nachts. Spies (1998) fand bei stichprobenartiger Absammlung von abreifenden Dolden der Wilden Möhre auf einer Ackerbrache im Kraichgau Mitte September bis zu 25 Individuen/100 Dolden, mit einem deutlich höheren Weibchen-Anteil. Imagines wurden auch wiederholt nachts am Licht gefangen. Paarung und Eiablage (schwerpunktmäßig) im Sommer und Larvalentwicklung ab Sommer/Herbst. Kubach (1995) konnte im Kraichgau juvenile Imagines ab Ende Mai bis in den September hinein registrieren, weist aber darauf hin, dass auch im April bereits einzelne Imagines mit ausgehärteten Flügeldecken anzutreffen waren, die als Imago überwintert haben dürften. Paarung wurde in Bad.-Württ. im Freiland Ende August beobachtet (eigene Daten). Aktive Imagines wurden in Bad.-Württ. nach den ausgewerteten Daten zwischen April und Oktober registriert, mit einem Aktivitätsmaximum im August und September.

Ophonus puncticeps. Foto: E. Wachmann.

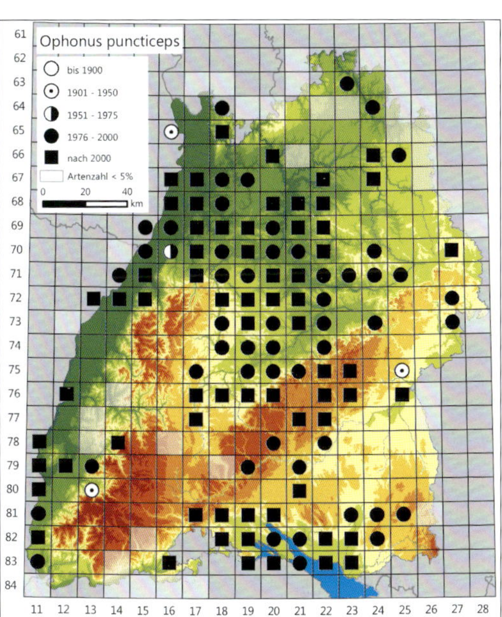

O. puncticeps tritt schwerpunktmäßig in sonnenexponierten Säumen, Ruderalflächen und Brachen sowie in Magerrasen mit stärkerem Vorkommen von Doldenblütlern, insbesondere der Wilden Möhre (*Dancus carota*), auf. Die Lebensräume können eine erst lückige oder eine bereits dicht geschlossene krautige Vegetationsdecke zeigen. Die höchsten Dichten erreicht die Art nach eigenen Daten in Sukzessionsstadien, die noch stellenweise vegetationsfrei oder -arm sind und am Boden noch keine oder nur eine geringe Streuauflage aufweisen, in denen der Bewuchs aber bereits deutlich überwiegt.

Gefährdung und Schutz: *O. puncticeps* ist bundesweit (Stand 2015) und in Bad.-Württ. (Stand 2005) ungefährdet. Aufgrund der weiten Verbreitung mit Auftreten in unterschiedlichen, darunter ungefährdeten Lebensraumtypen des Offenlands ist trotz der stärkeren Bindung an offene Begleitstrukturen in landwirtschaftlichen Nutzflächen auch zukünftig keine Gefährdung absehbar. Kein Handlungsbedarf.

Ophonus puncticollis

(Paykull, 1798)

Grobpunktierter Haarschnellläufer

Allgemeine Verbreitung: Westpaläarktisch verbreitete Art, im Großteil Nord- und Nordwesteuropas fehlend. Mit einem Verbreitungsschwerpunkt im zentralen Deutschland ist sie bundesweit vertreten und fehlt vor allem in weiten Bereichen Nord-, Ost- und Südostdeutschlands.

Vorkommen in Baden-Württemberg: Schwerpunkte in den Kalkgebieten der Schwäbischen Alb und Teilen der Neckar- und Tauber-Gäuplatten (dort v. a. Tauberland und Obere Gäue, Baar), zudem unter anderem im Hegau am westlichen Bodensee (Teil des Voralpinen Hügel- und Moorlands) und im Kaiserstuhl. Die alten Angaben v. d. Trappens (1929) für Kißlegg und Laimnau nach Pfarrer Müller dürften auf Fehlbestimmung beruhen und wurden nicht in die Datenbank übernommen.

Lebensweise und Habitat: Flugfähige (makroptere) und pflanzenfressende Art. Aktive Imagines wurden in Bad.-Württ. nach den ausgewerteten Daten zwischen April und September registriert, mit erhöhten Nachweiszahlen sowohl im Mai als auch im Sommer/Frühherbst. Kaiser (2004) schreibt bezogen auf Funddaten aus Westfalen und die dortige Häufung von Funden im Juli und August, dass „die Phänologie [...] in auffallender Weise derjenigen von *O[.] puncticeps* [gleiche], daher scheint eine Reproduktion im Herbst wahrscheinlich."

Ophonus puncticollis. Foto: O. Bleich.

O. puncticollis zeigt einen klaren Vorkommensschwerpunkt in Kalktrocken- und Halbtrockenrasen (einschließliche Wacholderheiden). Bei seinen Untersuchungen des Kochartgrabens im Muschelkalkgebiet nordwestlich von Tübingen ermittelte Baher (1986) sie als in den „Kalktrockenhängen [...] bei weitem die häufigste Art [der Gattung] und eine der dominanten Arten des gesamten Gebietes." Auch landesweit stammt der Großteil der Nachweise – soweit dokumentiert – aus Halbtrockenrasen, einschließlich deren sekundären Entwicklungsstadien beispielsweise in Abbaugebie-

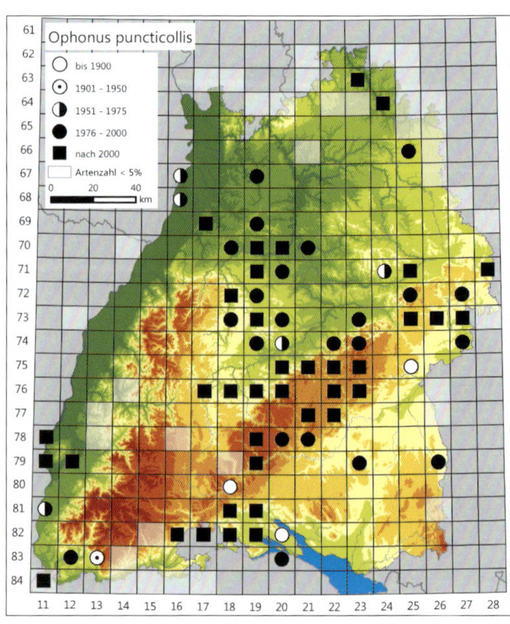

ten. *O. puncticollis* ist als charakteristische Art der Lebensraumtypen 6210, *6240 und 5130 (Kalktrockenrasen, Subpannonische Steppen-Trockenrasen, Wacholderheiden) des Anhangs I der FFH-Richtlinie einzustufen.

Gefährdung und Schutz: *O. puncticollis* ist sowohl bundesweit (Stand 2015) als auch in Bad.-Württ. (Stand 2005) eine Art der Vorwarnliste. Trotz weitgehender Bindung an gefährdete Lebensraumtypen ist aufgrund seiner relativ weiten Verbreitung und offenbar fehlender Abhängigkeit von spezifischen Strukturen innerhalb entsprechender Gebiete eine höhere Gefährdungskategorie nicht abzuleiten. Der Schutz der Art ist über eine allgemeine Offenhaltung der besiedelten Standorte (z. B. durch Beweidung) zu erreichen.

Ophonus rufibarbis. Foto: E. Wachmann.

Ophonus rufibarbis

(Fabricius, 1792)

Breithalsiger Haarschnellläufer

Allgemeine Verbreitung: Westpaläarktisch verbreitete Art, in Teilen Nord- und Nordwesteuropas fehlend. In Nordamerika eingeschleppt (Bousquet 2012). Sie ist in Deutschland trotz kleinerer Verbreitungslücken fast flächendeckend in geeigneten Lebensräumen vertreten.

Vorkommen in Baden-Württemberg: Landesweit mit Ausnahme großer Teile des Schwarzwalds und möglicherweise der östlichen Teile des Schwäbischen Keuper-Lias-Landes verbreitet, in mehreren Naturräumen aber offenbar nur lokale Vorkommen oder Nachweise bisher fehlend. Es ist wahrscheinlich, dass dies auf ein lokaleres Auftreten als bei einigen anderen Arten zurückgeht, insbesondere aber darauf, dass die Schwerpunktlebensräume der Art in geringerem Umfang untersucht werden (s. u.). Zudem wurde die Art früher nicht (sicher) von anderen Arten, insbesondere von *O. schaubergerianus*, unterschieden. Teils jedenfalls sind fehlende Nachweise in der Verbreitungskarte außerhalb des Schwarzwalds als Erfassungslücken, aber nicht als ein tatsächliches Fehlen zu interpretieren.

Lebensweise und Habitat: Flugfähige (makroptere) und pflanzenfressende Art (Samenfresser, granivor). Paarung und Eiablage (schwerpunktmäßig) im Frühjahr und Larvalentwicklung ab Frühjahr/Sommer. Aktive Imagines wurden in Bad.-Württ. nach den ausgewerteten Daten zwischen Mai und September registriert, für die Angabe eines Aktivitätsmaximums liegen keine ausreichenden Daten vor.

O. rufibarbis ist eine eurytope Offenlandart, die ihren Vorkommensschwerpunkt im meso- bis möglicherweise sogar eutrophen Bereich hat und weitaus weniger als andere *Ophonus*-Arten, wie bereits in verschiedenen Literaturquellen (z. B. Barner 1954) beschrieben, mikroklimatisch begünstigte (warme) Standorte benötigt oder bevorzugt. Sie tritt auch in Halbtrockenrasen und trockenen Wiesen auf, doch stammen viele Funde auch aus bach-

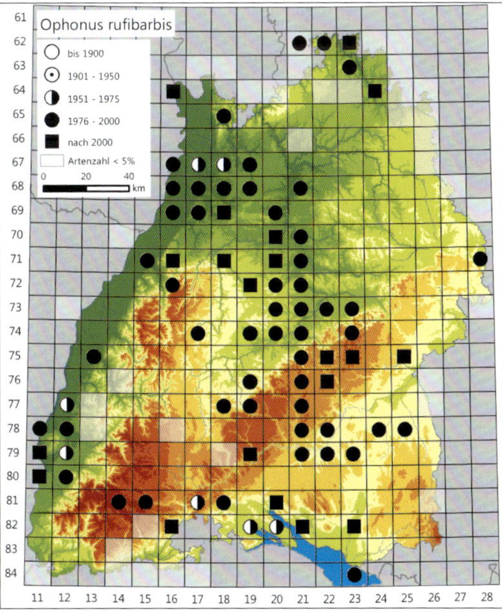

begleitenden Säumen, von Waldrändern, aus dichtwüchsigen Ackerbrachen oder Krautsäumen an Waldwegen innerhalb des Waldverbands. Im Rahmen der Untersuchung von HANDKE (1988) zu Brachflächen in Bad.-Württ. wurde sie als dominante Art auf einer sehr dicht bewachsenen Parzelle mit „gelenkter Sukzession" auf einer ehemaligen Salbei-Glatthaferwiese festgestellt. Insgesamt ist davon auszugehen, dass potenzielle Lebensräume dieser Art weder in Standarduntersuchungen mittels Bodenfallen landesweit ausreichend repräsentiert sind, noch dass diese in größerem Umfang gezielt von Hand besammelt wurden. Sie dürfte deutlich steter in der Landschaft vertreten sein, als die vorliegenden Daten widerspiegeln.

Gefährdung und Schutz: *O. rufibarbis* ist bundesweit (Stand 2015) und in Bad.-Württ. (Stand 2005) ungefährdet. Aufgrund der relativ weiten Verbreitung mit Auftreten in unterschiedlichen, oftmals ungefährdeten Lebensraumtypen des Offenlands ist auch keine zukünftige Gefährdung absehbar. Kein Handlungsbedarf.

Ophonus rupicola

(Sturm, 1818)

Zweifarbiger Haarschnellläufer

Allgemeine Verbreitung: Westpaläarktisch verbreitete Art, in Nord- und Nordwesteuropa größtenteils fehlend. Mit einem Verbreitungsschwerpunkt im zentralen Deutschland ist sie bundesweit vertreten, weist aber vor allem in Norddeutschland sowie in Bayern größere Verbreitungslücken auf.

Vorkommen in Baden-Württemberg: Weitestgehend auf die Neckar- und Tauber-Gäuplatten sowie das Schwäbische Keuper-Lias-Land beschränkt, rezent zudem vor allem aus dem Hegau am westlichen Bodensee (Teil des Voralpinen Hügel- und Moorlandes) sowie in Teilräumen der Schwäbischen Alb nachgewiesen.

Lebensweise und Habitat: Flugfähige (makroptere) und pflanzenfressende Art. Paarung und Eiablage (schwerpunktmäßig) im Frühjahr und Larvalentwicklung ab Frühjahr/Sommer. Aktive Imagines wurden in Bad.-Württ. nach den ausgewerteten Daten zwischen April und Oktober registriert, ohne dass ein deutliches Aktivitätsmaximum erkennbar wäre (so auch bei BAEHR 1980 für den Schönbuch im zentralen Bad.-Württ.).

Ophonus rupicola. Foto: O. Bleich.

O. rupicola tritt vor allem in kurzlebigen Ruderalfluren und Pioniergesellschaften, etwa in Abbaugebieten, sowie in acker- oder weinbaulich genutzten Landschaften in Säumen, an Feldrainen und in Brachen auf. Sie wird aber auch in Äckern selbst gefunden, obwohl dort eine Reproduktion fraglich erscheint. Funde liegen zudem von beweideten Standorten vor. Die Art zeigt eine weitgehende Beschränkung auf kalkhaltige, bindige Böden (Lehm, Löß). Eine Reihe von Standorten, an denen die Art nachgewiesen wurde, zeigt Staunässe oder ausgeprägte Wechselfeuchte.

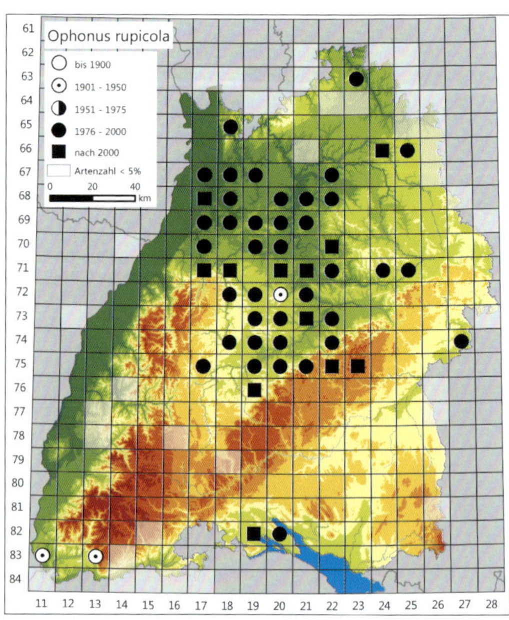

Lebensraum von *Ophonus rupicola*. Die Art ist auf Brachestrukturen mit lückiger Vegetationsbedeckung sowie nutzungsbegleitende Säume in der Agrarlandschaft angewiesen.

Gefährdung und Schutz: *O. rupicola* ist bundesweit (Stand 2015) eine Art der Vorwarnliste und in Bad.-Württ. (Stand 2005) als gefährdet eingestuft sowie Naturraumart des Informationssystems Zielartenkonzept Bad.-Württ. (Stand 2009). Die Art hat ihren Schwerpunkt offensichtlich im agrarisch gut nutzbaren Standortbereich und dürfte dort für die Reproduktion auf jüngere Brachen und (meist) linear ausgebildete Begleitstrukturen wie offene Säume angewiesen sein. Als Gefährdungsursachen sind insbesondere der direkte Verlust solcher Strukturen etwa im Zuge von Flurneuordnungen sowie intensive landwirtschaftliche Nutzung zu sehen, zudem Sukzession und Rekultivierung von Abbaugebieten. Schutzmaßnahmen sollten ausgerichtet sein auf die Förderung entsprechender offener Begleitstrukturen und eine Erhöhung des Flächenanteils junger Brachestadien in den Ackerbaulandschaften der schwerpunktmäßigen Verbreitung der Art. Zudem könnte eine extensive Beweidung besiedelbarer Standorte die Art fördern.

Ophonus sabulicola

(Panzer, 1796)

Violetter Haarschnellläufer

Allgemeine Verbreitung: Art mit süd- und südosteuropäischem Verbreitungsschwerpunkt, auch in Kleinasien und dem Nahen Osten. In Nord- und Nordwesteuropa fehlend. Sie stößt in Deutschland an ihre nördliche Verbreitungsgrenze und tritt rezent nur noch regional in Mitteldeutschland (Thüringen, Sachsen-Anhalt) und Bayern vor allem in Wärmegebieten auf, wobei sie aufgrund massiver Bestandsrückgänge schon großflächige Arealverluste (u. a. Niedersachsen, Nordrhein-Westfalen, Hessen) zu verzeichnen hat.

Vorkommen in Baden-Württemberg: Ehemals im Taubergebiet, in den Oberen Gäuen, auf der östlichen Schwäbischen Alb sowie im südlichen Oberrhein-Tiefland und am Hochrhein nachgewiesen. Unglaubwürdig ist die Angabe v. d. Trappens (1929) für Laubach nach Pfarrer Müller, die nicht in die Datenbank übernommen wurde; ebenso wurde bezüglich eines zwar nicht auszuschließenden, aber unbelegten ehemaligen Vorkommens bei Reutlingen (Keller 1864) verfahren. Im Taubergebiet wurde die Art bei Niederstetten von Hepp im Jahr 1928 in mehreren Individuen gesammelt, von Waldstetten auf der Schwäbischen Alb sind zahlreiche Individuen im Zoologischen Museum Berlin aus dem Jahr 1910 (Spaney leg.) belegt (Horion 1941, 1959a). Belegt ist im Staatlichen Museum für Naturkunde Stuttgart auch der ehemalige Vorkommensort Heimsheim im Naturraum der Oberen Gäue (Pinhard leg., 27. 4. 1913, t. Trautner; s. v. d. Trappen 1929). Zudem finden sich dort zwei weitere Exemplare, die von G. Scheel 1958 auf der Schwäbischen Alb bei Wipplingen gesammelt wurden (t. Wolf-Schwenninger) und damit wohl die bisher letzten Nachweise aus Bad.-Württ. darstellen. Aus dem Raum Freiburg gibt Fischer (1843) die Art an, und im Kaiserstuhl wurde sie von Wolf gesammelt (Horion 1941). Hartmann (1924) fand sie auf „dem Hünerberg bei Fahrnau, Kürnberger Steinbrüche (19. 4. [18]97), selten“.

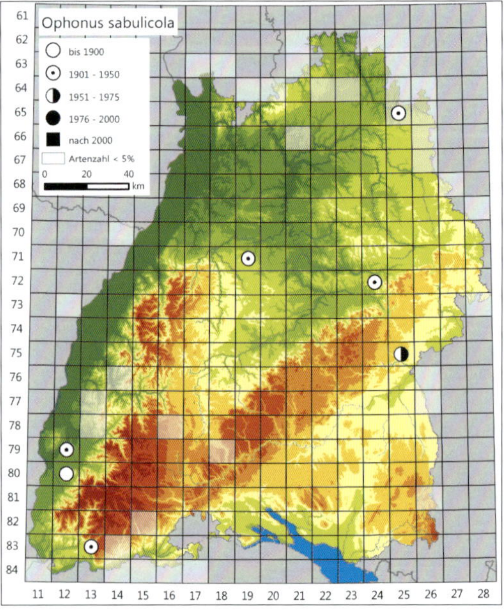

Ophonus sabulicola.

Lebensweise und Habitat: Flugfähige (makroptere) und pflanzenfressende Art. Für Angaben zu Phänologie und Aktivitätsmaximum liegen aus Bad.-Württ. keine ausreichenden Daten vor, für die Schweiz wird ein Maximum im September (nach Handfängen) angegeben (Luka et al. 2009).

O. sabulicola wird „eine ausgeprägte Bindung an Wärmegebiete, v. a. Kalkgebiete, zugesprochen“ und eine in den 1990er Jahren wieder nachgewiesene Population in einem Gebiet in Sachsen-

Anhalt „scheint lokal begrenzt, aber zahlenmäßig stark zu sein" (TROST et al. 1999). Angaben zu den ehemaligen Lebensräumen in Bad.-Württ. sind nicht verfügbar. Bundesweit sind die Vorkommen der Art Weinbergen und ihren Begleitstrukturen sowie kurzlebigen Ruderalfluren und Pioniergesellschaften zugeordnet (GAC 2009). Für die Schweiz geben LUKA et al. (2009) als Lebensraum-Kategorie „Trockenrasen und Magerwiesen" an.

Gefährdung und Schutz: *O. sabulicola* ist bundesweit (Stand 2015) stark gefährdet und in Bad.-Württ. (Stand 2005) ausgestorben oder verschollen. Vor dem Hintergrund der bundesweiten Bestandssituation ist zweifelhaft, ob mit einem Wiederauftreten der Art in Bad.-Württ. gerechnet werden kann (s. auch Verbreitungskarte bei TRAUTNER et al. 2014). Allerdings ist dies nicht völlig ausgeschlossen, besonders auch im Kontext klimatischer Veränderungen, die diese Art möglicherweise begünstigen könnten. Handlungsbedarf wird derzeit nicht gesehen.

Ophonus schaubergerianus

(Puel, 1937)

Schaubergers Haarschnellläufer

Allgemeine Verbreitung: In Europa ohne den Norden und in Kleinasien vertretene Art. Sie erreicht in Deutschland ihre nördliche Arealgrenze und gehört zu den von Süden bis zum Nordrand der Mittelgebirge recht verbreiteten Laufkäferarten, fehlt aber weitestgehend im Nord- und Ostdeutschen Tiefland.

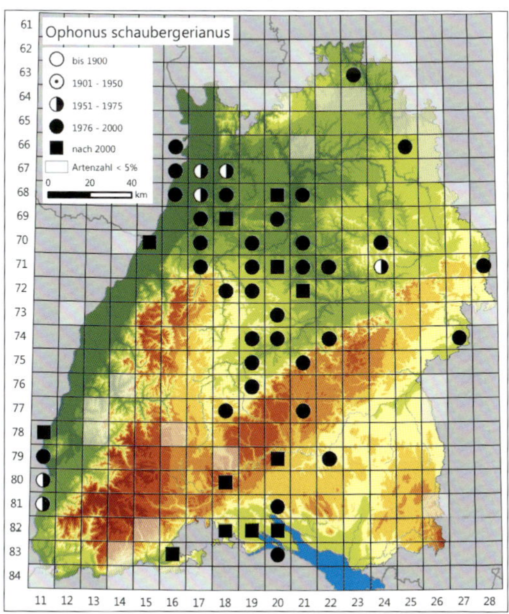

Ophonus schaubergerianus. Foto: C. Benisch.

Vorkommen in Baden-Württemberg: Relativ weit verbreitet, mit Ausnahme weiter Teile des Schwarzwalds sowie des Voralpinen Hügel- und Moorlands (dort aber im Bodenseeraum). Auch auf der Schwäbischen Alb nur geringe Nachweisdichten. Die geringe Nachweiszahl im Nordosten des Landes ist vermutlich auf Erfassungsdefizite zurückzuführen. Möglicherweise sind ähnlich wie bei *O. rufibarbis* potenzielle Lebensräume dieser Art bei üblichen Untersuchungen eher unterrepräsentiert und sie ist steter in der Landschaft vertreten, als die vorliegenden Daten widerspiegeln.

Lebensweise und Habitat: Flugfähige (makroptere) und pflanzenfressende Art. Aktive Imagines wurden in Bad.-Württ. nach den ausgewerteten Daten zwischen April und Oktober registriert. Bei seinen Untersuchungen im Kraichgau konnte KUBACH (1995) die Art zwar bereits in geringer Zahl im April feststellen, sie „wurde aber erst im Juli und August deutlich häufiger gefangen". Dies wertet er als Hinweis darauf, dass für die Art entgegen der Einschätzung BURMEISTERS (1939) nicht von Frühjahrsfortpflanzung, sondern eher von Paarung und Eiablage im Sommer und Larvalentwicklung ab Sommer/Herbst auszugehen ist.

O. schaubergerianus tritt in einem breiteren Spektrum offener bis halboffener Lebensräume auf, wobei in wärmeren Naturräumen möglicherweise eine Tendenz zu stärkerer Beschattung oder dichterer Vegetation vorliegt. Schwerpunkte liegen in Ruderalflächen und Begleitstrukturen der ackerbaulich genutzten Landschaften. Es sind aber auch Funde z. B. aus Gehölzen und Grünlandbrachen dokumentiert. BAEHR (1980) fand sie im Schönbuch im zentralen Bad.-Württ. im Frühjahr „in recht großen Kolonien auf mäßig dicht bewachsenem Lehm- und Mergelboden in und an Steinbrüchen", wobei er die Tiere bei Handfängen „teilweise ziemlich tief unter Steinen, z. T. auch in kleinen Erdgängen in Böschungen" registrieren konnte. In einem anderen Abbaugebiet wurde sie als eine der dominanten Arten beschrieben (Gipsbruch, BAEHR 1985). KUBACH (1995) schreibt, dass *O. schaubergerianus* in seinem Untersuchungsgebiet im klimatisch begünstigten Kraichgau „fast ausschließlich an dem heckenbestandenen Stufenrain in Kuppenlage auf[trat], seltener auch in den heckennahen Randbereichen" einer dichter bewachsenen Brache und nur vereinzelt auf den neu angelegten Saumstrukturen. Auf Vergleichsstandorten jenes Raums wurde sie „ausschließlich auf einem steilen, nordexponierten, brombeerbewachsenen Stufenrain" nachgewiesen.

Gefährdung und Schutz: *O. schaubergerianus* ist bundesweit (Stand 2015) eine Art der Vorwarnliste, in Bad.-Württ. (Stand 2005) aber ungefährdet. Aufgrund der relativ weiten Verbreitung mit Auftreten in unterschiedlichen, in Teilen ungefährdeten Lebensraumtypen überwiegend des Offenlands ist auch keine zukünftige Gefährdung absehbar. Kein Handlungsbedarf.

Ophonus stictus

Stephens, 1828

Schwarzbehaarter Haarschnellläufer

Allgemeine Verbreitung: Paläarktisch verbreitete Art, die im Norden Europas fehlt. Sie stößt in Deutschland an ihre nördliche Verbreitungsgrenze und tritt rezent nur noch regional von Südwest- und Süddeutschland (Baden-Württemberg, Bayern) nach Norden bis Mitteldeutschland (Thüringen, Sachsen-Anhalt) vor allem in Wärmegebieten auf, wobei aufgrund massiver Bestandsrückgänge Arealverluste zu verzeichnen sind (etwa in Nordrhein-Westfalen).

Vorkommen in Baden-Württemberg: *O. stictus* gehört zu denjenigen Arten, die erst aufgrund der Revision der Gruppe durch SCIAKY (1986, 1991) zutreffend und sicher einzuordnen sind und deren

Ophonus stictus. Foto: O. Bleich.

(vor allem frühere) Meldungen jedenfalls zum großen Teil auf die wesentlich häufigere Art *O. ardosiacus* (s. dort) zurückgehen. Für Bad.-Württ. liegt bislang keine Überprüfung des gesamten Belegmaterials der Gruppe vor. In der Verbreitungskarte wurden nur Funde dieser Art berücksichtigt, bei denen eine solche Prüfung stattgefunden hat oder davon ausgegangen werden kann, dass zur Bestimmung bereits auf die genannte Literatur oder die neueren Bestimmungswerke zurückge-

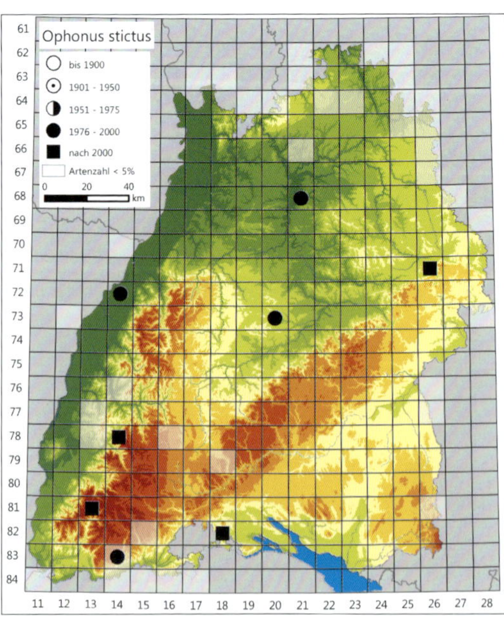

Mit Rindern beweideter Bereich im Gebiet des Rohrhardsbergs (Schwarzwald), in dem Feuer als Maßnahme zur Regeneration von Offenlandlebensräumen getestet wurde. Hier trat auch *Ophonus stictus* auf. Foto: J. Rietze.

griffen wurde. Entsprechende Funde der offenbar seltenen Art liegen vom Oberrhein-Tiefland (Rheinheimer & Reibnitz 1998), aus dem Hochrheingebiet (Maier 1997), dem Hegau (Götz & Kiechle, in lit.), dem Süd- und mittleren Schwarzwald (Baum 2008; eigene Daten) sowie dem Raum Heilbronn (eigene Daten) und dem Schwäbischen Keuper-Lias-Land (leg. Moog) vor.

Lebensweise und Habitat: Flugfähige (makroptere) und pflanzenfressende Art. Paarung und Eiablage (schwerpunktmäßig) im Frühjahr und Larvalentwicklung ab Frühjahr/Sommer. Für Angaben zu Phänologie und Aktivitätsmaximum liegen aus Bad.-Württ. keine ausreichenden Daten vor, Funde stammen hier unter anderem aus dem Mai und Juni. Imaginalüberwinterung ist aus der Schweiz dokumentiert (Marggi 1992).

O. stictus tritt auf mageren Standorten mit zumindest teilweise rasenartiger oder lückiger Vegetation auf, wobei die besiedelten Lebensraumtypen von lückig bewachsenen Weinbergsbrachen bis hin zu beweideten Flächen höherer Lagen im Schwarzwald reichen. Baum (2008) schreibt – noch unter Verwendung des Synonyms *obscurus* –, dass das zahlreiche Vorkommen dieser Art im Belchengebiet „auf Weideflächen um das Wiedener Eck" überraschend sei und meint weiter: „Die seltene Art gilt als thermophil und wird vor allem auf Kalkboden in Wärmegebieten gefunden. Offensichtlich findet sie auf den trockenen und sommerwarmen, hochgelegenen Weideflächen zusagende Lebensbedingungen." Auch im Rohrhardsberg-Gebiet (Mittlerer Schwarzwald) wurde *O. stictus* in einer beweideten Fläche (Borstgrasrasen) festgestellt, und zwar nach einem experimentell durchgeführten Brand, der als Bestandteil eines möglichen Weidemanagements untersucht wurde (eigene Daten).

Gefährdung und Schutz: *O. stictus* ist bundesweit (Stand 2015) stark gefährdet und war in Bad.-

Württ. (Stand 2005) nach dem damaligen Kenntnisstand als extrem selten (Kategorie R) sowie Landesart A des Informationssystems Zielartenkonzept Bad.-Württ. (Stand 2009) eingeordnet worden. Nach den inzwischen vorliegenden Daten kann diese Einstufung, unter anderem aufgrund der Nachweise aus verschiedenen Naturräumen, nicht aufrecht erhalten werden. Im Rahmen einer Fortschreibung der Roten Liste sollte nach Möglichkeit auch älteres Belegmaterial geprüft werden. Die meisten Funde stammen aus gefährdeten oder rückläufigen Lebensräumen, so dass eine Gefährdung jedenfalls nach aktuellem Stand auch in Bad.-Württ. anzunehmen ist.

Parophonus maculicornis

(Duftschmid, 1812)

Gefleckfühleriger Haarschnellläufer

Allgemeine Verbreitung: Von Westeuropa über das südliche Mitteleuropa und den Mittelmeerraum bis in den Nahen Osten verbreitete Art. Sie erreicht in Deutschland ihre nördliche Arealgrenze und kommt nur in einem kleinen, lokal begrenzten Areal im Südwesten (v. a. Rheinland-Pfalz, Saarland, Baden-Württemberg) nördlich bis nach Nordrhein-Westfalen vor.

Parophonus maculicornis.

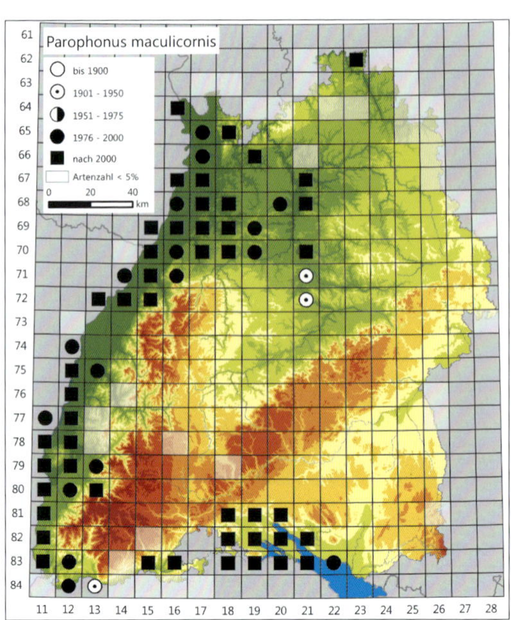

Vorkommen in Baden-Württemberg: Vom Bodenseeraum und dem Hegau (Teile des Voralpinen Hügel- und Moorlands) über den Hochrhein und das gesamte Oberrhein-Tiefland bis in den Odenwald und die überwiegend nordwestlichen Teile der Neckar- und Tauber-Gäuplatten verbreitet. Auch in den Schwarzwald-Vorbergen im Übergang zum Oberrhein-Tiefland vertreten. Die alte Angabe v. d. Trappens (1929) aus Stuttgart erschien zwar zunächst zweifelhaft, ist aber in der Sammlung des Staatlichen Museums für Naturkunde Stuttgart belegt (1 Ex., 12.1914, Stuttgart, Neckarhochwasser, det. Hubenthal, t. Wolf-Schwenninger).

Lebensweise und Habitat: Flugfähige (makroptere) und wohl überwiegend nachtaktive Art, bei der nach Kubach (1995) Paarung und Eiablage (schwerpunktmäßig) im Frühjahr und Larvalentwicklung ab Frühjahr/Sommer erfolgen. Aktive Imagines wurden in Bad.-Württ. nach den ausgewerteten Daten zwischen März und Oktober registriert, mit einem Aktivitätsmaximum im Juni. Kubach (1995) registrierte unausgefärbte Exemplare vor allem zwischen Juli und Oktober (Maximum August bis September) und stellte anhand von Fängen markierter überwinterter Tiere fest, dass die Käfer zumindest zwei Fortpflanzungsperioden durchlaufen können.

P. maculicornis tritt in einem relativ breiten Spektrum vor allem offener, trockenwarmer Lebensräume auf, bevorzugt dabei aber Flächen mit dichterer Vegetation in der Gras- oder Krautschicht. Dies wird von Kubach (1995) anhand seiner Untersuchungen zu neu angelegten Saumstrukturen im Kraichgau wie folgt zusammengefasst: „Die Art ist [...] an Biotope mit dichterer Kraut- und Grasvegetation gebunden; auf den Neuanlagen zeigt sie eine signifikante Bevorzugung der Standorte auf Ackerboden mit hoher Vegetationsbedeckung, vor allem der Ansaatflächen. Die Rohbodenparzellen und die krautfreien Äcker wurden gemieden; auch feuchteren Mikrohabitaten und beschatteten Bereichen blieb sie eher fern.“ Für den Naturraum geht er davon aus, dass die Art hier „besonders auf älteren Ackerbrachen und besonnten Stufenrainen lebt“, und nimmt an, dass Individuen der Art auch stärker in der Vegetationsschicht aktiv sind. *P. maculicornis* tritt auch in Weinberggebieten in teils hoher Individuenzahl und Stetigkeit auf, unter anderem auf den Rebböschungen des Kaiserstuhls (z. B. Lunau & Rupp 1988), und dringt teilweise auch in Gebüsche und Waldrandzonen vor.

Gefährdung und Schutz: *P. maculicornis* ist bundesweit (Stand 2015) ungefährdet und war in Bad.-Württ. (Stand 2005) in die Vorwarnliste aufgenommen worden. Aufgrund der weiten Verbreitung mit Auftreten in unterschiedlichen Lebensraumtypen vor allem des Offenlands ist nach aktueller Datenlage aber weder aktuell noch zukünftig eine Gefährdung absehbar. Die Art scheint sich zudem etwas auszubreiten und profitiert möglicherweise von klimatischen Veränderungen. Vor diesem Hintergrund sollte bei einer Fortschreibung der landesweiten Roten Liste eine Einstufung der Art als ungefährdet erfolgen. Kein Handlungsbedarf.

Trichotichnus laevicollis

(Duftschmid, 1812)

Glatter Stirnfurchenläufer

Allgemeine Verbreitung: Zentraleuropäisch verbreitete Art, im Osten bis zu den Karpaten. In Deutschland fehlt sie weitestgehend nur in der Nord- und Ostdeutschen Tiefebene (nördliche Arealgrenze), während sie in allen anderen Teilen mit Ausnahme kleiner Verbreitungslücken im Westen vorkommt.

Vorkommen in Baden-Württemberg: In Wäldern des montanen bis hochmontanen Bereichs verbreitet und stet; in submontanen Höhenlagen vor allem im Voralpinen Hügel- und Moorland, der Donau-Iller-Lech-Platte sowie Teilen des Schwäbischen Keuper-Lias-Landes vertreten, aber weniger stet. Fehlt vollständig oder jedenfalls weitestgehend in der collinen bis planaren Höhenstufe, wobei Einzelnachweise vor allem aus Grenzbereichen nicht sicher zugeordnet werden können und vor allem bei alten Angaben auch Verwechslung mit *T. nitens* vorliegen kann. Die von Scheurig et al. (1996) übernommene Angabe aus Schwan (1995) für eine Hohlweghecke im Kraichgau (rd. 200 m ü. NHN) ist unzutreffend und bezieht sich auf *T. nitens*.

Trichotichnus laevicollis. Foto: E. Wachmann.

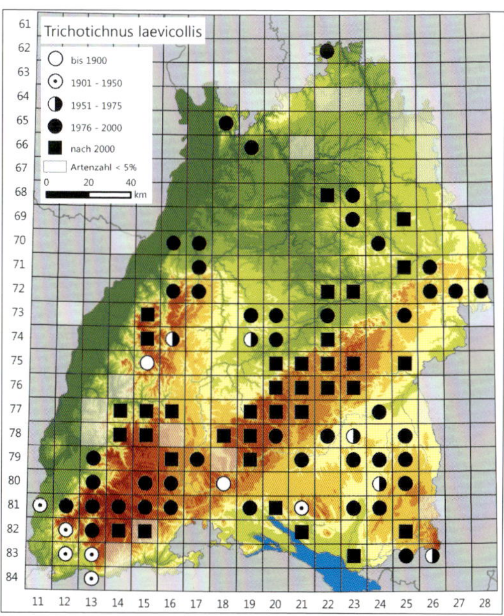

Lebensweise und Habitat: Flugfähige (dimorphe bzw. polymorphe) Art. Nach den Angaben bei Turin (2000) Frühjahrsart mit Paarung und Eiablage (schwerpunktmäßig) im Frühjahr und Larvalentwicklung ab Frühjahr/Sommer, im Gegensatz zur Angabe bei Thiele (1977). Aktive Imagines wurden in Bad.-Württ. nach den ausgewerteten Daten zwischen Mai und September registriert, mit einem Aktivitätsmaximum im Juni und Juli.

T. laevicollis tritt bevorzugt in kühl-feuchten und von Nadelbäumen dominierten Waldbeständen auf, wird aber in montanen Lagen auch in anderen Waldtypen nachgewiesen, wenngleich dann meist in geringerer Aktivitätsdichte. Bei vergleichenden Untersuchungen zu Bann- und Wirtschaftswäldern in verschiedenen Naturräumen Baden-Württembergs (Trautner et al. 1998) wurde im Untersuchungsgebiet Conventwald (Höhenlage rd. 750–800 m ü. NHN) die dort im Vergleich zu anderen Standorten mit Abstand höchste Aktivitätsdichte in einem bachnah innerhalb einer Klinge gelegenen Standort registriert, der als einziger in diesem Gebiet die Fichte als Hauptbaumart aufwies. Baehr (1980) fand die Art im Schönbuch im zentralen Bad.-Württ. nur sehr lokal, während *T. nitens* verbreitet und häufig war.

Gefährdung und Schutz: Deutschland liegt im Arealzentrum der Art, beherbergt mehr als 1/10 ihrer weltweiten Populationen und trägt somit eine hohe Verantwortlichkeit für ihren Erhalt (Einstufung !; vgl. Schmidt et al. 2016). *T. laevicollis* ist bundesweit (Stand 2015) und in Bad.-Württ. (Stand 2005) allerdings ungefährdet. Aufgrund der weiten Verbreitung mit Auftreten in unterschiedlichen und überwiegend ungefährdeten, gehölzdominierten Lebensraumtypen ist auch keine zukünftige Gefährdung absehbar. Kein Handlungsbedarf.

Trichotichnus nitens

(Heer, 1837)

Schwachpunktierter Stirnfurchenläufer

Allgemeine Verbreitung: Von Süditalien bis nach Deutschland und die östlichen Teile Frankreichs in einem kleinen Areal verbreitete Art. In Deutschland kommt sie geschlossen nur im Westen und Süden vor und fehlt fast vollständig in der Nord- und Ostdeutschen Tiefebene (nördliche Arealgrenze) sowie den übrigen nordöstlichen bis östlichen Bundesländern.

Trichotichnus nitens.

Vorkommen in Baden-Württemberg: Landesweit mit Ausnahme des Oberrhein-Tieflands weit verbreitet und stet auftretend; fehlende Nachweise in der Verbreitungskarte sind außerhalb des Oberrhein-Tieflands als Erfassungslücken, i. d. R. aber nicht als ein tatsächliches Fehlen zu interpretieren.

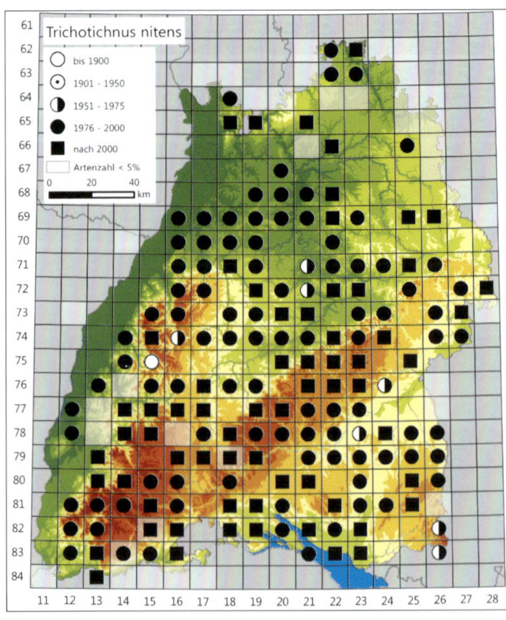

Aus dem Oberrhein-Tiefland liegen ebenfalls Nachweise vor (z.B. Bannwald Bechtaler Wald, s. TRAUTNER et al. 1998), doch scheint die Art dort nicht stet vertreten zu sein.

Lebensweise und Habitat: Art mit unterschiedlicher Flügelausbildung (dimorph bzw. polymorph), von der nach Auswertungsstand keine Flugbeobachtung vorliegt. Nach den Angaben bei TURIN (2000) Frühjahrsart mit Paarung und Eiablage (schwerpunktmäßig) im Frühjahr und Larvalentwicklung ab Frühjahr/Sommer. Aktive Imagines wurden in Bad.-Württ. nach den ausgewerteten Daten zwischen April und September registriert, mit einem Aktivitätsmaximum im Juni und Juli. BAEHR (1980) fing einzelne noch unausgefärbte Imagines im Juli und August. Nach BAEHR (1980) hat die Art im Schönbuch „kein ausgeprägtes Herbstmaximum". In zwei Untersuchungsgebieten in Bad.-Württ. mit unterschiedlicher Höhenlage (rd. 350–400 bzw. 750–800 m ü. NHN) zeigte sich übereinstimmend nach dem Maximum im Juli ein sehr rascher Abfall der imaginalen Aktivität, und schon ab der zweiten Augusthälfte bzw. ab Anfang September wurden keine Imagines mehr gefangen (RIETZE 2001).

T. nitens ist eine eher eurytope Waldart mit montanem bis submontanem Verbreitungsschwerpunkt, die in größerem Umfang auch Feldgehölze in der Agrarlandschaft zu besiedeln vermag und in Wald-Offenland-Ökotonen ebenso wie im geschlossenen Wald auftritt.

Gefährdung und Schutz: Deutschland liegt im Arealzentrum der Art, beherbergt rund 1/4 ihrer weltweiten Populationen und trägt somit eine hohe Verantwortlichkeit für ihren Erhalt (Einstufung !; vgl. SCHMIDT et al. 2016). *T. nitens* ist bundesweit (Stand 2015) und in Bad.-Württ. (Stand 2005) allerdings ungefährdet. Aufgrund der weiten Verbreitung mit Auftreten in unterschiedlichen und überwiegend ungefährdeten, gehölzdominierten Lebensraumtypen ist auch keine zukünftige Gefährdung absehbar. Kein Handlungsbedarf.

Tribus Sphodrini

J. TRAUTNER

Weltweit sind nach LORENZ (2015) bislang 875 Arten aus 41 Gattungen beschrieben, die dieser Tribus zugerechnet werden. In Bad.-Württ. ist oder war sie mit 11 Arten vertreten, deren Imagines eine Größe von rd. 6–30 mm erreichen. Die einheimischen Vertreter der Tribus haben eine relativ flache, meist geschlossen langovale Körperform. Daneben gibt es aber große Arten mit schlankem Körper, die meist in Kellern, Höhlen oder Tierbauten leben.

Calathus ambiguus

(Paykull, 1790)

Breithalsiger Kahnläufer

Allgemeine Verbreitung: Westpaläarktisch verbreitete Art, die in Europa großräumig vertreten ist und nur in größeren Teilen Nord- und Nordwesteuropas fehlt. Sie kommt in der nördlichen Hälfte Deutschlands auf basenarmen Böden weit verbreitet vor und weist nur im Süden und Südosten (Baden-Württemberg, Bayern) größere Verbreitungslücken auf.

Vorkommen in Baden-Württemberg: Schwerpunkt in den Sandgebieten des nördlichen Oberrhein-Tieflands und in Lößgebieten des angrenzenden

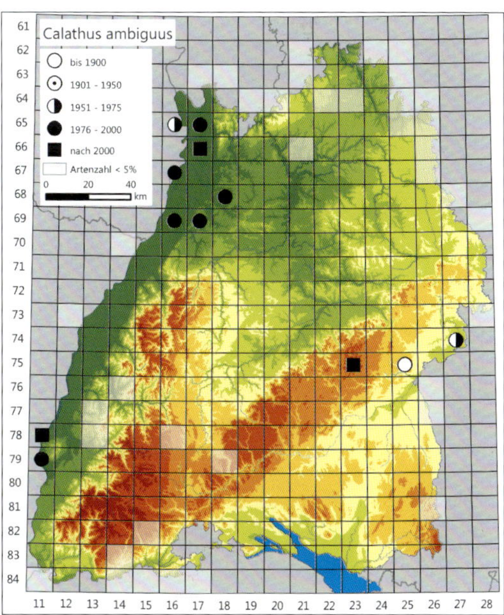

Calathus ambiguus.

Kraichgaus (westlicher Teil der Neckar- und Tauber-Gäuplatten), daneben einzelne aktuelle oder historische Vorkommen in wenigen anderen Naturräumen. Unter den von v. d. Trappen (1930) genannten Fundorten wird Laubach nach Pfarrer Müller als unglaubwürdig eingestuft, da aus diesem naturräumlichen Umfeld keinerlei weitere Hinweise auf Vorkommen vorliegen.

Lebensweise und Habitat: Flugfähige (dimorphe bzw. polymorphe) und überwiegend räuberische Art, bei der wie bei *C. fuscipes* von ganz überwiegender Nachtaktivität auszugehen ist. Paarung und Eiablage (schwerpunktmäßig) im Sommer und Larvalentwicklung ab Sommer/Herbst. Aktive Imagines wurden in Bad.-Württ. nach den ausgewerteten Daten zwischen April und Oktober registriert, mit einem Aktivitätsmaximum zwischen Mitte August und Ende September (s. Spies 1998).

C. ambiguus tritt regional sowohl in Ackergebieten mit ihren typischen Begleitstrukturen als auch in Magerrasen (insbesondere auf Sandböden) sowie in Abbaugebieten und bestimmten Begleitflächen von Verkehrsanlagen (z. B. Bahngelände mit entsprechenden Standortbedingungen) auf. Solche Habitate sind unter anderem in den Publikationen von Wolf-Schwenninger & Schwenninger (1992), Büche (1994) und Spies (1998) dokumentiert. Kubach (1995) stellt anhand seiner Untersuchungen im Kraichgau fest, dass die Art „eindeutig an offene, besonnte Bodenbereiche gebunden“ ist. Neben dem klaren Vorkommensschwerpunkt auf Sandböden im nördlichen Oberrhein-Tiefland sowie an Lößstandorten im Kraichgau bestehen oder bestanden vereinzelt weitere Vorkommen der Art in Bad.-Württ. Soweit dokumentiert, sind diese ebenfalls Halbtrockenrasen, Äckern oder Abbaustellen zuzuordnen, jeweils auf sandig-kiesigen oder mit Kalkscherben oder Fels versehenen Standorten. Für ein Gebiet am Südostrand der Schwäbischen Alb, in dem die Art noch in den 1920er und 1930er Jahren mit mehreren Funddaten belegt war, konnten bei einer Wiederholungsuntersuchung Ende der 1990er Jahre keine Nachweise mehr erbracht werden (Kubach et al. 1999).

Gefährdung und Schutz: *C. ambiguus* ist bundesweit (Stand 2015) ungefährdet, in Bad.-Württ. (Stand 2005) aber als Art der Vorwarnliste sowie als Naturraumart des Informationssystems Zielartenkonzept Bad.-Württ. (Stand 2009) eingestuft. Letzteres geht vor allem auf den Rückgang der Art und die heutige Seltenheit in Naturräumen außerhalb des Oberrhein-Tieflands zurück (s. oben), aber auch auf Habitatverluste in den Sandgebieten des nördlichen Oberrheins durch Zunahme von Siedlungs- und Infrastrukturflächen sowie durch Sukzession oder Aufforstung ehemaliger Offenlandstandorte.

Einer weiteren Gefährdung sollte unter anderem durch Sicherung und Erweiterung magerer Offenlandlebensräume mit lückiger Vegetation (z. B. Sandrasen) entgegengesteuert werden. Speziell im Ackerbereich müsste die Art – wie *C. erratus* – von einer Förderung offener Saumstrukturen sowie insbesondere jüngerer Brachestadien profitieren können, die daher verfolgt werden sollte (u. a. im Kraichgau). Hierauf weisen auch die Ergebnisse von Kubach (1995) hin, der Einwanderungsbewegungen von Individuen der Art aus neu angelegten Saumstrukturen in die Äcker sowie Rückwanderungen in diese feststellen konnte. Nach jetziger Einschätzung ist nicht auszuschließen, dass die Art bei einer Neufassung der landesweiten Roten Liste kritischer bewertet wird als in der bisherigen Fassung; zumindest eine Einstufung in die Kategorie 3 (gefährdet) liegt nahe.

Calathus cinctus

Motschulsky, 1850

Sand-Kahnläufer

Allgemeine Verbreitung: Westpaläarktisch verbreitete Art, fehlt in großen Teilen Nordeuropas. Sie ist in der nördlichen Hälfte Deutschlands auf basenarmen Böden weit verbreitet und weist nur im Süden und Südosten (Baden-Württemberg, Bayern) größere Verbreitungslücken auf.

Vorkommen in Baden-Württemberg: Weitestgehend auf das Oberrhein-Tiefland beschränkt, Schwerpunkt dort in den Sandgebieten des nördlichen Oberrhein-Tieflands. Von dort teils randlich in das angrenzende Kraichgau einstrahlend. Ältere Meldungen von *C. mollis* (Marsh.) aus Bad.-Württ., einer in Deutschland nur im Bereich der Nord- und Ostseeküste auftretenden Art, beziehen sich, soweit überprüft, auf *C. cinctus,* wobei jedoch die Angaben v. d. Trappens (1930) für Laubach nach Pfarrer Müller sowie für Reutlingen nach dem Verzeichnis von Keller (1864) als unglaubwürdig einzustufen sind.

Lebensweise und Habitat: Flugfähige (dimorphe bzw. polymorphe) Art, bei der wie bei *C. melanocephalus* von ganz überwiegender Nachtaktivität auszugehen ist. Paarung und Eiablage (schwerpunktmäßig) im Sommer und Larvalentwicklung ab Sommer/Herbst. Aktive Imagines wurden in Bad.-Württ. nach den ausgewerteten Daten zwischen April und Oktober registriert, mit einem Aktivitätsmaximum (wahrscheinlich) im August und September.

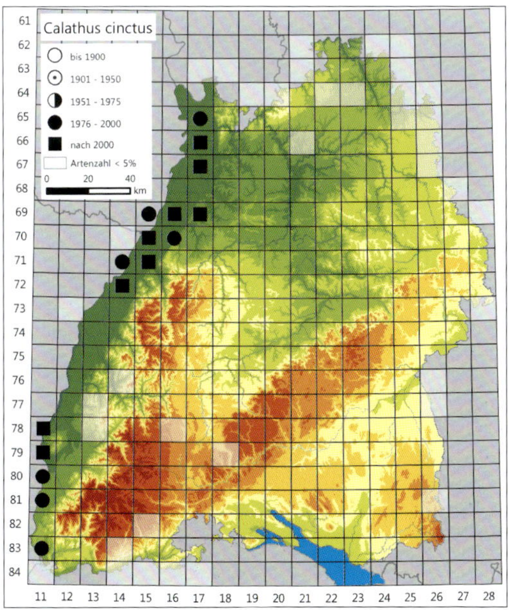

Calathus cinctus. Foto: E. Wachmann.

C. cinctus tritt in verschiedenen Offenlandlebensräumen auf Sandböden sowie auf sandig-kiesigen Substraten auf und wurde besonders in Sandrasen (z. B. Büche 1994), in trockenen Heiden, auf Sandäckern sowie auf sandigen Brach- und Ruderalflächen (z. B. in Abbaugebieten oder im Siedlungsbereich) festgestellt. Nachweise liegen auch aus intensiver gepflegten innerstädtischen Grünflächen auf Sandboden vor. Die Art kann zudem in lichten, trockenen Waldstandorten sowie in Wald-Offenland-Übergangsbereichen vorkommen, doch liegt ihr Schwerpunkt klar im Offenland.

Gefährdung und Schutz: *C. cinctus* ist weder bundesweit (Stand 2015) noch in Bad.-Württ. (Stand 2005) gefährdet. Aufgrund der weiten Verbreitung entlang des Oberrheins mit Auftreten in unterschiedlichen, vielfach auch ungefährdeten Lebensraumtypen des Offenlands ist auch keine zukünftige Gefährdung absehbar. Kein Handlungsbedarf.

Calathus erratus

(C. R. Sahlberg, 1827)

Schmalhalsiger Kahnläufer

Allgemeine Verbreitung: Paläarktisch verbreitete Art, die in fast ganz Europa vertreten ist und nur in Teilen (v.a. Südeuropas) fehlt. Sie ist in Deutschland auf basenarmen Böden weit verbreitet und weist nur im Süden und Südosten (Baden-Württemberg, Bayern) kleinere Verbreitungslücken auf.

Vorkommen in Baden-Württemberg: Schwerpunkt im Oberrhein-Tiefland, dort besonders stark in den Sandgebieten des nördlichen Teils vertreten. Daneben eine Reihe meist lokaler Vorkommen in anderen Naturräumen.

Lebensweise und Habitat: Art mit unterschiedlicher Flügelausbildung (dimorph bzw. polymorph), von der nach Auswertungsstand keine Flugbeobachtung vorliegt. Überwiegend räuberische Art, bei der wie bei *C. fuscipes* von ganz überwiegender Nachtaktivität auszugehen ist. Paarung und Eiablage (schwerpunktmäßig) im Sommer und Larvalentwicklung ab Sommer/Herbst. Aktive Imagines wurden in Bad.-Württ. nach den ausgewerteten Daten zwischen April und Oktober registriert, mit einem Aktivitätsmaximum im August.

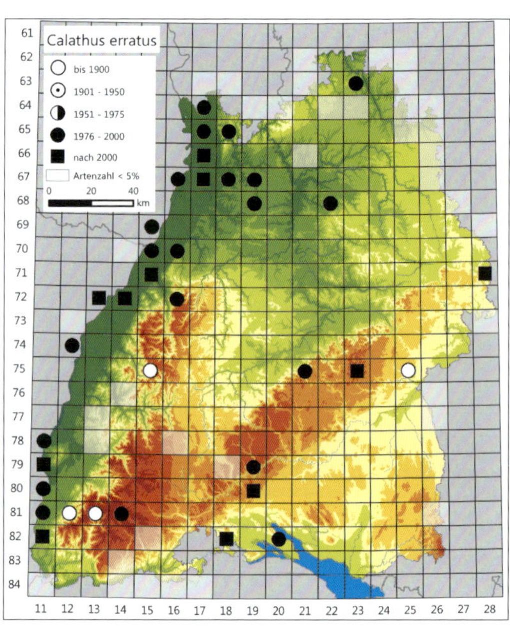

Calathus erratus.

C. erratus ist eine Art trockener und offener, eher magerer Lebensräume und tritt insbesondere auf Sandböden auf. Sie kann dort in teils sehr hoher Aktivitätsdichte registriert werden. Entsprechende Funde stammen aus den Sandgebieten des nördlichen Oberrhein-Tieflands, unter anderem von Sandrasen auf Binnendünen sowie aus lückig bewachsenen Ackerbrachen, aus Abbaugebieten und aus jungen, noch weitgehend offenen Waldsukzessionsstadien. Auch in Äckern auf Sandböden wurde die Art individuenreich registriert (eigene Daten). Nach Untersuchungen unter anderem von Güth (2008) in der Lausitzer Bergbaufolgelandschaft bevorzugt die Art lückige Vegetation in der Krautschicht; dort wurden insbesondere an Standorten „mit einer ausgeprägten Moos- und Kryptogamenschicht [...] hohe Käferfangdichten" ermittelt. Annähernd vegetationsfreie bis wenig bewachsene, sehr junge Sukzessionsstadien waren dort dagegen meist noch nicht besiedelt. Güth (2008) schreibt unter anderem: „Die hohe Anzahl geflügelter, potenziell flugfähiger Individuen im Bereich junger Bergbaufolgelandschaften spricht dafür, dass *Calathus erratus* größere Entfernungen überwinden kann. Besiedlungsereignisse [...] sind auch über größere geographische Entfernungen möglich, dabei kann eine Besiedlung von Gebieten durch Laufen, Fliegen oder als Luftplankton möglich sein." (Anm.: Flug wurde allerdings in jener Arbeit nicht nachgewiesen). GÜTH (2008) wies in ihrem Untersuchungsraum nur eine „sehr geringe, auf die räumliche Struktur zurückzuführende Differenzierung zwischen den Populationen" nach. Dort bestehen allerdings großräumig geeignete Habitatbedingungen, und auch im Umfeld der Bergbauflächen existieren Populationen, von denen aus wiederkehrend Besiedlungsprozesse in die durch den Bergbau entstandenen Habitate stattfinden konnten. Dies ist in Bad.-Württ. auf den Schwerpunktraum des Vorkommens übertragbar, auch wenn dort schon teilweise Fragmentierung stattgefunden hat. Anders dürfte es dagegen in den übrigen Naturräumen aussehen, in denen noch punktuelle Vorkommen von *C. erratus* nachgewiesen sind. Soweit dokumentiert, liegen diese fast ausschließlich in Magerrasen oder Abbaugebieten, nicht aber in flächig in dem jeweiligen Raum dominierenden Nutzungstypen; sie dürften also bereits stark isoliert bzw. fragmentiert sein.

Gefährdung und Schutz: *C. erratus* ist bundesweit (Stand 2015) ungefährdet und in Bad.-Württ. (Stand 2005) als Art der Vorwarnliste eingestuft. Letzteres geht primär auf die (zumindest heutige) Seltenheit in Naturräumen außerhalb des Oberrhein-Tieflands zurück, ist aber auch der Tatsache geschuldet, dass besonders in den Sandgebieten des nördlichen Oberrheins bereits erhebliche Habitatverluste durch Siedlungs- und Infrastrukturflächen sowie durch Sukzession oder Aufforstung ehemaliger Offenlandstandorte eingetreten sind. Einer weiteren Gefährdung sollte vornehmlich durch Sicherung und Erweiterung magerer Offenlandlebensräume mit lückiger Vegetation entgegengesteuert werden. Im Ackerbereich müsste die Art – wie *C. ambiguus* – von einer Förderung offener Saumstrukturen sowie insbesondere jüngerer Brachestadien profitieren können.

Calathus fuscipes

(Goeze, 1777)

Großer Kahnläufer

Allgemeine Verbreitung: Westpaläarktisch verbreitete Art, die in Europa mit Ausnahme von Teilen Nordeuropas vertreten ist und Nordafrika erreicht. In Nordamerika eingeschleppt (BOUSQUET 2012). Sie kommt in Deutschland flächendeckend in geeigneten Lebensräumen vor.

Vorkommen in Baden-Württemberg: Landesweit mit Ausnahme der großen, walddominierten Bereiche des Schwarzwalds verbreitet; fehlende Nachweise in der Verbreitungskarte sind ansonsten als Erfassungslücken, i. d. R. aber nicht als ein tatsächliches Fehlen zu interpretieren.

Lebensweise und Habitat: Art mit unterschiedlicher Flügelausbildung (dimorph bzw. polymorph), von der nach Auswertungsstand keine Flugbeobachtung vorliegt. Überwiegend räuberische Art. Ganz überwiegend nachtaktiv, bei THIELE (1977) der Gruppe mit lediglich 0–15 % Tagaktivität zugeordnet. Paarung und Eiablage (schwerpunktmäßig) im Sommer und Larvalentwicklung ab Sommer/Herbst. Aktive Imagines wurden in Bad.-Württ. nach den ausgewerteten Daten zwischen Mai und Oktober registriert, mit einem Aktivitätsmaximum zwischen Mitte August und Anfang Oktober (s. SPIES 1998).

C. fuscipes ist eine Offenlandart mit Schwerpunkt im Kulturland frischer bis trockener Stand-

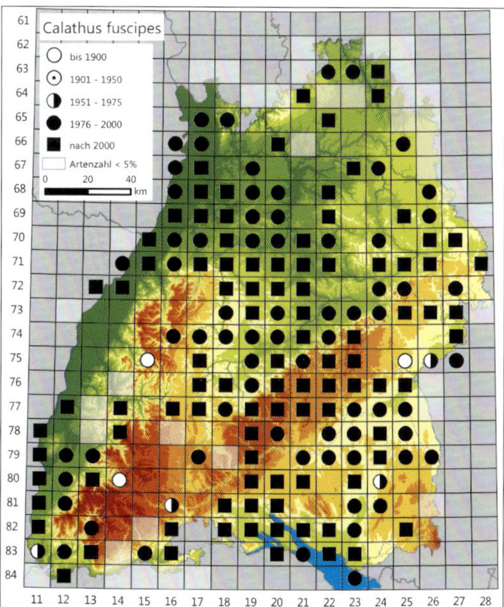

Calathus fuscipes. Foto: E. Wachmann.

Calathus melanocephalus.

orte (Äcker und Grünland mit ihren typischen offenen Begleitstrukturen). Sie tritt insgesamt in zahlreichen offenen Lebensraumtypen auf und kann vereinzelt auch in Wälder sowie Wald-Offenland-Ökotone vordringen.

Gefährdung und Schutz: *C. fuscipes* ist weder bundesweit (Stand 2015) noch in Bad.-Württ. (Stand 2005) gefährdet. Aufgrund der weiten Verbreitung mit Auftreten in unterschiedlichen, überwiegend ungefährdeten Lebensraumtypen des Offenlands ist auch keine zukünftige Gefährdung absehbar. Kein Handlungsbedarf.

Calathus melanocephalus

(Linnaeus, 1758)

Rothalsiger Kahnläufer

Allgemeine Verbreitung: Westpaläarktisch verbreitete Art, die in ganz Europa anzutreffen ist und Nordafrika erreicht. Sie kommt in Deutschland flächendeckend in geeigneten Lebensräumen vor.

Vorkommen in Baden-Württemberg: Landesweit mit Ausnahme der großen, walddominierten Bereiche des Schwarzwalds sowie von Teilen des Voralpinen Hügel- und Moorlandes verbreitet; fehlende Nachweise in der Verbreitungskarte sind ansonsten überwiegend als Erfassungslücken, i. d. R. aber nicht als ein tatsächliches Fehlen zu interpretieren. Die geringe Funddichte im Nordosten Baden-Württembergs ist möglicherweise auf Erfassungsdefizite zurückzuführen.

Lebensweise und Habitat: Flugfähige (dimorphe bzw. polymorphe) und überwiegend räuberische Art. Ganz überwiegend nachtaktiv, bei Thiele (1977) der Gruppe mit lediglich 0–15 % Tagaktivität zugeordnet. Paarung und Eiablage (schwerpunktmäßig) im Sommer und Larvalentwicklung ab Sommer/Herbst. Nach Aukema (1990) und van Dijk (1973) schlüpfen die Jungkäfer der neuen Generation im Frühsommer, beginnen ab August mit der Reproduktion und überwintern zu unterschiedlichen Anteilen als Imago, um im Folgejahr erneut am Fortpflanzungsgeschehen teilzunehmen. Von van Dijk (1979) wurden mittels Fang-Markierung-Wiederfang-Untersuchungen sogar 3–4 Jahre alte Individuen festgestellt. Aktive Imagines wurden in Bad.-Württ. nach den ausgewerteten Daten zwischen März und November registriert, mit einem Aktivitätsmaximum im August.

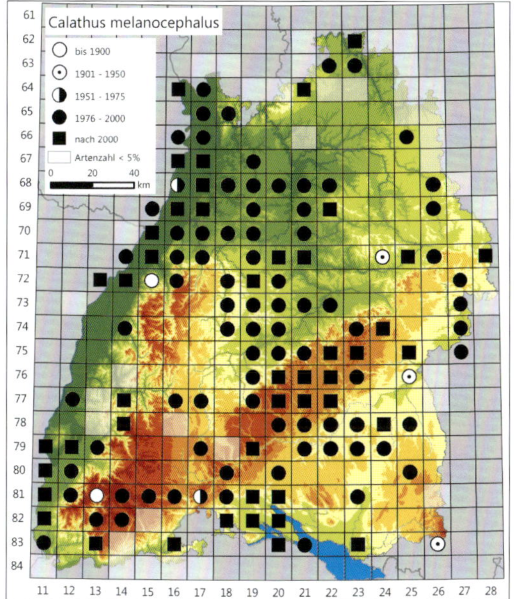

C. melanocephalus ist eine Offenlandart mit Schwerpunkt im Kulturland frischer bis trockener Standorte (Äcker und Grünland mit ihren typischen offenen Begleitstrukturen), wobei auf schweren, lehmigen Böden und auf Moorböden eine geringere Stetigkeit und Akivitätsdichte als etwa auf sandig-kiesigen Böden und Löß erreicht wird. Die Art tritt in zahlreichen offenen Lebensraumtypen auf, stet z.B. auch auf Weideflächen, soweit diese nicht zu feucht sind (häufig dagegen auch auf wechselfeuchten Standorten), und kann vereinzelt auch in lichte Wälder sowie Wald-Offenland-Ökotone vordringen (z.B. in den Sandgebieten des nördlichen Oberrhein-Tieflands). Auf Sand ist die Art zum Teil zusammen mit *C. cinctus* anzutreffen.

Gefährdung und Schutz: *C. melanocephalus* ist weder bundesweit (Stand 2015) noch in Bad.-Württ. (Stand 2005) gefährdet. Aufgrund der weiten Verbreitung mit Auftreten in unterschiedlichen, überwiegend ungefährdeten Lebensraumtypen des Offenlands ist auch keine zukünftige Gefährdung absehbar. Kein Handlungsbedarf.

Calathus micropterus

(Duftschmid, 1812)

Kleiner Kahnläufer

Allgemeine Verbreitung: Paläarktisch verbreitete Art, fehlt in Europa aber im Süden und Südwesten. Sie ist in Deutschland in geeigneten Lebensräumen weit verbreitet und weist kleinere Verbreitungslücken nur im Süden und Südosten auf (Baden-Württemberg, Bayern).

Vorkommen in Baden-Württemberg: Schwerpunkt im Schwarzwald sowie in den Sandgebieten des nördlichen Oberrhein-Tieflands, daneben meist einzelne und lokal begrenzte Vorkommen in montan geprägten Lagen anderer Naturräume (Schwäbisches Keuper-Lias-Land, Donau-Iller-Lech-Platte, Südwesten der Schwäbischen Alb). Fundmeldungen aus dem Kaiserstuhl werden bislang als fraglich eingestuft und wurden nicht in der Datenbank berücksichtigt.

Lebensweise und Habitat: Flugunfähige (brachyptere) und räuberische Art. Paarung und Eiablage (schwerpunktmäßig) im Sommer und Larvalentwicklung ab Sommer/Herbst. Aktive Imagines wurden in Bad.-Württ. nach den ausgewerteten Daten zwischen März und September registriert. Für die Angabe eines Aktivitätsmaximums liegen keine ausreichenden Daten vor, ein größerer Teil der datierten Funde stammt aber aus dem August und September.

C. micropterus tritt vor allem in lichten Nadel-

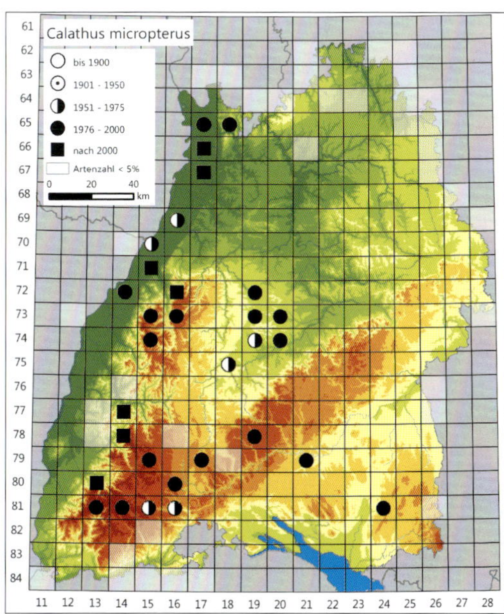

Calathus micropterus.

oder Nadelmischwäldern sowie jungen Sukzessionsstadien (z. B. Kahlschläge, Windwurfflächen) solcher Waldkomplexe auf, zudem in Heidegebieten und im nicht zu nassen Randbereich vermoorter Flächen. In Untersuchungen ausgewählter Bann- und Wirtschaftswälder konnte die Art von Trautner et al. (1998) in zwei Gebieten der Schwarzwaldhochlagen in von Fichten dominierten Beständen mit räumig-lückigem bis lockerlichtem Bestandsschluss nachgewiesen werden. Im Oberrhein-Tiefland fanden Wolf-Schwenninger & Schwenninger (1992) sie in einem Kiefernwald und einer Kiefernaufforstung auf Dünensanden. Außerhalb der Schwerpunkträume z. B. von Baehr (1980) in einem Fichtenwald auf Moorboden im zentralen Schönbuch nachgewiesen. Insgesamt ist eine deutliche Konzentration der Nachweise auf nährstoffarmen, eher sauren und/oder sandigen Böden festzustellen.

Gefährdung und Schutz: *C. micropterus* ist bundesweit (Stand 2015) ungefährdet, in Bad.-Württ. (Stand 2005) aber als gefährdet eingestuft und Naturraumart des Informationssystems Zielartenkonzept Bad.-Württ. (Stand 2009). Als Rückgangsursache kommt vor allem die Abnahme von sehr lichten Waldstandorten und von Blößen innerhalb des Waldes durch die heute vorherrschende forstliche Praxis in Betracht, zudem ist die flugunfähige Art insbesondere in den stärker fragmentierten Sandgebieten des Oberrhein-Tieflands höheren Risiken des Erlöschens lokaler Populationen ausgesetzt. Ein potenzieller weiterer Gefährdungsfaktor ist Eutrophierung. Es ist nicht auszuschließen, dass die Art zudem von klimatischen Veränderungen beeinträchtigt ist.

Schutzmaßnahmen sollten insbesondere auf eine Sicherung nährstoffarmer Standorte auf Sandböden sowie auf die Förderung waldbaulicher Praktiken abzielen, die lichte Waldbestände in geeigneten Räumen sowie verstärkt wieder Blößen innerhalb des Waldes bereitstellen.

Calathus rotundicollis

Dejean, 1828

Wald-Kahnläufer

Allgemeine Verbreitung: Vorwiegend westeuropäisch verbreitete Art. In der Nordhälfte Deutschlands kommt sie flächendeckend vor, während sie im Süden (Baden-Württemberg, Bayern) an die Arealgrenze stößt und hier weitestgehend fehlt.

Vorkommen in Baden-Württemberg: Nur lokal im nördlichen Oberrhein-Tiefland nachgewiesen (Kinzig-Murg-Rinne, Schanowski in lit.). Bei dem von Kaiser (1997) publizierten Fund aus dem südlichen Schwarzwald handelte es sich um eine Verwechslung. Die Angabe v. d. Trappens (1930) für Hirsau wurde bereits von Horion (1959a) bezweifelt; sie ist nicht belegt und wurde daher nicht in die Datenbank aufgenommen. Hinzuweisen ist auch darauf, dass der Fund eines „*Carabus piceus*“ von Cuvier im 18. Jahrhundert im zentralen Bad.-Württ. (Naturraum Filder, s. Taquet

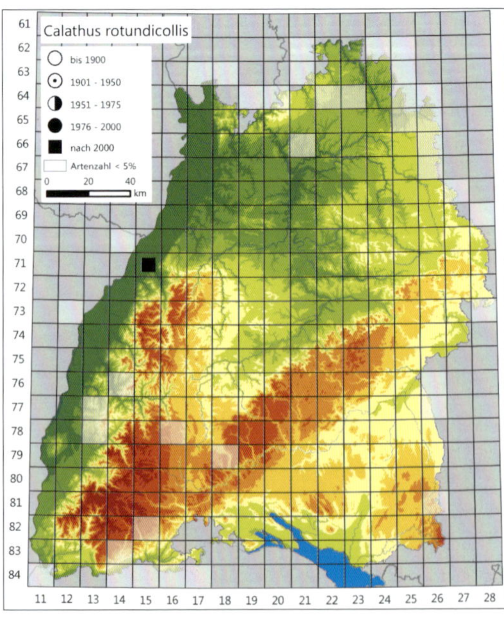

Calathus rotundicollis. Foto: O. Bleich.

1998) sich nicht auf diese Art beziehen kann (*C. piceus* Marsham, 1802, synonym zu *C. rotundicollis* gestellt, wurde erst später beschrieben; der Name *piceus* fand für weitere Laufkäferarten Verwendung).

Lebensweise und Habitat: Flugfähige (dimorphe bzw. polymorphe) und räuberische Art. Ganz überwiegend nachtaktiv, bei Thiele (1977) der Gruppe mit lediglich 0–15 % Tagaktivität zugeordnet. Paarung und Eiablage (schwerpunktmäßig) im Sommer und Larvalentwicklung ab Sommer/Herbst. Für die Angabe eines Aktivitätsmaximums liegen für Bad.-Württ. keine ausreichenden Daten vor.

C. rotundicollis wurde in einem Bruchwald nachgewiesen (Schanowski in lit.). Bundesweit ist die Art in den Naturräumen, in denen sie auftritt, als Waldart eingestuft (s. GAC 2009). Für Schleswig-Holstein geben Irmler & Gürlich (2004) an, dass sie dort „ausschließlich in frischen bis trockenen Wäldern erfasst" wurde, und schreiben weiter: „Besonders häufig war die Art in kleinen, von Äckern umgebenen Wäldern, in Knicks und Waldrändern." Ob *C. rotundicollis* am Südrand ihres Areals stärker zu (luft-)feuchten Standorten tendieren könnte, muss noch offen bleiben. Thiele (1977) führt aus, die Ausbreitung der Art nach Mitteleuropa habe erst in neuerer Zeit stattgefunden und bis 1860 sei sie im Westen Deutschlands nie gefunden worden [dies geht auf die Darstellung bei Horion (1941) zurück, der die atlantische Einwanderung nach Nordwestdeutschland vom Rheinland bis in die Mark Brandenburg nennt].

Gefährdung und Schutz: *C. rotundicollis* ist weder bundesweit (Stand 2015) noch in Bad.-Württ. (Stand 2005) als gefährdet eingestuft. Nach aktuellem Stand liegt es bei einer Neufassung der landesweiten Roten Liste nahe, die Art der Kategorie D (Daten defizitär) zuzuordnen. Handlungsbedarf wird derzeit nicht gesehen.

Dolichus halensis

(Schaller, 1783)

Fluchtläufer

Allgemeine Verbreitung: Paläarktisch verbreitete Art, in West- und Südwesteuropa weitgehend fehlend. Sie stößt in Deutschland an ihre südwestliche Verbreitungsgrenze und hat ihre Vorkommensschwerpunkte in Ostdeutschland (Brandenburg, Sachsen, Sachsen-Anhalt), während sie aus den anderen Bundesländern nur noch sehr punktuell gemeldet wird und infolge starker Bestandseinbrüche in Nordwestdeutschland (Nordrhein-Westfalen) bereits erloschen ist.

Vorkommen in Baden-Württemberg: Im Süden des Oberrhein-Tieflands sowie am Bodensee (Teil des Voralpinen Hügel- und Moorlandes) nachgewiesen, im zuletzt genannten Naturraum erst in jüngster Zeit (bei Tettnang, Sprick in lit.). Die Mehrzahl der Funde aus dem Oberrhein-Tiefland stammt von vor 1980; hier wurde die Art etwa im Raum zwischen Kaiserstuhl und Istein mehrfach registriert. Es liegen aber auch neuere Nachweise vor (z. B. Maus 1985; auch eigene Daten). Die Mel-

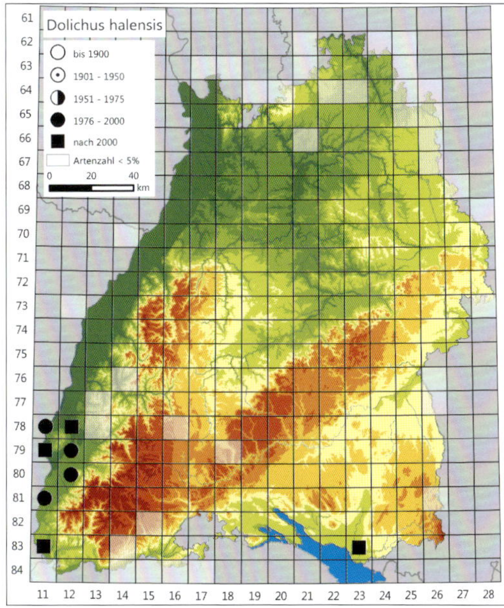

Dolichus halensis.

dungen v. d. Trappens (1930) für Hohentengen und Laimnau nach Pfarrer Müller bzw. ein Vorkommen der Art im ehemaligen württembergischen Landesteil erschienen bereits Horion (1959a) „noch recht zweifelhaft". Ein in der Sammlung Hueber (Ulm) befindliches Exemplar ist seinen Angaben zufolge mit „von Hermann (Murr) erhalten" bezettelt, doch „da ohne Fangdatum, wohl nicht dort gefangen". Trotz des heutigen Kenntnisstands zur Verbreitung der Art in Süddeutschland, der sowohl bis relativ nahe an die baden-württembergische Grenze reichende Nachweise aus Bayern als auch ein aktuelles Vorkommen im Bodenseeraum umfasst (s. Verbreitungskarte in Trautner et al. 2014), wird den Horion'schen Zweifeln gefolgt, da sich die auf Pfarrer Müller zurückgehenden Angaben auch in anderen Fällen als zweifelhaft oder abzulehnen herausgestellt haben. Weder die alten Angaben für Hohentengen (Donau) und Laimnaum noch das Sammlungstier von Hueber wurden daher in der Datenbank berücksichtigt.

Lebensweise und Habitat: Flugfähige (makroptere) Art, bei der es sich wahrscheinlich um eine Nahrungsgeneralistin handelt. Es liegt zumindest zu einem Teil Tagaktivität vor. Der Fraß von Pflanzensamen ist dokumentiert, und zwar von Gewöhnlichem Hirtentäschel (*Capsella bursa-pastoris*) und von Acker-Kratzdistel (*Cirsium arvense*) (Honěk et al. 2003). Paarung und Eiablage (schwerpunktmäßig) im Sommer und Larvalentwicklung ab Sommer/Herbst. Aktive Imagines wurden in Bad.-Württ. nach den ausgewerteten Daten zwischen Ende April und August registriert, für die Angabe eines Aktivitätsmaximums liegen keine ausreichenden Daten vor. Horion (1941) verweist auf eine jahrweise stark schwankende Häufigkeit und nennt auch einzelne Beispiele von Massenauftreten aus dem 19. Jahrhundert.

D. halensis ist eine Offenlandart, die vor allem in Weinbergen (z. B. Maus 1985) und Äckern mit ihren jeweils typischen Begleitstrukturen sowie in oder am Rand von Gärten nachgewiesen wurde. Wolf (1963) meldete sie aus Oberrotweil im Kaiserstuhl, wie bei Horion (1966) wiedergegeben, „seit VII.1960 alljährlich mehrfach auf Grasplätzen an feuchten, vermoorten Stellen, später (VIII.) unter Haufen abgeschnittenen Grases; um die Mittagszeit versuchen sie, Grashalme zu erklettern." Letzteres dürfte im Zusammenhang mit Fraß an Pflanzensamen zu sehen sein. Sprick (in lit.) fing insgesamt 8 Exemplare mittels Bodenfallen in einer Hopfenkultur bei Tettnang (zwischen Ende April und Ende Juli 2008). Paill et al. (2000) bezeichnen *D. halensis* als „Charakterart wärmebegünstigter, extensiv bewirtschafteter Agrar- und Ruderallebensräume“ und vermuten als möglichen weiteren Faktor einer positiven Bestandsentwicklung in dem von ihnen untersuchten Gebiet neben klimatischen Veränderungen „auch die rezente Flächenausdehnung biologisch wirtschaftender Agrarbetriebe“, da „einige Funde dieser intensive Nutzung meidenden Art (vgl. z. B. Kromp 1989) aus Biobetrieben“ stammten.

Gefährdung und Schutz: *D. halensis* ist bundesweit (Stand 2015) und in Bad.-Württ. (Stand 2005) als stark gefährdet eingestuft und Landesart B des Informationssystems Zielartenkonzept Bad.-Württ. (Stand 2009). Als Gefährdungsursachen sind unter Bezug auf die obigen Ausführungen in erster Linie intensive landwirtschaftliche Nutzung sowie der Verlust nutzungsbegleitender, offener Strukturen in der Argrarlandschaft zu nennen. Gras- und krautreiche Begleitstrukturen könnten für die Art insbesondere als Nahrungsbasis eine Rolle spielen, möglicherweise aber auch für die Larvalentwicklung und Überwinterung. Schutzmaßnahmen sollten auf die Sicherung und Neuentwicklung nutzungsbegleitender, offener Säume sowie jüngerer Brachestadien in den Anbausystemen des Schwerpunktverbreitungsraums im südlichen Oberrhein-Tiefland abzielen. Für den Bodenseeraum sollte zunächst näher untersucht werden, ob und wie die Art dort bereits weiter verbreitet ist.

Laemostenus terricola

(Herbst, 1784)

Blauschwarzer Dunkelläufer

Allgemeine Verbreitung: Europäische Art, die von der Iberischen Halbinsel bis ins südliche Nordeuropa, nach Osten bis zum Kaukasus und nach Südosten bis auf die Balkanhalbinsel (mit Ausnahme ihres südlichen Teils) verbreitet ist. In Nordamerika eingeschleppt (Bousquet 2012), ebenso auf dem indischen Subkontinent (Casale 1988). Sie ist in Deutschland vor allem in der nördlichen Hälfte zerstreut, aber weit verbreitet anzutreffen, während sie in Süddeutschland (Baden-Württemberg, Bayern) überwiegend nur vereinzelte Vorkommen aufweist und ansonsten großflächig zu fehlen scheint.

Laemostenus terricola. Foto: E. Wachmann.

Vorkommen in Baden-Württemberg: Überwiegend zerstreute Nachweise aus Bad.-Württ. in planaren

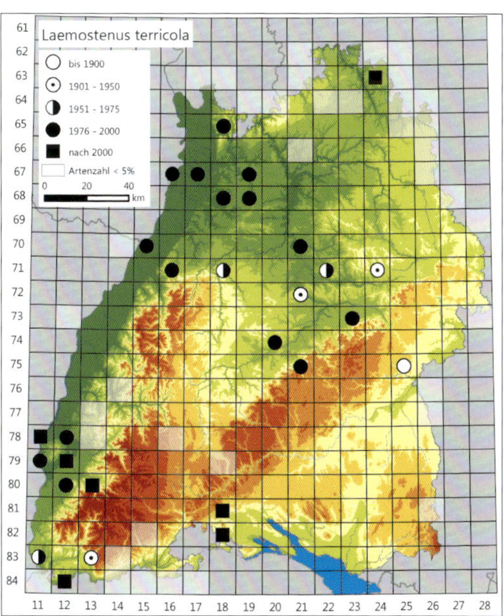

bis submontanen Lagen. Nur gebietsweise, etwa im Kaiserstuhl, häufiger gefangen.

Lebensweise und Habitat: Flugunfähige (brachyptere) Art, s. CASALE (1988), räuberisch und nachtaktiv. Paarung und Eiablage zu unterschiedlichen Jahreszeiten, nach GRUTTKE (1994) aber vorrangig im Frühjahr mit anschließender Larvalentwicklung im Frühjahr und Sommer. Die höchste Zahl unausgefärbter Individuen und die maximale Aktivitätsdichte wurden vom selben Autor in der zweiten Augusthälfte und im September registriert, und zwar in einem Lebensraum mit starkem Auftreten der Art. NIEDLING (2013) konnte trotz intensiver Suche nur eine einzige Larve finden, und zwar Mitte August; er vermutet, dass sich „die Larven mehr subterran im Substrat und unter Blättern und Detritus“ aufhalten. In Bad.-Württ. gelangen Fänge aktiver Imagines nach den ausgewerteten Daten zwischen März und September, für die Angabe eines Aktivitätsmaximums liegen hier keine ausreichenden Daten vor. In der Studie von GRUTTKE (1994) waren Individuen beinahe ganzjährig auch an der Oberfläche aktiv.

Ein Teil der baden-württembergischen Nachweise von *L. terricola* stammt aus Gebäuden [u. a. BERNERT (1976) in Schwäbisch Gmünd: „im Hauskeller“; BAEHR (1980) bei Tübingen in einem Schuppen], ein anderer Teil aus dem Freiland [eigene Daten sowie z. B. KUBACH (1995) in einem Ackergebiet im Kraichgau]. Im Kaiserstuhl ist oder war die Art offenbar verbreitet „und in allen nicht ganz trockenen Kellerräumen anzutreffen“ (WOLF 1944). LUNAU & RUPP (1988) wiesen sie dort auch in Rebböschungen nach.

Das Auftreten von *L. terricola* ist in Deutschland deutlich mit Tierbauten und Kellern korreliert, obwohl die Art auch stark an der Bodenoberfläche aktiv ist. CASALE (1988) weist darauf hin, dass die Art innerhalb ihres Areals nach Norden hin eine zunehmend synanthrope Lebensweise zeigt. GRUTTKE (1994) konnte zeigen, dass die räumliche Verteilung der Art in seinem Untersuchungsgebiet, einer Heckenstruktur, signifikant an Bauten von Wildkaninchen (*Oryctolagus cuniculus*) geknüpft war: Die Fangzahlen waren höher, je näher an einem Kaninchenbau gefangen wurde.

Die Aktivität der Art wird durch die nächtliche Luftfeuchtigkeit (positiv) und die Lichtstärke (negativ) beeinflusst (GRUTTKE 1994, LAMPRECHT & WEBER 1975). NIEDLING (2013) untersuchte Vorkommen der Art in den Kasematten der Nürnberger Kaiserburg, wo sie eine größere Population aufweist. Er beschreibt Aktivität und Vorkommen wie folgt: „Die Tiere sind sehr gute Kletterer und nutzen in den Kasematten nicht nur die Böden, sondern auch die aus Sandstein gemauerten Wände [...]. Die Käfer bevorzugen Bereiche, in denen die Sandsteine viele Strukturen (‚Auswaschungen‘, Fugen, Löcher, Spalten) aufweisen, und sammeln sich z. T. zahlreich in solchen Höhlungen.“ Als wichtig für den Bestand wird von NIEDLING (2013) neben den Mauerstrukturen ein leicht grabbares Substrat für die Larven im Boden eingestuft, das sich hier durch Erosion der Sandsteinwände ergibt.

Gefährdung und Schutz: *L. terricola* ist sowohl bundesweit (Stand 2015) als auch in Bad.-Württ. (Stand 2005) als ungefährdet eingestuft. Aufgrund ihres Auftretens in unterschiedlichen, vielfach ungefährdeten Lebensraumtypen ist trotz der eher geringen Nachweiszahl keine Gefährdung für Freilandvorkommen der Art absehbar. Für Vorkommen in Kellern und anderen Gebäuden muss dies dagegen nicht gelten. Grundsätzlich besteht ein Risiko, dass lokal vorhandene Populationen im Zuge von Bau- , Abbruch- oder Renovierungsmaßnahmen erlöschen. NIEDLING (2013) führt aus, dass im öffentlichen Teil der von im untersuchten Kasematten im Gegensatz zu den übrigen Habitatteilen fast immer nur Einzeltiere angetroffen wurden, und nennt als mögliche Gründe, dass „ein Teil dieses Areals geschottert wurde (hier können keine Larven mehr graben), weiterhin gelegentlich die Detritushaufen entfernt wurden (weniger Beutetiere und Versteckmöglichkeiten), und weiterhin die Luftschächte zusätzlich vergittert wurden (weniger Detritus).“ Außerdem sei dieser Teil während der Führungen beleuchtet.

Ob die Populationsschwerpunkte der Art in Bad.-Württ. in Bauwerken oder im Freiland vor allem in räumlichem Zusammenhang mit Tierbauten stehen, ist nicht abzuschätzen. Hierzu wären vertiefende Untersuchungen erforderlich. Bei potenziell betroffenen Vorkommen in Bauwerken sollten die Lebensraumansprüche der Art im Rahmen von Planungen und Maßnahmen nach Möglichkeit berücksichtigt werden. Bei einer Fortschreibung der landesweiten Roten Liste sollte diskutiert werden, ob eine Einstufung in die Vorwarnliste oder Rote Liste angebracht sein könnte. Jedenfalls zum jetzigen Stand wird aber kein weitergehender Handlungsbedarf gesehen.

Sphodrus leucophthalmus. Foto: O. Bleich.

Sphodrus leucophthalmus

(Linnaeus, 1758)

Kellerlaufkäfer

Allgemeine Verbreitung: Paläarktisch verbreitete Art, in Europa außer in weiten Teilen Nord- und Nordwesteuropas ehemals vorkommend, heute in den mitteleuropäischen Arealteilen aber weitestgehend bis vollständig verschwunden. Dies trifft auch auf Deutschland zu, wo sie historisch zwar zerstreut, aber in allen Teilen vertreten war, ehe sie massive Bestandseinbrüche bis hin zum vermutlich völligen Verschwinden (letzter dokumentierter deutscher Nachweis datiert von 1993) erlitt.

Vorkommen in Baden-Württemberg: Sehr wenige, überwiegend alte Nachweise aus dem Oberrhein-Tiefland und dem Einzugsgebiet des Neckars sowie vom Südrand der Schwäbischen Alb. Die jüngsten Funde in Bad.-Württ. liegen bereits über 20 Jahre zurück, alle übrigen datieren vor 1975. Zuletzt wurde die Art in Bad.-Württ. von F. Bretzendorfer (in lit., t. Ausmeier) in Ludwigsburg im Jahr 1993 nachgewiesen. Bundesweit sind bisher keine Funde aus späteren Jahren bekannt geworden (s.a. Trautner et al. 2014).

Lebensweise und Habitat: Flugfähige (makroptere) und räuberische Art. Paarung und Eiablage (schwerpunktmäßig) im Sommer und Larvalentwicklung ab Sommer/Herbst. Die Einzelfunde aus Bad.-Württ. verteilen sich beinahe über das gesamte Jahr, für die Angabe eines Aktivitätsmaximums liegen keine ausreichenden Daten vor. Horion (1959a) erwähnt ein „immatures (braunes) Stück" aus Murr, Hermann leg., 10.12. 1897.

S. leucophthalmus ist im einheimischen Teil des Verbreitungsgebiets eine weitestgehend synanthrop vorkommende Art, die in Kellern, Scheunen und an vergleichbaren Stellen gefunden wurde. Aus Bad.-Württ. meldet sie Wolf (1944) z.B. für den Kaiserstuhl „einmal in mehreren Stücken im Kartoffelkeller eines Gasthauses". Dolderer wies die Art im März 1930 in einem Pferdestall in Niederstotzingen nach (Kubach et al. 1999), und Köstlin (1957) sowie Horion (1959a) berichten über den Fund eines Exemplars „auf der Treppe eines in eine Tropfsteinhöhle eingebauten Kellers", leg. Steiner, August 1949, bei Zwiefaltendorf. Über Funde aus dem Rheintal zwischen Rastatt und Waghäusel berichtet Gladitsch (1989).

Gefährdung und Schutz: *S. leucophthalmus* ist sowohl bundesweit (Stand 2015) als auch in Bad.-Württ. (Stand 2005) vom Aussterben bedroht und Landesart A des Informationssystems Zielartenkonzept Bad.-Württ. (Stand 2009). Bei einer Fortschreibung der landesweiten Roten Liste ist nach derzeitigem Kenntnisstand insbesondere zu dis-

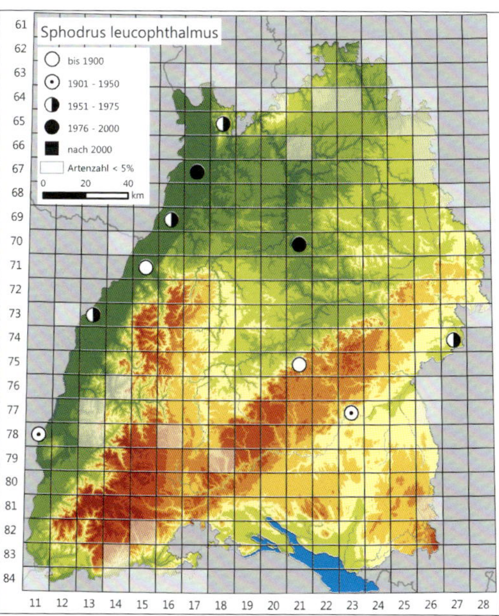

kutieren, ob die Art in Bad.-Württ. als ausgestorben oder verschollen zu gelten hat. Obwohl bereits in den 1980er Jahren gezielte Nachsuchen unter anderem in Ställen und Kellern einiger baden-württembergischer Dörfer erfolgten (eigene Daten), ist auch weiterhin von einem unbefriedigenden Kenntnisstand zu dieser Art auszugehen.

Es sollten verstärkt vor allem alte, extensiv oder nicht genutzte Keller, Höhlen und andere Bauwerke mit potenziellen Vorkommen in denjenigen Räumen geprüft werden, aus denen auch historische Nachweise vorliegen. Grundsätzlich besteht ein hohes Risiko, dass eventuell lokal noch vorhandene Populationen im Zuge von Bau-, Abbruch- oder Renovierungsmaßnahmen erlöschen.

Synuchus vivalis.

Synuchus vivalis
(Illiger, 1798)
Scheibenhalsläufer

Allgemeine Verbreitung: Paläarktisch verbreitete Art, in fast ganz Europa vertreten. Sie kommt in Deutschland flächendeckend in geeigneten Lebensräumen vor.

Vorkommen in Baden-Württemberg: Landesweit verbreitet, lediglich im Schwarzwald (dort vor allem im Buntsandsteingebiet) größtenteils offenbar nicht vertreten; fehlende Nachweise in der Verbreitungskarte sind ansonsten als Erfassungslücken, i. d. R. aber nicht als ein tatsächliches Fehlen zu interpretieren.

In dieser Landschaft besiedelt *Synuchus vivalis* sowohl das Offenland als auch Hecken und Waldlebensräume.

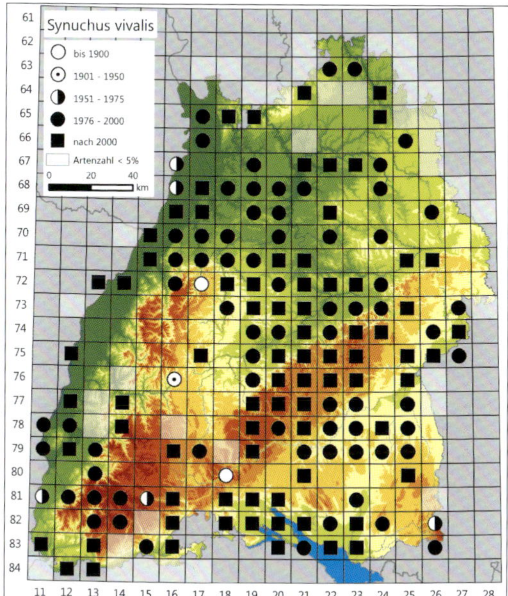

Lebensweise und Habitat: Flugfähige (dimorphe bzw. polymorphe) und räuberische Art. Paarung und Eiablage (schwerpunktmäßig) im Sommer und Larvalentwicklung ab Sommer/Herbst. Aktive Imagines wurden in Bad.-Württ. nach den ausgewerteten Daten zwischen Juni und Oktober registriert, mit einem Aktivitätsmaximum im August und September.

S. vivalis ist eine eurytope Art, die sowohl im Offenland als auch in Wald-Offenland-Ökotonen und in Wäldern auftritt. In Wäldern erreicht sie etwas höhere Aktivitätsdichten vor allem in Laub- und Laubmischwäldern der planaren bis collinen Lagen (z. B. Bannwälder Sommerberg und Bechtaler Wald in den Naturräumen Oberrhein-Tiefland und Neckar- und Tauber-Gäuplatten, Trautner et al. 1998), dringt aber in Wäldern auch bis in die hochmontane Stufe vor (Südschwarzwald). Im Offenland ist die Art teils stet, wenngleich oftmals nur in geringer Aktivitätsdichte in Ackerlandschaften mit ihren typischen Begleitbiotopen vertreten, aber auch in nutzungsbegleitenden Strukturen im Grünland (grasige Säume, Feldhecken). So konnte sie Kubach (1995) in allen untersuchten neu angelegten Saumstrukturen und Ackerstandorten im Kraichgau feststellen. Tendenziell scheinen die registrierten Aktivitätsdichten in Äckern bei zunehmender Höhenlage ebenfalls zuzunehmen, während in Waldhabitaten das Gegenteil zu beobachten ist.

Gefährdung und Schutz: *S. vivalis* ist weder bundesweit (Stand 2015) noch in Bad.-Württ. (Stand 2005) gefährdet. Aufgrund der weiten Verbreitung mit Auftreten in unterschiedlichen, darunter vielfach ungefährdeten Lebensraumtypen ist auch keine zukünftige Gefährdung absehbar. Kein Handlungsbedarf.

Tribus Platynini

J. Trautner & J. Rietze

Weltweit sind nach Lorenz (2015) bislang 2811 Arten aus 169 Gattungen beschrieben, die dieser Tribus zugerechnet werden. In Bad.-Württ. ist oder war sie mit 27 Arten vertreten, deren Imagines eine Größe von rd. 4,8–14 mm erreichen. Beinahe alle einheimischen Arten haben sehr schlanke Beine und Fühler, viele von ihnen bewohnen Ufer oder Feuchtgebiete.

Agonum duftschmidi

Schmidt, 1994

Duftschmids Glanzflachläufer

Allgemeine Verbreitung: Westpaläarktisch verbreitete Art, in Nord- und Nordwesteuropa fehlend. In Deutschland zeigt ihr Verbreitungsbild zwei durch eine große Verbreitungslücke getrennte Teilareale im Südwesten und Nordosten, während sie in Nordwest-, Mittel- und Südostdeutschland weitestgehend zu fehlen scheint.

Agonum duftschmidi. Foto: O. Bleich.

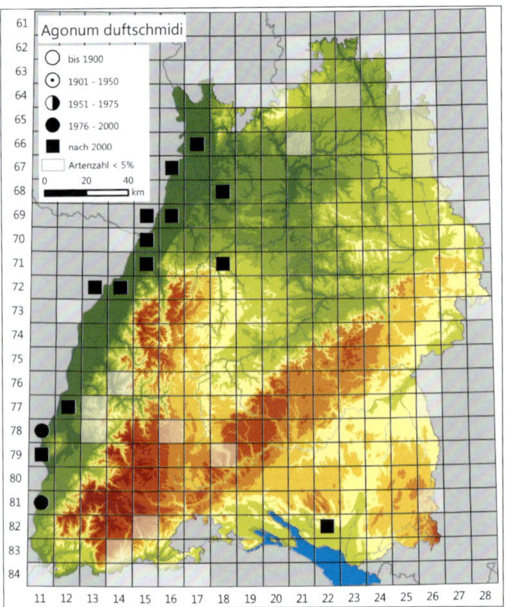

Vorkommen in Baden-Württemberg: Da diese Art aus der Verwandtschaftsgruppe von *A. emarginatum* erst spät als eigenständiges Taxon abgetrennt wurde (s. Schmidt 1994), ist die Verbreitungssituation weniger gut dokumentiert. Ein Großteil des älteren Materials der Verwandtschaftsgruppe wurde bisher nicht daraufhin untersucht, ob sich auch Individuen von *A. duftschmidi* darunter befinden. Nach derzeitigem Kenntnisstand ist die Art in Bad.-Württ. schwerpunktmäßig im Oberrhein-Tiefland und ansonsten entlang einzelner größerer Bäche und Flüsse vertreten.

Lebensweise und Habitat: Art mit vollständig entwickelten Hinterflügeln (makropter), von der nach Auswertungsstand keine Flugbeobachtung vorliegt. Aktive Imagines wurden in Bad.-Württ. nach den ausgewerteten Daten zwischen April und September registriert. Für die Angabe eines Aktivitätsmaximums liegen keine ausreichenden Daten vor, die überwiegende Zahl der Fänge stammt allerdings aus den Monaten Mai und Juni.

A. duftschmidi tritt vor allem in Au- und Bruchwäldern und deren Initialstadien (Feuchtgebüsche) auf, oftmals im unmittelbaren Uferbereich von Stillgewässern der Aue (Altarme, Flutmulden) oder an sehr nassen Standorten. Funde liegen darüber hinaus auch von Röhrichten und sonstigen vegetationsreichen Ufern vor. Möglicherweise bevorzugt die Art in Au- und Bruchwäldern lichte Strukturen oder ein Wald-Offenland-Mosaik; Antvogel & Bonn (2001) stellten in ihren Untersuchungen in Auwaldstandorten der Elbe unter anderem positive Beziehungen zur Lichtintensität (Besonnung) und zum pH-Wert des Bodens fest.

Gefährdung und Schutz: *A. duftschmidi* ist bundesweit (Stand 2015) gefährdet und in Bad.-Württ. (Stand 2005) stark gefährdet sowie als Landesart B des Informationssystems Zielartenkonzept Bad.-Württ. (Stand 2009) eingestuft. Als Gefährdungsursachen sind vor allem die Einengung und standörtliche Veränderung typischer Auebiotope (v. a. nasser oder regelmäßig überfluteter Auwaldstandorte) durch Aus- und Verbau der Fließgewässer sowie Hochwasserfreilegung zu nennen, zudem die Entwässerung und direkte Flächenverluste weiterer Feuchtbiotope in den Schwerpunkträumen der bisher dokumentierten Verbreitung. Schutzmaßnahmen müssen insbesondere darauf ausgerichtet sein, vorhandene Weichholzau- und Bruchwälder im Verbund mit anderen Feuchtbiotopen zu sichern sowie auf geeigneten Standorten die Wiederentwicklung von Auwäldern und Röhrichten, insbesondere in Kombination mit Systemen aus Flutmulden, zu initiieren.

Agonum emarginatum

(Gyllenhal, 1827)

Dunkler Glanzflachläufer

Allgemeine Verbreitung: Westpaläarktisch verbreitete Art, in Teilen Nord-, Nordwest- und Südeuropas fehlend. Sie kommt in Deutschland flächendeckend in geeigneten Lebensräumen vor.

Vorkommen in Baden-Württemberg: Landesweit verbreitet, lediglich in Räumen mit geringer Ausstattung an Gewässern und feuchten Standorten sowie in walddominierten Räumen des Schwarzwaldes weitgehend fehlend oder nur lokal vertreten; ansonsten sind fehlende Nachweise in der Verbreitungskarte als Erfassungslücken, i. d. R. aber nicht als ein tatsächliches Fehlen zu interpretieren. Erst in jüngerer Zeit wurde eine Art der Verwandtschaftsgruppe von *A. emarginatum* als eigenständiges Taxon abgetrennt (*A. duftschmidi*, s. Schmidt 1994), so dass sich nicht alle älteren Meldungen tatsächlich auf *A. emarginatum* beziehen müssen. Für den ganz überwiegenden Teil ist allerdings davon auszugehen, dass *A. emarginatum* auch nach aktuellen Daten die häufigste und am weitesten verbreitete Art der engeren Verwandtschaftsgruppe ist.

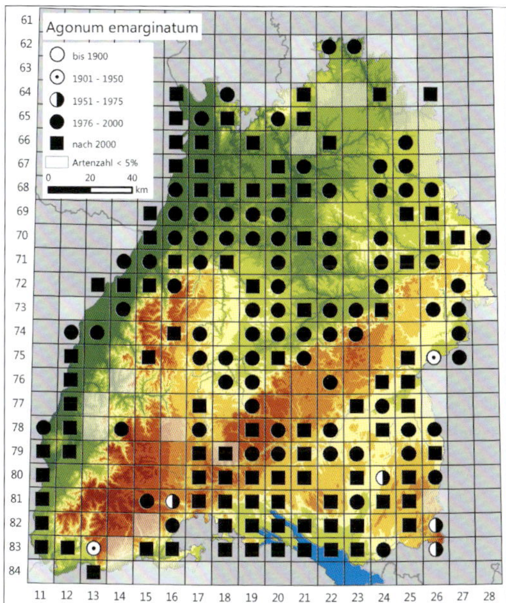

A. emarginatum ist eine häufige Art vegetationsreicher Feucht- und Nasslebensräume, wobei ihr Schwerpunkt in nassen Röhrichten, Rieden und Hochstaudenfluren liegt. Sie kommt aber auch in Auwäldern oder an anderen Feuchtstandorten in teils hoher Individuendichte vor.

Gefährdung und Schutz: *A. emarginatum* ist bundesweit (Stand 2015) und in Bad.-Württ. (Stand 2005) ungefährdet. Aufgrund der weiten Verbreitung mit Auftreten in unterschiedlichen feuchten Lebensraumtypen ist auch zukünftig keine Gefährdung absehbar. Kein Handlungsbedarf.

Lebensweise und Habitat: Flugfähige (makroptere) Art. Paarung und Eiablage (schwerpunktmäßig) im Frühjahr und Larvalentwicklung ab Frühjahr/Sommer. Aktive Imagines wurden in Bad.-Württ. nach den ausgewerteten Daten zwischen April und Oktober registriert, mit einem Aktivitätsmaximum im Mai und Juni. Baehr (1980) gibt zudem einen schwächeren Herbstpeak „mit vielen unausgefärbten Tieren" an.

Agonum emarginatum.

Agonum ericeti

(Panzer, 1809)

Hochmoor-Glanzflachläufer

Allgemeine Verbreitung: Holarktisch boreal verbreitete Art, deren Stammform in Europa vorkommt, wo sie von Norden her nach Mitteleuropa bis in den Alpenraum und die Karpaten vordringt. Während die Art in großen Teilen Deutschlands fehlt, liegen die Verbreitungsschwerpunkte im Norden und Nordwesten (Schleswig-Holstein, Niedersachsen) sowie im äußersten Süden (Baden-Württemberg, Bayern); darüber hinaus existieren lokale, großteils isolierte Vorkommen von Mecklenburg-Vorpommern im Norden über Brandenburg und Sachsen bis ins östliche Bayern.

Vorkommen in Baden-Württemberg: In Hochmoo-

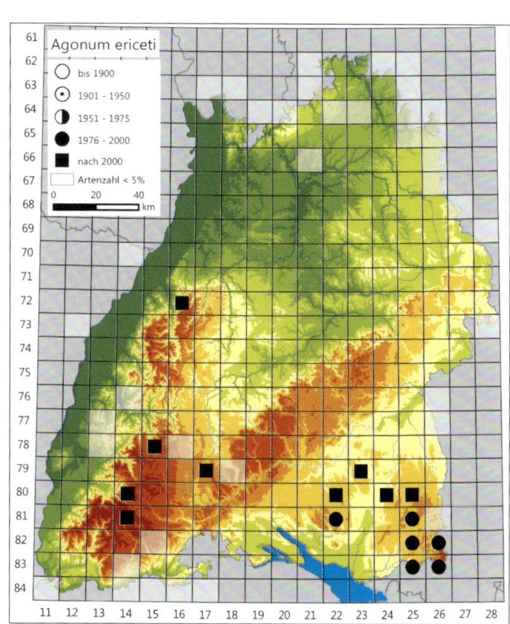

Der offene Hochmoorschild des Wurzacher Rieds beherbergt die mit Sicherheit größte Population von *Agonum ericeti* in Baden-Württemberg. Foto: G. Buchweitz.

Zwei Farbvarianten von *Agonum ericeti*, oben ein Individuum der häufigeren, kupfrig gefärbten Variante, rechts ein dunkel blauschwarz gefärbtes Tier. Foto oben: M. Bräunicke.

ren des Voralpinen Hügel- und Moorlandes, der Baar und des Schwarzwalds.

Lebensweise und Habitat: Flugunfähige (brachyptere) Art. Nahrungsgeneralistin. Paarung und Eiablage (schwerpunktmäßig) im Frühjahr und Larvalentwicklung ab Frühjahr/Sommer. Aktive Imagines wurden in Bad.-Württ. nach den ausgewerteten Daten zwischen April und September registriert, mit einem Aktivitätsmaximum im Juni.

A. ericeti ist eine in ihrem Gesamtareal tyrphobionte, also an Hochmoore gebundene Art (s. a. Paje & Mossakowski 1984). In Untersuchungen z. B. von Mossakowski (1970) wurde gezeigt, dass bei ihr „nur ganz wenige Individuen [...] die Mineralbodenwasserzeigergrenze [überschritten], was auf die große Beweglichkeit dieses Käfers zurückgeführt wird. Larven wurden nur im ombrotrophen [vom Niederschlagswasser abhängigen] Bereich gefunden." Die Art kann bei ansonsten geeigneten Bedingungen auch im Bereich von Abtorfungs- und Moorschlämmflächen sowie in verheideten Moorstadien (zumindest über bestimmte Zeiträume) auftreten. Drees et al. (2007) konnten bei Untersuchungen in Mooren Nordwestdeutschlands feststellen, dass Fangzahlen der Art positiv mit der Moosdeckung insgesamt und mit der Deckung von Torfmoosen im Bereich der Bulten korreliert waren, während zunehmende Grasdeckung (etwa durch Pfeifengras, *Molinia caerulea*, das z. B. nach Drainage oder auch durch über den Luftpfad erhöhten Stickstoffeinträgen auftritt) zu einem Rückgang führt. Darüber hinaus wird die Habitatqualität und Aktivitätsdichte der Art negativ von der Baumbedeckung beeinflusst. Zwar vermag die Art lichte Spirkenfilze zu besiedeln (z. B. MÜLLER-KROEHLING 2013a) und man kann sie beispielsweise in Hochmoorrandlage auch in kleinflächig offenen, teilweise überschirmten „Patches" innerhalb ansonsten gehölzdominierter Flächen in meist sehr geringer Individuenzahl finden. Ihre höchsten Aktivitätsdichten erreicht sie allerdings im baumfreien Hochmoor (z. B. MESSINESIS 1992; eigene Daten), das daher für die Bestandssicherung von zentraler Bedeutung ist.

Gefährdung und Schutz: *A. ericeti* ist bundesweit (Stand 2015) und in Bad.-Württ. (Stand 2005) stark gefährdet und Landesart B des Informationssystems Zielartenkonzept Bad.-Württ. (Stand 2009). Ihr größtes zusammenhängendes Vorkommen in Deutschland hat sie auf dem Hochmoorschild des Wurzacher Rieds. Für die langfristige Existenz ihrer Populationen ist – neben der Habitatqualität – die ebenfalls die Bestandsgröße wesentlich bestimmende Lebensraumgröße entscheidend. DE VRIES & DEN BOER (1990) zeigten, dass die Art in den Niederlanden in zahlreichen kleineren, isolierten Moorgebieten erloschen ist; sie verweisen zudem auf eine womöglich erhöhte Überlebenswahrscheinlichkeit räumlich strukturierter Populationen. DREES et al. (2011b) wiesen eine höhere genetische Variabilität der Populationen in großen besiedelten Habitatflächen nach und folgern, dass der langfristige Schutz nur in naturnahen großen Hochmooren gesichert ist. Vorhandene offene Hochmoorflächen sind für die Art zu erhalten und nach Möglichkeit wiederzuentwickeln. Die Gesamtbestandsgröße lokaler Populationen hängt eindeutig mit dem Anteil offener Moorflächen zusammen, und aufgrund der Flugunfähigkeit der Art ist ein Austausch zwischen einzelnen, isolierten Moorgebieten nicht oder kaum zu erwarten. Vor allem in eher kleinflächigen Mooren mit zudem hohem Anteil an durch Gehölze teil- oder vollüberschirmten Flächen muss eine signifikante Zurückdrängung der Gehölze (einschließlich Schwendung von Spirken) erwogen werden, um die langfristige Überlebenswahrscheinlichkeit der lokalen Populationen von *A. ericeti* zu erhöhen und nach Möglichkeit sicherzustellen. Dies kann und soll räumlich strukturiert erfolgen und betrifft in Anlehnung an die bei DE VRIES & DEN BOER (1990) sowie DE VRIES (1994, dort für Heidearten) genannten Flächengrößen alle Moore mit Vorkommen der Art, bei denen die gut geeignete, offene bis allenfalls sehr lückig mit Gehölzen bestandene Habitatfläche – auch als Summe noch über den Moorkörper verbundener Einzelflächen – derzeit bereits die Größenordnung von 70 ha unterschreitet. Bei Flächen, die kleiner als 25 ha sind, wird der Handlungsbedarf als sehr dringend eingeschätzt.

Dass, wie MÜLLER-KROEHLING (2013a) mit Bezug auf SENGBUSCH & BOGENRIEDER (2001) schreibt, „das System eines hydrologisch intakten Spirkenfilzes genügend eigene Dynamik" (z. B. über Windwurf) aufweisen würde, um Arten des offenen bis weitgehend offenen Hochmoores wie *A. ericeti* ausreichend Lebensmöglichkeiten zu bieten, darf jedenfalls bei den heute überwiegend geringen bis sehr geringen Flächengrößen, der oftmals isolierten Lage und dem Bestehen weiterer Beeinträchtigungsfaktoren wie der erhöhten Nährstoffeinträge über den Luftpfad auf mittel- bis langfristige Sicht bezweifelt werden. Alle noch nicht auf *A. ericeti* untersuchten Moore mit potenziell geeigneten Habitaten sollten auf ein Vorkommen hin geprüft werden. *A. ericeti* ist eine charakteristische Art der Lebensraumtypen *7110 (Lebende Hochmoore, vorrangig), 7120, 7150 und *91D0 (Letzteres eingeschränkt auf bestimmte Typen und strukturelle Ausbildungen) des Anhangs I der FFH-Richtlinie.

Agonum fuliginosum

(Panzer, 1809)

Gedrungener Flachläufer

Allgemeine Verbreitung: Westpaläarktisch verbreitete Art, in Südeuropa weitestgehend fehlend. Sie kommt in Deutschland flächendeckend in geeigneten Lebensräumen vor.

Vorkommen in Baden-Württemberg: Landesweit verbreitet, lediglich in an Feuchtgebieten armen Naturräumen gebietsweise nur mit punktuellen Vorkommen oder lokal nicht vertreten; fehlende Nachweise in der Verbreitungskarte sind ansonsten als Erfassungslücken, i. d. R. aber nicht als ein tatsächliches Fehlen zu interpretieren.

Lebensweise und Habitat: Flugfähige (dimorphe bzw. polymorphe) Art. Nahrungsgeneralistin. Paarung und Eiablage (schwerpunktmäßig) im Frühjahr und Larvalentwicklung ab Frühjahr/Sommer.

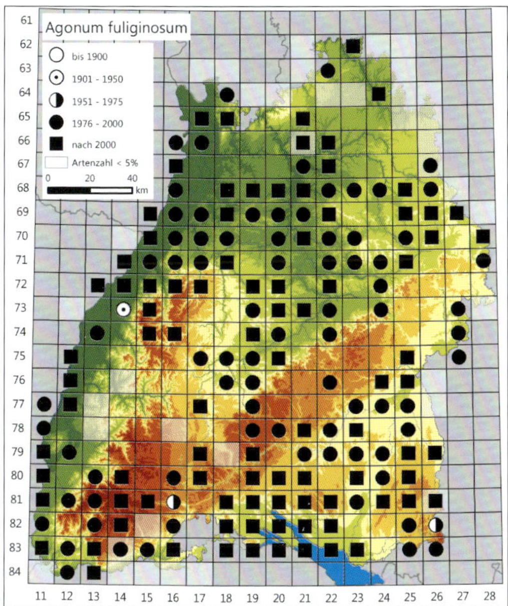

Aktive Imagines wurden in Bad.-Württ. nach den ausgewerteten Daten zwischen März und Oktober registriert, mit einem Aktivitätsmaximum im Mai und Juni.

A. fuliginosum tritt schwerpunktmäßig in Feucht- und Nasswäldern sowie in Rieden und Röhrichten auf, zudem auch in feuchten bis nassen Hochstaudenfluren. Die Lebensräume der Art können stark beschattet sein. In Feucht- und Nasswäldern können Individuen im Winter in großer Zahl aggregiert unter Moos und loser Rinde sowie im eher rindennahen Mulm von liegendem oder stehendem Totholz gefunden werden.

Gefährdung und Schutz: *A. fuliginosum* ist weder bundesweit (Stand 2015) noch in Bad.-Württ. (Stand 2005) gefährdet. Aufgrund der weiten Verbreitung mit Auftreten in unterschiedlichen feuchten bis nassen Lebensraumtypen ist auch keine zukünftige Gefährdung absehbar. Kein Handlungsbedarf.

Agonum fuliginosum. Bei dieser Art treten Individuen mit relativ heller Flügeldeckenfärbung auf, aber auch einheitlich dunkel gefärbte. Foto: M. Bräunicke.

Agonum gracile

Sturm, 1824

Zierlicher Flachläufer

Allgemeine Verbreitung: Paläarktisch verbreitete Art, die in weiten Teilen Südeuropas fehlt. Sie ist in Deutschland in geeigneten Lebensräumen relativ stet vertreten und weist bundesweit nur wenige kleinere Verbreitungslücken auf.

Vorkommen in Baden-Württemberg: Landesweit recht weit verbreitet, mit Schwerpunkt im Voralpinen Hügel- und Moorland, in Teilen des Schwarzwalds sowie im Schwäbischen Keuper-Lias-Land.

Lebensweise und Habitat: Flugfähige (makroptere) Art. Paarung und Eiablage (schwerpunktmäßig) im Frühjahr und Larvalentwicklung ab Frühjahr/Sommer. Aktive Imagines wurden in Bad.-Württ. nach den ausgewerteten Daten zwischen April und September registriert, mit einem Aktivitätsmaximum im Mai.

A. gracile tritt vor allem auf moorigen oder anmoorigen Böden an sehr nassen Standorten mit zumindest punktuell lückiger Vegetation oder Moospolstern auf, überwiegend in Seggenrieden und Röhrichten (z. B. Wasner 1974), teils auch an eher lichten Stellen in Nasswäldern sowie an Ufern, im letztgenannten Fall insbesondere an Stellen mit schlammigem oder torfigem Untergrund. Insgesamt ist eine Tendenz zu nährstoffärmeren und/oder sauren sowie voll bis teilweise besonnten Standorten festzustellen.

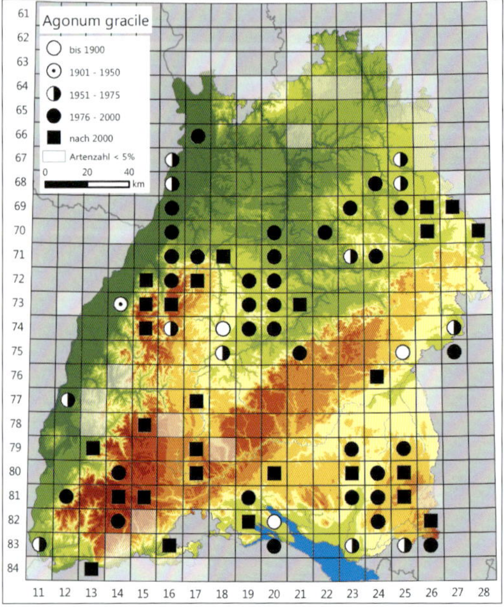

Agonum gracile. Foto: C. Benisch.

Gefährdung und Schutz: *A. gracile* ist bundesweit (Stand 2015) eine Art der Vorwarnliste, in Bad.-Württ. (Stand 2005) jedoch gefährdet und Naturraumart des Informationssystems Zielartenkonzept Bad.-Württ. (Stand 2009). Als Gefährdungsursachen werden insbesondere Entwässerung und Eutrophierung von Nassstandorten sowie direkte Flächeninanspruchnahme, aber auch flächige Gehölzsukzession bei ausbleibender, bestandserhaltender Pflege eingestuft. *A. gracile* ist zwar nicht so beschattungssensibel wie viele andere Feuchtgebietsarten. Die Funde aus Bad.-Württ. stammen jedoch ganz überwiegend aus besonnten Flächen. Insbesondere aus geschlossenen Feucht- oder Nasswäldern liegen nur wenige Funde vor, hier ist zudem nicht auszuschließen, dass diese vornehmlich zur Überwinterung aufgesucht wurden. Daher wird auch bei dieser Art davon ausgegangen, dass eine relativ weitgehende Offenhaltung in den Lebensräumen und damit in den meisten Fällen eine Pflege wesentlich ist. An geeigneten Standorten sollten flächige Gehölzsukzessionen zur Wiederherstellung günstiger Habitate ebenfalls zurückgedrängt werden.

Lebensraum von *Agonum gracile* in recht ausgedehnten Nasswiesen und Rieden eines kleinen Flusstals der Schwäbischen Alb.

Agonum gracilipes

(Duftschmid, 1812)
Schlankfüßiger Glanzflachläufer

Allgemeine Verbreitung: Holarktisch verbreitete Art, in Europa nach Westen bis Mitteleuropa und ins südliche Nordeuropa sowie teilweise auf den Britischen Inseln vorkommend. In West- und Südeuropa sonst weitestgehend fehlend. Sie ist in Deutschland zwar weit verbreitet, aufgrund der westlichen Arealrandlage und möglicherweise Bestandsrückgängen aber nur sehr lokal und diskontinuierlich vertreten, wobei sie einen Verbreitungsschwerpunkt in Ostdeutschland (Thüringen, Sachsen-Anhalt, Sachsen) aufweist.

Vorkommen in Baden-Württemberg: Punktuell nachgewiesen, die Nachweissituation lässt keine Charakterisierung der landesweiten Verbreitung zu. Historische Belege stammen bereits aus dem 19. Jahrhundert (s. etwa Horion 1959a: Ulm-Steinhäule, 3. Ex., Juni 1888, in coll. Hueber). Die Art wird vielfach (nur) mittels Lichtfängen registriert [Beispiele aus Bad.-Württ. s. Baehr (1979), Basedow & Dickler (1981), Tolasch, in lit.].

Lebensweise und Habitat: Flugfähige (makroptere) und sehr flugaktive Art. Nahrungsgeneralistin. Paarung und Eiablage offenbar (schwerpunktmäßig) im Frühjahr und Larvalentwicklung ab Frühjahr/Sommer. Aktive Imagines wurden in Bad.-Württ. nach den ausgewerteten Daten zwi-

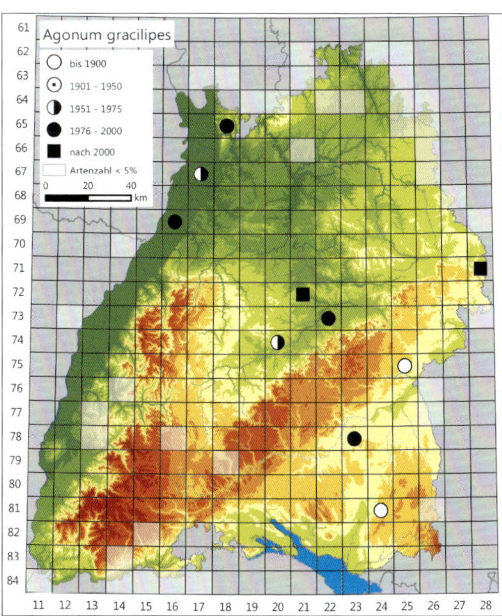

Agonum gracilipes. Foto: T. Tolasch.

schen Mai und August registriert. Für die Ableitung eines Aktivitätsmaximums liegen keine ausreichenden Daten vor, die meisten Fundmeldungen stammen – soweit bekannt – jedoch aus dem Sommer (Juli).

Für *A. gracilipes* ist die Lebensraumpräferenz in Deutschland nicht ausreichend bekannt (s. GAC 2009), Funde aus Bad.-Württ. stammen unter anderem aus dem Siedlungs- und Siedlungsrandbereich (Beispiel: Unigelände Hohenheim, Lichtfang, 14.7.2005 und 26.7.2012 jeweils 1 Ex. gegen Mitternacht in sehr warmen Nächten, Tolasch in lit.) sowie aus Obstwiesen und Intensivobstanlagen (Basedow & Dickler 1981; M. Meier, unveröff.). Aus Obstanlagen liegen auch einzelne Funde aus anderen Regionen vor (z. B. Kutasi et al. 2004 aus Ungarn). Neumann (1998) registrierte *A. gracilipes* nachts an einem beleuchteten Schaufenster in der Karlsruher Innenstadt. Für Brandenburg und Berlin gehen Kielhorn et al. (2014) unter Berücksichtigung auch älterer Daten davon aus, dass die Art „offenbar überwiegend in Wäldern, Pionierwäldern und an Waldrändern" vorkommt.

Gefährdung und Schutz: *A. gracilipes* ist bundesweit (Stand 2015) ungefährdet, wurde in Bad.-Württ. (Stand 2005) aber der Kategorie D (Daten defizitär) zugeordnet. Nach dem derzeitigen Kenntnisstand kann weder zu möglichen Gefährdungsfaktoren eine Aussage gemacht noch ein Handlungsbedarf abgeleitet werden.

Agonum hypocrita

(Apfelbeck, 1904)

Östlicher Glanzflachläufer

Allgemeine Verbreitung: Von Anatolien über Südosteuropa bis Frankreich und Südfinnland verbreitete Art, die im Gesamtareal aber nur noch sehr lokale Vorkommen besitzt (vgl. Schmidt & Trautner 2016). Auch aus Deutschland liegen nur wenige, weitestgehend isolierte Meldungen aus dem Süden (Baden-Württemberg, Bayern) und Osten (u. a. Sachsen, Berlin) vor.

Vorkommen in Baden-Württemberg: Von Schmidt (1994) nach einem alten Beleg aus Ulm für Bad.-Württ. genannt; vermutlich wurde der Art erst aufgrund der Revision ihrer Verwandtschaftsgruppe in Deutschland ausreichend Beachtung geschenkt. Die ersten Nachweise in neuerer Zeit wurden dann von Bräunicke & Reck (1997) für das Wurzacher Ried mitgeteilt. Zwischenzeitlich wurde *A. hypocrita* an mehreren Stellen in Bodenseerieden und in Nassflächen des Bodenseehinterlands nachgewiesen (Götz & Kiechle, in lit.; eigene Daten), zudem in der Verlandungszone des Schmiechener Sees auf der Schwäbischen Alb (eigene Daten).

Lebensweise und Habitat: Flugfähige (makroptere) Art. Aktive Imagines wurden in Bad.-Württ. nach den ausgewerteten Daten zwischen Mai und August registriert, für die Ableitung eines Aktivitätsmaximums liegen keine ausreichenden Daten vor.

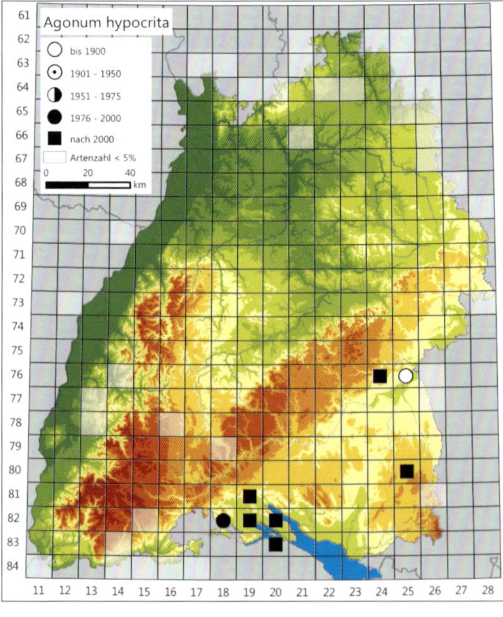

In der Verlandungszone des Schmiechener Sees auf der Schwäbischen Alb wurde *Agonum hypocrita* in größerer Anzahl nachgewiesen.

Agonum hypocrita. Foto: O. Bleich.

A. hypocrita wird von Braunicke & Reck (1997) für mehrere Stellen im Wurzacher Ried gemeldet, wobei es sich um offene, extensiv genutzte oder brachliegende Nieder- und Zwischenmoor-Standorte handelt. Aus dem Bodenseegebiet stammen die Funde aus Uferröhrichten und Seerieden. Am Schmiechener See wurde die Art in der Verlandungszone des Sees mit Großseggenrieden sowie Wasserschwaden- und Teichbinsen-Röhrichten (*Glyceria maxima, Schoenoplectus lacustris*) nachgewiesen (eigene Daten). Insgesamt sind die Habitate als offen, nass und eher mäßig nährstoffreich bis nährstoffärmer zu charakterisieren, mit einer bultig oder stark vertikal strukturierten Vegetation. Nach bisherigem Stand ist unklar, ob *A. hypocrita* möglicherweise für einen oder mehrere Lebensraumtypen der Moore und Stillgewässer des Anhangs I der FFH-Richtlinie infrage kommen könnte. Dies sollte näher geprüft werden.

Gefährdung und Schutz: *A. hypocrita* ist inzwischen in mindestens ⅔ des verbliebenen Gesamtareals der Art stark gefährdet oder vom Aussterben bedroht. Damit besteht eine besonders hohe Verantwortlichkeit für die noch vorhandenen deutschen Vorkommen (Einstufung !!; vgl. Schmidt et al. 2016). Insbesondere die Seeriede am Bodensee dürften für diese Art einen wichtigen Vorkommensschwerpunkt im südwestlichen Mitteleuropa darstellen (Bräunicke & Trautner 2002), aber auch alle anderen Vorkommen sind mit hoher Priorität zu sichern. *A. hypocrita* ist bundesweit (Stand 2015) vom Aussterben bedroht und in Bad.-Württ. (Stand 2005) als stark gefährdet sowie als Landesart A des Informationssystems Zielartenkonzept Bad.-Württ. (Stand 2009) eingestuft. Eine Gefährdung kann insbesondere durch den Ausfall bestandserhaltender Nutzungen oder Pflegemaßnahmen sowie durch Gehölzsukzession eintreten, zudem ist die Art gegenüber Änderungen des Wasserhaushalts und Eutrophierung als sehr empfindlich anzusehen.

Schutzmaßnahmen müssen primär auf die Sicherung der bestehenden Vorkommen und die Umsetzung oder Beibehaltung erforderlicher Pflegemaßnahmen abzielen, an Standorten mit bereits erkennbar negativ wirkender Gehölzsukzession ist auch deren Rücknahme im Zuge von Initialmaßnahmen (so am Schmiechener See) zu erwägen. Es sollte eine Prüfung auf Vorkommen der Art in weiteren potenziell geeigneten, aber bislang nicht untersuchten Gebieten durchgeführt werden.

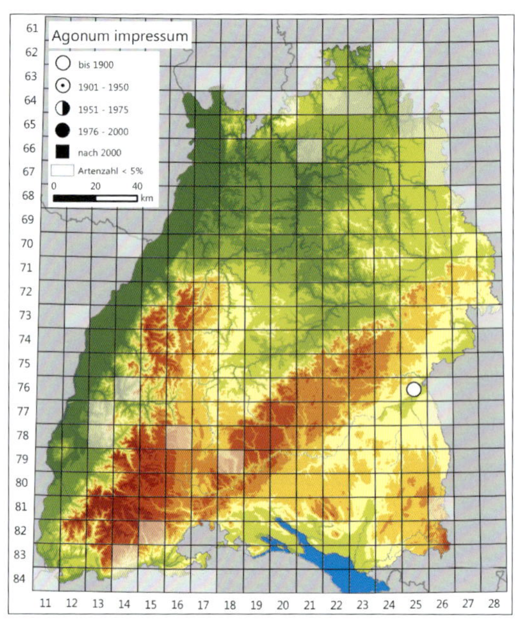

Agonum impressum

(Panzer, 1796)

Grobpunktierter Glanzflachläufer

Allgemeine Verbreitung: Paläarktisch verbreitete Art, die in Europa nach Westen die Niederlande und das östliche Frankreich erreichte, im Südwesten den Alpenraum und dessen Vorland. In Nord-, West- und Südeuropa ansonsten fehlend. Sie war

Agonum impressum. Foto: M. Bräunicke.

in Deutschland historisch weit verbreitet, ist oder war jedoch in fast allen Bundesländern aufgrund der westlichen Arealrandlage und massiver Bestandsrückgänge nur sehr lokal und diskontinuierlich vertreten. Rezent kommt sie nur noch punktuell im südlichen Bayern vor.

Vorkommen in Baden-Württemberg: Von HORION (1941) wurde die Art für den badischen Landesteil aus Heidelberg (nach SCHAUM 1860), allerdings versehen mit einem Fragezeichen, angeführt und auch in der vorliegenden Bearbeitung weiterhin als fraglich eingestuft. Für den württembergischen Landesteil meldete sie v. D. TRAPPEN (1930) aus Ulm nach der Oberamtsbeschreibung von LAMPERT (1897) und für Reutlingen nach KELLER (1864). Während die letztgenannte Fundangabe zweifelhaft bleibt und nicht in die Datenbank übernommen wurde, ist der historische Fundort Ulm in der Sammlung HUEBER belegt: 3 Exemplare von Ulm-Steinhäule aus dem Mai 1884 (HORION 1959a). Auf das ehemalige Vorkommen im Bodenseeraum (dort allerdings nur für die österreichische Seite belegt) gehen BRÄUNICKE & TRAUTNER (2002) ausführlicher ein.

Lebensweise und Habitat: Art mit vollständig entwickelten Hinterflügeln (makropter), von der nach Auswertungsstand keine Flugbeobachtung vorliegt. Räuberische Art. Paarung und Eiablage (schwerpunktmäßig) im Frühjahr und Larvalentwicklung ab Frühjahr/Sommer. Aktive Imagines wurden in Bad.-Württ. nach den ausgewerteten Daten im Mai registriert (s. o.); für die Angabe eines Aktivitätsmaximums liegen keine ausreichenden Daten vor.

A. impressum gehört in Mitteleuropa zu den charakteristischen, heute jedoch weitgehend verschwundenen Elementen der Wildflusslandschaften, wo die Art insbesondere auf Feinsubstrat mit Kiesbeimengung an besonnten Stellen mit lückigem bis dichterem Bewuchs – z. B. in Flutrinnen – auftritt (BRÄUNICKE & TRAUTNER 2002); Nachweise liegen auch aus entsprechenden Strukturen in Sekundärlebensräumen der Abbaugebiete vor (eigene Daten aus dem österreichischen Donauraum). Vor dem Hintergrund, dass die Art in Bad.-Württ. erloschen ist, wird die mögliche Zuordnung als charakteristische Art von Fließgewässer-Lebensraumtypen des Anhangs I der FFH-Richtlinie hier nicht diskutiert.

Gefährdung und Schutz: *A. impressum* ist bundesweit (Stand 2015) vom Aussterben bedroht und in Bad.-Württ. (Stand 2005) bereits ausgestorben oder verschollen. Aufgrund des strukturell extrem beeinträchtigten Zustands der größeren baden-württembergischen Fließgewässer – hier im Raum Donau und Iller –, des eher geringen noch in diesem Raum verbliebenen Potenzials in Sekundärlebensräumen (Abbaugebieten) und der relativ weiten Entfernung zu den wenigen noch rezent bekannten Vorkommen der Art wird derzeit kaum eine Chance auf eine eigenständige Wiederbesiedlung gesehen. Die nächstgelegenen Vorkommen von *A. impressum* liegen an dealpinen Flüssen Österreichs und Bayerns, unter anderem im Mündungsdelta der Tiroler Ache in den Chiemsee.

Im Falle eines Wiederauftretens der Art wäre ihrem Schutz und der Entwicklung längerfristig geeigneter, dynamischer Auenlebensräume sehr hohe Bedeutung beizumessen. Handlungsbedarf wird derzeit aber nicht gesehen.

Agonum lugens

(Duftschmid, 1812)

Mattschwarzer Glanzflachläufer

Allgemeine Verbreitung: Westpaläarktisch verbreitete Art, die im Großteil Nordeuropas sowie in Teilen Westeuropas fehlt. In Deutschland zeigt ihr Verbreitungsbild zwei durch eine Verbreitungslücke getrennte Teilareale im Südwesten und Nordosten, während sie in Nordwest-, Mittel- und Südostdeutschland weitestgehend fehlt.

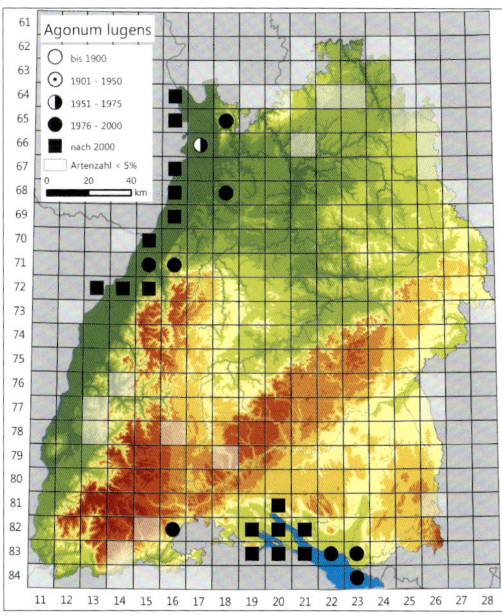

Agonum lugens.

Vorkommen in Baden-Württemberg: Im Oberrhein-Tiefland (Nordteil), am Unterlauf des Neckars sowie im äußersten Süden Baden-Württembergs, insbesondere im Bodenseeraum. Bei mehreren Fundmeldungen aus anderen Naturräumen handelte es sich um Verwechslungen, darunter auch bei der von Kaiser (1997) publizierten Meldung aus dem Schwarzwald, oder um zweifelhafte Angaben, die nicht in die Datenbank übernommen wurden [z. B. aus einer Kiesgrube bei Bad Wurzach oder die alte Meldung Kellers (1864) für Reutlingen].

Lebensweise und Habitat: Flugfähige (makroptere) Art. Nahrungsgeneralistin. Paarung und Eiablage (schwerpunktmäßig) im Frühjahr und Larvalentwicklung ab Frühjahr/Sommer. Aktive Imagines wurden in Bad.-Württ. nach den ausgewerteten Daten zwischen April und Oktober registriert. Für die Ableitung eines Aktivitätsmaximums liegen keine ausreichenden Daten vor, zahlreiche Funde stammen jedoch nicht nur aus dem Frühjahr, sondern auch aus dem Sommer und Herbst (s. u.).

A. lugens ist eine Feuchtgebietsart, die insbesondere vegetationsreiche und zudem solche Ufer besiedelt, die auf Feinsediment zumindest stellenweise dichtere Vegetation aufweisen oder an Röhrichte grenzen. Am Bodensee zählt sie zu den stetigsten Uferarten und erreicht dort die höchste Stetigkeit in den Uferröhrichten (Bräunicke & Trautner 2002). Nach dem 1999 im Untersuchungszeitraum von Bräunicke & Trautner (2002) aufgetretenen Extremhochwasser am Bodensee „war *A. lugens* eine der wenigen Arten, die bereits im Sommer und Herbst des gleichen Jahres in hoher Individuenzahl auf den vorher lange

Lebensraum von *Agonum lugens* in einem Uferbereich des Bodensees. Foto: M. Bräunicke.

überstauten Flächen mit umfangreichen Ablagerungen organischen Materials am Bodenseeufer aktiv waren". Einzelne Funde liegen auch aus Feuchtgebüschen und Auwäldern vor; Auegehölze werden jedenfalls teilweise als Winterquartier genutzt (eigene Daten: Funde unter Rinde), doch stellen sie nicht den Schwerpunktlebensraum dar. Bei dem von Wolf-Schwenninger & Schwenninger (1992) publizierten Fund von einer Brache auf einem ehemaligen Bahngelände mit sandig-kiesigem Untergrund dürfte es sich um ein verdriftetes Exemplar gehandelt haben. Für die Einordnung als charakteristische Art einer oder mehrerer Stillgewässer-Lebensraumtypen nach Anhang I der FFH-Richtlinie erscheint das insgesamt genutzte Lebensraumspektrum zu breit.

Gefährdung und Schutz: *A. lugens* ist sowohl bundesweit (Stand 2015) als auch in Bad.-Württ. (Stand 2005) gefährdet und Naturraumart des Informationssystems Zielartenkonzept Bad.-Württ. (Stand 2009). Als wichtige Gefährdungsursachen sind Uferverbau und zu intensive Freizeitnutzung (insbesondere am Bodensee), Entwässerung von Feuchtgebieten sowie direkte Flächeninanspruchnahmen zu nennen. Flächige Gehölzsukzession dürfte sich in den Lebensräumen der Art ebenfalls negativ auswirken. Wesentlich ist der Schutz von vegetationsreichen Uferzonen auf Feinsedimenten und von nassen Röhrichten in den Schwerpunkträumen der Verbreitung von *A. lugens* sowie eine Sicherung oder Wiederentwicklung naturnaher Überflutungsdynamik.

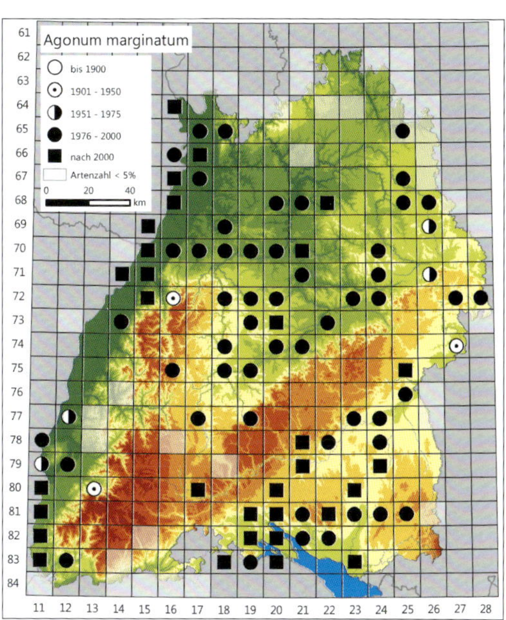

Agonum marginatum

(Linnaeus, 1758)

Gelbrandiger Glanzflachläufer

Allgemeine Verbreitung: Westpaläarktisch verbreitete Art, die in größeren Teilen Nordeuropas fehlt. Sie kommt in Deutschland fast flächendeckend in geeigneten Lebensräumen vor.

Vorkommen in Baden-Württemberg: Landesweit mit Ausnahme eines Großteils des Schwarzwalds und der Schwäbischen Alb verbreitet; die Lücke im Nordosten Baden-Württembergs ist neben dem geringeren Angebot an geeigneten Gewässerstrukturen vermutlich auf Erfassungsdefizite zurückzuführen.

Lebensweise und Habitat: Flugfähige (makroptere) und räuberische Art. Paarung und Eiablage (schwerpunktmäßig) im Frühjahr und Larvalentwicklung ab Frühjahr/Sommer. Aktive Imagines wurden in Bad.-Württ. nach den ausgewerteten Daten zwischen April und August registriert, mit einem Aktivitätsmaximum im Mai und Juni.

A. marginatum ist eine Art vegetationsärmerer, offener bis mäßig beschatteter Ufer. Offenbar besitzt sie eine sehr hohe Ausbreitungsfähigkeit, da sie neu entstandene Ufer (z. B. in Abbaugebieten

Lebensraum von *Agonum marginatum*. Die Art besiedelt unterschiedlichste Uferzonen.

Agonum marginatum.

Agonum micans. Foto: C. Benisch.

oder bei der Neuanlage von Kleingewässern) sehr rasch zu besiedeln vermag. Typisch sind Feinsediment-Ufer, die mit gröberem Substrat (Schotter, Kies) durchsetzt sind, wie sie z. B. BAEHR (1980) von einem Baggersee im Neckartal beschreibt. Häufig weisen die Lebensräume auch mosaikartig mit dichterer Vegetation durchsetzte Partien auf. *A. marginatum* tritt auch an stark verschlammten Ufern auf, z. B. an flacheren, schmalen Uferpartien von Fischteichen.

Gefährdung und Schutz: *A. marginatum* ist weder bundesweit (Stand 2015) noch in Bad.-Württ. (Stand 2005) gefährdet. Aufgrund der weiten Verbreitung mit Auftreten an unterschiedlichen Ufertypen sowie der raschen Besiedlung neu entstehender, geeigneter Ufer ist auch keine zukünftige Gefährdung absehbar. Kein Handlungsbedarf.

Agonum micans

(Nicolai, 1822)

Ufer-Flachläufer

Allgemeine Verbreitung: Westpaläarktisch verbreitete Art, die weitestgehend in Süd- sowie in Teilen Nordeuropas fehlt. Sie kommt in Deutschland fast flächendeckend in geeigneten Lebensräumen vor.

Vorkommen in Baden-Württemberg: Landesweit mit Ausnahme größerer Teile des Schwarzwalds und der Schwäbischen Alb verbreitet, wobei sich die Vorkommen entlang der Auen konzentrieren; fehlende Nachweise in der Verbreitungskarte sind dort ansonsten als Erfassungslücken, i. d. R. aber nicht als ein tatsächliches Fehlen zu interpretieren.

Lebensweise und Habitat: Flugfähige (makroptere) Art. Paarung und Eiablage (schwerpunktmäßig) im Frühjahr und Larvalentwicklung ab Frühjahr/Sommer. Aktive Imagines wurden in

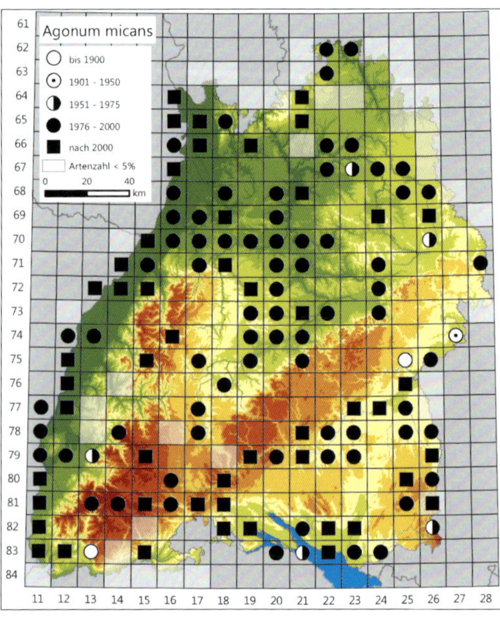

Eher eutrophe und vegetationsreiche Ufer sowie Auegehölze werden von *Agonum micans* stet als Lebensraum genutzt.

Bad.-Württ. nach den ausgewerteten Daten zwischen April und Oktober registriert, mit einem Aktivitätsmaximum im Mai.

A. micans tritt schwerpunktmäßig in Auwäldern und an von Gehölzen überschirmten Ufern entlang der Bach- und Flusstäler auf, besiedelt aber auch (oft mit den erstgenannten Lebensraumtypen in engem räumlichem Zusammenhang stehend) Röhrichte und in geringerem Umfang auch andere feuchte bis nasse Lebensräume. An Ufern sowie auf Kies- und Sandbänken an Flüssen ist die Art relativ stet in Bereichen mit Rohrglanzgras-Röhrichten (*Phalaris arundinacea*) anzutreffen. Die höchsten Aktivitätsdichten erreicht sie allerdings in Weichholzauwäldern und in Bruchwäldern. Für eine Einstufung als charakteristische Art des Lebensraumtyps *91E0 des Anhangs I der FFH-Richtlinie erscheint das Lebensraumspektrum insgesamt zu breit.

Gefährdung und Schutz: *A. micans* ist weder bundesweit (Stand 2015) noch in Bad.-Württ. (Stand 2005) gefährdet. Aufgrund der relativ weiten Verbreitung mit stetem Auftreten in unterschiedlichen, vor allem uferbegleitenden Gehölzen ist auch keine zukünftige Gefährdung absehbar. Kein Handlungsbedarf.

Agonum muelleri

(Herbst, 1784)

Gewöhnlicher Glanzflachläufer

Allgemeine Verbreitung: Westpaläarktisch und in nahezu ganz Europa verbreitete Art, in Nordamerika eingeschleppt (Bousquet 2012). Sie kommt in Deutschland flächendeckend in geeigneten Lebensräumen vor.

Vorkommen in Baden-Württemberg: Landesweit verbreitet, fehlende Nachweise in der Verbreitungskarte sind als Erfassungslücken, aber nicht als ein tatsächliches Fehlen zu interpretieren.

Agonum muelleri.

Lebensweise und Habitat: Flugfähige (makroptere) Art. Nahrungsgeneralistin. Paarung und Eiablage (schwerpunktmäßig) im Frühjahr und Larvalentwicklung ab Frühjahr/Sommer. Aktive Imagines wurden in Bad.-Württ. nach den ausgewerteten Daten zwischen März und Oktober registriert, mit einem Aktivitätsmaximum im Mai.

A. muelleri ist eine eurytope Offenlandart mit deutlichem Schwerpunkt in den Ackerbau- und Grünlandgebieten, wo sie stet und in teils hoher Aktivitätsdichte innerhalb der Nutzflächen wie auch in offenen Begleitstrukturen auftritt, vorrangig im frischen bis feuchten sowie basischen Standortbereich. Zudem kommt die Art stet, aber teils in geringerer Aktivitätsdichte, an Uferstandorten vor. In Waldgebieten ist die Art z. B. auch an sehr kleinen, offenen Strukturen wie etwa entlang von Waldwegrändern anzutreffen, dringt jedoch nur ausnahmsweise und dann meist einzeln in dicht gehölzbestandene Bereiche vor.

Gefährdung und Schutz: *A. muelleri* ist weder bundesweit (Stand 2015) noch in Bad.-Württ. (Stand 2005) gefährdet. Aufgrund der weiten Verbreitung mit Auftreten in unterschiedlichen, vielfach ungefährdeten Lebensraumtypen des Offenlands ist auch keine zukünftige Gefährdung absehbar. Kein Handlungsbedarf.

Agonum munsteri

(Hellén, 1935)

Moor-Flachläufer

Allgemeine Verbreitung: Nordeuropäisch-boreal verbreitete Art mit einem weiträumig separierten Teilareal im nördlichen Mitteleuropa. Im Norden und Nordosten Deutschlands mit punktuellen Vorkommen, die im Süden bis nach Nordostbayern reichen; für eine ganze Reihe dieser Vorkommen liegen keine aktuellen Bestätigungen mehr vor. Zudem existiert ein weiträumig isoliertes Vorkommen im Südosten Baden-Württembergs (s. Verbreitungskarte in Trautner et al. 2014).

Vorkommen in Baden-Württemberg: Von Ulbrich wurde die Art in einem Exemplar am 16. 6. 1973 im Taufachmoos bei Beuren im württembergischen Allgäu gefangen, was sehr lange unbekannt blieb. Erst J. Schmidts im Jahr 2010 erfolgte Überprüfung des Tiers aus der Sammlung Hillger im Staatlichen Museum für Naturkunde in Karlsruhe, das von Ulbrich zunächst als *A. gracile* bestimmt worden war, bestätigte, dass es sich tatsächlich um *A. munsteri* handelt (s. Persohn et al. 2012). Es wurde bislang kein weiterer Fund bekannt.

Lebensweise und Habitat: Flugfähige (dimorphe bzw. polymorphe) Art, für die aber zumindest im mitteleuropäischen Arealteil nicht von Flugaktivität ausgegangen wird (Schmidt, in lit.). Nahrungsgeneralistin. Paarung und Eiablage (schwerpunktmäßig) im Frühjahr und Larvalentwicklung

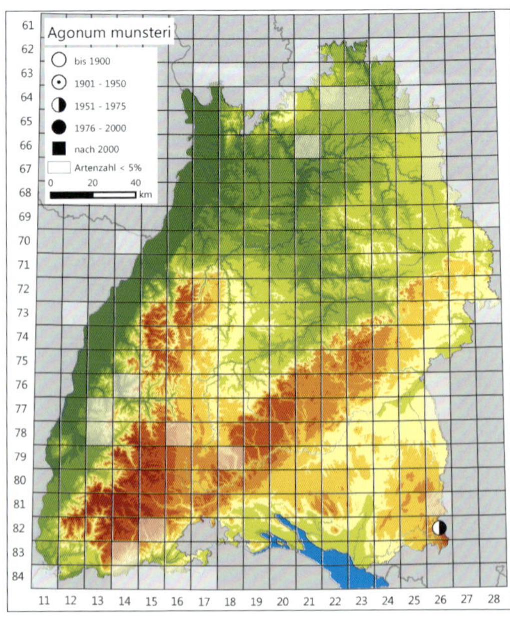

Agonum munsteri. Foto: O. Bleich.

ab Frühjahr/Sommer. Das einzige Tier aus Bad.-Württ. wurde im Juni registriert (s. o.); für die Angabe eines Aktivitätsmaximums liegen keine ausreichenden Daten vor.

A. munsteri ist in Mitteleuropa mit extrazonalen Vorkommen beschränkt auf die ältesten Moorkomplexe (Schmidt, in lit.) und wurde von Müller-Motzfeld (1989) als tyrphobiont sowie sphagnophil eingestuft. Grossecappenberg et al. (1978) bezeichnen sie unter Bezugnahme auf Mossakowski (1977) als „eine typische Art oligo- bis mesotropher Moore (‚Zwischenmoore')" die dort an „weitgehend verfestigte *Sphagnum*-Schwingdecken gebunden" sei. Die Art ist mit Sicherheit als charakteristische Art einer oder mehrerer der Lebensraumtypen *7110 (Lebende Hochmoore) bzw. 7140 und/oder 7150 des Anhangs I der FFH-Richtlinie einzustufen. Eine nähere Beschreibung zu den Fundumständen im Taufachmoos liegt leider nicht vor. Dort sind jedoch entsprechende Lebensräume vorhanden, und aufgrund des Fundes (wenn auch nur eines Einzeltiers) ist von einem – zumindest ehemaligen – bodenständigen Vorkommen auszugehen.

Gefährdung und Schutz: Die Vorkommen der Art in Deutschland haben den Status hochgradig separierter Vorposten, für deren Erhalt Deutschland verantwortlich ist [Einstufung (!); vgl. Schmidt et al. 2016]. *A. munsteri* ist bundesweit (Stand 2015) vom Aussterben bedroht und war in Bad.-Württ. (Stand 2005) bisher nicht in der Checkliste und Roten Liste geführt. Nach dem derzeitigen Kenntnisstand wäre die Art bei einer Neufassung der landesweiten Roten Liste in die Kategorie 0 (ausgestorben oder verschollen) oder in die Kategorie 1 (von Aussterben bedroht) einzustufen. Im Gebiet des bisher einzigen, bereits länger zurückliegenden Nachweises sollte eine gezielte Nachsuche erfolgen, ebenso wie in weiteren potenziell geeigneten Gebieten des Umfelds. Schutzmaßnahmen müssen auf die Erhaltung sehr nasser und offener Hoch- und Übergangsmoore einschließlich der Moorgewässer ausgerichtet sein. Ob hierzu bezogen auf *A. munsteri* spezifische Maßnahmen erforderlich sind, ist ohne nähere Kenntnis über die konkreten Vorkommen nicht zu klären. Auch klimatische Veränderungen könnten das Vorkommen in Bad.-Württ., das am südlichen Rand der dokumentierten Gesamtverbreitung der Art liegt, gefährden.

Agonum piceum

(Linnaeus, 1758)

Sumpf-Flachläufer

Allgemeine Verbreitung: Paläarktisch verbreitete Art, die in Südeuropa weitestgehend fehlt. Während sie in der nördlichen Hälfte Deutschlands fast flächendeckend in geeigneten Lebensräumen vorkommt, weist sie im süddeutschen Raum (Baden-Württemberg, Bayern) größere Verbreitungslücken auf.

Vorkommen in Baden-Württemberg: Schwerpunkt in Teilen des Voralpinen Hügel- und Moorlands sowie der Neckar- und Tauber-Gäuplatten, zudem

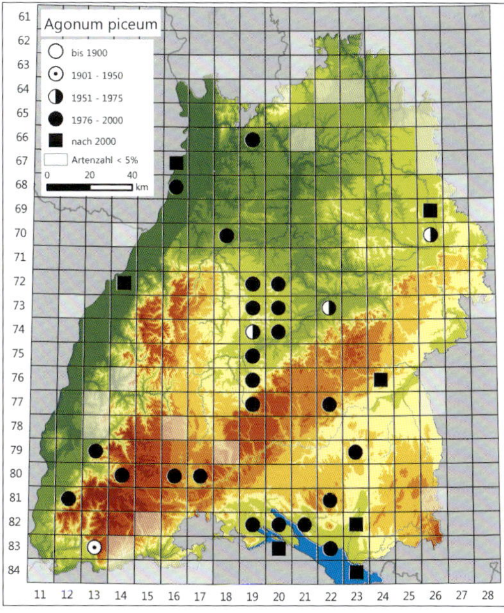

Agonum piceum.

mit meist punktuellen Vorkommen entlang einiger Auen. Im Oberrhein-Tiefland insbesondere im Norden sowie im Bereich der Donau-Iller-Lech-Platte möglicherweise etwas weiter verbreitet als bislang dokumentiert.

Lebensweise und Habitat: Flugfähige (makroptere) Art. Paarung und Eiablage (schwerpunktmäßig) im Frühjahr und Larvalentwicklung ab Frühjahr/Sommer. Aktive Imagines wurden in Bad.-Württ. nach den ausgewerteten Daten zwischen April und August registriert, mit einem Aktivitätsmaximum im April und Mai.

Agonum piceum bewohnt sehr nasse Lebensräume mit stark vertikal strukturierter Vegetation. Foto: K. Geigenmüller.

A. piceum ist eine Art sehr nasser, überwiegend besonnter Riede und Röhrichte und tritt i. d. R. unmittelbar an der Wasserkante oder in den im Wasser stehenden Röhrichten auf. Zu typischen Lebensräumen zählen Schilfröhrichte an Seen und Weihern sowie Röhrichte des Wasserschwadens (*Glyceria maxima*) in Flutmulden und Altarmen. Wasner (1974) bezeichnet sie für das Federseegebiet als die seltenste dort vorkommende Art der engeren Verwandtschaftsgruppe, die aber insbesondere im zeitigen Frühjahr und im vordersten Bereich des „schwimmenden Ufers" des Schilfgürtels häufiger sei. Lindroth (1992) führt aus, die Art toleriere mäßige Beschattung durch Büsche oder einzelne Bäume, benötige aber offensichtlich auch Stellen in Sonnenexposition. Eigene Funde aus Bad.-Württ. stammen, mit Ausnahme einzelner Winterquartierfunde unter Rinde, aus besonnten Lebensräumen, die allerdings teilweise in eine Gehölzmatrix eingebunden waren (hier: offene Altarme im Auwald). *A. piceum* ist als charakteristische Art des Lebensraumtyps 3150 (Eutrophe Stillgewässer) des Anhangs I der FFH-Richtlinie einzustufen.

Gefährdung und Schutz: *A. piceum* ist bundesweit (Stand 2015) gefährdet und in Bad.-Württ. (Stand 2005) stark gefährdet sowie Landesart B des Informationssystems Zielartenkonzept Bad.-Württ. (Stand 2009). Als Gefährdungsursachen sind insbesondere Entwässerung, Verlust auetypischer Strukturen wie offener Altarme (teils, wie im Donauraum, auch durch Begleitumstände fischereilicher Nutzung) sowie flächige Gehölzsukzession bei Wegfall oder Verringerung bestandserhaltender Nutzung oder Pflegemaßnahmen einzustufen. Die Art benötigt nach den vorliegenden Daten Stillgewässer mit stark vertikal strukturierter Vegetation in jedenfalls zu größeren Anteilen besonnter Lage. Deren Sicherung und Wiederentwicklung, Letzteres insbesondere auch als auetypische Elemente entlang der größeren Fließgewässer, ist ein vorrangiges Ziel.

Agonum scitulum

Dejean, 1828

Auwald-Flachläufer

Allgemeine Verbreitung: Zentraleuropäisch stark diskontinuierlich verbreitete Art. Vorwiegend in der westlichen Hälfte Deutschlands stark zerstreute, isolierte Vorkommen östlich bis zum Unterlauf der Elbe und zum Harz, wo sie ihre nordöstliche Arealgrenze erreicht.

Vorkommen in Baden-Württemberg: Nur im Schwäbischen Keuper-Lias-Land sowie im mittleren und südlichen Teil des Oberrhein-Tieflands in Verbindung mit Hochrhein und Übergangsbereichen in den Schwarzwald, lokal auch im Schwarzwald selbst nachgewiesen. Tiere zur Meldung v. d. Trappens (1930) für Stuttgart und den Schönbuch hatten sich bei Prüfung zwar als Fehlbestimmung erwiesen (s. Horion 1959a), zwischenzeitlich ist die Art aus diesem Raum jedoch nachgewiesen (u. a. Baehr 1980).

Lebensweise und Habitat: Art mit vollständig entwickelten Hinterflügeln (makropter), für die Paill (2010) aufgrund des Fangs „in einer direkt über der Wasseroberfläche [eines Flusses] hängend installierten Kreuzfensterfalle [...] erstmals die [bereits] zu vermutende Ausbreitungsfähigkeit durch aktiven Flug" dokumentieren konnte. Paarung und Eiablage (schwerpunktmäßig) im Frühjahr und Larvalentwicklung ab Frühjahr/Sommer. Aktive Imagines wurden in Bad.-Württ. nach den ausgewerteten

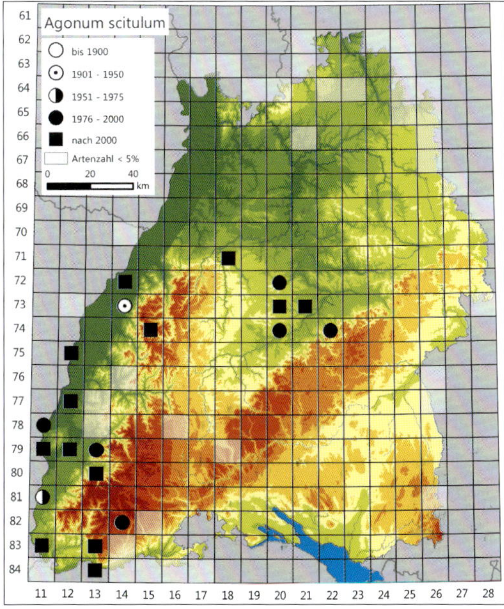

Agonum scitulum. Foto: C. Benisch.

Daten zwischen März und Oktober registriert, mit einem Aktivitätsmaximum im Mai und Juni.

A. scitulum hat ihr Schwerpunktvorkommen in der Weichholzaue und dort in nassen Bereichen oft lichter, uferbegleitender Gehölzbestände, die wenigstens auf Teiflächen eine dichte, stark vertikal strukturierte Vegetation (oft Seggen) aufweisen. Sokolowski (1958) fand sie am Kaiserstuhl auf tiefgründigem und feinkörnigem Boden in einem Auwald mit Schilf- und *Iris*-Bestand, Baehr (1980) im Schönbuch im zentralen Bad.-Württ. am häufigsten „in einem offenen Erlen-Eschen-Auwäldchen mit deckendem *Petasites*-Unterwuchs auf sehr tiefgründigem, lockerem Mullboden“, daneben in weiteren Auwaldstandorten sowie „in einem Seggen- und Schilfsumpf mit einzelnen Erlen an einem abgeschnürten Altwasser“. Bei Schanowski & Schiel (2004) wird *A. scitulum* unter den Begleitarten aus Probestellen im Oberrhein-Tiefland beschrieben, wobei der in einem Fall abgebildete Lebensraum eine mit Seggen bewachsene Senke

Lebensraum von *Agonum scitulum*: bachbegleitende Gehölzbestände am Nordrand des Schönbuchs im zentralen Baden-Württemberg.

in einem lichten Gehölz darstellt und es sich bei der anderen Probestelle um eine Schlut mit Vegetation aus ruderalisierten Schilfröhrichten, Seggenrieden und kurzen Gehölzabschnitten handelt. Beide Probestellen liegen zwar in der ausgedeichten Rheinaue, wurden nach SCHANOWSKI & SCHIEL (2004) aber bei hohen Rheinwasserständen überstaut. WOLF-SCHWENNINGER & SCHWENNINGER (1992) führen aus dem südlichen Oberrhein-Tiefland Funde aus einer feuchten Senke im Schilfröhricht, einem Grabenufer im Erlenbruchwald sowie einem Eschen-Pappel-Auwald an. Eigene Funde vom Oberrhein, vom Hochrhein und aus dem zentralen Bad.-Württ. stammen fast ausschließlich aus Auwäldern und deren Fragmenten entlang von Fließgewässern. *A. scitulum* wird als charakteristische Art des Lebensraumtyps *91E0 (Auenwälder) des Anhangs I der FFH-Richtlinie eingestuft, ist dort aber vermutlich nicht an vollständig geschlossene Bestände gebunden, sondern kann von stellenweise lichter Bestandsstruktur und einer engen Verzahnung mit anderen offenen, nassen Lebensräumen (v. a. Seggenrieden) profitieren.

Gefährdung und Schutz: Deutschland liegt im Arealzentrum der Art, dürfte rund ¼ ihrer weltweiten Populationen beherbergen (s. SCHMIDT & BENEDIKT 2010) und trägt somit eine hohe Verantwortlichkeit für ihren Erhalt (Einstufung !; vgl. SCHMIDT et al. 2016). *A. scitulum* ist bundesweit (Stand 2015) und in Bad.-Württ. (Stand 2005) stark gefährdet und als Landesart B des Informationssystems Zielartenkonzept Bad.-Württ. (Stand 2009) eingestuft. Gefährdungsursachen sind insbesondere in Veränderungen des Wasserhaushalts in Auen sowie deren Fragmenten, in morphologischen Veränderungen entlang der Fließgewässer bei Verlust nasser Senken und Auwaldstrukturen sowie in direkten Flächenverlusten zu sehen. Dabei scheint der Schwerpunkt der Art nicht an großen, sondern an mittleren bis kleineren Fließgewässern zu liegen, soweit diese im betreffenden Abschnitt bereits eine zumindest schmale Aue mit Verebnungen und feuchten bis nassen Senken ausbilden können. Schutzmaßnahmen müssen schwerpunktmäßig auf die Sicherung und die Wiederentwicklung naturnaher Fließgewässer mit den oben genannten Strukturen ausgerichtet sein. Ausgehend von den bisher bekannten Verbreitungsräumen der Art sollte eine gezielte Prüfung auf eventuelle weitere Vorkommen in anderen Naturräumen erfolgen.

Agonum sexpunctatum

(Linnaeus, 1758)

Sechspunkt-Glanzflachläufer

Allgemeine Verbreitung: Westpaläarktisch verbreitete Art, die nur in Teilen Süd-, Nord- und Nordwesteuropas fehlt. Sie kommt in Deutschland flächendeckend in geeigneten Lebensräumen vor.

Vorkommen in Baden-Württemberg: Recht weit verbreitet und stet besonders in Naturräumen mit höherem Anteil feuchter und wechselfeuchter Standorte vertreten. Auf der Schwäbischen Alb, im Nordosten Baden-Württembergs und in Teilen des Schwarzwalds kaum Nachweise. Im Schwarzwald ist dies möglicherweise auf Erfassungsdefizite zurückzuführen, weil die Art dort oft punktuell und räumlich relativ rasch wechselnd an eher selten untersuchten Standorten auftritt.

Lebensweise und Habitat: Flugfähige (makroptere) Art. Nahrungsgeneralistin. Paarung und Eiablage (schwerpunktmäßig) im Frühjahr und Larvalentwicklung ab Frühjahr/Sommer. Aktive Imagines wurden in Bad.-Württ. nach den ausgewerteten Daten zwischen März und Oktober registriert, mit einem Aktivitätsmaximum im Mai und Juni.

A. sexpunctatum ist eine typische Art sonnenexponierter „Störstellen" an feuchten bis wechselfeuchten Standorten, die eine hohe Ausbreitungsfähigkeit aufweist und z. B. in offenen Rückegassen im Wald in deren frühen Sukzessionsstadien

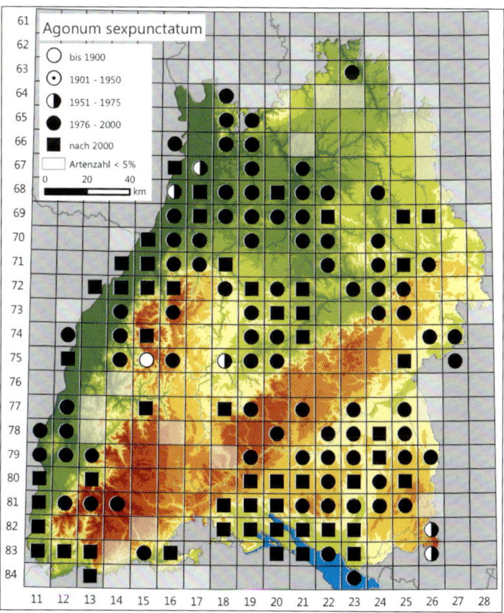

Agonum sexpunctatum.

Agonum sexpunctatum ist eine „Störstellen" besiedelnde Art. Man findet sie zum Beispiel im Bereich von Fahrspuren oder ehemaligen Holzrückeplätzen in besonnten Zonen mit teils nur kleinflächig offenen Bodenstellen, feuchten oder wechselfeuchten Stellen und oftmals ephemeren Kleingewässern.

sowie auf feuchten Schlagfluren ebenso wie in Abbaugebieten, teilweise in Äckern oder auf noch vegetationsarmen Brachen in Ackerbaulandschaften auftritt. Typisch sind voll besonnte Rohbodenbereiche mit teilweise bereits aufkommender lückiger (z. B. Binsen) oder kurzrasiger Vegetation, die zu Staunässe und zur Ausbildung temporärer Kleingewässer neigen. So wurde die Art in höherer Stetigkeit z. B. auch an Wildschweinsuhlen nachgewiesen (Trautner 2006).

Gefährdung und Schutz: *A. sexpunctatum* ist weder bundesweit (Stand 2015) noch in Bad.-Württ. (Stand 2005) gefährdet. Aufgrund der weiten Verbreitung mit Auftreten in unterschiedlichen Lebensraumtypen des Offenlands und von Wald-Offenland-Übergangsbereichen sowie der raschen Besiedlung neu entstehender, geeigneter Habitatstrukturen ist auch keine zukünftige Gefährdung absehbar, wenngleich geeignete Standorte im Waldverband infolge geänderter forstlicher Praxis bereits deutlich abgenommen haben. Kein Handlungsbedarf.

Agonum thoreyi

Dejean, 1828

Röhricht-Flachläufer

Allgemeine Verbreitung: Holarktisch verbreitete Art, die nur in Teilen Süd- und Nordeuropas fehlt. Sie ist in Deutschland weiträumig in geeigneten Lebensräumen vertreten und weist bundesweit nur wenige kleinere Verbreitungslücken auf.

Vorkommen in Baden-Württemberg: Schwerpunkte im Voralpinen Hügel- und Moorland, in der Donau-Iller-Lech-Platte sowie im Oberrhein-Tiefland. Darüber hinaus in Bereichen mit höherem Anteil an Stillgewässern und Nassstandorten vor allem in Teilbereichen der Neckar- und Tauber-Gäuplatten sowie des Schwäbischen Keuper-Lias-Landes noch etwas stärker vertreten, ansonsten allenfalls punktuell. Im Schwarzwald sowie auf der Schwäbischen Alb weitgehend bis vollständig fehlend.

Lebensweise und Habitat: Flugfähige (makroptere) Art. Nahrungsgeneralistin. Paarung und Eiablage (schwerpunktmäßig) im Frühjahr und Larvalentwicklung ab Frühjahr/Sommer. Aktive Imagines wurden in Bad.-Württ. nach den ausgewerteten Daten zwischen April und Oktober registriert, mit einem Aktivitätsmaximum im Mai.

A. thoreyi tritt in feuchten bis nassen Lebens-

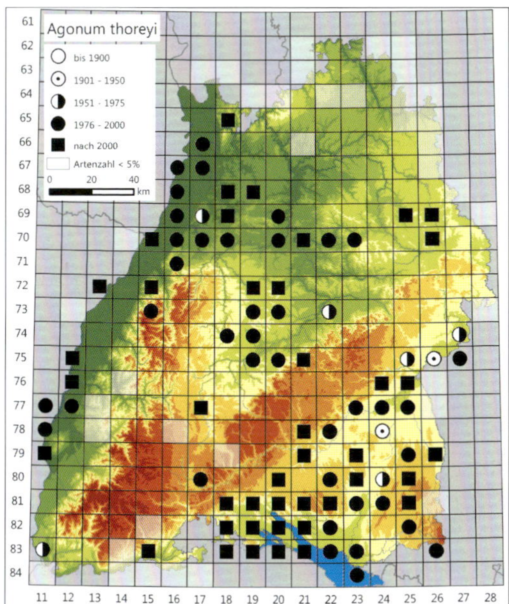

Agonum thoreyi.

Agonum thoreyi ist eine charakteristische Röhrichtart, die am hier gezeigten Standort individuenreich auftritt. Über Gesiebefänge (s. Kap. 7.1) kann man sie auch im Winter gut nachweisen.

räumen mit stark vertikal strukturierter Vegetation (Riede, Röhrichte) auf und ist landesweit in besonders hoher Stetigkeit und Aktivitätsdichte in Schilfröhrichten anzutreffen. Bereits WASNER (1974) bezeichnet sie für den Federsee als „das Tier der Schilfbestände", wobei er die Art dort aufgrund der hohen erreichten Abundanz als häufigste Laufkäferart seiner gesamten Untersuchung registrierte. Weiter schreibt er: „Von der *Typha*[-]zone über das dunkle Phragmitetum typicum bis tief in das Großseggenried hinein ausstrahlend, im Zwischenmoor nur einzeln." Im Standortgradienten wird die Art vom nassen bis in den trockeneren Bereich der Röhrichte zunehmend durch *A. fuliginosum* ersetzt (eigene Daten), ebenso bei stärkerer Gehölzsukzession oder Beschattung.

Gefährdung und Schutz: *A. thoreyi* ist bundesweit (Stand 2015) ungefährdet und in Bad.-Württ. (Stand 2005) eine Art der Vorwarnliste. Rückgangsursachen sind insbesondere Entwässerung, lokale Beeinträchtigung von Verlandungszonen sowie Gehölzsukzession infolge des Ausfalls oder der Verringerung bestandserhaltender Pflegemaßnahmen. Insbesondere in denjenigen Naturräumen, in denen die Art nur lokal vertreten ist, muss diesen Faktoren entgegengewirkt werden. Hierzu zählt sowohl die Zurückdrängung bereits erfolgter Gehölzsukzession an geeigneten Standorten wie auch die flächenmäßige Ausdehnung von Uferröhrichten an Stillgewässern mit durch intensive Nutzungen beeinträchtigter Verlandungszone, soweit dort nicht höherrangige Schutzziele (insbesondere offener, vegetationsarmer Uferbereiche für stärker gefährdete Arten) verfolgt werden müssen.

Agonum versutum

Sturm, 1824

Auen-Glanzflachläufer

Allgemeine Verbreitung: Westpaläarktisch verbreitete Art, die in Südeuropa und in Teilen Nordeuropas weitestgehend fehlt. Sie ist trotz kleinerer Verbreitungslücken vor allem in der nördlichen Hälfte Deutschlands weit verbreitet, während sie nach Süden ausdünnt und in großen Teilen Baden-Württembergs und Bayerns fehlt.

Vorkommen in Baden-Württemberg: In neuerer Zeit punktuell aus dem Oberrhein-Tiefland (z. B. RHEINHEIMER 2000) und vom Oberlauf der Donau (KLESS 1998) sicher belegt, zudem aus dem Südteil der Donau-Iller-Lech-Platte. HORION (1941) bezeichnet die Art für ganz Deutschland, „auch in West- u. Süddeutschl." als im allgemeinen nicht häufig, leider ohne konkrete Funddaten für Bad.-Württ. zu nennen. Die Angabe für Ulm (Oberamtsbeschreibung von LAMPERT 1897) ist aber in der Sammlung HUEBER richtig belegt (2 Ex., t. HORION, unveröff.). In der älteren Literatur finden sich zwar einzelne weitere Angaben u. a. für den Raum Tübingen (LEYDIG 1871: Steinlachtal), doch erscheinen diese zweifelhaft und wurden daher nicht in die Datenbank aufgenommen, ebenso wenig wie einzelne neuere unpublizierte Meldun-

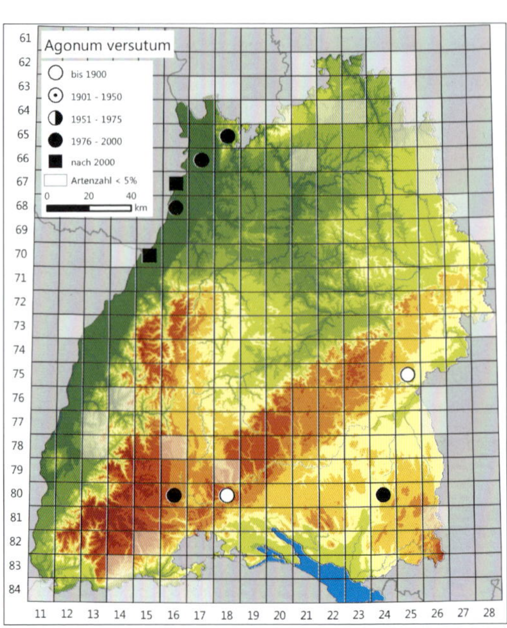

Agonum versutum. Foto: O. Bleich.

gen, für die keine prüfbaren Belege zur Verfügung standen.

Lebensweise und Habitat: Flugfähige (makroptere) Art. Paarung und Eiablage (schwerpunktmäßig) im Frühjahr und Larvalentwicklung ab Frühjahr/Sommer. Imagines wurden in Bad.-Württ. nach den ausgewerteten Daten überwiegend im Winterquartier gefunden, aktive Tiere im Mai und Juni. Letzteres korrespondiert mit den Angaben von Handke (2006) aus Untersuchungen von Auestandorten am hessischen Oberrhein, nach denen *A. versutum* „phänologisch eine ausgeprägte Frühsommerart mit einem Maximum im Mai/Juni [ist]. Sie kann aber ganzjährig im Gebiet gefangen werden und überwintert als Imago." Aus Bad.-Württ. liegen für die Angabe eines Aktivitätsmaximums keine ausreichenden Daten vor.

A. versutum ist eine Art vegetationsreicher Ufer und Flutmulden. Lindroth (1992) beschreibt den Lebensraum als mehr oder minder besonnte und flache, an Sumpfgräsern (*Carex, Glyceria*) reiche Ufer auf Feinsediment, die zudem meist eine dichte Moosschicht aufweisen sollen (kein *Sphagnum*); eine moderate Beschattung soll demnach toleriert werden. Derselbe Autor gibt außerdem an, dass die Art oft zusammen mit *Blethisa multipunctata* gefunden wird, was für den Nachweis am Unterhölzer Weiher (s. Kless 1998) zutrifft und auch mit mehreren eigenen entsprechenden Funden aus anderen Regionen Deutschlands (Elbe, Main) korrespondiert. *A. versutum* kommt als charakteristische Art der Lebensraumtypen 3130 und 3150 (Oligo- bis mesotrophe Stillgewässer, Eutrophe Stillgewässer) des Anhangs I der FFH-Richtlinie infrage.

Gefährdung und Schutz: *A. versutum* ist bundesweit (Stand 2015) gefährdet und in Bad.-Württ. (Stand 2005) stark gefährdet sowie Landesart B des Informationssystems Zielartenkonzept Bad.-Württ. (Stand 2009). Sowohl im Donautal als auch im Rheintal dürften der Verlust vegetationsreicher Altarme und Flutmulden im Zuge von Fließgewässerregulierungen als primär historische Rückgangsursache sowie weitere, spätere Eingriffe (u. a. Verfüllung von Flutmulden im Kontext landwirtschaftlicher Flächennutzung) als Gefährdungsfaktoren infrage kommen. Eine gezielte Prüfung auf weitere Vorkommen der Art sollte vorgenommen werden, insbesondere in als Lebensraum infrage kommenden Aueresten entlang des Donautals und im nördlichen Teil des Oberrhein-Tieflands. Vorkommen müssen gesichert und nach Möglichkeit durch Wiederentwicklung vegetationsreicher, offener Nassstandorte in den Auen ausgedehnt werden.

Agonum viduum

(Panzer, 1796)

Grünlicher Glanzflachläufer

Allgemeine Verbreitung: Westpaläarktisch verbreitete Art, die weitgehend in Südeuropa sowie in Teilen Nordeuropas fehlt. Sie kommt in Deutschland flächendeckend in geeigneten Lebensräumen vor, wobei sie nur eine größere Verbreitungslücke im zentralen Bayern aufzuweisen scheint.

Vorkommen in Baden-Württemberg: Landesweit verbreitet, lediglich in Räumen mit geringer Ausstattung an Gewässern und feuchten Standorten sowie in walddominierten Räumen des Schwarzwalds weitgehend fehlend oder nur lokal vertreten; ansonsten sind fehlende Nachweise in der Verbreitungskarte als Erfassungslücken, i. d. R. aber nicht als ein tatsächliches Fehlen zu interpretieren.

Lebensweise und Habitat: Flugfähige (makroptere) Art. Paarung und Eiablage (schwerpunktmäßig) im Frühjahr und Larvalentwicklung ab Frühjahr/Sommer. Aktive Imagines wurden in Bad.-Württ. nach den ausgewerteten Daten zwischen April und Oktober registriert, mit einem Aktivitätsmaximum im Mai und Juni.

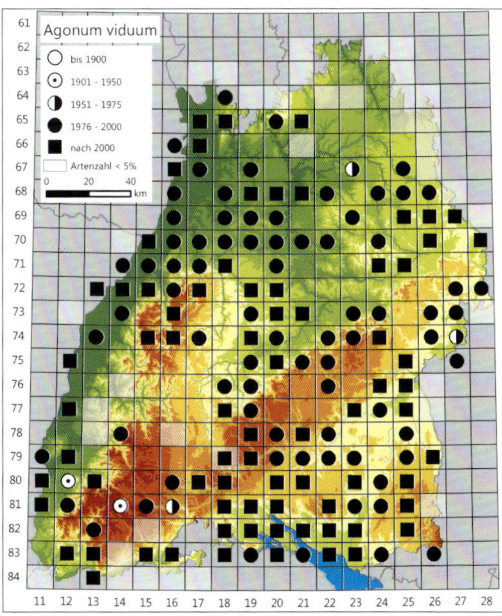

Agonum viduum. Foto: J. Gebert.

A. viduum ist wie *A. emarginatum* eine häufige Art vegetationsreicher Feucht- und Nasslebensräume, wobei ihr Schwerpunkt etwas enger auf die stark vertikal strukturierten Röhrichte und Riede außerhalb beschattender Gehölze fokussiert zu sein scheint, häufig im direkten Uferkontakt mit stehenden oder langsamer fließenden Gewässern. Tendenziell ist *A. viduum* damit im Gegensatz zur Einordnung Lindroths (1986) jedenfalls in Bad.-Württ. als Feuchtgebietsart zu beurteilen, die weniger eurytop ist als die verwandte Art *A. emarginatum*.

Gefährdung und Schutz: *A. viduum* ist bundesweit (Stand 2015) und in Bad.-Württ. (Stand 2005) ungefährdet. Aufgrund der weiten Verbreitung mit Auftreten in unterschiedlichen feuchten Lebensraumtypen ist auch zukünftig keine Gefährdung absehbar. Kein Handlungsbedarf.

Agonum viridicupreum

(Goeze, 1777)

Bunter Glanzflachläufer

Allgemeine Verbreitung: Westpaläarktisch verbreitete Art, in Nord- und Nordwesteuropa fehlend. In Deutschland besiedelt sie trotz größerer Verbreitungslücken vorwiegend die westliche Hälfte und erreicht ihre nördliche Verbreitungsgrenze in Schleswig-Holstein, während sie in weiten Teilen Mittel-, Ost- und Südostdeutschlands fehlt. Für die Art wird von einer Expansion nach Norden ausgegangen (Drees et al. 2011a).

Vorkommen in Baden-Württemberg: Schwerpunkt im Oberrhein-Tiefland, jedoch punktuell auch in einigen weiteren Naturräumen nachgewiesen.

Agonum viridicupreum.

Lebensweise und Habitat: Flugfähige (makroptere) und – jedenfalls überwiegend – tagaktive Art, bei der von Paarung und Eiablage (schwerpunktmäßig) im Frühjahr und Larvalentwicklung ab Frühjahr/Sommer auszugehen ist. Aktive Ima-

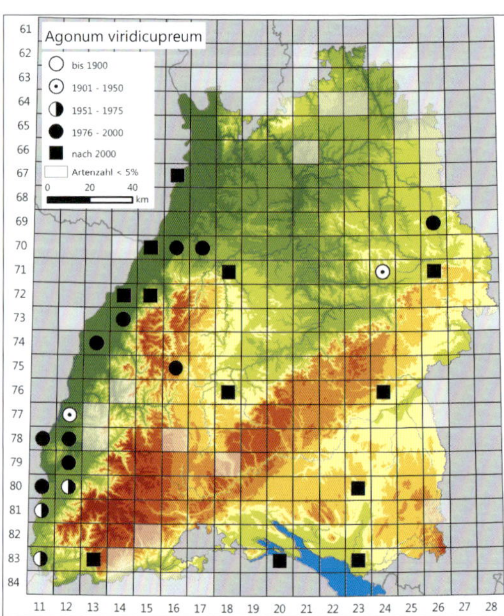

Dieser überschwemmte Acker im Randbereich des Schmiechener Sees auf der Schwäbischen Alb bietet günstige Habitatstrukturen für *Agonum viridicupreum*.

gines wurden in Bad.-Württ. nach den ausgewerteten Daten zwischen Mai und November registriert. Für die Angabe eines Aktivitätsmaximums liegen keine ausreichenden Daten vor, die meisten Funde stammen aber aus dem Mai und Juni.

A. viridicupreum tritt auf nassen bis wechselfeuchten, meist schütter von Vegetation bestandenen Ufern, Flutmulden und Rohböden (z. B. zeitweise überstaute Flächen) in sonnenexponierter Lage auf. Typische Lebensräume sind Flutmulden in mittleren bis größeren Auen, annuelle Pioniervegetation auf staunassen Äckern und Ackerbrachen (z. B. einer der von Wolf-Schwenninger & Schwenninger 1992 mitgeteilten Funde), vegetationsarme und nasse „Störstellen" in beweideten Flächen sowie Stillgewässer mit stark schwankendem Wasserstand, die regelmäßig größere, offene Schlammfluren im Übergang zu einer dichteren Ufer- und Sumpfvegetation ausbilden. Die Art tritt auch in meist frühen Sukzessionsstadien von Gewässern in Abbaugebieten auf, z. B. in Lehmgruben.

Gefährdung und Schutz: *A. viridicupreum* ist bundesweit (Stand 2015) gefährdet und in Bad.-Württ. (Stand 2005) stark gefährdet sowie Landesart B des Informationssystems Zielartenkonzept Bad.-Württ. (Stand 2009). Gefährdungsursachen sind die Entwässerung und Verfüllung von feuchten bis nassen Senken auch im Kontext verbesserter landwirtschaftlicher Nutzung, die Einschränkung des Überflutungsregimes in Auen, Rekultivierung in Abbaugebieten sowie die Reduzierung oder Aufgabe bestandserhaltender Nutzungen insbesondere im wechselfeuchten bis nassen Grünland mit anschließenden Sukzessionsprozessen. Auf den zuletzt genannten Problembereich wurde unter anderem von Trautner & Bräunicke (1997) am Beispiel von Folgewirkungen einer Fließgewässerrenaturierung mit mangelnder Berücksichtigung wichtiger Arten offener Auestandorte hingewiesen (Untersuchungsgebiet im Saarland). Wichtige Schutzmaßnahmen sind der Erhalt und die Wiederherstellung offener, besonnter, wechselnasser bis nasser Standorte, die durch Nutzung (z. B. Beweidung) oder infolge der Wasserstandsdynamik Bodenstellen mit teils fehlender bis lückiger Vegetation ausbilden. Hierzu sollten im Rahmen von Initialmaßnahmen an geeigneten Standorten insbesondere Drainagen zurückgenommen oder bereits erfolgte Gehölzsukzession zurückgedrängt werden, in Auen sollte nach Möglichkeit ein naturnahes Überflutungsregime wiederinstalliert werden. Für viele Standorte dürfte sich ein angepasstes Beweidungsregime besonders eignen, um vorhandene Lebensraumqualitäten der Art langfristig zu sichern.

Anchomenus dorsalis. Foto: E. Wachmann.

Anchomenus dorsalis

(Pontoppidan, 1763)
Bunter Enghalsläufer

Allgemeine Verbreitung: Paläarktisch verbreitete Art, in fast ganz Europa außer in Teilen Nordeuropas vertreten. Sie kommt in Deutschland flächendeckend in geeigneten Lebensräumen vor.

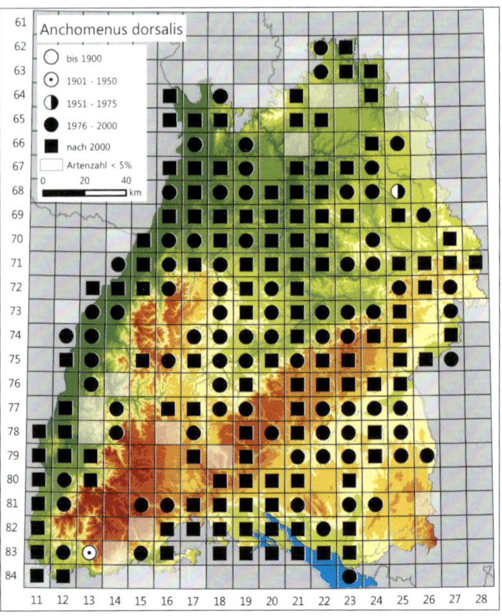

Vorkommen in Baden-Württemberg: Landesweit verbreitet, nur in den walddominierten Lagen des Schwarzwalds größerräumig nicht vertreten; fehlende Nachweise in der Verbreitungskarte sind ansonsten als Erfassungslücken, i. d. R. aber nicht als ein tatsächliches Fehlen zu interpretieren.

Lebensweise und Habitat: Flugfähige (makroptere) und überwiegend räuberische Art. In Ackerkulturen ist sie ein bedeutender Blattlausräuber (z. B. Scheller 1984). Ganz überwiegend nachtaktiv, bei Thiele (1977) der Gruppe mit lediglich 0–15 % Tagaktivität zugeordnet. Paarung und Eiablage (schwerpunktmäßig) im Frühjahr und Larvalentwicklung ab Frühjahr/Sommer. Aktive Imagines wurden in Bad.-Württ. nach den ausgewerteten Daten zwischen März und Oktober registriert, mit einem Aktivitätsmaximum im Mai und Juni.

A. dorsalis ist eine häufige Offenlandart, die schwerpunktmäßig im trockenen bis frischen Standortbereich und dort in besonders hoher Aktivitätsdichte vor allem in Ackerbaulandschaften auftritt, aber auch Weinberge, Grünland, Ruderalflächen und andere offene Lebensräume sowie teils Wald-Offenland-Übergangsbereiche besiedelt, soweit diese nicht zu stark beschattet oder zu feucht sind. *A. dorsalis* überwintert teils stark aggregiert in hoher Individuenzahl z. B. in Feldrainen, Steinriegeln und Hecken im Boden oder unter tiefer eingebetteten Steinen.

Gefährdung und Schutz: *A. dorsalis* ist weder bundesweit (Stand 2015) noch in Bad.-Württ. (Stand 2005) gefährdet. Aufgrund der weiten Verbreitung mit Auftreten in unterschiedlichen, auch intensiv genutzten Lebensraumtypen des Offenlands ist auch keine zukünftige Gefährdung absehbar. Kein Handlungsbedarf.

Limodromus assimilis

(Paykull, 1790)
Schwarzer Enghalsläufer

Allgemeine Verbreitung: Paläarktisch verbreitete Art, in Europa nur in Teilen Südeuropas und im äußersten Norden fehlend. Sie kommt in Deutschland flächendeckend in geeigneten Lebensräumen vor.

Vorkommen in Baden-Württemberg: Landesweit verbreitet, fehlende Nachweise in der Verbreitungskarte sind als Erfassungslücken, i. d. R. aber nicht als ein tatsächliches Fehlen zu interpretieren.

Lebensweise und Habitat: Flugfähige (makroptere) und räuberische Art. Ganz überwiegend nachtaktiv, bei THIELE (1977) der Gruppe mit lediglich 0–15 % Tagaktivität zugeordnet. Paarung und Eiablage (schwerpunktmäßig) im Frühjahr und Larvalentwicklung ab Frühjahr/Sommer. Aktive Imagines wurden in Bad.-Württ. nach den ausgewerteten Daten zwischen März und Oktober registriert, mit einem Aktivitätsmaximum im Mai und Juni.

L. assimilis ist eine Wald- und gehölzbewohnende Art mit deutlichem Schwerpunkt im frischen bis feuchten Standortbereich, die insbesondere in Auwäldern, sonstigen fließgewässerbegleitenden Gehölzbeständen sowie in Feucht- und Nasswäldern in hoher Aktivitätsdichte und Stetigkeit auftritt. In Auwäldern am Rhein gehört *L. assimilis* zu den dominanten Arten (z. B. GERKEN

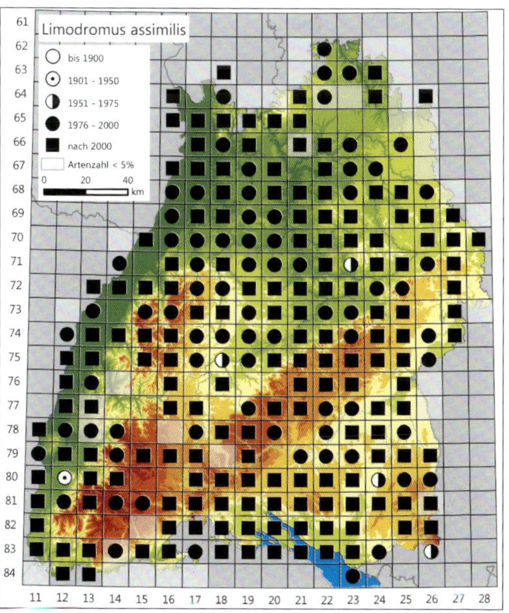

Limodromus assimilis.

1981). Stark kann sie auch in anderen Waldtypen sowie teils in Feldgehölzen, Hecken und Wald-Offenland-Übergangsbereichen vertreten sein, soweit diese nicht zu trocken sind. Im Bannwald Sommerberg (Stieleichen-Hainbuchenwald und Waldsimsen-Buchenwald auf einer Höhenlage von rd. 350–400 m ü. NN) trat die Art z. B. an allen untersuchten Standorten auf, erreichte aber an Probestellen im Hangfußbereich mit Tonlehmen und deutlich feuchteren Standortbedingungen seine höchsten Aktivitätsdichten (TRAUTNER et al. 1998).

Gefährdung und Schutz: *L. assimilis* ist weder bundesweit (Stand 2015) noch in Bad.-Württ. (Stand 2005) gefährdet. Aufgrund der weiten Verbreitung mit Auftreten in unterschiedlichen gehölzdominierten Lebensraumtypen ist auch keine zukünftige Gefährdung absehbar. Kein Handlungsbedarf.

Limodromus longiventris

(Mannerheim, 1825)
Gestreckter Enghalsläufer

Allgemeine Verbreitung: Westpaläarktisch verbreitete, in Europa überwiegend sehr diskontinuierlich im zentralen europäischen Raum und im südlichen Nordeuropa vertretene Art. Sie erreicht in Deutschland die westliche Arealgrenze und kommt von ihrem Verbreitungsschwerpunkt im Osten (v. a. Sachsen-Anhalt, Brandenburg, Sachsen) nach Südwesten bis zum Mittelrhein (Hessen, Rheinland-Pfalz, Baden-Württemberg) vor, während sie in weiten Teilen Nordwest-, West-, Mittel- und Süddeutschlands ansonsten fehlt.

Vorkommen in Baden-Württemberg: Schwerpunkt im nördlichen Teil des Oberrhein-Tieflands und am Bodensee (Teil des Voralpinen Hügel- und Moorlandes), daneben punktuell im Einzugsgebiet des Neckars. Die Angabe bei v. d. Trappen (1930) für Urlau nach Pfarrer Müller ist zweifelhaft und wurde nicht in die Datenbank übernommen.

Lebensweise und Habitat: Flugfähige (makroptere) Art, bei der von überwiegender Nachtaktivität auszugehen ist. Paarung und Eiablage (schwerpunktmäßig) offenbar im Frühjahr und Larvalentwicklung ab Frühjahr/Sommer; in Bad.-Württ. wurden unausgefärbte Tiere im Frühsommer gefangen. Aktive Imagines wurden in Bad.-Württ. nach den ausgewerteten Daten zwischen April und August registriert, für die Angabe eines Aktivitätsmaximums liegen keine ausreichenden Daten vor.

L. longiventris ist eine spezifische Aueart, die offensichtlich stark von Überflutungen profitiert. Neben Auwäldern und deren Fragmenten ist die Art z. B. auch in Seggenrieden, Schilfröhrichten und Flutmulden nachzuweisen. Sowohl Untersuchungen aus dem österreichischen Donauraum als auch aus dem Wollmatinger Ried am Bodensee belegen eine erhebliche Steigerung der Aktivitätsdichte der Art nach starken Hochwässern (vgl. auch Bräunicke & Trautner 2002). Bei Bodenfallenfängen durch J. Kiechle im Wollmatinger Ried wurden nach Ablauf des Extremhochwassers

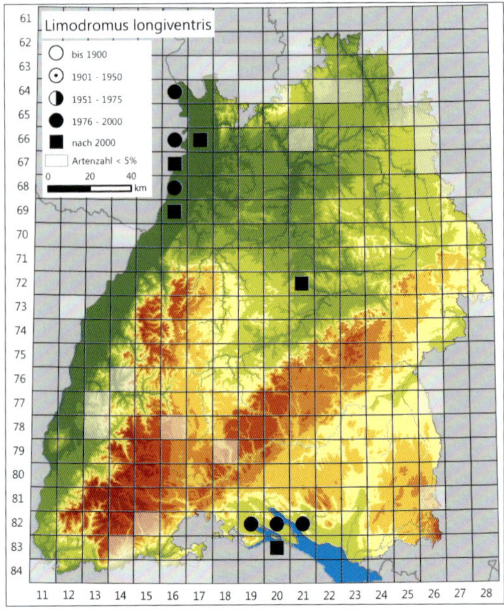

Limodromus longiventris.

1999 sehr viel höhere Werte an untersuchten Probestellen als in anderen Jahren registriert. „Wahrscheinlich ist, dass die Fangzahlen [...] zum Teil durch Individuen bedingt sind, die mit dem zurückgehenden Hochwasser auf den jeweils geeignetsten Flächen aktiv wurden, in Normaljahren in diesem Bereich jedoch allenfalls suboptimale Lebensräume vorgefunden hätten. Der Fang zahlreicher deutlich unausgehärteter (immaturer) Tiere deutet aber auch darauf hin, dass eine erfolgreiche Individualentwicklung stattfinden konnte" (Bräunicke & Trautner 2002). Zulka (1994) gibt an, dass ein reiches Nahrungsangebot an Springschwänzen (Collembola) auf Flächen unmittelbar nach Ablauf von Hochwässern hohe Fortpflanzungsraten ermögliche.

Gefährdung und Schutz: *L. longiventris* ist bundesweit (Stand 2015) und in Bad.-Württ. (Stand 2005) stark gefährdet sowie als Landesart B des Informationssystems Zielartenkonzept Bad.-Württ. (Stand 2009) eingestuft. Als typische Aueart periodisch überfluteter Bereiche hat *L. longiventris* mit Sicherheit bereits erhebliche Bestandseinbußen durch Aueregulierung und Flächeninanspruchnahmen in Uferzonen etwa durch Siedlung und Freizeitnutzung (Bodensee) erlitten. Von besonderer Bedeutung für ihren Bestandserhalt ist die Sicherung der großflächigen Seeriede am Bodensee

Lebensraum von *Limodromus longiventris* am westlichen Bodensee.

sowie der Auwald- und Auereste im nördlichen Teil des Oberrhein-Tieflands. Durch Wiederentwicklung einer naturnahen Wasserstandsdynamik an geeigneten Standorten des Oberrhein-Tieflands soll die Bestandssituation verbessert werden. Am mittleren und südlichen Oberrhein sowie im Einzugsgebiet des Neckars sollten gezielte Prüfungen auf neue oder weitere, bisher nicht dokumentierte Vorkommen vorgenommen werden. Dort könnten auch schon kleinräumige Veränderungen oder Eingriffe zum erheblichen Rückgang oder zum Ausfall lokaler Populationen führen.

Olisthopus rotundatus

(Paykull, 1790)

Sand-Glattfußläufer

Allgemeine Verbreitung: Westpaläarktisch verbreitete Art, die in Teilen Nord- und Südeuropas jedoch fehlt. Sie ist in Deutschland weit verbreitet, kommt aber insbesondere in Teilen Süddeutschlands nur lokal und vereinzelt vor.

Vorkommen in Baden-Württemberg: Schwerpunkt in Teilen des Oberrhein-Tieflands sowie der Neckar- und Tauber-Gäuplatten und des Schwäbischen Keuper-Lias-Landes. Auch auf der Schwäbischen Alb punktuell nachgewiesen. Im Schwarzwald offenbar weitestgehend, südlich der Donau vollständig fehlend. Bei der Meldung von Lechner (1991) aus Feldhecken des Voralpinen Hügel- und Moorlandes handelt es sich mit Sicherheit um eine Fehlbestimmung (s. Kap. 11.2 zu *Miscodera arctica*).

Lebensweise und Habitat: Art mit unterschiedlicher Flügelausbildung (dimorph bzw. polymorph), von der nach Auswertungsstand keine Flugbeobachtung vorliegt. Offenbar pflanzenfressende Art. Paarung und Eiablage (schwerpunktmäßig) im Sommer und Larvalentwicklung ab Sommer/Herbst. Aktive Imagines wurden in Bad.-Württ. nach den ausgewerteten Daten zwischen Mai und Oktober registriert, mit einem Aktivitätsmaximum im August und September.

O. rotundatus tritt an trockenen bis wechsel-

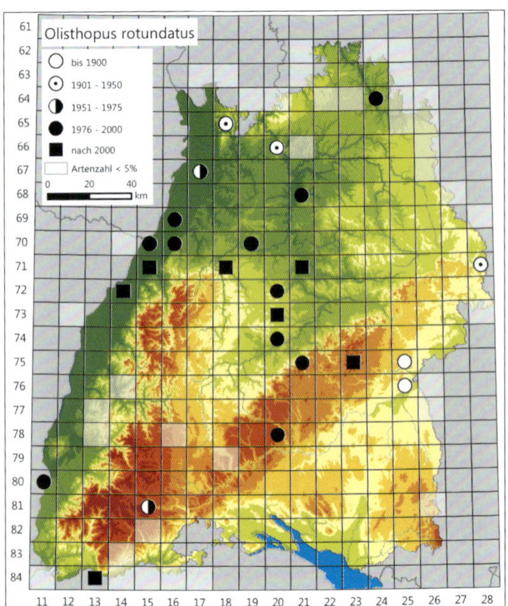

trockenen, sonnenexponierten und nährstoffarmen Standorten mit jedenfalls teilweise lückiger bis spärlicher Vegetation auf. Zu typischen Lebensräumen zählen Sandrasen (so z. B. Fund von Wolf-Schwenninger & Schwenninger 1992), schütter bewachsene Stellen auf lehmigen „Ödländern" (so z. B. Funde von Baehr 1980 auf dem ehemaligen Waldhäuser Exerzierplatz in Tübingen), kurzrasige Kalk-Halbtrockenrasen und Heidefragmente auf Sandstein-Verwitterungsböden des Keupers (eigene Daten). Die Art kommt auch an geeigneten Standorten in Abbaugebieten vor.

Gefährdung und Schutz: *O. rotundatus* ist bundesweit (Stand 2015) als Art der Vorwarnliste eingestuft, in Bad.-Württ. (Stand 2005) aber stark gefährdet und Landesart B des Informationssystems Zielartenkonzept Bad.-Württ. (Stand 2009). Hauptgefährdungsursachen sind das Ausbleiben oder die Verringerung bestandserhaltender Nutzungen oder Pflege, was zu negativen Sukzessionsprozessen (Schließen der grasig-krautigen Vegetation, aufkommende Gehölze mit Beschattung) führt, zudem direkte Flächenverluste, Eutrophierung und die Rekultivierung von Abbaugebieten. An mehreren Stellen ist das Erlöschen ehemaliger lokaler Populationen durch solche Einflüsse dokumentiert. Schutzmaßnahmen müssen darauf abzielen, eine Pflege oder Nutzung der Arthabitate zu erhalten oder wieder einzuführen, die eine ausreichende, wiederkehrende Störung der Bodenvegetation mit Ausbildung von Rohbodenstellen in sonnenexponierter Lage gewährleistet. Auf der Heilbronner Waldheide war in den 1990er Jahren zum Schutz eines isolierten Vorkommens einer heidetypischen Heuschreckenart mit Initialmaßnahmen der Heideregeneration begonnen worden, die ein streifenweises Abschieben umfassten (s. Trautner & Simon 1993).

Olisthopus rotundatus.

Olisthopus rotundatus wird durch ein Management gefördert, das auf die regelmäßige Erzeugung oder Wiederherstellung besonnter Rohbodenstandorte abzielt. So wurden im Bereich der Heilbronner Waldheide im Zuge des streifenweisen Abschiebens von Oberboden zur Heideregeneration auch die Lebensbedingungen für diese Art verbessert.

Folgeuntersuchungen zeigten, dass hiervon auch *O. rotundatus* profitierte. Als dauerhafte Maßnahme wird sich in vielen Fällen ein angepasstes Beweidungsregime zur Bestandssicherung anbieten. Auch bei der Abbau- und Rekultivierungsplanung sollten die Ansprüche der Art in geeigneten Räumen verstärkt berücksichtigt werden. Heutige Vorkommen von *O. rotundatus* in Bad.-Württ. sind vielfach stark isoliert, und es ist fraglich, inwieweit noch Austausch- und Neubesiedlungsprozesse ohne unmittelbare räumliche Nachbarschaft stattfinden können. Maßnahmen sollten daher – jedenfalls zunächst – vorrangig im engen räumlichen Umfeld bekannter Vorkommen umgesetzt werden. Zudem sollte insbesondere im Schwäbischen Keuper-Lias-Land eine Prüfung auf eventuell noch vorhandene, bisher nicht dokumentierte Populationen an weiteren potenziell geeigneten Standorten vorgenommen werden.

Olisthopus sturmii

(Duftschmid, 1812)

Sturms Glattfußläufer

Allgemeine Verbreitung: Paläarktisch, aber sehr diskontinuierlich in der temperaten Zone verbreitete Art. Aus Deutschland liegen ganz überwiegend nur alte Funde aus den östlichen und südöstlichen Teilen vor (vgl. Verbreitungskarte bei Trautner et al. 2014).

Vorkommen in Baden-Württemberg: In den Neckar- und Tauber-Gäuplatten durch einen Fund von Pinhard nachgewiesen, der bereits bei v. d. Trappen (1930) verzeichnet war. Das Belegtier im Staatlichen Museum für Naturkunde Stuttgart wurde überprüft und ist korrekt bestimmt (Heimsheim, Pinhard leg., 22. 4. 1912; t. Trautner). Als Fundzeitraum wird bereits bei v. d. Trappen (1930) Ende April angegeben, weshalb dieser Angabe gefolgt wurde, wenngleich das handschriftliche Etikett auch September (9) an Stelle des

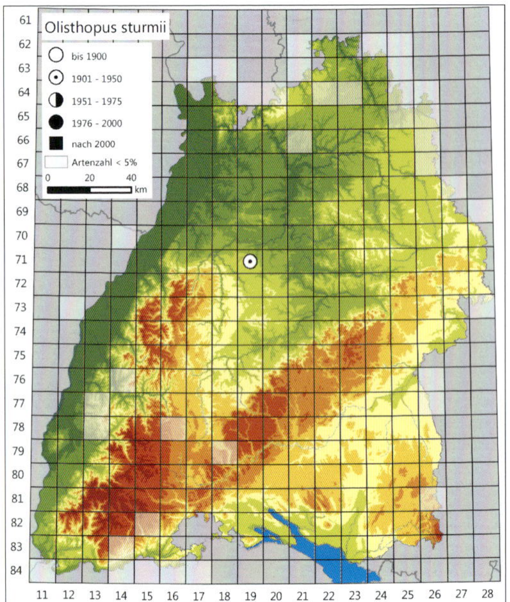

Aprils (4) als Interpretation zuließe. Horion (1959a) schreibt zu diesem Fund: „Das tatsächliche, heutige Vorkommen in Württemberg [Anm.: aus Baden liegt keine Meldung vor] muss durch einen neuen Fund bewiesen werden." Er stufte die Artmeldung aufgrund des Alters und fehlender Neufunde als fraglich ein. Dem wird hier, insbesondere aufgrund der zwischenzeitlichen Auswertung zur bundesweiten Verbreitung, nicht gefolgt. Das ehemalige Vorkommen der Art um Heimsheim ist vor dem Hintergrund der dortigen Standorte und Lebensräume (s. u.) sowie der Gesamtverbreitung der Art vielmehr plausibel; fehlende neuere Nachweise sind in Übereinstimmung mit der Gesamtsituation im zentraleuropäischen Raum auf eine vermutlich bereits früh einsetzende, stark negative Bestandsentwicklung zurückzuführen.

Olisthopus sturmii. Foto: O. Bleich.

Lebensweise und Habitat: Art mit unterschiedlicher Flügelausbildung (dimorph), von der nach Auswertungsstand keine Flugbeobachtung vorliegt. Für Angaben zu Phänologie und Aktivitätsmaximum liegen keine ausreichenden Daten vor.

O. sturmii wurde in Bad.-Württ. in einem wärmebegünstigten Raum auf Kalkuntergrund nachgewiesen, der historisch in großem Umfang Halbtrockenrasen und Gebüschsäume aufwies und auch heute noch solche Standorte beherbergt – trotz vielfach erfolgter Verluste trockenwarmer Offenlandlebensräume unter anderem durch flächige Gehölzszukzession. *O. sturmii* wird als trockenheitsliebende Art des Offenlandes und lichter Wälder eingestuft (Schmidt 2006). Schnitter & Trost (2004) nennen zum Beispiel als letzten sachsen-anhaltinischen Fund ein Exemplar, das aus einer Ackerrandlage mit nitrophilem, wärmegeprägtem und lockerem Eschen-Gebüsch stammt. In Österreich tritt die Art nur an Xerothermstandorten im Osten des Landes auf (z. B. Rotter & Zulka 1999). Interessant sind die Befunde von Würth (2002), die im Kontext von Pflegemaßnahmen im Bereich der Hundsheimer Berge in Niederösterreich feststellen konnte, dass *O. sturmii* dort vor allem im „Trockenbusch" [am untersuchten Standort von Kornelkirsche (*Cornus mas*) dominierte Gebüschformation; schmal, weniger als 20 m breit „zungenförmig in die Trockenwiese vorspringend"] individuenreich auftrat. Sie nahm dort nach „Öffnung des Buschstandortes mit einem Rückgang der spezialisierten Randfauna und einem Eindringen von euryöken Kulturfolgern mit starkem Ausbreitungspotential" deutlich ab, was jedenfalls in der lokal spezifischen Situation mit trockeneren Kleinklimabedingungen im Trockenbusch (Würth 2002) in Verbindung gebracht werden könnte. Umgekehrt wirkt sich eine flächige Gehölzsukzession sicherlich negativ auf die Bestände der Art aus. Zu den spezifischen Lebensraumpräferenzen von *O. sturmii* besteht noch Forschungsbedarf. Möglicherweise liegt ihr Lebensraumoptimum in einem bestimmten, heute seltenen Sukzessionsstadium oder einem kleinräumigen (räumlich-zeitlich strukturierten) Lebensraummosaik.

Gefährdung und Schutz: *O. sturmii* ist bundesweit (Stand 2015) vom Aussterben bedroht und war in Bad.-Württ. (Stand 2005) bislang nicht in der Checkliste und Roten Liste geführt. Nach der aktuellen Bewertung ist die Art im Rahmen einer Fortschreibung der landesweiten Roten Liste als ausgestorben oder verschollen aufzunehmen. Aufgrund der auch bundesweit kritischen Bestandssituation und des Fehlens aktuellerer Nachweise im – selbst weiteren – Umfeld des ehemaligen Fundorts werden die Chancen auf ein Wiederauftreten der Art in Bad.-Württ. als gering eingestuft. Allerdings sollten im Raum Heimshein noch vertiefte Untersuchungen potenziell geeigneter Bereiche auf ein bisher eventuell übersehenes rezentes Vorkommen erfolgen. Weiterer Handlungsbedarf wird derzeit nicht gesehen.

Oxypselaphus obscurus

(Herbst, 1784)

Sumpf-Enghalsläufer

Allgemeine Verbreitung: Westpaläarktisch verbreitete Art, in Teilen Nord- und größeren Teilen Südeuropas fehlend. Trotz weniger, kleinerer Verbreitungslücken im Süden (Baden-Württemberg, Bayern) ist sie in Deutschland fast flächendeckend in geeigneten Lebensräumen vertreten.

Vorkommen in Baden-Württemberg: Im Oberrhein Tiefland, im planaren bis collinen Bereich der Neckar- und Tauber-Gäuplatten sowie entlang der Donau und in Teilen des Voralpinen Hügel- und Moorlandes. Ansonsten gebietsweise bis punktuell im Bereich größerer Feuchtgebiete und Auen auch in weiteren Naturräumen vorzufinden.

Lebensweise und Habitat: Flugfähige (dimorphe bzw. polymorphe) und überwiegend räuberische Art, bei der von weitestgehender Nachtaktivität auszugehen ist. Paarung und Eiablage (schwerpunktmäßig) im Frühjahr und Larvalentwicklung ab Frühjahr/Sommer. Aktive Imagines wurden in Bad.-Württ. nach den ausgewerteten Daten zwischen April und September registriert, mit einem Aktivitätsmaximum im Mai.

O. obscurus tritt schwerpunktmäßig in teilweise bis vollständig beschatteten Feucht- und Nassstandorten auf, wobei Feucht- und Nasswälder sowie Gebüsche solcher Standorte (z. B. Grauweiden-Gebüsch) besonders stet besiedelt werden. Die Art ist aber auch in Rieden und Röhrichten sowie in feuchten bis nassen Hochstaudenfluren

Oxypselaphus obscurus. Foto: C. Benisch.

anzutreffen. Eine gut ausgeprägte Streuschicht ist für ihre Lebensräume charakteristisch. Die Imagines sind des Öfteren (auch bei der Überwinterung) in angebrochenen Pflanzenstängeln zu finden (z. B. auch von Dawson 1965 beobachtet).

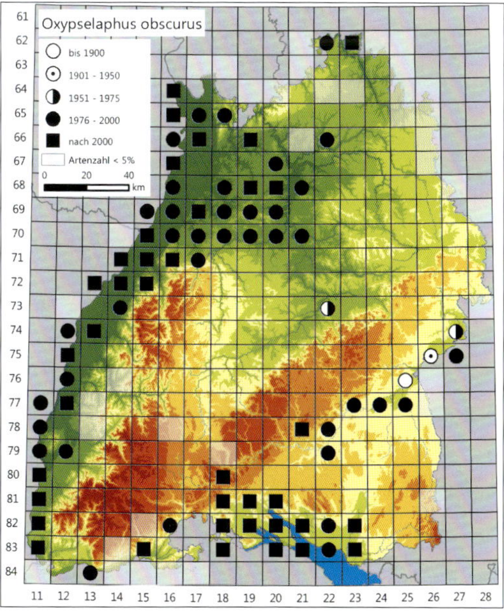

Lebensraum von *Oxypselaphus obscurus* im Feuchtgebüsch eines Brachekomplexes im Voralpinen Hügel- und Moorland.

Gefährdung und Schutz: *O. obscurus* ist sowohl bundesweit (Stand 2015) als auch in Bad.-Württ. (Stand 2005) ungefährdet. Aufgrund der weiten Verbreitung mit Auftreten in unterschiedlichen feuchten, überwiegend oder teilweise gehölzdominierten Lebensraumtypen ist auch keine zukünftige Gefährdung absehbar. Kein Handlungsbedarf.

Paranchus albipes

(Fabricius, 1796)

Ufer-Enghalsläufer

Allgemeine Verbreitung: Paläarktisch verbreitete Art, in Nordamerika eingeschleppt (Bousquet 2012). Sie kommt in Deutschland flächendeckend in geeigneten Lebensräumen vor.

Vorkommen in Baden-Württemberg: Landesweit verbreitet, fehlende Nachweise in der Verbreitungskarte sind als Erfassungslücken, i. d. R. aber nicht als ein tatsächliches Fehlen zu interpretieren.

Lebensweise und Habitat: Flugfähige (makroptere) Art. Nahrungsgeneralistin. Ganz überwiegend nachtaktiv, bei Thiele (1977) der Gruppe mit lediglich 0–15 % Tagaktivität zugeordnet. Paarung und Eiablage zu unterschiedlichen Jahreszeiten. Aktive Imagines wurden in Bad.-Württ. nach den ausgewerteten Daten zwischen April und Oktober registriert, mit einem Aktivitätsmaximum im Mai und Juni.

P. albipes ist die stetigste Uferart an Fließgewässern in Bad.-Württ., wo sie von den Bachoberläufen bis zu den Ufern der großen Flüsse (Rhein,

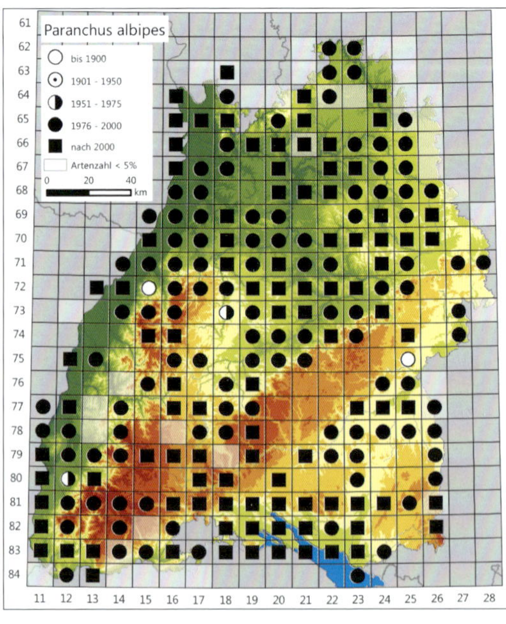

Paranchus albipes.

Neckar, Donau) vertreten ist und sehr hohe Aktivitätsdichten erreichen kann. Sie tritt bei geeigneter Struktur zudem an Stillgewässern auf. Dabei ist sie eine der wenigen Arten, die selbst in Ufermauern und an stark technisch verbauten Abschnitten der Fließgewässer noch Lebensmöglichkeiten vorfinden, sofern dort eine Minimalausstattung etwa an Spalten und Feinsubstrat im Mauerwerk gegeben ist (Beispiel von Ufermauern am Bodensee bei Bräunicke & Trautner 2002). Es werden sowohl stark beschattete als auch voll besonnte Ufer besiedelt. Besonders hohe Dichten zeigt die Art an Ufern, die in den Böschungen ein ausgedehntes Spalten- und Lückensystem z. B. zwischen grobem Steinmaterial oder in Wurzelbereichen aufweisen. Dort sind Imagines oft stark aggregiert vorzufinden. *P. albipes* überwintert „in höher gelegenen Zonen der Bachufer unter tief eingebetteten Steinen, unter Holz und Pflanzenwurzeln“ (Baehr 1980).

Gefährdung und Schutz: *P. albipes* ist weder bundesweit (Stand 2015) noch in Bad.-Württ. (Stand 2005) gefährdet. Aufgrund der weiten Verbreitung mit stetem Auftreten an Gewässerufern unterschiedlichsten Typs ist auch keine zukünftige Gefährdung absehbar. Kein Handlungsbedarf.

Platynus livens

(Gyllenhal, 1810)

Sumpfwald-Enghalsläufer

Allgemeine Verbreitung: Westpaläarktisch-diskontinuierlich verbreitete Art, in weiten Teilen Süd- und Nordwest- sowie in Teilen Nordeuropas fehlend. Sie ist in nahezu allen Teilen Deutschlands weit verbreitet und weist nur in Mitteldeutschland und Süddeutschland gebietsweise, vor allem in Bayern, größere Verbreitungslücken auf.

Vorkommen in Baden-Württemberg: Fast ausschließlich im Oberrhein-Tiefland, im engeren Einzugsbereich des Neckars sowie am Bodensee (Teils des Voralpinen-Hügel- und Moorlandes) nachgewiesen, sehr wenige punktuelle Funde in anderen Naturräumen.

Lebensweise und Habitat: Flugfähige (dimorphe bzw. polymorphe) Art, bei der von überwiegender Nachtaktivität auszugehen ist. Paarung und Eiablage (schwerpunktmäßig) im Frühjahr und Larvalentwicklung ab Frühjahr/Sommer. Aktive Imagines wurden in Bad.-Württ. nach den ausgewerteten Daten zwischen April und August registriert, mit einem Aktivitätsmaximum im Mai.

P. livens ist eine Art vernässter Wald- und Gehölzstandorte, die insbesondere Zonen mit fehlender oder sehr gering ausgebildeter Krautschicht, aber mit Laubstreuauflage direkt an der Wasserlinie von dauerhaft oder periodisch/episodisch wasserführenden Senken und Stillgewässern besiedelt

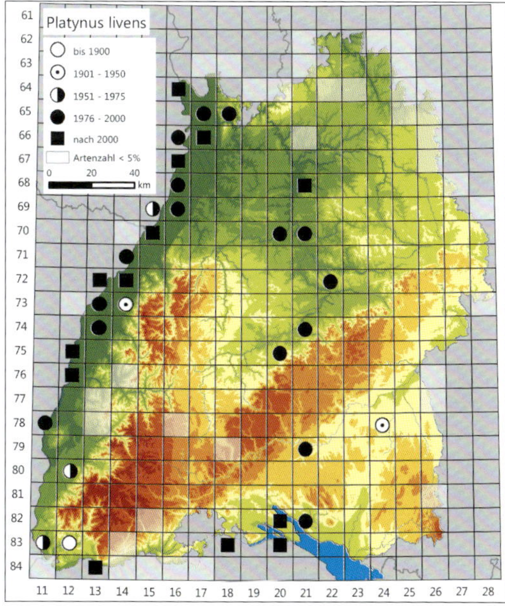

Platynus livens.

(s. Bonn & Schröder 2001, Lindroth 1992). Schröder et al. (2003) konnten sie vor allem an der Elbe im Bereich feuchter Qualmwassersenken von Auwäldern feststellen, wobei sie die Bedeutung betonten, die strukturelle Heterogenität und natürliche Wasserstandsschwankungen in Auwäldern insgesamt für die Laufkäferfauna besitzen. Auch die baden-württembergischen Funde stammen ganz überwiegend aus Auwäldern (teils auch aus ihren Ersatzgesellschaften, soweit standörtlich noch ausreichende Bedingungen gegeben sind), zudem liegen in geringerer Zahl Funde aus anderen nassen Waldgesellschaften (quellige oder staunasse Standorte, s. etwa Szallies 2001), vereinzelt auch aus Weidengebüschen oder an Gehölze grenzenden Rieden oder Röhrichten vor. Das Angebot an Alt- und Totholzstrukturen könnte bei dieser Art eine bedeutende Rolle bei der Überwinterung spielen. Insgesamt ist *P. livens* als charakteristische Art der Lebensraumtypen *91E0 und 91F0 (Weich- und Hartholzauen) des Anhangs I der FFH-Richtlinie einzustufen.

Gefährdung und Schutz: *P. livens* ist bundesweit (Stand 2015) gefährdet und in Bad.-Württ. (Stand 2005) stark gefährdet sowie Landesart B des Informationssystems Zielartenkonzept Bad.-Württ. (Stand 2009). Gefährdungsursachen sind insbesondere hydrologische Veränderungen, hauptsächlich Entwässerung und Hochwasserfreilegung von ehemaligen Auwäldern, sowie direkte Eingriffe in Bestände (z. B. im Rahmen der forstlichen Erschließung sowie der Einfassung von Quellbereichen in

Lebensraum von *Platynus livens* im Bodenseeraum. Imagines dieser Art suchen ihr Winterquartier häufig unter der Rinde kränkelnder oder abgestorbener Baumstämme. Foto: M. Bräunicke.

Wäldern). Von besonderer Bedeutung für den Bestandserhalt der Art ist die Sicherung noch bestehender Auwälder und Auwaldfragmente in möglichst großräumigem Zusammenhang, einschließlich der günstigen hydrologischen Rahmenbedingungen. Durch Wiederentwicklung einer naturnahen Wasserstandsdynamik an geeigneten Standorten vor allem im Oberrhein-Tiefland und in Teilabschnitten entlang des Neckars und seines Einzugsgebiets soll die Bestandssituation verbessert werden. Es sollten insgesamt gezielte Prüfungen auf neue oder weitere, bisher nicht dokumentierte Vorkommen vorgenommen werden. Vor allem außerhalb der zumindest teilweise noch zusammenhängenden Waldgürtel entlang des Oberrheins könnten bereits kleinräumige Veränderungen oder Eingriffe zum erheblichen Rückgang oder zum Ausfall lokaler Populationen führen.

Masoreus wetterhallii.

Tribus Cyclosomini

J. Trautner

Weltweit sind nach Lorenz (2015) bislang 393 Arten aus 19 Gattungen beschrieben, die dieser Tribus zugerechnet werden. In Bad.-Württ. ist sie mit einer Art vertreten, deren Imagines eine Größe von rd. 4,5–7,5 mm erreichen. Die Imagines weisen schräg am Ende abgestutzte Flügeldecken auf, wodurch die Spitze des ansonsten unter den Flügeldecken liegenden Hinterleibs auch von oben erkennbar ist.

Masoreus wetterhallii

(Gyllenhal, 1813)
Sand-Steppenläufer

Allgemeine Verbreitung: Von Nordafrika über große Teile Europas bis Westasien verbreitete Art, die in Europa lediglich in größeren Teilen Nord- und Nordwesteuropas fehlt. In Deutschland kommt sie von ihrem Verbreitungsschwerpunkt im Norden und Osten (v. a. Schleswig-Holstein, Mecklenburg-Vorpommern, Brandenburg, Sachsen-Anhalt, Sachsen) nach Südwesten bis zum Mittelrhein (Rheinland-Pfalz, Hessen) und das nördliche Baden-Württemberg vor, während sie ansonsten größere Verbreitungslücken in Nordwest-, West- und vor allem Süddeutschland aufweist.

Vorkommen in Baden-Württemberg: Die Verbreitung deckt sich weitestgehend mit dem Vorkommen von Binnendünen im nördlichen Teil des Oberrhein-Tieflands. Außerdem aktuell im Osten des Landes (Ipf, Naturraum Ries-Alb) nachgewiesen. Der alte Nachweis aus dem Stuttgarter Raum wird anders bewertet als von Horion (1959a), der schreibt: „Bei dem von Von der Trappen gemeldeten Unicum kann es sich nur um ein irgendwie verschlagenes Stück handeln: 1 Ex. bei Stuttgart in einer Ritze in einem Holzpfahl, Detje (Hannover) leg., etwa 1895“, bezogen auf v. d. Trappen (1930). Vor dem Hintergrund der – teils nur noch

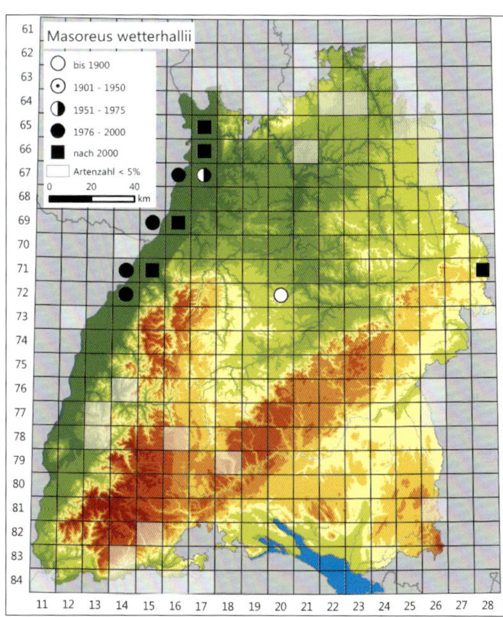

Lebensraum von *Masoreus wetterhallii* in den Sandgebieten des nordbadischen Oberrhein-Tieflands.

historisch – belegten Vorkommen weiterer typischer Sandarten wie *Cicindela sylvatica*, *C. hybrida* und *Syntomus foveatus* aus dem Raum zwischen Stuttgart und Böblingen wird es für wahrscheinlicher erachtet, dass es sich auch bei *M. wetterhallii* um ein damals dort bodenständiges Element der Sand- und Heidefauna gehandelt hat.

Lebensweise und Habitat: Art mit unterschiedlicher Flügelausbildung (dimorph bzw. polymorph), von der nach Auswertungsstand keine Flugbeobachtung vorliegt. Paarung und Eiablage (schwerpunktmäßig) im Sommer und Larvalentwicklung ab Sommer/Herbst. Aktive Imagines wurden in Bad.-Württ. nach den ausgewerteten Daten zwischen Mai und September registriert, für die Angabe eines Aktivitätsmaximums liegen keine ausreichenden Daten vor.

M. wetterhallii besiedelt trockene Lebensräume mit mindestens auf Teilflächen spärlich ausgeprägter Vegetation ganz überwiegend auf Sandböden (oder sandigem Kies), wobei es sich vor allem um Silbergrasfluren und trockene Heide, aber auch um Pioniergesellschaften oder kurzlebige Ruderalfluren handeln kann. Entscheidend sind offene, vegetationsfreie Bodenstellen in Kombination mit spärlich bis dichter bewachsenen Bereichen, zudem eine starke Besonnung. Zu einem geringeren Anteil vermag die Art aber auch Kalkhalbtrockenrasen und deren Initialstadien zu besiedeln, was das Vorkommen in Bad.-Württ. am Ipf erklärt.

Gefährdung und Schutz: *M. wetterhallii* ist bundesweit (Stand 2015) als ungefährdet bewertet, in Bad.-Württ. (Stand 2005) wurde die Art dagegen aufgrund des geringen und stark rückläufigen Angebots an geeigneten Habitaten und der wenigen Funde als vom Aussterben bedroht eingestuft und ist Landesart A des Informationssystems Zielartenkonzept Bad.-Württ. (Stand 2009). Lebensräume der Art unterliegen ganz überwiegend raschen Sukzessionsprozessen, die sie ohne kontinuierliche Pflege oder Nutzungen, die zu einer starken Störung der Vegetation mit Wiederentstehen offener Sandflächen führen, ungeeignet werden lassen. Zum Teil wurden nachgewiesene Lebensräume durch Siedlungs- oder Gewerbeflächen in Anspruch genommen. Ob die Art in Bad.-Württ. aktuell weniger stark gefährdet sein könnte, wäre erst auf Basis intensiverer Untersuchungen im Schwerpunktverbreitungsgebiet zu klären. Nach derzeitigem Kenntnisstand sollte die Einstufung von 2005 aufrechterhalten werden. Es besteht dringender Handlungsbedarf einerseits zur Klärung der aktuellen Bestandssituation und andererseits zur Sicherung bzw. Wiederausdehnung geeigneter Lebensräume in den Binnendünen und deren Relikten im nördlichen Oberrhein-Tiefland: Hier, wie bei anderen gefährdeten Sandarten, müssen Maßnahmen darauf abzielen, die Aufforstungen und Sukzession der letzten Jahrzehnte zurückzudrängen sowie offene Sand- und Heideflächen zu schaffen und diese durch ein langfristig geeignetes Management zu sichern. Außerdem sollte eine weitere Fragmentierung und Zerstörung solcher Lebensräume verhindert werden. Bei der Abbau- und Rekultivierungsplanung auf geeigneten Substraten sollten die Ansprüche der Art besonders berücksichtigt werden.

Tribus Perigonini

J. Trautner

Weltweit sind nach Lorenz (2015) bislang 199 Arten aus 5 Gattungen beschrieben, die dieser Tribus zugerechnet werden. In Bad.-Württ. ist sie mit einer Art vertreten, deren Imagines eine Größe von rd. 2,4–3,2 mm erreichen. Wichtiges Merkmal der Tribus ist das sehr lange, dem vorletzten Glied etwas asymmetrisch aufgesetzte Endglied der Kiefertaster, das aber nur mit stärkerer Lupe oder mikroskopisch zu erkennen ist.

Perigona nigriceps

(Dejean, 1831)
Kompostläufer

Allgemeine Verbreitung: Kosmopolit. Diese Art ist in allen Teilen Deutschlands zerstreut verbreitet, wobei sie aber aufgrund ihrer Lebensweise sowie methodisch (Fänge regelmäßiger nur z.B. mit Autokäscher, Lichtfang) häufig unterrepräsentiert ist. Horion (1950) weist darauf hin, dass die Art bis Ende des 19. Jahrhunderts in Europa „nur ganz sporadisch aus dem Mittelmeergebiet bekannt" war, sich aber „in den letzten Jahrzehnten [...] immer mehr in West- und Mitteleuropa eingebürgert" hat.

Vorkommen in Baden-Württemberg: Die Art dürfte in allen Naturräumen an geeigneten Stellen nachweisbar sein; die nur punktuell und zerstreut vorliegenden Funde sind auf methodische Gründe zurückzuführen.

Lebensweise und Habitat: Flugfähige (makroptere) und räuberische Art, die unter anderem beim Schwärmen gekäschert werden kann und nachts das Licht anfliegt. Aktive Imagines wurden in Bad.-Württ. nach den ausgewerteten Daten zwischen Mai und Oktober registriert, können aber laut Hinweis etwa von Marggi (1992) abhängig von Zustand und Temperaturen der Kompostsub-

Perigona nigriceps. Foto: C. Benisch.

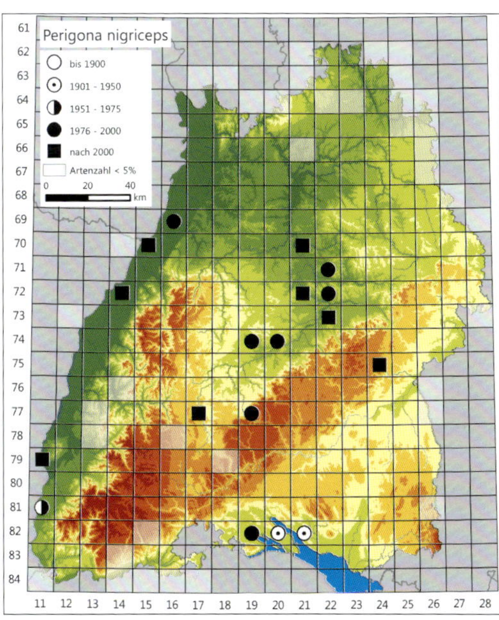

strate das ganze Jahr hindurch angetroffen werden.

P. nigriceps wird bei Horion (1950) unter den „Arten aus faulenden Vegetabilien" behandelt. Sie wird und wurde (neben Käscher- und Lichtfängen, bei denen die Herkunft der Tiere meist nicht ausreichend geklärt werden kann) vor allem in Komposthaufen und Deponien nachgewiesen. Beispiele aus Bad.-Württ. sind die bereits bei Horion (1954b) aus dem badischen Bodenseegebiet aufgeführten Funde „aus Komposthaufen im Garten der Seeburg und einer Gärtnerei".

Gefährdung und Schutz: *P. nigriceps* ist bundesweit (Stand 2015) und in Bad.-Württ. (Stand 2005) ungefährdet. Aufgrund ihrer kosmopolitischen Verbreitung und der Lebensraumansprüche ist auch keine zukünftige Gefährdung absehbar. Kein Handlungsbedarf.

Tribus Odacanthini

L. Geigenmüller & J. Trautner

Weltweit sind nach Lorenz (2015) bislang 827 Arten aus 59 Gattungen beschrieben, die dieser Tribus zugerechnet werden. Die Imagines weisen hinten „abgestutzte" Flügeldecken auf, die somit den Hinterleib nicht vollständig bedecken. Sie sind zudem sehr schlank und haben lange Schläfen hinter den Augen. In Bad.-Württ. ist nur eine Art vertreten, deren Imagines eine Größe von rd. 6–8 mm erreichen.

Odacantha melanura

(Linnaeus, 1767)
Sumpf-Halsläufer

Allgemeine Verbreitung: Paläarktisch verbreitete Art, die aber in Teilen Nord-, Nordwest- und Südeuropas fehlt. Sie ist in Deutschland bis auf größere Lücken im Südwesten (Rheinland-Pfalz, Baden-Württemberg) und im nördlichen Bayern weit in geeigneten Lebensräumen verbreitet.

Vorkommen in Baden-Württemberg: Schwerpunkte im Voralpinen Hügel- und Moorland, der Donau-Iller-Lech-Platte und im Oberrhein-Tiefland. Gebietsweise im Westen der Neckar- und Tauber-Gäuplatten sowie punktuell in weiteren Naturräumen nachgewiesen; im Schwarzwald und in weiten Teilen der Schwäbischen Alb fehlend.

Odacantha melanura.

Lebensweise und Habitat: Art mit vollständig entwickelten Hinterflügeln (makropter), von der nach Auswertungsstand keine Flugbeobachtung vorliegt. Räuberische und jedenfalls zu wesentlichem Anteil tagaktive Art. Es liegen zahlreiche Beobachtungen tagaktiver Individuen aus Bad.-Württ. vor.

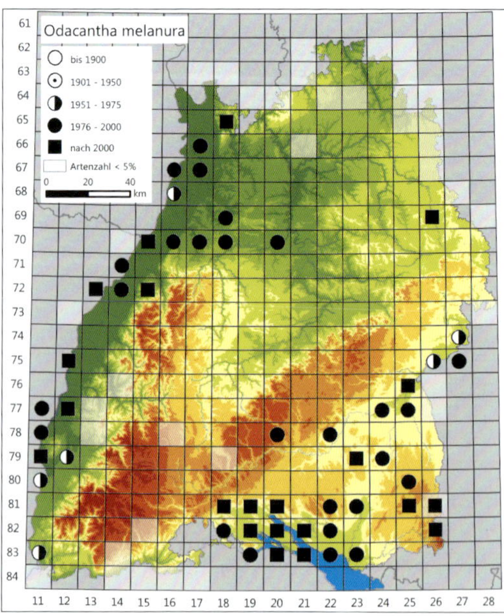

Lebensraum von *Odacantha melanura* in der Verlandungszone eines Sees im Voralpinen Hügel- und Moorland.

Paarung und Eiablage (schwerpunktmäßig) im Frühjahr und Larvalentwicklung ab Frühjahr/ Sommer. Aktive Imagines wurden in Bad.-Württ. nach den ausgewerteten Daten zwischen April und September registriert, für die Angabe eines Aktivitätsmaximums liegen keine ausreichenden Daten vor. Die meisten Individuen wurden jedoch in den Monaten Mai und Juni oder bei der Suche im Winterquartier gefunden. Beobachtungen in Kopula gelangen in Anzahl im Mai. Ein Großteil der Nachweise stammt aus Hand- und Gesiebefängen.

O. melanura ist eine pflanzenkletternde Art der besonnten Riede und Röhrichte mit Schwerpunktvorkommen im unmittelbaren Kontaktbereich von Wasser zu Land und in Vegetationsbeständen, die im Wasser stehen. Dies wird treffend u. a. von Lindroth (1992) beschrieben, demzufolge die Art in der äußeren Schilfzone vor allem dort zu finden ist, wo abgestorbene Schilfmatten des Vorjahres auf dem Wasser schwimmen und die Tiere durch Untertauchen der Matten herausgetrieben werden können. Teilweise verbleiben (und klettern) die Individuen dabei aber auch minutenlang an Stängeln unter Wasser, nach eigenen Beobachtungen auch dann, wenn sie sich in Kopula befinden. Die Art dürfte in mehr oder minder geschlossenen Röhrichtzonen durch Pflegemaßnahmen wie der räumlich und zeitlich differenzierten Schilfmahd begünstigt werden, die zu einem höheren Grenzlinienanteil unterschiedlich (dennoch halmartig/ stark vertikal) strukturierter Vegetation führt. *O. melanura* überwintert in Blattscheiden (u. a. von Rohrkolben, *Typha* spec.) und in hohlen Stängeln (u. a. von abgestorbenem Schilf, *Phragmites australis*) und kann dadurch an geeigneten Stellen auch durch winterliches Sieben (s. Kap. 7.1) gut nachgewiesen werden. Die bevorzugten Lebensräume, in denen die Art in hoher Individuenzahl auftritt, sind vegetationsreiche Verlandungszonen von Stillgewässern vor allem mit Schilf, Rohrkolben oder Röhrichten des Wasserschwadens (*Glyceria maxima*). Aber auch in anderen Vegetationstypen nasser Standorte mit passender Vegetationsstruktur kann sie vorkommen, etwa in leicht verschilften Nasswiesen. Wasner (1974) betont, dass *O. melanura* nicht an Ufernähe gebunden ist, im Federseegebiet sei sie „sogar in den schilfreichen Zwischenmoorstandorten und in Schilfinseln des Seggenrieds“ anzutreffen.

Gefährdung und Schutz: *O. melanura* ist bundesweit (Stand 2015) als ungefährdet eingestuft, in Bad.-Württ. (Stand 2005) wurde die Art dagegen als gefährdet bewertet und ist Naturraumart des Informationssystems Zielartenkonzept Bad.-Württ. (Stand 2009). Grund für diese Einstufung in Bad.-Württ. ist die eingeschränkte Verbreitung der Art in Verbindung mit dem Rückgang geeigneter Standorte etwa durch Entwässerung, Verlust offener Stillgewässer wie etwa gehölzfreier Altarme und Flutmulden in Auen sowie durch Gehölzsukzession aufgrund von ausbleibender Nutzung oder Pflege. Schutzmaßnahmen müssen insbesondere auf die langfristige Sicherung offener Riede und Röhrichte, speziell an sehr nassen Standorten und in der Verlandungszone von Gewässern abzielen.

Tribus Lebiini

J. Trautner

Weltweit sind nach Lorenz (2015) bislang 4616 Arten aus 249 Gattungen beschrieben, die dieser Tribus zugerechnet werden. In Bad.-Württ. ist oder war sie mit 32 Arten vertreten, deren Imagines eine Größe von rd. 2,2–11 mm erreichen. Bei einer ganzen Reihe von Arten sind die Imagines bunt gefärbt. Die Flügeldecken der Lebiini sind hinten quer oder leicht schräg „abgestutzt“, so dass sie den Hinterleib nicht vollständig bedecken.

Apristus europaeus

(Mateu, 1980)

Dunkler Krallenläufer

Allgemeine Verbreitung: Südwesteuropäische Art, die z. B. in Südfrankreich weit verbreitet ist (Coulon et al. 2011) und inzwischen Mitteleuropa erreicht hat. In Deutschland bislang nur in Bad.-Württ. nachgewiesen (s. Verbreitungskarte und Anmerkung in Trautner et al. 2014). Eine Ansiedlung oder die Existenz dauerhafter Vorkommen in Deutschland ist wahrscheinlich (Schmidt et al. 2016).

Vorkommen in Baden-Württemberg: Bei Mannheim im Jahr 2007 mit 2 Individuen gefunden, leg. Schmitt-Eckert (Persohn et al. 2007). Weitere

Apristus europaeus. Foto: O. Bleich.

Funde wurden bislang nicht bekannt. In der Schweiz war die Art zunächst nur aus dem Tessin nachgewiesen (Marggi 1992, dort noch unter *A. subaeneus* Chaud. geführt), ist dort zwischenzeitlich aber auch bei Basel unmittelbar an der Grenze zu Bad.-Württ. belegt (Luka et al. 2009).

Lebensweise und Habitat: Flugfähige (makroptere) und räuberische Art, die als Imago an Fundstellen in Frankreich zwischen April und September beobachtet wurde (s. Balazuc & Fongond 1987).

A. europaeus wird in der Literatur meist als ufer-

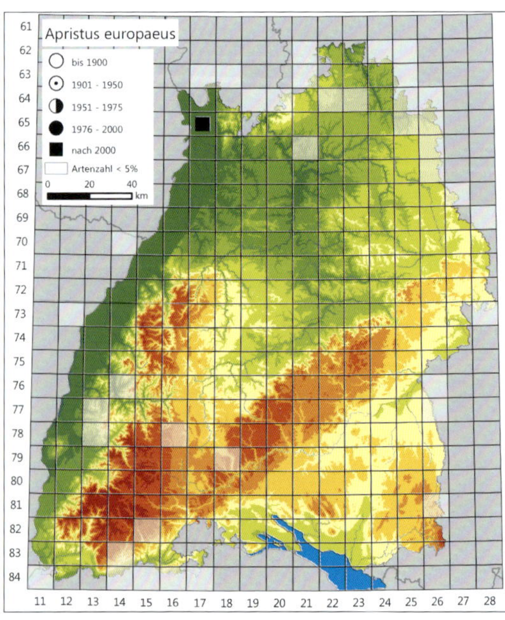

bewohnende Art eingestuft (so auch bei Marggi 1992 und Luka et al. 2009). Offensichtlich handelt es sich aber nicht um eine feuchtigkeitsliebende Art. Vielmehr dürfte das Vorkommen an Gewässern auf spezielle Strukturen zurückzuführen sein, nämlich vegetationsfreie, sich stark aufheizende Kies- und Schotterbereiche, wie sie in naturnahen, dynamischen Gewässern durch Auflandung von Geröll in Form von sogenannten „Heißländen" oder „Brennen" entstehen. Neben den Vorkommen an Ufern besiedelt die Art nämlich auch voll besonnte Felsplatten mit Spaltensystemen abseits von Ufern, wo die Imagines „im Zickzack mit extremer Geschwindigkeit" umherlaufen und dabei immer wieder in den schmalen Rissen des Kalksteins verschwinden und wieder daraus hervorkommen (Balazuc & Fongond 1987). Wie *Lionychus quadrillum* (s. dort) hat die Art zudem anthropogene Lebensräume besiedelt. So wird sie von Betonplatten im Universitätscampus von Lyon gemeldet (s. Coulon et al. 2011). Die Fundumstände in Mannheim (Rand des Hafenbeckens in Nähe zur Rheinfähre Altrip) passen hierzu. Die beiden Individuen wurden dort im Frühjahr und Sommer an einer Uferböschung gefangen, die Lücken durch fehlende Steine des Uferverbaus aufwiesen (leg. Schmitt-Eckert, Persohn in lit.).

Gefährdung und Schutz: *A. europaeus* ist bundesweit (Stand 2015) in der Roten Liste unter den Arten mit defizitären Daten (Kategorie D) geführt, in Bad.-Württ. war die Art bislang nicht in der Checkliste und Roten Liste (Stand 2005) verzeichnet. Es handelt sich aller Wahrscheinlichkeit nach um eine sich rezent ausbreitende Art, was im Zusammenhang mit klimatischen Veränderungen gesehen werden muss. Handlungsbedarf besteht nicht.

Calodromius spilotus.

Calodromius spilotus

(Illiger, 1798)

Kleiner Vierfleck-Rindenläufer

Allgemeine Verbreitung: Westpaläarktisch verbreitete Art, in großen Teilen Europas und in Nordafrika vertreten. Sie kommt in Deutschland flächendeckend vor und ist aufgrund ihrer arborikolen Lebensweise methodisch oftmals unterrepräsentiert.

Vorkommen in Baden-Württemberg: Landesweit verbreitet, fehlende Nachweise in der Verbreitungskarte sind als Erfassungslücken, i. d. R. aber nicht als ein tatsächliches Fehlen zu interpretieren; dies gilt auch für den Naturraum des Schwarzwalds.

Lebensweise und Habitat: Flugfähige (makroptere) und räuberische Art, die als Imago und Larve Bäume bewohnt. Paarung und Eiablage (schwerpunktmäßig) im Frühjahr und Larvalent-

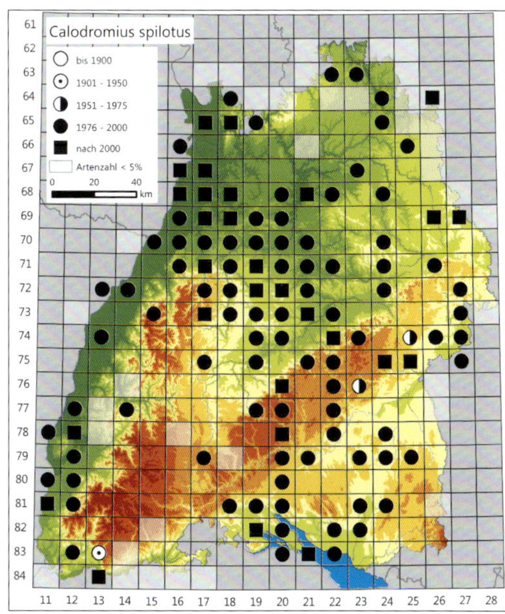

wicklung ab Frühjahr/Sommer. Aktive Imagines wurden in Bad.-Württ. nach den ausgewerteten Daten zwischen März und Oktober registriert, wobei ein Aktivitätsmaximum methodenbedingt nicht angegeben werden kann. Viele Nachweise während der Aktivitätszeit sind mehr oder weniger zufällige Beifänge (auch am Licht); nur in seltenen Fällen wurden Stammeklektoren eingesetzt (z. B. BENSE 1993). Die Tiere werden am einfachsten im Winter erfasst, wenn sie – teils in Anzahl und zusammen mit weiteren Arten der Verwandtschaftsgruppe um die Gattung *Dromius* – vor allem unter Rindenschuppen im Stammfußbereich von Bäumen überwintern. Nach Verlassen des Winterquartiers im Frühjahr sind die Imagines im Stamm- und Kronenbereich der Bäume aktiv.

Für *C. spilotus* wird in der Literatur immer wieder eine Bevorzugung von Kiefer angegeben. Tatsächlich sind an Kiefer (*Pinus* spec.) Individuen in Anzahl und aufgrund der Rindenstruktur meist einfach zu finden und möglicherweise ist die Präferenz zutreffend. Die Art ist in hohem Maße aber auch an anderen Baumarten aktiv, sowohl an Laub- (z. B. Ahorn, Stieleiche) als auch an Nadelbäumen (Fichte, Tanne u. a.), und dabei nicht auf Wald beschränkt. In hoher Stetigkeit und Individuenzahl findet sie sich z. B. an Obstbäumen in waldfernen Streuobstwiesen sowie im Siedlungsbereich an straßenbegleitend gepflanzten älteren Platanen. *C. spilotus* ist damit als eurytoper Baumbewohner einzuordnen.

Gefährdung und Schutz: *C. spilotus* ist bundesweit (Stand 2015) und in Bad.-Württ. (Stand 2005) ungefährdet. Aufgrund der weiten Verbreitung mit Auftreten in unterschiedlichsten Lebensraumtypen ist auch keine zukünftige Gefährdung absehbar. Kein Handlungsbedarf.

Cymindis angularis

Gyllenhal, 1810

Mondfleckiger Nachtläufer

Allgemeine Verbreitung: Nordwestpaläarktisch verbreitete Art, die nach Westen und Südwesten Deutschland und die Schweiz erreicht. Die Verbreitungsschwerpunkte in Deutschland liegen im Nordosten und Osten, während sie in Süddeutschland nur punktuell und sporadisch vorkommt und im Westen (u. a. Nordrhein-Westfalen, Rheinland-Pfalz, Saarland) fehlt.

Vorkommen in Baden-Württemberg: Nur punktuell auf der Schwäbischen Alb nachgewiesen. Publizierte Meldungen lagen bisher nicht vor. In unveröffentlichten Dokumenten wird die Art erstmals aus dem Raum Hayingen gemeldet, in einer von der damaligen Bezirksstelle für Naturschutz und Landschaftspflege Tübingen in Auftrag gegebenen Untersuchung von DITTMAR (1984). Leider blieben Anfragen nach eventuell vorhandenen Belegexemplaren unbeantwortet, so dass das tatsächliche Vorkommen der Art in Bad.-Württ. noch länger zweifelhaft erschien. Bei der Aufnahme der Sammlung P. DOLDERERS im Stadtmuseum Heidenheim im Jahr 1995 wurde dort allerdings ein

Cymindis angularis.

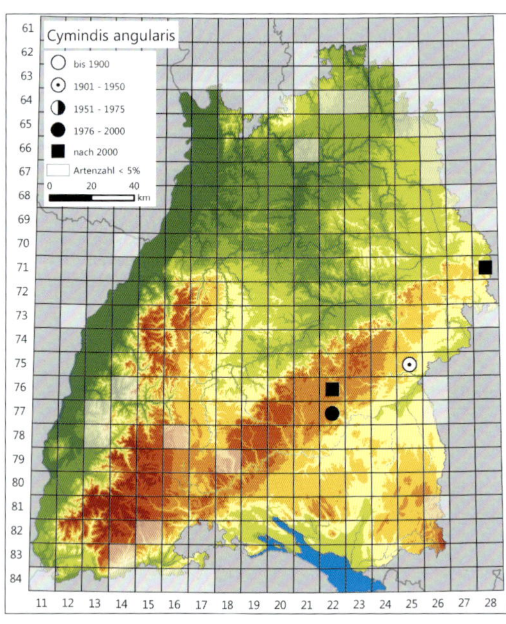

Am Ipf bei Bopfingen konnte in den dortigen offenen Halbtrockenrasen eines der wenigen Vorkommen von *Cymindis angularis* in Baden-Württemberg nachgewiesen werden.

Individuum von *C. angularis* mit Funddatum April 1920 vorgefunden, das mit „Weidach, Kiesental“ (zur Gemeinde Blaustein gehörend) etikettiert ist. Dieses stellt den ersten bekannten Beleg aus Bad.-Württ. dar. Nachdem es zwischenzeitlich noch zu einer weiteren unveröffentlichten Meldung von der Ostalb kam, bei der wiederum keine Belege eingesehen werden konnten, wurden dann 2009 bei Gomadingen (Fritze, in lit.) und 2010 auf dem Ipf bei Bopfingen (eigene Daten) sichere aktuelle Nachweise erbracht. Jedenfalls vor dem Hintergrund dieser Nachweissituation wurde auch die oben genannte Angabe aus dem Raum Hayingen von Dittmar aus den 1980er Jahren als glaubwürdig in die Datenbank übernommen.

Lebensweise und Habitat: Art mit unterschiedlicher Flügelausbildung (dimorph bzw. polymorph), von der nach Auswertungsstand keine Flugbeobachtung vorliegt. Paarung und Eiablage zu unterschiedlichen Jahreszeiten. Aktive Imagines wurden in Bad.-Württ. nach den ausgewerteten Daten zwischen April und September registriert, für die Angabe eines Aktivitätsmaximums liegen keine ausreichenden Daten vor.

C. angularis wurde in Bad.-Württ. bislang ausschließlich in besonnten, beweideten Halbtrockenrasen auf Kalk und in Wacholderheiden nachgewiesen. Sie ist als charakteristische Art der Lebensraumtypen 5130 und 6210 (Wacholderheiden, Kalk-Trockenrasen) des Anhangs I der FFH-Richtlinie einzustufen.

Gefährdung und Schutz: *C. angularis* ist bundesweit (Stand 2015) eine Art der Vorwarnliste und war bisher noch nicht in der Checkliste und Roten Liste Baden-Württembergs (Stand 2005) verzeichnet. Aufgrund der Lebensraumbindung und der sehr wenigen Nachweise, bei denen von bislang übersehenen Vorkommen ausgegangen wird, sollte zukünftig eine Einstufung in der Roten Liste sowie im Informationssystem Zielartenkonzept Bad.-Württ. analog zu *C. axillaris* (s. dort) erfolgen. Schutzmaßnahmen für die Art müssen auf die Sicherung offener, kurzrasiger Halbtrockenrasen ausgerichtet sein. Ausgehend von den zwischenzeitlich erbrachten Nachweisen sollte in geeigneten Habitaten des jeweiligen Umfelds eine gezielte Prüfung auf weitere Vorkommen erfolgen.

Cymindis axillaris

(Fabricius, 1794)

Achselfleckiger Nachtläufer

Allgemeine Verbreitung: Westpaläarktisch und in Teilen Nordafrikas verbreitete Art, die in Nordeuropa und dem größten Teil Nordwesteuropas fehlt. Sie tritt nur regional in Mittel- (Hessen, Thüringen, Sachsen-Anhalt), Südwest- (Rheinland-Pfalz) und Süddeutschland (Baden-Württemberg, Bayern) auf und dort vor allem in Kalkgebieten; ihr Bestand ist stark rückläufig.

Vorkommen in Baden-Württemberg: Ehemals vor allem im Bereich der östlichen Schwäbischen Alb weiter verbreitet und dort auch noch gebietsweise mit aktuellen Vorkommen bekannt. Weitere punktuelle Nachweise nach 1980 noch aus dem Oberrhein-Tiefland sowie dem Tauber-Gebiet (nordöstlichster Bereich der Neckar- und Tauber-Gäuplatten). Ansonsten an mehreren ehemaligen Fundorten offenbar erloschen.

Lebensweise und Habitat: Flugunfähige Art mit unterschiedlicher Flügelausbildung (dimorph bzw. polymorph). Vermutlich ist die Art ausschließlich nachtaktiv. Aktive Imagines wurden in Bad.-Württ. nach den ausgewerteten Daten nahezu ganzjährig nachgewiesen, mit einem (auf geringer Datenlage basierenden) Schwerpunktzeitraum einerseits im April und Mai, andererseits (s. Zawadzki & Schmidt 1994) im Oktober. Aus anderen Monaten sind teils nur Einzeltiere bekannt. In Sachsen-

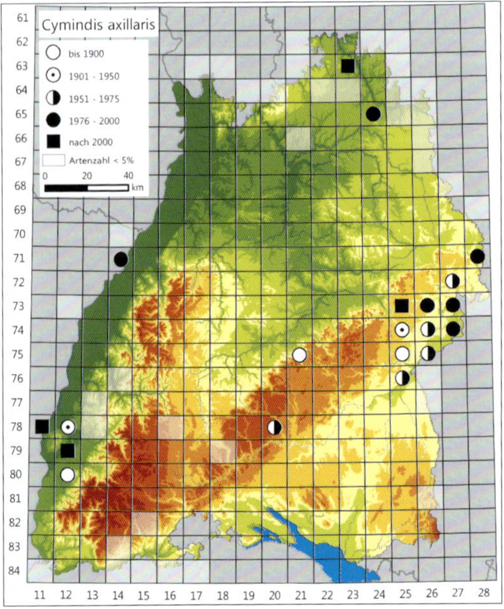

Cymindis axillaris.

Anhalt konzentriert sich die Aktivität von Imagines jedoch nach Trost (2001) auf die Wintermonate November und Dezember, für die kaum Fänge aus Bad.-Württ. vorliegen. Funde immaturer Individuen Anfang Mai in Bad.-Württ. könnten darauf hinweisen, dass hier zumindest ein Teil der Tiere als Larve überwintert.

C. axillaris tritt in Kalktrockenrasen, Wacholderheiden oder in Felsformationen auf kalkhaltigen Böden auf, teilweise auch in strukturell und standörtlich ähnlichen Sekundärhabitaten (s. Zawadzki & Schmid 1994: Bahndamm). Die Fundstellen sind, soweit hierzu Daten vorliegen, sehr lückig bewachsen und weisen offenen Fels oder Schotter auf. *C. axillaris* ist als charakteristische Art der Lebensraumtypen 5130, *6110, 6210 und wahrscheinlich *6240 (Wacholderheiden, Kalk-Pionier- und Trockenrasen, Subpannonische Steppen-Trockenrasen) des Anhangs I der FFH-Richtlinie einzuordnen.

Gefährdung und Schutz: *C. axillaris* ist bundesweit (Stand 2015) stark gefährdet und in Bad.-Württ. (Stand 2005) vom Aussterben bedroht. Sie ist als Landesart A des Informationssystems Zielartenkonzept Bad.-Württ. (Stand 2009) eingestuft. Aus einer Reihe ehemaliger Vorkommensgebiete liegen keine aktuellen Funde mehr vor. In den

Cymindis axillaris besiedelt voll besonnte Lebensräume mit hohem Angebot an Felsstrukturen oder offenen Steinschuttfluren, wie hier in einem Abbaugebiet, das in einen Magerrasenkomplex eingebettet ist und dessen Nutzungsgeschichte bereits sehr lange zurückreicht.

1930er bis 1950er Jahren wurde *C. axillaris* z. B. von P. Dolderer bei Oberstotzingen am Rand der Lonetal-Flächenalb gefunden, konnte aber trotz intensiver Nachsuche im Rahmen einer Vergleichsuntersuchung Ende der 1990er Jahre dort nicht mehr nachgewiesen werden (Kubach et al. 1999). Der Ausfall der Art in einer Reihe von Gebieten wird insbesondere auf Nutzungsänderung und Sukzession zurückgeführt, die – gerade auch infolge zwischenzeitlich unterlassener oder in der Intensität verringerter Beweidung – für die Art entscheidende Habitatcharakteristika beseitigten. Ehemals lückig bewachsene und kurzrasige Bereiche sind verfilzt und inzwischen langgrasig oder von Gebüschen dominiert. Die bereits bei Kubach et al. (1999) zitierte Beschreibung Dolderers für eines seiner damaligen Untersuchungsgebiete sei kurz auszugsweise wiedergegeben: „Die ganze Fläche [...] wird vom Frühling bis in den späten Herbst hinein von Schafen beweidet. Ein großer Teil des nach [Südsüdwest] geneigten Hanges ist mit größeren und kleineren Steinsplittern des Jura [überstreut], die wie Porzellanscherben klingen und von ferne wie ausgestreute weiße Blüten aussehen [...]. Nur wenige hohe Pflanzen konnten auf dem Hang siedeln [...].“ Zum Zeitpunkt der Wiederholungsuntersuchung Ende der 1990er Jahre war dieser Hang bereits seit Jahrzehnten nicht mehr regelmäßig mit Schafen beweidet, sondern in einzelnen Jahren unregelmäßig gemäht oder gemulcht worden. Neben der in Teilen fortgeschrittenen Gehölzsukzession waren aber auch in den heute noch offenen Hangbereichen strukturelle Veränderungen erkennbar: So war die Vegetationsdecke gegenüber Dolderers Beschreibungen geschlossener, die Vermoosung stark und die Auflage an Kalksteinen deutlich geringer (Kubach et al. 1999). Das Verschwinden von Arten mit Habitatansprüchen wie *C. axillaris* wird dadurch erklärbar. Bei geringer Vorkommensdichte und unter Berücksichtigung der geringen Mobilität der Art sind verwaiste Habitate nur bei direktem räumlichem Verbund mit noch bestehenden Vorkommen überhaupt wieder besiedelbar, soweit die dafür notwendigen strukturellen Voraussetzungen durch Entwicklungsmaßnahmen geschaffen wurden.

Schutzmaßnahmen müssen darauf abzielen, einerseits an den noch dokumentierten Vorkommensorten eine bestandserhaltende Nutzung oder

Pflege aufrechtzuerhalten oder zu optimieren, andererseits von diesen ausgehend weitere Flächen im Umfeld, die noch Potenzial für die Art besitzen, entsprechend zu entwickeln. Zudem sollte durch verstärkte Untersuchungen der Kenntnisstand über aktuelle Vorkommen der Art verbessert werden. Die Bestandsentwicklung der Art sollte langfristig einem Monitoring unterzogen werden.

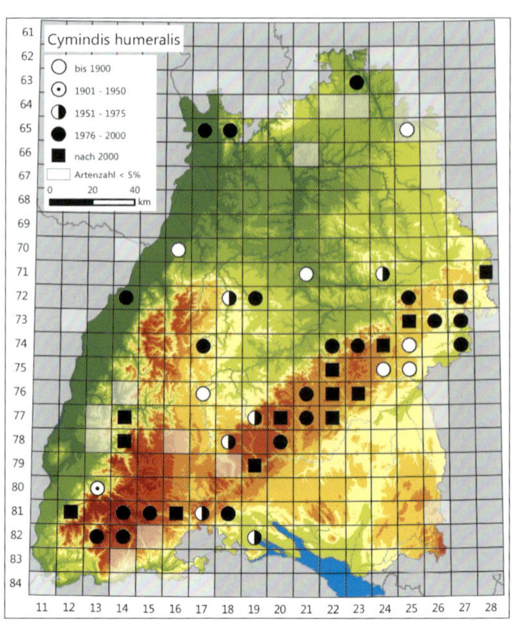

Cymindis humeralis

(Geoffroy, 1785)

Schulterfleckiger Nachtläufer

Allgemeine Verbreitung: Europäische Art, die aber in weiten Teilen Nord- und Nordwesteuropas sowie in Teilen Südeuropas fehlt. In Deutschland ist sie weit verbreitet, wobei sie in der Nord- und Ostdeutschen Ebene sowie im südöstlichen Bayern größere Verbreitungslücken aufweist.

Vorkommen in Baden-Württemberg: Schwerpunkt auf der Schwäbischen Alb, von dort im Südwesten über den Südteil der Neckar- und Tauber-Gäuplatten bis in den Süd- und Mittleren Schwarzwald verbreitet. Punktuell oder gebietsweise Vorkommen in einzelnen weiteren Naturräumen, darunter im Oberrhein-Tiefland.

Cymindis humeralis.

Lebensweise und Habitat: Flugunfähige Art mit unterschiedlicher Flügelausbildung (dimorph bzw. polymorph). Vermutlich ausschließlich nachtaktive Art. Paarung und Eiablage (schwerpunktmäßig) im Sommer und Larvalentwicklung ab Sommer/Herbst. In Bad.-Württ. wurden allerdings wiederholt überwinternde Imagines gefunden, was entweder auf mehrjährige Aktivität hindeuten könnte oder aber zeigt, dass die Larvalentwicklung mindestens eines Teils der Individuen bereits vor Winterbeginn abgeschlossen wurde. Aktive Imagines wurden in Bad.-Württ. nach den ausgewerteten Daten zwischen April und August registriert, mit einem Aktivitätsmaximum im Mai.

C. humeralis tritt vor allem auf Kalkhalbtrockenrasen oder Wacholderheiden auf, zudem auf Weidfeldern des Schwarzwalds (Baum 1989: „Charakterart hochgelegener trockener Weideflächen und Borstgrasrasen" am Belchen) und in einigen Fällen in Sandheiden (Oberrhein-Tiefland), teilweise auch in strukturell und standörtlich ähnlichen Sekundärhabitaten. Imagines werden bei Handfängen insbesondere an Stellen mit voll besonntem, offenem Schotter gefunden, und zwar sowohl im Winterquartier als auch während der Aktivitätsphase. Typisch ist somit z. B. der Fund von Baehr (1984) im Lautertal bei Münsingen „im groben, vegetationsarmen Schotter in der Wacholderheide". *C. humeralis* ist als charakteristische Art der Lebensraumtypen 5130, 6210 6240

Cymindis humeralis ist eine typische Art beweideter Kalk-Halbtrockenrasen und Wacholderheiden der Schwäbischen Alb. Sie siedelt aber teils auch in anderen Naturräumen in trockenen, mageren und sonnenexponierten Lebensräumen von vergleichbarer Struktur.

(Wacholderheiden, Kalk-Trockenrasen) und evtl. 6230 (Montane Borstgrasrasen) des Anhangs I der FFH-Richtlinie einzustufen, möglicherweise noch für weitere Lebensraumtypen des trockenen Standortbereichs.

Gefährdung und Schutz: *C. humeralis* ist bundesweit (Stand 2015) und in Bad.-Württ. (Stand 2005) gefährdet und Naturraumart des Informationssystems Zielartenkonzept Bad.-Württ. (Stand 2009). Die Art ist an magere, besonnte Standorte mit jedenfalls in Teilen lückiger Vegetation gebunden und von einer extensiven Nutzung oder Pflege (meist Beweidung) abhängig. Teilweise sind lokale Populationen bereits erloschen, wofür Pflegedefizite und Gehölzsukzession verantwortlich gemacht werden. Im Naturraum der Oberen Gäue gelangen nach 1990 trotz Stichproben und teils intensivierter Suche bislang keine Nachweise an Stellen mehr, wo die Art bis in die 1950er Jahre oder sogar noch bis 1980 nachgewiesen wurde (z. B. Wacholderheide bei Lehenweiler im Landkreis Böblingen, s. Trautner 1986a). Obwohl noch deutlich weiter verbreitet als *C. axillaris*, sind auch bei dieser wenig mobilen Art verwaiste Habitate nur dann ggf. wiederbesiedelbar, wenn ein direkter räumlicher Verbund mit noch bestehenden Vorkommen existiert und die für die Besiedlung notwendigen strukturellen Voraussetzungen durch Entwicklungsmaßnahmen geschaffen wurden. Schutzmaßnahmen müssen in den Schwerpunkträumen der Verbreitung (Schwäbische Alb und Südschwarzwald) darauf abzielen, großflächig Weidelandschaften zu erhalten oder wiederzuentwickeln, die im räumlichen Verbund und durch ausreichende Weideintensität geeignete Habitate bereitstellen. In anderen Naturräumen sollen die noch bestehenden Vorkommen einerseits durch eine bestandserhaltende Nutzung oder Pflege aufrechterhalten oder optimiert werden. Andererseits wäre auch hier zu prüfen, ob weitere Flächen im Umfeld, die für die Art noch Potenzial aufweisen, entwickelt werden könnten. Die Bestandsentwicklung der Art sollte langfristig einem Monitoring unterzogen werden.

Cymindis vaporariorum

(Linnaeus, 1758)

Rauchbrauner Nachtläufer

Allgemeine Verbreitung: Holarktisch, teils diskontinuierlich verbreitete Art, in Süd- und Westeuropa nur in höheren Gebirgslagen. In Deutschland weist sie Verbreitungsschwerpunkte im Nordwesten und Norden (Nordrhein-Westfalen, Niedersachsen, Schleswig-Holstein, Mecklenburg-Vorpommern) sowie im Süden Bayerns auf, während sie ansonsten nur sporadisch und punktuell (u. a. Rheinland-Pfalz, Sachsen) vorkommt.

Vorkommen in Baden-Württemberg: Nahezu ausschließlich im Voralpinen Hügel- und Moorland sowie auf der Donau-Iller-Lech-Platte nachgewiesen, zudem ein Vorkommen im Schwenninger Moos auf der Baar (Südteil der Neckar- und Tauber-Gäuplatten).

Lebensweise und Habitat: Flugfähige (dimorphe bzw. polymorphe) Art. Paarung und Eiablage (schwerpunktmäßig) im Sommer und Larvalentwicklung ab Sommer/Herbst. Aktive Imagines wurden in Bad.-Württ. nach den ausgewerteten Daten zwischen Mai und September registriert, mit einem Aktivitätsmaximum im Juli und August (vgl. Bräunicke & Reck 1997).

C. vaporariorum tritt sowohl in lebenden Hochmooren (z.B. Wurzacher Ried) als auch in offenen, verheideten Moorstandorten auf, die im Wasserhaushalt bereits stark verändert sind. Dies beschreibt Wasner (1974) für seine Nachweise aus dem Federseebecken folgendermaßen: „Der schwarzbraune, nackte Hochmoortorf wechselt in diesen offenen Hochmoorbereichen mosaikartig mit von Moosen durchsetzten *Calluna*-Beständen ab [...]. Die Lichtfülle ist extrem groß [...].“ Im Gegensatz zur Situation in Nordeuropa, wo die Art stärker in trockenen Lebensräumen auf Sandboden vertreten ist (Lindroth 1992), wurden in Bad.-Württ. keine solchen Vorkommen festgestellt. Im lebenden Hochmoor nutzt *C. vaporariorum* schwerpunktmäßig vermutlich die trockenen Bultbereiche und ist auf dem weitgehend offenen Hochmoorschild des Wurzacher Rieds nach *Agonum ericeti* – allerdings mit weitem Abstand – eine der wenigen stet vertretenen Laufkäferarten (z.B. Messinesis 1992). *C. vaporariorum* tritt, wie Messinesis (1992) zeigen konnte, neben dem völlig offenen Hochmoor auch in Bereichen auf, die mit Bergkiefern (*Pinus mugo*) lückig und überwiegend niedrigwüchsig durchsetzt sind. Bei stärkerer Bewaldung und Beschattung fällt die Art aber aus. *C. vaporariorum* ist in Bad.-Württ. als charakteristische Art der Lebensraumtypen *7110 (Lebende Hochmoore, vorrangig), 7120 (Noch renaturierungsfähige, degradierte Hochmoore) sowie möglicherweise *91D0 (Moorwälder, dieses aber eingeschränkt auf bestimmte Typen und strukturelle Ausbildungen) des Anhangs I der FFH-Richtlinie einzustufen.

Gefährdung und Schutz: *C. vaporariorum* ist bundesweit (Stand 2015) und in Bad.-Württ. (Stand 2005) stark gefährdet und Landesart B des Infor-

Cymindis vaporariorum, hier ein eiertragendes Weibchen.

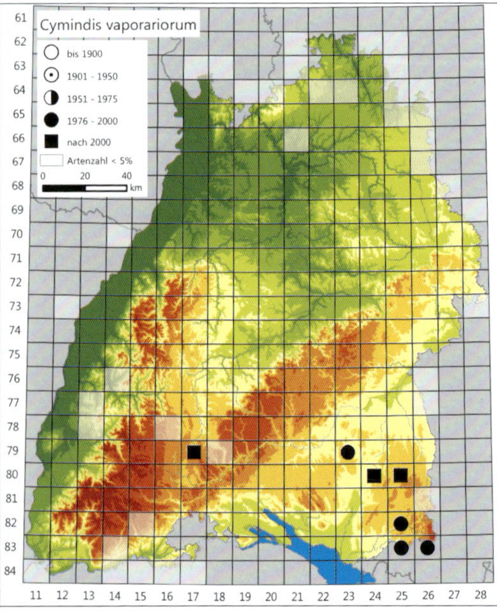

Cymindis vaporariorum siedelt in offenen Hochmooren und deren teils verheideten Fragmenten im südlichen Baden-Württemberg. Foto: K. Geigenmüller.

mationssystems Zielartenkonzept Bad.-Württ. (Stand 2009). Im Wurzacher Ried ist der Bestand unter den aktuellen Rahmenbedingungen im zentralen Hochmoorschild gesichert, andernorts sind aber auch in diesem Gebiet Lebensräume infolge flächiger Wiedervernässungsmaßnahmen und Gehölzsukzession verloren gegangen. Für die wenigen dokumentierten Vorkommen außerhalb des Wurzacher Rieds wäre vordringlich die aktuelle Bestandssituation zu prüfen, ebenso ein Vorkommen in weiteren Mooren des Raums. Hierauf aufbauend wäre zu beurteilen, inwieweit Bedarf an spezifischen Maßnahmen besteht. Potenzielle Gefährdungsfaktoren sind insbesondere eine verstärkte Gehölzsukzession sowie Wiedervernässungsmaßnahmen in verheideten Mooren, soweit in deren Rahmen keine ausreichende Berücksichtigung der Vorkommen und Ansprüche der Art erfolgt. Es ist davon auszugehen, dass bei lokalem Erlöschen von Populationen allenfalls dann mittel- bis langfristig eine Wieder- oder Neubesiedlung potenziell geeigneter Standorte erfolgen kann, wenn sich Spenderpopulationen im engen räumlichen Verbund befinden. Die Bestandsentwicklung der Art sollte langfristig einem Monitoring unterzogen werden.

Demetrias atricapillus

(Linnaeus, 1758)
Gewöhnlicher Halmläufer

Allgemeine Verbreitung: Westpaläarktisch und in Teilen Nordafrikas verbreitete Art, im größten Teil Nordeuropas fehlend. In Deutschland kommt sie fast überall vor und fehlt nur in großen Landesteilen Brandenburgs und Bayerns.

Vorkommen in Baden-Württemberg: Landesweit recht weit verbreitet, fehlt aber in den höheren und kühleren Lagen sowie in großflächig walddominierten Gebieten vollständig oder weitestgehend, insbesondere in Großteilen der Schwäbischen Alb, des Schwarzwaldes, der Donau-Iller-Lech-Platte sowie des Voralpinen Hügel- und Moorlandes (außer Bodenseebecken und Hegau). Fehlende Nachweise in der Verbreitungskarte in anderen Naturräumen sind dagegen als Erfassungslücken, i. d. R. aber nicht als ein tatsächliches Fehlen zu interpretieren.

Lebensweise und Habitat: Flugfähige (makroptere) und räuberische Art. Paarung und Eiablage (schwerpunktmäßig) im Frühjahr und Larvalentwicklung ab Frühjahr/Sommer. Aktive Imagines wurden in Bad.-Württ. nach den ausgewerteten Daten zwischen März und Oktober registriert, wobei es – wie Marggi (1992) bereits für die Schweiz schreibt – sowohl im Frühjahr als auch im Herbst eine Häufung von Funden gibt. Im Winter wurde die Art in Anzahl aus der Streu und aus Grashorsten gesiebt.

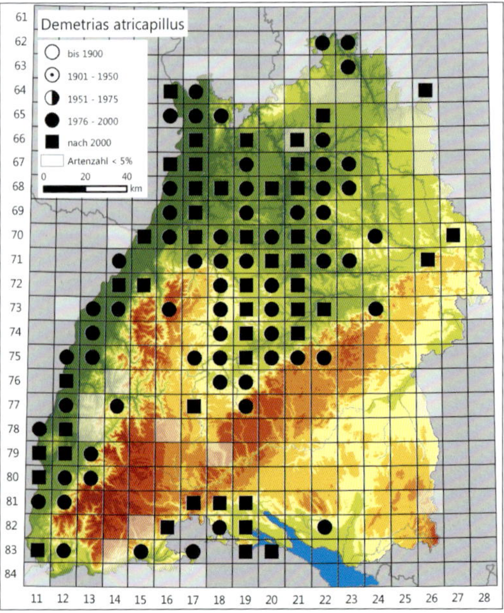

Demetrias atricapillus.

D. atricapillus zählt zu den in hohem Maße pflanzenkletternden Arten und ist meist bei Fängen mit Bodenfallen unterrepräsentiert. Die Art wird regelmäßig – häufig im Zuge der Erfassung anderer Artengruppen – von der Vegetation gekäschert und wurde auch mit Saugfallen in Weizenfeldern erfasst (s. Feurer 1985). Sie bevorzugt besonnte Lebensräume mit stark ausgebildeter, eher vertikal strukturierter Vegetation. Dabei besiedelt sie ein breites Standortspektrum von feuchten bis hin zu trockenen Lebensräumen des Offenlands und tritt auch in Wald-Offenland-Ökotonen auf. Kubach (1995) wies sie z. B. in den von ihm untersuchten neu angelegten Saumstrukturen und in Vergleichsflächen in einer Ackerbaulandschaft des Kraichgaus nach. Die Art ist insgesamt sehr stark in ackerbaulich genutzten Landschaften vertreten und wird als bedeutender Blattlausräuber im Getreideanbau angesehen (z. B. Thomas et al. 1991). Bei Untersuchungen von Ackerrändern in England wurde festgestellt, dass die winterliche Vorkommensdichte der Art positiv mit der Dichte an Horsten des Gewöhnlichen Knäuelgrases (*Dactylis glomerata*) korreliert ist (Thomas et al. 1992). Dieses stellte im genannten Untersuchungsraum offenbar die bevorzugte Überwinterungsstruktur dar.

Gefährdung und Schutz: *D. atricapillus* ist bundesweit (Stand 2015) und in Bad.-Württ. (Stand 2005) ungefährdet. Aufgrund der weiten Verbreitung mit Auftreten in unterschiedlichen und größtenteils ungefährdeten Lebensraumtypen des Offenlands ist auch keine zukünftige Gefährdung absehbar. Kein Handlungsbedarf.

Demetrias imperialis

(Germar, 1824)

Gefleckter Halmläufer

Allgemeine Verbreitung: Westpaläarktisch und in Teilen Nordafrikas verbreitete Art, in Nordeuropa größtenteils und in Südeuropa teilweise fehlend. Sie kommt in allen Regionen Deutschlands vor, zeigt von Norden nach Süden aber zunehmend größere Verbreitungslücken.

Vorkommen in Baden-Württemberg: Schwerpunktmäßig in den an Stillgewässern reichen Landschaften am Bodensee und in dessen Hinterland sowie entlang von Donau und Rhein und z. B. im Osten des Schwäbischen Keuper-Lias-Landes (Ellwanger Raum) verbreitet. Im Schwarzwald und dem größten Teil der Schwäbischen Alb fehlend. Im Nordosten des Landes möglicherweise aufgrund von Erfassungslücken unterrepräsentiert.

Lebensweise und Habitat: Flugfähige (makro-

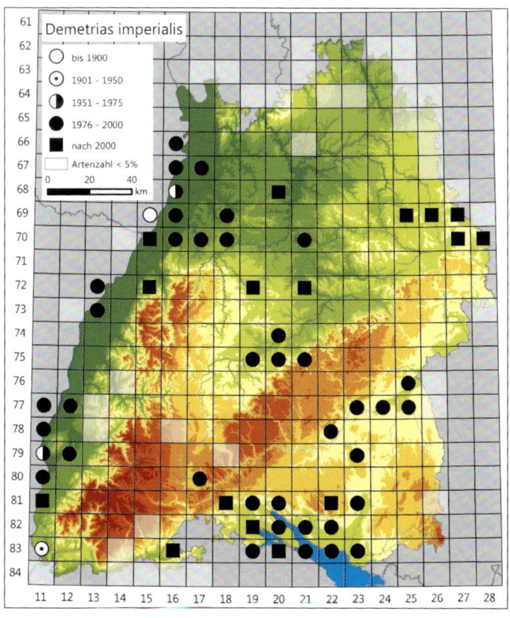

Demetrias imperialis.

ptere) und räuberische Art. Paarung und Eiablage (schwerpunktmäßig) im Frühjahr und Larvalentwicklung ab Frühjahr/Sommer. Aktive Imagines wurden in Bad.-Württ. nach den ausgewerteten Daten zwischen April und Oktober registriert, mit einem Aktivitätsmaximum im Mai und Juni.

D. imperialis ist wie *Odacantha melanura* eine pflanzenkletternde Art der Röhrichte, die ihre Schwerpunktvorkommen ebenfalls im unmittelbaren Kontaktbereich von Wasser zu Land oder in Vegetationsbeständen hat, die im Wasser stehen. Auch diese Art dürfte in mehr oder minder geschlossenen Röhrichtzonen durch Pflegemaßnahmen begünstigt werden, die wie die räumlich und zeitlich differenzierte Schilfmahd zu einem höheren Grenzlinienanteil unterschiedlich (aber dennoch halmartig/stark vertikal) strukturierter Vegetation führen. Sie überwintert in Blattscheiden (u. a. von Rohrkolben, *Typha* spec.) und in hohlen Stängeln (z. B. von abgestorbenem Schilf, *Phragmites australis*) und kann dadurch, zum Teil zusammen mit *O. melanura*, auch gut durch winterliches Sieben (s. Kap. 7.1) nachgewiesen werden. Weitaus stärker als *O. melanura* ist *D. imperialis*

Demetrias imperialis besiedelt vorzugsweise Röhrichte an Stillgewässern. In diesem Schilfröhricht am Bodensee war die Art individuenreich in den im Wasser stehenden Bereichen vertreten.

aber auf Röhrichte bezogen und wird weitaus seltener z. B. in Großseggenrieden nachgewiesen. Auch ihre Bindung an Uferzonen scheint enger, während sie eine gewisse Beschattung der Lebensräume offenbar eher toleriert, da auch Funde aus Röhrichten vorliegen, die größtenteils bis teilweise von Auegehölzen überschirmt sind, so etwa bei einer der Meldungen von Wolf-Schwenninger & Schwenninger (1992: Schilfröhricht in Auwald).
Gefährdung und Schutz: *D. imperialis* ist bundesweit (Stand 2015) ungefährdet, in Bad.-Württ. (Stand 2005) jedoch als gefährdet eingestuft und Naturraumart des Informationssystems Zielartenkonzept Bad.-Württ. (Stand 2009). Gefährdungsursachen sind der Rückgang geeigneter Standorte unter anderem durch Entwässerung, den Verlust offener Stillgewässer, wie etwa gehölzfreier Altarme und Flutmulden in Auen, sowie durch Gehölzsukzession infolge ausbleibender Nutzung oder Pflege. Schutzmaßnahmen müssen insbesondere auf die langfristige Sicherung offener Röhrichte in der Verlandungszone von Gewässern abzielen.

Demetrias monostigma

Samouelle, 1819

Ried-Halmläufer

Allgemeine Verbreitung: Westpaläarktisch verbreitete Art, die im zentralen und südöstlichen Europa vorkommt, in weiten Teilen Süd- und Nord- sowie Nordwesteuropas aber fehlt. Sie zeigt in Deutschland eine weite Verbreitung und weist eine von Westen nach Südosten reichende Verbreitungslücke auf, die das deutsche Areal zweiteilt.
Vorkommen in Baden-Württemberg: Schwerpunkt

im Oberrhein-Tiefland, fehlende Nachweise in der Verbreitungskarte sind dort als Erfassungslücken, i. d. R. aber nicht als ein tatsächliches Fehlen zu interpretieren. Weitere Vorkommen insbesondere in Teilen des Voralpinen Hügel- und Moorlandes sowie im äußersten Süden und Westen der Neckar- und Tauber-Gäuplatten. Historisch auch aus dem Donauraum bei Ulm nachgewiesen.

Lebensweise und Habitat: Flugfähige (dimorphe bzw. polymorphe) Art. Paarung und Eiablage (schwerpunktmäßig) im Frühjahr und Larvalentwicklung ab Frühjahr/Sommer. Aktive Imagines wurden in Bad.-Württ. nach den ausgewerteten Daten zwischen März und Oktober registriert, mit einem Aktivitätsmaximum im Mai und Juni.

Auch *D. monostigma* gehört zu den „Kletterspezialisten“. Diese bevorzugen im Freiland „Bereiche mit einer entsprechend dichten und hohen Vegetationsstruktur, die sich vor allem aus senkrechten, linearen Mikrostrukturelementen [Halmen] zusammensetzt“ (Meissner 1998). Den Imagines gelingt nach Beobachtungen dieses Autors, der außer der mehrjährigen Freilanduntersuchung eines Verlandungsmoors mit angrenzendem Grünland auch Laborexperimente mit der Art durchführte, ein müheloser Wechsel von einem Halm zum anderen, wobei sie maximal Distanzen von einer Körperlänge zurücklegen (Meissner 1998). Im Gegensatz zu *D. imperialis* hat *D. monostigma* ihren Vorkommensschwerpunkt in Seggen- und Binsenrieden. Wenn diese eine Bultstruktur aufweisen (z. B. Kopfbinsenried), ist die Art der Fauna des Bultenkopfs und der Halmschicht darüber zuzurechnen (s. Meissner 1998). *D. monostigma* ist aber nicht auf bultbildende Seggen- oder Binsenarten und die von ihnen dominierten Pflanzengesellschaften beschränkt, sondern kommt auch in anderen Rieden und Röhrichten vor, so unter anderem auch in Schilfröhrichten. Eine geringere Anzahl von Fundmeldungen stammt aus anderen feuchten Lebensraumtypen, etwa aus feuchten Hochstaudenfluren an Grabenrändern. Bei fast allen Fundstellen, an denen Nachweise während der Aktivitätszeit der Art gelangen und zu denen entsprechende Angaben vorliegen, handelt es sich um voll- oder weitestgehend besonnte Bereiche. Allerdings sucht die Art zur Überwinterung auch Horste, Bulten und Bodenstreu unter Gebüsch und Einzelbäumen sowie in Feucht- und Nasswäldern oder an deren Rändern auf. Hier sowie teils unter Rinde kann sie auch im Winterquartier durch direkte Suche und insbesondere Sieben (s. Kap. 7.1) nachgewiesen werden.

Demetrias monostigma.

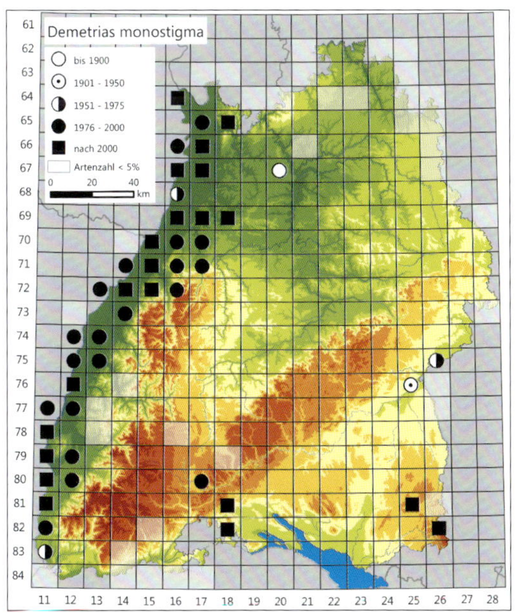

Demetrias monostigma besiedelt vorwiegend Riede. Hier ein typischer Lebensraum im Voralpinen Hügel- und Moorland.

Gefährdung und Schutz: *D. monostigma* ist bundesweit (Stand 2015) ungefährdet, in Bad.-Württ. wurde die Art jedoch in die Vorwarnliste aufgenommen (Stand 2005). Zu den Rückgangsursachen zählen vor allem Entwässerung und direkte Flächeninanspruchnahme geeigneter Habitate sowie Gehölzsukzession bei fehlender Pflege. Schutzmaßnahmen müssen dem entgegenwirken.

Dromius agilis

(Fabricius, 1787)

Brauner Rindenläufer

Allgemeine Verbreitung: Westpaläarktisch verbreitete Art, in fast ganz Europa mit Ausnahme von Teilen Süd- und Südwesteuropas vorhanden. Sie kommt in Deutschland flächendeckend vor und ist aufgrund ihrer arborikolen Lebensweise methodisch oftmals unterrepräsentiert.

Vorkommen in Baden-Württemberg: Landesweit verbreitet, fehlende Nachweise in der Verbreitungskarte (auch im Schwarzwald) sind als Erfassungslücken, i. d. R. aber nicht als ein tatsächliches Fehlen zu interpretieren.

Lebensweise und Habitat: Flugfähige (makroptere) und räuberische Art, die als Imago und Larve Bäume bewohnt. Paarung und Eiablage (schwerpunktmäßig) im Frühjahr und Larvalentwicklung ab Frühjahr/Sommer. Aktive Imagines wurden in Bad.-Württ. nach den ausgewerteten Daten zwischen April und Oktober registriert, wobei ein Aktivitätsmaximum methodenbedingt nicht angegeben werden kann. Viele Nachweise während der Aktivitätszeit sind mehr oder weniger

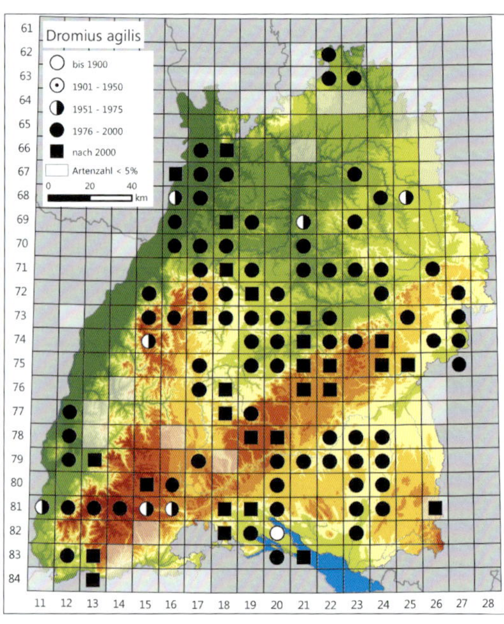

Dromius agilis.

zufällige Beifänge (auch am Licht, z.B. Baehr 1980); nur in seltenen Fällen wurden Stammeklektoren eingesetzt (z.B. Bense 1993). Die Tiere werden wie bei anderen *Dromius*-Arten am einfachsten im Winter erfasst, wenn sie – teils in Anzahl – vor allem unter Rindenschuppen oder im Moos im Stammfußbereich von Bäumen überwintern. Nach Verlassen des Winterquartiers im Frühjahr sind die Imagines im Stamm- und Kronenbereich der Bäume aktiv.

D. agilis ist die nach *D. quadrimaculatus* zweithäufigste Art der Gattung in Bad.-Württ. und an einem breiten Spektrum an Baumarten aktiv, sowohl an Laub- (z.B. Hainbuche, Stieleiche) als auch an Nadelbäumen (Fichte, Tanne u.a.). Im Gegensatz zu *D. quadrimaculatus* und *Calodromius spilotus* ist die Art zwar nicht ausschließlich, aber doch wesentlich stärker auf Waldlebensräume und deren Übergänge ins Offenland konzentriert und fehlt vielfach in Streuobstwiesen, in städtischen Alleen oder in anderen Gehölzbeständen des Offenlands. *D. agilis* ist damit als eurytope baumbewohnende Waldart einzuordnen.

Gefährdung und Schutz: *D. agilis* ist bundesweit (Stand 2015) und in Bad.-Württ. (Stand 2005) ungefährdet. Aufgrund der weiten Verbreitung mit Auftreten in unterschiedlichen Lebensraumtypen des Waldes und von Wald-Offenland-Ökotonen ist auch keine zukünftige Gefährdung absehbar. Kein Handlungsbedarf.

Dromius angustus

Brullé, 1834

Kiefern-Rindenläufer

Allgemeine Verbreitung: Die Nominatform europäisch mit westlichem Verbreitungsschwerpunkt, im Großteil Nordeuropas sowie in Südosteuropa fehlend. Diese aufgrund ihrer arborikolen Lebensweise häufig unterrepräsentierte Art ist vor allem in der Westhälfte Deutschlands weit verbreitet, dünnt nach Osten hin aus und fehlt nur in weiten Teilen Bayerns (Arealrandlage).

Vorkommen in Baden-Württemberg: In den niedrigeren und eher wärmeren Lagen (planar bis submontan) an geeigneten Standorten verbreitet, scheint weiträumig zumindest in den höheren Lagen des Schwarzwalds, auf der Schwäbischen Alb sowie im Voralpinen Hügel- und Moorland und der Donau-Iller-Lech-Platte zu fehlen. Allerdings ist bei dieser wie auch den anderen baumbewohnenden Arten der geringere Erfassungsgrad bei üblichen Bodenfallen-Untersuchungen oder Handfängen während der Vegetationsperiode zu berücksichtigen. Da die Art eine Präferenz für bestimmte Wald- und Gehölzstrukturen und damit eine heterogenere Verteilung als häufige Arten zeigt, wirkt sich ein geringerer Erfassungsgrad

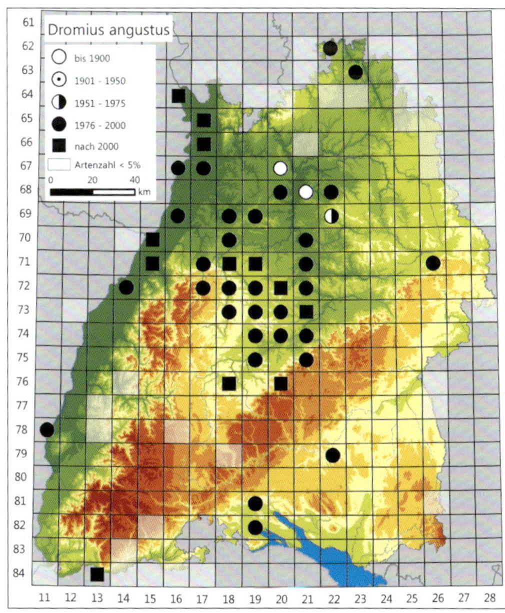

Dromius angustus.

noch stärker aus. Mit hoher Stetigkeit und teils individuenreich ist die Art insbesondere in den Neckar- und Tauber-Gäuplatten, den Randbereichen des Nordschwarzwaldes und des Schwäbischen Keuper-Lias-Landes sowie im nördlichen Oberrhein-Tiefland anzutreffen.

Lebensweise und Habitat: Flugfähige (makroptere) Art. Paarung und Eiablage (schwerpunktmäßig) im Frühjahr und Larvalentwicklung ab Frühjahr/ Sommer. Die Tiere werden wie bei anderen *Dromius*-Arten am einfachsten im Winter erfasst, wenn sie – teils in Anzahl – vor allem unter Rindenschuppen im unteren Stamm- und Stammfußbereich von Bäumen überwintern. Nach Verlassen des Winterquartiers im Frühjahr sind die Imagines im Stamm- und Kronenbereich der Bäume aktiv.

D. angustus ist eine typische Art überwiegend lichter Kiefern- oder Kiefernmischbestände, von Waldrandzonen (auch an inneren Randstrukturen wie etwa entlang von Wegen) sowie von Wald-Offenland-Ökotonen (z. B. Übergänge von Wald in stärker mit Kiefern durchsetzte Wacholderheiden). Sie tritt aber auch in geschlossenen Waldbeständen auf, wenngleich sie dort in deutlich geringerer Stetigkeit und Anzahl nachgewiesen wurde. Besonders häufig ist *D. angustus* an Kiefern (*Pinus* spec.) zu finden, doch ist sie keinesfalls darauf beschränkt. Nachweise liegen unter anderem auch von anderen Nadelbäumen wie Fichte (*Picea abies*) vor, ebenso von Obstbäumen sowie aus dem Siedlungsbereich an dort vielfach gepflanzten, älteren Platanen (*Platanus* spec.) (vgl. Trautner 1984).

Gefährdung und Schutz: *D. angustus* ist weder bundesweit (Stand 2015) noch in Bad.-Württ. (Stand 2005) gefährdet. Aufgrund der weiten Verbreitung mit Auftreten in unterschiedlichen, vielfach ungefährdeten Waldlebensraumtpypen sowie von Wald-Offenland-Ökotonen ist auch keine zukünftige Gefährdung absehbar. Kein Handlungsbedarf.

Dromius fenestratus

(Fabricius, 1794)

Zweifleckiger Rindenläufer

Allgemeine Verbreitung: Europäische Art, in Nordwest- sowie im Großteil Südeuropas fehlend, in Nordamerika eingeschleppt (Bousquet 2012). Die aufgrund ihrer arborikolen Lebensweise häufig unterrepräsentierte Art kommt vor allem in der südlichen Hälfte Deutschlands zerstreut bis verbreitet vor. Nördlich erreicht sie lokal den Hamburger Raum und fehlt ansonsten weitestgehend in der Nord- und Ostdeutschen Tiefebene.

Vorkommen in Baden-Württemberg: Schwerpunkt im montanen bis hochmontanen Bereich, teilweise auch in submontanen Lagen nachgewiesen. Vor

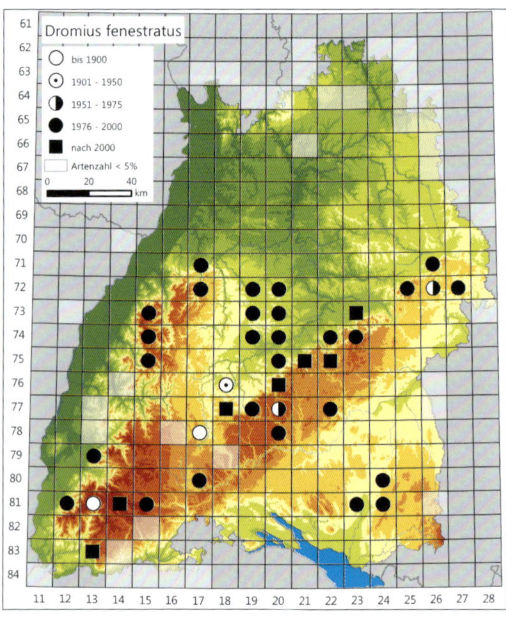

Dromius fenestratus.

allem auf der Schwäbischen Alb und im Schwarzwald sowie in Teilen des Schwäbischen Keuper-Lias-Landes vertreten. Wie bei den anderen baumbewohnenden Arten ist der geringere Erfassungsgrad bei üblichen Bodenfallen-Untersuchungen oder Handfängen während der Vegetationsperiode zu berücksichtigen.

Lebensweise und Habitat: Flugfähige (makroptere) Art. Paarung und Eiablage (schwerpunktmäßig) im Frühjahr und Larvalentwicklung ab Frühjahr/Sommer. Die Tiere werden wie bei anderen *Dromius*-Arten am einfachsten im Winter erfasst, wenn sie – teils in Anzahl – vor allem unter Rindenschuppen im unteren Stamm- und Stammfußbereich von Bäumen überwintern. Nach Verlassen des Winterquartiers im Frühjahr sind die Imagines im Stamm- und Kronenbereich der Bäume aktiv.

D. fenestratus ist eine typische Art montaner Nadel- und Nadelmischwälder (z. B. Fichtenwälder, Buchen-Tannen-Mischwälder) und wird vor allem an Nadelbäumen gefunden. Eigene Funde stammen vor allem von Fichte (*Picea abies*), Tanne (*Abies alba*) und Kiefer (*Pinus* spec.), daneben von Lärche (*Larix decidua*), dem nicht einheimischen Mammutbaum (*Sequoiadendron giganteum*, Nachweise im Schönbuch) sowie einzeln von Rotbuche (*Fagus sylvatica*) und Bergahorn (*Acer pseudoplatanus*). Die Art zeigt keine Bevorzugung von Waldrändern, insbesondere nicht von kleinklimatisch begünstigten, sondern tendiert zu geschlossenen Beständen. Dies zeigt sich auch bei einzelnen vorliegenden Fängen mit Stammeklektoren, wo Bense (1993) an Tanne im geschlossenen Bestand die meisten Individuen im Eklektor registrierte.

Gefährdung und Schutz: *D. fenestratus* ist weder bundesweit (Stand 2015) noch in Bad.-Württ. (Stand 2005) gefährdet. Aufgrund der weiten Verbreitung mit Auftreten in unterschiedlichen, vielfach ungefährdeten Lebensraumtypen des Waldes ist auch keine zukünftige Gefährdung absehbar. Kein Handlungsbedarf.

Dromius quadraticollis

A. Morawitz, 1862

Eckschild-Rindenläufer

Allgemeine Verbreitung: Paläarktisch diskontinuierlich verbreitet, fehlt in weiten Teilen Süd- und Nordeuropas. Die aufgrund ihrer arborikolen Lebensweise häufig unterrepräsentierte Art stößt in Deutschland an ihre westliche Arealgrenze und ist lokal bisher nur aus Ost- und Nordostdeutschland (Mecklenburg-Vorpommern, Brandenburg, Sachsen, Sachsen-Anhalt) sowie neuerdings auch aus dem Südwesten (Baden-Württemberg) bekannt.

Vorkommen in Baden-Württemberg: Erst in jüngster Zeit im äußersten Südwesten Baden-Württembergs (Südschwarzwald, Übergang zum Hoch-

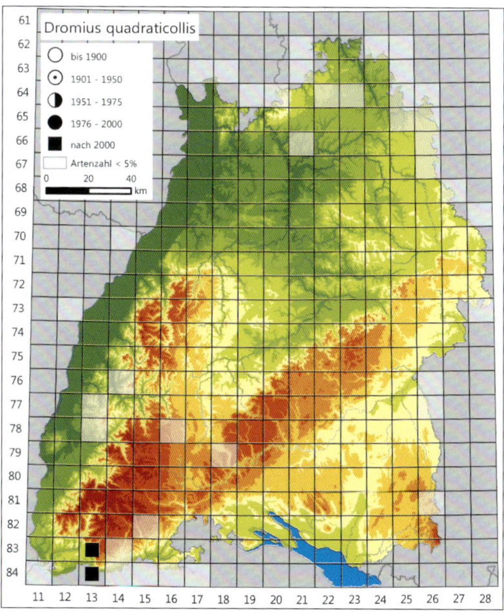

Dromius quadraticollis. Foto: O. Bleich.

rhein-Gebiet) an mehreren Stellen nachgewiesen (SCHANOWSKI, in lit.). Diese Funde schließen mehr oder minder an das bereits für die Schweiz dokumentierte Verbreitungsgebiet an (s. LUKA et al. 2009). Wie bei den anderen baumbewohnenden Arten ist der geringere Erfassungsgrad bei üblichen Bodenfallen-Untersuchungen oder Handfängen während der Vegetationsperiode zu berücksichtigen, so dass die Art – zumindest im Südwesten Baden-Württembergs – womöglich weiter verbreitet ist als bislang bekannt.

Lebensweise und Habitat: Flugfähige (makroptere) Art. Paarung und Eiablage (schwerpunktmäßig) im Frühjahr und Larvalentwicklung ab Frühjahr/Sommer. Die Tiere werden wie bei anderen *Dromius*-Arten am einfachsten im Winter erfasst, wenn sie vor allem unter Rindenschuppen im unteren Stamm- und Stammfußbereich von Bäumen überwintern. Nach Verlassen des Winterquartiers im Frühjahr sind die Imagines im Stamm- und Kronenbereich der Bäume aktiv.

D. quadraticollis wurde am südlichen Rand des Südschwarzwalds bei der Winterquartiersuche an verschiedenen Stellen nachgewiesen, unter anderem im Stammfußbereich von Tannen (SCHANOWSKI, mdl. Mitt.). Bei LUKA et al. (2009) ist die Art der Lebensraumkategorie Nadelwälder zugeordnet, in vorwiegend colliner (bis montaner) Lage.

Gefährdung und Schutz: *D. quadraticollis* ist bundesweit (Stand 2015) als extrem seltene Art der Kategorie R zugeordnet und war in Bad.-Württ. bisher in der Checkliste und Roten Liste (Stand 2005) nicht enthalten. Eine Gefährdung ist nach den bisher vorliegenden Informationen wenig wahrscheinlich, jedoch sollten im Südschwarzwald, Dinkelberg und Hochrheingebiet sowie in den östlich angrenzenden südlichsten Ausläufern der Neckar- und Tauber-Gäuplatten stichprobenartige Untersuchungen zur weiteren Abklärung des baden-württembergischen Verbreitungsgebiets und der besiedelten Lebensräume erfolgen. Ansonsten ist derzeit kein Handlungsbedarf absehbar.

Dromius quadrimaculatus

(Linnaeus, 1758)

Großer Vierfleck-Rindenläufer

Allgemeine Verbreitung: Europäische Art, fehlt in Teilen Nord- und Südeuropas, östlich bis zum Kaukasus. Sie kommt in Deutschland flächendeckend vor und ist aufgrund ihrer arborikolen Lebensweise methodisch häufig unterrepräsentiert.

Vorkommen in Baden-Württemberg: Landesweit verbreitet, fehlende Nachweise in der Verbreitungskarte sind weitgehend als Erfassungslücken, i. d. R. aber nicht als ein tatsächliches Fehlen zu interpretieren. Lediglich in nadelwalddominierten Gebieten unter anderem des Schwarzwalds könnte die Art tatsächlich überwiegend fehlen oder schwach vertreten sein.

Lebensweise und Habitat: Flugfähige (makroptere) und räuberische Art. Aktive Imagines wurden in Bad.-Württ. nach den ausgewerteten Daten zwi-

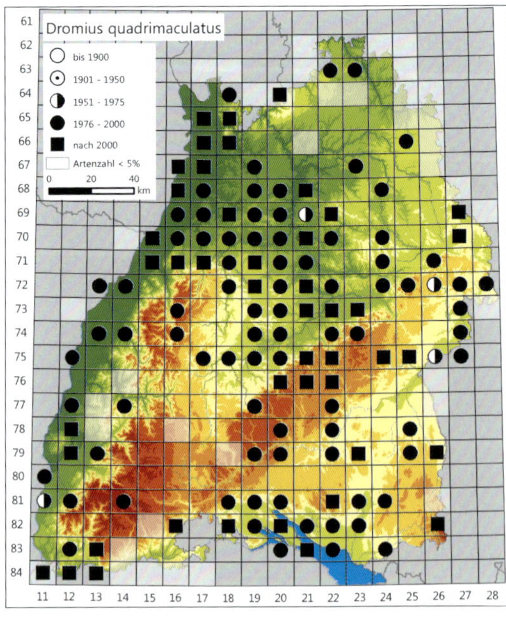

Dromius quadrimaculatus.

schen April und Oktober registriert, wobei ein Aktivitätsmaximum methodenbedingt nicht angegeben werden kann. Viele Nachweise während der Aktivitätszeit sind mehr oder minder zufällige Beifänge (auch am Licht). Die Tiere werden wie bei anderen *Dromius*-Arten am einfachsten im Winter erfasst, wenn sie – teils in Anzahl – vor allem unter Rindenschuppen oder im Moos im Stammfußbereich von Bäumen überwintern. Nach Verlassen des Winterquartiers im Frühjahr sind die Imagines im Stamm- und Kronenbereich der Bäume aktiv.

D. quadrimaculatus ist die häufigste Art dieser Gattung in Bad.-Württ. und zeigt, wie bereits bei Trautner (1984) für den Großraum Stuttgart beschrieben, auch landesweit eine deutliche Bevorzugung von Laubbäumen. Sie tritt dabei oft im Wald auf, ist aber wie *Calodromius spilotus* nicht auf diesen beschränkt. In hoher Stetigkeit und Individuenzahl findet sie sich z. B. an Obstbäumen in waldfernen Streuobstwiesen sowie im Siedlungsbereich. *D. quadrimaculatus* ist damit als eurytoper Baumbewohner einzuordnen.

Gefährdung und Schutz: *D. quadrimaculatus* ist bundesweit (Stand 2015) und in Bad.-Württ. (Stand 2005) ungefährdet. Aufgrund der weiten Verbreitung mit Auftreten in unterschiedlichsten Lebensraumtypen ist auch keine zukünftige Gefährdung absehbar. Kein Handlungsbedarf.

Dromius schneideri

Crotch, 1871

Schwarzrandiger Rindenläufer

Allgemeine Verbreitung: Westpaläarktisch verbreitete Art mit östlichem Verbreitungsschwerpunkt, die bei uns Mitteleuropa und das südliche Nordeuropa besiedelt. Die aufgrund ihrer arborikolen Lebensweise häufig unterrepräsentierte Art stößt in Deutschland an ihre westliche Arealgrenze und kommt trotz großer Verbreitungslücken im Nordwesten und Westen sowie im Südosten in allen Bundesländern außer dem Saarland vor.

Vorkommen in Baden-Württemberg: Vermutlich in einem weitaus größeren Teil Baden-Württembergs vertreten als bisher dokumentiert, aber mit gebietsweise geringer Stetigkeit und Häufigkeit. Fehlende Nachweise in der Verbreitungskarte dürften oft Erfassungslücken widerspiegeln, die sich bei üblichen Bodenfallen-Untersuchungen oder Handfängen während der Vegetationsperiode aus der baumbewohnenden Lebensweise ergeben und sich noch dadurch verstärken, dass die Art eine Präferenz für bestimmte Wald- und Gehölzstrukturen zeigt. Sie weist damit eine stark heterogene Verteilung auf. Die Art galt, wie verschiedene andere Arten der Gattung, lange als selten bis sehr selten.

Lebensweise und Habitat: Flugfähige (makroptere) Art. Paarung und Eiablage (schwerpunktmäßig) im Frühjahr und Larvalentwicklung ab

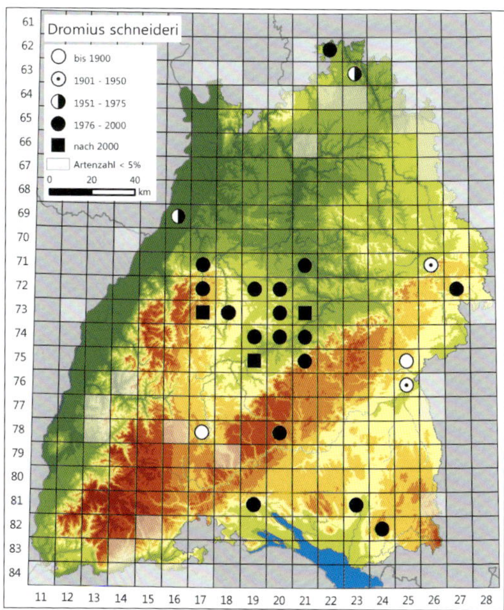

Dromius schneideri.

Frühjahr/Sommer. Die Tiere werden wie bei anderen *Dromius*-Arten am einfachsten im Winter erfasst, wenn sie vor allem unter Rindenschuppen im unteren Stamm- und Stammfußbereich von Bäumen überwintern. Nach Verlassen des Winterquartiers im Frühjahr sind die Imagines im Stamm- und Kronenbereich der Bäume aktiv.

D. schneideri ist zunächst wie *D. angustus* eine typische Art der überwiegend lichten Kiefern- oder Kiefernmischbestände sowie der mehr oder minder innerhalb der Waldtextur etwas freigestellten Einzelbäume und Baumgruppen. Dabei ist sie abgesehen von höheren Lagen meist deutlich seltener als *D. angustus*. Tendenziell ist sie bei Fängen im Winterquartier nach eigenen Daten weniger im Bereich der äußeren Waldrandzonen und im Wald-Offenland-Übergangsbereich vertreten, sondern mehr an „inneren" Rändern wie dem Randbereich von Hiebflächen, Lichtungen oder Waldwegen. Sie tritt aber auch in geschlossenen Waldbeständen auf. Besonders Kiefern (*Pinus* spec.) stellen bevorzugte Bäume dar, doch ist sie nicht auf diese beschränkt. Nachweise liegen unter anderem auch von anderen Nadelbäumen wie Tanne (*Abies alba*) vor, ebenso aus dem Siedlungsbereich von Platanen (*Platanus* spec.). Bense (1993) registrierte im Eklektor an Kiefern im lockeren Bestand die meisten Individuen, konnte die Art aber auch an Kiefer und Tanne im geschlossenen Bestand nachweisen.

Gefährdung und Schutz: *D. schneideri* ist weder bundesweit (Stand 2015) noch in Bad.-Württ. (Stand 2005) gefährdet. Aufgrund der anzunehmenden, relativ weiten Verbreitung mit Auftreten in unterschiedlichen Lebensraumtypen vorwiegend des Waldes ist auch keine zukünftige Gefährdung absehbar. Kein Handlungsbedarf.

Lebia chlorocephala

(J. J. Hoffmann et al., 1803)

Grüner Prunkläufer

Allgemeine Verbreitung: Westpaläarktisch verbreitete Art, die in Europa vorwiegend im zentralen und osteuropäischen Raum auftritt und in Teilen Süd-, Nordwest- und Nordeuropas fehlt. Sie ist in Deutschland trotz kleinerer Lücken weit verbreitet.

Vorkommen in Baden-Württemberg: In großen Teilen des Landes vertreten, aber überwiegend mit sehr geringer Funddichte und insbesondere im Voralpinen Hügel- und Moorland, der Donau-Iller-Lech-Platte sowie im Großteil des Schwarzwaldes keine oder kaum Nachweise.

Lebensweise und Habitat: Flugfähige (makroptere) und räuberische Art, die in hohem Maße in der krautigen Vegetation aktiv ist (pflanzenkletternde Art). Paarung und Eiablage (schwerpunkt-

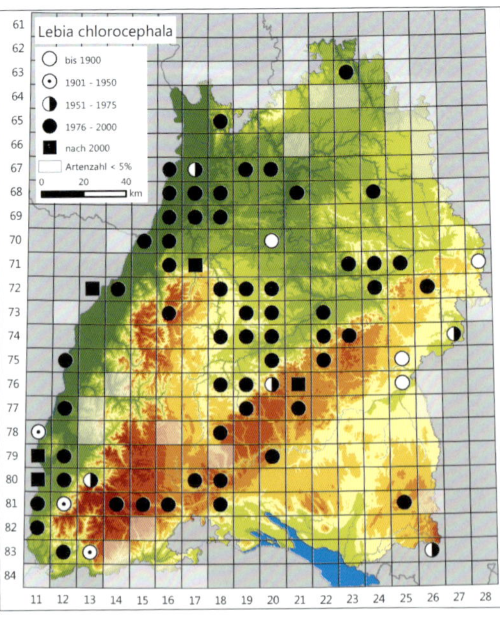

Lebia chlorocephala.

mäßig) im Frühjahr und Larvalentwicklung ab Frühjahr/Sommer. Die Art ist – wie wahrscheinlich alle einheimischen Vertreter der Gattung – ein Parasitoid an Entwicklungsstadien von Blattkäfern (Chrysomelidae). Die Larven von *L. chlorocephala* parasitieren dabei die Puppen von Vertretern der Gattung *Chrysolina* (nachgewiesen für *C. varians*, s. Lindroth 1954) und möglicherweise weiterer Gattungen. Lindroth (1954) konnte im Labor beobachten, dass die Laufkäferlarve ausgewachsene Larven und gerade verpuppte Individuen von *C. varians* fraß, wobei er einer Larve bis zu vier Wirtstiere verfüttern konnte. Aktive Imagines wurden in Bad.-Württ. nach den ausgewerteten Daten zwischen Mai und August registriert, mit einer deutlichen Häufung der überwiegend aus Hand- und Käscherfängen stammenden Nachweise im Mai und Juni. Die Imagines überwintern und können teils im Gesiebe, teils unter Rinde gefunden werden. Reissmann (2008) beschreibt z. B. aus dem Niederrheingebiet den Nachweis zahlreicher Individuen in einer größeren Brache mit Ginsterbestand, wobei „das Moos und die oberste Schicht des sandigen Untergrundes unter dem Ginster entfernt und in ein Sieb überführt" wurden.

L. chlorocephala tritt vor allem in Flächen mit einer gut ausgebildeten, häufig sehr heterogen strukturierten krautigen Vegetation auf, bei denen es sich meist um sehr extensiv genutzte oder gepflegte Flächen, um Wald-Offenland-Übergangsbereiche oder um Brachestadien handelt, in denen der Offenlandcharakter noch dominiert. Dies dürfte primär mit den Lebensraumpräferenzen der Wirtstiere zusammenhängen (*C. varians* lebt z. B. an Johanniskraut-Arten, *Hypericum* spec.). Eine ganze Reihe von Nachweisen stammt von krautiger Sukzession auf Kahlschlägen und Waldlichtungen, weitere unter anderem von Hochstaudenfluren und jüngeren Sukzessionsstadien in ehemaligen Abbaugebieten. Sowohl feuchte als auch trockene Standorte werden genutzt, wobei der frische bis trockene Standortbereich zu überwiegen scheint. Die Lebensräume sind immer voll oder überwiegend besonnt. Die Art wird auch in Bodenfallen nachgewiesen, der Großteil der dokumentierten Funde stammt aber aus Handaufsammlungen, Gesiebefängen sowie dem Abklopfen oder Abkäschern der Vegetation.

Gefährdung und Schutz: *L. chlorocephala* ist bundesweit (Stand 2015) eine Art der Vorwarnliste und wurde in Bad.-Württ. (Stand 2005) als gefährdet sowie als Naturraumart des Informationssystems Zielartenkonzept Bad.-Württ. (Stand 2009) eingestuft. Tendenziell dürfte sich die Gefährdungssituation inzwischen verschärft haben, so dass bei einer Neufassung der Roten Liste möglicherweise eine Höherstufung zu diskutieren ist. Die Art ist an Strukturen im Offenland und in Wald-Offenland-Ökotonen gebunden, die von extensiver Nutzung oder Pflege abhängig sind und teils einem starken räumlich-zeitlichen Wandel unterliegen. Nutzungs- oder Pflegeaufgabe führen dann zum Verlust der für die Art bedeutsamsten Sukzessionsstadien, da diese nicht in ausreichendem Maße neu entstehen. Gehölzsukzession oder zu intensive Pflege gehören zu den wesentlichen Gefährdungsursachen, ebenso Eutrophierung in zuvor nur mäßig nährstoffversorgten Standorten.

Schutzmaßnahmen müssen darauf abzielen, jüngere Brachestadien und krautige Saumstrukturen in wesentlich größerem Umfang als derzeit wieder in Landnutzungssysteme zu integrieren. In diesem Zusammenhang könnte auch einer räumlich und hinsichtlich ihrer Intensität stärker differenzierten waldbaulichen Nutzung (v. a. mit Nieder- und Mittelwald-ähnlichen Systemen) eine hohe Bedeutung zukommen.

Lebia cruxminor

(Linnaeus, 1758)

Schwarzbindiger Prunkläufer

Lebia cruxminor.

Allgemeine Verbreitung: Paläarktisch verbreitete Art, die in fast ganz Europa vorkommt, auch Nordafrika erreicht und nur in Teilen Nordwesteuropas und Nordeuropas fehlt. In Deutschland ist sie zerstreut weit verbreitet und kommt in allen Bundesländern rezent vor, wobei sie nur im äußersten Nord- und Nordwestdeutschland nicht vertreten ist.

Vorkommen in Baden-Württemberg: Mit Ausnahme des Schwarzwalds, wo sie bislang nur randlich nachgewiesen wurde, landesweit verbreitet, aber überwiegend mit sehr geringer Funddichte und insbesondere im Voralpinen Hügel- und Moorland, der Donau-Iller-Lech-Platte sowie in walddominierten Bereichen des Schwäbischen Keuper-Lias-Landes keine oder kaum Nachweise.

Lebensweise und Habitat: Flugfähige (makroptere) und räuberische Art, die in hohem Maße in der krautigen Vegetation aktiv ist (pflanzenkletternde Art). Paarung und Eiablage (schwerpunktmäßig) im Frühjahr und Larvalentwicklung ab Frühjahr/Sommer. Die Art ist – wie wahrscheinlich alle einheimischen Vertreter der Gattung – ein Parasitoid an Entwicklungsstadien von Blattkäfern (Chrysomelidae). Für die Larve von *L. cruxminor* werden dabei Präimaginalstadien des Rainfarn-Blattkäfers (*Galeruca tanaceti*) als Wirtstiere angegeben (Rosenberg 1911), daneben parasitiert sie womöglich an weiteren Arten. In Bad.-Württ. wurde *L. cruxminor* wiederholt gemeinsam mit *G. tanaceti* nachgewiesen, oft an Stellen, in denen im Herbst zahlreiche Eigelege der zuletzt genannten Blattkäferart in der Vegetation zu finden waren. Von ähnlichen Erfahrungen berichtet P. Sprick (in lit.) aus Niedersachsen. Aktive Imagines wurden in Bad.-Württ. nach den ausgewerteten Daten zwischen April und Oktober registriert, mit einer deutlichen Häufung der überwiegend aus Hand- und Käscherfängen stammenden Nachweise im Mai und Juni. Mehrfach wurden überwinternde Imagines in Bad.-Württ. aus der Bodenstreu gesiebt, insbesondere auf Halbtrockenrasen und in Weinbergsbrachen. Fundnachweise zwischen November und März dürften sämtlich auf Tiere im Winterquartier zurückgehen.

L. cruxminor ist einer Art trockener bis frischer, magerer Standorte mit grasig-krautiger Vegetation oder teilweise Zwergsträuchern. Funde liegen vor allem aus Magerrasen, Heiden, Weinbergsbrachen, trocken-warmen Wald-Offenland-Übergangsbereichen und Salbei-Glatthaferwiesen oder deren Versaumungsstadien vor. Daneben gibt es wenige Funde aus Moorgebieten, wobei hier davon ausgegangen werden muss, dass eher der trockene bis wechseltrockene Flügel der Pfeifengraswiesen oder verheidete Moorstadien als Lebensräume infrage kommen. Auch sonstige Einzelnachweise aus Feuchtgebieten könnten auf randlich gelegene oder kleinräumig ausgebildete frische bis trockene Strukturen zurückgehen, die dort als eigentlicher Lebensraum dienen (z. B. ma-

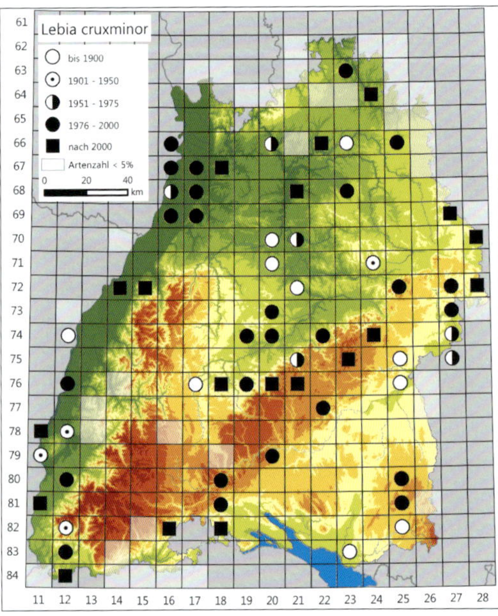

Lebensraum von *Lebia cruxminor* in einem von Halbtrockenrasen geprägten Gebiet des Schwäbischen Keuper-Lias-Landes.

gere und überwiegend trockene Dammschultern oder Grabenböschungen). Teilweise wurden Imagines auf Gebüsch gefangen oder beobachtet (s. z.B. Meyer 1966: „1 Exemplar im Juli von [Schlehe] *Prunus spinosa* geklopft"). Obwohl ein Schwerpunkt der Nachweise in Halbtrockenrasen und im trockeneren Flügel der Mähwiesen liegt, erscheint das Lebensraumspektrum der Art insgesamt zu breit, um sie als charakteristische Art der trockenen und offenen Lebensraumtypen des Anhangs I der FFH-Richtlinie einzuordnen.

Gefährdung und Schutz: *L. cruxminor* ist bundesweit (Stand 2015) gefährdet und in Bad.-Württ. (Stand 2005) stark gefährdet sowie Landesart B des Informationssystems Zielartenkonzept Bad.-Württ. (Stand 2009). Die Art ist an Lebensräume im Offenland (in geringerem Maße auch in Wald-Offenland-Ökotonen) gebunden, die von einer extensiven Nutzung oder Pflege abhängig sind, meist eine zumindest teilweise heterogen ausgebildete Vegetation aufweisen und darüber hinaus dem nur mittel bis schwach nährstoffversorgten Standortflügel angehören. Solche Lebensräume sind stark rückläufig. Als Gefährdungsursachen sind insbesondere die Aufgabe bestandserhaltender Nutzungen oder Pflegemaßnahmen (mit nachfolgender Gehölzsukzession) und die Intensivierung sowie der Verlust offener, nutzungsbegleitender Strukturen (auch durch Aufforstung) zu bewerten, zudem Eutrohpierung. Schutzmaßnahmen müssen primär auf die Aufrechterhaltung und Neuinstallation extensiver Nutzungen in mageren Offenlandlebensräumen und die Zurückdrängung von Gehölzsukzession ausgerichtet sein.

Lebia cyanocephala

(Linnaeus, 1758)

Blauer Prunkläufer

Allgemeine Verbreitung: Paläarktisch verbreitete Art, die in Europa nach Norden hin ausdünnt und im Großteil Nordeuropas sowie in Teilen Nordwesteuropas fehlt. Die in Deutschland an ihre nördliche Arealgrenze stoßende Art war früher vor allem in West- und Mitteldeutschland weiter verbreitet, unterlag aber massiven Bestandsrückgängen und ist inzwischen überregional fast vollständig erloschen; rezente isolierte Einzelvorkommen bestehen nur noch in Brandenburg, Thüringen, Bayern und Baden-Württemberg.

Lebia cyanocephala.

Vorkommen in Baden-Württemberg: Vereinzelte historische Meldungen und Belege aus unterschiedlichen Naturräumen, nach 1950 aber nur noch im Oberrhein-Tiefland (s. u.) und im Hegau am westlichen Bodenseerand (leg. KLESS) nachgewiesen. Die historischen Angaben aus dem 19. Jahrhundert stammen aus dem Nordosten der Neckar- und Tauber-Gäuplatten (Schöntal, BAUER 1840), dem Schwäbischen Keuper-Lias-Land (u. a. Tübingen, EISENBACH 1822), dem Übergang der Donau-Iller-Lech-Platte zur Schwäbischen Alb (Oberamtsbeschreibung Ulm von LAMPERT 1897)

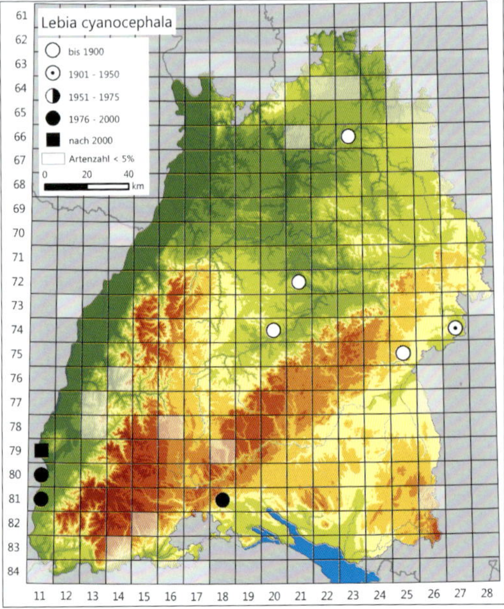

und von Freiburg im südlichen Oberrhein-Tiefland (FISCHER 1843: sehr selten, unter Steinen). V. D. TRAPPEN (1930) führt neben Ulm (mit Verweis auf die Oberamtsbeschreibung, s. o.) dann noch Laimnau nach Pfarrer MÜLLER (wird vorliegend als zweifelhaft bewertet und wurde nicht in die Datenbank übernommen) sowie einen Fund aus Stuttgart an („im Steinbruch beim Kochenhof, bisher nur einmal, aber in A. [Anzahl] gefunden"), der auch belegt ist. Bei der Aufnahme der Sammlung P. DOLDERERS im Stadtmuseum Heidenheim im Jahr 1995 wurde ein Individuum von *L. cyanocephala* mit Funddatum 17. Februar 1937 vorgefunden, das mit „Lone, Hochwasser" etikettiert ist und demnach aus dem Naturraum Lonetal-Flächenalb stammt. Hierbei dürfte es sich um ein damals aus oder mit dem Winterlager (z. B. unter Rinde mit Holzstück) verdriftetes Exemplar handeln. Entlang des Lonetals finden sich umfangreiche Halbtrockenrasen und Felsstandorte, die zumindest damals noch als Lebensraum während der Vegetationsperiode infrage kamen (s. u.). Die aktuelleren Funde aus dem Oberrhein-Tiefland stammen aus dem 1970er bis 1990er Jahren von mehreren Sammlern (u. a. AUSMEIER, FRANK), und wurden teilweise von SCHWENNINGER & SCHANOWSKI (1999) näher beschrieben.

Lebensweise und Habitat: Flugfähige (makroptere) und räuberische Art, die in hohem Maße in der krautigen Vegetation aktiv ist (pflanzenkletternde Art). Paarung und Eiablage (schwerpunktmäßig) im Frühjahr und Larvalentwicklung ab Frühjahr/Sommer. Soweit dokumentiert, stammen die baden-württembergischen Nachweise – soweit während der Aktivitätszeit – aus den Monaten April bis Juli. Die Art ist wahrscheinlich – wie wohl alle einheimischen Vertreter der Gattung – ein Parasitoid an Entwicklungsstadien von Blattkäfern (Chrysomelidae).

L. cyanocephala ist eine Art offener, stark besonnter und zumeist mit heterogenem Vegetationsmosaik und skelettreichem oder sandigem Boden ausgestatteter Lebensräume. SCHWENNINGER & SCHANOWSKI (1999) melden die Art aus „Trockenrasen auf teilweise offenen Schotterflächen am Rand von Sanddorn-Trockengebüschen" bei Neuenburg am Rhein, wo sie mit drei Individuen im Zeitraum Ende April bis Anfang Mai 1998 in einer Bodenfalle gefangen wurde. LINDROTH (1992) zitiert eine Quelle, nach der die Art in Nordeuropa zahlreich auf blühenden Korbblütlern wie Disteln (*Carduus* spec.) und Habichtskraut (*Hieracium* spec.) aktiv war. *L. cyanocephala* ist für Bad.-Württ. als charakteristische Art der Trocken- und Kalk-Pionierrasen-Lebensraumtypen (potenziell umfassend 5130, *6110, 6210 sowie *6240) des Anhangs I der FFH-Richtlinie einzuordnen.

Gefährdung und Schutz: *L. cyanocephala* ist bundesweit (Stand 2015) stark gefährdet und in Bad.-Württ. (Stand 2005) vom Aussterben bedroht sowie Landesart A des Informationssystems Zielartenkonzept Bad.-Württ. (Stand 2009). Wie *L. cruxminor* ist die Art an Lebensräume im Offenland gebunden, die von einer extensiven Nutzung oder Pflege abhängig sind, wobei diese bei *L. cyanocephala* standörtlich extremer und enger eingeschränkt sind als bei *L. cruxminor*. Solche Lebensräume sind stark rückläufig und inzwischen äußerst selten. Als Gefährdungsursachen wirken insbesondere die Aufgabe bestandserhaltender Nutzungen oder Pflegemaßnahmen (mit nachfolgender Gehölzsukzession) und Eutrohpierung.

Schutzmaßnahmen müssen primär auf die Aufrechterhaltung und Neuinstallation extensiver Nutzungen in mageren Offenlandlebensräumen ausgerichtet sein sowie auf die Zurückdrängung von Gehölzsukzession. So verweisen Schwenninger & Schanowski (1999) darauf, dass – auch vor dem Hintergrund der extemen Seltenheit der Art – das „Risiko das Aussterbens weiterhin besonders hoch [ist], insbesondere wenn [im betreffenden Gebiet] die Pflegemaßnahmen nicht kontinuierlich weitergeführt werden“. Insbesondere im betreffenden Lebensraumkomplex im südlichen Oberrhein-Tiefland (s. LfU 2000) müssen langfristig gut geeignete Lebensräume für die Art in einem großräumigen Verbund erhalten und entwickelt werden. Darüber hinaus sollten weitere potenziell geeignete Räume nach eventuellen Vorkommen überprüft werden. In erster Linie gilt dies für den Hegau, aus dem noch ein Fund aus den 1980er Jahren vorliegt, sowie für die östliche Schwäbische Alb. Ein artbezogenes Monitoring ist aufgrund der Seltenheit von *L. cyanocephala* vermutlich nicht oder nicht mit vertretbarem Aufwand durchführbar. Jedoch sollte in längeren zeitlichen Abständen auch im oben genannten Schwerpunktraum zumindest mittels Stichproben überprüft werden, ob die Art noch nachweisbar ist, und eine Einschätzung der Lebensraumqualität vorgenommen werden.

Lebia marginata

(Geoffroy, 1785)

Rotspitziger Prunkläufer

Allgemeine Verbreitung: Vorwiegend mediterran sowie im südlichen und mittleren Europa verbreitete Art, in Nordeuropa fehlend. Die im zentralen Deutschland an ihre nördliche Arealgrenze stoßende Art war vor allem in Süd-, West- und Mitteldeutschland früher weiter verbreitet, zeigte aber massive Bestandsrückgänge und ist inzwischen überregional in vielen Gebieten erloschen; rezente, zumeist isolierte Einzelvorkommen sind nur noch aus Nordrhein-Westfalen, Hessen, Rheinland-Pfalz, Bayern und Baden-Württemberg bekannt.

Vorkommen in Baden-Württemberg: Aktueller Schwerpunkt im mittleren und nördlichen Oberrhein-Tiefland, es liegen aber auch aus weiteren Naturräumen historische und punktuell auch aktuelle Nachweise der Art vor. Die Angabe von Fischer (1843) aus dem Raum Freiburg i. Br. („Schönberg, auf Planzen, sehr selten“) für eine *L. haemorrhoidalis* F. betrifft diese Art (Synonym), ebenso wie diejenige Kellers (1864) für Öhringen („nicht selten“). Wie in der Darstellung der bundesweiten Verbreitungssituation bei Trautner et al. (2014) ist auch für Bad.-Württ. der hohe Anteil nur ehemaliger Nachweise an den abgebildeten Fundpunkten auffällig.

Lebensweise und Habitat: Art mit vollständig ent-

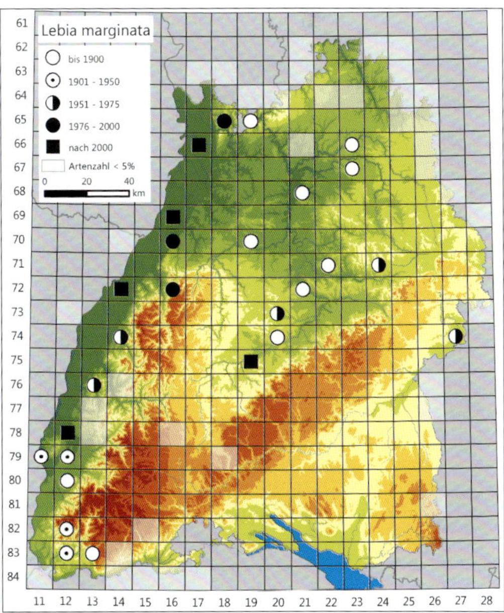

Lebia marginata.

wickelten Hinterflügeln (makropter), von der nach Auswertungsstand keine Flugbeobachtung vorliegt. Sie ist in hohem Maße in der krautigen Vegetation aktiv (pflanzenkletternde Art). Soweit dokumentiert, stammen die baden-württembergischen Nachweise aktiver Imagines aus den Monaten März bis September. Die Art ist wahrscheinlich – wie wohl alle einheimischen Vertreter der Gattung – ein Parasitoid an Entwicklungsstadien von Blattkäfern (Chrysomelidae). Aufgrund von Fundumständen (s. u.) ist zwar naheliegend, als Wirte Blattkäfer der Gattung *Lochmaea* zu vermuten, doch liegen hierzu bisher keine weitergehenden Hinweise oder gar Nachweise vor.

L. marginata ist als Art der Heidegebiete und Vorwaldstadien bzw. der Wald-Offenland-Ökotone auf vorwiegend sandigen Böden einzustufen. Dies zeigt die historische und aktuelle Nachweissituation mit Schwerpunkt in Naturräumen mit Buntsandstein (Schwarzwald), Sandsteinen des Keupers (Schwäbisches Keuper-Lias-Land) sowie insbesondere den Sandgebieten des Oberrhein-Tieflands. Ein individuenreiches Auftreten ist vor allem aus trockenen Heideflächen dokumentiert (z. B. im Raum Stollhofen). Aber auch aus Waldrandsituationen oder Vorwaldstadien liegen Funde vor, unter anderem aktuell aus dem Südteil des Naturraums Schönbuch und Rammert im zentralen Bad.-Württ. (leg. Lang, Ausmeier in lit.). Auch eine Reihe historischer Funde ist dem letztgenannten Typ zuzurechnen, z. B. von Hartmann (1924): „Am Entegast bei Schopfheim im Mai [18]93 zahlreich auf Salweiden, ebenso bei Gresgen.“ Die Salweide (*Salix caprea*) ist eine typische Vorwald-Gehölzart, die auf den Buntsandstein-Verwitterungsböden des Entegast an der damaligen Fundstelle möglicherweise sogar im räumlichen Mosaik mit Heidekraut-Beständen (*Calluna vulgaris*) vorzufinden war. Verheidete Bereiche waren in der ersten Hälfte des 20. Jahrhunderts in Wäldern auf Sandböden wesentlich weiter verbreitet als heute, auch entlang von „inneren“ Waldrändern an Waldwegen und Lichtungen. Zudem konnte die Entwicklung auf Schlagfluren zu zeitlich und räumlich ausgedehnteren, für die Art potenziell geeigneten Habitaten führen. Sowohl an Weiden (dort u. a. *L. caprea*) als auch an Heidekraut (dort *L. suturalis*) leben Blattkäferarten der Gattung *Lochmaea* und können dort in Massen auftreten. Im Raum Stollhofen konnte ein sehr starkes Auftreten von *L. marginata* bei zugleich starkem Vorkommen von *L. suturalis* beobachtet werden. Hieraus kann man nicht den Schluss ziehen, dass *Lochmaea*-Arten als Wirtstiere für die Larven von *Lebia marginata* dienen, doch scheint es sinnvoll, einem möglichen Zusammenhang gezielter nachzugehen. *L. marginata* könnte für Bad.-Württ. aufgrund entsprechender Schwerpunktvorkommen als charakteristische Art der Lebensraumtypen 4030 und 2310 (Trockene Europäischen Heiden, Trockene Sandheiden) des Anhangs I der FFH-Richtlinie infrage kommen, wenngleich das besiedelte Lebensraumspektrum weiter reicht.

Gefährdung und Schutz: *L. marginata* ist bundesweit (Stand 2015) stark gefährdet und in Bad.-Württ. (Stand 2005) vom Aussterben bedroht sowie Landesart A des Informationssystems Zielartenkonzept Bad.-Württ. (Stand 2009). Wesentliche Gefährdungsursachen sind direkte Flächenverluste von Heiden (u. a. durch Bebauung oder Aufforstung), die Sukzession in geeigneten Offenlandlebensräumen bei ausbleibender, habitaterhaltender Nutzung oder Pflege sowie waldbauliche Änderungen mit erheblicher „Verschattung“ der Wälder. Vielfach gehen im Waldverband durch solche Änderungen nutzungsbegleitende, offene Strukturen auf sandigen Böden vollständig oder weitgehend verloren. Noch vorhandene Heidegebiete und deren Fragmente müssen zwingend vor weiteren Flächenverlusten geschützt und erheblich ausgedehnt werden, und insbesondere müssen schon durchgeführte Aufforstungen oder erfolgte Gehölzsukzession auf potenziell wiederentwickelbaren Standorten zurückgenommen oder zurückgedrängt werden. Die Entwicklung breiter, besonnter Streifen entlang von Waldwegen, in denen nach Initialmaßnahmen die Entstehung von Heidekrautbeständen und Vorwaldstadien auf Sandböden ermöglicht wird, könnte eine Bestandserholung der Art unterstützen. Dabei sollte der Bewuchs ähnlich wie bei einer optimalen Heckenpflege im Offenland in relativ kurzen Zeitabständen (5 bis maximal 10 Jahre) abschnittsweise auf den Stock gesetzt werden. In diesem Zusammenhang dürfte auch einer räumlich und hinsichtlich ihrer Intensität stärker differenzierten waldbaulichen Nutzung (v. a. mit Nieder- und Mittelwald-ähnlichen Systemen) eine hohe Bedeutung zukommen. Ein artbezogenes Monitoring sollte trotz der Schwierigkeiten beim Erfassen der *Lebia*-Arten wenigstens in Schwerpunkträumen und in Gebieten mit umfangreicheren Maßnahmen durchgeführt werden. Die für die Art offenbar natürlichen stärkeren Häufigkeitsschwankungen, die zwischen einzelnen Jahren zu beobachten sind, wären zu berücksichtigen.

Lebia scapularis

(Geoffroy, 1785)

Westlicher Prunkläufer

Allgemeine Verbreitung: Vor allem im Mittelmeergebiet und im Osten bis Mittelasien verbreitete Art, die Mitteleuropa im Randbereich ihres Verbreitungsgebiets erreicht. Es liegen nur einzelne historische Meldungen aus Süddeutschland vor (Baden-Württemberg, Bayern).

Vorkommen in Baden-Württemberg: Nur im südlichen Oberrhein-Tiefland nachgewiesen. Hier wurde die Art, wie bereits Horion (1941) vermerkt, 1909 im Rheinvorland bei Efringen nachgewiesen (8.6.1909, „ein Stück von Gebüsch geklopft", Hartmann 1924). Der entsprechende Beleg aus der Hartmann'schen Sammlung in den Staatlichen Naturkundlichen Sammlungen in Dresden war von C. Maus und C. Neumann geprüft und bestätigt worden (s. Bense et al. 2000). Die Art wird historisch auch mit mehreren Fundorten für das angrenzende Frankreich (Elsass) genannt (s. Horion 1941), wobei Callot & Schott (1993) in einer Anmerkung äußern, es gebe zwar einige Meldungen aus dem 19. Jahrhundert und ein einziges Exemplar in der Sammlung Scherdlin, aber weitere Bestätigungen für ein Vorkommen im Elsass lägen nicht vor.

Lebia scapularis. Foto: O. Bleich.

Lebensweise und Habitat: Flugfähige (makroptere) und räuberische Art, die in hohem Maße in der krautigen Vegetation aktiv ist (pflanzenkletternde Art). Der einzige Nachweis aus Bad.-Württ. stammt aus dem Monat Juni (s. o.). Die Art ist – wie wahrscheinlich alle einheimischen Vertreter der Gattung – ein Parasitoid an Entwicklungsstadien von Blattkäfern (Chrysomelidae). Silvestri

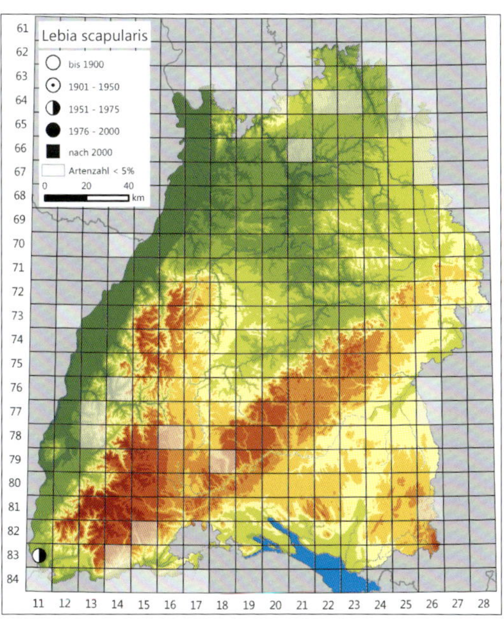

(1904) beschreibt die Eiablage und Larvalentwicklung der Art mit dem Wirt *Galerucella luteola* (Ulmenblattkäfer). Demnach werden die Eier von den *L. scapularis*-Weibchen in den Boden gelegt. Die geschlüpfte Erstlarve sucht nach ausgewachsenen Larven oder Puppen der Blattkäferart, an denen sie dann frisst. Die weitere Entwicklung verläuft über ein Larvenstadium mit stark reduzierten Beinen sowie eine Präpuppe. Die Art soll dabei zwei Generationen pro Jahr durchlaufen.

Zu *L. scapularis* liegen keine Lebensraumcharakterisierungen für Bad.-Württ. vor. Für das Elsass vermerkt Horion (1941), die Art sei dort von Waldrebe (*Clematis* spec.), Schlehen und Ulmengebüsch geklopft und „auch im Sonnenschein fliegend an diesen Sträuchern" nachgewiesen worden.

Gefährdung und Schutz: *L. scapularis* ist bundesweit (Stand 2015) und in Bad.-Württ. (Stand 2005) ausgestorben oder verschollen. Im südlichen Oberrhein-Tiefland existieren heute nach Einschätzung des Autors zwar noch potenziell geeignete Lebensräume. Allerdings liegen keine Hinweise auf eventuell noch vorhandene Populationen in Bad.-Württ. oder im grenznahen Bereich Frankreichs oder der Schweiz vor. Auch befindet sich die Art hier im Grenzbereich ihrer bisher dokumentierten Verbreitung. Deshalb erscheinen Ansätze, mittels konkreter Maßnahmen eine eigenständige Wiederetablierung der Art im Land zu erreichen, wenig erfolgversprechend. *L. scapularis* ist aber eine wärmeliebende Art, die möglicherweise von klimatischen Veränderungen profitieren könnte.

Lionychus quadrillum

(Duftschmid, 1812)

Vierpunkt-Krallenläufer

Allgemeine Verbreitung: Von Europa östlich bis zum Kaukasus verbreitete Art, allerdings im Südwesten und Westen teilweise, im Norden Europas vollständig fehlend. Sie erreicht in Deutschland ihre nördliche Arealgrenze und ist trotz kleinerer Verbreitungslücken vor allem in der südlichen Hälfte und im Osten weit verbreitet, während sie im Nord- und Ostdeutschen Tiefland stark ausdünnt.

Vorkommen in Baden-Württemberg: Mit Ausnahme des Schwarzwalds und der Schwäbischen Alb, von wo bisher keine Funde vorliegen, landesweit verbreitet, teils aber nur in kleinräumigen Vorkommen. Insbesondere im Oberrhein-Tiefland, der Donau-Iller-Lech-Platte sowie dem Voralpinen Hügel- und Moorland sind fehlende Nachweise in der Verbreitungskarte als Erfassungslücken, i. d. R. aber nicht als ein tatsächliches Fehlen zu interpretieren.

Lionychus quadrillum. Foto: M. Bräunicke.

Lebensweise und Habitat: Flugfähige (makroptere) Art. Aktive Imagines wurden in Bad.-Württ. nach den ausgewerteten Daten zwischen April und Oktober registriert, wobei die meisten vorliegenden Funde aus dem April und Mai stammen. Die Art kann aber mehr oder minder während der gesamten Vegetationsperiode in Anzahl angetroffen werden.

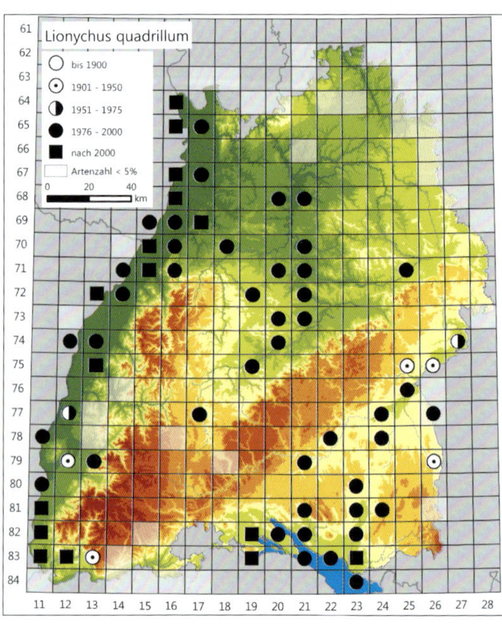

Lionychus quadrillum besiedelt trockene, voll besonnte Kiesrücken in naturnahen Ufersituationen von Fließgewässern (oben), konnte aber auch Sekundärlebensräume mit ähnlichen Standortbedingungen etwa auf Bahnanlagen (unten) erobern.

L. quadrillum besiedelt voll besonnte, trockene Feinkies- und Feinschotterflächen, die meist deutlich mit Sand durchsetzt sind und keine oder nur eine sehr spärliche Vegetation aufweisen, jedenfalls in den Bereichen, in denen man die Art mit höchsten Individuendichten auffinden kann. Die Lebensraumkomplexe, in denen *L. quadrillum* siedelt, sind aber oft von sehr inhomogener Vegetationsstruktur; größere vegetationsfreie oder sehr vegetationsarme Flächen können sich mit Flecken dichterer Vegetation abwechseln. Regelmäßig vergesellschaftet ist *L. quadrillum* mit *Elaphropus quadrisignatus* und *E. parvulus*. Geeignete Habitatbedingungen findet die Art auf höhergelegenen Bänken und Aufschwemmungen naturnaher, mittlerer bis großer Fließgewässer, die eine ausreichende Dynamik (Wasserhaushalt und Geschiebetransport) aufweisen. Dabei ist entscheidend, dass immer wieder Vegetation „geräumt" und eine Zusetzung des Lückensystems durch Feinsedimente (z. B. Schlamm) verhindert wird. Vergleichbare Standorte sind – zum Teil nur zeitweise – als Sekundärlebensräume ausgebildet und besiedelt worden. So existieren Vorkommen der Art auf Bahnanlagen (z. B. Wolf-Schwenninger & Schwenninger 1992), Industriegeländen, in Abbaugebieten (z. B. Trautner 1986b) und teils sogar im Randbereich gekiester oder geschotterter Parkplätze, soweit die entsprechenden Stellen keiner zu intensiven und dauerhaften Tritt- und Fahrbelastung ausgesetzt sind.

Gefährdung und Schutz: *L. quadrillum* ist bundesweit (Stand 2015) ungefährdet und in Bad.-Württ. (Stand 2005) eine Art der Vorwarnliste sowie Zielorientierte Indikatorart im Informationssystem Zielartenkonzept Bad.-Württ. (Stand 2009). Die Gefährdungsursachen im ursprünglich vorherrschenden Lebensraum sind insbesondere Regulierung, Verbau und Änderungen des Wasserhaushalts mittlerer und großer Fließgewässer, die den weitestgehenden Verlust und eine Fragmentierung der von der Art benötigten Habitatstrukturen zur Folge haben. Allerdings hat es *L. quadrillum* im Gegensatz zu zahlreichen anderen Arten dynamischer Fließgewässerufer und Flusslandschaften vermocht, in erheblichem Umfang Sekundärlebensräume ähnlicher Struktur, aber losgelöst von Gewässern zu besiedeln. Mittlerweile nehmen aber auch diese sekundären Lebensräume wieder ab, unter anderem durch die Umwandlung großer Bahnhofsareale sowie die übliche Rekultivierungspraxis in Abbaugebieten. Vorrangig besteht Handlungsbedarf, Lebensräume der Art an Fließgewässern wiederzuentwickeln. Dafür sind ausreichend breite und große dynamische Uferzonen und Bänke entlang der Fließgewässer erforderlich. Darüber hinaus sollten die Ansprüche der Art auch bei Konversionsmaßnahmen im Siedlungsbereich sowie bei der Abbau- und Rekultivierungsplanung vor allem von Kiesgruben berücksichtigt werden.

Microlestes maurus

(Sturm, 1827)

Gedrungener Zwergstutzläufer

Allgemeine Verbreitung: Westpaläarktisch verbreitete Art, in Europa lediglich in Teilen Nord- und Nordwesteuropas fehlend. Die Art ist aus jeder Region Deutschlands gemeldet und weit verbreitet, nur im Nordwesten und Südosten weist sie Verbreitungslücken auf.

Vorkommen in Baden-Württemberg: Landesweit mit Ausnahme des nahezu gesamten Schwarzwalds, der Donau-Iller-Lech-Platte sowie eines Großteils des Voralpinen Hügel- und Moorlandes verbreitet, fehlende Nachweise in der Verbreitungskarte sind in anderen als den oben aufgeführten Naturräumen als Erfassungslücken, i. d. R. aber nicht als ein tatsächliches Fehlen zu interpretieren.

Lebensweise und Habitat: Art mit unterschiedlicher Flügelausbildung (dimorph bzw. polymorph),

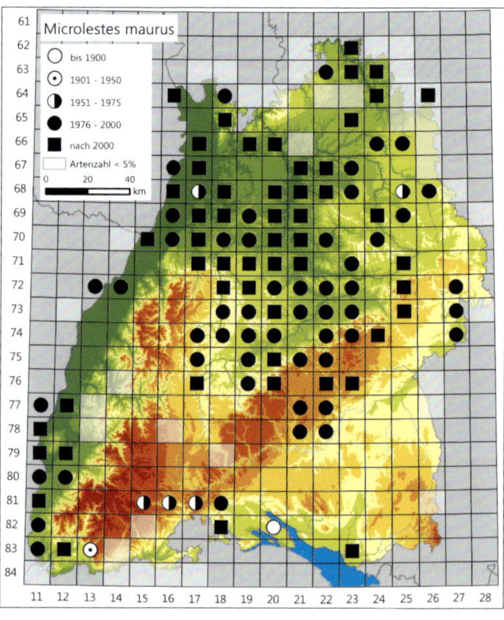

Microlestes maurus. Foto: C. Benisch.

nach Auswertungsstand liegt jedoch keine Flugbeobachtung vor. Räuberische Art. Paarung und Eiablage (schwerpunktmäßig) im Frühjahr und Larvalentwicklung ab Frühjahr/Sommer. Aktive Imagines wurden in Bad.-Württ. nach den ausgewerteten Daten zwischen März und Oktober registriert, mit einem Aktivitätsmaximum im Mai. Aus grenznahen Untersuchungsflächen in Bayern ist in geringem Umfang auch Winteraktivität durch Bodenfallenfänge belegt (Raum Feuchtwangen, M.-A. Fritze, mdl. Mitt.).

M. maurus tritt überwiegend in besonnten, vegetationsärmeren Ruderalfluren und Pioniergesellschaften sowie in eher magerem Grünland (Wiesen, Weiden) auf, das ggf. auch kleinflächige, auf Nutzung zurückgehende Störstellen aufweist, des Weiteren in Halbtrockenrasen, in Weinbergen und teilweise in Begleitstrukturen von ackerbaulich genutzten Landschaften. Dabei ist die Art häufig zusammen mit *M. minutulus* zu finden.

Gefährdung und Schutz: *M. maurus* ist bundesweit (Stand 2015) und in Bad.-Württ. (Stand 2005) ungefährdet. Aufgrund der weiten Verbreitung und des Auftretens in unterschiedlichen und zumindest teilweise ungefährdeten Lebensraumtypen des Offenlands ist auch keine zukünftige Gefährdung absehbar. Kein Handlungsbedarf.

Microlestes minutulus

(Goeze, 1777)

Schmaler Zwergstutzläufer

Allgemeine Verbreitung: Paläarktisch verbreitete Art, in Europa in Teilen Süd-, Nord- und Nordwesteuropas fehlend. Sie kommt in Deutschland flächendeckend in geeigneten Lebensräumen vor.

Vorkommen in Baden-Württemberg: Landesweit verbreitet, fehlende Nachweise in der Verbreitungskarte sind mit Ausnahme der höheren und walddominierten Lagen des Schwarzwalds sowie von Teilen des Voralpinen Hügel- und Moorlandes als Erfassungslücken, i. d. R. aber nicht als ein tatsächliches Fehlen zu interpretieren.

Lebensweise und Habitat: Flugfähige (dimorphe bzw. polymorphe), räuberische Art. Paarung und Eiablage (schwerpunktmäßig) im Frühjahr und Larvalentwicklung ab Frühjahr/Sommer. Aktive Imagines wurden in Bad.-Württ. nach den ausgewerteten Daten zwischen März und Oktober registriert, mit einem Aktivitätsmaximum im Mai.

M. minutulus tritt häufig gemeinsam mit *M. maurus* in einem breiten Spektrum trockener bis wechselfeuchter, offener Lebensräume auf, ist gegenüber letzter Art aber in deutlich höherer Stetigkeit auch in Ackerflächen und deren typischen Begleitbiotopen vertreten. Kubach (1995) wies sie z. B. in den von ihm untersuchten neu angeleg-ten Saumstrukturen sowie in Vergleichsflächen in

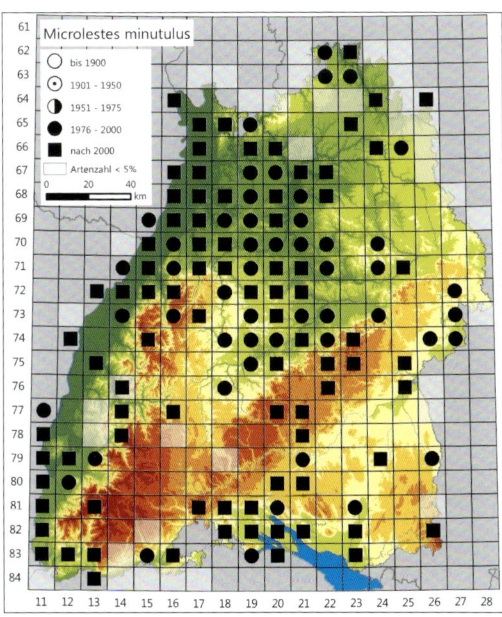

Microlestes minutulus. Foto: C. Benisch.

Paradromius linearis.

einer Ackerbaulandschaft des Kraichgaus stet nach.

Gefährdung und Schutz: *M. minutulus* ist bundesweit (Stand 2015) und in Bad.-Württ. (Stand 2005) ungefährdet. Aufgrund der weiten Verbreitung mit Auftreten in unterschiedlichen und zumindest teilweise ungefährdeten Lebensraumtypen des Offenlands ist auch keine zukünftige Gefährdung absehbar. Kein Handlungsbedarf.

Paradromius linearis

(Olivier, 1795)

Geriffelter Rindenläufer

Allgemeine Verbreitung: Westpaläarktisch verbreitete Art, die in fast ganz Europa mit Ausnahme von Teilen Nordeuropas vertreten ist. Trotz weniger kleinerer Verbreitungslücken ist sie in Deutschland fast flächendeckend in geeigneten Lebensräumen vertreten.

Vorkommen in Baden-Württemberg: Landesweit recht weit verbreitet, in montanen Gebieten aber offenbar teilweise fehlend oder nur mit geringer Nachweisdichte. Mit Ausnahme des Schwarzwalds und Teilen des Voralpinen Hügel- und Moorlandes sind fehlende Nachweise in der Verbreitungskarte als Erfassungslücken, i. d. R. aber nicht als ein tatsächliches Fehlen zu interpretieren. Im Schwarzwald dürfte die Art tatsächlich in größeren Bereichen insbesondere der walddominierten Lagen fehlen. Möglicherweise trifft dies auch für die Schwäbische Alb zu.

Lebensweise und Habitat: Flugfähige (dimorphe bzw. polymorphe) und räuberische, in hohem Maße in der Kraut- und Strauchschicht aktive

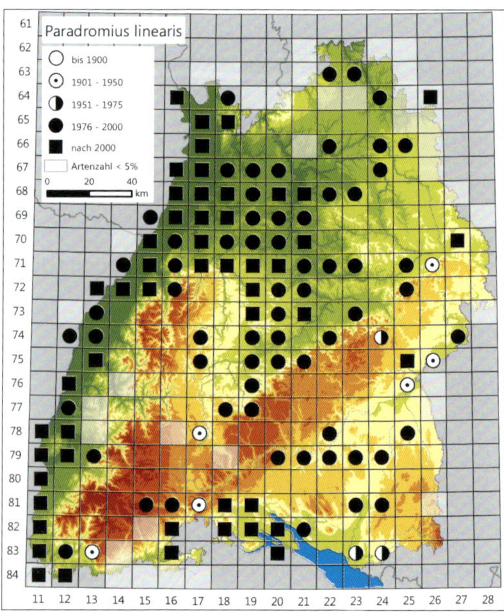

Art (Pflanzenkletterer). Paarung und Eiablage (schwerpunktmäßig) im Frühjahr und Larvalentwicklung ab Frühjahr/Sommer. Aktive Imagines wurden in Bad.-Württ. nach den ausgewerteten Daten zwischen Februar und Dezember, also beinahe ganzjährig registriert. Die jahreszeitlich früheste Freilandbeobachtung einer Paarung in Bad.-Württ. stammt aus dem Monat Februar (stark exponierter, voll besonnter Halbtrockenrasen, eigene Daten). Ein deutliches Aktivitätsmaximum ist anhand der vorliegenden Daten aus Bad.-Württ. nicht erkennbar. Die Art überwintert vorzugsweise in der Streu und in Grashorsten.

P. linearis tritt in einem breiten Spektrum von Lebensraumtypen des Offenlands und von Wald-Offenland-Ökotonen auf, soweit diese besonnte, grasige Bereiche (meist mit horstbildenden Gräsern) und insoweit eine vorwiegend vertikal gegliederte, halmartige Vegetationsstruktur aufweisen. Deutliche Schwerpunkte zeigt die Art allerdings in Magerrasen, in nutzungsbegleitenden Strukturen der Weinberge, in sonstigem trockenen bis frischen Grünland (soweit es nur einer ein- bis mehrjährigen Mahd unterliegt) sowie auf Brachen, mehrjährigen Ruderalflächen und an besonnten Waldrändern mit gut ausgebildeten Saumstrukturen. Bevorzugt werden offenbar südost- bis südwestexponierte Lagen. Lunau & Rupp (1988) wiesen die Art mittels Bodenfallen und Photoeklektoren stet in den untersuchten Rebböschungen des Kaiserstuhls nach. Neben der Gras- und Krautschicht ist die Art auch auf Gebüschen aktiv und wurde vielfach von solchen geklopft oder gekäschert (z. B. von Schlehe und Eiche).

Gefährdung und Schutz: *P. linearis* ist weder bundesweit (Stand 2015) noch in Bad.-Württ. (Stand 2005) gefährdet. Aufgrund der weiten Verbreitung mit Auftreten in unterschiedlichen Lebensraumtypen des Offenlandes und von Wald-Offenland-Ökotonen ist auch keine zukünftige Gefährdung absehbar. Kein Handlungsbedarf.

Paradromius longiceps.

Paradromius longiceps

(Dejean, 1826)

Langköpfiger Rindenläufer

Allgemeine Verbreitung: Vom südlichen Nord- über Mitteleuropa und Teile Westeuropas und das nördliche Südosteuropa bis zum Kaukasus verbreitete Art. Sie ist in Deutschland zerstreut, aber weit verbreitet und weist größere Vorkommenslücken vor allem im Westen (Nordrhein-Westfalen, Rheinland-Pfalz, Saarland) und in der nördlichen Hälfte Bayerns auf.

Vorkommen in Baden-Württemberg: Weitgehend auf das Oberrhein-Tiefland, auf Teile des Voralpinen Hügel- und Moorlandes (Bodenseeraum) sowie auf planare bis colline Lagen im Westteil der

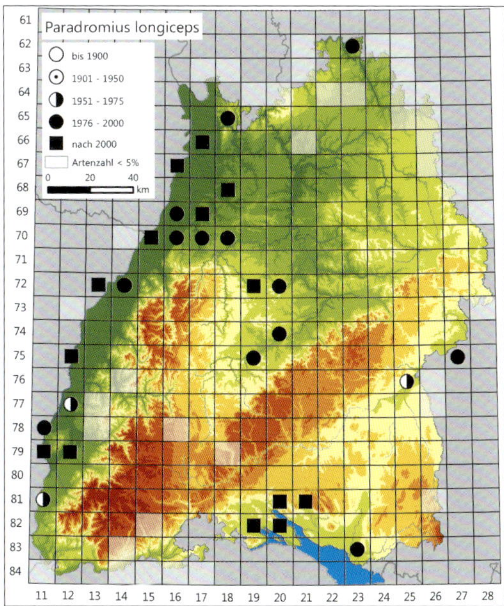

Neckar- und Tauber-Gäuplatten beschränkt, teils entlang von Fluss- und Bachtälern ins Schwäbische Keuper-Lias-Land vorstoßend. Einzelne weitere Nachweise in anderen Naturräumen.

Lebensweise und Habitat: Flugfähige (makroptere) und in hohem Maße pflanzenkletternde Art. Paarung und Eiablage (schwerpunktmäßig) im Frühjahr und Larvalentwicklung ab Frühjahr/Sommer. Aktive Imagines wurden in Bad.-Württ. nach den ausgewerteten Daten einzeln im Mai und Juni registriert, die Mehrzahl der Nachweise stammt aber aus Hand- und Gesiebefängen im Winterquartier (November bis Anfang April), wo die Imagines entweder in Röhrichten und Rieden oder unter Weidenrinde in engem räumlichen Verbund zu diesen (teils direkt am Ufer) nachgewiesen wurden (z. B. Trautner 1986a, b).

P. longiceps ist wie *Odacantha melanura* und *Demetrias imperialis*, mit denen sie zum Teil vergesellschaftet auftritt, eine pflanzenkletternde Art, die in Röhrichten und Rieden vorkommt. Fast alle vorliegenden Funde stammen aus Schilfröhrichten (oder deren Randbereichen) sowie aus Großseggenrieden. Auch diese Art dürfte in mehr oder minder geschlossenen Röhrichtzonen durch Pflegemaßnahmen begünstigt werden, die wie die räumlich und zeitlich differenzierte Schilfmahd zu einem höheren Grenzlinienanteil unterschiedlich (dennoch halmartig/stark vertikal) strukturierter Vegetation führt. Wie bei *D. imperialis* scheint eine gewisse Beschattung der Lebensräume toleriert zu werden, da auch Funde aus größtenteils bis teilweise von Auegehölzen überschirmten Röhrichten vorliegen. *P. longiceps* wurde auch in Lebensräumen nachgewiesen, in denen aus strukturellen Gründen oder aufgrund ihrer naturräumlichen Verbreitung keine der beiden anderen oben genannten Arten auftritt. Beispiele sind Großseggenriede in einem Bachtal am Rand des Schwäbischen Keuper-Lias-Lands (eigene Daten). Dort ist die einzige weitere vorkommende, in starkem Maße pflanzenkletternde Laufkäferart *Philorhizus sigma*. *P. longiceps* wird zumeist nur in geringer Individuenzahl gefunden.

Gefährdung und Schutz: *P. longiceps* ist bundesweit (Stand 2015) gefährdet und in Bad.-Württ. (Stand 2005) stark gefährdet sowie Landesart A des Informationssystems Zielartenkonzept Bad.-Württ. (Stand 2009). Gefährdungsursachen sind wie bei vielen anderen Ried- und Röhrichtbewohnern vor allem der Rückgang geeigneter Standorte unter anderem durch Entwässerung oder direkte Flächeninanspruchnahme sowie flächige Gehölzsukzession infolge ausbleibender Nutzung oder Pflege. In einigen Fällen wurden Lebensräume durch intensive Fischereinutzung (Angler) bzw. deren Vorbereitung bei strukturell starker Veränderung von Stillgewässern beeinträchtigt. Schutzmaßnahmen müssen insbesondere auf die langfristige Sicherung offener, nasser Röhrichte und Riede abzielen, was langfristig orientierte Pflegemaßnahmen gegenüber Gehölzsukzession einschließt. An geeigneten Standorten sollte flächige Gehölzsukzession zugunsten der Wiederentwicklung von Rieden und Röhrichten zurückgedrängt werden.

Philorhizus melanocephalus

(Dejean, 1825)

Heller Rindenläufer

Allgemeine Verbreitung: West- bis südwestpaläarktisch verbreitete Art, im Großteil Nord- und Osteuropas aber fehlend. In Nordamerika eingeschleppt (Bousquet 2012). Sie stößt in Deutschland an ihre Arealgrenze und ist vor allem in der nördlichen Hälfte südwestlich bis Baden-Württemberg fast flächendeckend vertreten, während sie lokal im Osten und in Bayern weiträumig fehlt.

Vorkommen in Baden-Württemberg: Im Oberrhein-Tiefland sowie in vorwiegend planaren bis collinen Lagen des nordwestlichen und zentralen

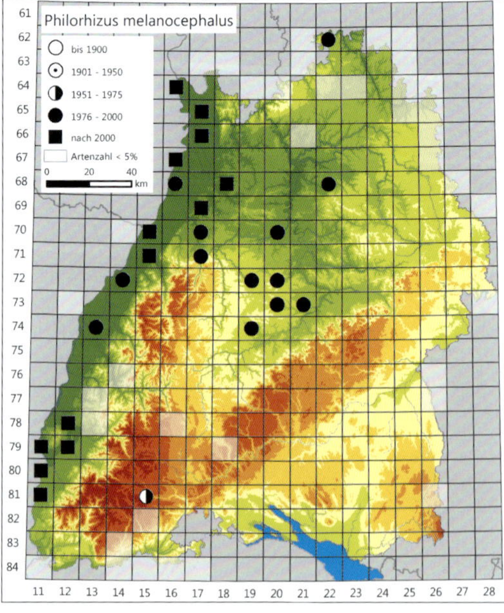

Philorhizus melanocephalus.

Baden-Württembergs (Odenwald, Teile der Neckar- und Tauber-Gäuplatten sowie des Schwäbischen Keuper-Lias-Landes) überwiegend zerstreut verbreitet. Sehr wenige punktuelle sonstige Nachweise. Die Art fehlt großräumig auf der Schwäbischen Alb, im Großteil des Schwarzwaldes und im Südosten Baden-Württembergs. Die Angabe v. d. Trappens (1930) für Laubach nach Pfarrer Müller wird als unzutreffend eingestuft und wurde nicht in die Datenbank aufgenommen.

Lebensweise und Habitat: Flugfähige (dimorphe bzw. polymorphe) und räuberische Art. Paarung und Eiablage (schwerpunktmäßig) im Frühjahr und Larvalentwicklung ab Frühjahr/Sommer. Imagines wurden in Bad.-Württ. nach den ausgewerteten Daten beinahe ganzjährig registriert, ein Großteil der Funde stammt allerdings aus dem Winterquartier. Ein deutliches Aktivitätsmaximum ist anhand der wenigen vorliegenden Daten aus Bad.-Württ. während der Vegetationsperiode nicht erkennbar. Die Art überwintert vorzugsweise in der Streu und in Grashorsten, teils aber auch am Fuß von Bäumen unter Rindenschuppen (Trautner 1984).

P. melanocephalus tritt vor allem in Halbtrockenrasen, magerem Grünland mit Verbrachungstendenzen sowie in grasreichen Begleitstrukturen der Ackerbau- und Wiesenlandschaften auf. Typisch sind Funde in leicht verbrachten Obstwiesen, in Randzonen von Halbtrockenrasen zu Gehölzen sowie in Böschungen mit extensiver Pflege, teils mit nur mehrjähriger Mahd (eigene Daten). Wolf-Schwenninger & Schwenninger (1992) konnten mehrere Individuen von *P. melancocephalus* aus Bodenproben eines mageren Feldrains auf Löß nachweisen; im Landkreis Böblingen gelangen die von Trautner (1986a) mitgeteilten Funde (jeweils im Winterquartier) in Wiesen- und Obstwiesenkomplexen sowie in einem Halbtrockenrasen.

Gefährdung und Schutz: *P. melanocephalus* ist bundesweit (Stand 2015) ungefährdet und in Bad.-Württ. (Stand 2005) als gefährdet sowie als Naturraumart des Informationssystems Zielartenkonzept Bad.-Württ. (Stand 2009) eingestuft. Hintergrund für die Einstufung war die geringe Nachweiszahl in Verbindung mit dem Auftreten in Habitaten, die in der Kulturlandschaft deutlich rückläufig sind, etwa magere, offene Feldraine. Die Art scheint zwar durch junge Brachestadien im Grünland begünstigt zu werden, längeres oder dauerhaftes Brachfallen offener Flächen führt aber wiederum zur Minderung der Lebensraumeignung und schließlich zu Stadien, die nicht mehr besiedelt werden. Neben direkten Flächenverlusten (z. B. durch Bebauung von Obstwiesen mit besiedelten Strukturen) sind strukturelle Verarmung etwa im Zuge von Flurneuordnungen, Sukzession oder aber intensiverer Nutzung sowie Eutrophierung von Standorten als Gefährdungsfaktoren einzustufen. Schutzmaßnahmen sollten v. a. auf die Erhaltung und Wiederentwicklung von nur einmal jährlich bis mehrjährig gemähten, breiten Saumstrukturen in Acker- und Grünlandgebieten (einschließlich Obstwiesen) abzielen.

Philorhizus notatus

(Stephens, 1827)

Gebänderter Rindenläufer

Allgemeine Verbreitung: Paläarktisch verbreitete Art, die in Teilen Nordeuropas fehlt. Sie kommt in Deutschland annähernd flächig in geeigneten Lebensräumen vor und weist nur im Nordwesten und Norden größere Verbreitungslücken auf.

Vorkommen in Baden-Württemberg: Landesweit mit nahezu vollständiger Ausnahme der Donau-Iller-Lech-Platte und des Voralpinen Hügel- und Moorlandes verbreitet; im Schwarzwald wohl ebenfalls in größeren Räumen fehlend (v. a. in großräumig walddominierten Gebieten). Die Vorkommen sind oftmals kleinräumig ausgebildet.

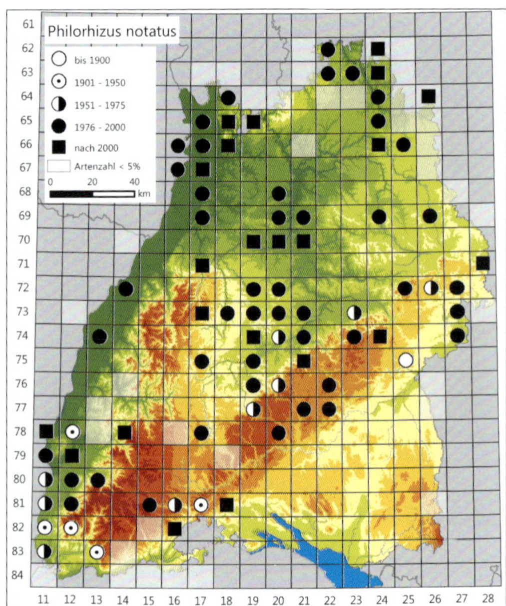

Fehlende Nachweise in der Verbreitungskarte sind ansonsten vielfach als Erfassungslücken zu interpretieren.

Lebensweise und Habitat: Flugunfähige Art mit unterschiedlicher Flügelausbildung (dimorph bzw. polymorph). Die Art ist in hohem Maße in der Krautschicht aktiv (Pflanzenkletterer), wird aber auch auf Gebüsch gefunden. Paarung und Eiablage (schwerpunktmäßig) im Frühjahr und Larvalentwicklung ab Frühjahr/Sommer. Aktive Imagines wurden in Bad.-Württ. nach den ausgewerteten Daten zwischen Februar und Dezember, also beinahe ganzjährig registriert. Die jahreszeitlich früheste Freilandbeobachtung einer Paarung in Bad.-Württ. stammt aus dem Monat Februar (stark exponierter, voll besonnter Halbtrockenrasen, eigene Daten). Ein deutliches Aktivitätsmaximum ist anhand der vorliegenden Daten aus Bad.-Württ. nicht erkennbar. Die Art überwintert vorzugsweise in der Streu und in Grashorsten.

Philorhizus notatus.

P. notatus tritt schwerpunktmäßig in Halbtrockenrasen und deren Versaumungsstadien sowie in anderen trockenen (bis teilweise frischen), grasdominierten Lebensräumen mit einer vorzugsweise heterogenen Vegetationsstruktur auf, die neben dichten auch offenere, lückige, meist von horstbildenden Gräsern durchsetzte Bereiche aufweist. Dies schließt auch Waldrand- und Lichtungssituationen ein. So konnten Trautner & Rietze (2001) die Art auf einer Waldbrandfläche im Odenwald nachweisen. Lunau & Rupp (1988) fingen *D. notatus* mittels Bodenfallen und Photoeklektoren stet in den untersuchten Rebböschungen des Kaiserstuhls. Funde von Halbtrockenrasen oder Wacholderheiden werden unter anderem von Trautner (1986a) und Baehr (1984) mitgeteilt. Bei mehreren Fundmeldungen aus Auen und Feuchtgebieten ist zu berücksichtigen, dass diese auch auf randlich gelegene oder kleinräumig ausgebildete frische bis trockene Strukturen zurückgehen können, die dort als eigentlicher Lebensraum dienen (z. B. magere und überwiegend trockene Dammschultern oder Grabenböschungen). Obwohl ein Schwerpunkt der Nachweise in Halbtrockenrasen liegt, erscheint das Lebensraumspektrum der Art insgesamt zu breit, um sie als charakteristische Art z. B. der Lebensraumtypen 5130 und 6210 (Wacholderheiden, Kalk-Trockenrasen) des Anhangs I der FFH-Richtlinie einzuordnen.

Gefährdung und Schutz: *P. notatus* ist bundesweit (Stand 2015) ungefährdet und in Bad.-Württ. (Stand 2005) als gefährdet sowie als Naturraumart des Informationssystems Zielartenkonzept Bad.-Württ. (Stand 2009) eingestuft. Die Art bevorzugt Lebensräume im Offenland und in Wald-Offenland-Ökotonen, die von einer extensiven Nutzung oder Pflege abhängig sind, i. d. R. eine heterogen ausgebildete Vegetation aufweisen und zudem dem nur mittel bis schwach nährstoffversorgten Standortflügel angehören. Solche Lebensräume sind stark rückläufig. Als Gefährdungsursachen sind insbesondere die Aufgabe bestandserhaltender Nutzungen oder Pflegemaßnahmen (mit nachfolgender Gehölzsukzession) und die

Lebensraum von *Philorhizus notatus*. Eine heterogene Vegetationsstruktur etwa mit Grasbulten scheint die Art zu begünstigen. Foto: J. Rietze.

Intensivierung sowie der Verlust offener, nutzungsbegleitender Strukturen (auch durch Aufforstung) zu bewerten, zudem Eutrophierung. Schutzmaßnahmen müssen primär auf die Aufrechterhaltung und Neuinstallation extensiver Nutzungen in mageren Offenlandlebensräumen und auf die Zurückdrängung von Gehölzsukzession ausgerichtet sein.

Philorhizus quadrisignatus

(Dejean, 1825)

Großäugiger Rindenläufer

Allgemeine Verbreitung: Mediterrane Art, die nach Norden aber auch Mitteleuropa erreicht. Diese aufgrund ihrer arborikolen Lebensweise häufig unterrepräsentierte Art stößt in Deutschland auf der Insel Fehmarn (Schleswig-Holstein; vgl. Hannig & Kerkering 2004) an ihre nördliche Verbreitungsgrenze und scheint ihr Areal zu erweitern, wie lokale Neufunde der letzten Jahre unter anderem aus Sachsen-Anhalt, Sachsen und Schleswig-Holstein zeigen.

Vorkommen in Baden-Württemberg: Über den ersten sicheren Nachweis der Art berichtet Ausmeier (1998). Einzelne andere, frühere Angaben stellten sich als Verwechslung heraus oder konnten nicht überprüft werden. Der Ausmeiers Publikation zugrunde liegende Beleg stammt aus der

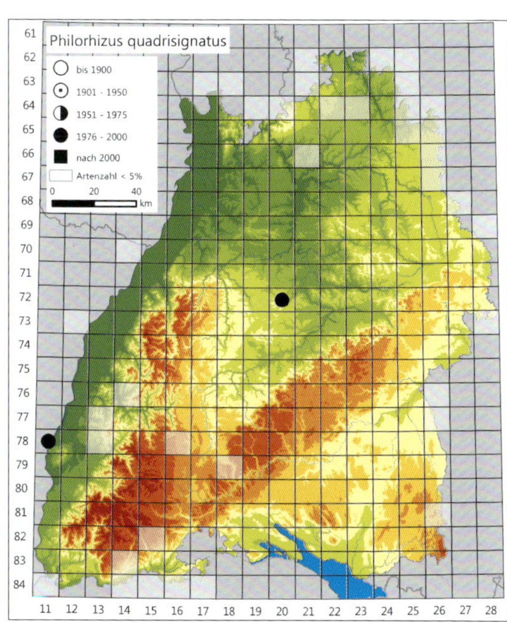

Philorhizus quadrisignatus.

Sammlung von H. Hahn, die sich heute im Staatlichen Museum für Naturkunde in Stuttgart befindet. Es handelt sich um ein Tier, das Ende Mai 1979 in Stuttgart (Umgebung Hauptmannsreute 85, leg. Hahn) gefangen wurde. Trotz mehrmaliger Nachsuche gelang F. Ausmeier dort kein weiterer Fund. Der zweite sichere Nachweis war bereits 1997 im südlichen Oberrhein-Tiefland erfolgt (Rheinauen zwischen Wyhl und Weisweil, 01.02. 1997, 2 Ex., leg. Trautner), gehörte aber zu erst mehrere Jahre später ausgewertetem Material aus einzelnen Handaufsammlungen. Genaue Fundumstände waren für die Individuen in beiden Fällen nicht mehr zu ermitteln. Auf französischer und rheinland-pfälzischer Rheinseite ist die Art ebenfalls nachgewiesen. Callot & Schott (1993) melden einen einzelnen Fund aus dem Mai 1991 im Elsass, Büngener et al. (1991) stellten sie unter anderem bei Herxheim (Pfalz) fest.

Lebensweise und Habitat: Art mit vollständig entwickelten Hinterflügeln (makropter), von der nach Auswertungsstand keine Flugbeobachtung vorliegt. Paarung und Eiablage (schwerpunktmäßig) im Frühjahr und Larvalentwicklung ab Frühjahr/Sommer. Die wenigen Funde in Bad.-Württ. stammen aus dem Mai (Stuttgart) und im Winterlager aus dem Februar (Oberrhein-Tiefland).

P. quadrisignatus ist eine baumbewohnende Art, die im Winterquartier wohl vor allem unter der Rinde von Laubbaumarten gefunden wird. Büngener et al. (1991) geben für Rheinhessen-Pfalz Ahorn (*Acer* spec.) und Platane (*Platanus* spec.) als Fundbaumarten an. Im Rahmen einer gemeinsamen Exkursion führte M. Persohn Kollegen und den Autor im Januar 2001 dankenswerterweise in ein Fundgebiet der Art bei Speyer (Rheinland-Pfalz). Dort konnte die Art vom Autor sowie von Kollegen auch in und unter der Rinde von Obstbäumen festgestellt werden. Interessanterweise saß ein größerer Teil der Tiere offenbar in sehr schmalen Spalten kompakter Borkenpartien, die nicht weiter zerlegt, sondern am Stück mitgenommen worden waren. Diese Tiere waren daher zunächst unentdeckt geblieben und kamen erst unter wärmender Beleuchtung hervor. Die Fundbäume standen einzeln oder in alleeartigen Reihen im Offenland.

Gefährdung und Schutz: *P. quadrisignatus* ist bundesweit (Stand 2015) und in Bad.-Württ. (Stand 2005) in die Kategorie D (Daten defizitär) eingeordnet. Eine Bewertung der Gefährdungssituation oder die Ableitung von Schutzmaßnahmen (soweit erforderlich) sind auf dem derzeitigen Kenntnisstand nicht möglich. Vor allem entlang des Rheintals sollte durch gezielte Nachsuche versucht werden, ein besseres Bild der aktuellen Verbreitungssituation zu erhalten.

Philorhizus sigma

(P. Rossi, 1790)

Sumpf-Rindenläufer

Allgemeine Verbreitung: Paläarktisch verbreitete Art. Sie ist auch in Deutschland trotz kleinerer Lücken in den meisten Landesteilen stet vertreten.

Vorkommen in Baden-Württemberg: Regional verbreitet; überwiegend entlang des Donautals, im nördlichen Oberrhein-Tiefland sowie teilweise in den Neckar- und Tauber-Gäuplatten und im Schwäbischen Keuper-Lias-Land, wo Vorkommen oftmals nur kleinräumig ausgeprägt scheinen.

Lebensweise und Habitat: Flugunfähige (brachyptere) Art. Paarung und Eiablage (schwerpunktmäßig) im Frühjahr und Larvalentwicklung ab Frühjahr/Sommer. Aktive Imagines wurden in Bad.-Württ. nach den ausgewerteten Daten zwischen April und September nachgewiesen, ein deutliches Aktivitätsmaximum ist anhand der vorliegenden Daten nicht erkennbar. Die meisten Funde stammen allerdings aus der Suche in Winterquartieren. Die Art überwintert in der Streu

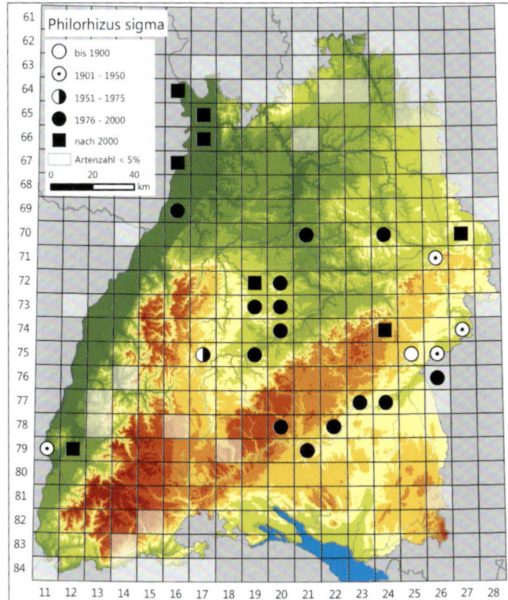

Philorhizus sigma.

(Bultenbereich, Horste, Bodenstreu von Gehölzstandorten) oder unter Baumrinde.

P. sigma ist eine Feuchtgebietsart, die schwerpunktmäßig in Rieden und Röhrichten sowie teilweise in mit diesen durchsetzten Au- und Bruchwaldstandorten sowie an Ufern auftritt. Sie gehört zu den „Kletterspezialisten" und bevorzugt im Freiland „Bereiche mit einer entsprechend dichten und hohen Vegetationsstruktur, die sich vor allem aus senkrechten, linearen Mikrostrukturelementen [Halmen] zusammensetzt" (MEISSNER 1998). Den Imagines gelingt nach den Beobachtungen dieses Autors ein müheloser Wechsel von einem Halm zum anderen, wobei sie maximal Distanzen von einer Körperlänge überwinden und darin den Imagines von *Demetrias monostigma* gleichen (MEISSNER 1998). Sofern die Lebensräume eine Bultstruktur aufweisen, zeigt die Art während der Vegetationsperiode nach MEISSNER (1998) eine Präferenz für die Halmzone des Bultenkopfs. Interessant sind auch die Ergebnisse MEISSNERS zu den Winterquartieren der Art. Demnach nehmen zwar auch im Winter Individuen der Art Quartier in Bulten des untersuchten Niedermoors, doch suchen Tiere in hoher Zahl auch Winterquartiere in diversen angrenzenden oder im Umfeld gelegenen Biotopen auf. MEISSNER (1998) schreibt unter anderem: „Ein Teil der Population überwintert im Saumbereich des Moores, während ein anderer Teil Winterlager in den entfernteren trockenen Waldrändern jenseits des Grünlands aufsucht"; dabei werde „die Bodenstreu der Gehölzstandorte bevorzugt". Hierauf lassen sich auch einige Funde der Art aus trockenen Lebensräumen zurückführen, die aber nicht das präferierte Fortpflanzungshabitat darstellen.

Gefährdung und Schutz: *P. sigma* ist bundesweit (Stand 2015) ungefährdet und in Bad.-Württ. (Stand 2005) als gefährdet sowie als Naturraumart des Informationssystems Zielartenkonzept Bad.-Württ. (Stand 2009) eingestuft. Gefährdungsursachen sind vor allem der Rückgang geeigneter Standorte unter anderem durch Entwässerung oder direkte Flächeninanspruchnahme sowie durch flächige Gehölzsukzession infolge ausbleibender Nutzung oder Pflege; allerdings zeigt die Art eine gewisse Toleranz zumindest gegenüber einer teilweisen Beschattung. Schutzmaßnahmen müssen insbesondere auf die langfristige Sicherung offener, nasser, möglichst großräumig zusammenhängender Röhrichte und Riede abzielen. Dies schließt auch langfristig orientierte Pflegemaßnahmen gegenüber Gehölzsukzession ein. Möglicherweise profitiert die Art zwar stärker als andere von Gehölzbeständen mit günstigen Winterquartieren, die im engeren Umfeld ihrer Fortpflanzungshabitate liegen. Dennoch sollte an geeigneten Standorten flächige Gehölzsukzession zugunsten der Wiederentwicklung offener Riede und Röhrichte zurückgedrängt werden.

Syntomus foveatus

(Geoffroy, 1785)

Sand-Zwergstreuläufer

Allgemeine Verbreitung: Westpaläarktisch verbreitete Art, nur in Teilen Nordeuropas fehlend. Trotz kleinerer Verbreitungslücken im äußersten Süden Deutschlands (Baden-Württemberg, Bayern) ist sie in allen anderen Teilen annähernd flächendeckend vertreten.

Vorkommen in Baden-Württemberg: Schwerpunkt im Oberrhein-Tiefland, dort insbesondere in den nordbadischen Sandgebieten. Daneben einzelne, meist kleinräumig beschränkte Vorkommen in anderen Naturräumen.

Lebensweise und Habitat: Flugfähige (dimorphe bzw. polymorphe) Art. Paarung und Eiablage (schwerpunktmäßig) im Frühjahr und Larvalentwicklung ab Frühjahr/Sommer. Aktive Imagines wurden in Bad.-Württ. nach den ausgewerteten Daten zwischen April und September registriert, mit einem Aktivitätsmaximum in den Monaten Mai und Juni.

Das Lebensraumspektrum von *S. foveatus* wird durch die von Wolf-Schwenninger & Schwenninger (1992) mitgeteilten Funddaten bereits zu einem größeren Teil umrissen: offene Flugsanddünen, Sandrasen, Magerrasen auf Bahnanlagen, Ruderalflächen (auch innerstädtisch) auf Sandböden. Hinzu kommen Funde in trockenen Heiden, in Sand- und Kiesgruben sowie auf anderen sandig-kiesigen Standorten mit Offenbodenanteil. Außerhalb des Oberrheintals liegen Nachweise z. B. aus einer Waldbrandfläche im Odenwald (Trautner & Rietze 2001) und von Sandverwitterungsböden im Schwäbischen Keuper-Lias-Land (s. Trautner 1986a) vor.

Syntomus foveatus. Foto: M. Bräunicke.

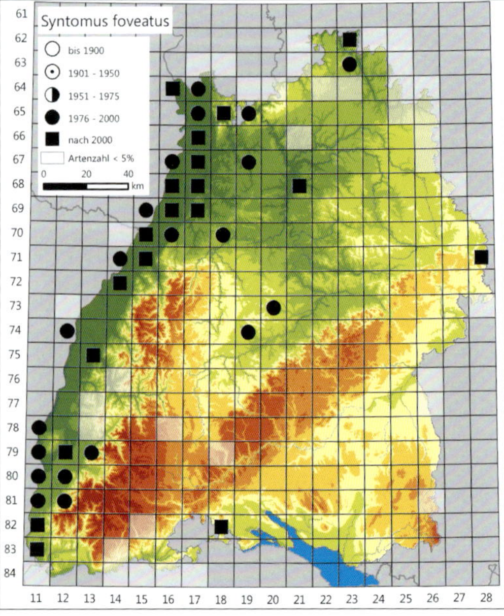

Gefährdung und Schutz: *S. foveatus* ist weder bundesweit (Stand 2015) noch in Bad.-Württ. (Stand 2005) gefährdet. Aufgrund der weiten Verbreitung im Oberrhein-Tiefland und des Auftretens in unterschiedlichen Lebensraumtypen des trockenen Offenlands ist auch keine zukünftige Gefährdung auf Landesebene absehbar. Außerhalb des Vorkommensschwerpunkts können jedoch Populationen, die auf besondere Standortverhältnisse wie auch -traditionen zurückgehen, teilweise gefährdet sein. Auf Landesebene kein Handlungsbedarf.

Syntomus obscuroguttatus

(Duftschmid, 1812)

Gefleckter Zwergstreuläufer

Allgemeine Verbreitung: Von Nordafrika über Südeuropa und Teile Mitteleuropas bis Sibirien und Mittelasien verbreitete Art. Sie ist in Deutschland sehr spärlich mit teils nur alten Nachweisen vertreten, neuere Nachweise stammen ausschließlich aus dem Südwesten Deutschlands (s. Verbreitungskarte in TRAUTNER et al. 2014).

Vorkommen in Baden-Württemberg: Keine historischen Funde. Über den Erstnachweis in Bad.-Württ. berichten KNAPP & RHEINHEIMER (2010): Demnach wurde die Art von BICKEL am 13. 05. 2006 im Naturschutzgebiet Oftersheimer Dünen südlich von Oftersheim nachgewiesen. Ein weiterer Nachweis gelang 2010 bei Hügelsheim (SCHANOWSKI in lit.). Die Fundorte liegen im Oberrhein-Tiefland.

Lebensweise und Habitat: Flugfähige (makroptere) und räuberische Art. Paarung und Eiablage (schwerpunktmäßig) im Frühjahr und Larvalentwicklung ab Frühjahr/Sommer, die Imagines überwintern (z. B. ROUME et al. 2011).

S. obscuroguttatus wird in seinem europäischen Verbreitungsgebiet aus unterschiedlichen Lebensräumen gemeldet, die sowohl Wälder als auch feuchte und trockene Lebensräume des Offenlandes umfassen (z. B. PILON et al. 2013 aus einer von Reisfeldern dominierten Agrarlandschaft). Eine ausreichende Habitatcharakterisierung ist nach derzeitigem Kenntnisstand nicht möglich. Die beiden baden-württembergischen Funde weisen aber auf trockene und magere Offenlandlebensräume hin: Der Erstnachweis stammt aus einem Gebiet, das durch offene, kalkhaltige, nährstoffarme Sandflächen, lückige Kiefernbestände und angrenzende landwirtschaftlich genutzte oder brachgefallene Flächen charakterisiert ist (KNAPP & RHEINHEIMER 2010). Der Nachweis bei Hügelsheim gelang in einem grasreichen Magerrasen (SCHANOWSKI, in lit.).

Syntomus obscuroguttatus. Foto: O. Bleich.

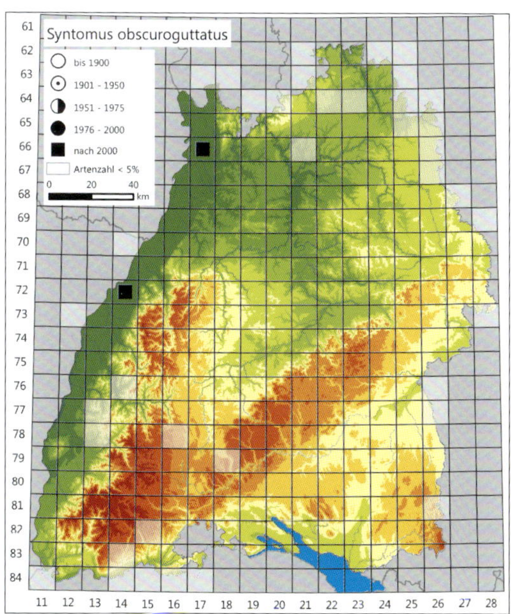

Gefährdung und Schutz: *S. obscuroguttatus* ist bundesweit (Stand 2015) stark gefährdet und war in Bad.-Württ. (Stand 2005) bisher nicht in der Checkliste und Roten Liste geführt. Aufgrund der bisherigen Datenlage ist eine Bewertung der Gefährdungssituation in Bad.-Württ. nicht möglich. Die Art sollte daher bei einer Neufassung der landesweiten Roten Liste in die Kategorie D (Daten defizitär) eingeordnet werden, wenn bis dahin keine neuen Kenntnisse gewonnen wurden. Es ist nicht ganz auszuschließen, dass die Art von klimatischen Veränderungen profitiert und die Neunachweise in diesem Zusammenhang gesehen werden müssen. Derzeit ist kein Handlungsbedarf erkennbar.

Syntomus truncatellus

(Linnaeus, 1760)

Gewöhnlicher Zwergstreuläufer

Allgemeine Verbreitung: Paläarktisch verbreitete Art, nur im Norden Europas sowie in einigen Gebieten Südeuropas teilweise fehlend. Sie kommt in Deutschland weit verbreitet in geeigneten Lebensräumen vor.

Vorkommen in Baden-Württemberg: Weit verbreitet und vermutlich im Großteil der Naturräume zu erwarten, aber aufgrund der Lebensraumpräferenz in Verbindung mit methodischen Gründen unterrepräsentiert (s. u.), zudem Vorkommen teils nur lokal. Verbreitungsschwerpunkte offenbar in Räumen mit hohem Angebot an oberflächig stark austrocknenden Kleinstandorten, insbesondere auf sandigen, kiesigen oder an Kalkscherben reichen Böden.

Lebensweise und Habitat: Flugfähige (dimorphe bzw. polymorphe) und räuberische Art. Paarung und Eiablage (schwerpunktmäßig) im Frühjahr und Larvalentwicklung ab Frühjahr/Sommer. Aktive Imagines wurden in Bad.-Württ. nach den ausgewerteten Daten zwischen März und November registriert, mit einem Aktivitätsmaximum im Mai. Die Imagines überwintern in der Bodenstreu und am Fuß von Bäumen.

S. truncatellus tritt vor allem in Halbtrockenrasen und Heiden sowie in mageren, an besonnter Bodenstreu reichen Waldrandsituationen auf,

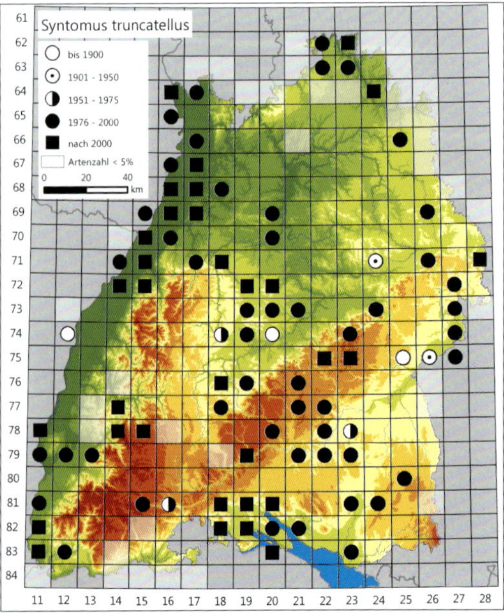

Syntomus truncatellus. Foto: C. Benisch.

zudem in kurzlebigen Ruderalfluren und Pioniergesellschaften (einschließlich Ackerbegleitstrukturen). Es liegen auch Funde aus Feuchtlebensräumen vor, dort vermag die Art offenbar erhöhte Bulte oder Rücken mit trockenen, streureichen Kleinststandorten zu besiedeln. Die Fundorte sind meist durch ein kleinräumiges Mosaik aus offenen Bodenstellen, deutlicher Streuauflage und dichterer Vegetation gekennzeichnet. Hier kann *S. truncatellus* auch hohe Individuendichten erreichen, doch sind diese Situationen des Öfteren nur linear oder punktuell ausgebildet. Bei gezieltem Handfang und insbesondere bei Einsatz eines Käfersiebs wird die Art in vielen Räumen sicherlich besser erfasst als über übliche Bodenfallenprogramme.

Gefährdung und Schutz: *S. truncatellus* ist bundesweit (Stand 2015) und in Bad.-Württ. (Stand 2005) ungefährdet. Aufgrund der relativ weiten Verbreitung der Art und ihres Auftretens in unterschiedlichen Lebensraumtypen des Offenlands und von Wald-Offenland-Ökotonen sowie der vermutlich geringen Flächenansprüche ist auch zukünftig keine Gefährdung absehbar. Kein Handlungsbedarf.

Drypta dentata.

Tribus Dryptini

J. Trautner

Weltweit sind nach Lorenz (2015) bislang 96 Arten aus 3 Gattungen beschrieben, die dieser Tribus zugerechnet werden. In Bad.-Württ. ist sie mit einer Art vertreten, deren Imagines eine Größe von rd. 7–9 mm erreichen. Die Imagines sind durch einen zylindrisch geformten Halsschild, kurze Schläfen und das lange, schaftförmige erste Fühlerglied gekennzeichnet. Die einheimische Art ist metallisch grün bis grünblau gefärbt.

Drypta dentata

(P. Rossi, 1790)
Grüner Backenläufer

Allgemeine Verbreitung: Von Westasien und Nordafrika über Südeuropa bis ins südliche Mitteleuropa verbreitete Art. Sie kommt nur in einem kleinen, lokal begrenzten Areal im Südwesten Deutschlands vor (v. a. südliches Rheinland-Pfalz, Saarland, westliches Baden-Württemberg); wenige historische Einzelmeldungen sind östlich bis Sachsen bekannt.

Vorkommen in Baden-Württemberg: Historisch bereits im gesamten Oberrhein-Tiefland verbreitet und teils auch in den angrenzenden Vorbergen zum Schwarzwald nachgewiesen; bei Horion (1941) waren Funde vom äußersten Süden (Isteiner Klotz) bis in den Norden des Oberrhein-Tieflands im Raum Heidelberg und dann am Nordrand der Neckar- und Taubergäuplatten im Übergang zum Sandstein-Odenwald entlang des unteren Neckartals bis in den Raum Mosbach dokumentiert (dort 3 Ex. Neckarzimmern, Ihssen 1918; Horion 1941). Eine Erweiterung des Areals in Bad.-Württ. fand zwischenzeitlich im nördlichen Landesteil über die Neckar- und Tauber-Gäuplatten statt (bei Heilbronn erstmals 1986 nachgewiesen, s. Trautner 1986c), die nach Südosten aktuell bis ins Neckartal knapp unterhalb von Stuttgart, nach Nordosten bis ins mittlere Jagsttal reicht. Zudem hat die Art in neuerer Zeit den südwestlichen Teil des

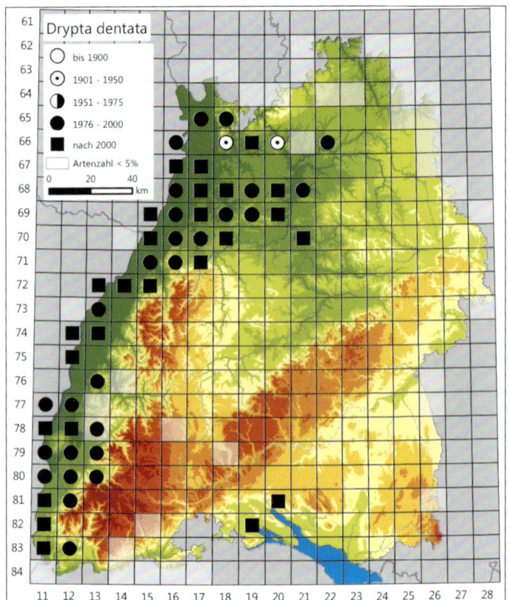

Voralpinen Hügel- und Moorlands am Bodensee erreicht.

Lebensweise und Habitat: Flugfähige (makroptere) und wärmeliebende Art. Über Biologie und Habitatansprüche ist eher wenig bekannt. Viele Nachweise aktiver Tiere stammen aus dem Mai und Juni, insgesamt wurde die Art in Bad.-Württ. nach den ausgewerteten Funddaten aktiv zwischen April und Oktober angetroffen. Zudem wurde sie des Öfteren als Imago überwinternd vorgefunden, auch in Gruppen von Tieren. Ähnliches berichtet unter anderem MARGGI (1992) für die Schweiz: „Imaginaler Überwinterungstyp, zuweilen in Gesellschaften von Dutzenden von Exemplaren am Fuße oder unter Rinde von Obstbäumen und anderer frei stehender Bäume."

D. dentata zählt zu den in hohem Maße pflanzenkletternden Arten und bevorzugt besonnte Lebensräume mit einer stark ausgebildeten, eher vertikal strukturierten Vegetation. Dabei ist sie jedenfalls in unserem Klimaraum nicht an Feuchtstandorte gebunden, wie man auf Basis vor allem der Literaturangaben aus Südeuropa und der älteren Faunistiken vermuten könnte (z. B. HORION 1941 für das Kaiserstuhlgebiet: „verbr[eitet] an feuchten Stellen, an Wassergräben, am Fuße alter Kopfweiden [...], Wolf. i. l."). Vielmehr tritt die Art auch in Acker- und Weinbaugebieten mit ihren typischen Begleitstrukturen fernab von Feuchtstandorten und teils in hoher Individuenzahl sowie stet auf. KUBACH (1995) und SPIES (1998) wiesen sie z. B. von 1991 bis 1995 stet in den von ihnen untersuchten neu angelegten Saumstrukturen sowie teils in Vergleichsflächen einer Ackerbaulandschaft des Kraichgaus nach.

Gefährdung und Schutz: *D. dentata* ist bundesweit (Stand 2015) und in Bad.-Württ. (Stand 2005) nicht gefährdet. Aufgrund der Bestandssituation und Ausbreitungstendenz sowie des Auftretens in verschiedenen, auch ungefährdeten Lebensraumtypen des Offenlands ist – obwohl man eine Bedeutung rückläufiger Begleitstrukturen in der Agrarlandschaft annehmen kann – auch keine zukünftige Gefährdung absehbar. Kein Handlungsbedarf.

Tribus Zuphiini

J. TRAUTNER

Weltweit sind nach LORENZ (2015) bislang 345 Arten aus 23 Gattungen beschrieben, die dieser Tribus zugerechnet werden. In Bad.-Württ. ist sie mit einer bunt gefärbten Art vertreten, deren Imagines eine Größe von rd. 7–9 mm erreichen. Die Imagines sind durch einen schlanken Halsschild mit scharfen Hinterecken, einen deutlich abgeschnürten Hals und das lange, schaftförmige erste Fühlerglied gekennzeichnet.

Polistichus connexus

(Geoffroy, 1785)

Natterläufer

Allgemeine Verbreitung: Westpaläarktisch verbreitete Art, in Europa vorwiegend im Süden (Mittelmeerraum). Diese flugaktive Arealerweiterin erreicht in Deutschland ihre nördliche Verbreitungsgrenze und kommt lokal und vereinzelt von Südwesten (Rheinland-Pfalz, Baden-Württemberg) über Nordbayern bis ins mittlere Sachsen-Anhalt und das südliche Brandenburg vor.

Vorkommen in Baden-Württemberg: Nur wenige Einzelfunde aus dem Oberrhein-Tiefland, den Neckar- und Tauber-Gäuplatten sowie aus dem Schwäbischen Keuper-Lias-Land.

Lebensweise und Habitat: Flugfähige (makroptere) und wärmeliebende Art. Weder über die Biologie noch über Habitatansprüche liegen ausreichende Informationen vor. In Südeuropa wurde

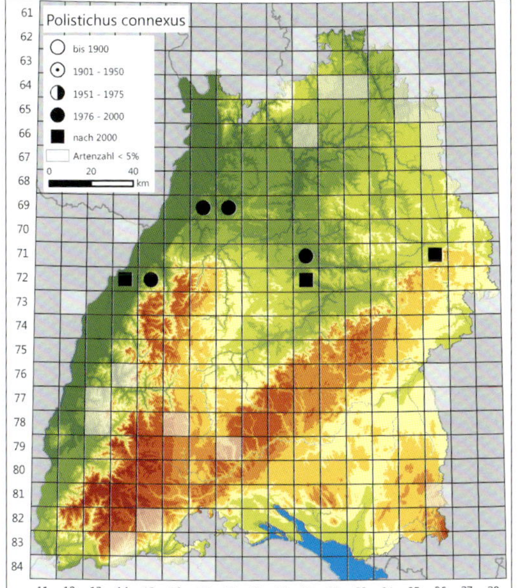

Polistichus connexus.

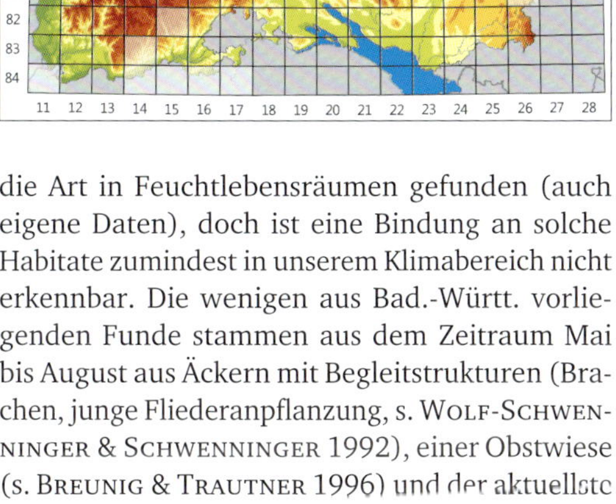

die Art in Feuchtlebensräumen gefunden (auch eigene Daten), doch ist eine Bindung an solche Habitate zumindest in unserem Klimabereich nicht erkennbar. Die wenigen aus Bad.-Württ. vorliegenden Funde stammen aus dem Zeitraum Mai bis August aus Äckern mit Begleitstrukturen (Brachen, junge Fliederanpflanzung, s. WOLF-SCHWENNINGER & SCHWENNINGER 1992), einer Obstwiese (s. BREUNIG & TRAUTNER 1996) und der aktuellste vom August 2015, wo ein Individuum der Art in Stuttgart-Hohenheim am Licht anflog (T. TOLASCH, in lit.). Alle dokumentierten Fänge erfolgten mittels Bodenfallen oder am Licht.

Gefährdung und Schutz: *P. connexus* ist bundesweit (Stand 2015) als stark gefährdet eingestuft, in Bad.-Württ. (Stand 2005) erfolgte eine Zuordnung zu den Arten mit ungenügender Datenlage (Kategorie D). Ob die Art in Bad.-Württ. gefährdet sein könnte, ist anhand der vorliegenden Daten auch aktuell nicht zu bestimmten. Derzeit ist kein Handlungsbedarf ersichtlich.

11 Neuere Artmeldungen mit unklarem Status sowie zweifelhafte und unzutreffende Artmeldungen

J. Trautner

11.1 Neuere Artmeldungen mit unklarem Status

Ocys tachysoides (Antoine, 1933): Während der Drucklegung des vorliegenden Werkes erschien die Arbeit von Maddison & Anderson (2016), die aufzeigt, dass die bisher unter *O. harpaloides* geführten Tiere einem Artenpaar angehören. Die andere demnach in Europa ebenfalls weiter verbreitete Art, die bereits in den 1930er Jahren als „*harpaloides v. tachysoides*" von Antoine (1933) beschrieben wurde, ist den präsentierten Daten zufolge etwa aus Spanien, Frankreich, Belgien und Großbritannien sowie aus Deutschland belegt. Zur Unterscheidung der beiden Arten wurden sowohl genetische als auch morphologische Merkmale herangezogen. Einen ersten Anhaltspunkt gibt insbesondere die Färbung der Imagines: Individuen von *O. tachysoides* sind dunkler gefärbt und durchschnittlich etwas kleiner. Während bei *O. harpaloides* vorderer und zentraler Teil der Flügeldecken ähnlich hell sind wie Kopf und Halsschild (und die Flügeldecken erst zur Spitze und zu den Seiten eine dunkelbraune Färbung zeigen), werden die Flügeldecken von *O. tachysoides* als typischerweise dunkelbraun bis schwärzlich gefärbt und in deutlichem Kontrast zum rotbraunen Halsschild und Kopf stehend beschrieben; lediglich die umgeschlagenen Ränder der Flügeldecken und manchmal deren Naht sind demnach heller. Zur sicheren Unterscheidung müssen aber zumindest auch die beschriebenden Genitalmerkmale herangezogen werden. Für Baden-Württemberg liegt derzeit noch keine Untersuchung dazu vor, ob und in welchem Ausmaß beide Arten vertreten sind und ob sich hierbei, wie etwa in Nordirland, zudem Unterschiede in der Lebensraumpräferenz ergeben. Die aus anderen Teilen Deutschlands bereits gemeldeten Funde von *O. tachysoides* sowie ein erster Blick auf vorhandenes Belegmaterial legen aber nahe, dass im Bundesland jene Art die verbreitete ist. Die Ausführungen zu *O. harpaloides* im Speziellen Teil dieses Werkes sind insoweit unter dem Vorbehalt weiterer Untersuchungen zu sehen und in der Folge ggf. zu differenzieren.

Ocys tachysoides. Foto: M. Bräunicke.

Paratachys lusciosus (Antoine, 1943): Ein weibliches Exemplar der Art war bereits am 20. 6. 1998 mittels Autokescher im südlichen Oberrhein-Tiefland bei Neuenburg/Grißheim gefangen, aber erst in neuerer Zeit determiniert worden (leg. A.

Szallies, det T. Kopecky, t. R. Felix; Szallies in lit.). Die Art war bislang aus Deutschland und Mitteleuropa unbekannt. Ihr bisher bekanntes Verbreitungsgebiet reicht von Nordafrika bis Frankreich. Baehr (1988b) beschreibt einen spanischen Fund der sehr kleinen, aber „auffällige[n], langgestreckte[n] Art mit kleinen, flachen Augen", für die sonst nur sehr wenige Fundangaben aus dem europäischen Raum verfügbar sind, von einem Stauseeufer im Spülsaum unter Holz. Es ist nicht auszuschließen, dass diese Art ihr Verbreitungsgebiet, möglicherweise im Zusammenhang mit klimatischen Veränderungen, ausdehnt. Nach derzeitigem Kenntnisstand ist der Status in Baden-Württemberg aber unklar, da auch eine Verschleppung als Ursache für ihren hiesigen Nachweis möglich erscheint. In den Kommentaren zum Verbreitungsatlas (Trautner et al. 2014) sowie der neuen Roten Liste mit Checkliste Deutschlands (Schmidt et al. 2016) konnte die Art noch nicht berücksichtigt werden.

11.2 Zweifelhafte und unzutreffende Artmeldungen

Nachfolgend werden Laufkäferarten gelistet, deren historisches und aktuelles Vorkommen in Bad.-Württ. trotz Meldung fraglich ist oder deren publizierte Meldungen sich insgesamt als unrichtig erwiesen haben. Die Arten werden in alphabetischer Reihenfolge und ausschließlich mit ihren wissenschaftlichen Namen gelistet sowie meist nur kurz kommentiert. Dies stellt kein Verzeichnis aller unzutreffenden oder fraglichen Artmeldungen dar, da sich darunter auch solche befinden, die ansonsten sicher oder glaubhaft nachgewiesene Arten betreffen (s. unter den ausführlichen Artkapiteln weiter vorne).

Nicht eingegangen wird i. d. R. auf Falschmeldungen oder zweifelhafte Angaben in unpublizierten Artenlisten, Gutachten, Diplom- oder Zulassungsarbeiten. Nicht berücksichtigt sind im Übrigen Arten, bei denen eindeutig von Verschleppung aus anderen zoogeographischen Regionen auszugehen ist oder war, wie dies bei Einzelfunden von aus dem asiatischen oder afrikanischen Raum stammenden Tieren der Fall ist. Bei diesen wird nicht von einem unklaren Status ausgegangen.

Es muss darauf hingewiesen werden, dass insbesondere bezüglich älterer Quellen (vor 1900) keine Vollständigkeit gesichert ist. Artmeldungen oder -kommentierungen, die weder in der etwas neueren Literatur (ab ca. 1920) noch speziell bei Horion (1941) auftauchen, wurden nicht umfassend recherchiert, da Horion bereits intensiv die älteren Verzeichnisse und Funddaten ausgewertet hatte. Teils wird aber auf ältere Funde eingegangen.

Abax exaratus (Dejean, 1828): Die alte Angabe v. d. Trappens (1930) für den Schurwald und Gutenberg (als ssp. *parallelopipedus* Dej.) wurde von Horion (1959a) bereits als unzutreffend festgestellt, die Meldung ging auf Fehlbestimmung zurück. Die Art erreicht im Alpenraum in der ssp. *pilleri* Csiki, 1916 von Süden kommend die Hohen Tauern in Österreich sowie die Südschweiz, sie fehlt aber in Deutschland (vgl. Paill & Kahlen 2009).

Acupalpus suturalis Dejean, 1829: Die Angaben v. d. Trappens (1929) für verschiedene Fundorte hat Horion (1959a) bereits als zu streichen, da faunistisch unmöglich, eingestuft; er schrieb unter anderem: „Die vielen Angaben [...] können sich nur auf aberrative Stücke von *dorsalis* [=*parvulus*] oder auf *dubius* beziehen, der nicht gemeldet wird." Die Mitteleuropa im Südosten erreichende Art wird für Deutschland insgesamt nur unter den fehlerhaften oder unsicheren Artmeldungen geführt (s. Schmidt et al. 2016).

Agonum dolens (C. R. Sahlberg, 1827): In den Verzeichnissen der Laufkäfer Baden-Württembergs von Trautner (1990) bis Trautner & Bräunicke (1996) (dagegen nicht mehr in Trautner et al. 2005) nach einer unveröffentlichten Angabe aus dem Oberrheintal geführt, die sich jedoch nicht verifizieren ließ. Der Fundpunkt im Rasterfeld 7114 im Verbreitungsatlas der Laufkäfer Deutschlands (Trautner et al. 2014) bezieht sich auf einen Nachweis aus Rheinland-Pfalz. Ein Auftreten in Baden-Württemberg ist nicht auszuschließen, jedoch sind hierfür bisher keine Belege bekannt.

Agonum monachum (Duftschmid, 1812): Die Angaben v. d. Trappens (1930) für Reutlingen unter Bezug auf Keller (1864) sowie für Öhringen hat Horion (1959a) bereits als zu streichen, da faunistisch unmöglich, eingestuft. Die Art tritt in

Deutschland nur im Bereich der Ostseeküste auf (vgl. Verbreitungskarte bei TRAUTNER et al. 2014).

Amara brunnea (Gyllenhal, 1810): Wurde von V. D. TRAPPEN (1930) für Leinstetten und Reutlingen gemeldet. Letzteres unter Bezug auf KELLER (1864). Belege sind nicht bekannt, weshalb bereits HORION (1959a) die Meldungen als fraglich einstufte. Die Art fehlt im Süden Deutschlands vollständig bzw. es fehlen sichere Belege für einzelne alte Angaben (vgl. Verbreitungskarte bei TRAUTNER et al. 2014).

Amara chaudoiri Schaum, 1858: Die Art wird von HORN (1980) im Rahmen einer Dissertation aus den Sandhausener Dünen bei Heidelberg gemeldet. Belege konnten bislang nicht ermittelt werden. Aus Deutschland liegen nur wenige alte Funde der Art vor 1960 vor (s. TRAUTNER et al. 2014), die zur ssp. *incognita* Fassati, 1946 gestellt werden. Insoweit ist ein ehemaliges Vorkommen in Baden-Württemberg nicht völlig ausgeschlossen, zumal sich die alten Angaben von *A. rufipes* (s. dort) für den Odenwald bei Heidelberg und für Bad Säckingen auf *A. chaudoiri* beziehen könnten.

Amara ingenua (Duftschmid, 1812): Die alte Angabe V. D. TRAPPENS (1930) unter Bezug auf KELLER (1864) für Reutlingen wird bei HORION (1959a) als „sehr zweifelhaft" bezeichnet. FRANK & KONZELMANN (2002) führen dann einen Fund aus der Donau-Iller-Lech-Platte (Bad Wurzach, Kiesgrube, 1 Männchen, ROTHMUND det., BUCK rev.) an. Eine Prüfung des Belegtieres in coll. ROTHMUND, das dieser freundlicherweise zur Verfügung stellte, ergab indes eine unzutreffende Bestimmung. Bei dem Individuum handelt es sich um *A. equestris* (rev. TRAUTNER, vid. FRITZE). *A. ingenua* ist in Deutschland vor allem im Nordosten vertreten (vgl. Verbreitungskarte bei TRAUTNER et al. 2014).

Amara nobilis (Duftschmid, 1812): Wurde von V. D. TRAPPEN (1930) unter Bezug auf LAMPERT (1867) mit dem Vermerk gemeldet: „Dieses Alpentier kann mit dem Hochwasser der Iller in die Ulmer Gegend kommen." Auch bei SCHILSKY (1909) für Württemberg gelistet. HORION (1959a) hat die Art bereits als zu streichen, da faunistisch unmöglich, eingestuft. Aufgrund der Verbreitung ist auch eine Verdriftung nach Bad.-Württ. über Hochwasser nicht möglich, weshalb HORION (1959a) weiter konstatiert: „Die beiden Belege in coll. HUEBER, von FORNER (Ulm) erhalten, können nicht von Ulm stammen." PAILL & KAHLEN (2009) stellen fest: „*Amara nobilis* ist ein Regionalendemit der Niederösterreichisch-Steirischen Kalkalpen. Das Areal ist klein […]"; die Art tritt dort in hohen subalpinen bis alpinen Lagen auf.

Amara rufipes Dejean, 1828: Für die Art werden von HORION (1941) zwar Fundangaben aus Bad.-Württ. aufgeführt, der diese aber zugleich als zweifelhaft bezeichnet: Odenwald bei Heidelberg, 1 Ex., DETJE leg.; Säckingen, MAASS 1894, 2 Ex. Museum Erfurt, t. HUBENTHAL. Die Art wird auch bei KAMPMANN (1860) erwähnt. Sie kommt aber nicht in Deutschland vor, sondern ist in Südwesteuropa und Nordafrika vertreten. HIEKE (2006) verweist darauf, dass sie früher mit *A. chaudoiri* (s. dort) verwechselt wurde.

Amara schimperi Wencker, 1866: Die von HORION überprüften Belege zu den Angaben V. D. TRAPPENS (1930) für Besigheim und Kißlegg gingen auf Fehlbestimmung zurück (HORION 1959a), Gleiches ist für die Angaben zu Stuttgart und dem Unteren Remstal zu erwarten. Zu einem Fund aus dem Rheintal schreibt HORION (1941) unter anderem: „Kehl in Baden […], wo 1 Ex. im Hochwassergenist des Rheins 1854 gef[unden] wurde. Da bisher nicht weiter in Südbaden gefunden, war das Stück wahrsch[einlich] nicht autochthon." Die Art kommt in Deutschland autochthon nur im bayerischen Alpen- und Voralpenraum vor (vgl. Verbreitungskarte bei TRAUTNER et al. 2014).

Amara torrida (Panzer, 1796): Nur im hohen Norden der Paläarktis vertretene Art, zu der HORION (1941) vermerkt: „Wie SCHILSKY 1909 die Art als? für […] Württemberg angeben kann, ist mir unverständlich."

Bembidion andreae (Fabricius, 1787): Angaben unter diesem Namen aus Bad.-Württ. beziehen sich bei entsprechend korrekter Bestimmung auf *B. cruciatum* (s. S. 222). *B. andreae* selbst ist eine im Mittelmeerraum und auf den Kanarischen Inseln vertretene Art, zu der in Mitteleuropa vorkommende Unterarten von *B. cruciatum* früher gestellt wurden.

Bembidion brunnicorne Dejean, 1831: Die Angabe v. d. Trappens (1929) für Stuttgart, die Filder und den Schönbuch haben Meyer (1938) und Horion (1959a) bereits als zu streichen, da faunistisch unmöglich, eingestuft. Die Art ist im Alpenraum und in Südosteuropa vertreten und bisher nicht aus Deutschland belegt (vgl. Checkliste bei Schmidt et al. 2016).

Bembidion coeruleum Audinet-Serville, 1821: Die Angabe v. d. Trappens (1929) für Stuttgart haben Meyer (1938) und Horion (1959a) bereits als zu streichen, da faunistisch unmöglich, eingestuft. Die Art fehlt in Deutschland und erreicht von Süden her die Schweiz und Norditalien (vgl. Müller-Motzfeld 2006b).

Bembidion distinguendum Jacquelin du Val, 1852: Obwohl unter anderem auf Schweizer Seite des Bodensees am Rheinufer nachgewiesen (s. Marggi 1992) und aus Straßburg (elsässisches Rheinufer als Fundort der Typen, s. Horion 1941) beschrieben, liegen nach bisherigem Auswertungsstand weder sichere historische noch aktuelle Belege aus Bad.-Württ. vor („Von der badischen Seite des Oberrheins bisher nicht gemeldet“, Horion 1941). Auch im kritischen Verzeichnis von Callot (2015) für das Elsass wird die Art interessanterweise nicht mehr geführt und war bereits im Vorläuferverzeichnis von Callot & Schott (1993) als möglicherweise fehlerhafte Meldung (Verwechselung mit anderen Arten) eingestuft worden. Die einzige publizierte Meldung für Bad.-Württ. ist bei Krell (1996) bzw. Lau in Krell (1996) dokumentiert, wonach Lau die Art 1978 in einem Ex. im Wiesaztal im Raum Reutlingen gefunden haben soll (vid. Kirschenhofer). Lau in Krell (1996) schreibt zudem, dass ihm „weitere Funde von Rhein und Neckar vorliegen“, und hält es für wahrscheinlich, dass die Art „vielfach verkannt worden“ sei. Hier besteht weiterer Klärungsbedarf. Das Vorkommen der Art in Bad.-Württ. wird nach derzeitigem Stand als fraglich eingeordnet, die genannte Meldung aus dem Wiesaztal geht mit hoher Wahrscheinlichkeit auf Art- oder Fundortverwechslung zurück. In Deutschland ist *B. distinguendum* bisher nur aus dem Südosten Bayerns sicher belegt (vgl. Verbreitungskarte bei Trautner et al. 2014).

Bembidion fulvipes Sturm, 1827: Die Angaben v. d. Trappens (1929) für Stuttgart und Tübingen hat Horion (1941) bereits als fraglich eingestuft. In Deutschland ist die Art nur aus Südbayern sicher belegt (vgl. Verbreitungskarte bei Trautner et al. 2014).

Bembidion incognitum G. Müller, 1931: Die Angabe v. d. Trappens (1929) für Stuttgart, bei ihm als a. *alpinum* zu *B. nitidulum (= deletum)* gestellt, haben Meyer (1938) und Horion (1959a) als faunistisch unmöglich und daher zu streichen eingestuft. Die Art ist im Alpenraum vertreten, wo sie den äußersten Süden Bayerns erreicht (vgl. Verbreitungskarte bei Trautner et al. 2014).

Bembidion maritimum Stephens, 1839: Die Angabe v. d. Trappens (1929) für Kißlegg unter dem Namen *B. concinnum* haben Meyer (1938) und Horion (1959a) als zu streichen, da faunistisch unmöglich, eingestuft. Die Art ist in Deutschland nur im Bereich der Nordseeküste und an Teilabschnitten der Elbe vertreten (vgl. Verbreitungskarte bei Trautner et al. 2014).

Bembidion nigricorne Gyllenhal, 1827: Die Angabe v. d. Trappens (1929) für Heilbronn nach Scriba haben Meyer (1938) und Horion (1959a) als faunistisch unmöglich und daher zu streichen bewertet; ein vermeintliches Belegexemplar war falsch bestimmt (Horion 1941). Die Art kommt nur im Norden Deutschlands vor (vgl. Verbreitungskarte bei Trautner et al. 2014).

Bembidion normannum Dejean, 1831: Die Angabe v. d. Trappens (1929) für Reutlingen unter Bezug auf Keller (1864) haben Meyer (1938) und Horion (1959a) bereits als zu streichen, da faunistisch unmöglich, eingestuft. Die Art ist nur im Norden Deutschlands und hier vor allem an der Nordseeküste vertreten (vgl. Verbreitungskarte bei Trautner et al. 2014).

Bembidion ripicola Dufour, 1820: Die Angabe v. d. Trappens (1929) für Ulm und Urlau haben Meyer (1938) und Horion (1959a) bereits als faunistisch unmöglich und daher zu streichen eingestuft. Gleiches ist für die Angabe von Lauterborn (1933) für das Oberrhein-Tiefland zu konstatieren. Horion (1941) verweist darauf, dass die vielen Angaben Schilskys (1909) unter anderem auf *B. testaceum* zurückgehen, die früher als Rasse von *B. ripicola* betrachtet wurde. *B. ripicola* ist nur im südwestlichen Europa und in Nordafrika vertreten.

Bembidion ruficolle (Panzer, 1796): Die Angabe v. d. Trappens (1929) für Reutlingen unter Bezug auf Keller (1864) haben Meyer (1938) und Horion (1959a) bereits als zu streichen, da faunistisch unmöglich, eingestuft. Die Art kommt ebenfalls nur im Norden Deutschlands vor (vgl. Verbreitungskarte bei Trautner et al. 2014).

Bembidion saxatile Gyllenhal, 1827: Die Angabe v. d. Trappens (1929) für den Schönbuch ist laut Meyer (1938) und Horion (1959a) als faunistisch unmöglich und daher als zu streichen anzusehen. Die Art ist nur im nordostdeutschen Küstengebiet sowie punktuell in Südostbayern innerhalb Deutschlands vertreten (vgl. Verbreitungskarte bei Trautner et al. 2014).

Bembidion tenellum Erichson, 1837: In den Verzeichnissen der Laufkäfer Baden-Württembergs von Trautner (1990) und Trautner (1992a) noch gelistet. Die Angabe v. d. Trappens (1929) für Ulm unter Bezug auf Lampert (1897) hat Horion (1959a) bereits als fraglich eingestuft, da „weder in coll. Hueber noch im Museum Dresden belegt". Weitere publizierte Fundangaben stammen von Hartmann (1926: *tenellum* a. *triste* Schilsky. Ein Stück am 14. 2. 26 bei Märkt im Genist aufgefunden), Maus (1987: Goldscheuer, Baggersee, 05.84, 2 Expl., Anton leg., Sowig det.; s. auch Frank & Konzelmann 2002) sowie Rheinheimer (2000: mehrere Fundorte im Karlsruher Raum nach Daten von S. Gladitsch). Eine Durchsicht der Sammlung Gladitsch, die sich im Staatlichen Museum für Naturkunde Stuttgart befindet, ergab keine Belege. Es ist wahrscheinlich, dass alle bisherigen baden-württembergischen Meldungen auf Verwechslung mit den Arten *B. azurescens* oder *B. minimum* zurückgehen, wie dies für einige bereits in den 1990er Jahren überprüfte Tiere aus dem Oberrhein-Tiefland der Fall war (rev. Trautner; darunter ein Individuum der oben genannten Meldung von Maus sowie von Gladitsch übermittelte Tiere), in denen zunächst *B. tenellum* vermutet wurde.

Bradycellus sharpi Joy, 1912: Die Meldung der Art durch Dynort (1994) aus dem Gebiet des Kupfermoors im nordöstlichen Bad.-Württ. beruhte auf einer Verwechslung und wurde zurückgezogen. Die Art ist im westlichen bis nordwestlichen Deutschland vertreten (vgl. Verbreitungskarte bei Trautner et al. 2014).

Calathus mollis (Marsham, 1802): Es liegen diverse Fundmeldungen vor, die sich in allen geprüften Fällen auf *C. cinctus* (s. S. 551) oder auf andere *Calathus*-Arten bezogen. *C. mollis* kommt in Deutschland nur im Küstenbereich vor (vgl. Verbreitungskarte bei Trautner et al. 2014).

Carabus catenulatus Scopoli, 1763: Die Angabe Schilskys (1909) für Württemberg hat Horion (1941) bereits als unrichtig eingestuft. Grimm (1975) schrieb dann allerdings über ein Exemplar (unter dem Namen *C. catenatus* Panz.), welches ihm von H. Jakober übergeben wurde und das „am Fuße des Hohensteins [...] am Albtrauf östlich von Gingen/Fils" im Juni 1972 von diesem gefunden worden sein soll. Er erwähnt weiter, dass trotz verstärkter Nachsuche dort keine weiteren Funde gelangen, und schließt damit, dieses Exemplar sei der einzige ihm bekannte Nachweis für Württemberg, aber die Zweifel unter anderem Horions (1941) dürften damit beseitigt sein. Allerdings haben sich auch in der Zwischenzeit keinerlei Hinweise darauf ergeben, dass die Art in Bad.-Württ. oder überhaupt in Deutschland auftreten könnte. Vielmehr liegt, die korrekte Bestimmung vorausgesetzt, eine Fundortverwechslung nahe. *C. catenulatus* kommt von der nordwestlichen Balkanhalbinsel bis in den Norden Italiens vor und erreicht die Schweiz im äußersten Süden (vgl. Luka et al. 2009).

Carabus menetriesi Faldermann in Hummel, 1827: Bereits bei Trautner (1992a) mit dem Vermerk geführt, ein baden-württembergisches Vorkommen sei zu überprüfen. Nach Hinweisen auf ein mögliches Vorkommen im Südschwarzwald (s. dazu auch Kless 1967) lag zudem eine spätere Meldung der Art aus dem Taubergebiet vor (Bauer 1995); für beide Fälle konnte geklärt werden, dass „keine hinreichenden Hinweise oder gar Belege für ein Vorkommen der Art" existieren (Trautner 2005).

Chlaenius olivieri Crotch, 1871: Für die Angaben v. d. Trappens (1929) für Heilbronn, Reutlingen und „an Sandufern der Altlach", die beiden letzteren Angaben mit Bezug auf Keller (1864), fehlen sichere Belege (Horion 1959a): „Im Museum Stuttgart waren 5 Ex. bezettelt ‚Scriba 1917', aber ohne jede Fundortangabe". Auch Leydig (1867) führt die Art in der Beschreibung des Oberamts Tübingen mit der Angabe „nur aus wenigen deutschen Gegenden bekannt, an den Ufern der Blaulach" (wie Keller unter dem alten Namen *C. agrorum* Olivier, 1795). Ein ehemaliges Vorkommen in Bad.-Württ. ist vor dem Hintergrund anderer deutscher Belege nicht völlig auszuschließen, bleibt aber zweifelhaft. Die letzten deutschen Funde stammen von 1904 am Rheinufer bei Frankfurt (Horion 1941, s. auch Trautner et al. 2014).

Cicindela gallica Brullé, 1834: Eines der von v. d. Trappen an Horion übersandten Belegstücke (Geislinger Alb, A. Bubeck leg.) für die Meldungen v. d. Trappens (1929) war zwar korrekt bestimmt. Horion (1959a) schreibt aber dazu unter anderem: „Bei dem Geislinger Stück kann es sich nur um ein irgendwie verschlagenes Stück oder (wahrscheinlicher) um Fundortverwechslung handeln." Bereits früher hatte er hierzu vermerkt (Horion 1936), das betreffende Stück stamme aus dem vorigen Jahrhundert und die heutige Bezettelung sei nachträglich erfolgt. Auch frühere Angaben aus den bayerischen Alpen sind nicht belegt, daher wird die Art für Deutschland insgesamt nur unter den fehlerhaften oder unsicheren Artmeldungen geführt (Schmidt et al. 2016). Endemische Art der Alpen, dort subalpin bis alpin, in der Schweiz fast ausschließlich auf dem Alpenhauptkamm oder südlich davon (s. Luka et al. 2009).

Dicheirotrichus obsoletus (Dejean, 1829): Die Angabe v. d. Trappens (1930) für den Kappelesberg (= Kappelberg) bei Fellbach hat Horion (1959a) bereits als zu streichen, da faunistisch unmöglich, eingestuft. Die Art ist in Deutschland nur an mitteldeutschen Binnenlandsalzstellen vertreten (vgl. Verbreitungskarte bei Trautner et al. 2014).

Dyschirius pusillus (Dejean, 1825): Die Angabe v. d. Trappens (1929) für den Schönbuch geht auf Fehlbestimmung zurück, wie Horion (1959a) ausführt. Die Art erreicht Mitteleuropa im äußersten Osten (s. Balkenohl 2006).

Dyschirius thoracicus (P. Rossi, 1790): In den Verzeichnissen der Laufkäfer Baden-Württembergs von Trautner (1990) bis Trautner et al. (2005) nach einer unveröffentlichten Angabe aus dem Oberrheintal geführt, die sich jedoch nicht verifizieren ließ und bei der von Fehlbestimmung oder Fundortverwechslung auszugehen ist. Die Art ist nur aus dem nördlichen Teil Deutschlands dokumentiert (s. Trautner et al. 2014).

Elaphropus inaequalis (Kolenati, 1845): Diese Art wurde in früheren Bestimmungswerken und Verzeichnissen (z. B. Horion 1951b) unzutreffend interpretiert. Mitteleuropäische Meldungen beziehen sich auf andere Arten der Verwandtschaftsgruppe, so auch der von Gladitsch (1983) gemeldete vermeintliche Erstnachweis für Deutschland aus dem südlichen Oberrhein-Tiefland in Bad.-Württ.; bei diesem handelte es sich um *E. sexstriatus* (Belegtiere in der Sammlung Gladitsch im Staatlichen Museum für Naturkunde Stuttgart). Der typische Fundort von *E. inaequalis* liegt in Aserbaidschan, wobei die Taxonomie noch ungeklärt scheint (Lorenz, in lit.).

Elaphrus ullrichii W. Redtenbacher, 1842: Im vorläufigen Verzeichnis der Laufkäfer Baden-Württembergs von Trautner (1990) und der ersten Fassung der landesweiten Roten Liste (Trautner 1992a, dort mit unklarer Gefährdungssituation) noch geführt, während der Status nach aktueller Datenlage anders beurteilt wird. Der bei v. d. Trappen (1929) mit Bezug auf Lampert (1897) aufgeführte Fundort Ulm war in der Sammlung Hueber falsch belegt (Horion 1959a). Letztgenannter Autor vermerkt zwar: „Aber doch wohl vorhanden, da aus Bayerisch-Schwaben mehrfach gemeldet", Belege aus dem südöstlichen Bad.-Württ. fehlen jedoch bis heute. Die spätere Angabe von Bernert (1975) aus dem Raum Schwäbisch Gmünd geht nach Durchsicht der Sammlungsexemplare auf Verwechslung zurück (t. Trautner). Gebert (2013), der einen Überblick über die historische und aktuelle Verbreitung sowie über Lebensraumansprüche und Gefährdungssituation der hochgradig bedrohten Art gibt, nennt ein Exemplar aus dem Prager Nationalmuseum mit dem Fundortzettel „Heidelberg" (det.

M. HÄCKEL, vid. WRASE) ohne Datumsangabe als ersten bekannten Beleg für Bad.-Württ. Es sind aber Zweifel angebracht, dass dieses Tier tatsächlich von dort stammt, da für ein ehemaliges oder aktuelles Vorkommen am Oberrhein oder ansonsten im Heidelberger Raum jegliche weitere Hinweise fehlen und zudem weder eine Datums- noch eine Sammlerangabe vorliegen. Ob die Art zur baden-württembergischen Fauna zu rechnen ist, auch zur ehemaligen, bleibt weiter fraglich. Ergänzend sei darauf hingewiesen, dass die Kartendarstellung zur Verbreitung der Art in Deutschland bei GEBERT (2013) für Bad.-Württ. die zu korrigierende Angabe für Ulm (s. o.) enthält und den fraglichen Heidelberger Fund unzutreffend verortet.

Harpalus fuscipalpis Sturm, 1818: Die Meldung von FISCHER (1843) für die Umgebung Freiburgs wurde bereits von HORION (1941) als zweifelhaft eingestuft. Aus Deutschland ist insgesamt nur ein sicher bestimmtes Belegtier der holarktisch verbreiteten Art mit östlichem Schwerpunkt innerhalb der Paläarktis bekannt, und ein Vorkommen wurde als fraglich bewertet, da „weitere Nachweise fehlen und eine Fundortverwechselung nicht ausgeschlossen werden kann“ (WRASE et al. 2003).

Harpalus marginellus Gyllenhal, 1827: Wie SCHMIDT et al. (2016) ausführen, liegen aus Deutschland mehrere Fundmeldungen vor, jedoch stellte sich im Fall fast aller überprüften Belege eine Verwechslung mit ähnlichen Arten, vor allem mit *H. rubripes* heraus, und lediglich ein einziges deutsches Exemplar aus der Umgebung Bonns wurde bestätigt (s. WRASE & PAILL 1998); für dieses wird eine Fundortverwechslung vermutet (FRITZE & HANNIG, in lit.). Ein Vorkommen in Deutschland ist nicht auszuschließen, bisher jedoch fraglich. Für die von HORION (1941, 1959a) aus Bad.-Württ. zusammengestellten Funde nach v. D. TRAPPEN (1929: Schönbuch, Geislingen a. St., Münster a. N.), vom Kniebis (FISCHER 1900) und vom Heuberg bei Böttingen (2 Ex., VI.1946, HORION leg.) wurden keine Belege ermittelt. Auch der bereits bei ihm aufgenommene Fund von Urach-Alb (1 Ex., VII.1954, KÖSTLIN leg.) ist nicht im Staatlichen Museum für Naturkunde in Stuttgart belegt, wo sich das Tier hätte befinden sollen (t. WOLF-SCHWENNINGER); möglicherweise wurde es bereits revidiert und ist unter einer anderen Art eingeordnet.

Harpalus pygmaeus Dejean, 1829: Die Angabe v. D. TRAPPENS (1929) für Münster am Neckar hat HORION (1959a) bereits als zu streichen, da faunistisch unmöglich, eingestuft. Die Art erreicht Mitteleuropa nur im Südosten, und es liegen keine Nachweise aus Deutschland vor (vgl. WRASE 2006).

Licinus punctatulus (Fabricius 1792): Für die Angabe v. D. TRAPPENS (1929) unter Bezug auf KELLER (1864; dort unter *L. silphoides* F. geführt) existieren keine Belege (s. HORION 1959a). *L. punctatulus* ist in der ssp. *granulatus* Dejean, 1826 aus Deutschland belegt, die bisher letzten sicheren deutschen Funde gelangen 1934 bei Naumburg in Sachsen-Anhalt (SCHNITTER & TROST 2004, s. auch TRAUTNER et al. 2014). Von RHEINHEIMER (2000) wurde die Art dann in neuerer Zeit nach einem Fragment (Karlsruhe-Grötzingen, Weinberge, 12.1983, BÜCHE leg.) wieder für Bad.-Württ. gemeldet und dieser Fund auch bei FRANK & KONZELMANN (2002) geführt. Eine Prüfung des Fragments erfolgte bislang nicht; auch für den Fall einer sicheren Zuordnung zu jener Art sind aber Zweifel an einem autochthonen, rezenten Vorkommen angebracht, solange keine weiteren Funde vorliegen.

Limodromus krynickii (Sperk, 1835): Die Angabe LAUTERBORNS (1933) vom Rheinufer oberhalb von Breisach („im Mulm alter Kopfweiden“) wurde bereits bei HORION (1941) als zweifelhaft eingestuft. Dieser merkte an, dass es sich vielleicht um *L. longiventris* (s. S. 593) handeln könnte. *L. krynickii* kommt nur im Nordosten Deutschlands vor (vgl. Verbreitungskarte bei TRAUTNER et al. 2014).

Misodera arctica (Paykull, 1798): Die Art wurde von LECHNER (1991) aus einer Untersuchung zur Fauna fünfjähriger Feldhecken im Raum Ravensburg (Voralpines Hügel- und Moorland) gemeldet. Hierbei wurden die Laufkäfer allerdings lebend gefangen, ohne ausreichende Bestimmungsliteratur vor Ort teils durch studentische Arbeitsgruppen zugeordnet und wieder frei gelassen. Belege existieren nicht (LECHNER, mdl. Mitt.). Vor diesem Hintergrund sind die faunistisch-ökologischen Daten jener Arbeit nicht verwendbar (dies betrifft

u. a. auch die Meldung von *Olisthopus rotundatus*, bei dem vermutlich Verwechslung mit *Synuchus vivalis* vorlag). *M. arctica* ist jedenfalls für den Raum und den untersuchten Biotoptyp auszuschließen; in Deutschland kommt die Art nur im Norden vor (vgl. Verbreitungskarte bei TRAUTNER et al. 2014).

Molops ovipennis Chaudoir, 1847: Die Meldung von SCHILSKY (1909) für Württemberg wurde bereits von HORION (1941) als unrichtig eingestuft. In den Südostalpen vertretene Art.

Nebria dahlii (Duftschmid, 1812): Die Art wurde von V. D. TRAPPEN (1929) – mit Verweis auf die für beide Arten zutreffende Bemerkung bei *N. hellwigii* (s. dort) – gemeldet und ist bereits im Verzeichnis von ROSER (1838) geführt. Auch diese Art hat HORION (1959a) als zu streichen, da faunistisch unmöglich, eingestuft. LAUTERBACH (1972) beschreibt später das Auffinden einer Serie von Belegexemplaren mit handgeschriebenen Fundortzetteln „Reutlingen (Wttbg.), 14. 6. 1910“ und dem Namen des Sammlers, W. DREGER, in der Insektensammlung des Zoologischen Instituts der Universität Tübingen. Fundortverwechslung hält er vor dem Hintergrund des Gesamteindrucks der Sammlung von W. DREGER für wenig wahrscheinlich und argumentiert für die Möglichkeit, dass diese Art früher tatsächlich in der Umgebung Reutlingens vorkam oder noch dort vorkommen könnte. Hierauf fehlen allerdings jegliche andere Hinweise, außerdem spricht die sicher dokumentierte Verbreitung der Art dagegen: Diese kommt nur in den Südostalpen und in Gebirgen Südosteuropas vor und erreicht den Süden Österreichs in den Karawanken (vgl. HUBER 2006).

Nebria hellwigii (Panzer, 1803): Die Art wurde von V. D. TRAPPEN (1929) unter Bezug auf KELLER (1864) mit dem Vermerk gemeldet: „Leider ohne nähere Fundortangabe. Wird wohl auch vom Illerufer stammen.“ Auch bei ROSER (1838) und SCHILSKY (1909) für Württemberg genannt. HORION (1959a) hat die Art bereits für Württemberg als zu streichen, da faunistisch unmöglich, eingestuft. Gleiches gilt für Baden, wo die Art von FISCHER (1843) für den Kaiserstuhl gemeldet wurde. Kommt nur in hohen subalpinen bis alpinen Lagen der Alpen vor, wo sie den äußersten Süden Bayerns erreicht (vgl. PAILL & KAHLEN 2009).

Notiophilus substriatus Waterhouse, 1833: Die Art wird von JOHN & SCHULTZ (2005) aus einem Waldgebiet im Oberrhein-Tiefland gemeldet; die Meldung ist auch vor dem Hintergrund der Fundortcharakteristika als fraglich einzuordnen. *N. substriatus* ist im Westen Deutschlands vertreten (vgl. Verbreitungskarte bei TRAUTNER et al. 2014), so dass ein Auftreten in Bad.-Württ. aber nicht völlig ausgeschlossen ist. Eine Prüfung des Belegtiers konnte bislang nicht erfolgen; aber auch für den Fall einer sicheren Zuordnung zu jener Art sind Zweifel an einem autochthonen Vorkommen angebracht, solange keine weiteren Funde vorliegen. Auch in der aktuellen Checkliste der Käfer des benachbarten Elsass wird die Art nicht geführt (s. CALLOT 2015), obwohl eine Reihe historischer Angaben und Belege vorliegt (s. z. B. auch HORION 1941). Diese werden aber offenbar nicht als glaubhaft erachtet, oder ihre Herkunft ist zweifelhaft.

Ophonus brevicollis (Audinet-Serville, 1821): Eine sichere Artansprache oder -zuordnung in dieser Verwandtschaftsgruppe wurde erst nach der Revision von SCIAKY (1986, 1991) erreicht. Unter dem Namen „*brevicollis*“ sind früher mehrere Arten geführt und nicht ausreichend getrennt worden, so dass sich die älteren Angaben aus Bad.-Württ. (etwa HARTMANN 1924) auf die häufigeren Arten *O. rufibarbis* oder *O. schaubergerianus* beziehen dürften. Bisher liegen aus Deutschland lediglich zwei sichere Fundmeldungen vor, die aus Rheinland-Pfalz und aus Hessen stammen (PERSOHN & KITT 2002). Ein Auftreten der schwerpunktmäßig in Südeuropa verbreiteten Art in Bad.-Württ. ist vor dem Hintergrund der bereits vorliegenden deutschen Einzelnachweise nicht auszuschließen, doch fehlen bislang Belege.

Ophonus subquadratus (Dejean, 1829): In den Verzeichnissen der Laufkäfer Baden-Württembergs von TRAUTNER (1990) bis TRAUTNER et al. (2005) noch geführt. Nach Prüfung bisheriger Belege durch TRAUTNER und WRASE handelt es sich bei früheren Meldungen aus Südwestdeutschland aber um Verwechslungen mit anderen Arten. Aus dem Kaiserstuhl wurde die Art bereits bei HORION (1941: „IHSSEN 1935 mehrf. unter Weinlaub u. Unkrauthaufen“), danach unter anderem von LUNAU & RUPP (1988) gemeldet, und später fanden sich wiederholt so bestimmte Tiere aus dem Kaiserstuhl in Bestimmungssendungen und Anfragen.

In den meisten Fällen gingen diese vermeintlichen Funde auf Individuen der Art *Parophonus maculicornis* zurück, so auch (t. Trautner) im Fall der genannten Meldung durch Lunau & Rupp (1988), seltener auf andere Harpalini. *O. subquadratus*, der vor allem in Südeuropa und Nordwestafrika verbreitet ist, wird insgesamt in Deutschland den fehlerhaften oder unsicheren Artmeldungen zugerechnet (s. Schmidt et al. 2016).

Ophonus zigzag sensu Freude, 1976 non Costa, 1882 / *Ophonus zigzag* Costa, 1822: Eine sichere Artansprache oder -zuordnung in dieser Verwandtschaftsgruppe wurde erst nach der Revision von Sciaky (1986, 1991) erreicht. Unter diesem Namen geführte Meldungen (u. a. Baehr 1981, Trautner 1986a) dürften sich zumeist auf *O. parallelus* beziehen (s. S. 536; geprüft für die Meldung aus dem Landkreis Böblingen durch Trautner 1986a), oder auch auf andere *Ophonus*-Arten.

Patrobus assimilis Chaudoir, 1844: Horion (1941) stufte die Angabe Fischers (1900, dort als eine Reitter unbekannte Varietät von *P. clavipes* Thoms.) für die Kniebisgegend im Schwarzwald bereits als zweifelhaft ein und vermerkte, dass Belegexemplare „bisher unbekannt" seien. Die Art ist in Deutschland nur im Nordosten und im Osten vertreten (vgl. Verbreitungskarte bei Trautner et al. 2014).

Patrobus septentrionis Dejean, 1828: Das Vorkommen dieser boreoalpin verbreiteten Art in Deutschland ist unsicher, da sie in früheren Faunenwerken nicht von *P. australis* differenziert wurde. Aus Bad.-Württ. wurde sie wiederholt gemeldet, unter anderem von Horion (1954a, b, 1959a) und Molenda (1989). Bei allen eigenen Funden von *Patrobus*-Indidividuen aus dem Bereich ehemaliger Fundangaben im Feldberggebiet (u. a. Sägebach beim Rinken, s. Horion 1954a) handelte es sich allerdings um *P. atrorufus*. Gleiches gilt für Material aus den Aufsammlungen von Molenda (1989), das dankenswerterweise durch H. Luka übermittelt wurde, sowie für Funde aus dem Feldberggebiet durch andere Kollegen, die entweder selbst die entsprechende Artzugehörigkeit bestätigten oder Material zur Prüfung übersandten (u. a. J. Kless, M. Persohn). Auch einzelne geprüfte *Patrobus*-Individuen aus Museumssammlungen (u. a. Staatliches Museum für Naturkunde Karlsruhe), die aus dem Feldberggebiet stammen, erwiesen sich sämtlich als *P. atrorufus*. Bei Tieren vom Bodensee, die nicht *P. atrorufus* zugehören, handelt es sich um den oben schon erwähnten *P. australis*, der am Bodensee weit verbreitet ist (s. S. 313). Somit konnten keine Hinweise auf ein tatsächliches Vorkommen von *Patrobus septentrionis* in Bad.-Württ. gefunden werden.

Platyderus rufus (Duftschmid, 1812): Die Angabe v. d. Trappens (1930) für Reutlingen unter Bezug auf Keller (1864) hat Horion (1959a) bereits als zu streichen, da faunistisch unmöglich, eingestuft. Er schreibt auch: „Die Art ist mehrfach mit immaturen, braunroten Stücken von *Pterost[ichus] diligens* verwechselt worden." In Südosteuropa verbreitete Art, die bis Österreich vorkommt (z. B. Franz 1970), in Deutschland aber fehlt.

Platynus scrobiculatus (Fabricius, 1801): Die Angabe v. d. Trappens (1929), der die Art auf den Fildern gefunden haben will, wurde bereits bei Horion (1959a) umfangreicher kommentiert und als zu streichen, da faunistisch unmöglich, eingestuft. Die vor allem in den Ostalpen vertretene Art erreicht in Deutschland den Südosten Bayerns (vgl. Verbreitungskarte bei Trautner et al. 2014).

Poecilus koyi (Germar, 1824): Von Rheinheimer (2000) wird die Art nach Meid für Wiesental (29. 8. 1971) gemeldet. Hierbei ist von Art- oder Fundortverwechslung auszugehen; die Art ist in Deutschland nicht vertreten (s. auch unter *P. sericeus*).

Poecilus sericeus Fischer von Waldheim, 1824: Von Rheinheimer (2000) wird die Art nach Meid für Wiesental (29. 8. 1971, identische Angabe wie zu *P. koyi*, s. dort) gemeldet. Hierbei ist Art- oder Fundortverwechslung am wahrscheinlichsten. Für *P. sericeus* liegen aus Deutschland nur wenige alte Nachweise aus Mitteldeutschland vor, die letzten Funde datieren von 1945 in Sachsen-Anhalt (Schnitter & Trost 2004).

Pterostichus morio (Duftschmid, 1812): Die Art ist bei v. d. Trappen (1930) unter dem Namen *maurus* Dft. mit Bezug auf Pfarrer Müller mit dem Vermerk erwähnt: „Angeblich von Rohrdorf [...]. Eine alpine Art." Sie wird auch von Hofmann

(1879) geführt. Ein Vorkommen in Bad.-Württ. ist auszuschließen; es handelt sich um eine diskontinuierlich in den Karpaten sowie in Teilen des Alpenraums und einiger italienischer Gebirge in verschiedenen Formen auftretende Art (s. Paill & Kahlen 2009).

Stenolophus discophorus (Fischer von Waldheim, 1823): Für die Art wird von Horion (1941) zwar eine Fundangabe aus dem südlichsten Bad.-Württ. aufgeführt, diese aber zugleich als zweifelhaft bezeichnet: Säckingen-Bergsee, Maass 1901, 2. Ex. im Museum Erfurt, t. Hubenthal. Weiter heißt es dort: „Da bisher aus Süddeutschl[and], Nordschweiz, Elsass völlig unbekannt, müssen weitere Funde bestätigen, dass bei den Stücken aus Säckingen keine Fundortsverwechslung vorliegt" (Horion 1941). *S. discophorus*, der in Mitteleuropa unter anderem Österreich erreicht, wird insgesamt in Deutschland den vermutlich weder historisch noch aktuell etablierten Arten zugerechnet (s. Schmidt et al. 2016).

Syntomus pallipes (Dejean, 1825): Im äußersten Süden Baden-Württembergs soll die Art bei Bad Säckingen Ende des 19. Jahrhunderts nachgewiesen worden sein. Nach Horion (1941) befinden sich zwei mit Maass 1894 und der Angabe „Säckingen" etikettierte Exemplare im Museum Erfurt (t. Hubenthal), wobei Horion dazu bereits 1941 vermerkte: „Viell[eicht] Fundortverwechslung oder Einschleppung?" In seinen späteren Bemerkungen zur Faunistik der württembergischen Käfer ging er dann bezüglich dieser Fundangabe weiter: „Auch aus Baden ist diese mediterrane Art bisher nicht sicher bekannt, da die Angabe für Säckingen, Maass (Erfurt) leg., sich als höchst unzuverlässig herausgestellt hat" (Horion 1959a). Die Angabe von Keller (1864) für Reutlingen ist weder plausibel noch belegt. Es gibt einen Hinweis auf einen Fund im Oberrhein-Tiefland in neuerer Zeit, der aber bisher nicht verifiziert werden konnte.

Trechus cardioderus Putzeys, 1870: Die Angabe v. d. Trappens (1929) für Stuttgart, dort als s. *cardioderus* unter *T. subnotatus* geführt, war unzutreffend und ist auf Fehlbestimmung zurückzuführen (Horion 1941, 1959a). Die weitere Fundangabe für das Mausbachtal bei Heidelberg (Horion 1941) bezieht sich wie die spätere in Frank & Konzelmann (2002) aufgeführte Meldung aus einer Schwemmanalyse für die Lindenmühle bei Hardheim, TK 6322, (20. 7. 88, Weller leg., in coll. Buck) sowie weitere Angaben in Checklisten auf die Art *T. pilisensis*, die früher teils als Unterart von *T. cardioderus* geführt wurde und in Bad.-Württ. vorkommt, s. S. 194). *T. cardioderus* selbst ist eine südosteuropäisch verbreitete Art, die in Mitteleuropa fehlt.

Trechus limacodes Dejean, 1831: Die Angabe v. d. Trappens (1929) für Teinach hat bereits Horion (1936) nach Revision von Belegtieren als unzutreffend festgestellt, sie ging auf Fehlbestimmung zurück. Die Art ist von tiefen subalpinen bis in alpine Lagen vor allem in den Ostalpen verbreitet (s. Paill & Kahlen 2009) und erreicht Deutschland nicht.

Trichocellus cognatus (Gyllenhal, 1827): In den Verzeichnissen der Laufkäfer Baden-Württembergs von Trautner (1990) und Trautner (1992a) noch gelistet. Eine frühere Angabe von Hartmann (1924: 1 Ex. bei Märkt 1913 aus Ahornlaub) wird bereits bei Horion (1941) als zweifelhaft eingestuft. Kless (1969) führt die Art dann zunächst nach Mitteilung anderer Sammler aus dem Taubergießen-Gebiet am Oberrhein; diese Meldung wurde aber später zurückgezogen (Kless, in lit.), und die Art taucht auch in der folgenden Publikation zur Käferfauna des Schutzgebietes (Kless 1974) nicht mehr auf. *T. cognatus* kommt in Deutschland nur im Norden und dabei schwerpunktmäßig im Nordwesten vor (vgl. die Verbreitungskarte bei Trautner et al. 2014).

Synoptischer Teil

12 Bilanz zur Landesfauna und naturräumliche Differenzierung

J. TRAUTNER, J. FÖRTH & J. RIETZE

Für Baden-Württemberg sind 429 Laufkäferarten historisch oder aktuell nachgewiesen. Der Bearbeitungsstand kann insgesamt – zumal für eine Insektengruppe – als gut bezeichnet werden, wenngleich er regional noch verbesserungswürdig ist. Dies verdeutlicht ein Blick auf die Artenzahlen nach Rasterfeldern der untenstehenden Topographischen Karte 1:25 000, die auch den Verbreitungskarten der einzelnen Arten zugrunde liegt. Die insgesamt sehr wenigen Rasterfelder ohne Artnachweis liegen ausnahmslos an den Landesgrenzen und umschließen teils nur sehr kleine noch zu Baden-Württemberg zählende Flächen. Auch Rasterfelder mit sehr wenigen Artnachweisen (bis 5 % der Gesamtartenzahl Baden-Württembergs) liegen zum größeren Teil entlang der Landesgrenze, doch finden sich auch mehrere davon im Landesinneren, meist im Schwarzwald und im nordöstlichen Teil der Neckar- und Tauber-Gäuplatten. Die dritte Skalenstufe (bis 12,5 % der Gesamtartenzahl) spiegelt noch eine unterdurchschnittliche Erfassungsintensität wider, während sich in den höheren Stufen die tatsächlichen naturräumlichen Potenziale und die Erfassungsintensität pro einzelnem Rasterfeld stärker überlagern. So kann eine Kartierung, die zwischen 60 und 100 Arten ergibt, in einem Rasterfeld des Nordschwarzwaldes oder in einer gewässerarmen

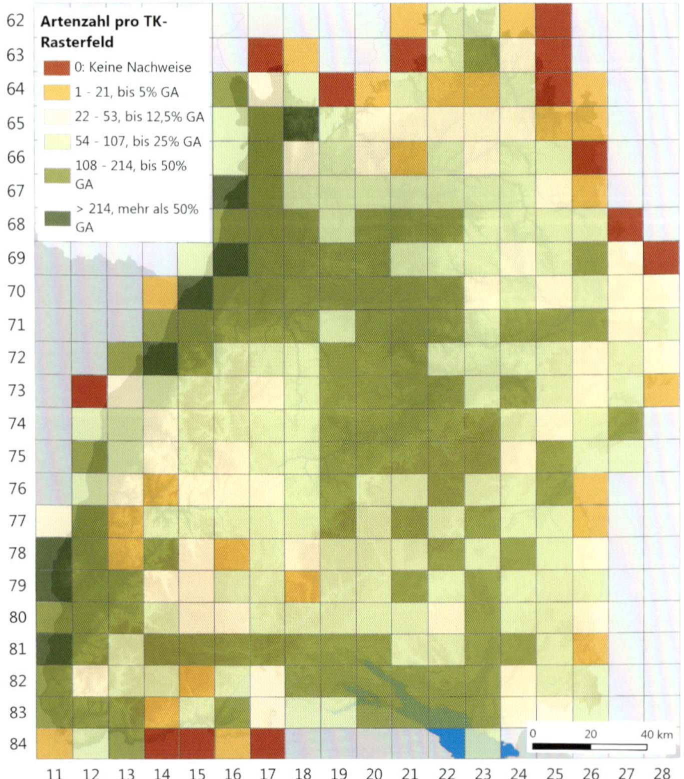

Artenzahlen von Laufkäfern nach Rasterfeldern der Topographischen Karte 1:25 000 (derzeitiger Erfassungsstand in Baden-Württemberg), GA: Gesamtartenzahl (n = 429). Kartenbasis: Landesamt für Geoinformation und Landentwicklung (LGL).

Landschaft der Hochfläche der Schwäbischen Alb durchaus das dort tatsächlich anzutreffende Artenpotenzial vollständig oder weitgehend vollständig abbilden. Insgesamt liegen aus etwas über einem Drittel aller baden-württembergischen Kartenblätter bzw. Rasterfelder Nachweise von jeweils mehr als 107 Arten (jeweils über 25 % der Gesamtartenzahl Baden-Württembergs) vor. Rasterfelder mit jeweils mehr als 214 Arten beschränken sich auf das Oberrhein-Tiefland bzw. auf dessen Übergangszonen zu angrenzenden Naturräumen.

Einige der in Baden-Württemberg vorkommenden Laufkäferarten erreichen hier ihre Verbreitungsgrenze im Gesamtareal oder in Teilarealen, oder sie weisen separierte Vorposten auf. Beispiele sind *Carabus hortensis* (westliche Verbreitungsgrenze, aber nach Westen noch immer in Ausbreitung begriffen), *Nebria livida* (südwestliche Verbreitungsgrenze) und *Pterostichus hagenbachii* (nordöstliche Verbreitungsgrenze mit separierten Vorposten). Teils wird auf solche Arten noch unter den einzelnen Naturräumen sowie an späterer Stelle in den Ausführungen zu Lebensräumen, Gefährdung und Schutzmaßnahmen eingegangen. Eine übergreifende Auswertung der Laufkäferfauna bezogen auf die Arealtypen wird hier aber nicht geliefert.

Die einheimischen Arten wurden nach ihren Lebensraumschwerpunkten eingeordnet, wofür zunächst insbesondere auf die detaillierteren Auswertungen bei GAC (2009) zurückgegriffen wurde. Dies kam bereits in einer vorläufigen Version für Auswertungen im Rahmen der bundesweiten Roten Liste zum Tragen. Im Weiteren wurden dann aber Anpassungen vorgenommen, die aus den Auswertungen zum vorliegenden Werk resultieren. Diese Grobtypisierung kann die detaillierteren Angaben zu den einzelnen Arten (s. Spezieller Teil) keinesfalls ersetzen und stellt auch nicht in allen Fällen eine „optimale“ Lösung dar, da sich eine Reihe von Arten nicht so einfach und befriedigend auf dieser Ebene klassifizieren lässt. In manchen Fällen wäre eine Einordnung in mehr als eine Gruppe oder auch in eine jeweils andere denkbar (z. B. bei bestimmten zu den euryöken Arten oder zur Artengruppe der Äcker und Wiesen gestellten Arten). Als Beispiel sei hier der Gewöhnliche Ufer-Ahlenläufer (*Bembidion tetracolum*) genannt, eine in Baden-Württemberg in hoher Stetigkeit an Ufern auftretende Art, die entgegen der bundesweiten Situation, wo sie überwiegend als eurytop eingestuft wird (s. GAC 2009) und in hoher Stetigkeit vor allem auch auf Äckern vertreten ist, in Baden-Württemberg nur regional ein solches Verhalten zeigt. Hier ist sie nach den vorliegenden Daten lediglich in den Naturräumen der Donau-Iller-Lech-Platte, des Voralpinen Hügel- und Moorlandes sowie in Teilen des Oberrhein-Tieflands häufiger bzw. steter auch aus Äckern und Ackerrandstreifen belegt, während ansonsten im Land eine deutlich stärkere Fokussierung auf Ufer besteht. Aus dem oben genannten Grund wurde sie aber auch landesweit nicht den spezifischen Uferarten, sondern den euryöken Arten zugeordnet.

Ein anderes Beispiel stellt der Große Striemenläufer (*Molops elatus*) dar, der zwar überwiegend in Wäldern und Wald-Offenland-Ökotonen des mittleren Standortspektrums vertreten ist, daneben aber, etwa im Naturraum der Schwäbischen Alb, in stärkerem Umfang magere, offene Standorte mit hohem Steinanteil (gröberes Material) im Untergrund besiedelt. So ist diese Art etwa in Halbtrockenrasen mit aufliegendem Steinmaterial sowie in Steinriegeln zwischen Äckern zu finden, auch wenn diese Lebensräume keine oder nur geringe Gehölzanteile aufweisen. *M. elatus* wurde landesweit trotz dieser teils abweichenden Vorkommen dennoch den Arten der Wälder und Gehölze zugeordnet, weil ein Großteil der Nachweise eben dort erfolgte und eine Zuordnung zu anderen Gruppen dem Schwerpunktvorkommen noch schlechter entsprochen hätte. Trotz dieser Fälle bietet die Grobklassifikation aber eine gute Grundlage für vereinfachte Auswertungen.

Eine Übersicht zur jeweiligen Artenzahl der unterschiedenen Gruppen gibt Tab. 12.1. Die Einstufung der Arten ist in der Checkliste im Abschnitt Index/Verzeichnisse (S. 776 ff.) dokumentiert. Den deutlich größten Artenanteil der Laufkäfer Baden-Württembergs nehmen demnach Arten von Feucht- und Nassbiotopen (ohne spezifische Lebensräume der Fließgewässerufer) ein, gefolgt von der gleichfalls großen Gruppe an euryöken Arten der überwiegend offenen Kulturlandschaft, die aber teils auch im Wald auftreten. Danach folgen annähernd gleichauf die Arten der Ufer, Bänke und Aufschwemmungen an Fließgewässern einerseits und die Waldarten des überwiegend mittleren Standortbereichs andererseits. Ein Vergleich zur bundesweiten Auswertung (s. Artenzahlen der

Tab. 12.1 Artenzahl der Laufkäfer Baden-Württembergs (einschließlich erloschener Arten), differenziert nach einer Grobzuordnung des Lebensraums. Letztere ist an die Klassifikation der Lebensraumtypen nach GAC (2009) angelehnt, aber nicht in allen Punkten mit dieser identisch.

Gruppen entsprechend einer Grobzuordnung des Lebensraums (GLR)	Code	Artenzahl in Bad.-Württ.
Arten der Küstenbiotope und Binnenlandsalzstellen	K	1
Arten von Gebirgsbiotopen (inkl. Blockschutthalden außerhalb der Alpen)	G	8
Euryöke Arten der überwiegend offenen Kulturlandschaft; teils auch im Wald auftretend	E	71
Arten der Äcker und des Grünlands vorwiegend mittlerer Standorte	O	44
Arten sonstiger (meist) mesotropher Offenlandstandorte des mittleren Feuchtebereichs, inkl. Waldrandstrukturen	M	31
Arten der Wälder und Feldgehölze des überwiegend mittleren Standortbereichs	W	53
Arten trockener, an größeren Gehölzen freier oder armer Biotope	T	46
Arten von Feucht- und Nassbiotopen (ohne spezifische Fließgewässerufer-Lebensräume, s. u.)*	F	87
Arten der Ufer, Bänke und Aufschwemmungen an Fließgewässern**	U	56
Arten der Roh- und Skelettböden sowie sonstiger Sonderstandorte	X	32

* bestimmte Auwaldarten wurden allerdings dieser Gruppe zugeordnet
** fokussiert auf Arten spezifischer, vegetationsarmer Uferstrukturen im Sinne der Gruppe 3 der Klassifikation in GAC (2009)

Tab. 8 bei Schmidt et al. 2016) ist nur eingeschränkt möglich, weil inzwischen auf Basis der aktuellen Datenlage vorwiegend für Baden-Württemberg für einige Arten abweichende Zuordnungen zu den Lebensraumgruppen vorgenommen wurden und in drei Gruppen auch die Definition der Kategorien leicht verändert wurde. Im Vergleich zur bundesweiten Situation sind oder waren in Baden-Württemberg Arten der Küsten und Binnenlandsalzstellen naturgemäß kaum vertreten (nur eine Art: *Pogonus chalceus*), und bei der Artengruppe der Gebirgsbiotope (einschließlich der Blockschutthalden) liegen die absolute Zahl sowie der prozentuale Anteil an der Landesfauna erheblich niedriger als bei der gesamtdeutschen Fauna, was auf den Alpenanteil Bayerns bei der bundesweiten Betrachtung zurückzuführen ist.

57 Laufkäferarten sind in Baden-Württemberg besonders weit verbreitet und zeigen hier nach aktueller Datenlage Rasterfrequenzen von 50 % oder höher (auf gefährdete Laufkäferarten sowie auf Arten, für deren weltweiten Schutz Deutschland eine besondere Verantwortlichkeit besitzt, wird an späterer Stelle in Kap. 14 eingegangen). Diese besonders weit verbreiteten Arten sind in Tab. 12.2 aufgeführt; viele von ihnen gehören auch bundesweit zu den am weitesten verbreiteten bzw. stetigsten Arten (dort bei erheblich niedriger auflösender Rasterfreqzenz mit Werten > 90 %, s. Trautner et al. 2014). Bereits unter den 9 in Baden-Württemberg stetigsten Arten (Rasterfeldfrequenz > 70 %) findet sich mit dem gehölzbewohnenden Schmalen Brettläufer (*Abax parallelus*) allerdings ein Vertreter, der bundesweit nicht in der „Spitzengruppe" rangiert. Dies ist darauf zurückzuführen, dass diese Art im nördlichen Drittel Deutschlands ihre Verbreitungsgrenze erreicht. Der überwiegende Teil dieser in Baden-Württemberg am weitesten verbreiteten und stetigsten Arten gehört zur Gruppe der euryöken Arten (34 Arten, knapp 60 %), bei weiteren 19 % (11 Arten) handelt es sich um Wald- und Gehölzbewohner des mittleren Standortbereichs. Einen Anteil von jeweils annähernd 10 % haben zudem häufige Feuchtgebietsarten sowie Arten der Ackerund Grünlandbiotope, während weitere Gruppen überhaupt nicht und die Uferbewohner nur mit einer einzigen Art vertreten sind. Letztere, der Ufer-Enghalsläufer (*Paranchus albipes*), ist die stetigste Art der Fließgewässer.

Ansonsten zeigen die einzelnen Laufkäferarten innerhalb Baden-Württembergs eine naturräumlich zum Teil stark differenzierte Verbreitung. Diese kann auf unterschiedliche Ursachen zurückgehen (etwa Böden, klimatische Bedingungen, Besiedlungsgeschichte).

Um einen Überblick zum mehr oder minder aktuellen Artenspektrum nach Naturräumen zu

Tab. 12.2 Verbreitete Laufkäferarten mit Rasterfrequenzen ab 50 % bezogen auf Funde nach 1975 in Baden-Württemberg (Raster entspricht dem Blattschnitt der Topographischen Karte 1:25 000).

Art	Anzahl besetzter Rasterfelder nach 1975	Raster-frequenz [%]
Arten mit Rasterfrequenz > 70 %		
Abax parallelepipedus	254	81,4
Limodromus assimilis	236	75,6
Nebria brevicollis	236	75,6
Bembidion lampros	229	73,4
Pterostichus oblongopunctatus	229	73,4
Loricera pilicornis	227	72,8
Poecilus cupreus	227	72,8
Abax parallelus	221	70,8
Pterostichus melanarius	221	70,8
Arten mit Rasterfrequenz von 50 bis 70 %		
Carabus nemoralis	216	69,2
Anisodactylus binotatus	211	67,6
Cicindela campestris	211	67,6
Carabus coriaceus	210	67,3
Pterostichus strenuus	210	67,3
Agonum muelleri	208	66,7
Amara aenea	207	66,3
Paranchus albipes	207	66,3
Harpalus rufipes	206	66,0
Pterostichus niger	206	66,0
Clivina fossor	205	65,7
Pterostichus vernalis	204	65,4
Amara familiaris	203	65,1
Bembidion quadrimaculatum	203	65,1
Pterostichus nigrita	202	64,7
Anchomenus dorsalis	200	64,1
Notiophilus biguttatus	198	63,5
Notiophilus palustris	198	63,5
Poecilus versicolor	198	63,5
Trechus quadristriatus	195	62,5
Carabus granulatus	194	62,2
Amara similata	192	61,5
Bembidion tetracolum	192	61,5
Harpalus affinis	192	61,5
Amara ovata	188	60,3
Bembidion properans	186	59,6
Bembidion articulatum	184	59,0
Badister bullatus	182	58,3
Amara convexior	180	57,7
Harpalus latus	179	57,4
Harpalus rubripes	179	57,4
Carabus auronitens	178	57,1
Amara lunicollis	176	56,4
Molops piceus	175	56,1
Bembidion lunulatum	174	55,8
Agonum emarginatum	173	55,4
Stomis pumicatus	172	55,1
Pterostichus anthracinus	171	54,8
Agonum fuliginosum	169	54,2
Carabus cancellatus	168	53,8
Dyschirius globosus	168	53,8
Calathus fuscipes	165	52,9
Pterostichus burmeisteri	162	51,9
Amara communis	161	51,6
Abax ovalis	160	51,3
*Carabus violaceus**	160	51,3
Trichotichnus nitens	159	51,0
Leistus ferrugineus	156	50,0

* einschließlich aller Unterarten

geben, wurde eine Grobanalyse erstellt und dabei wie folgt vorgegangen: Jedes Rasterfeld wurde einem oder mehreren Naturräumen 3. Ordnung zugewiesen (vgl. auch Kap. 2 in Band 1), wobei zwischen solchen Rasterfeldern differenziert wurde, die nur Anteil an einem dieser Naturräume (oder allenfalls marginal an weiteren, dann nicht berücksichtigten Naturräumen) haben, und solchen Rasterfeldern, in denen mehrere Naturräume mit wesentlichen Flächenanteilen aufeinandertreffen. Als „marginal" wurden Anteile anderer Naturräume gewertet, wenn diese zusammen nicht mehr als rd. 5 % der Rasterfeldfläche einnahmen. Da aufgrund der Erdkrümmung die Größe der Rasterfelder im Gitternetz nach Süden hin zunimmt, hätte die Umrechnung des Flächenanteils von 95 % in Quadratkilometer in Abhängigkeit vom Breitenkreis erfolgen müssen. Der Einfachheit

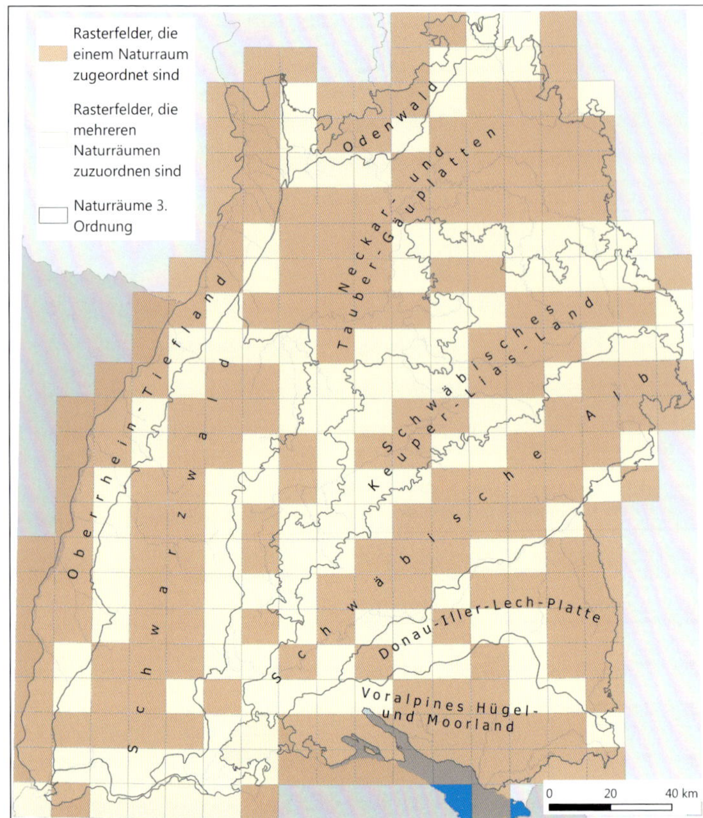

Zuordnung der Rasterfelder (Blattschnitt der Topographischen Karte 1:25 000) zu einem oder mehreren Naturräumen. Die flächenmäßig größeren Naturräume sind benannt (Odenwald als Kurzform für Odenwald, Spessart und Südrhön). Weitere Erläuterungen im Text. Kartenbasis: Landesanstalt für Umwelt, Messungen und Naturschutz (LUBW); Landesamt für Geoinformation und Landentwicklung (LGL).

halber wurde eine durchschnittliche Fläche aller Rasterfelder von 136,5 km² angenommen. Als einem einzigen Naturraum zuzurechnende (eindeutige) Rasterfelder sind also alle diejenigen Felder klassifiziert, an denen dieser Naturraum einen Flächenanteil von mindestens 95 % der durchschnittlichen Rasterfeldgröße hat. Die entsprechende Auswertungsbasis zeigt die obenstehende Karte. Für die Rasterfelder wurde dann vor allem das mit Nachweisen nach 1975 dokumentierte Artenspektrum ausgewertet, und die Ergebnisse wurden nach Naturraum bilanziert. Unberücksichtigt bei dieser Auswertung blieben lediglich die Naturräume des Fränkischen Keuper-Lias-Landes und der Mainfränkischen Platten, die nur sehr geringe Flächen des Bundeslandes im Osten ausmachen.

Bei Artnachweisen, für die auf Rasterfeldebene keine eindeutige Naturraumzuordnung gelang, wurde nicht näher geprüft, ob dies anhand der Detailfunddaten möglich wäre und sich dann in der Auswertung nachführen ließe. Dies wäre ohnehin nur für bestimmte Daten umsetzbar gewesen, weil für einen Teil der Datensätze keine genauere räumliche Zuordnung als gerade diejenige der Rasterfelder vorliegt. Zudem soll die gewählte Form der Auswertung und Darstellung auch die teils erhöhten Artenpotenziale in naturräumlichen Übergangszonen hervorheben und dabei Hinweise geben, welche Arten ggf. gezielt in solchen Bereichen auf ihre Vorkommen bzw. auf Vorkommensgrenzen hin geprüft werden sollten. Dabei ist zu erwarten, dass sicherlich ein Teil solcher Arten naturräumliche Grenzen, die sich in deutlichen Standortunterschieden manifestieren, nicht überschreitet. Die Auswertungsergebnisse je Art sind in der Checkliste im Abschnitt Index/Verzeichnisse (S. 776 ff.) dokumentiert.

Das so ermittelte Artenvorkommen und -potenzial der einzelnen Naturräume ist im Diagramm auf der rechten Seite oben dargestellt. Hierbei muss man allerdings berücksichtigen, dass die Naturräume Odenwald, Spessart und Südrhön sowie insbesondere das Hochrheingebiet einerseits nur wenige eindeutige Rasterfelder aufweisen (jeweils < 10 bei vielfacher Überlappung mit an-

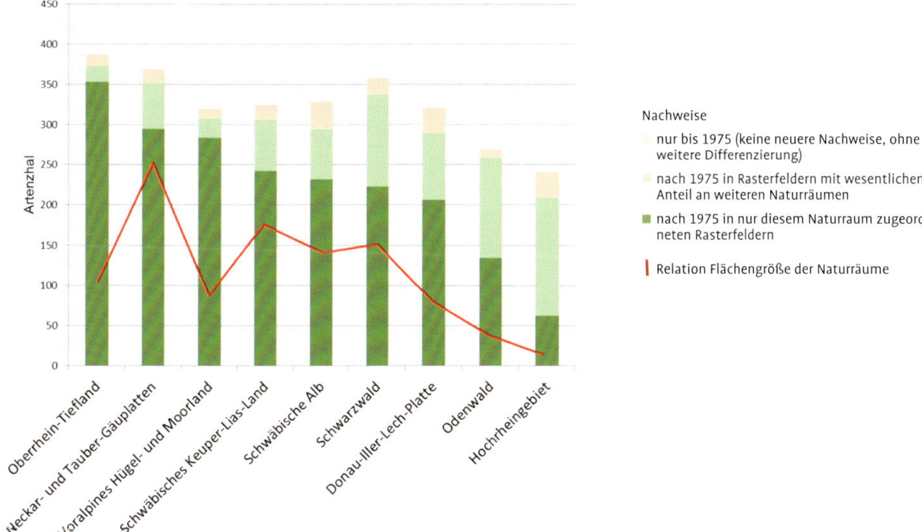

Zahl und Potenzial von Laufkäferarten der baden-württembergischen Naturräume 3. Ordnung auf Basis einer Auswertung nach Rasterfeldern (Blattschnitt der Topographischen Karte 1:25 000). Unberücksichtigt sind die nur mit sehr geringen Flächenanteilen im Bundesland vertretenen Naturräume des Fränkischen Keuper-Lias-Landes und der Mainfränkischen Platten. Anordnung nach abnehmender Anzahl von Nachweisen nach 1975 in nur dem Naturraum zugeordneten Rasterfeldern. Weitere Erläuterungen im Text.

Tab. 12.3 Prozentuale Anteile von Arten mit ausgewählten Schwerpunktlebensräumen (Grobklassifizierung) am Artenspektrum der jeweiligen Naturräume. Berücksichtigt wurden nur Nachweise nach 1975 für Rasterfelder, die ausschließlich dem jeweiligen Naturraum zugeordnet wurden, sowie die 7 Naturräume mit einer Rasterfeldzahl von mehr als 10. Reihenfolge der Schwerpunktlebensräume nach abnehmendem Mittelwert.

Grob-Lebensraum / Naturraum	Donau-Iller-Lech-Platte	Neckar- und Tauber-Gäuplatten	Ober-rhein-Tiefland	Schwarzwald	Schwäbische Alb	Schwäbisches Keuper-Lias-Land	Voralpines Hügel- und Moorland	Median	Mittelwert
Euryöke Arten der überwiegend offenen Kulturlandschaft; teils auch im Wald auftretend (E)	28,2	22,0	20,1	26,9	26,7	26,4	22,5	26,4	24,7
Arten der Feucht- und Nassbiotope (ohne spezifische Fließgewässerufer-Lebensräume) (F)	23,8	20,3	19,8	16,1	19,8	19,4	22,2	19,8	20,2
Arten der Wälder und Feldgehölze des überwiegend mittleren Standortbereichs (W)	15,0	13,9	10,8	19,3	16,4	15,7	14,1	15,0	15,0
Arten der Äcker und des Grünlands vorwiegend mittlerer Standorte (O)	8,7	12,9	11,6	11,2	10,8	11,6	11,3	11,3	11,2
Arten der Ufer, Bänke und Aufschwemmungen an Fließgewässern (U)	9,2	7,8	11,9	6,7	2,9	7,4	11,6	7,8	8,2
Arten trockener, an größeren Gehölzen freier oder armer Biotope (T)	3,4	5,8	8,8	4,9	6,9	3,3	3,9	4,9	5,3

deren Naturräumen) und andererseits der dortige Erfassungsgrad eher schlechter ist als bei den übrigen Naturräumen. Die Relation zur Flächengröße der Naturräume legt zwar einen gewissen Zusammenhang von Artenpotenzial und Flächengröße nahe. Zugleich zeigen aber die Naturräume Oberrhein-Tiefland und Voralpines Hügel- und Moorland, die bei den Artenzahlen in eindeutigen Rasterfeldern die Ränge 1 und 3 belegen, hinsichtlich der Flächengröße aber lediglich auf den Rängen 5 und 6 rangieren, dass vorrangig andere Faktoren ausschlaggebend sind. Auf die einzelnen Naturräume wird nachfolgend kurz eingegangen (in der Reihenfolge des Diagramms). Hinsichtlich des Lebensraumschwerpunkts der Arten wurden dabei nur Nachweise aus Rasterfeldern berücksichtigt, die eindeutig sind, also nicht zugleich wesentliche Flächenanteile anderer Naturräume aufweisen (s. Tab. 12.3).

Oberrhein-Tiefland (hier Südliches, Mittleres und Nördliches Oberrhein-Tiefland zusammengefasst): Der landesweit an Laufkäfern artenreichste Naturraum weist die prozentual höchsten Anteile an Arten der Ufer, Bänke und Aufschwemmungen an Fließgewässern auf, zudem den höchsten Anteil an Arten der Trockenbiotope. Demgegenüber erreichen hier die Arten der Wälder und Feldgehölze des überwiegend mittleren Standortbereichs den landesweit niedrigsten prozentualen Anteil dieser Gruppe, und auch euryöke Arten der überwiegend offenen Kulturlandschaft sind anteilsmäßig schwächer als im Landesdurchschnitt vertreten. Letzteres steht aber im Zusammenhang mit der hohen Gesamtartenzahl. Bei den absoluten Zahlen erreicht dieser Naturraum in fast allen Gruppen den höchsten Wert. Es treten zahlreiche wärmeliebende Arten auf, die hier ihren landesweiten Vorkommensschwerpunkt haben.

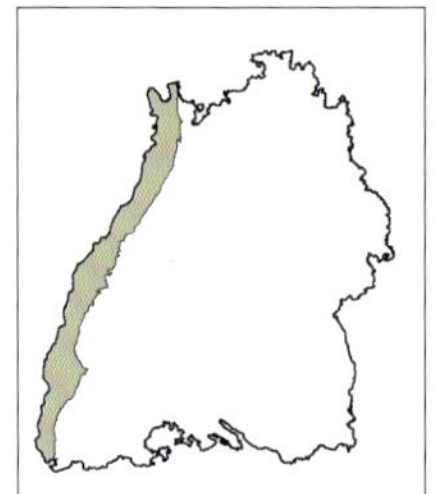

Besonders bemerkenswert in diesem Naturraum sind einerseits die gebietsweise noch sehr artenreichen Laufkäferzönosen in verbliebenen Fragmenten der ehemals großflächigen Auenlandschaft des Rheins, die von punktuell nahezu vollständig ausgebildeten Artengemeinschaften offener Kiesufer (wie etwa im Bereich der Isteiner Schwellen, s. S. 221) über die Fauna der Weich- und Hartholzaue (etwa mit *Asaphidion austriacum* und *Harpalus progrediens*) bis hin zu diversen sonstigen Feuchtlebensräumen reicht, welche teils noch mit Ansätzen einer Auedynamik im Sinne von Wasserstandsschwankungen bzw. Überflutungen verbunden sind. Andererseits gehören beispielsweise die offenen Lebensräume auf Sand im Bereich der Binnendünen in der nördlichen Hälfte des Oberrhein-Tieflandes zu den herausragenden Lebensraumkomplexen für die Laufkäferfauna und weisen eine Reihe von Arten auf, die in Baden-Württemberg ausschließlich in diesem Naturraum vertreten sind (z. B. *Harpalus hirtipes*, *Amara infima*).

Hervorzuheben ist auch die Artenausstattung in Teilen des Kaiserstuhlgebiets sowie in der sogenannten „Trockenaue" am südlichen Oberrhein mit Arten wie *Poecilus kugelanni*, *Lebia cyanocephala* oder *Cymindis axillaris*. Die Abbaugebiete des Naturraums (Kies-, Sand- und Lehmgruben) tragen bei entsprechender struktureller Ausstattung zumindest während des Abbaus und eine gewisse Zeit danach beträchtlich zur Sicherung der Artenvielfalt bei. Denn vor allem für Arten offener Ufer und Pionierstandorte stellen sie Lebensräume bereit, die in der anthropogen stark beeinträchtigten Auenrestlandschaft des Rheintals heute ansonsten kaum noch vorhanden sind oder vollständig fehlen. So stammen rezente Nachweise einer Reihe von spezifischen Uferarten wie *Cylindera arenaria* oder *Bembidion striatum* meist aus Abbaugebieten (u. a. von Schwemmflächen).

Weitere landes- oder bundesweit bedeutsame Nachweise liegen aus anderen als den bisher angesprochenen Lebensraumtypen vor, darunter aus Feuchtgrünland sowie aus Ackerbaulandschaften. Exemplarisch zu nennen sind hier *Dolichus halensis*, *Harpalus cupreus* sowie *Amara concinna*. Auch der einzige (historische) Fund von *Lebia scapularis* in Deutschland stammt aus diesem Naturraum. Mehrere Laufkäferarten sind im Naturraum (und teils landesweit) bereits erloschen, darunter der zuletzt in den 1950er Jahren festgestellte Heide-Sandlaufkäfer (*Cicindela sylvatica*).

Von den publizierten Arbeiten mit Angaben zu Laufkäfern in diesem Naturraum sei exemplarisch auf Bense et al. (2000) zur bereits erwähnten „Trockenaue" am südlichen Oberrhein, Zawadzki & Schmidt (1994) zur Rheinaue bei Rastatt sowie Büche (1994) zu Dünengebieten im nördlichen Oberrhein-Tiefland hingewiesen.

Neckar- und Tauber-Gäuplatten: Der großflächigste Naturraum Baden-Württembergs erstreckt sich vom äußersten Nordosten (Tauberland) bandförmig bis an die Südgrenze des Bundeslandes zur Schweiz (Alb-Wutach-Gebiet) und steht hinsichtlich der Gesamtartenzahl landesweit an zweiter Stelle. Gegenüber den anderen Naturräumen weist er im Artenspektrum einen höheren Anteil von Arten der Äcker und des Grünlands vorwiegend mittlerer Standorte auf. Auch der Anteil von Arten der offenen Trockenbiotope ist gegenüber dem landesweiten Durchschnitt etwas höher. Etwas niedriger als der Landesdurchschnitt liegt der Wert für Arten der Wälder und Gehölze mittlerer Standorte sowie derjenige für euryöke Arten der überwiegend offenen Kulturlandschaft. Letzteres geht aber wie im Fall des Oberrhein-Tieflands auf die hohe Gesamtartenzahl des Raums zurück, da die absoluten Werte für beide zuletzt genannten Gruppen immer noch höher als in beinahe allen anderen Naturräumen sind.

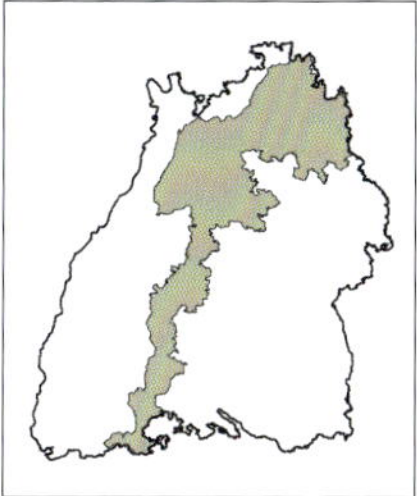

Bemerkenswerte Artenvorkommen sind aus nahezu allen vertretenen Lebensraumtypen bekannt. Für die Trockenhänge des Tauberlandes im Nordosten Baden-Württembergs sind dabei insbesondere Arten wie *Cymindis axillaris* und *Licinus cassideus* hervorzuheben, während unter anderem die Baar und das Alb-Wutach-Gebiet im Südwesten in Teilräumen eine sehr artenreiche Fließgewässer- und Feuchtgebietsfauna aufweisen, darunter entlang der Wutach etwa mit *Sinechostictus millerianus* und *Sinechostictus doderoi*, an Moorstandorten mit *Agonum ericeti* sowie in der Verlandungszone größerer Stillgewässer mit *Blethisa multipunctata*. Auch das Vorkommen von Hagenbachs Grabläufer (*Pterostichus hagenbachii*) am Nordrand seines Gesamtareals in der Wutachschlucht ist hervorzuheben; innerhalb Deutschlands ist die hier Waldstandorte bewohnende Art nur im Südwesten Baden-Württembergs vertreten.

Im Kraichgau im nordwestlichen Teil des Naturraums findet sich eine besonders artenreiche Laufkäferfauna auf Lößböden in Ackerbaulandschaften mit ihren Begleitstrukturen, darunter bemerkenswerte Arten wie der Südliche Schnellläufer (*Harpalus albanicus*). Die Laufkäferfauna von Feucht- und Nassstandorten in Talräumen weist im Nordwesten teils Ähnlichkeiten zu vergleichbaren Standorten im Oberrhein-Tiefland mit Arten wie *Acupalpus exiguus* und *Acupalpus maculatus* auf. Extrem verarmt ist dagegen auf weiten Strecken die Uferfauna des Neckars infolge von Regulierung und Uferverbau sowie der ab dem Stuttgarter Raum flussabwärts vorhandenen zusätzlichen Stauhaltung und Schiffahrtsnutzung. Der hier historisch dokumentierte Gestreifte Ahlenläufer (*Bembidion striatum*) etwa ist bereits seit Langem erloschen. Erwähnenswert sind ansonsten die Weinbaulandschaften, die vor allem entlang des Neckartals, im Strom- und Heuchelberg und vom Heilbronner Raum etwa entlang des Jagsttals weiter nach Nordosten ziehen und noch immer wichtige Lebensräume und Schwerpunkte für einige wärmeliebende Arten wie *Callistus lunatus* und *Leistus spinibarbis* darstellen, auch wenn sie erhebliche Strukturverluste vor allem durch großräumige Rebflurneuordnungen erlitten haben.

An publizierten Arbeiten mit Angaben zur Laufkäferfauna im Naturraum seien exemplarisch Kubach (1995) und Spies (1998) zu Ackerbaulandschaften des Kraichgaus, Kless (1961) zur Wutachschlucht sowie Brändle & Bamberger (1995) zu einem Gebiet der Baar genannt.

Voralpines Hügel- und Moorland: Der Naturraum steht landesweit an dritter Stelle in der Gesamtartenzahl an räumlich sicher zuzuordenden Laufkäfern. Er erreicht landesweit die zweithöchsten Prozentanteile am Gesamtartenspektrum einerseits für Arten der Ufer, Bänke und Aufschwemmungen an Fließgewässern, andererseits für Arten der übrigen Feucht- und Nassbiotope. Diesen Lebensraumgruppen ist auch ein Großteil der besonders bemerkenswerten Arten des Raumes zuzuordnen.

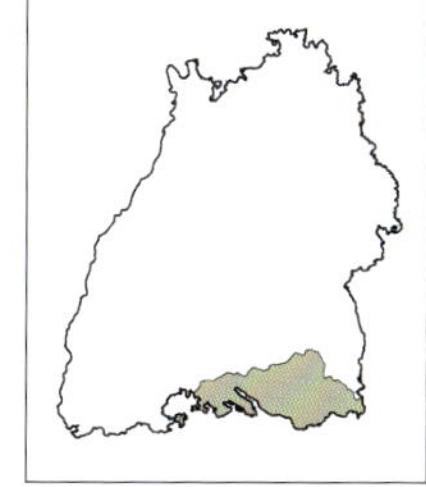

Niedriger als der Landesdurchschnitt liegt der Wert für euryöke Arten der überwiegend offenen Kulturlandschaft. Unter den Fließgewässern des Raums ist das Gewässersystem der Argen von herausgehobener Bedeutung, mit großen Beständen an Arten dynamischer Uferstandorte wie *Bembidion varicolor*, *B. prasinum* und *B. ascendens*; an weiteren Fließgewässern mit sandigem Substrat finden sich unter anderem abschnittsweise Vorkommen des Erzgrauen Uferläufers (*Elaphrus aureus*). Im Übrigen sind die Bach- und Flusstäler des Naturraums wie andernorts aber oftmals stark beeinträchtigt.

Wie im Oberrhein-Tiefland sowie in der Donau-Iller-Lech-Platte stellen Abbaugebiete (Kies-, Sand- und Lehmgruben) auch im Voralpinen Hügel- und Moorland in besonderem Maße und zumindest zeitweise Lebensraumstrukturen bereit, die zur Sicherung der Artenvielfalt insbesondere für die Artengruppen offener Ufer und Pionierstandorte wesentlich sind. Neben reinen Uferarten gilt dies auch für Arten wie den Dünen-Sandlaufkäfer (*Cicindela hybrida*), dessen Vorkommen im Naturraum unter den heutigen Rahmenbedingungen weitestgehend auf Abbaugebiete beschränkt sind.

Sehr hohe Bedeutung erreichen gut ausgebildete Ufer, Strandrasen und Seeriede des Bodensees, etwa mit Arten wie *Nebria livida* und *Patrobus australis* (Ufer) oder mit *Pterostichus aterrimus*, *Chlaenius tristis* und *Limodromus longiventris* (vor allem Seeriede). Der Schmale Grubenhalsläufer (*Patrobus australis*) ist innerhalb Baden-Württembergs auf den Bodenseeraum beschränkt, der Schwarze Sammetläufer (*Chlaenius tristis*) wurde hier nach mehreren Jahrzehnten fehlender landesweiter Nachweise jüngst wiederentdeckt.

Wie im angrenzenden Naturraum der Donau-Iller-Lech-Platte sind zudem auch in diesem Naturraum Moorgebiete mit Arten wie *Agonum ericeti*, *Epaphius rivularis* und *Elaphropus walkerianus* von hoher Bedeutung. Ein Beleg des Moor-Flachläufers (*Agonum munsteri*) markiert das südlichste bisher bekannte und offenbar weiträumig separierte Vorkommen dieser ansonsten nordeuropäisch-boreal verbreiteten Art, wobei ihr aktuelles Vorkommen im Land fraglich ist.

Ganz im Südosten erreichen in der Adelegg Arten des Alpenraums Baden-Württemberg (*Nebria jockischii*, *Leistus nitidus*), und der waldbewohnende Bergstreu-Grabläufer (*Pterostichus unctulatus*) strahlt von dort etwas weiter nach Nordwesten aus. Im westlichen Bodenseeraum schließlich finden sich besondere Standortbedingungen im Bereich der Hegau-Vulkane, die, teils historisch, teils aktuell belegt, besonders wärmebedürftige Arten beherbergen. Zu diesen zählt der Braunfühlerige Schnellläufer (*Harpalus fuscicornis*) mit einem von insgesamt lediglich zwei in Deutschland dokumentierten Vorkommensgebieten.

An publizierten Arbeiten mit Angaben zu Laufkäfern im Naturraum seien exemplarisch Bräunicke & Trautner (2002) zur Laufkäferfauna der Bodenseeufer, Kless (1983) zum Mindelsee und Baehr (1983) mit Funden von der Argen und aus der Adelegg erwähnt.

Schwäbisches Keuper-Lias-Land: Die Laufkäfer-Gesamtartenzahl des Naturraums liegt beim landesweiten Vergleich im oberen Mittelfeld und mit Ausnahme der Arten der Trockenbiotope, die hier den landesweit niedrigsten Prozentwert erreichen, rangieren die Anteile für die Artengruppen aller übrigen betrachteten Schwerpunktlebensräume im oder nahe des landesweiten Durchschnitts.

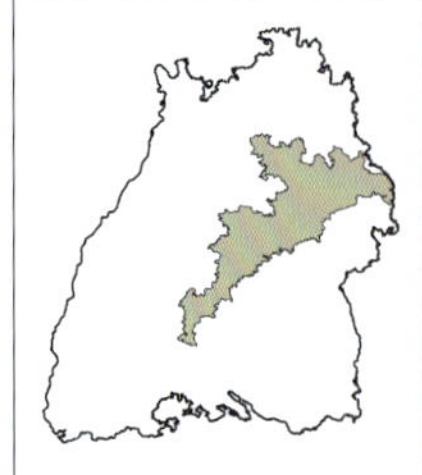

In den Waldgebieten des Naturraums erstreckt sich die Verbreitung einiger Arten mit montanem Vorkommensschwerpunkt über die Alb hinaus nach Norden. Dies umfasst in erster Linie Schluchtwald-Laufkäfer (*Carabus irregularis*) und Berg-Schaufelläufer (*Cychrus attenuatus*), aber auch z. B. den Rundhalsigen Wald-Grabläufer (*Pterostichus aethiops*).

Eine besondere Bedeutung nehmen die Feuchtgebiete des Naturraums sowie teilweise die Fließgewässer ein. Unter den Feuchtgebietsarten ist exemplarisch auf bedeutsame Bestände von *Elaphrus uliginosus*, *Paradromius longiceps* und *Stenolophus skrimshiranus* hinzuweisen, die – soweit noch vorhanden – an vegetationsreichen, aber gehölzarmen Feucht- und Nassstandorten der Talräume vorkommen. Bei den Fließgewässern sind es derzeit vor allem die kleineren bis mittelgroßen Gewässer, die jedenfalls abschnittsweise noch eine gute Artenausstattung aufweisen. Zu den dort vertretenen Arten der Fließgewässer und typischen Auebiotope zählen etwa *Trechus rubens*, *Bembidion monticola*, *Sinechostictus stomoides* sowie die Auwaldart *Agonum scitulum*.

Für einzelne Arten mit Schwerpunktvorkommen im eher mageren Grünland wechseltrockener oder wechselfeuchter Standorte liegt ein wesentlicher oder der überwiegende Anteil der bekannten Populationen Baden-Württembergs im Schwäbischen Keuper-Lias-Land (*Pterostichus macer*, *Pterostichus longicollis*).

Bemerkenswert ist oder war zudem die Laufkäferfauna magerer, offener Lebensräume auf sandigen Substraten des Naturraums, etwa mit Heiderelikten, die sich punktuell vor allem im Bereich militärischer Liegenschaften und Abbaugebiete trotz der ansonsten für diese Artengruppe im Landschaftsmaßstab negativen Veränderungen noch längere Zeit und in Einzelfällen (gebiets- und artbezogen) bis heute zu halten vermochte. Hierzu zählen Vorkommen von Arten wie *Olisthopus rotundatus*, *Broscus cephalotes* und *Harpalus solitaris*, aber auch von *Cicindela hybrida* mit wenigen noch vorhandenen Populationen außerhalb des Oberrheintals und der Naturräume südlich der Donau.

Bereits Anfang des 20. Jahrhunderts erloschen sind dagegen die ehemaligen Bestände von *Cicindela sylvatica*, die von mehreren Stellen des Naturraums belegt war. Ebenso erloschen sind die Bestände mehrerer historisch belegter Fließgewässerarten wie *Omophron limbatum* und *Bembidion litorale*.

An publizierten Arbeiten mit Angaben zu Laufkäfern im Naturraum sei exemplarisch auf die faunistischen Beiträge von Bernert (1972b–1979) für die Umgebung Schwäbisch Gmünds, von Baehr (1980) zum Schönbuch sowie von Bretzendorfer et al. (1993) zu xerothermen Biotopen des mittleren Remstals hingewiesen.

Schwäbische Alb: Dieser Naturraum erreicht landesweit die zweithöchsten prozentualen Anteile am Gesamtartenspektrum für Arten der Wälder und Feldgehölze des überwiegend mittleren Standortbereichs sowie für Arten der Trockenbiotope. Dem steht der insgesamt niedrigste Wert für Arten der Ufer, Bänke und Aufschwemmungen an Fließgewässern gegenüber, was insbesondere mit dem geringen Vorkommen dauerhaft wasserführender Gewässer im zentralen Bereich der Schwäbischen Alb und den eher einheitlichen Substratbedingungen in Zusammenhang zu bringen ist. Gleichwohl können einzelne Fließgewässer bedeutsame Artenvorkommen aufweisen, so etwa den Narbenläufer (*Blethisa multipunctata*), der unter anderem im Tal der Großen Lauter nachgewiesen wurde.

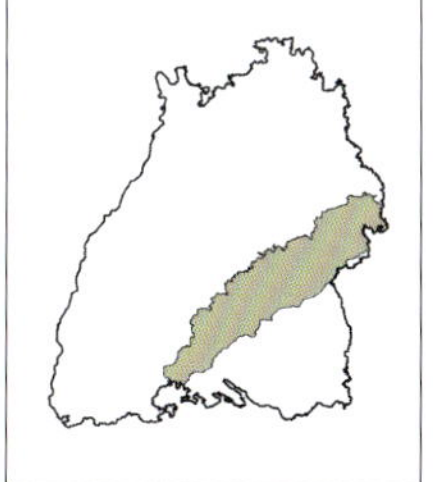

Herausragend ist die Laufkäferfauna der Trockenbiotope der Schwäbischen Alb, insbesondere der offenen, mit Felsen und Schuttfluren durchsetzten Kalkmagerrasen. Sie weisen, vor allem im östlichen Teil der Alb, eine hohe Zahl entsprechend spezialisierter Laufkäfer wie die drei *Cymindis*-Arten *C. humeralis*, *C. axillaris* und *C. angularis* sowie die Arten *Licinus depressus* und *L. cassideus* auf, wobei sich deren Vorkommen teils sehr lokal und zwischenzeitlich isoliert zeigen. Zu den bedeutsamen Vertretern dieser Lebensräume zählen auch die erst in neuerer Zeit sicher in Baden-Württemberg belegten, bundesweit seltenen Arten *Harpalus politus* und *Amara proxima* sowie die grabende Art *Dyschirius bonellii*, die ansonsten bundesweit nur in den mitteldeutschen Trockengebieten eine etwas weitere Verbreitung aufweist. Kalkschutthalden und Steingrusfluren in sonnenexponierter Lage besiedelt der Pechbraune Bartläufer (*Leistus montanus*), während in kaltlufterzeugenden Blockschutthalden lokal die im Bundesland endemische Art *Oreonebria boschi* vertreten ist, die nur von hier sowie aus dem Schwarzwald (dort mit einer Reihe von Fundorten) und dem Odenwald bekannt ist.

Waldgebiete der Schwäbischen Alb stellen den landesweiten Schwerpunktlebensraum des Schluchtwald-Laufkäfers (*Carabus irregularis*) dar. Bedeutsame Lebensraumkomplexe bildeten auch die ehemaligen Ackerbaulandschaften mit offenen Steinriegeln auf der Schwäbischen Alb, die große Populationen etwa des Kurzgewölbten Laufkäfers (*Carabus convexus*) beherbergten. Infolge von Flurneuordnungen, Nutzungsänderungen und Sukzession haben sich diese Landschaften strukturell stark verändert oder sind heute weitestgehend verschwunden.

Neben diesen Lebensräumen weist der Naturraum lokal auch Feuchtgebiete mit einer herausragenden Laufkäferfauna auf, darunter den Schmiechener See mit großem Vorkommen des bundesweit sehr seltenen Östlichen Glanzflachläufers (*Agonum hypocrita*). Erwähnenswert ist auch das Schopflocher Moor mit einem nach Datenlage weiträumig isolierten Nachweis des Moore und Heidegebiete bewohnenden Heide-Rundbauchläufers (*Bradycellus ruficollis*).

An publizierten Arbeiten mit Angaben zu Laufkäfern im Naturraum können exemplarisch Baehr (1984) zum Lautertal bei Münsingen, Szallies & Ausmeier (2001b) zu Kalkschutthalden, Münch (1997) zu Wacholderheiden und anderen Kalkmagerstandorten sowie KUBACH et al. (1999) unter anderem zu Veränderungen im Bereich der offenen Kulturlandschaft genannt werden.

Schwarzwald: Hinsichtlich der Gesamtartenzahl an Laufkäfern, deren Nachweise sicher diesem Naturraum zuzurechnen sind, liegt der Schwarzwald im landesweiten Vergleich im unteren Mittelfeld, sticht in der Abb. auf S. 671 aber aufgrund der im Vergleich zu anderen großflächig ausgebildeten Naturräumen hohen Zahl an Arten hervor, die aus Rasterfeldern im Übergangsbereich zu anderen Naturräumen stammen. Dieses hohe, zusätzlich ausgewiesene Artenpotenzial geht vor allem auf die langgestreckte Kontaktzone zum landesweit artenreichsten Naturraum des Oberrhein-Tieflandes zurück.

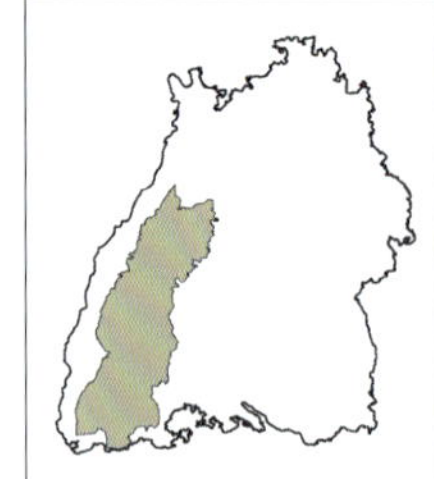

Zönotische Zusammenhänge bestehen beispielsweise entlang der Fließgewässersysteme, wo bei entsprechender struktureller Ausstattung der Ufer an größeren Gewässern Arten wie der Spitzdecken-Ahlenläufer (*Bembidion ascendens*) naturraumübergreifend auftreten (etwa am Fluss Wiese). Der Kleine Uferschotter-Ahlenläufer (*Bembidion geniculatum*) besiedelt selbst flächenmäßig gering ausgedehnte Schotterufer der Schwarzwaldbäche und ist weitestgehend auf diesen Naturraum beschränkt.

Die Arten der Wälder und Feldgehölze des überwiegend mittleren Standortbereichs erreichen im Schwarzwald den landesweit höchsten prozentualen Anteil dieser Gruppe, während Arten der Fließgewässerufer schwächer als im Landesdurchschnitt vertreten sind. Letzteres ist darauf zurückzuführen, dass eine Reihe von Auearten nicht in stärker montan geprägte Räume vorstößt und dort auch die für sie ausschlaggebenden Standortbedingungen teilweise fehlen. Ähnliches gilt auch für die Gruppe der weiteren Feuchtgebietsarten, die im Schwarzwald mit dem landesweit niedrigsten prozentualen Anteil und auch dem deutlich niedrigsten absoluten Wert der Gruppe vertreten ist. Allerdings ist in beiden Fällen zu berücksichtigen, dass bei dieser Analyse die Übergangszonen zu anderen Naturräumen (Rasterfelder mit wesentlichem Anteil weiterer Naturräume) unberücksichtigt geblieben sind, wodurch gerade in diesem Fall eine Unterschätzung der entsprechenden Artenzahlen und -anteile gegenüber der tatsächlichen Situation gegeben sein kann.

Der Schwarzwald weist mit *Nebria praegensis* und *Oreonebria boschi* zwei in Baden-Württemberg endemische, hier vorwiegend oder ausschließlich in Blockschutthalden vorkommende Arten auf, von denen die erstgenannte auf diesen Naturraum beschränkt ist, während *O. boschi* zudem noch punktuell in Blockschutthalden des Odenwalds (historisch) und der Schwäbischen Alb nachgewiesen werden konnte. Bei einzelnen weiteren ausbreitungsschwachen (ungeflügelten) Arten bestehen Hinweise auf eigenständige evolutive Einheiten. So hatten REIMANN et al. (2002) bei Untersuchungen der Allozym-Verteilung in europäischen Populationen des Goldglänzenden Laufkäfers (*Carabus auronitens*) festgestellt, dass in Deutschland neben der Nominat-Unterart eine weitere Entwicklungslinie vertreten ist, die hier bislang nur aus dem Schwarzwald und zudem aus den Vogesen in Frankreich bekannt ist. DREES et al. (2016) kommen zu dem Schluss, dass das charakteristische genetische Muster der Schwarzwald-Population(en) des Bergwald-Laufkäfers (*Carabus sylvestris*), das sich im Vergleich mit anderen untersuchten europäischen Populationen ergibt, den Naturraum deutlich als Mikrorefugium während der letzten eiszeitlichen Maximalvergletscherung ausweist.

Darüber hinaus treten in Baden-Württemberg einige weitere Arten ausschließlich oder schwerpunktmäßig im Schwarzwald auf, neben dem oben erwähnten *Carabus sylvestris* zum Beispiel auch *Amara erratica* und *Leistus piceus*. Die beiden überwiegend Steinschutthalden besiedelnden Arten *Pterostichus panzeri* und *Leistus montanus* sind ebenfalls auf entsprechenden Standorten im Schwarzwald vertreten, wobei sich ihr baden-württembergischer Arealteil weiter über das obere Neckartal und entlang der Schwäbischen Alb erstreckt. Neben den Arten solcher Sonderstandorte und der Wälder ist für den Schwarzwald vor allem die Laufkäferfauna der offenen Weidfelder und Matten mit Zwergstrauchheiden, Borstgrasrasen und dergleichen mehr (darunter etwa *Amara praetermissa*) sowie die Bedeutung noch offener Moore insbesondere für den Hochmoor-Glanzflachläufer (*Agonum ericeti*) zu erwähnen.

An publizierten Arbeiten mit Angaben zu Laufkäfern im Naturraum sei exemplarisch auf Mo-

LENDA (1989) über die Kare, Lawinenrinnen und Eislöcher des Feldberggebietes, RAUSCH (1993) zu Missen im Nordschwarzwald sowie HOCHHARDT (2001) zu ehemaligen und rezenten Niederwäldern des Mittleren Schwarzwaldes hingewiesen.

Donau-Iller-Lech-Platte: Der im landesweiten Vergleich nur mäßig artenreiche Naturraum weist im Artenspektrum prozentual den höchsten Anteil an Arten der Feucht- und Nassbiotope (ohne spezifische Auebiotope) auf, zugleich aber auch den höchsten Anteil an euryöken Arten der überwiegend offenen Kulturlandschaft. Zu den – verglichen mit anderen Naturräumen – niedrigsten Werten zählen einerseits die Anteile der Artengruppe der Äcker und des Grünlands vorwiegend mittlerer Standorte sowie andererseits der Arten von Trockenbiotopen. Typische Auelebensräume und entsprechende Artengemeinschaften sind unter anderem entlang des Donautals zwar noch vorhanden, dies in vielen Abschnitten aber nur noch fragmentarisch. Insbesondere dynamische Uferstrukturen mit besonnten Sand-, Lehm- und Kiesbänken sowie Uferabbrüchen sind dort sehr selten.

Ebenso wie im Oberrhein-Tiefland sowie dem Voralpinen Hügel- und Moorland tragen die Abbaugebiete des Naturraums (Kies-, Sand- und Lehmgruben) bei entsprechender struktureller Ausstattung in besonderem Maße und zumindest zeitweise zur Sicherung der Artenvielfalt bei. Denn vor allem für Arten offener Ufer und Pionierstandorte stellen sie Lebensräume bereit, die in den anthropogen stark beeinträchtigten Flusstälern des Naturraums, insbesondere an Donau, Iller und Riss, heute ansonsten kaum noch vorhanden sind oder vollständig fehlen. Eine ganze Reihe rezenter Nachweise spezifischer Uferarten liegt nur noch aus Abbaugebieten des Naturraums vor, so im Fall von *Omophron limbatum* und *Bembidion fluviatile*.

Von herausragender Bedeutung sind die Moorgebiete des Naturraums, darunter das Wurzacher Ried, welches das größte zusammenhängende Vorkommen der Hochmoorart *Agonum ericeti* in Deutschland und Baden-Württemberg beherbergt. Zudem haben weitere Arten der Moore und Feuchtgebiete wie *Cymindis vaporariorum*, *Agonum hypocrita* und *Epaphius rivularis* landes- oder bundesweit bedeutsame Bestände im Naturraum. Zu den Besonderheiten zählt der Torf-Zwergahlenläufer (*Elaphropus walkerianus*), eine sehr kleine Laufkäferart, die erst in neuerer Zeit in Mooren des Voralpenraums erstmals in Deutschland nachgewiesen worden war. Dagegen ist im Naturraum aber auch eine besonders hohe Zahl an historisch belegten Arten bereits erloschen, darunter etwa die Auearten *Agonum impressum*, *Bembidion foraminosum* und *B. modestum* sowie die Moorart *Carabus nitens*. Bei mehreren dieser Arten handelte es sich um die einzigen Vorkommen in Baden-Württemberg.

An publizierten Arbeiten mit Angaben zu Laufkäfern im Naturraum seien exemplarisch WASNER (1974) für den Federsee, BRÄUNICKE & RECK (1997) zum Wurzacher Ried sowie KUBACH et al. (1999) zu einem Landschaftsausschnitt der überwiegend offenen Kulturlandschaft genannt, wobei die letztgenannte Arbeit naturraumübergreifend auch Angaben zur Schwäbischen Alb beinhaltet.

Odenwald, Spessart und Südrhön: Neben Teilen des Odenwalds liegen nur geringe Flächen des Sandstein-Spessarts in Baden-Württemberg. Aufgrund der zumindest in der Gesamtfläche geringen Bearbeitungsintensität lassen sich die Artenzahlen insgesamt nur eingeschränkt mit jenen anderer Naturräume vergleichen, diejenigen der unterschiedlichen Lebensraumgruppen gar nicht.

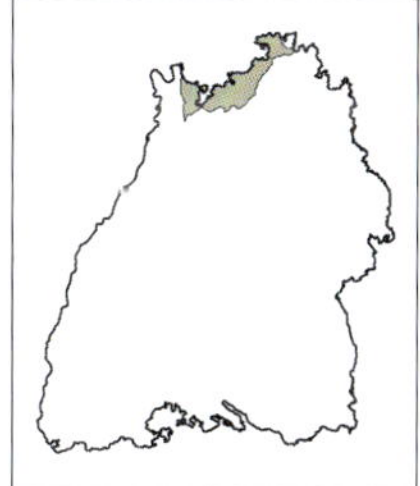

Zu den Besonderheiten des Naturraums zählen das – wenngleich aktuell nicht mehr belegte – Vorkommen von *Oreonebria boschi* in Blockschutthalden sowie Populationen des Herzhals-Flinkläufers (*Trechus pilisensis*), einer von den Karpaten bis in deutsche Mittelgebirge verbreiteten Art, die in Hessen und dem nördlichen Baden-Württemberg an ihre westliche Arealgrenze gelangt. Die baden-württembergischen Funde dieser Art stammen ganz überwiegend von feuchten Waldstandorten sowie von beschatteten Ufern kleiner bis mittelgroßer Fließgewässer. Ansonsten ist aus dem Naturraum beispielsweise der Sand-Schnellläufer (*Harpalus solitaris*) als Besiedler lichter, magerer Waldstandorte und verheideter Bereiche belegt.

Insbesondere am Westabfall des Odenwalds im Übergang zum Oberrhein-Tiefland ist mit dem Auftreten einer Reihe von besonders wärmebedürftigen Arten zu rechnen.

Von den wenigen publizierten Arbeiten mit Angaben zu Laufkäfern im Naturraum sei exemplarisch auf Scheurig et al. (1996) mit einem Teil der dabei untersuchten Waldstandorte, auf Trautner & Rietze (2001) zur Sukzession einer Waldbrandfläche sowie auf Mader & Mühlenberg (1981) zu isolierten Gehölzstandorten hingewiesen.

Hochrheingebiet: Dieser Naturraum umfasst neben dem schmalen Band des Hochrheintals entlang der Landesgrenze zur Schweiz noch den dem Südschwarzwald vorgelagerten Dinkelberg. Typische Auelebensräume finden sich entlang des Hochrheins nur noch abschnittsweise und meist fragmentarisch, darunter neben Auwald lediglich noch an sehr wenigen Stellen besser ausgebildete dynamische Uferstrukturen mit Kiesbänken oder Uferabbrüchen; dort sind noch Restbestände typischer Laufkäfer-Uferzönosen vorhanden bzw. zu erwarten, was jedoch bisher kaum untersucht wurde.

Im Offenland sind teils wärmeliebende Arten vertreten, die in Baden-Württemberg von Süden her neben einer Hauptachse entlang des Oberrhein-Tieflands auch entlang des Hochrheins bis in den Bodenseeraum vorstoßen. Dazu zählt z. B. der Geflecktfühlerige Haarschnellläufer (*Parophonus maculicornis*). Unter den waldbewohnenden Arten ist der Berg-Stumpfzangenläufer (*Licinus hoffmannseggii*) zu erwähnen, eine in montanen und submontanen Wäldern des südwestlichen Baden-Württembergs vertretene Art, für die Hanglagen des Schwarzwaldes und dessen Übergangsbereiche in das Hochrheintal und das Oberrhein-Tiefland bedeutende Landschaftsräume darstellen. Im Dinkelberg wurde die im Bundesland bislang nur an wenigen weiteren Stellen registrierte Unterart *purpurascens* des Violettrandigen Laufkäfers (*Carabus violaceus*) nachgewiesen.

Es liegen sehr wenige publizierte Arbeiten mit Angaben zu Laufkäfern im Naturraum vor, hier seien exemplarisch Maier (1997) zur Entwicklung von Grünlandeinsaaten auf ehemaligen Ackerflächen sowie Schiller (1979) zur Käferfauna Grenzach-Wyhlens genannt.

Auf die Naturräume des Fränkischen Keuper-Lias-Landes und der Mainfränkischen Platten, die nur sehr geringe Flächen des Bundeslandes im Osten einnehmen, wird hier nicht separat eingegangen.

13 Lebensräume und charakteristische Arten

J. Trautner & J. Rietze

13.1 Vorbemerkungen und charakteristische Arten von FFH-Lebensraumtypen

Die Kapitel dieses Abschnitts geben einen Überblick zur Laufkäferfauna Baden-Württembergs, gegliedert nach unterschiedlichen Lebensräumen. Dabei werden einerseits Arten hervorgehoben, die besonders stet und häufig in den entsprechenden Lebensräumen festzustellen sind. Andererseits wird – meist exemplarisch – auf Besonderheiten und naturschutzfachlich bedeutsame Artenvorkommen eingegangen.

Zu einem Teil der für dieses Werk ausgewerteten Fundangaben liegt zwar eine hinreichend genaue räumliche Einordnung vor, doch reicht bei ihnen die Charakterisierung des Fundortes nicht aus, um eine Auswertung nach Lebensräumen zu ermöglichen. Dies ist meist darauf zurückzuführen, dass solche Angaben nicht erhoben oder nicht dokumentiert wurden, vor allem in älteren Arbeiten, bei Sammlungsbelegen sowie in summarischen Exkursionslisten. In anderen Fällen wurden solche Daten nicht zusammen mit den Fundmeldungen übermittelt oder konnten aus Aufwandsgründen nicht zusätzlich differenziert aufgenommen und ausgewertet werden.

Die nachfolgenden Auswertungen zur Laufkäferfauna der Lebensräume stützen sich daher auf ein gegenüber den Datengrundlagen der Verbreitungskarten eingeschränkteres Material. Zudem muss darauf hingewiesen werden, dass den Daten oftmals heterogene Erfassungsmethoden zugrunde liegen und die Auswertungen daher nicht den gleichen Anspruch erheben können wie etwa solche aus methodisch einheitlich strukturierten Erfassungsprogrammen bzw. Freilandstudien. Teils wurden die Datensätze anhand von unteren Schwellenwerten der Artenzahl oder einer Mindestanforderung an die Methodik beschränkt. Hierauf wird ggf. bei entsprechenden Tabellen hingewiesen. Bei der Auswertung von Probestellen wurden der zugeordnete Lebensraumtyp und die entsprechende plausible Lage soweit möglich und erforderlich anhand von Daten der landesweiten Biotopkartierung und des Amtlichen Liegenschaftskataster-Informationssystems (ALKIS) bzw. des Digitalen Landschaftsmodells (DLM) geprüft oder die Probestellenauswahl auf bestimmte Bereiche beschränkt. Auch hierauf wird ggf. bei entsprechenden Tabellen hingewiesen. Zur Ermittlung der häufigsten und stetigsten Arten bestimmter Lebensräume (u. a. Ackergebiete, Grünland mittlerer Standorte) wurden aus den Datensätzen der jeweils herangezogenen Probestellen die art- und lebensraumspezifischen Indikatorwerte (IndVal) nach Dufrêne & Legendre (1997) berechnet. Dies berücksichtigt sowohl die relative Häufigkeit (Individuenzahl) als auch die Frequenz (Stetigkeit) innerhalb der jeweiligen Gruppe. Die jeweils 20 Arten mit den höchsten Indikatorwerten im Lebensraum sind in diesen Fällen tabellarisch aufgeführt und als häufigste und stetigste Arten zu verstehen. Weitergehende Aussagen, etwa zu einem spezifischen „Schwellenwert“, sind daraus jedoch nicht abzuleiten.

Andere Ausführungen sind exemplarisch zu verstehen und stützen sich nicht in allen Fällen auf umfangreichere, naturraumbezogene oder landesweite Auswertungen. Immer wieder wird zudem auf die Grobzuordnung der Arten nach ihren Schwerpunktlebensräumen verwiesen (s. auch Kap. 12). Diese ist, wie bereits erwähnt, in der Checkliste im Abschnitt Index/Verzeichnisse (S. 776 ff.) für jede Art dokumentiert, zusammen mit den Rasterfrequenzen, auf die in den Tabellen teilweise Bezug genommen wird.

Bereits im Speziellen Teil des vorliegenden Werkes wurde darauf eingegangen, ob bestimmte Arten zu den charakteristischen Arten der in Anhang I der europäischen FFH-Richtlinie (92/43/EWG) gelisteten Lebensraumtypen (abgekürzt FFH-LRT) zu zählen sind. Diese FFH-LRT sind aus europäischem Blickwinkel Lebensräume „von gemeinschaftlichem Interesse“, die vor allem im

Schutzgebietsystem Natura 2000 besondere Berückichtigung finden und für die ein günstiger Erhaltungszustand gesichert oder erreicht werden soll. Dass dabei nicht nur der Lebensraumtyp als solcher, sondern auch seine charakteristische Tier- und Pflanzenausstattung im Fokus steht und stehen muss, ist neben fachlichen Begründungen auch rechtlich abzuleiten. Denn eines der gemeinschaftlich anzuwendenden Kriterien für den günstigen Erhaltungszustand eines FFH-LRT ist, dass der Erhaltungszustand der für ihn charakteristischen Arten günstig sein muss. Nach den Definitionen der Richtlinie bedeutet dies unter anderem, dass das natürliche Verbreitungsgebiet solcher Arten weder im Abnehmen begriffen ist noch in absehbarer Zeit vermutlich abnehmen wird und dass für sie ein genügend großer Lebensraum vorhanden sein muss, um langfristig ein Überleben der Populationen dieser Arten zu sichern (s. hierzu Artikel 1 der Richtlinie mit verschiedenen Unterpunkten).

Hiermit werden fachlich nachvollziehbare und vergleichsweise hohe Anforderungen an den günstigen Erhaltungszustand charakteristischer Arten der FFH-LRT gestellt. Diese mögen nur insofern etwas zu relativieren sein, als charakteristische Arten und ihr Erhaltungszustand nicht primäres Schutzobjekt sind, sondern im engeren Sinne als Indikatoren für die Funktion des jeweiligen Lebensraumes gesehen werden können. Da Hauptziel der FFH-Richtlinie nach den Erwägungsgründen aber die Erhaltung der biologischen Vielfalt (und dabei laut Art. 2 auch der Artenvielfalt) ist, muss in Anbetracht der dezidierten Formulierung von Art. 1 der Schutz der für einen FFH-LRT charakteristischen Arten als zentraler Bestandteil des Natura-2000-Gebietsschutzes gesehen werden.

Dies sowie die Sachlage, dass sich charakteristische Arten der FFH-LRT nicht nur aus dem Set der Pflanzenarten rekrutieren, die für ihre Definition und Abgrenzung herangezogen werden, sondern auch Arten der Fauna (einschließlich Vögel) umfassen können, war Gegenstand von fachlichen und rechtlichen Prüfungen (s. dazu z. B. Lambrecht & Trautner 2007, Trautner 2010) und ist inzwischen in der deutschen Rechtsprechung geklärt. So hat das Bundesverwaltungsgericht (BVerwG) wiederholt festgestellt, dass bei der Prüfung möglicher erheblicher Beinträchtigungen des Erhaltungszustands von FFH-Lebensraumtypen durch Vorhaben auch die Beeinträchtigung charakteristischer Arten im Rahmen der FFH-Verträglichkeitsprüfung zu untersuchen ist. Dabei hat es sich auch mit der Frage auseinandergesetzt, wie charakteristische Arten auszuwählen sind. Als prüfungsrelevante charakteristische Arten sind demnach „diejenigen Arten auszuwählen, die einen deutlichen Vorkommensschwerpunkt im jeweiligen Lebensraumtyp aufweisen bzw. bei denen die Erhaltung der Populationen unmittelbar an den Erhalt des jeweiligen Lebensraumtyps gebunden ist und die zugleich eine Indikatorfunktion für potenzielle Auswirkungen des Vorhabens auf den Lebensraumtyp besitzen“ (BVerwG 9 A 22.11, Urteil vom 28. 03. 2013, Randnummer 80).

Nichts anderes kann für das Schutzgebietsmanagement der Natura-2000-Gebiete (mit Ausnahme der ausschließlich als Vogelschutzgebiet gemeldeten Flächen) gelten, wo der Erhaltungszustand der im jeweiligen Gebiet vorkommenden FFH-Lebensraumtypen eines der zentralen Themen ist. Um die Vorgaben und Zielsetzung der FFH-Richtlinie zu erfüllen, ist es zwingend erforderlich, die Situationsbewertung und Pflege sowie Erhaltungs- oder Wiederherstellungsmaßnahmen für solche Lebensräume auch auf den günstigen Erhaltungszustand der für sie charakteristischen Arten abzustellen. Im Sinne der zitierten Formulierung des Bundesverwaltungsgerichts muss auch dabei nicht das gesamte Spektrum der potenziellen charakteristischen Arten in den Blick genommen werden. Vielmehr reicht es hierbei aus, die „managementrelevanten“ Arten in den Fokus zu stellen. Aus der Fauna sind dies insbesondere jene Arten, die bestimmte Anforderungen an Lebensraumtyp-Flächen stellen und anzeigen, welche davon durch die ansonsten oft nur botanisch-vegetationskundlich oder rein strukturell ausgerichteten Erhaltungs- und Entwicklungsziele nicht oder nicht ausreichend abgedeckt werden. Hierzu können etwa Anforderungen an die Größe, die Lage und den räumlichen Verbund von Flächen zählen, aber auch an ihre nutzungsabhängige Struktur. So ist für viele Tierarten eine Mindestgröße an Lebensraumfläche entscheidend, für andere muss ein gewisser Anteil an kurzzeitigen Brachen gegeben sein oder die Begünstigung von wiederkehrenden „Bodenverwundungen“ zur Schaffung vegetationsarmer Bereiche etwa innerhalb von Magerrasen.

Die Laufkäferarten, die im Speziellen Teil des

Buches als charakteristisch für FFH-Lebensraumtypen oder als dafür infrage kommend benannt werden, sind in Tab. 13.1 nochmals zusammenfassend nach Lebensraumtypen gegliedert aufgeführt. Nur einem Teil der in Baden-Württemberg vorkommenden FFH-LRT wurden auch charakteristische Arten zugewiesen. Dies mag in Einzelfällen auf die noch nicht ausreichende Datenbasis zurückzuführen sein, zumeist liegt es aber darin begründet, dass sich diese Lebensräume nicht durch ein entsprechend spezialisiertes oder differenziertes Artenset auszeichnen, das einer einigermaßen engen Definition (vgl. TRAUTNER 2010) genügen würde. Ein Beispiel sind die Waldlebensraumtypen des eher mittleren Standortbereichs (Buchen- sowie Eichen-Hainbuchenwälder, z. B. LRT 9130), bei denen im Vergleich zu Mischwaldbeständen ebensolcher Standorte mit (beispielsweise nutzungsbedingt) etwas anderer Baumartenzusammensetzung, die keinen FFH-Lebensraumtyp darstellen, in aller Regel keine zusätzlichen Arten auftreten und auch bei den vorkommenden Arten nur gewisse Unterschiede in der Aktivitätsdichte oder bei weiteren, naturschutzfachlich unbedeutenden Parametern zu verzeichnen sind.

Andere FFH-Lebensraumtypen weisen dagegen eine durchaus höhere Zahl an charakteristischen und hinsichtlich ihres Managements (Ziele, Maßnahmen) wichtigen Laufkäferarten auf. Zudem ist zu berücksichtigen, dass zwar nicht einheitlich landesweit, aber auf Ebene von Naturräumen oder Gebieten (eines oder mehrere Schutzgebiete des europäischen Schutzgebietsnetzes Natura 2000) weitere Arten als charakteristisch einzustufen sein können, da es letztlich um die konkrete Ausprägung eines Lebensraumtyps in einem bestimmten Gebiet geht (vgl. dazu Randnummer 81 im oben erwähnten Urteil des BVerwG). Beispiele wären hier etwa der Narbenläufer (*Blethisa multipunctata*) als charakteristisch für eutrophe Stillgewässer wie den Federsee oder der Deutsche Sandlaufkäfer (*Cylindera germanica*) als charakteristisch für Magerrasen-Gebiete in bestimmten Bereichen der Schwäbischen Alb. Exemplarisch sind solche Arten in Tab. 13.1 separat aufgeführt, im Speziellen Teil wurde aber nur im Fall einer landesweiten Einstufung auf die Relevanz für FFH-LRT hingewiesen. Die hier dargestellte Liste fußt auf dem derzeitigen Bearbeitungsstand und mag sowohl unter landesweitem Blickwinkel, in stärkerem Maße aber noch auf naturräumlicher und auf Gebietsebene zu ergänzen sein. In Einzelfällen wurden auch Arten aufgenommen, die in Baden-Württemberg bereits erloschen sind.

13.2 Fließgewässer und spezifische Auebiotope

Fließgewässer und ihre Auen gehören in Mitteleuropa zu den (potenziell) an Laufkäfern artenreichsten Lebensraumkomplexen, die zugleich jedoch aufgrund der Zerstörung oder Degradation natürlicher und naturnaher Auen sowie der Reduktion der Fließgewässer-Uferdynamik und durch mangelnde Überschwemmungen in strukturell geeigneten Lebensräumen oftmals stark beeinträchtigt sind. Bundesweit wurden in einer Grobklassifizierung 84 Arten (rd. 14 %) der einheimischen Laufkäferfauna als Arten mit Schwerpunkt- oder exklusivem Vorkommen an Ufern, Bänken und Aufschwemmungen von Fließgewässern eingestuft (SCHMIDT et al. 2016). In Baden-Württemberg sind 56 Arten dieser Gruppe zuzurechnen, wobei einzelne davon bereits erloschen sind (etwa *Agonum impressum* und *Bembidion foraminosum*). Zudem ist darauf hinzuweisen, dass auch bestimmte Auwaldarten in den Blick zu nehmen sind (s. u.).

Im Rahmen einer Bewertung baden-württembergischer Fließgewässer für ausgewählte Artengruppen waren bereits um das Jahr 2000 Auswertungen zur entsprechenden Laufkäferfauna vorgenommen worden. Dabei konnten über 200 Probestellen vor allem aus Erfassungen der 1980er und 1990er Jahre herangezogen werden, die an rund einem Fünftel der zu bewertenden Fließgewässer lagen (KAULE et al. 2001); sehr kleine Oberläufe wurden hierbei allerdings ausgeklammert. Als in neuerer Zeit noch von herausragender Bedeutung für Arten dynamischer Uferstandorte erwiesen sich dabei insbesondere Wutach und Obere sowie Untere Argen, zudem Oberrhein, Donau und Iller (bei letzteren am Hauptgewässer selbst aber überwiegend nur noch durch Potenziale ausgedrückt). In der rezenten bzw. ehemaligen Aue (oder deren Umfeld) findet sich bei den drei zuletzt genannten Fließgewässern ein Großteil der naturschutzfachlich bedeutsamen Arten insgesamt oder auf langer Strecke nicht mehr am Fließgewässer selbst, sondern in Sekundärlebensräumen

Tab. 13.1 FFH-Lebensraumtypen in Baden-Württemberg und für diese als charakteristisch eingestufte bzw. hierfür infrage kommende Laufkäferarten.

Code	Priorität	FFH-Lebensraumtyp (LRT, vereinfachte Bezeichnung in Bad.-Württ. und ggf. Langname)	Charakteristische Arten der Laufkäferfauna
2310		Binnendünen mit Heiden [Trockene Sandheiden mit *Calluna* und *Genista*]	*Amara infima*, *Bradycellus ruficollis*, *Cicindela sylvatica*, *Lebia marginata*
2330		Binnendünen mit Magerrasen [Dünen mit offenen Grasflächen mit *Corynephorus* und *Agrostis*]	*Harpalus flavescens*, *Harpalus hirtipes*, *Harpalus melancholicus*, *Harpalus picipennis*, *Harpalus servus*, *Licinus depressus*
3110		Nährstoffarme Stillgewässer [Oligotrophe, sehr schwach mineralische Gewässer der Sandebenen (Littorelletalia uniflorae)]	unbekannt (lokale Ausprägung mit charakteristischen Arten auf Gebietsebene möglich)
3130		Nährstoffarme bis mäßig nährstoffreiche Stillgewässer [Oligo- bis mesotrophe, stehende Gewässer mit Vegetation der Littorelletea uniflorae und/oder der Isoëto-Nanojuncetea]	*Agonum versutum*, *Bembidion fumigatum*, *Nebria livida* (Bodensee), *Nebria picicornis* (Bodensee), *Patrobus australis* (Bodenseeraum)
3140		Kalkreiche, nährstoffarme Stillgewässer mit Armleuchteralgen [Oligo- bis mesotrophe, kalkhaltige Gewässer mit benthischer Vegetation aus Armleuchteralgen]	*Chlaenius tristis*, *Nebria livida* (Bodensee), *Nebria picicornis* (Bodensee), *Patrobus australis* (Bodenseeraum)
3150		Natürliche nährstoffreiche Seen [Natürliche, eutrophe Seen mit einer Vegetation des Magnopotamion oder Hydrocharition]	*Agonum piceum*, *Agonum versutum*, *Badister peltatus*, *Badister unipustulatus*, *Bembidion fumigatum*, *Chlaenius tristis*, *Nebria livida* (zumindest Bodensee), *Patrobus australis* (Bodenseeraum)
3160		Dystrophe Seen [Dystrophe Seen und Teiche]	unbekannt (lokale Ausprägung mit charakteristischen Arten auf Gebietsebene möglich)
3180	*	Temporäre Karstseen [Turloughs]	unbekannt (lokale Ausprägung mit charakteristischen Arten auf Gebietsebene möglich)
3240		Alpine Flüsse mit Lavendel-Weiden-Ufergehölzen [Alpine Flüsse mit Ufergehölzen von *Salix elaeagnos*]	*Bembidion ascendens*, *Bembidion atrocaeruleum*, *Bembidion conforme*, *Bembidion prasinum*, *Bembidion varicolor*, *Nebria picicornis*, *Sinechostictus millerianus*
3260		Fließgewässer mit flutender Wasservegetation [Flüsse der planaren bis montanen Stufe mit Vegetation des Ranunculion fluitantis und des Callitricho-Batrachion]	*Bembidion argenteolum*, *Bembidion ascendens*, *Bembidion atrocaeruleum*, *Bembidion conforme*, *Bembidion fasciolatum*, *Bembidion fluviatile*, *Bembidion foraminosum*, *Bembidion modestum*, *Bembidion prasinum*, *Bembidion striatum*, *Bembidion varicolor*, *Bembidion velox*, *Nebria picicornis*, *Sinechostictus millerianus*
3270		Schlammige Flussufer mit Pioniervegetation [Flüsse mit Schlammbänken mit Vegetation des Chenopodion rubri p. p. und des Bidention p. p.]	*Bembidion argenteolum*, *Bembidion fluviatile* (wenn besiedelte Strukturen dem Gewässerbett zuzurechnen sind), *Bembidion foraminosum*, *Bembidion prasinum*, *Bembidion striatum*, *Bembidion velox*, mglw. *Nebria livida* (Oberrhein-Tiefland)
4030		Trockene Heiden [Trockene europäische Heiden]	*Bradycellus ruficollis*, *Cicindela sylvatica*, *Lebia marginata*
40A0	*	Felsenkirschen-Gebüsche [Subkontinentale peripannonische Gebüsche]	unbekannt (lokale Ausprägung mit charakteristischen Arten auf Gebietsebene möglich)
5110		Buchsbaum-Gebüsche trockenwarmer Standorte [Stabile, xerothermophile Formationen von *Buxus sempervirens* an Felsabhängen (Berberidion p. p.)]	unbekannt (lokale Ausprägung mit charakteristischen Arten auf Gebietsebene möglich)
5130		Wacholderheiden [Formationen von *Juniperus communis* auf Kalkheiden und -rasen]	*Amara pulpani*, mglw. *Amara proxima*, *Cymindis angularis*, *Cymindis axillaris*, *Cymindis humeralis*, mglw. *Dyschirius bonellii*, *Harpalus politus*, *Lebia cyanocephala*, *Licinus depressus*, *Ophonus cordatus*, *Ophonus puncticollis*, mglw. *Poecilus kugelanni*
6110	*	Kalk-Pionierrasen [Lückige, basophile oder Kalk-Pionierrasen (Alysso-Sedion albi)]	*Amara fulvipes*, *Amara proxima*, *Amara pulpani*, *Cymindis axillaris*, *Dyschirius bonellii*, *Harpalus politus*, *Lebia cyanocephala*, *Licinus cassideus*, *Ophonus cordatus*, *Poecilus kugelanni*
6120	*	Blauschillergrasrasen (Koelerion glaucae) [Trockene, kalkreiche Sandrasen]	*Harpalus flavescens*, *Harpalus hirtipes*, *Harpalus melancholicus*, *Harpalus picipennis*, *Harpalus servus*

Code	Prio-rität	FFH-Lebensraumtyp (LRT, vereinfachte Bezeichnung in Bad.-Württ. und ggf. Langname)	Charakteristische Arten der Laufkäferfauna
6150		Boreo-alpines Grasland [Boreo-alpines Grasland auf Silikatsubstraten]	unbekannt (lokale Ausprägung mit charakteristischen Arten auf Gebietsebene möglich)
6170		Subalpine und alpine Kalkrasen	unbekannt (lokale Ausprägung mit charakteristischen Arten auf Gebietsebene möglich)
6210	(*)	Kalk-Magerrasen (orchideenreiche Bestände*) [Naturnahe Kalk-Trockenrasen und deren Verbuschungsstadien (Festuco-Brometea) (*besondere Bestände mit bemerkenswerten Orchideen)]	*Amara fulvipes*, mglw. *Amara praetermissa*, *Amara proxima*, *Amara pulpani*, *Cymindis angularis*, *Cymindis axillaris*, *Cymindis humeralis*, *Dyschirius bonellii*, *Harpalus politus*, *Lebia cyanocephala*, *Licinus cassideus*, *Licinus depressus*, *Ophonus cordatus*, *Ophonus puncticollis*, *Poecilus kugelanni*
6230	*	Artenreiche Borstgrasrasen [Artenreiche, montane Borstgrasrasen (und submontan auf dem europäischen Festland) auf Silikatböden]	*Amara praetermissa*, mglw. *Cymindis humeralis*, mglw. *Amara erratica*
6240	*	Subpannonische Steppenrasen [Subpannonische Steppen-Trockenrasen (Festucetalia vallesiacae)]	*Amara fulvipes*, mglw. *Cymindis axillaris*, mglw. *Cymindis humeralis*, *Lebia cyanocephala*, mglw. *Licinus cassideus*, *Ophonus cordatus*, *Ophonus puncticollis*, mglw. *Poecilus kugelanni*
6410		Pfeifengraswiesen [Pfeifengraswiesen auf kalkreichem Boden, torfigen und tonig-schluffigen Böden (Molinion caeruleae)]	unbekannt (lokale Ausprägung mit charakteristischen Arten auf Gebietsebene möglich)
6430		Feuchte Hochstaudenfluren [Feuchte Hochstaudenfluren der planaren und montanen bis alpinen Stufe]	keine charakteristischen Arten zu erwarten
6440		Brenndoldenwiesen [Brenndolden-Auenwiesen (Cnidion dubii)]	unbekannt (lokale Ausprägung mit charakteristischen Arten auf Gebietsebene möglich)
6510		Magere Flachland-Mähwiesen [Magere Flachland-Mähwiesen (*Alopecurus pratensis*, *Sanguisorba officinalis*)]	*Amara nitida*, mglw. *Anisodactylus nemorivagus*
6520		Berg-Mähwiesen	*Amara nitida*
7110	*	Naturnahe Hochmoore [Lebende Hochmoore]	*Agonum ericeti*, *Agonum munsteri*, mglw. *Bembidion humerale* (unter Berücksichtigung von Störungen der Vegetationsdecke), *Cymindis vaporariorum*, *Elaphropus walkerianus*
7120		Geschädigte Hochmoore [Noch renaturierungsfähige, degradierte Hochmoore]	*Agonum ericeti*, *Bradycellus ruficvollis*, *Bembidion humerale*, *Cymindis vaporariorum*, *Elaphropus walkerianus*
7140		Übergangs- und Schwingrasenmoore	*Agonum munsteri*, *Bembidion humerale*, *Elaphropus walkerianus*
7150		Torfmoor-Schlenken [Torfmoor-Schlenken (Rhynchosporion)]	*Agonum ericeti*, *Agonum munsteri*
7210	*	Kalkreiche Sümpfe mit Schneidried [Kalkreiche Sümpfe mit *Cladium mariscus* und Arten des Caricion davallianae]	unbekannt (lokale Ausprägung mit charakteristischen Arten auf Gebietsebene möglich)
7220	*	Kalktuffquellen [Kalktuffquellen (Cratoneurion)]	unbekannt (lokale Ausprägung mit charakteristischen Arten auf Gebietsebene möglich)
7230		Kalkreiche Niedermoore	unbekannt (lokale Ausprägung mit charakteristischen Arten auf Gebietsebene möglich)
8110		Hochmontane Silikatschutthalden [Silikatschutthalden der montanen bis nivalen Stufe (Androsacetalia alpinae und Galeopsietalia ladani)]	wie 8150 (hier nicht separat ausgewiesen)
8150		Silikatschutthalden [Kieselhaltige Schutthalden der Berglagen Mitteleuropas]	*Leistus montanus*, *Nebria praegensis*, mglw. *Oreonebria boschi*, *Oreonebria castanea*
8160	*	Kalkschutthalden [Kalkhaltige Schutthalden der collinen bis montanen Stufe Mitteleuropas]	*Leistus montanus*, mglw. *Pterostichus panzeri*, mglw. *Ophonus cordatus*
8210		Kalkfelsen mit Felsspaltenvegetation	mglw. *Ophonus cordatus*, ansonsten unbekannt (lokale Ausprägung mit charakteristischen Arten auf Gebietsebene möglich)

Code	Prio-ritär	FFH-Lebensraumtyp (LRT, vereinfachte Bezeichnung in Bad.-Württ. und ggf. Langname)	Charakteristische Arten der Laufkäferfauna
8220		Silikatfelsen mit Felsspaltenvegetation	unbekannt (lokale Ausprägung mit charakteristischen Arten auf Gebietsebene möglich)
8230		Pionierrasen auf Silikatfelskuppen [Silikatfelsen mit Pioniervegetation des Sedo-Scleranthion oder des Sedo albi-Veronicion dillenii]	unbekannt (lokale Ausprägung mit charakteristischen Arten auf Gebietsebene möglich)
8310		Höhlen und Balmen [Nicht touristisch erschlossene Höhlen]	keine charakteristischen Arten zu erwarten
9110		Hainsimsen-Buchenwald [Hainsimsen-Buchenwälder (Luzulo-Fagetum)]	keine charakteristischen Arten zu erwarten
9130		Waldmeister-Buchenwald [Waldmeister-Buchenwälder (Asperulo-Fagetum)]	keine charakteristischen Arten zu erwarten
9140		Subalpine Buchenwälder [Mitteleuropäische, subalpine Buchenwälder mit Ahorn und *Rumex arifolius*]	unbekannt (lokale Ausprägung mit charakteristischen Arten auf Gebietsebene möglich)
9150		Orchideen-Buchenwälder [Mitteleuropäische Orchideen-Kalk-Buchenwälder (Cephalanthero-Fagion)]	unbekannt (lokale Ausprägung mit charakteristischen Arten auf Gebietsebene möglich)
9160		Sternmieren-Eichen-Hainbuchenwald [Subatlantische oder mitteleuropäische Stieleichenwälder oder Eichen-Hainbuchenwälder (Carpinion betuli)]	keine charakteristischen Arten zu erwarten
9170		Labkraut-Eichen-Hainbuchenwald [Labkraut-Eichen-Hainbuchenwälder (Galio-Carpinetum)]	keine charakteristischen Arten zu erwarten
9180	*	Schlucht- und Hangmischwälder [Schlucht- und Hangmischwälder (Tilio-Acerion)]	mglw. *Pterostichus hagenbachii*, mglw. *Pterostichus panzeri*, mglw. *Oreonebria boschi* (jeweils bestimmte Ausprägungen)
9190		Bodensaure Eichenwälder auf Sandebenen [Alte, bodensaure Eichenwälder auf Sandebenen mit *Quercus robur*]	unbekannt (lokale Ausprägung mit charakteristischen Arten auf Gebietsebene möglich)
91D0	*	Moorwälder	*Agonum ericeti*, mglw. *Bembidion humerale*, mglw. *Cymindis vaporariorum*, mglw. *Elaphropus walkerianus* (alle nur für Lichtungen bzw. sehr lichte Bestände, *B. humerale* und *E. walkerianus* unter Berücksichtigung von Störungen der Vegetationsdecke)
91E0	*	Auenwälder mit Erle, Esche, Weide [Auenwälder mit *Alnus glutinosa* und *Fraxinus excelsior* (Alno-Padion, Alnion incanae, Salicion albae)]	*Agonum scitulum*, *Asaphidion austriacum*, *Badister unipustulatus*, *Elaphrus aureus*, *Harpalus progrediens*, *Ocys harpaloides*, *Platynus livens*
91F0		Hartholzauwälder [Hartholzauenwälder mit *Quercus robur*, *Ulmus laevis*, *Ulmus minor*, *Fraxinus excelsior* oder *Fraxinus angustifolia* (Ulmenion minoris)]	*Harpalus progrediens*, *Platynus livens*
91U0		Steppen-Kiefernwälder [Kiefernwälder der sarmatischen Steppe]	unbekannt (lokale Ausprägung mit charakteristischen Arten auf Gebietsebene möglich)
9410		Bodensaure Nadelwälder [Montane bis alpine, bodensaure Fichtenwälder (Vaccinio-Piceetea)]	unbekannt (lokale Ausprägung mit charakteristischen Arten auf Gebietsebene möglich)
		Beispiele weiterer Arten, die auf Naturraum- oder Gebietsebene infrage kommen:	*Agonum hypocrita* (etwa LRT 7210), *Blethisa multipunctata* (etwa LRT 3270 oder 3130/3140), *Cylindera germanica* (vor allem LRT 6210), *Omophron limbatum* (etwa LRT 3270), *Perileptus areolatus* (etwa LRT 3260), *Pterostichus aterrimus* (etwa LRT 7230), *Thalassophilus longicornis* (etwa LRT 3260)

Vereinfachte Bezeichnung nach LUBW (http://www4.lubw.baden-wuerttemberg.de/servlet/is/44485/), Langname nach LUBW (2016)

Hochwässer mit weiträumiger Überschwemmung des Auebereichs sowie Geschiebeumlagerung und -transport sind ein zentraler lebensraumbildender und -gestaltender Faktor in größeren Auen. Hier ein winterliches Hochwasser an der Donau.

wie etwa Abbaugebieten. Hier sind umfangreiche Entwicklungsmaßnahmen erforderlich.

Obwohl typische Uferarten auch an kleinen Oberläufen von Gewässern anzutreffen sind und einige Arten dort ihr Schwerpunktvorkommen haben (unter jenen mit naturräumlich eingeschränkter Verbreitung z. B. *Pterostichus fasciatopunctatus* im Gebiet der Wutach und der Adelegg sowie *Nebria rufescens* im Südschwarzwald und der Adelegg), steigt die (potenzielle) Artenzahl mit zunehmender Gewässergröße und struktureller Vielfalt unter natürlichen Bedingungen deutlich an.

Die eng gefasste Artengruppe der Ufer, Bänke und Aufschwemmungen an Fließgewässern (Gruppe U, s. Tab. 13.3, S. 688) fokussiert weitgehend auf Laufkäferarten vegetationsarmer Strukturen, wie sie an Fließgewässern aufgrund der natürlichen Wasser- und Geschiebedynamik kennzeichnend sind. Das Arteninventar, das man in Uferzonen und Auenlebensräumen an Bächen und Flüssen antreffen kann, ist aber noch wesentlich größer. Als naturschutzfachlich bedeutsam sind hier zunächst charakteristische Auwaldarten zu nennen (etwa *Agonum scitulum*, *Platynus livens*), sowie die teils sehr artenreichen Zönosen von Flutmulden in Auen (z. B. mit *Agonum viridicupreum*, *Anthracus consputus*, *Pterostichus gracilis*). Hinzuweisen ist aber auch auf höher gelegene, teils nur bei sehr hohen oder extrem ausgeprägten Hochwasserereignissen überschwemmte, voll besonnte sowie vegetationsarme Kies- und Sandzonen, die stark austrocknen können und bei guter Ausprägung eine eigenständige Zönose mit Arten wie etwa *Amara fulva* und *Elaphropus sexstriatus* aufweisen. Relativ stet und punktuell in sehr hoher Dichte sind in solchen Lebensraumstrukturen als weitere typische Arten *Elaphropus quadrisignatus*, *E. parvulus* und *Lionychus quadrillum* nachzuweisen (der Lebensraumgruppe von Roh- und Skelettböden zugeordnet, s. Code X in Tab. 12.1). Die Imagines dieser sehr kleinen Arten halten sich gerne bis zu mehrere Zentimeter tief im Lücken- und Spaltensystem des Untergrunds auf, bevorzugt in Sand mit Feinkiesbeimengungen. Die von Schröder et al. (2003) für die Laufkäferfauna von Auwäldern unterstrichene hohe Bedeutung struktureller Heterogenität und natürlicher Was-

Den Lebensraum zahlreicher spezialisierter Uferarten der Laufkäferfauna bilden Flachuferzonen unterschiedlicher Substrate, die aufgrund der Gewässerdynamik vegetationsarm bis -frei gehalten werden. Das Bild zeigt einen Bachabschnitt im Übergangsbereich des Sandstein-Odenwalds zu den Neckar- und Tauber-Gäuplatten.

serstandsschwankungen gilt ebenso für offene Lebensräume der Aue. Im Übrigen ist darauf hinzuweisen, dass eine hohe Zahl an typischen Uferarten auf voll oder überwiegend besonnte Uferstrukturen angewiesen ist.

Bei den für dynamische Ufer, Bänke und Aufschwemmungen an Fließgewässern Baden-Württembergs typischen Laufkäferarten handelt es sich ganz überwiegend um kleine Arten. Der Mittelwert für die Körpergröße der Imagines liegt bei der entsprechenden Artengruppe (U) bei lediglich 5,7 mm (auf Basis der Größenangaben in Müller-Motzfeldt 2006a). Zu ihrer Nahrungsgrundlage gehören in wesentlichem Umfang angeschwemmte, tote oder absterbende aquatische Lebewesen (s. u. a. Hering 1995, auch in Kap. 4.4). Für viele dieser Arten ist ein spezifisches Flut-, Schwimm- oder Tauchverhalten nachgewiesen (z. B. Siepe 1994), was zusammen mit den phänologischen Schwerpunkten (Aktivitätszeiträume und Entwicklungszyklus) eine höhere Überlebensrate der Individuen in Auelebensräumen mit natürlicher Hochwasserdynamik begünstigt. Saisonal finden Wechsel zwischen der unmittelbaren Wasserwechselzone des Ufers und direkt angrenzenden Strukturen oder sogar weiter entfernt gelegenen Überwinterungsorten statt, wobei das Aufsuchen des Winterquartiers bei flugfähigen Imagines auch durch Flug erfolgen kann. So überwintern *Bembidion*-Arten der offenen Kies- und Schotterufer teils tief eingegraben in Geländepartien, die gegenüber dem Fließgewässer erhöht sind und in deutlicher Entfernung zu den Ufern liegen, zuweilen an höheren Stellen der Uferböschung selbst. Arten der Fluss- oder Bachbegleitgehölze sind häufig während ihrer inaktiven winterlichen Phasen (oder ansonsten während Hochwasserereignissen) in Rindenspalten, unter loser Rinde oder unter Moospolstern an Bäumen vorzufinden.

Naturräumlich zeigen sich teils erhebliche Unterschiede in der Artenzahl spezifischer Uferarten, die an Fließgewässern zu erwarten sind, auch in

Tab. 13.2 Die stetigsten und verbreitetsten Laufkäferarten an Fließgewässern in Baden-Württemberg. Aufgeführt sind die besonders stet in Uferzonen von Fließgewässern nachgewiesenen Arten, die zudem eine landesweite Rasterfrequenz von über 25 % zeigen. Die Arten sind innerhalb der einzelnen Gruppierungen nach abnehmender Registrierung an Ufern gelistet.

Spezifische Arten der Fließgewässerufer (U)
Paranchus albipes
Bembidion tibiale (Schwerpunkt Kies-/Schotter kleinerer bis mittelgroßer Gewässer, schattentolerant)
Bembidion decorum (Schwerpunkt Kies-/Schotter größerer Gewässer, vorwiegend besonnt)
Bembidion monticola (Schwerpunkt Sand/Sand-Lehm kleinerer bis mittelgroßer Gewässer, schattentolerant)
Verbreitete Wald- und Gehölzarten (W) entlang der Uferbegleitgehölze
Limodromus assimilis
Abax parallelepipedus
Abax parallelus
Patrobus atrorufus
Cychrus caraboides
Dromius quadrimaculatus (a)
Dromius agilis (a)
Calodromius spilotus (a)
Verbreitete Feuchtgebietsarten (F; schließt Uferarten ohne deutlichen Fließgewässerschwerpunkt ein)
Pterostichus anthracinus
Pterostichus nigrita
Bembidion articulatum
Agonum micans (b)
Agonum emarginatum
Bembidion dentellum
Elaphrus cupreus (b)
Elaphrus riparius (b)
Agonum marginatum (b)
Chlaenius vestitus (b)
Dyschirius aeneus
Arten von Rohböden ohne Ufer-/Auenbindung (X)
Bembidion deletum
Euryöke Arten (E) mit Schwerpunkt im mittleren bis feuchten Standortbereich
Bembidion tetracolum (b)
Loricera pilicornis
Dyschirius globosus
Agonum muelleri
Bembidion lunulatum
Clivina collaris (b)
Clivina fossor
Bembidion properans
Tachys bistriatus
Carabus granulatus
Großbuchstaben in Klammern beziehen sich auf die Grob-Lebensraumtypen von Tab. 12.1.
(a) arborikole (baumbewohnende) Art; hierfür wurden separat nur gezielte Aufsammlungen im Winterquartier berücksichtigt
(b) innerhalb des besiedelten Lebensraumspektrums stellen Fließgewässerufer einen besonders hervorzuhebenden Teil dar (nur für Arten ohne Zuordnung zur Kategorie U)
Basis bildet die Auswertung der Datengrundlage zu KAULE et al. (2001) sowie neuerer eigener Aufsammlungen aus Bad.-Württ. (n = 320, ohne arborikole). Es ist darauf hinzuweisen, dass die Basis deutlich heterogener als zu einigen anderen Lebensräumen ist, da sie in diesem Fall überwiegend Ergebnisse aus Handaufsammlungen mit teilweise nicht oder nicht vollständig standardisierter Erfassungsmethode umfasst.

naturnahen Abschnitten, soweit es sie noch gibt. So ist die Bachuferfauna im Großteil der Neckar- und Tauber-Gäuplatten sowie im Schwäbischen Keuper-Lias-Land erheblich artenärmer als etwa diejenige ähnlich großer Fließgewässer im Voralpinen Hügel- und Moorland oder in der Donau-Iller-Lech-Platte (s. auch Kap. 12). Dies steht einerseits im Zusammenhang mit den vorhandenen bzw. vorherrschenden Substraten und teils mit klimatischen Aspekten, aber auch mit den Gesamtarealen einiger Arten oder der räumlichen Anknüpfung an bestimmte Gewässersysteme (s. Verbreitungskarten im Speziellen Teil).

So beschränken sich die Vorkommen des Schwemmsand-Ahlenläufers (*Sinechostictus decoratus*) weitgehend auf Räume mit umfangreicheren glazifluvialen Ablagerungen im Einzugsbereich der Donau und des Bodensees, auf Teile des Oberrhein-Tieflands und diesem zuführender Bäche, zudem auf Teile des Schwäbischen Keuper-Lias-Landes, in denen aus den Sandsteinschichten geeignetes sandiges Substrat erodiert und in den Bachuferzonen teilweise aufgeschlossen bzw. angelandet wird (s. Verbreitungskarte dieser Art auf S. 295 sowie die beiden Karten im Allgemeinen Teil auf S. 16 und auf S. 17 oben). Andere Arten mit Vorkommensschwerpunkt in den Alpen und ggf. weiteren europäischen Gebirgen stoßen an Flüssen mit Schotter- oder Kiesbänken bis in das südliche Baden-Württemberg vor, etwa der Zwei-

Tab. 13.3 Laufkäferarten, die in Baden-Württemberg der Artengruppe der Ufer, Bänke und Aufschwemmungen an Fließgewässern (Gruppe U aus Tab. 12.1) zugeordnet sind. Anordnung nach Gruppen abnehmender Häufigkeit/Verbreitung und innerhalb der Gruppen nach abnehmender Rasterfrequenz bezogen auf die Rasterfelder der Topographischen Karte 1:25 000. Die Rasterfrequenz berücksichtigt ausschließlich Nachweise nach 1975.

Art	Substrat
Landesweit oder im Großteil des Landes bei zudem hoher Nachweisdichte verbreitet (Rasterfrequenz > 40 %)	
Paranchus albipes	g
Bembidion tibiale	g
Weit, aber räumlich und bezüglich der Nachweishäufigkeit differenziert verbreitet (Rasterfrequenz 25–40 %)	
Bembidion decorum	g
Bembidion monticola	f
*Bembidion punctulatum**	g
Naturräumlich/gewässertypologisch stark differenziert verbreitet (Rasterfrequenz 5–24 %)	
Ocys harpaloides/O. tachysoides	f**
Sinechostictus decoratus	f
Bembidion testaceum	g
Tachys micros	f***
Bembidion semipunctatum	f
Sinechostictus stomoides	g
Bembidion geniculatum	g
Omophron limbatum	f
Perileptus areolatus	g
Elaphrus aureus	f**
Bembidion atrocaeruleum	g
Bembidion schueppelii	f
Sinechostictus elongatus	f
Bembidion azurescens	f
Bembidion octomaculatum	f***
Elaphropus sexstriatus	g
Asaphidion austriacum	f**
Bembidion quadripustulatum	f***
Bembidion lunatum	f
Naturräumlich/gewässertypologisch stark eingeschränkt oder nur (noch) punktuell verbreitet (Rasterfrequenz < 5 %)	
Bembidion ascendens	g
Bembidion cruciatum	g
Nebria picicornis	g
Bembidion modestum	g
Bembidion prasinum	g
Dyschirius politus	f
Nebria livida	f
Thalassophilus longicornis	g
Nebria rufescens	g
Bembidion fasciolatum	g
Bembidion varicolor	g
Dyschirius agnatus	f
Bembidion striatum	f
Bembidion fluviatile	f
Dyschirius nitidus	f
Bembidion conforme	g
Pterostichus fasciatopunctatus	g
Sinechostictus millerianus	g
*Cylindera arenaria*****	f
*Sinechostictus doderoi*****	g
*Bembidion litorale*****	f
*Bembidion argenteolum*****	f
*Bembidion velox*****	f
*Elaphropus diabrachys*****	f
*Nebria jockischii*****	g
Bereits erloschene Arten (keine Nachweise nach 1975)	
Agonum impressum	f
Asaphidion caraboides	f
Bembidion foraminosum	f
Bembidion laticolle	f
Bembidion starkii	f
Dyschirius abditus	f
Sinechostictus ruficornis	g

Substrat: (Grobeinstufung für entscheidende Substratanteile, nähere Angaben in den Arttexten des Speziellen Teils):
f = Feinsubstrat (Ton, Schluff, Fein- bis Mittelsand, organische Materialien); g = Grobsubstrat (Grobsand bis Kies, Schotter, Steine, Blöcke)

* Rasterfrequenz rechnerisch mit 24,7 % knapp unter der Schwelle, aber aufgrund der Verbreitungs- und Bestandssituation dennoch dieser Gruppe zugeordnet
** Auwald und in der Regel damit in enger räumlicher Verzahnung stehende Fließgewässerufer
*** insbesondere auch Flutmulden und Stillgewässer in Auen mit stark schwankendem Wasserstand
**** weniger als 5 nach 1975 besetzte Rasterfelder

farbige Ahlenläufer (*Bembidion varicolor*, s. Verbreitungskarte dieser Art auf S. 279).

Tab. 13.2 gibt eine Übersicht zu den Laufkäferarten, die an den Fließgewässern Baden-Württembergs am stetigsten und verbreitetsten sind, wobei sich hierunter jedoch zunächst nur sehr wenige der spezifischen Uferarten befinden. Dies hängt einerseits damit zusammen, dass für solche Arten, insbesondere diejenigen mit engeren Lebensraumansprüchen, viele Gewässerabschnitte des Landes nicht mehr oder nur noch eingeschränkt geeignet sind und sie daher bei Probenahmen an Ufern (die auch beeinträchtigte Abschnitte umfassen), keine so hohe Stetigkeit erreichen wie andere, darunter viele euryöke Arten. Andererseits kommt hier die bereits erwähnte starke naturräumliche Differenzierung vieler Uferarten zum Tragen, wodurch deren Stetigkeit bei landesweiter Betrachtung geringer ausfällt.

Dass außerdem Laufkäferarten angrenzender Lebensräume auch saisonal in unterschiedlichem Umfang Uferzonen nutzen oder in diese einstrahlen, zeigte Sowig (1986b) am Beispiel einer Pestwurzflur (Petasitetum hybridi) im südwestlichen Baden-Württemberg: Hier nutzten die Wald- und Gehölzarten *Limodromus assimilis* und *Pterostichus oblongopunctatus* erst im Sommeraspekt das untersuchte Sandufer, auf dem zu diesem Zeitpunkt die Gewöhnliche Pestwurz (*Petasites hybridus*) voll aufgewachsen war und eine komplette Überschirmung der Uferzone erreicht hatte.

Tab. 13.3 listet schließlich alle Arten auf, die in Baden-Württemberg der Artengruppe der Ufer, Bänke und Aufschwemmungen an Fließgewässern zugeordnet sind. Dass weitere naturschutzfachlich bedeutende Laufkäferarten an Fließgewässern und in ihren Auen vorkommen können, wurde bereits an anderer Stelle dieses Kapitels erwähnt.

FFH-Lebensraumtypen, die für charakteristische Laufkäferarten dynamischer Ufer, Bänke und Aufschwemmungen relevant sind, umfassen die Typen 3240 (Alpine Flüsse mit Lavendel-Weiden-Ufergehölzen), 3260 (Fließgewässer mit flutender Wasservegetation) sowie 3270 (Schlammige Flussufer mit Pioniervegetation). Zudem sind in Auen weitere Lebenraumtypen insbesondere der Auwälder (s. auch Kap. 13.4) und eutrophen Stillgewässer zu berücksichtigen.

13.3 Uferzonen des Bodensees

Die Laufkäferfauna der Bodenseeufer war Gegenstand einer länderübergreifenden Studie mit Auswertungen sowie Erfassungen neuer Daten in Deutschland (Baden-Württemberg und Bayern), Österreich und der Schweiz (Bräunicke & Trautner 2002). Hierauf wird für das vorliegende Kapitel zurückgegriffen, wobei die dort ebenfalls behandelte Laufkäferfauna der Bodenseezuflüsse unberücksichtigt bleibt. Der Bodensee wird in einem separaten Kapitel behandelt, weil er aufgrund seiner Größe und Eigenheiten einen besonderen Lebensraum und Lebensraumkomplex in Baden-Württemberg darstellt. Gleichwohl sei auch auf andere Kapitel (u. a. Fließgewässer und spezifische Auebiotope) verwiesen.

Die Ufer des Bodensees sind von Natur aus weitgehend Abtragungs- oder Abrasionsufer (Lang 1967), und die Wasserstandsdynamik, die noch relativ natürlich ist und mittlere jährliche Schwankungen von 2 m aufweist, erreicht ihre Tiefststände in der Regel im Winterhalbjahr zwischen Dezember und März. In diesem Zeitraum liegen weite Teile der landseitigen Flachwasserzonen des Sees trocken. Möglicherweise ist dies die Ursache dafür, dass eine der besonders charakteristischen Laufkäferarten der Bodenseeufer, der Schmale Grubenhalsläufer (*Patrobus australis*, s. S. 313) hier optimale Lebensbedingungen vorfindet. Denn die Art gehört zur eher kleinen Zahl derjenigen Feuchtgebiets- und Uferarten, bei denen von Larvalentwicklung ab Sommer/Herbst und einer überwiegend larvalen Überwinterung auszugehen ist. Die gegenüber den Imagines sensibleren und weniger mobilen Larvenstadien finden im Winter entlang der Seeufer ausgedehnte Zonen mit relativ geringen Schwankungen der Umweltbedingungen und insbesondere gewöhnlich ausbleibenden Überflutungen vor. *P. australis* besiedelt am Bodensee ein breites Spektrum von Ufertypen, erreicht die höchste Stetigkeit aber in Uferzonen mit hohem Kiesanteil und zugleich hohem Anteil an sandigem oder bindigem Substrat. Die Art ist nach den vorliegenden Daten in Baden-Württemberg auf den Bodenseeraum und hier weitestgehend auf die Uferzonen des Sees beschränkt.

Während *P. australis* aufgrund der larvalen Entwicklungszeit von den winterlichen Niedrigwasserständen des Sees profitiert, werden andere

Die winterlichen Niedrigwasserstände am Bodensee dürften für den als Larve überwinternden, in dortigen Uferzonen charakteristischen Schmalen Grubenhalsläufer (*Patrobus australis*) besonders günstig sein, da hierdurch zusätzliche Uferzonen trocken fallen und die Überflutungswahrscheinlichkeit reduziert ist. Aufnahme aus den 1980er Jahren.

Arten gerade durch extreme Hochwasserereignisse am See gefördert. Beispiele sind hier der Mattschwarze Glanzflachläufer (*Agonum lugens*) sowie der Gestreckte Enghalsläufer (*Limodromus longiventris*), die im Jahr 1999 nach einem der bislang stärksten am Bodensee dokumentierten Hochwässer mit besonders hohen Fangzahlen registriert werden konnten (s. Bräunicke & Trautner 2002 nach Daten von J. Kiechle). Beide Arten zeigen neben dem nördlichen Teil des baden-württembergischen Oberrhein-Tieflands einen weiteren Verbreitungsschwerpunkt im Bodenseeraum. Bei *L. longiventris* ist dieser auf den westlichen Bodensee mit den dort umfangreicheren Seerieden und Auwaldbereichen beschränkt.

Zu den naturschutzfachlich besonders relevanten Laufkäferarten der vegetationsarmen Kies- oder Feinsubstratufer des Sees zählen die beiden *Nebria*-Arten Gelbrandiger Dammläufer (*N. livida*) und Rotköpfiger Dammläufer (*N. picicornis*, s. S. 144 ff., auch mit Abbildungen von Lebensräumen), wobei die erstgenannte Art bereits stark rückläufig und nur noch in wenigen Abschnitten des baden-württembergischen Bodenseeufers anzutreffen ist. Sie besiedelt ausschließlich dynamische, vegetationsarme bis -freie und größtenteils besonnte Ufer mit höherem Anteil an Sand oder bindigem Substrat. Dagegen ist *N. picicornis* eine Besiedlerin von Kies- und Schotterufern mit gröberem Material. Eine Übersicht zu den stetigsten Laufkäferarten der vegetationsarmen Kies- oder Feinsubstratufer des Bodensees gibt Tab. 13.4. Diese Uferabschnitte sind essenzieller Lebensraum für eine Reihe von Arten am See, die stärker bewachsene oder teils auch beschattete Uferzonen nicht zu besiedeln vermögen. Daneben finden sich unter den stetig auftretenden Arten – wie auch an Fließgewässern üblich – solche mit anderen Lebensraumschwerpunkten, darunter einzelne euryöke sowie feuchteliebende Arten (s. Kap. 13.2).

Von herausgehobener Bedeutung sind neben den vegetationsarmen Uferzonen die Seeriede, als die vereinfacht – trotz zum Teil unterschiedlicher Genese und Standortverhältnisse – die größeren Feuchtgebietskomplexe in unmittelbarem räumlichen Anschluss an die Wasserfläche und teils Uferröhrichte des Sees zusammengefasst werden (Bräunicke & Trautner 2002) und zu denen in

Tab. 13.4 Die stetigsten Laufkäferarten vegetationsarmer Kies- und Feinsubstratufer am Bodensee (leicht verändert nach BRÄUNICKE & TRAUTNER 2002). Aufgeführt sind alle Arten, die an mindestens der Hälfte aller dem jeweiligen Ufertyp zuzuordnenden Probestellen der genannten Untersuchung nachgewiesen wurden.

Art	Kiesufer (n = 20)	Kies-/Feinsubstratufer (n = 23)	Feinsubstratufer (n = 12)
Paranchus albipes	■	■	□
Chlaenius vestitus	♦	♦	□
Bembidion assimile	□	■	■
Nebria brevicollis	□	♦	■
Bembidion punctulatum	□		□
Bembidion decorum	■		
Nebria picicornis	♦		
Bembidion properans	□		
Bembidion tetracolum	□	♦	
Pterostichus anthracinus		♦	□
Agonum muelleri		□	
Patrobus australis		□	
Agonum lugens			□
Bembidion articulatum			□
Bembidion semipunctatum			□
Clivina collaris			□
Dyschirius globosus			□
Elaphrus riparius			□
Loricera pilicornis			□
Oodes helopioides			□
Oxypselaphus obscurus			□
Limodromus assimilis			□
Pterostichus vernalis			□

■ = an mehr als 70 %,
♦ = an 61–70 %,
□ = an 50–60 % der Probestellen des jeweiligen Typs nachgewiesen

Baden-Württemberg etwa das Eriskircher Ried, das Wollmatinger Ried und das Radolfzeller Aachried zählen. Hier finden sich zwar ganz überwiegend Arten, die auch in entsprechenden Feucht- und Nassbiotopen (vgl. Kap. 13.4) anderer Naturräume und abseits des Sees in ähnlichen Zönosen auftreten. Neben den bereits genannten Arten *Agonum lugens, Patrobus australis* und *Limodromus longiventris* sei an dieser Stelle aber noch auf einige weitere besonders bedeutsame Vorkommen am See hingewiesen, und zwar auf jene des Glänzenden Grabläufers (*Pterostichus aterrimus*), des Östlichen Glanzflachläufers (*Agonum hypocrita*) sowie des Schwarzen Sammetläufers (*Chlaenius tristis*). Die zuletzt genannte Art musste bei BRÄUNICKE & TRAUTNER (2002) noch unter den am See ausgestorbenen oder verschollenen Arten gelistet werden, doch gelangen aktuell wieder Nachweise am Bodensee (s. S. 436 f.).

FFH-Lebensraumtypen, die für charakteristische Laufkäferarten am Bodensee relevant sind, umfassen insbesondere die Typen 3130 (Nährstoffarme bis mäßig nährstoffreiche Stillgewässer), 3140 (Kalkreiche, nährstoffarme Stillgewässer mit Armleuchteralgen) sowie 3150 (Natürliche nährstoffreiche Seen) mit ihren Uferzonen. Zudem sind weitere Lebenraumtypen insbesondere der Moore und Auwälder (s. auch Kap. 13.4) sowie der Fließgewässer in ihrem Mündungsbereich in den Bodensee zu beachten.

13.4 Moore sowie sonstige Feucht- und Nassbiotope

Baden-Württemberg verfügt über ein sehr breites Spektrum an Lebensräumen feuchter und nasser Standorte, die nach Wasserhaushalt, Nährstoffversorgung, Beschattung oder durch Vegetation gebildeter und ggf. durch Nutzung oder Pflege beeinflusster „Raumstruktur" in Bodennähe differenziert sind. Entsprechend divers sind die Laufkäferzönosen dieser Lebensräume. Beispielhaft sei auf typische Artengemeinschaften im Federseegebiet verwiesen, wie sie WASNER (1974) beschrieben hat (vgl. Tab. 13.6).

Nach der Grobklassifizierung der Schwerpunktlebensräume einheimischer Laufkäfer stellen Arten der Feucht- und Nassbiotope mit 87 zugeordneten Arten die größte Einzelgruppe in Baden-Württemberg (Gruppe F, rd. 20%; s. Tab. 12.1, ohne spezifische Fließgewässerufer-Lebensräume, zu diesen s. Kap. 13.2). Von diesen Arten sind 4 als im Bundesland bereits erloschen einzustufen (*Bembidion bipunctatum*, *Carabus variolosus* ssp. *nodulosus*, *Chlaenius sulcicollis*, *Dicheirotrichus rufithorax*).

Bei den Laufkäferarten, die in Baden-Württemberg für Feucht- und Nasslebensräume guter Ausprägung typisch sind, handelt es sich ganz überwiegend um kleine Arten. Der Mittelwert für die Körpergröße der Imagines liegt bei der entsprechenden Artengruppe (F) nach den Größenangaben in MÜLLER-MOTZFELDT (2006a) bei lediglich 6,7 mm und damit etwas höher als bei den Arten dynamischer Uferstandorte. Lediglich 11 Arten der Gruppe weisen eine durchschnittliche Körpergröße der Imagines von einem Zentimeter oder mehr auf, darunter vor allem Arten der Gattungen *Chlaenius* und *Pterostichus*. Wie bei den Arten dynamischer Uferstandorte ist auch bei einer ganzen Reihe von Arten der Feucht- und Nasslebensräume ein spezifisches Flut-, Schwimm- oder Tauchverhalten ausgeprägt, und die meisten Vertreter der Gruppe überwintern schwerpunktmäßig im Imaginalstadium. Die Überwinterungsorte können sich von dem in der Hauptaktivitätszeit besiedelten Lebensraum unterscheiden. So überwintern Arten von Rieden und Röhrichten zum Teil auch in unmittelbar angrenzenden, trockeneren Flächen oder unter loser Rinde von Bäumen. Solche Beobachtungen werden etwa von MEISSNER (1998) für den Sumpf-Rindenläufer (*Philorhizus sigma*) beschrieben.

Tab. 13.5 Die 20 stetigsten und verbreitetsten Laufkäferarten aus diversen, eher offenen Feucht- und Nassbiotopen in Baden-Württemberg. Die Arten sind nach abnehmender Stetigkeit/Verbreitung aufgeführt.

Art	IndVal
Pterostichus nigrita	56,0
Agonum emarginatum	43,6
Nebria brevicollis	42,9
Pterostichus strenuus	42,9
Carabus granulatus	41,5
Abax parallelepipedus	40,8
Clivina fossor	40,4
Agonum fuliginosum	39,4
Pterostichus anthracinus	36,5
Dyschirius globosus	36,2
Pterostichus minor	35,8
Loricera pilicornis	34,4
Oodes helopioides	33,3
Pterostichus diligens	31,9
Pterostichus niger	30,1
Pterostichus vernalis	29,1
Elaphrus cupreus	27,7
Abax parallelus	27,3
Anisodactylus binotatus	27,0
Poecilus cupreus	27,0

IndVal: Sowohl die relative Häufigkeit (Individuenzahl) als auch die Frequenz (Stetigkeit) an den Probestellen berücksichtigender Indikatorwert nach DUFRÊNE & LEGENDRE (1997)

n = 482; berücksichtigte Naturräume: Neckar- und Tauber-Gäuplatten, Schwäbisches Keuper-Lias-Land, Donau-Iller-Lech-Platte, Voralpines Hügel- und Moorland

Ausgewertet wurden Probestellen mit Artenzahlen > 4 (der sehr niedrige untere Wert wurde aufgrund der natürlicherweise sehr geringen Artenzahl in Hochmoorlebensräumen gewählt) sowie annähernd exakter Verortung und Absicherung der Lage innerhalb offener, geschützter Feucht- und Nassbiotope nach landesweiter Biotopkartierung (Datenstand 2015, ungepuffert) oder ALKIS/DLM für den entsprechenden Standortbereich (15 m nach innen gepuffert). Es ist darauf hinzuweisen, dass die Basis heterogener als zu Äckern, Weinbergen, Grünland mittlerer Standorte und Wäldern ist, da sowohl Ergebnisse aus Bodenfallenfängen als auch aus Handaufsammlungen mit teilweise nicht oder nicht vollständig standardisierter Erfassungsmethode eingeflossen sind.

Betrachtet man die Laufkäferarten, die in Feuchtbiotopen Baden-Württembergs mit eher offener Struktur am stetigsten und häufigsten registriert wurden (s. Tab. 13.5), so fällt auf, dass unter ihnen „echte“ Feuchtgebietsbewohner in der Minderheit sind und es sich zum größeren Teil um euryöke Arten des Offenlands handelt und sogar zwei verbreitete Waldarten (*Abax parallelepipedus, Abax parallelus*) vertreten sind. Ursache dafür ist unter anderem das standörtliche Spektrum der hier betrachteten Lebensräume, das etwa mit den Kohldistel- und Silgenwiesen feuchter oder wechselfeuchter Standorte noch in die stärker durch euryöke Arten besiedelten Zonen reicht. Hinzu kommt, dass eine ganze Reihe typischer Feuchtgebietsarten naturräumlich sehr differenziert verbreitet ist, so dass diese Arten landesweit keine so hohen Stetigkeiten erreichen können. Andererseits darf man nicht übersehen, dass selbst innerhalb von Schutzgebieten viele Feucht- und Nassbiotope heute nur noch relativ kleinflächig ausgeprägt und standörtlich bereits mehr oder minder stark verändert sind (auch durch vorhandene Drainagesysteme in oder im direkten Umfeld der Flächen), wodurch die zönotische Abgrenzung weniger deutlich wird. Euryöke Offenlandarten strahlen daher in viele dieser Flächen ein und erreichen dabei sogar hohe Individuenanteile. Gleiches trifft auch für einige verbreitete Wald- und Gehölzbewohner zu, zumal in vielen eher offenen Feuchtgebietskomplexen häufiger Gehölze belassen oder in der weiteren Ausdehnung toleriert oder sogar gefördert wurden und sie so inzwischen größere Flächenanteile in den Gebieten selbst oder daran angrenzend einnehmen. Dass euryöke Arten in großflächig und vergleichsweise gut ausgebildeten Feuchtgebieten geringe Anteile erreichen, zeigen die Spalten zwei bis vier von Tab. 13.6. Das gleiche Bild findet man bei relativ kleinen Flächen, die eine gut ausgebildete „Kernzone“ extremer Standortbedingungen aufweisen.

Hoch- und Übergangsmoore beherbergen nur wenige spezifische Arten, die aber naturschutzfachlich von hoher Bedeutung sind. An erster Stelle sind hier der Moor-Flachläufer (*Agonum munsteri*) und der Hochmoor-Glanzflachläufer (*Agonum ericeti*) zu nennen, wobei ein aktuelles Vorkommen der erstgenannten Art in Baden-Württemberg unklar ist. Ebenfalls auf diese Moortypen samt ihren Degradationsstadien beschränkt sind in Baden-Württemberg nach bisherigem Kenntnisstand der Torf-Zwergahlenläufer (*Elaphropus walkerianus*) sowie der Rauchbraune Nachtläufer (*Cymindis vaporariorum*). Letzterer ist vor dem Hintergrund der Funde in oberflächig stark austrocknenden, verheideten Degradationsstadien von Mooren sowie aufgrund der bundesweiten Vorkommensschwerpunkte nicht als Feuchtgebietsart eingeordnet, sondern wurde zu den Arten der Trockenlebensräume gestellt. Im lebenden Hochmoor dürfte diese Art schwerpunktmäßig die Bultköpfe als kleinräumig und mosaikartig verteilte, trockenere Extremstandorte nutzen. Gleiches gilt für den Heide-Rundbauchläufer (*Bradycellus ruficollis*). Zu den in Hochmooren ebenfalls auftretenden, jedoch nicht auf diese beschränkten Arten gehört der Hochmoor-Ahlenläufer (*Bembidion humerale*), eine „Störstellenart“ nackter Torfe. Die oben genannten Arten sind an besonnte oder weitgehend besonnte Standorte gebunden. Bei stärkerer Bewaldung und Beschattung fallen sie aus und können auch schon in frühen Phasen der Gehölzentwicklung durch diese hinsichtlich Habitatqualität und Bestandsgröße beeinträchtigt sein. Es gibt in Baden-Württemberg keine an überwiegend bis weitgehend geschlossene Moorwälder gebundenen Laufkäferarten und auch keine Arten, die solche Lebensräume präferieren.

Sowohl in Niedermooren als auch in anderen Feuchtgebieten (z. B. der Auen) sind Artenreichtum und -zusammensetzung der Laufkäferfauna wesentlich durch die standort- und nutzungsbedingte Vegetationsstruktur bestimmt. Im unbewaldeten, mesotrophen Bereich sind dichte, rasenartige Bestände mit geschlossener Vegetationsnarbe oft sehr artenarm. Dies gilt sowohl im sauren als auch im basischen Milieu. Ein stärkeres Mikrorelief der Bodenoberfläche und eine heterogene Vegetationsstruktur, inbesondere wenn sie offene, unbewachsene Bodenstellen im Wechsel mit Bult- oder Röhrichtstrukturen umfasst, begünstigen in aller Regel eine artenreichere Laufkäferfauna.

Zu naturschutzfachlich besonders bedeutsamen Feuchtgebietsarten der Laufkäferfauna mit Schwerpunkt im (oligo- bis) mesotrophen Bereich zählen *Epaphius rivularis*, *Pterostichus aterrimus* und *Agonum hypocrita*. Typische Arten der Riede oder Röhrichte, und dort zugleich in starkem Maße in der Vegetation an Halmen und auf Blättern kletternd zu finden, sind *Agonum piceum*, *Agonum thoreyi*, *Demetrias imperialis*, *Demetrias monostigma*, *Leistus terminatus*, *Odacantha melanura*, *Paradromius longiceps* sowie *Philorhizus sigma*. Mehrere Arten dieser Gruppe finden sich beispielsweise in dem von Wasner (1974) unter-

Tab. 13.6 Laufkäferzönosen ausgewählter Feucht- und Nasslebensräume im Federseebecken (Naturraum Donau-Iller-Lech-Platte) auf Grundlage von WASNER (1974). Die Arten sind hier nach abnehmender Häufgkeit und „Exklusivität" des Nachweises innerhalb der Standorte beginnend beim Schilfgürtel aufgeführt, bei übereinstimmenden Angaben dann alphabetisch nach wissenschaftlichem Artnamen.

Art	Schilfgürtel	Seggenried/ Flachmoor	Zwischenmoor (nass)	Sumpfwald (weniger nass)
Oodes helopioides	■	♦		
Agonum thoreyi	■	♦	□	
Pterostichus minor	♦	□		
Agonum gracile	♦	□	□	
Odacantha melanura	♦	□	□	
Agonum piceum	□			
Badister peltatus	□			
Demetrias imperialis	□			
Elaphrus cupreus	□			
Elaphrus riparius	□			
Stenolophus mixtus	□			
Pterostichus diligens	□	■	□	□
Dyschirius globosus		♦		
Agonum fuliginosum	□	♦	□	
Harpalus rufipes		□		
Panagaeus cruxmajor		□		
Pterostichus strenuus		□		
Pterostichus vernalis		□		
*Pterostichus nigrita**	□	□	■	
Carabus granulatus			♦	
Agonum viduum	□		♦	
Loricera pilicornis	□		♦	
Bembidion doris			□	
Pterostichus anthracinus			□	
Agonum muelleri			□	□
Epaphius secalis			□	□
*Agonum emarginatum***	□	□	□	
Notiophilus biguttatus				■
Carabus glabratus				♦
Bembidion mannerheimii				□
Clivina fossor				□
Pterostichus oblongopunctatus				□
Pterostichus melanarius				□
Pterostichus burmeisteri				□
Trichotichnus laevicollis				□

* zum damaligen Zeitpunkt war noch keine Arttrennung von *P. rhaeticus* erfolgt; aus dem Federseegebiet sind beide Arten nachgewiesen
** zum damaligen Zeitpunkt waren weitere Arten der Verwandtschaftsgruppe noch nicht bekannt bzw. nicht sicher zu trennen

■ = hohe Aktivitätsdichte/Individuenzahl („zahlreich bis sehr zahlreich")
♦ = mittlere Aktivitätsdichte/Individuenzahl („mitteldicht")
□ = geringe Aktivitätsdichte/Individuenzahl („vereinzelt bis spärlich")

Berücksichtigt sind die Standorte A–D jener Untersuchung, ohne jeweils nur als Einzeltier nachgewiesene Arten. Unter letzteren befinden sich weitere spezifische Feuchtgebietsarten wie *Blethisa multipunctata* und *Leistus terminatus*. Datenbasis sind in diesem Fall überwiegend Bodenfallenfänge.

Feuchgebietskomplexe mit Standort- und Nutzungsgradienten, wie hier von einer gemähten Fläche zu einem Schilfröhricht in Senkenlage, bieten neben Röhrichtbewohnern auch Laufkäferarten besonnter Uferpartien sowie der Feucht- und Nasswiesen Lebensraum. Das hier gezeigte Foto stammt aus dem südöstlichen Teil der Donau-Iller-Lech-Platte.

suchten Schilfgürtel des Federsees (s. zweite Spalte in Tab. 13.6).

Standorte mit episodisch oder periodisch deutlich schwankenden Wasserständen, etwa in Flutmulden oder an bestimmten Typen größerer Stillgewässer, können naturschutzfachlich bedeutsamen Arten vegetationsfreier bis nur lückig bewachsener, stark besonnter Uferzonen Lebensraum bieten. Beispiele sind die im Naturraum des Strom- und Heuchelbergs (Teil der Neckar- und Tauber-Gäuplatten) gelegenen Stillgewässer Aalkistensee, Roßweiher und Bernhardsweiher (s. Breunig & Trautner 1996). Sie zeichnen sich durch eine artenreiche Laufkäferfauna der Uferzonen aus, darunter neben Röhrichtbewohnern etwa *Bembidion fumigatum*, *Bembidion octomaculatum* und *Pterostichus gracilis*.

Im Gegensatz zu Hoch- und Übergangsmooren gibt es in anderen Feuchtgebietstypen sowohl spezifische Arten gehölzdominierter Lebensräume als auch Arten, die solche Lebensräume präferieren. Für Auwälder und manche weitere nasse Waldlebensräume sind etwa *Agonum scitulum* und *Platynus livens* als naturschutzfachlich bedeutsame Arten zu nennen. Nach derzeitiger Datenlage bereits erloschen ist der ehemals an wenigen Standorten nachgewiesene Schwarze Grubenlaufkäfer (*Carabus variolosus* ssp. *nodulosus*). Die oben genannten Arten profitieren aufgrund ihrer spezifischen Lebensraumansprüche und enger (aktueller oder ehemaliger) Vorkommensgebiete nicht oder kaum von den vielfach zu beobachtenden Gehölzsukzessionen im feuchten bis nassen Standortbereich. Nutznießer dieser Sukzessionen sind dagegen meist wenige, bereits weit verbreitete Arten wie der Sumpf-Enghalsläufer (*Oxypselaphus obscurus*), der besonders stet z. B. Feuchtgebüsche (Grauweiden-Gebüsch u. a.) besiedelt. Auch der ebenfalls weit verbreitete, beschattete Standorte bevorzugende Sumpf-Grabläufer (*Pterostichus minor*) zeigt einen Schwerpunkt in Feucht- und Nasswäldern, wenngleich er beispielsweise auch in

Wiesen des mittleren Standortbereichs mit artenreicher Vegetation sind stark rückläufig, hier ein Gebiet der Schwäbischen Alb mit Berg-Mähwiesen (FFH-LRT 6520) während der Mahd. Für Laufkäfer haben diese Lebensräume eine gewisse, insgesamt aber eher untergeordnete Bedeutung und weisen einzelne naturschutzfachlich relevante Arten auf.

dichten Schilfröhrichten eine höhere Aktivitätsdichte aufweisen kann.

FFH-Lebensraumtypen, die für charakteristische Laufkäferarten im feuchten bis nassen Standortspektrum relevant sind, umfassen neben den bereits im Abschnitt zu den Bodenseeufern erwähnten Stillgewässer-Lebensräumen (LRT 3130, 3140, 3150) insbesondere die Lebensraumtypen *7110 (Naturnahe Hochmoore), 7120 (Geschädigte Hochmoore), 7140 (Übergangs- und Schwingrasenmoore), 7150 (Torfmoor-Schlenken) sowie Lebensräume der Auenwälder, *91E0 (Auenwälder mit Erle, Esche, Weide) und 91F0 (Hartholzauwälder). Bei einzelnen weiteren Lebensraumtypen ist eine lokale Ausprägung mit charakteristischen Arten auf Gebietsebene möglich.

13.5 Wiesen- und Weidegebiete mittlerer Standorte

Die Laufkäfer-Artenzahlen des Grünlands mittlerer Standorte Baden-Württembergs sind in der Regel niedriger als auf ackerbaulich genutzten Flächen mit ähnlichen oder gleichen Ausgangsstandorten. Ein größerer Teil des in Wiesen oder Weiden anzutreffenden Artenspektrums hat zudem den Lebensraumschwerpunkt in anderen Offenlandbiotopen oder kommt zumindest dort auch vor, ist also nicht an Wiesen gebunden. Selbst in vegetationskundlich gut ausgebildeten Mähwiesen (LRT 6510, 6520 nach Anhang I der FFH-Richtlinie) finden sich regelmäßig nur gering bis mäßig artenreiche Laufkäferbestände mit zudem eher niedriger Zahl an naturschutzfachlich bedeutsamen Arten. Zu ähnlichen Ergebnissen kam Vowinkel (1996, 1998) bei der Untersuchung von Bergwiesen des Harzes. Das mesophile Grünland wies dort „nur wenige charakteristische Carabiden-Arten“

Tab. 13.7 Die 20 stetigsten und verbreitetsten Laufkäferarten aus Wiesen und Weiden mittlerer Standorte in ausgewählten Naturräumen Baden-Württembergs. Die Arten sind nach abnehmender Stetigkeit/Verbreitung aufgeführt.

Art	IndVal
Poecilus versicolor	77,8
Pterostichus melanarius	73,3
Poecilus cupreus	64,4
Amara aenea	60,0
Amara lunicollis	53,3
Anisodactylus binotatus	53,3
Nebria brevicollis	53,3
Calathus fuscipes	51,1
Pterostichus vernalis	44,4
Bembidion properans	42,2
Harpalus rufipes	42,2
Amara convexior	37,8
Amara communis	35,6
Amara familiaris	35,6
Harpalus affinis	35,6
Bembidion lampros	33,3
Loricera pilicornis	33,3
Carabus monilis	31,1
Clivina fossor	31,1
Agonum muelleri	20,0

IndVal: Sowohl die relative Häufigkeit (Individuenzahl) als auch die Frequenz (Stetigkeit) an den Probestellen berücksichtigender Indikatorwert nach Dufrêne & Legendre (1997)

n = 54; berücksichtigte Naturräume: Neckar- und Tauber-Gäuplatten, Voralpines Hügel- und Moorland

Ausgewertet wurden Probestellen mit Artenzahlen > 9, annähernd exakter Verortung, Zuordnung des Lebensraumtyps zur Gruppe 9.5 nach GAC (2009) und Absicherung der Lage innerhalb von Grünlandbereichen nach ALKIS/DLM (15 m nach innen gepuffert). Es wurden nur Standorte mit Bodenfallenfängen oder Mischerhebungen mit Schwerpunkt Bodenfallen herangezogen (i. d. R. beschränkt auf mehrere Fangperioden im Frühjahr und Spätsommer/Herbst, d. h. keine Fänge über die gesamte Vegetationsperiode).

auf. Das Artenspektrum setzt sich zu wesentlichen Anteilen aus euryöken Arten des Offenlands, einigen Arten der Gruppe O (s. Tab. 12.1) sowie, insbesondere bei Verbrachungstendenzen, vielfach aus wenigen weiteren Waldarten zusammen (s. u.). Eine Übersicht zu den Laufkäferarten, die am stetigsten und häufigsten in baden-württembergischen Grünlandbiotopen mittlerer Standorte registriert wurden, gibt Tab. 13.7. Die Daten beziehen sich auf die Naturräume Voralpines Hügel- und Moorland sowie Neckar- und Tauber-Gäuplatten, dürften aber auch ein landesweit zutreffendes Bild vermitteln.

Im trockeneren oder feuchteren Standortflügel des Grünlands können Arten der Trockenlebensräume oder der Feuchtbiotope hinzutreten. Exemplarisch wird dies in Tab. 13.8 für den Naturraum Stromberg-Heuchelberg gezeigt: Hier kommt etwa in der Salbei-Glatthaferwiese der Blauhals-Schnellläufer (*Harpalus dimidiatus*) hinzu und in der Kohldistel-Glatthaferwiese der Kohlschwarze Grabläufer (*Pterostichus anthracinus*). In den dortigen Standorten treten darüber hinaus einige der wenigen naturschutzfachlich hervorzuhebenden Arten des Grünlands mittlerer Standorte auf: *Amara montivaga, Amara nitida, Pterostichus longicollis* und *Pterostichus macer*. Die beiden zuletzt genannten Arten sind typisch für Standorte mit ausgeprägter Wechselfeuchte, die in aller Regel „Störstellen“ aufweisen, also vegetationsfreie bis -arme Bereiche, wie sie etwa bei Beweidung oder beim Rangieren mit landwirtschaftlichen Fahrzeugen entstehen können. Weitere Arten mit Schwerpunktvorkommen in bestimmten Grünlandbiotopen (auch) des mittleren Standortbereichs finden sich etwa in Auen (hier v. a. Auen-Kamelläufer, *Amara strenua*) sowie allgemein in den klimatisch eher begünstigteren Naturräumen, so z. B. Kults Kamelläufer (*Amara kulti*).

Nutzungsbegleitende Säume mit grasiger und krautiger Vegetation, vor allem auf eher weniger gut bis mäßig mit Nährstoffen versorgten Standorten, können das Artenspektrum in Grünlandgebieten erhöhen. Dazu gehören etwa Hochraine mit geringerer Mahdfrequenz oder in mehrjährigen Abständen gepflegte Weg- und Grabenränder. Hier treten beispielsweise samenfressende Arten wie der Grüne Haarschnellläufer (*Ophonus laticollis*) und andere „Saumarten“ wie *Panagaeus bipustulatus*, *Philorhizus melanocephalus* und *Lebia chlorocephala* auf. Für Arten, die weniger im Boden, sondern vorwiegend in der Streu und in Grashorsten überwintern, stellen solche Strukturen innerhalb ansonsten regelmäßig genutzten Grünlands auch wichtige Winterquartiere dar.

In Grünlandflächen etwa des Voralpinen Hügel- und Moorlandes, die einer Vielschnittnutzung unterliegen, können, bei Dominanz des Glatthalsigen Buntgrabläufers (*Poecilus versicolor*), der am stetigsten im Grünland auftretenden Art, extrem niedrige Artenzahlen vorkommen. *P. versicolor*

Tab. 13.8 Laufkäferzönosen von drei Wiesenstandorten im Gradienten vom trockeneren (Salbei-Glatthaferwiese) bis zum feuchteren (Kohldistel-Glatthaferwiese) Flügel der Mähwiesen mittlerer Standorte aus dem Naturraum Stromberg und Heuchelberg (Neckar- und Tauber-Gäuplatten, Basisdaten aus der Untersuchung von BREUNIG & TRAUTNER 1996). Die Arten sind hier nach abnehmender Häufgkeit und „Exklusivität" des Nachweises innerhalb der Standorte beginnend bei der Salbei-Glatthaferwiese aufgeführt, bei übereinstimmenden Angaben dann alphabetisch nach wissenschaftlichem Artnamen.

Art	Salbei-Glatthaferwiese*	Typische Glatthaferwiese	Kohldistel-Glatthaferwiese
Amara montivaga	■	□	
Amara aenea	■	♦	
Harpalus dimidiatus	♦		
Amara nitida	♦	□	
Poecilus versicolor	♦	■	♦
Amara plebeja	□		
Amara convexior	□		
Anchomenus dorsalis	□		
Badister bullatus	□		
Harpalus affinis	□		
Harpalus rubripes	□		
Microlestes maurus	□		
Amara familiaris	□	■	
Carabus monilis		■	□
Poecilus cupreus	□	■	■
Pterostichus melanarius		♦	■
Amara similata		□	
Carabus violaceus		□	
Loricera pilicornis		□	
Brachinus explodens	□	□	
Nebria brevicollis		□	□
Clivina fossor		□	■
Anisodactylus binotatus	□	□	□
Harpalus rufipes	□	□	□
Bembidion properans			■
Carabus granulatus			□
Pterostichus vernalis			♦
Calathus fuscipes	□		♦
Amara communis			□
Amara lunicollis			□
Bembidion obtusum			□
Pterostichus anthracinus			□
Pterostichus longicollis			□
Pterostichus macer			□

Berücksichtigt sind lediglich Arten, die nicht nur als Einzeltier nachgewiesen wurden. Datenbasis sind in diesem Fall Bodenfallenfänge mit reduzierten Standzeiten, hier aus ingesamt vier Fangperioden im Frühjahr und Spätsommer (keine Fänge über die gesamte Vegetationsperiode).

* mit Obstbaumbestand

■ = > 25 Ind.
♦ = 11–25 Ind.
□ = 2–10 Ind.

stellt dann zuweilen einen Individuenanteil von deutlich über 80 % am Gesamtfang aus Bodenfallen (Aktivitätsdichte). Im Voralpinen Hügel- und Moorland wurden auf entwässerten ehemaligen Feuchtgrünlandflächen mit heute intensiver Nutzung die verbreiteten Feuchtgebietsarten *Pterostichus nigrita* und *P. anthracinus* zum Teil eudominant (also mit einem Anteil von mehr als 10 % an der Gesamtindividuenzahl) festgestellt. Großlaufkäfer der Gattung *Carabus* sind in solchen Flächen vielfach bereits ausgefallen oder gebietsbezogen auf Randstrukturen beschränkt, was unter anderem mit Untersuchungsergebnissen von Tietze (1985) korrespondiert, der die Auswirkungen der Nutzungsintensivierung von Gründlandstandorten untersuchte.

Auch wenn es zu stärkeren, flächigen Verbrachungstendenzen mit dichter, teils stark verfilzender Gras- und Krautschicht kommt, sinken die Artenzahlen deutlich ab, und wenige, verbreitete Waldarten wie der Große Brettläufer (*Abax parallelepipedus*) können noch vor Einsetzen einer teilweisen oder gar flächigen Verbuschung hohe Individuenanteile erreichen. Dies zeigen auch die Untersuchungen, die z. B. Handke (1988) zu Brachflächen eines breiteren Standortspektrums in Baden-Württemberg vornahm: Die von ihm bearbeiteten Sukessionsparzellen einschließlich derjenigen ohne Gehölzaufkommen hoben sich „deutlich durch einen höheren Anteil von Waldarten [ab], die hier zahlenmäßig dominieren". Von sieben stets in allen oder einem Großteil der standörtlich sowie naturräumlich stark differierenden Sukzessionsparzellen vertretenen Arten seiner Untersuchung waren mehr als die Hälfte euryöke Waldarten (*Carabus nemoralis, Abax parallelepipedus, Abax parallelus, Pterostichus madidus*). Glück & Deuschle (2003) registrierten bei ihren Arbeiten in einem von Streuobstwiesen dominierten Untersuchungsgebiet im Vorland der Schwäbischen Alb (Teil des Naturraums Schwäbisches Keuper-Lias-Land) in der Gesamttendenz artenreichere Laufkäferzönosen in Mähwiesen als in beweideten Flächen. Letztere wiederum erwiesen sich artenreicher als Mulchwiesen und schließlich Sukzessionsflächen. Allerdings schloss das Untersuchungsgebiet über den mittleren Standortbereich hinaus weitere Flächen etwa mit Halbtrockenrasen ein. Die in dieser Untersuchung nachgewiesenen geringeren Artenzahlen von Weiden gegenüber Mähwiesen sind vermutlich nicht repräsentativ oder nur für eine intensive Beweidung gültig, die zu mehr oder minder homogenen Vegetationsbeständen führt. Aus extensiv beweidetem Grünland gibt es Anhaltspunkte für eine deutlich artenreichere Laufkäferfauna, auch im überwiegend mittleren Standortbereich.

Die Laufkäferfauna von Obstwiesen weicht, abgesehen von einzelnen gegenüber dem Grünland ohne Baumbestand zusätzlich auftretenden arborikolen Arten (v. a. *Calodromius spilotus, Dromius quadrimaculatus*), im Wesentlichen nicht von derjenigen des übrigen Grünlands mittlerer Standorte und dessen Differenzierungsstufen ab, jedenfalls soweit es sich um eher lückige Bestände mit relativ weiten Baumabständen handelt. Bei sehr dichtem Obstbaumbestand ist dagegen eine Verarmungstendenz erkennbar, zudem können wie im Falle flächiger Verbrachung verbreitete wald- und gehölzbewohnende Arten in ihrer Aktivitätsdichte zunehmen.

FFH-Lebensraumtypen, die für einzelne charakteristische Laufkäferarten im mittleren Standortspektrum des Grünlands relevant sind, umfassen insbesondere die Lebensraumtypen 6510 (Magere Flachland-Mähwiesen) und 6520 (Berg-Mähwiesen). Für einzelne weiteren Typen liegen keine ausreichenden Daten vor. Eine lokale Ausprägung mit charakteristischen Arten auf Gebietsebene ist bei ihnen ggf. möglich.

13.6 Ackergebiete und Sonderkulturen

Ackerland bietet in Baden-Württemberg grundsätzlich einer vergleichsweise hohen Zahl an Laufkäferarten Lebensraum. Wie Tscharntke (2012) treffend formuliert, geht „die verbreitete Annahme, ein Acker wäre eine biologische ‚Wüste mit Schmuckrand'" (dem Randstreifen nämlich) fehl. Gerade bei Laufkäfern wird dies deutlich: In bestimmten Feldkulturen können lokal über 50 Laufkäferarten vertreten sein, etwa im Fall der von Klinger (1987) mit reduzierten Fangzeiträumen (keine volle Vegetationsperiode) untersuchten Winterweizenfelder im Landkreis Heilbronn, auch wenn dort der Nachweis einzelner Arten auf einstrahlende Individuen aus Lebensräumen der Umgebung zurückzuführen gewesen sein dürfte. Gleichwohl spielt die strukturelle (und standörtli-

Ackerbaulich genutzte Flächen mit den wiederkehrenden Nutzungeingriffen durch Bodenbearbeitung und Ernte können einer hohen Zahl an Laufkäferarten Lebensraum bieten. Problematisch sind dagegen der Einsatz von Pestiziden und die strukturelle Verarmung bei zu intensiver und großflächig zu einheitlicher Bewirtschaftung. Das Foto stammt aus dem Schwäbischen Keuper-Lias-Land, am Horizont der Anstieg zur Schwäbischen Alb.

che) Differenzierung eine Rolle. KUBACH (1995) wies in seiner dreijährigen Untersuchung eines Ackerbaugebiets im Kraichgau in neu angelegten Saumstrukturen, Ackerbrachen, Äckern und begleitenden Stufenrainen insgesamt 99 Laufkäferarten nach, also beinahe ein Viertel des landesweiten Artenspektrums. Er untersuchte allerdings Flächen in unmittelbarer Nachbarschaft zu einem der „letzten größeren, nicht flurbereinigten Landschaftsausschnitte des gesamten Kraichgaus" und nimmt an, „dass diese strukturreichen Gewanne die Schwerpunktvorkommen vieler Laufkäferarten" in diesem Naturraum beherbergen (KUBACH 1995).

Die Herkunft der Arten der Ackerfauna wird in der Literatur oft auf akuelle oder frühere Zönosen sogenannter „Litorea"-Lebensräume (vgl. TISCHLER 1958) zurückgeführt, d. h. den Übergangsbereichen zwischen Wasser und Land mit einer Substratdynamik, wie man sie z. B. in großräumigen Auenlandschaften finden kann, zu deren Fragmenten sich auch tatsächlich Verwandtschaftsbeziehungen erkennen lassen. Darüber hinaus ist aber zu vermuten, dass bei einem Teil der Laufkäferarten unserer heutigen Agrarlandschaft die ökologische „Einnischung" parallel verlief zu derjenigen der großräumig offenen oder halboffenen Weidelandschaften der ehemals natürlichen Großsäugerfauna Europas und Asiens, die durch Fraß, Vertritt sowie durch ihre Wühl- und Suhltätigkeit die Vegetation und Struktur dieser Landschaften bestimmte.

Tab. 13.9 gibt eine Übersicht zu den Laufkäferarten, die in Ackerbiotopen der Naturräume Neckar- und Tauber-Gäuplatten sowie Schwäbische Alb am stetigsten und verbreitetsten nachgewiesen wurden. Aus diesen Naturräumen liegt besonders umfangreiches Datenmaterial von Äckern vor. Das dargestellte Artenspektrum dürfte im Wesentlichen auch ein zutreffendes Bild der landesweit häufigsten Arten der Äcker vermitteln. Es umfasst einen größeren Anteil an Arten, die im mittel- und nordwesteuropäischen Raum zu den in Äckern allgemein verbreiteten Laufkäferarten zählen (vgl. z. B. BASEDOW et al. 1976). Auf sandigen Böden im nördlichen Oberrhein-Tiefland können zudem insbesondere Arten wie *Calatus erratus* oder *Harpalus smaragdinus* lokal in höherer Aktivitätsdichte in Äckern registriert werden. Die typischen

Tab. 13.9 Die 20 stetigsten und verbreitetsten Laufkäferarten aus Ackerbiotopen ausgewählter Naturräume Baden-Württembergs. Die Arten sind nach abnehmender Stetigkeit / Verbreitung aufgeführt.

Art	IndVal
Pterostichus melanarius	92,2
Poecilus cupreus	90,2
Anchomenus dorsalis	84,0
Harpalus rufipes	83,6
Bembidion lampros	82,4
Harpalus affinis	74,6
Trechus quadristriatus	74,6
Loricera pilicornis	73,0
Amara aenea	69,3
Nebria brevicollis	69,3
Carabus granulatus	68,9
Clivina fossor	59,4
Poecilus versicolor	54,9
Amara familiaris	52,9
Bembidion obtusum	52,9
Notiophilus palustris	52,5
Carabus cancellatus	51,2
Carabus auratus	50,8
Amara similata	50,4
Bembidion properans	49,6

IndVal: Sowohl die relative Häufigkeit (Individuenzahl) als auch die Frequenz (Stetigkeit) an den Probestellen berücksichtigender Indikatorwert nach Dufrêne & Legendre (1997)

n = 244; berücksichtigte Naturräume: Neckar- und Tauber-Gäuplatten, Schwäbische Alb

Ausgewertet wurden Probestellen mit Artenzahlen > 9, annähernd exakter Verortung, Zuordnung des Lebensraumtyps zu den Gruppen 9.1/9.2 nach GAC (2009) und Absicherung der Lage innerhalb von Ackerbereichen nach ALKIS/DLM (15 m nach innen gepuffert). Es wurden nur Standorte mit Bodenfallenfängen oder Mischerhebungen mit Schwerpunkt Bodenfallen herangezogen (i. d. R. beschränkt auf mehrere Fangperioden im Frühjahr und Spätsommer/Herbst, d. h. keine Fänge über die gesamte Vegetationsperiode).

„Ackerarten" gehören größtenteils zu den Lebensraumgruppen E und O der Tab. 12.1, doch treten insbesondere in Feldrainen und Brachen je nach Standort etwa auch Arten der sonstigen (meist) mesotrophen Offenlandstandorte (Gruppe M) auf.

Die konkrete Artenausstattung von Ackergebieten und das dortige quantitative Auftreten von Laufkäfern ist naturräumlich differenziert und hängt ab vom Zusammenspiel der Faktoren Standortausprägung, strukturelle Ausstattung und Nutzung bzw. Nutzungsintensität. Dies geht aus vielfältigen Untersuchungen im europäischen Raum hervor. Es gibt allerdings auch eine „Basisausstattung" weit verbreiteter und stet vorkommender Arten. Bertrand et al. (2016) konnten aufzeigen, dass die Gesamthäufigkeit von Laufkäfern anstieg, wenn die zeitliche Heterogenität im Anbaumosaik von Feldfrüchten zunahm, wobei aber nicht alle Arten in gleicher Weise beeinflusst wurden. Neben Fruchtfolge und aktueller Feldfrucht kommt beispielsweise auch der Art der Bodenbearbeitung eine Bedeutung zu. So beschreiben z. B. Volkmar & Kreuter (2006) ein signifikant stärkeres Auftreten von Großlaufkäfern der Gattung *Carabus* nach einer pfluglosen Bodenbearbeitung. Auch die Anteile an – aus landwirtschaftlicher Sicht meist unerwünschten – Beikräutern in den Kulturen haben einen wesentlichen Einfluss. So konnte etwa Kokta (1989) nachweisen, dass unter anderem die „Mischverunkrautung" in Wintergerste durch Einjähriges Rispengras (*Poa annua*) und Gewöhnliche Vogelmiere (*Stellaria media*) zu einer 10-fachen oder noch darüber hinausgehenden Erhöhung der Aktivitätsdichte verschiedener Laufkäferarten der Gattung *Amara* führte. Dies steht in unmittelbarem Zusammenhang mit der Phytophagie (Ernährung durch Pflanzenteile) einer ganzen Reihe von Laufkäferarten, wobei insbesondere deren Samenfraß wesentlich zur natürlichen Kontrolle von Ackerbeikrautbeständen beitragen kann (s. Kulkarni et al. 2015).

Ganz erhebliche Auswirkungen haben Art und Ausmaß des Pestizideinsatzes in Ackergebieten, der Laufkäfer zweifellos beeinträchtigt, selbst wenn eine ganze Reihe von Arten dieser Gruppe auch bei starkem Pestizideinsatz noch in der Agrarlandschaft vertreten ist. Hierzu liegt eine Vielzahl von Laborstudien (z. B. Kegel 1989) und Felduntersuchungen vor, die unterschiedliche räumliche und zeitliche Skalenebenen abdecken. Dabei konnte beispielsweise auch das Erlöschen lokaler Artbestände durch starken Insektizideinsatz festgestellt werden (s. Basedow 1998 für den Goldlaufkäfer *Carabus auratus*). Geiger et al. (2010) ermittelten im Rahmen einer länderübergreifenden Studie den Einsatz von Pestiziden, insbesondere Insektiziden und Fungiziden, als denjenigen von 13 untersuchten Faktoren landwirtschaftlicher Intensivierung, der die Artenvielfalt an Pflanzen, bodenbrütenden Vogelarten und Laufkäfern am beständigsten negativ beeinflusst.

Offene Saumstrukturen und mehrjährige Ackerbrachen sind wichtige Lebensraumelemente für die Laufkäferfauna in Ackergebieten. Sie dienen dort einerseits z. B. samenfressenden Arten der Ackerbegleitflora, andererseits als Winterquartier auch für Arten mit Aktivitätsschwerpunkt in den umliegenden Kulturen. Das Bild zeigt im zentralen Teil eine bereits etwas ältere Ackerbrache im Neckartal bei Tübingen.

Nutzungsbegleitende Strukturen haben in Ackerbaugebieten einen hohen Wert für die Artenvielfalt, aber auch für das Vorkommen naturschutzfachlich bedeutsamer Arten der Laufkäferfauna. Dies gilt insbesondere für jüngere Ackerbrachen sowie für gehölzfreie bis -arme Saumstrukturen, die beispielsweise im Kraichgau als Lebensraum für Arten wie *Harpalus albanicus*, *H. serripes* und *H. modestus* sowie *Amara eurynota* und *A. consularis* dienen und auf der Schwäbischen Alb etwa für die beiden zuletzt genannten Arten sowie den Kurzgewölbten Laufkäfer (*Carabus convexus*). Auch Hecken erhöhen im Allgemeinen die Artenvielfalt an Laufkäfern in Agrarlandschaften, doch liegt dies oftmals am Hinzutreten von schon weit verbreiteten eurytopen bzw. gehölzbewohnenden Arten (s. Kap. 13.8) oder an der Winterquartierfunktion. Gegenüber gehölzarmen Begleitstrukturen sind ausschließlich oder vorwiegend von Hecken bestandene Begleitstrukturen für die Artengruppe weniger günstig. Kurzumtriebsplantagen (KUP), zu denen aus Baden-Württemberg erst wenige Untersuchungen vorliegen (z. B. Nerlich et al. 2012), könnten im räumlich-zeitlichen Nutzungsmosaik und bei Verzicht auf Herbizideinsatz in den frühen Aufwuchsstadien ähnliche Funktionen wie Kurzzeitbrachen übernehmen; die außerdem mögliche Förderung euryöker gehölzbewohnender Arten innerhalb der Ackerbaulandschaft durch KUP ist naturschutzfachlich dagegen eher als negativ einzuschätzen.

In Ackerbaugebieten bestehen zwischen den eigentlichen Nutzflächen und ihren nutzungsbegleitenden Strukturen vielfältige funktionale Beziehungen. Beispielhaft sei hier auf räumlich-strukturell unterschiedliche Schwerpunkte von Larval- und Imaginalstadien sowie auf den Wechsel einiger Arten in das in Feldrainen gelegene Winterquartier hingewiesen (z. B. Wallin 1988, Thomas et al. 2002). Bedeutsam für die Biodiver-

Tab. 13.10 Die 20 stetigsten und verbreitetsten Laufkäferarten aus Weinbergflächen in ausgewählten Naturräumen Baden-Württembergs. Die Arten sind nach abnehmender Stetigkeit/Verbreitung aufgeführt.

Art	IndVal
Ophonus azureus	58,7
Nebria brevicollis	56,0
Harpalus affinis	50,7
Harpalus rubripes	45,3
Harpalus rufipes	45,3
Harpalus tardus	45,3
Amara aenea	44,0
Harpalus honestus	40,0
Brachinus explodens	38,7
Carabus coriaceus	38,7
Microlestes minutulus	33,3
Harpalus distinguendus	32,0
Brachinus crepitans	30,7
Harpalus atratus	29,3
Harpalus dimidiatus	26,7
Anchomenus dorsalis	25,3
Amara familiaris	24,0
Stomis pumicatus	24,0
Trechus quadristriatus	24,0
Poecilus cupreus	22,7

IndVal: Sowohl die relative Häufigkeit (Individuenzahl) als auch die Frequenz (Stetigkeit) an den Probestellen berücksichtigender Indikatorwert nach Dufrêne & Legendre (1997)

n = 120; berücksichtigte Naturräume: Neckar- und Tauber-Gäuplatten, Schwäbisches Keuper-Lias-Land, Oberrhein-Tiefland

Ausgewertet wurden Probestellen ohne Artenzahlschwelle, mit annähernd exakter Verortung, Zuordnung des Lebensraumtyps zu den Gruppen 9.3/9.4 nach GAC (2009) und Absicherung der Lage innerhalb von Weinberggebieten nach ALKIS/DLM (ungepuffert). Es wurden nur Standorte mit Bodenfallenfängen oder Mischerhebungen mit Schwerpunkt Bodenfallen herangezogen (i. d. R. beschränkt auf mehrere Fangperioden im Frühjahr und Spätsommer/Herbst, d. h. keine Fänge über die gesamte Vegetationsperiode).

sität in Ackerbaugebieten sind zudem Bereiche mit extremeren Standortverhältnissen auch innerhalb der Nutzflächen, etwa in Form von Vernässungsstellen in Äckern (s. z. B. Brose 2001), die in nicht zu trockenen Jahren zwar kleinräumig zu Ernteausfällen oder Ertragsrückgang führen, zugleich aber neben einer entsprechenden Pioniervegetation auch feuchteabhängigen Laufkäferarten mit Bindung an besonnte, vegetationsarme Standorte Lebensraum bieten. Beispiele für solche Arten mit entsprechenden Fundorten in Baden-Württemberg sind der Bunte Glanzflachläufer (*Agonum viridicupreum*) sowie der Mittlere Ziegelei-Handläufer (*Dyschirius intermedius*), eine grabende Art, die unter anderem in den Neckar- und Tauber-Gäuplatten sowie auf der Schwäbischen Alb zu finden ist.

Die Laufkäferfauna von Weinbergen erweist sich in Baden-Württemberg gegenüber derjenigen von Äckern meist deutlich differenziert, wenngleich einige Arten in beiden Gruppen zu den stetigsten und häufigsten zählen (vgl. Tab. 13.10 und vorherige Tab. 13.9). Deutlich stärker in Weinbergen als landesweit in Äckern sind Arten der Gattung *Harpalus* vertreten, zudem sind etwa die beiden Bombardierkäferarten (*Brachinus crepitans* und *B. explodens*) zu den besonders stet in Weinbergen auftretenden Laufkäfern zu rechnen. Dass der Lederlaufkäfer (*Carabus coriaceus*) zu den in Weinbergen am stetigsten nachgewiesenen Arten zählt, dürfte einerseits dem Umstand geschuldet sein, dass Rebanlagen eine Art Gehölz-Offenland-Ökoton in wärmebegünstigter Lage darstellen. Andererseits grenzen sie relativ oft an oberhalb gelegene Waldbestände, und auch aus Feldgehölzen und Obstwiesen (z. B. des Hangfußes) kann diese Art weit in Weinberge oder deren Begleitstrukturen vordringen. Unter den in Tab. 13.10 aufgeführten Arten ist noch der Leuchtend blaue Schnellläufer (*Harpalus honestus*) hervorzuheben, der zwar auch in einer Reihe weiterer Lebensräume auftritt, mit besonders hoher Aktivitätsdichte und Stetigkeit aber in Weinbergen und ihren typischen, offenen Begleitstrukturen zu finden ist und hier landesweit seinen deutlichen Vorkommensschwerpunkt zeigt. Ebenfalls mit Schwerpunkt in Weinbergen tritt in Baden-Württemberg der Blaue Bartläufer (*Leistus spinibarbis*) auf.

Wie bei Äckern kommt auch in Weinbergen typischen, überwiegend offenen Begleitstrukturen wie Trockenmauern mit begleitenden Säumen, jüngeren Weinbergsbrachen und gehölzfreien bis -armen Magerrasen oder deren Fragmenten eine hohe Bedeutung für die Artenvielfalt an Laufkäfern zu. In diesen Lebensräumen finden sich z. B. Arten wie *Harpalus tenebrosus*, *H. serripes*, *Callistus lunatus* und *Ophonus melletii*, die in den eigentlichen Rebflächen weitestgehend oder vollständig fehlen. Strukturell sind viele Weinbaugebiete

Baden-Württembergs infolge von Rebflurneuordnungen stark an solchen Strukturen verarmt. Auch bei fortgeschrittener Sukzession mit Verfilzung der Vegetation und Gehölzaufkommen fallen die oben genannten Arten aus. In Gebüschen in Weinbergslagen wurde lokal der Blaue Laufkäfer (*Carabus intricatus*) nachgewiesen, der auch Laubwaldlagen oberhalb der Weinberge etwa im Heilbronner Raum sowie im Naturraum Stromberg-Heuchelberg (Teile der Neckar- und Tauber-Gäuplatten) besiedelt.

Lebensraumtypen des Anhangs I der FFH-Richtlinie fehlen im Bereich der Äcker und Sonderkulturen meist, können aber auch als Begleitstrukturen (dann oft nur fragmentarisch) ausgebildet sein, so etwa Magere Flachland-Mähwiesen oder Halbtrockenrasen. Hierzu sei auf die entsprechenden Kapitel, in erster Linie zu Wiesen und Weiden mittlerer Standorte (Kap. 13.5) sowie zu gehölzfreien bis- armen Biotopen trockener Standorte (Kap. 13.7) verwiesen.

13.7 Gehölzfreie bis -arme Biotope trockener Standorte

Die hinsichtlich ihrer Fläche sowie der Differenzierung ihres Artenspektrums bedeutendsten Typen offener Trockenlebensräume in Baden-Württemberg stellen zunächst die im Bundesland relativ verbreiteten Kalkmagerrasen dar, dann die Heiden und Borstgrasrasen auf silikatischem Untergrund mit Verbreitungsschwerpunkt im Schwarzwald und schließlich die Sandrasen und Heiden auf Binnendünen im nördlichen Teil des Oberrhein-Tieflands. Trockenlebensräume auf sandigen Böden und entsprechende Artenvorkommen der Laufkäferfauna finden oder fanden sich im Übrigen auch lokal etwa auf Verwitterungsböden des Buntsandsteins im nördlichen Schwarzwald sowie diverser Sandsteinschichten des Schwäbischen Keuper-Lias-Landes.

Nach der Grobklassifizierung der Schwerpunktlebensräume einheimischer Laufkäfer sind in Baden-Württemberg 46 Arten als Vertreter der spezifischen Fauna trockener, an größeren Gehölzen freier oder armer Biotope zugeordnet (Gruppe T, rd. 11 %; s. Tab. 12.1); diese sind in Tab. 13.11 aufgeführt. Der Mittelwert der Körpergröße von Imagines dieser Artengruppe (T) liegt nach den Größenangaben in Müller-Motzfeldt (2006a) bei 8,4 mm. Er ist damit deutlich kleiner als bei Waldarten, aber größer als bei den Arten dynamischer Uferstandorte sowie bei sonstigen Feuchtgebietsarten. Mehr als die Hälfte der Arten (25) entfallen auf die Gattungen *Amara*, *Harpalus* und *Ophonus*, unter denen sich viele phytophage Laufkäfer, insbesondere Samenfresser, befinden. Fünf der Trockenlebensraum-Arten sind in Baden-Württemberg nach aktuellem Kenntnisstand bereits erloschen, darunter der Heide-Sandlaufkäfer (*Cicindela sylvatica*) und der Violette Haarschnellläufer (*Ophonus sabulicola*), um exemplarisch je eine Art der Trockenlebensräume auf Sandböden sowie der Kalkmagerrasen zu nennen.

Mehrere der spezifischen Arten offener Trockenbiotope sind in ihrem Gesamtareal oder im einheimischen Verbreitungsgebiet flugunfähig (so etwa die *Licinus*-Arten und mehrere Vertreter der Gattung *Cymindis*), andere weisen trotz nachgewiesener oder möglicher Flugfähigkeit (Auftreten von voll geflügelten Individuen) mit Sicherheit nur ein sehr geringes Potenzial zur aktiven Ausbreitung auf, so etwa der Heide-Kamelläufer (*Amara infima*). Vor dem Hintergrund der Landschaftsentwicklung in Baden-Württemberg während der letzten Jahrzehnte (Verlust, Qualitätsminderung und Fragmentierung von offenen Trockenlebensräumen u. a. durch massive Gehölzzunahme) besteht bei dieser Gruppe daher ein besonders Risiko, dass lokale Populationen erlöschen und Möglichkeiten einer späteren Wiederbesiedlung fehlen werden. In einer Reihe von Fällen ist das Erlöschen solcher Populationen von naturschutzfachlich bedeutenden Arten belegt, etwa an ehemaligen Standorten des Schulterfleckigen Nachtläufers (*Cymindis humeralis*) im Heckengäu (Teil der Neckar- und Tauber-Gäuplatten) sowie des Achselfleckigen Nachtläufers (*Cymindis axillaris*) in Gebieten am Südostrand der Schwäbischen Alb (vgl. Kubach et al. 1999). Das Erlöschen wird dort jeweils im Zusammenhang mit der verschlechterten Habitatqualität gesehen.

Ähnlich wie dies bereits für Feucht- und Nassbiotope beschrieben wurde, sind Trockenlebensräume heute oftmals nur noch relativ kleinflächig ausgeprägt. Vielfach wurden sie stark von Gehölzen durchsetzt und eingeengt, was unter anderem dazu führte, dass verbreitete Wald- und Gehölzbewohner der Laufkäferfauna verstärkt in diesen Flächen vertreten sind, zusätzlich zu Arten mit

Tab. 13.11 Die Laufkäferarten, die in Baden-Württemberg der Artengruppe trockener, an größeren Gehölzen freier oder armer Biotope (Gruppe T aus Tab. 12.1) zugeordnet sind. Sortiert nach Gruppen abnehmender Häufigkeit/Verbreitung und innerhalb der Gruppen nach abnehmender Rasterfrequenz bezogen auf die Rasterfelder der Topographischen Karte 1:25 000. Die Rasterfrequenz bezieht sich ausschließlich auf Nachweise nach 1975.

Art	Anmerkung
Landesweit oder im Großteil des Landes bei zudem hoher Nachweisdichte verbreitet (Rasterfrequenz > 40 %)	
keine Art	
Weit, aber räumlich und bezüglich der Nachweishäufigkeit differenziert verbreitet (Rasterfrequenz 25–40 %)	
Harpalus dimidiatus	
Naturräumlich/standörtlich stark differenziert verbreitet (Rasterfrequenz 5–24 %)	
Amara curta	
Ophonus puncticollis	
Lebia cruxminor	
Notiophilus germinyi	
Syntomus foveatus	s
Harpalus subcylindricus	
Cymindis humeralis	
Notiophilus aquaticus	
Amara fulva	s
Amara lucida	
Ophonus cordatus	
Harpalus autumnalis	s
Naturräumlich/standörtlich stark eingeschränkt oder nur (noch) punktuell verbreitet (Rasterfrequenz < 5 %)	
Cylindera germanica	
Harpalus picipennis	s
Licinus depressus	
Bradycellus ruficollis	*
Ophonus parallelus	
Cymindis axillaris	
Amara fulvipes	
Harpalus melancholicus	s
Masoreus wetterhallii	s
Lebia marginata	s
Ophonus stictus	
Cymindis vaporariorum	*
Licinus cassideus	
Amara praetermissa	
Harpalus servus	s
Harpalus tenebrosus	
Lebia cyanocephala	
Cymindis angularis	
Amara pulpani	
Dyschirius bonellii	
Harpalus flavescens	s
Harpalus hirtipes	s
Poecilus kugelanni	
Acupalpus interstitialis	
Amara famelica	
Amara infima	s
Amara proxima	
Harpalus politus	
Bereits erloschene Arten (keine Nachweise nach 1975)	
Amara crenata	
Carabus nitens	*
Cicindela sylvatica	s
Olisthopus sturmii	**
Ophonus sabulicola	

Anmerkung: Arten mit ausschließlichem oder vorwiegendem Auftreten auf Sandböden (in Sandrasen, Heiden u. a.) sind mit „s“ gekennzeichnet.

* In Deutschland sowohl aus Mooren als auch aus Trockenlebensräumen dokumentiert; Art wurde hier zu denjenigen der Trockenlebensräume gestellt.

** Möglicherweise (ehemals auch) in trockenwarmen Gebüschen.

Schwerpunkten im eher mittleren Standortspektrum. Letzteres ist auch für Flächen zu konstatieren, deren Nutzung oder Offenhaltungspflege in einem mehr oder minder einheitlichen Dichtschluss der Vegetation in Bodennähe mündet, etwa bei Unterbeweidung oder bei wiederkehrender Mahd anstelle einer Beweidung. Bei vollständiger Pflegeaufgabe entwickeln sich in der Regel bereits in kurzen Zeiträumen Zönosen mit überwiegend weit verbreiteten Arten des mesophilen Standortbereichs und dann meist artenarme, von Gehölzbewohnern dominierte Lebensräume, die

Tab. 13.12 **Laufkäferzönosen dreier ausgewählter Standorte im Gradienten der Gehölzsukzession von Wacholderheiden (Beispiele aus dem Naturraum Neckar- und Tauber-Gäuplatten) auf Basis von RAUSCH (1996). Die Arten sind hier nach abnehmender Häufgkeit und „Exklusivität" des Nachweises innerhalb der Standorte beginnend bei der offenen Wacholderheide aufgeführt, bei übereinstimmenden Angaben dann alphabetisch nach wissenschaftlichem Artnamen.**

Art	offene Wacholderheide*	Wacholderheide mit fortgeschrittener Strauchsukzession	Waldsukzession auf ehemaliger Wacholderheide
Brachinus crepitans	■	□	
Calathus fuscipes	■	♦	
Harpalus dimidiatus	♦		
Ophonus puncticeps	♦		
Carabus cancellatus	♦	■	□
Amara equestris	□		
Anchomenus dorsalis	□		
Bembidion lampros	□		
Brachinus explodens	□		
Carabus coriaceus	□		
Cicindela campestris	□		
Ophonus azureus	□		
Ophonus cordatus	□		
Ophonus puncticollis	□		
Molops elatus		♦	
Poecilus versicolor		♦	
Amara convexior		♦	□
Amara lunicollis		□	
Carabus granulatus		□	
Carabus monilis		□	
Harpalus rufipes		□	
Pterostichus melanarius		□	
Harpalus rubripes	□	□	
Microlestes maurus	□	□	
Poecilus cupreus	□	□	
Amara nitida		□	□
Abax parallelepipedus			♦
Carabus nemoralis	□		♦
Abax parallelus			□
Synuchus vivalis			o

* mit ca. 2 Weidegängen pro Jahr

■ = > 25 Ind.
♦ = 11–25 Ind.
□ = 2–10 Ind.

Berücksichtigt sind die Standorte A3, A5 und A6 jener Untersuchung mit der maximal (in einem der Untersuchungsjahre 1994, 1995) festgestellten Individuenzahl, ohne jeweils nur als Einzeltier nachgewiesene Arten. Alle Standorte liegen im südexponierten Steilhang. Datenbasis sind in diesem Fall Bodenfallenfänge über zwei Vegetationsperioden.

Von Wald eingerahmt, aber noch nicht überwachsen: Wacholderheide mit Felsstrukturen und kleinflächigen Steinschuttbereichen in einem Naturschutzgebiet der Schwäbischen Alb. Die FFH-Lebensraumtypen des offenen Bereichs (u. a. LRT 5130) beherbergen mehere naturschutzfachlich bedeutsame und charakteristische Laufkäferarten. Der Wacholderbestand wird hier allerdings bereits als zu dicht bzw. zu ausladend eingeschätzt.

nur in lückigen Bereichen noch spezifischere Arten des Offenlandes aufweisen. Solches trifft in dem in Tab. 13.12 gezeigten Beispiel etwa für den Glänzenden Kamelläufer (*Amara nitida)* zu, einer Art mit Schwerpunkt im artenreicheren Grünland mittlerer Standorte. Ansonsten zeigt dieser exemplarisch aus der Publikation von Rausch (1996) gewählte Vergleich der Laufkäferzönosen dreier ausgewählter Standorte (im Gradienten der Gehölzsukzession von einem weitgehend offenen Trockenstandort zu einem bewaldeten Standort) eine vielerorts im Land bereits eingetretene Entwicklung auf. Bereits ein zu dichter Wacholderbestand kann im Übrigen ohne ansonsten flächige Gehölzsukzession durch Reduktion der eigentlichen Magerrasenfläche und vermutlich in Verbindung mit zusätzlicher Beschattung bzw. Abmilderung mikroklimatischer Extreme zu einem Rückgang der typischen Magerrasenbewohner unter den Laufkäfern führen. Einzelgebüsche und Saumstrukturen als nicht dominierende Biotopelemente können sich in Trockenlebensräumen dagegen auch positiv für das Artenspektrum typischer Halbtrockenrasenarten und weiterer Arten magerer Standorte (Arten der Gruppe M, s. Tab. 12.1) unter den Laufkäfern auswirken. Hierzu zählen etwa Arten, die dort als Grashorstbewohner günstige Lebensraumbedingungen während der Aktivitätsperiode vorfinden (z. B. Gebänderter Rindenläufer, *Philorhizus notatus*) oder verstärkt in der Gras- und Laubstreu überwintern.

Zu den in Kalktrocken- und Halbtrockenrasen (mit oder ohne Wacholder) am stetigsten auftretenden Arten gehören der Blauhals-Schnellläufer (*H. dimidatus*; geringere Spezifität, besiedelt u. a. auch den trockeneren Flügel des Grünlands mittlerer Standorte mit der Salbei-Glatthaferwiese), und der Grobpunktierte Haarschnellläufer (*Ophonus puncticollis*). Insbesondere voll besonnte, mit Felsen, Kalkschutt und Steingrusbereichen ausgestattete oder von Offenbodenstellen feineren Substrats aufgrund von Viehtritt- und Erosion durchsetzte Magerrasen können bedeutsame Laufkäferhabitate darstellen. In solchen Lebensräumen wurden etwa auf der Ostalb Arten wie Bonellis Steppen-Handläufer (*Dyschirius bonellii*) und in Hangbereichen des Oberen Donautals der Trockenrasen-Stumpfzangenläufer (*Licinus cassideus*) nachgewiesen. In Trockenrasen mit zum Teil offenen Kies- bzw. Schotterflächen im südlichen Teil des Oberrhein-Tieflands hat der Zweifarbige Buntgrabläufer (*Poecilus kugelanni*) eines seiner wenigen in Deutschland noch verbliebenen Vorkommen. Bei dieser sowie bei einigen weiteren Laufkäferarten der Trockenlebensräume steht zu vermuten, dass Extensivbeweidung mit unterschiedlichen Nutztierrassen (oder Wildformen) nicht nur über die Lebensraumstruktur, sondern auch über das erhöhte Beuteangebot insbesondere an dungfressenden Insekten einen wichtigen Faktor für ihre Bestandssicherung darstellt.

Zu den naturschutzfachlich bedeutsamen Arten der Sandrasen im Oberrhein-Tiefland zählen etwa die Schnellläufer-Arten *Harpalus hirtipes*, *H. melancholicus* und *H. servus* sowie der Sand-Steppenläufer (*Masoreus wetterhallii*), vgl. Büche (1994). Auf Bestände mit Besenheide (*Calluna vulgaris*) auf kalkarmen Sanden ist der Heide-Kamelläufer (*Amara infima*) beschränkt, der in Baden-Württemberg nur lokal nachgewiesen ist. Hinsichtlich der Lebensraumqualität stellt sich die Situation dieser Arten ähnlich dar wie für die oben beschriebenen Kalktrocken- und Halbtrockenrasen, wobei „Störungen" der Vegetation und Substratverlagerungen im oberflächennahen Bereich als Faktoren noch größeres Gewicht zukommt. Einzelne Arten mit Schwerpunktvorkommen in Sandgebieten treten punktuell unter bestimmten Bedingungen auch in Bereichen mit anderem Ausgangssubstrat auf, so etwa die bereits erwähnte Art *Masoreus wetterhallii* auf feingrusigem Material in Kalkhalbtrockenrasen der Ostalb.

Heiden und Borstgrasrasen des Schwarzwalds sind zwar artenärmer als Sandheiden des Oberrhein-Tieflands und weisen nur zu einem geringen Anteil die gleichen Arten der Trockenbiotope auf, darunter den Heide-Rundbauchläufer (*Bradycellus ruficollis*). Gleichwohl stellen sie naturschutzfachlich bedeutende und spezifische Lebensräume dar; hervorzuheben sind diesbezüglich die Kamelläufer-Arten *Amara praetermissa* und *A. erratica*. Auch der Schulterfleckige Nachtläufer (*Cymindis humeralis*), der trockene und magere Lebensräume auf Böden eines breiteren Spektrums zu besiedeln vermag, tritt in den höher gelegenen Weidfeldern des südlichen Schwarzwalds auf. Heidefragmente finden sich darüber hinaus punktuell auf sandigen Verwitterungsböden des Schwäbischen Keuper-Lias-Landes, wo sie früher weiter verbreitet waren. Hier fehlt jedenfalls inzwischen aufgrund geringer Habitatqualität und Größe meist eine spezifische Fauna, lokal findet sich z. B. noch der Sand-Glattfußläufer (*Olisthopus rotundatus*).

FFH-Lebensraumtypen, die für bestimmte charakteristische Laufkäferarten relevant sind, umfassen insbesondere die Binnendünen mit Sandheiden und Sandrasen (LRT 2310, 2330, *6120), die Trockenen Heiden (LRT 4030), die Kalk-Magerrasen und -Pionierrasen (LRT 6210, *6110), die Wacholderheiden (LRT 5130) sowie die Subpannonischen Steppenrasen (LRT *6240) und Artenreichen Borstgrasrasen (*6230). Bei einzelnen weiteren Lebensraumtypen ist eine lokale Ausprägung mit charakteristischen Arten auf Gebietsebene möglich.

13.8 Wälder und Gehölze trockenwarmer sowie mittlerer Standorte

Spezifische Laufkäferarten von Wäldern und Gehölzen trockenwarmer Standorte, wie sie etwa Berberitzen- und Felsenbirnen-Gebüsche, Seggen-Buchenwald oder an Traubeneichen reiche Waldbestände darstellen, gibt es in Baden-Württemberg nicht, wenngleich einzelne Arten in wärmebegünstigten und lichten Waldbeständen, darunter auch den oben genannten Typen, Schwerpunktvorkommen zeigen. Zu diesen gehört in erster Linie der Große Puppenräuber (*Calosoma sycophanta*), dessen Kerngebiete in Baden-Württemberg Waldbestände mit standörtlich oder nutzungsbedingt spezieller Struktur umfassen, darunter Alteichenbestände mit hohem Durchsonnungsgrad sowie unter anderem von Sanddorngebüschen begleitete bzw. duchsetzte, teils sehr lückige und niedrigwüchsige Baumbestände auf trockenen Kiesböden am südlichen Oberrhein. An weiteren Arten in diesem Kontext sind der Blaue Laufkäfer (*Carabus intricatus*) sowie der Gelbbeinige Laubläufer (*Notiophilus rufipes*) zu nennen, wobei die erstgenannte Art ein deutlich weiteres besiedeltes Standortspektrum zeigt. Bei einer in Baden-Württemberg nur mit einem historischen Fund belegten

Tab. 13.13 Die 20 stetigsten und verbreitetsten Laufkäferarten aus Wäldern mit Schwerpunkt mittlerer Standorte von ausgewählten Naturräumen Baden-Württembergs. Die Arten sind nach abnehmender Stetigkeit/Verbreitung aufgeführt.

Art	IndVal
Abax parallelepipedus	97,4
Carabus nemoralis	82,9
Pterostichus oblongopunctatus	76,3
Carabus coriaceus	75,4
Molops piceus	67,9
Pterostichus niger	65,7
Abax ovalis	64,7
Trichotichnus nitens	62,3
Carabus auronitens	58,7
Abax parallelus	51,8
Carabus problematicus	50,3
Pterostichus burmeisteri	49,0
Harpalus latus	43,3
Cychrus caraboides	41,0
Pterostichus pumilio	38,1
Nebria brevicollis	36,9
Notiophilus biguttatus	35,9
Pterostichus madidus	35,3
Molops elatus	28,9
Harpalus laevipes	28,5

IndVal: Sowohl die relative Häufigkeit (Individuenzahl) als auch die Frequenz (Stetigkeit) an den Probestellen berücksichtigender Indikatorwert nach Dufrêne & Legendre (1997)

n = 320; berücksichtigte Naturräume: Neckar- und Tauber-Gäuplatten, Schwäbische Alb, Schwarzwald, Voralpines Hügel- und Moorland

Ausgewertet wurden Probestellen mit Artenzahlen > 9, annähernd exakter Verortung, Zuordnung des Lebensraumtyps zur Gruppe 6 nach GAC (2009) und Absicherung der Lage innerhalb von Waldbereichen nach ALKIS/DLM (30 m nach innen gepuffert). Es wurden nur Standorte mit Bodenfallenfängen oder Mischerhebungen mit Schwerpunkt Bodenfallen herangezogen (im Datensatz sind mit relevantem Anteil Erhebungen über die gesamte Vegetationsperiode an bestimmten Standorten enthalten).

Art, Sturms Glattfußläufer (*Olisthopus sturmii*), der den offenen Trockenlebensräumen zugeordnet wurde, schließt der Vorzugslebensraum möglicherweise Trockengebüsche ein (s. S. 598).

Entsprechend der Grobklassifizierung der Schwerpunktlebensräume einheimischer Laufkäfer sind in Baden-Württemberg 53 Arten der Gruppe der Wälder und Gehölze des überwiegend mittleren Standortbereichs zugeordnet (Gruppe W, rd. 12 %; s. Tab. 12.1). Hierbei handelt es sich um meist mittelgroße bis große Arten. Für eine Reihe dieser Arten ist Brutpflege oder Brutfürsorge belegt (vgl. Kap. 4.2). Der Mittelwert für die Körpergröße der Imagines bei dieser Artengruppe (W) liegt nach den Größenangaben in Müller-Motzfeldt (2006a) bei 13,1 mm. Dies ist der mit Abstand höchste Wert von allen unterschiedenen Gruppen. Allein bei 17 Arten der Gruppe weisen die Imagines eine durchschnittliche Körpergröße von über 1,5 cm auf, darunter vor allem Vertreter der Gattung *Carabus*. Eine Reihe von waldbewohnenden Laufkäferarten schließt Bäume und Gebüsche in ihren Aktivitätsraum ein und klettert in diesen (s. beim Goldglänzenden Laufkäfer *Carabus auronitens*, S. 99). Arten mit ausschließlich oder ganz überwiegend arborikoler Lebensweise finden sich in der Verwandtschaft der Gattung *Dromius*. Auch der Rinden-Zwergahlenläufer (*Tachyta nana*) weist diese Lebensweise auf, kommt aber schwerpunktmäßig an Totholz vor.

Tab. 13.13 gibt eine Übersicht über die in Waldlebensräumen Baden-Württembergs am stetigsten und verbreitetsten nachgewiesenen Laufkäferarten. Grundlage bildet eine Auswertung zu vier Naturräumen dritter Ordnung. Bei den Arten handelt es sich überwiegend um solche, die tatsächlich einen Lebensraumschwerpunkt oder eine Lebensraumbeschränkung auf Wälder und Gehölze zeigen. Zudem sind einzelne eurytope Arten wie *Pterostichus niger* und *Nebria brevicollis* vertreten, die in teils großem Umfang auch Offenlandlebensräume besiedeln. Einige Waldarten sind in ihrer naturräumlichen Verbreitung innerhalb Baden-Württembergs dagegen eng begrenzt. Hier sind etwa *Carabus glabratus*, *Pterostichus unctulatus* und *P. hagenbachii* zu nennen, die unterschiedlich große Räume im Süden des Landes besiedeln. Der Bergwald-Laufkäfer (*Carabus sylvestris*) ist im Schwarzwald weit verbreitet und dort in einem weiten Spektrum an Waldtypen vertreten, dringt aber ansonsten allenfalls randlich in angrenzende Naturräume vor.

Die Baumartenzusammensetzung von Waldbeständen beeinflusst die Laufkäferfauna zwar, ist vielfach aber nicht oder nur schwer klar von anderen Einflussfaktoren (u. a. naturräumlichen, standörtlichen) zu trennen, die in der forstlichen Praxis Relevanz für die Bestockung haben oder haben sollten. Tendenziell ist unter anderem in

Schlucht- und Hangmischwälder (FFH-Lebensraumtyp *9180) beherbergen zum Teil eine montan geprägte Laufkäferfauna mit Arten, die kühlere und feuchtere Standortverhältnisse präferieren. Hier ein Bestand auf der Schwäbischen Alb.

von Nadelbäumen dominierten Beständen eine geringere Artenzahl festzustellen als in von Laubbäumen dominierten (so auch z. B. nach den Auswertungen von Baehr 1980). Insbesondere jüngere, sehr dichte und nur von einer oder wenigen Nadelbaumarten dominierte Stadien sowie mehr oder minder geschlossene Nadelbaumbestände auf nährstoffarmen Standorten können extrem artenarme Zönosen aufweisen. Andererseits können strukturreiche Mischbestände selbst bei hohem Nadelbaumanteil auch an Laufkäfern artenreich ausgebildet sein und sowohl in der Artenzahl als auch im Vorkommen für Naturraum und Standort typischer Arten einheitlich strukturierte Laubbaumbestände übertreffen.

Standörtliche Gegebenheiten haben einen erkennbaren Einfluss auf die Laufkäferzönosen in Wäldern, was sich teils im Artenspektrum, teils eher in Verschiebungen der Aktivitätsdichte von Arten äußert (s. z. B. Scheurig et al. 1996). In montanen Lagen wie der Schwäbischen Alb können beispielsweise boden- oder luftfeuchte und kühlere Lagen in Nord- oder Ostexposition durch ein Auftreten sowie höhere Aktiviätsdichten des Rundhalsigen Wald-Grabläufers (*Pterostichus aethiops*) gekennzeichnet sein, während diese Art an gegenüberliegenden Süd- oder Westhängen sowie an trockenen Kuppenlagen fehlt, wo stattdessen der Gebüsch-Grabläufer (*Pterostichus madidus*) verstärkt auftritt. Beispiele für standörtliche Besonderheiten und ihre Laufkäferfauna im Waldverband, die auch in den feuchten bis nassen Standortbereich übergreift, finden sich etwa bei Trautner et al. (1998) oder bei Rausch (1993) zu Missen des Nordschwarzwaldes.

Auch die Nutzungsform und die davon beeinflusste Bestandsstruktur können von wesentlicher Bedeutung sein. Hierbei zeichnen sich Bestände mit räumig-lückigem Aufbau oder junge Waldsukzessionsstadien (z. B. der ehemaligen Niederwaldwirtschaft, vgl. Hochhardt 2001) gegenüber mehr oder minder geschlossenen, d. h. dicht überschirmten Gehölzbeständen nicht nur durch das Hinzutreten von verbreiteten Arten des Offenlands und Häufigkeitsverschiebungen bei Waldarten aus. Vielmehr bieten sie darüber hinaus auch weiteren Arten Lebensraum, darunter etwa dem Viergrubigen Grabläufer (*Pterostichus quadrifoveolatus*) als typischer Art von Kahlschlägen, Windwürfen und Brandstellen in Wäldern (vgl. Trautner & Rietze 2001). Sukzessionswälder auf weniger gut mit Nährstoffen versorgten Standorten dürften für Makolskis Kamelläufer (*Amara makolskii*) von Bedeutung sein. Insoweit stellen ein ausreichendes Angebot an solchen Strukturen im zeitlich-räumlichen Wechsel (Dynamik) ebenso wie die Sicherung der natürlichen Standortvielfalt wichtige Aspekte des Biodiversitätsschutzes im Wald dar.

Demgegenüber scheinen ab Erreichen einer gewissen Raumstruktur im Hochwald (baumartenabhängig wohl 80- bis 120-jährige Bestände) das weitere Altern der Bäume sowie die Frage des Totholzvorrats und ggf. eines vollständigen Nutzungsverzichts für Laufkäfer von untergeordneter Bedeutung zu sein. Aus der vergleichenden Untersuchung von Bann- und Wirtschaftswäldern von Trautner et al. (1998) ergaben sich keine Anhaltspunkte dafür, dass vollständig aus der Nutzung genommene Wälder im mittleren Standortflügel gerade aufgrund der aufgegebenen Nutzung naturschutzfachlich eine besondere Bedeutung für Laufkäfer aufweisen bzw. mittelfristig erreichen würden. Bezüglich des Totholzvorrats war lediglich in hochgelegenen Gebieten des Schwarzwaldes ein positiver Zusammenhang zwischen dem Totholzangebot und der Aktivitätsdichte bestimmter brutpflegender bzw. Brutfürsorge betreibender Laufkäferarten erkennbar, was möglicherweise darin begründet liegt, dass Totholz hier verstärkt zur Anlage der Bruthöhlen genutzt wird und insgesamt zum häufigeren Auftreten dieser Arten beiträgt. Im feuchten bis nassen, hier nicht weiter behandelten Standortflügel in Wäldern kann Totholz eine besondere Funktion als ggf. überflutungsgeschütztes Winterquartier zukommen. Ansonsten zeigten sich z. B. nutzungsbedingte (strukturell und mikroklimatisch begründbare) Tendenzen zugunsten einer Förderung von Arten eher lichter Waldstrukturen und frischer bis trockener Standorte im Wirtschaftswald gegenüber dem Bannwald (s. Trautner et al. 2004, 2005). Dass sich im Übrigen das Waldsukzessionsstadium bzw. das Bestandsalter mit der sogenannten Mittleren Individuellen Biomasse (MIB) von Laufkäfern in Verbindung bringen lässt (z. B. Serrano & Gallego 2004, Schreiner 2015), ist für ökosystemare Analysen von Interesse, hat aber für Naturschutzbelange keine Relevanz.

Anzumerken ist schließlich, dass der Herzhals-Flinkläufer (*Trechus pilisensis*) und der Wald-Kahnläufer (*Calathus rotundicollis*) vor dem Hintergrund der bundesweiten Fundnachweise in der Grobklassifikation den Waldarten des überwiegend mittleren Standortspektrums zugeordnet wurden, obwohl die baden-württembergischen Nachweise (bei *C. rotundicollis* nur ein Nachweis) weitestgehend von Feucht- bis Nassstandorten im Waldverband stammen. Die von *T. pilisensis* bisher vorliegenden Fundorte im Land sind teils sehr kleinräumig in Standorte des ansonsten mittleren Feuchtebereichs eingebettet, ohne aber als Biotoptyp separiert zu sein. Außerdem ist noch zu klären, wie eng das besiedelte Habitatspektrum im Grenzbereich der Gesamtverbreitung tatsächlich ist.

Die Laufkäfer-Artenzusammensetzung von Hecken und Feldgehölzen hängt zumeist deutlich von der Umgebung ab sowie von der Größe dieser Strukturen. Theves (2013) konstatiert für seinen Untersuchungsraum im Naturraum der Filder südlich von Stuttgart unter anderem, dass sich die Laufkäferfauna der dort untersuchten Hecken aus drei Gruppen zusammensetzt, den Waldarten im weiteren Sinne, den Arten des Grünlandes und schließlich typischen Ackerarten (dort als Feldarten bezeichnet). Besonders die Präsenz und Zusammensetzung der ersten Gruppe ist demnach stark von der Heckengröße abhängig und „in kleineren Hecken, denen ein kühlfeuchtes Innenklima fehlt, werden Waldarten durch wenige große ebenfalls flugunfähige Offenlandarten ersetzt". Auch in isolierten Feldgehölzen können spezifische Waldarten etwa aufgrund der Standorthistorie auftreten (vgl. Trautner & Back 2005 und S. 317). Wie bereits im Abschnitt zu Äckern und ihren Begleitbiotopen angemerkt (S. 702), können Hecken und Feldgehölze die Artenvielfalt an Laufkäfern in Agrarlandschaften erhöhen, doch darf dies für Laufkäfer zumindest in Baden-Württemberg nicht überbewertet werden, geht es doch oft lediglich auf das Hinzutreten bereits weit verbreiteter eurytoper bzw. gehölzbewohnender Arten oder auf eine Winterquartierfunktion zurück.

FFH-Lebensraumtypen, die für einzelne charakteristische Laufkäferarten relevant sind, umfassen im Falle von Waldbiotopen mittlerer Standorte die Schlucht- und Hangmischwälder (*9180), die möglicherweise in bestimmten Ausprägungen bedeutsam sind. Bei weiteren Typen ist zum Teil eine lokale Ausprägung mit charakteristischen Arten auf Gebietsebene möglich, teilweise sind aber auch keine charakteristischen Arten zu erwarten (keine ausreichend spezifische Fauna gegenüber anderen Waldtypen).

13.9 Spezifische Fels-, Geröll- und Rohbodenbiotope

Bei den hier subsummierten Lebensräumen ist zunächst auf die fünf in Baden-Württemberg vorkommenden Taxa einzugehen, für deren weltweiten Schutz Deutschland eine erhöhte Verantwortlichkeit trägt oder tragen könnte und die zugleich als spezifische Arten der Geröll- und Blockhalden einzustufen sind. Zwei dieser Taxa, *Nebria praegensis* und *Oreonebria boschi*, sind in Baden-Württemberg endemisch (vgl. Kap. 14), bei den drei übrigen Arten ist von gegenüber dem Hauptareal separierten Vorposten auszugehen (im Fall von

Leistus montanus besteht allerdings noch weiterer Klärungsbedarf). Der Präger Dammläufer (*Nebria praegensis*) wurde einschließlich seiner drei Larvenstadien erst nach der Jahrtausendwende von einer offenen Blockhalde im Südschwarzwald beschrieben, die bislang der weltweit einzige Fundort geblieben ist. „Der Fundort [...] repräsentiert das Ökosystem ‚Kaltluft erzeugende Blockhalde' [...]. Die Besonderheit dieses Ökosystems sind die so genannten Windröhren [...] in einem vorhandenen Felsspaltensystem (Lithoklasum)", wobei sich die speziellen mikroklimatischen Effekte derart gestalten, dass sich „Kaltluftaustritt und Eiserhaltung" im Sommer am Fuß der Halde bei kleinräumig bis knapp unter 1 °C finden, während der umgekehrte Prozess der Zirkulation im Winter einen „relativen Warmluftaustritt am Kopf der Halde [bewirkt], der zur Schneeschmelze an der Haldenoberfläche [...] führen kann" (Huber & Molenda 2004); die austretende Luft weist dort demnach jeweils eine permanente relative Feuchte von 100 % auf. Auch das zweite endemische Laufkäfertaxon in Baden-Württemberg, Boschs Dammläufer (*Oreonebria boschi*) besiedelt solche Lebensräume, ist aber etwas weiter verbreitet und von mehreren Fundorten im nördlichen Schwarzwald sowie einem weiteren auf der Schwäbischen Alb und einem (bislang nurmehr historisch belegten) aus dem Odenwald bekannt. Auf der Schwäbischen Alb wurde diese Art erst spät nach gezielter Suche durch Szallies & Ausmeier (2001b) entdeckt.

Weitere Arten der Geröll- und Blockhalden sind *Oreonebria castanea*, die sowohl in ihrer Stammform als auch in der Unterart ssp. *raetzeri* im Südschwarzwald (nur für die separat genannte Unterart besteht die erhöhte Verantwortlichkeit) vertreten ist, sowie Pechbrauner Bartläufer (*Leistus montanus*) und Panzers Grabläufer (*Pterostichus panzeri;* Lebensraumfotos zu diesen Arten im Speziellen Teil S. 133, S. 152 und S. 356). Im Falle der beiden letztgenannten Arten konnte durch gezielte Nachsuche in den letzten Jahren ein besseres Bild der Verbreitung im Land gewonnen werden. Diese reicht vom Südschwarzwald über Teile der Neckar- und Tauber-Gäuplatten bis auf die Schwäbische Alb, wobei die Lebensräume größtenteils lokal und heute stark isoliert sind. Auch eine weitere Bartläufer-Art, *Leistus piceus*, weist eine gewisse Affinität zu Geröll- und Blockhalden auf, doch stammt eine Reihe der bisher bekannten Funde auch aus andereren submontanen bis montanen Lebensräumen einschließlich Wäldern (vgl. Molenda 1989).

Neben den oben genannten speziellen Lebensräumen der sub- bis hochmontanen Lagen mit Schwerpunkt im Schwarzwald und auf der Schwäbischen Alb existieren auch in anderen Naturräumen wie dem Schwäbischen Keuper-Lias-Land Gesteinshalden natürlichen oder anthropogenen Ursprungs, aus denen jedoch keine „exklusiven" Artenvorkommen bekannt sind. Teilweise werden solche Standorte, soweit es sich um strukturell geeignete, trockene und besonnte handelt und diese in ein Umfeld mit entsprechendem Artenpotenzial eingebettet sind, von Arten der Trockenbiotope besiedelt. Typisch für fels- oder schotterdurchsetzte Magerrasen (s. auch Lebensraumfoto in Kap. 13.7) sind etwa der Herzhals-Haarschnellläufer (*Ophonus cordatus*) oder – mit deutlich breiterem Lebensraumspektrum – der Kurze Kamelläufer (*Amara curta*). Die einzige mehr oder minder spezifische, felsbewohnende Art (mit weiteren Vorkommen an Mauern) ist der Mauer-Ahlenläufer (*Ocys quinquestriatus*, s. S. 291), von dem die meisten Felsfunde von der Südkante der Schwäbischen Alb zum Donautal hin stammen, und dabei sowohl natürliche wie auch anthropogene Felsen (etwa in Steinbrüchen) einschließen.

Die qualitativ und quantitativ bedeutendsten Lebensräume für die Gruppe derjenigen Laufkäferarten, die diverse Roh- und Skelettbodenstandorte besiedeln, stellen in Baden-Württemberg heute Abbaugebiete oberflächennaher Rohstoffe dar. Sie haben zudem eine teils erhebliche Bedeutung für eine Reihe von Arten der Ufer und Auen (etwa Kiesgruben im Oberrhein-Tiefland und im Bodenseeraum) sowie je nach Standort für Arten der Trockenbiotope (etwa Kalksteinbrüche auf der Schwäbischen Alb). Auch militärische Übungsflächen mit regelmäßigen mechanischen Störungen der Bodenoberfläche haben ein hohes Potenzial (z. B. Gastel 1994, Trautner 1994c). Die Laufkäferbesiedlung hängt neben der Größe sowie dem konkreten Substrat- und Strukturangebot innerhalb der Gebiete auch von deren aktueller und ggf. historischer Umfeldsituation ab (z. B. Bruns 1992, Trautner & Bruns 1988). Zu Arten, deren Bestandssituation in Baden-Württemberg derzeit stark von Abbaugebieten abhängig ist, zählen unter anderem die Rohbodenbesiedler *Chlaenius tibialis*, *Asaphidion pallipes* und *Dyschirius angustatus*, neben einer ganzen Reihe hochgradig gefähr-

Besonnte Roh- und Skelettböden in Abbaugebieten fungieren als Sekundärlebensräume für Laufkäferarten bestimmter Auestrukturen, weisen aber abhängig etwa von Substrat und Sukzessionsstadium auch weitere Arten dynamischer Standorte auf. Im Bild ist die Kiesböschung einer Grube im Bodenseegebiet zu sehen. Foto: J. Rietze.

deter Ufer- und Auearten. Zu Artenspektren und Sukzession in Kiesgrubenstandorten sowie zur Bedeutung früher Sukzessionsstadien im naturschutzfachlichen Kontext s. etwa Schiel & Rademacher (2008) sowie Rietze & Trautner (2016).

Zusätzlich zu Abbaugebieten, Aushubdeponien und militärischen Übungsflächen sind es z. B. natürliche Hangrutschungen und im heute meist sehr kleinräumigen Maßstab sonstige Erosionsstellen, Tritt- und Suhlstellen von Weide- oder Wildtieren sowie Wurzelteller von Windwürfen, die Pionierbesiedlern von Roh- und Skelettböden unter den Laufkäfern Lebensraum bieten können. Gerade kleine, nur sehr kurzzeitig (ohne räumlich-zeitliche Kontinuität) existierende Strukturen bieten dabei aber nur einem stark eingeschränkten Artenspektrum an häufigen Arten Lebensraum, zuvorderst etwa dem Mittleren Lehmwand-Ahlenläufer (*Bembidion deletum*). Nach diesem gehören entsprechend der Grobklassifizierung der Schwerpunktlebensräume einheimischer Laufkäfer fünf weitere Arten zu den häufigsten und am weitesten verbreiteten aus der Gruppe der überwiegenden Besiedler von Roh- und Skelettböden (Gruppe X, s. Tab. 12.1), jeweils mit Rasterfrequenzen von mehr als 20 %. Dies sind, nach abnehmender Rasterfrequenz, *Bembidion genei*, *Cicindela sylvicola*, *Elaphropus quadrisignatus*, *Anisodactylus signatus* und *Bembidion milleri*.

Silikatschutthalden (LRT 8110, 8150), Kalkschutthalden (LRT *8160) sowie Kalk- und Silikatfelsen mit Felsspaltenvegetation (LRT 8210 und 8220) zählen zu den FFH-Lebensraumtypen und können zum Teil charakteristische Arten der Laufkäferfauna des entsprechenden Lebensraumtyps aufweisen, wobei dies aus landesweiter Sicht primär für die Schutthalden gilt. Für Felsen sind lokale Ausprägungen mit charakteristischen Arten auf Gebietsebene möglich.

13.10 Sonstige Lebensräume

In diesem Kapitel wird kurz auf Laufkäfer aus zwei weiteren Lebensräumen bzw. Lebensraumkomplexen eingegangen, die in den vorstehenden Abschnitten noch nicht behandelt wurden: einerseits die Höhlen- und Subterranfauna sowie andererseits die Fauna des menschlichen Siedlungsbereichs einschließlich der Infrastrukturflächen.

Während in Südeuropa eine sehr artenreiche Höhlen- und Subterranfauna der Laufkäfer ausgebildet ist (vgl. Schuldt & Assmann 2011, Brandmayr et al. 2013) und bereits im österreichischen Alpenraum spezialisierte, blinde Laufkäferarten in Höhlen auftreten, fehlen solche in Deutschland beinahe völlig. Einzige blinde Art in unserem Faunengebiet ist *Anillus caecus* (s. S. 199) aus städtischen Böden des zentralen Baden-Württembergs. Für sie wird eine bereits vor längerer Zeit erfolgte Einschleppung mit mediterranem Pflanzen- oder Erdmaterial angenommen; die Art ist inzwischen eingebürgert. Bei Laufkäferfunden aus Höhlen und Stollen des Landes, unter anderem aus den zahlreichen Höhlen der Schwäbischen Alb, handelt es sich dagegen in aller Regel um Arten, die mehr oder minder zufällig – teils im Sinne einer Fallenwirkung – in diese unterirdischen Biotope gelangt sind oder für die diese, bei guter Zugänglichkeit, allenfalls einen Teillebensraum darstellen. Dies gilt etwa für eine ganze Reihe von Waldarten des Höhlenumfelds, wie die bei Dobat (1975) verzeichneten Laufkäfernachweise zeigen. Vom Kellerlaufkäfer (*Sphodrus leucophthalmus*) stammt einer der dokumentierten Funde aus einem in eine Tropfsteinhöhle eingebauten Keller. Die im Bundesland nach aktuellem Stand ausgestorbene Art ist bzw. war insgesamt aber der synanthropen Fauna zuzurechnen, d. h. derjenigen der menschlichen Gebäude bzw. des Siedlungsbereichs, wo sie unter anderem in Scheunen und Kellern auftrat. Der Blauschwarze Dunkelläufer (*Laemostenus terricola*, s. S. 559) besiedelt sowohl entsprechende Lebensräume als auch Tierbauten im Freiland. Bei einzelnen weiteren Arten liegt offenbar eine teilweise bis vorwiegend unterirdische Lebensweise und die Nutzung von Tierbauten (v. a. von Säugern) vor, insbesondere bei *Blemus discus* und *Trechoblemus micros*.

Laufkäfer bewohnen häufiger den menschlichen Siedlungsbereich, teils als Relikte von Zönosen früher vorhandener Biotope, teils als Neubesiedler unter den spezifischen Rahmenbedingungen von Stadt- und Dorflebensräumen. Dass Laufkäferlebensräume dabei bis an Gebäude heran und in diese hineinreichen können, wurde bereits im Fall von *Sphodrus leucophthalmus* und *Laemostenus terricola* (s. o.) angesprochen. Dabei sind offensichtlich strukturreiche Keller mit Naturböden und grabbarem Substrat für die Larven sowie mit einem ausreichenden Angebot an Spalten und Höhlungen von Bedeutung (vgl. Niedling 2013), zudem dürfte die Standorthistorie eine wesentliche Rolle spielen. Letzteres ist ähnlich für den Mauer-Ahlenläufer (*Ocys quinquestriatus*, s. S. 291) zu sehen, der neben seinen Vorkommen an Felsstandorten Mauern besiedelt und hier ebenfalls von einem bestimmten Strukturangebot abhängig ist. Durch Renovierung älterer Gebäudesubstanz kommt es häufig zu einem vollständigen oder überwiegenden Verlust besiedelbarer Strukturen für solche Arten.

Besonders ausgeprägt ist im Siedlungsbereich die Fragmentierung bzw. Isolationswirkung, die zur Ausbildung deutlicher Gradienten in der Laufkäferbesiedlung etwa zwischen Randbezirken von Städten und deren Innenbereich beiträgt (z. B. Klausnitzer & Richter 1983). Im Zusammenspiel von Flächengröße, Flächenverbund und historischer Entwicklung zeigen sich insbesondere bei flugunfähigen oder anderweitig ausbreitungsschwachen Laufkäferarten deutliche Auswirkungen. So konnten in Stuttgart selbst in größeren zusammenhängenden Parks und Gehölzflächen des Stadtgebiets weder Großlaufkäfer der Gattung *Carabus* noch die am Stadtrand überall in Wäldern und Gehölzen weit verbreiteten *Abax*-Arten *A. parallelepipedus, A. parallelus* und *A. ovalis* (große, flugunfähige K-Strategen) festgestellt werden (s. Trautner 1991). Als eine der wesentlichen Ursachen hierfür ist die historische Entwicklung dieser Flächen zu sehen: Waldähnliche Bedingungen entstanden durch Pflanzungen oder Sukzession erst nach der Abtrennung dieser Flächen vom Umland, zudem fanden teils erhebliche Umgestaltungen statt. Flugunfähige Waldarten konnten die später gehölzdominierten Bereiche, die nun für sie geeignet gewesen wären, aufgrund der isolierten Lage nicht besiedeln. Lediglich in einer der innerstädtischen Parkanlagen im Bereich eines ehemaligen Bachtals mit Gehölzbestand wurde der Runzelhals-Brettläufer (*Abax carinatus*) nachgewiesen, dessen Vorkommen als Relikt jenes früheren Landschaftselements interpretiert wird.

Interessant sind in diesem Zusammenhang auch Ergebnisse aus Untersuchungen baden-württembergischer Dörfer, die bereits in den 1980er Jahren im Auftrag des damaligen Ministeriums für Ländlichen Raum, Landwirtschaft und Forsten

Soweit sie dort extensiv genutzte Flächen, relativ geringe Verkehrsdichten und eine barrierefreie oder -arme Situation vorfinden, können auch flugunfähige Laufkäferarten wie die Großlaufkäfer der Gattung *Carabus* in den Siedlungsbereich vordringen und dort Populationen halten. Das Bild zeigt entsprechende dörfliche Strukturen im nordöstlichen Baden-Württemberg aus den 1980er Jahren.

stattfanden. Dabei wurden in einigen Dörfern Großlaufkäferarten (Gattung *Carabus*) in hoher Individuenzahl zum Teil auch auf sehr kleinen Garten- und Grünflächen innerhalb der jeweiligen Dörfer nachgewiesen. Insbesondere betraf dies den Höckerstreifen-Laufkäfer (*Carabus ulrichii*) in einem Dorf des Schwäbischen Keuper-Lias-Landes. Überquerungen von Wegen und Straßen wurden dort durch Beobachtungen belegt, ebenso gelangen Larvenfunde in mehreren dieser Flächen, so dass diese nicht nur einen Teil des Aktionsraumes der Imagines darstellten, sondern dort auch eine Reproduktion belegt wurde. Hier dienten das Dorf oder Dorfbereiche insgesamt als Lebensraum.

Als ausschlaggebend für eine solche Situation wurde die alte Dorfstruktur eingestuft, die Mischgebiete sowie landwirtschaftliche Hof- und Gebäudeflächen mit vergleichsweise geringem Versiegelungsgrad, hohem Anteil extensiv oder nicht genutzter Flächen und weniger stark „trennenden" Elementen zwischen diesen aufwies (insbesondere teils fehlende, ansonsten nicht oder schwer von den Käfern überwindbare Bordsteinkanten, geringe Verkehrsdichten, zum Teil sogar nicht oder nur teilversiegelte Wege, s. Trautner 1993b). Allerdings ist anzumerken, dass sich solche Strukturen zwischenzeitlich häufig stark verändert haben und vergleichbare Situationen heute oft nur noch in Dorfrandlagen bestehen.

Gehölzarme, extensiv genutzte Areale oder Brachen des Siedlungsbereichs und von Infrastrukturflächen können artenreiche Laufkäferlebensräume mit Vorkommen naturschutzfachlich bedeutsamer Arten darstellen, wie dies von aufgegebenen Industrieanlagen sowie von Bahnhöfen sowohl im bundesweiten Kontext (z. B. Esser & Kielhorn 2005, Krummen 2002) als auch an Beispielen aus Baden-Württemberg (etwa einige der Funde bei Wolf-Schwenninger & Schwenninger 1992, Bräunicke et al. 1997) belegt ist. Im Fall vegetationsarmer Sand-, Kies- oder Schotterflächen bestehen faunistische Ähnlichkeiten zu bestimmten Trockenlebensräumen sowie zu Roh- und Skelettböden der früheren Auenlandschaften. Auf Ruderalfluren sind Arten vertreten, die auch in Nutzflächen oder Begleitstrukturen der Acker- oder Weinberggebiete vorzufinden sind, darunter vielfach rückläufige Arten. Entsprechende Beispiele sind Nachweise des Braunen Kamelläufers (*Amara fusca*) in Industriebrachen des Karlsruher Hafengebietes, des Großen Kamelläufers (*Amara eurynota*) auf innerstädtischen Brachen (vor deren Konversion) in Pforzheim sowie des Ufersand-Zwergahlenläufers (*Elaphropus sexstriatus*) im Schotterbett von Gleisanlagen im Stuttgarter Raum.

Lebensraumtypen des Anhangs I der FFH-Richtlinie sind im Siedlungsbereich nur teilweise, dann oft in fragmentarischer Ausprägung oder als aus dem Umfeld in den städtischen bzw. dörflichen Bereich hineingreifende Elemente (etwa entlang von Fließgewässern) vertreten; hierzu wird auf die Kapitel zu den entsprechenden Lebensraumgruppen verwiesen. Höhlen und Balmen gehören zu den FFH-Lebensraumtypen (LRT 8310), beherbergen in Baden-Württemberg jedoch keine charakteristischen Laufkäferarten.

14 Verantwortlichkeitsarten

J. Trautner, K. Hannig & J. Schmidt

Als „Verantwortlichkeitsarten“ werden nachfolgend diejenigen Arten oder infraspezifischen Taxa (Unterarten) bezeichnet, für deren weltweiten Schutz Deutschland unter Anwendung der entsprechenden Bewertungskriterien (vgl. Memorandum von Gruttke et al. 2004) eine erhöhte Verantwortlichkeit trägt.

Dieser Verantwortlichkeitsstatus leitet sich aus dem Anteil Deutschlands am Gesamtareal der betreffenden Art bzw. Unterart und seiner Lage im oder zum Hauptareal des Taxons ab, sowie aus dessen globaler Bestands- und Gefährdungssituation. Die Bestimmung der Verantwortlichkeit stellt insoweit eine wichtige Ergänzung zur Gefährdungseinstufung der Roten Listen dar, und die „Kombination beider Naturschutzinstrumente eröffnet neue Optionen naturschutzfachlicher Prioritätensetzung [...] und bietet zudem einen fachlich fundierten Begründungsrahmen für den Artenschutz jenseits von FFH- und Vogelschutzrichtlinie“ (Gruttke et al. 2004).

Von Schmidt & Trautner (2016) wurde im Rahmen der Neufassung der bundesweiten Roten Liste der Laufkäfer eine gegenüber früheren Ansätzen wesentlich revidierte und kommentierte Liste derjenigen Laufkäfertaxa erarbeitet, für die Deutschland eine erhöhte Verantwortlichkeit innehat. Darin werden auch die Gründe für eine abweichende Einschätzung zum Verantwortlichkeitsstatus bestimmter Taxa gegenüber der früher publizierten Liste (Müller-Motzfeldt et al. 2004) genannt. Die Einstufungen wurden in die aktuelle Rote Liste der Laufkäfer Deutschlands übernommen (Schmidt et al. 2016). Für weitere Details sei auf Schmidt & Trautner (2016) verwiesen. Abweichend von den Vorgaben des Memorandums von Gruttke et al. (2004) kommt der Begriff „Separation“ anstatt „Isolation“ zur Kennzeichnung von Vorpostenvorkommen und Teilarealen bzw. beim Hinweis auf Populationen ohne Genfluss zur Anwendung.

Folgende Einstufungen wurden vorgenommen:

- !! In besonders hohem Maße verantwortlich
- ! In hohem Maße verantwortlich
- (!) In besonderem Maße für hochgradig separierte Vorposten verantwortlich
- ? Daten ungenügend, evtl. erhöhte Verantwortlichkeit zu vermuten

Von den insgesamt 49 Taxa, die bundesweit in eine der oben genannten Gruppen eingestuft wurden, sind oder waren 28 Arten (in einem Fall mit zwei Unterarten) in Baden-Württemberg vertreten. Im Fall von Pulpans Kamelläufer (*Amara pulpani*) betrifft die Einstufung allerdings nicht die baden-württembergischen Populationen. Eine Übersicht zu diesen Arten, ihrer Situation in Baden-Württemberg sowie der Beziehung des landesweiten zum bundesweiten Bestand gibt Tab. 14.2. Für die Abschätzung des letztgenannten Aspekts wurde insbesondere der auf Baden-Württemberg entfallende Anteil der bundesweit noch nach 1980 besetzten Rasterfelder (s. u.) herangezogen. In diesem Zusammenhang wurden auch die Übersichtskarten der bundesweiten Verbreitung dieser Arten im Blattschnitt der Topographischen Karte 1:100 000 aus Trautner et al. (2014) aktualisiert; sie sind am Ende dieses Kapitels aufgeführt. Eine Aktualisierung ergab sich insbesondere durch baden-württembergische Funde, da bei Erarbeitung des bundesweiten Verbreitungsatlasses die Auswertungen zur Landesfauna noch nicht abgeschlossen waren. Es konnten zusätzlich aber auch einzelne Ergänzungen und Korrekturen für weitere Bundesländer berücksichtigt werden. Entsprechende Hinweise wurden in Tab. 14.1 ergänzend zu den aktualisierten Karten zusammengestellt. Für weitere Details zu den einzelnen Arten, etwa deren räumlich stärker aufgelöste landesweite Verbreitung, sei auf das jeweilige Artkapitel im Speziellen Teil verwiesen.

Mit etwas über einem Drittel (zehn Arten) sind die Bewohner von Wäldern und Feldgehölzen des überwiegend mittleren Standortbereichs in Baden-Württemberg als einzelne Gruppe am stärksten

Tab. 14.1 Aktualisierung der bundesweiten Verbreitungskarten von in Baden-Württemberg vorkommenden Verantwortlichkeitsarten der Laufkäferfauna aus Trautner et al. (2014). Basis sind die Rasterfelder der Topographischen Karte 1:100 000. Reihenfolge alphabetisch nach wissenschaftlichem Artnamen. Die zugehörigen Karten finden sich am Ende dieses Kapitels.

Art	Änderung von Einträgen im TK-100-Raster
Abax ovalis	aktueller: 7126
Abax parallelus	–
Agonum hypocrita	–
Agonum munsteri	–
Agonum scitulum	zusätzlich: 7510, 7522 außerhalb Bad.-Württ. Streichung: 7138 (1)
Amara pulpani	zusätzlich: 7126, 7526 außerhalb Bad.-Württ. zusätzlich: 1926 (2) und Streichung: 1946 (2)
Amara strenua	zusätzlich: 6722, 7122, 7518; Streichung: 8314 (3) außerhalb Bad.-Württ. Streichung: 5114 (4)
Bembidion atrocaeruleum	zusätzlich: 6718, 7114, 7510, 7914, 7922
Bembidion foraminosum	–
Bembidion starkii	zusätzlich: 7922
Carabus auratus	–
Carabus auronitens	zusätzlich: 7510
Carabus intricatus	zusätzlich: 7122, 7510, 7522, 7918, 8314; aktueller: 7914 außerhalb Bad.-Württ. aktueller: 1422 (2)
Carabus irregularis	zusätzlich: 7126, 7514
Carabus variolosus	–
Chlaenius sulcicollis	Verschiebung: 7910 zu 8310
Cylindera arenaria	außerhalb Bad.-Württ. zusätzlich: 2726 (2), 3130 (2)
Leistus montanus	zusätzlich: 7514; Korrektur Fundzeitraum: 6718
Molops elatus	zusätzlich: 8322 außerhalb Bad.-Württ. aktueller: 7530 (1)
Nebria praegensis	–
Oreonebria boschi	Streichung: 7914 (5), 8310 (5), 8314 (5)
Oreonebria castanea	–
Patrobus australis	Streichung: 8314 (3)
Pterostichus hagenbachii	–
Pterostichus panzeri	zusätzlich: 7514
Trechus pilisensis	–
Trichotichnus laevicollis	zusätzlich: 6322, 6718, 8710
Trichotichnus nitens	zusätzlich: 7926 außerhalb Bad.-Württ. Streichung: 6734 (1), 7938 (1)

(1) nach Lorenz in lit., (2) nach Gürlich in lit., (3) Fundherkunft unklar bzw. Meldung fraglich, (4) nach Hannig (2016), (5) nach aktuellem Datenstand nicht im Südschwarzwald, Meldungen von dort sind *O. castanea* zuzurechnen.

Tab. 14.2 In Baden-Württemberg aktuell oder ehemals vertretene Laufkäferarten, für deren globalen Schutz Deutschland eine besondere Verantwortlichkeit innehat (Verantwortlichkeitsarten), ihre landesweite Bestandssituation und die Relation zum bundesweiten Bestand. Anordnung

VER	Wissenschaftlicher Artname	Rasterfrequenz Bad.-Württ. nach 1975	Anteil Bad.-Württ. am bundesweiten Bestand
!!	*Nebria praegensis*	< 5 %	endemisch in Bad.-Württ.
!!	*Oreonebria boschi*	< 5 %	endemisch in Bad.-Württ.
!!	*Agonum hypocrita*	< 5 %	besonders bedeutender bis überwiegender Anteil (1/3 bis 2/3)
!!	*Carabus variolosus* (ssp. *nodulosus*)	keine neueren Funde	bei evtl. Wiederfund relevanter Anteil
!!	*Bembidion foraminosum*	keine neueren Funde	nicht (mehr) relevant, Wiederauftreten sehr unwahrscheinlich
!	*Agonum scitulum*	5–9 %	bedeutender, aber nicht überwiegender Anteil (1/5 bis 1/3)
!	*Carabus irregularis* (Nominatrasse)	10–24 %	bedeutender, aber nicht überwiegender Anteil (1/5 bis 1/3)
!	*Trichotichnus nitens*	> 50 %	bedeutender, aber nicht überwiegender Anteil (1/5 bis 1/3)
!	*Abax ovalis*	> 50 %	relevanter Anteil
!	*Abax parallelus* (Nominatrasse)	> 50 %	relevanter Anteil
!	*Amara strenua*	< 5 %	relevanter Anteil
!	*Bembidion atrocaeruleum*	5–9 %	relevanter Anteil
!	*Carabus auratus* (Nominatrasse)	25–50 %	relevanter Anteil
!	*Carabus auronitens* (Nominatrasse)	> 50 %	relevanter Anteil
!	*Carabus intricatus*	10–24 %	relevanter Anteil
!	*Molops elatus*	25–50 %	relevanter Anteil
!	*Patrobus australis*	< 5 %	relevanter Anteil
!	*Trichotichnus laevicollis*	25–50 %	relevanter Anteil
!	*Bembidion starkii*	keine neueren Funde	nicht (mehr) relevant, Wiederauftreten sehr unwahrscheinlich
(!)	*Oreonebria castanea* (nur ssp. *raetzeri*)	< 5 %	in Deutschland nur in Bad.-Württ.
(!)	*Pterostichus hagenbachii*	< 5 %	in Deutschland nur in Bad.-Württ.
(!)	*Pterostichus panzeri* (Nominatrasse)	< 5 %	bedeutender, aber nicht überwiegender Anteil (1/5 bis 1/3)*
(!)	*Agonum munsteri*	keine neueren Funde	aktuelle Situation unklar, bei Wiederfund oder Neufund relevant
(!) /?	*Cylindera arenaria* (Nominatrasse und ssp. *viennensis*)	< 5 %	relevanter Anteil (nur noch ssp. *viennensis*)
(!)	*Chlaenius sulcicollis*	keine neueren Funde	nicht (mehr) relevant, Wiederauftreten sehr unwahrscheinlich
?	*Leistus montanus* (sensu lato)	< 5 %	besonders bedeutender bis überwiegender Anteil (1/3 bis 2/3)
?	[*Amara pulpani*]	< 5 %	kein relevanter Anteil an den in Frage stehenden Vorpostenvorkommen**
?	*Trechus pilisensis* (sensu lato)	< 5 %	relevanter, aber geringer Anteil (Arealrand)

* Unter alleiniger Heranziehung der Rasterfrequenz wäre bei *P. panzeri* die Zuordnung in eine höhere Anteilsstufe Baden-Württembergs möglich, aber vor dem Hintergrund der erheblich höheren Nachweisdichte im bayerischen Alpenraum fachlich nicht adäquat.

** Für *Amara pulpani* gelten nach Schmidt & Trautner (2016) innerhalb Deutschlands allerdings nach derzeitigem Stand nur die weit separierten Vorkommen an der Ostseeküste als fragliche Vorposten; in Mittel- und Süddeutschland beginnt das wenngleich nicht geschlossene Hauptareal.

Grobzordnung des Lebensraums (GLR): Die Einträge bedeuten (in alphabetischer Reihenfolge und nur die bei den Verantwortlichkeitsarten vertretenen Kategorien):

F Arten der Feucht- und Nassbiotope (ohne spezifische Fließgewässerufer-Lebensräume)
G Arten der Gebirgsbiotope (inkl. Blockschutthalden außerhalb der Alpen)
O Arten der Äcker und des Grünlands vorwiegend mittlerer Standorte
T Arten trockener, an größeren Gehölzen freier oder armer Biotope
U Arten der Ufer, Bänke und Aufschwemmungen an Fließgewässern
W Arten der Wälder und Feldgehölze des überwiegend mittleren Standortbereichs

primär nach Verantwortlichkeitskategorie, sekundär nach jeweils abnehmendem Anteil Baden-Württembergs am bundesweiten Bestand, danach alphabetisch nach wissenschaftlichem Artnamen.

Verbreitung / Bestand in Bad.-Württ.	GLR
Endemische Art im Südschwarzwald mit eng begrenztem Vorkommen	G
Endemische Art mit überwiegend eng begrenzten Vorkommen in Schwarzwald und Odenwald sowie auf der Schwäbischen Alb	G
Lokal im Bodenseeraum (Teil des Voralpinen Hügel- und Moorlandes) und von wenigen weiteren Fundorten im südöstlichen Bad.-Württ.	F
Ehemals im Südschwarzwald und im Voralpinen Hügel- und Moorland, inzwischen als erloschen eingestuft	F
Ehemals im Oberrhein-Tiefland und in der Donau-Iller-Lech-Platte, inzwischen erloschen	U
Regional eng begrenzt in Teilen des zentralen und südwestlichen Bad.-Württ.	F
In Teilräumen Bad.-Württ., v.a. montan auf kalkhaltigen Böden	W
In allen oder nahezu allen Naturräumen und mit Ausnahme des Oberrhein-Tieflands meist verbreitet	W
In allen oder nahezu allen Naturräumen und mit Ausnahme des Oberrhein-Tieflands meist verbreitet	W
In allen Naturräumen und verbreitet	W
Zerstreute, lokale Nachweise v.a. im nördlichen und westlichen Bad.-Württ.	O
Naturräumlich begrenzt in Teilen des westlichen und des äußersten Süden Bad.-Württ., in einem Naturraum bereits erloschen	U
In allen Naturräumen bei unterschiedlicher Stetigkeit	O
In allen oder nahezu allen Naturräumen und mit Ausnahme des Oberrhein-Tieflands meist verbreitet	W
In Teilräumen Bad.-Württ., teils lückig verbreitet und mit lokal stärker begrenzten Beständen	W
In den meisten Naturräumen mit Ausnahme des Oberrhein-Tieflands, Schwerpunkt in der montanen und submontanen Höhenstufe	W
Beschränkt auf die Uferzonen und Seeriede des Bodensees (Teil des Voralpinen Hügel- und Moorlandes), dort stetig	F
Im Großteil der Naturräume mit deutlichem Schwerpunkt in der montanen und submontanen Höhenstufe	W
Ehemals in der Donau-Iller-Lech-Platte, inzwischen erloschen	U
Nur lokal eng begrenzt im Südschwarzwald	G
Nur lokal eng begrenzt im Alb-Wutach-Gebiet (Teil der Neckar- und Tauber-Gäuplatten) und im Südschwarzwald	W
Eng begrenzte Vorkommen im Schwarzwald, in südlichen Teilen der Neckar- und Tauber-Gäuplatten sowie auf der Schwäbischen Alb	G
Ein Fundort vor 1975 im Voralpinen Hügel- und Moorland, aktuelle Situation unklar, inzwischen möglicherweise erloschen	F
Nominatrasse historisch im Bodenseeraum (inzwischen erloschen), ssp. *viennensis* mit lokal eng begenzten Vorkommen im Oberrhein-Tiefland	U
Historische Angabe aus dem Raum Freiburg, inzwischen erloschen	F
Eng begrenzte Vorkommen v.a. auf der Schwäbischen Alb und im Schwarzwald	G
Sehr lokal auf der östlichen Schwäbischen Alb	T
Nur im Odenwald und Spessart, überwiegend wohl lokal begrenzt	W

Verantwortlichkeit (VER): Angegeben ist die Einstufung der Verantwortlichkeit Deutschlands für den weltweiten Schutz der Art nach Schmidt et al. (2016) bzw. Schmidt & Trautner (2016). Die Einträge bedeuten:
!! In besonders hohem Maße verantwortlich
! In hohem Maße verantwortlich
(!) In besonderem Maße für hochgradig separierte Vorposten verantwortlich
? Daten ungenügend, evtl. erhöhte Verantwortlichkeit zu vermuten

unter den Verantwortlichkeitsarten vertreten. Zugleich weisen sie aber keine Art auf, für die eine besonders hohe Verantwortlichkeit besteht. Den meisten nachfolgend aufgeführten Arten dieser Gruppe kommt die Kategorie ! (In hohem Maße verantwortlich) zu, wobei der größere Teil dieser Arten (sechs) sowohl landes- als auch bundesweit weit verbreitet und zudem nicht an ein enges Spektrum bestimmter Waldlebensraumtypen oder etwa an eine extensive forstliche Nutzung gebunden ist. Insoweit ist für diese Arten, unabhängig von ihrem Verantwortlichkeitsstatus, kein Handlungsbedarf erkennbar. Anders verhält es sich bei den übrigen vier Arten (*Carabus irregularis*, *Carabus intricatus*, *Pterostichus hagenbachii* und *Trechus pilisensis*), für die artabhängig unterschiedliche Erfordernisse gesehen werden. Bei den drei zuerst genannten Arten sollte mindestens die Bestandsentwicklung überwacht werden (Aufnahme in ein Monitoring). Der Blaue Laufkäfer (*Carabus intricatus*) sollte zudem verstärkt mittels waldbaulicher Maßnahmen gefördert werden. Beim Herzhals-Flinkläufer (*Trechus pilisensis*) kommt auch dem Schutz seiner Habitate vor kleinräumigen Eingriffen mit potenziellen Standortveränderungen – wie etwa dem forstlichen Wegebau – eine Bedeutung zu; zudem sollte bei dieser Art die konkrete Verbreitung in Baden-Württemberg noch näher untersucht werden. Hagenbachs Grabläufer (*Pterostichus hagenbachii)* ist im Übrigen innerhalb Deutschlands ausschließlich in Baden-Württemberg vertreten.

Zweitgrößte Gruppe mit sechs Arten sind die Besiedler von Feucht- und Nasslebensräumen, wobei für die Hälfte dieser Arten bereits keine neueren Funde aus Baden-Württemberg mehr vorliegen. Die übrigen Arten sind mit relativ geringen Rasterfrequenzen vertreten. Hierbei weist Baden-Württemberg für den Östlichen Glanzflachläufer (*Agonum hypocrita*), eine Art mit besonders hoher Verantwortlichkeit, bei geschätzten 1/3 bis 2/3 des bundesweiten Bestands einen national besonders bedeutenden Anteil auf. Als bedeutend wird auch der Anteil am bundesweiten Bestand des Auwald-Flachläufers (*Agonum scitulum*) bewertet. Alle mit Verantwortlichkeitseinstufung gelisteten Besiedler von Feucht- und Nassbiotopen sind in Baden-Württemberg als gefährdet oder kritischer eingestuft und fordern, soweit sie überhaupt noch vorkommen, spezifische Schutz- oder Entwicklungsmaßnahmen für ihre Lebensräume. Beim Moor-Flachläufer (*Agonum munsteri*) wäre, um die aktuelle Bestandssituation zu klären, eine Untersuchung des Moorkomplexes erforderlich, aus dem der bislang einzige baden-württembergische Fund vorliegt. Bereits bei Schmidt & Trautner (2016) wurde angemerkt, dass die aktuelle Gesamtsituation der Art in Deutschland (und damit im noch verbliebenen zentraleuropäischen Teilareal) prekärer sein könnte, als aus der bisherigen bundesweiten Verbreitungskarte (Trautner et al. 2014) hervorgeht.

Mit fünf bzw. vier Verantwortlichkeitsarten folgen die Gruppen mit Arten der Gebirgsbiotope (einschließlich Blockschutthalden außerhalb der Alpen) sowie der Ufer und spezifischen Auebiotope.

Hervorzuheben ist hier die erstgenannte Gruppe, da sie die beiden in Deutschland und Baden-Württemberg endemischen Arten *Oreonebria boschi* und *Nebria praegensis* umfasst. Mit *Oreonebria castanea* ssp. *raetzeri* kommt eine innerhalb Deutschlands nur in Baden-Württemberg vertretene Unterart hinzu, und bei den Beständen von *Leistus montanus* im Bundesland ist davon auszugehen, dass sie einen bedeutenden Anteil am nationalen Gesamtbestand bilden. Dieses Artenset, ergänzt um separierte Vorposten von *Pterostichus panzeri*, unterstreicht die enorme Bedeutung der – teils kaltluftführenden – außeralpinen Gesteinsschutthalden für den Artenschutz.

Zwei der ehemals in Baden-Württemberg vertretenen Uferarten, davon die eine mit besonders hoher Verantwortlichkeit, sind bereits erloschen, ebenso eine weitere ehemals vertretene Unterart dieser Gruppe. Für die beiden übrigen sind Maßnahmen zur Stützung und Erweiterung ihrer Bestände an Fließgewässern (*Bembidion atrocaeruleum*) bzw. im Fall von *Cylindera arenaria* ssp. *viennensis* wohl zumindest erst einmal in Sekundärlebensräumen erforderlich. Vorrangige Räume sind hier das nördliche Oberrhein-Tiefland und im Fall von *B. atrocaeruleum* zusätzlich der Schwarzwald, das südliche Oberrhein-Tiefland und das Gebiet von dort über den Hochrhein bis ins südöstlichste Baden-Württemberg (Einzugsgebiet der Argen).

Auch unter den Arten der Äcker oder des Grünlands vorwiegend mittlerer Standorte sind mit *Amara strenua* und *Carabus auratus* immerhin zwei Arten der besonderen Verantwortlichkeit zugeordnet. Bei erstgenannter Art bestehen nach den bundesweit vorliegenden Daten Anhaltspunkte dafür, dass ihre Hauptvorkommen im Auegrünland liegen.

Unter einigen Gruppen mit anderen Lebensraumschwerpunkten sind in Baden-Württemberg keine Verantwortlichkeitsarten vertreten, wobei dies teilweise auch bundesweit der Fall ist (z. B. bei den euryöken Arten der überwiegend offenen Kulturlandschaft; s. Schmidt & Trautner 2016).

Wie bereits bei Schmidt et al. (2016) formuliert, erscheint es hinsichtlich gesetzlicher und administrativer Maßnahmen von besonderer Bedeutung, dass diejenigen Laufkäfertaxa, bei denen eine aktuelle Gefährdung in Deutschland mit einer besonderen Verantwortlichkeit für ihren Schutz einhergeht, im Rahmen der Ermächtigung nach § 54 BNatSchG durch Rechtsverordnung in ihrem Schutz den europarechtlich geschützten Arten des Anhangs IV der FFH-Richtlinie auf nationaler Ebene gleichgestellt werden. Hierbei sollten aus fachlicher Sicht jedenfalls auch die extrem seltenen Arten (Kategorie R) und solche berücksichtigt werden, bei denen bei geringer Häufigkeit eine Gefährdung anzunehmen ist.

Abschließend ist darauf hinzuweisen, dass mit fortschreitender Kenntnis zu Gesamtarealen und globaler Bestands- und Gefährdungssituation durchaus damit gerechnet werden kann, dass einzelne weitere Taxa Aufnahme in die Liste der deutschen Verantwortlichkeitsarten finden könnten. Diskussionen hierüber werden bereits geführt.

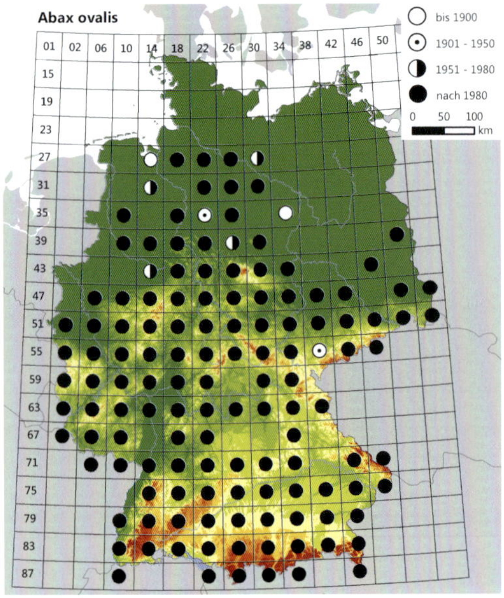

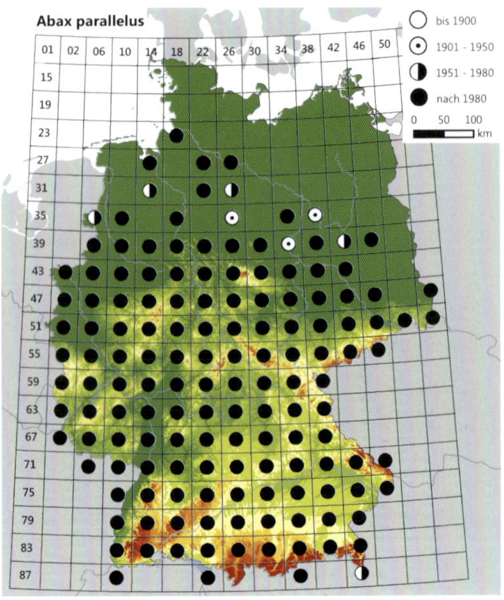

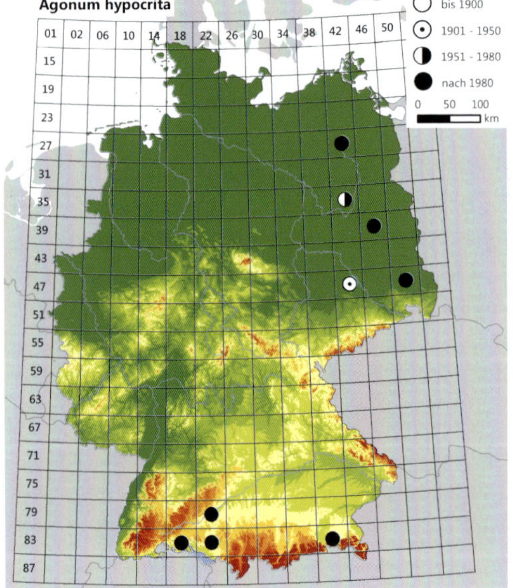

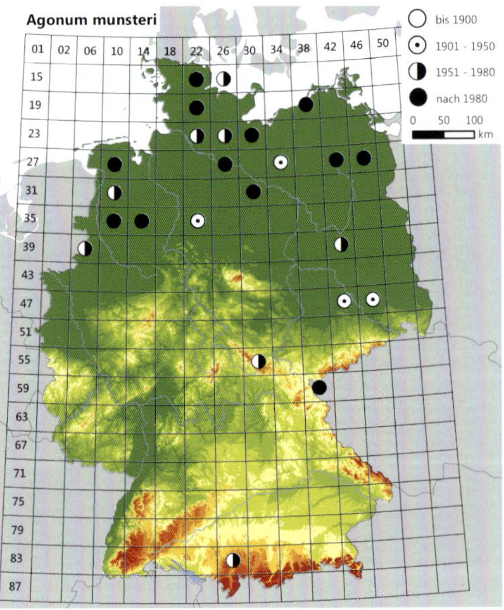

Deutschlandweite Verbreitung der in Baden-Württemberg vorkommenden Laufkäferarten *Abax ovalis*, *A. parallelus*, *Agonum hypocrita* und *A. munsteri*, für die Deutschland eine besondere Schutzverantwortung hat. Bei den beiden ersten handelt es sich um verbreitete Waldarten, die *Agonum*-Arten sind hochgradig gefährdet und weisen ein sehr enges Lebensraumspektrum in Feuchtgebieten auf. Daten aus TRAUTNER et al. (2014) im Raster der Topographischen Karte 1:100 000, teils aktualisiert, s. Tab. 14.1. Kartengrundlage: © GeoBasis-DE/BKG 2016.

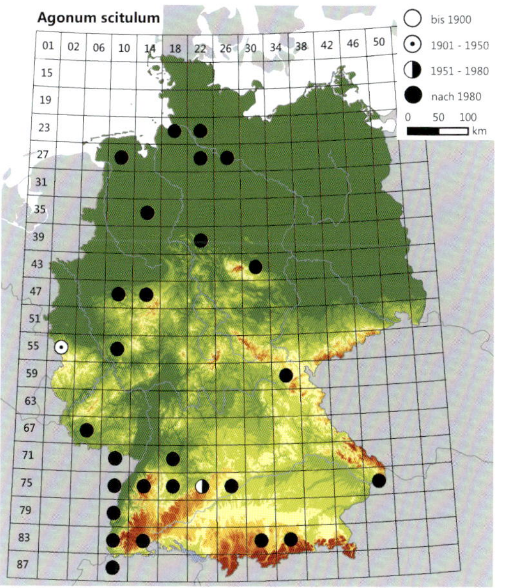

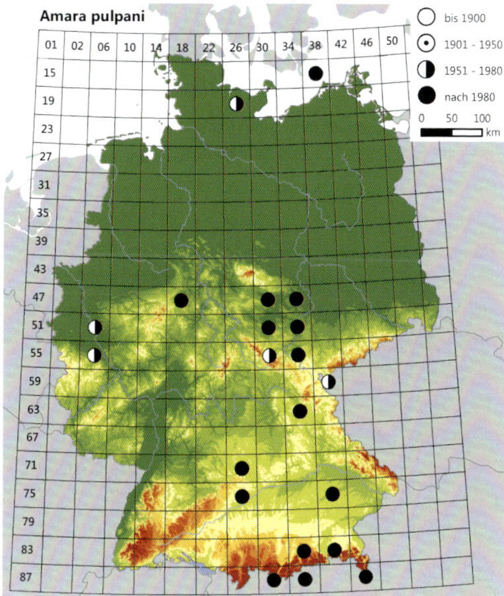

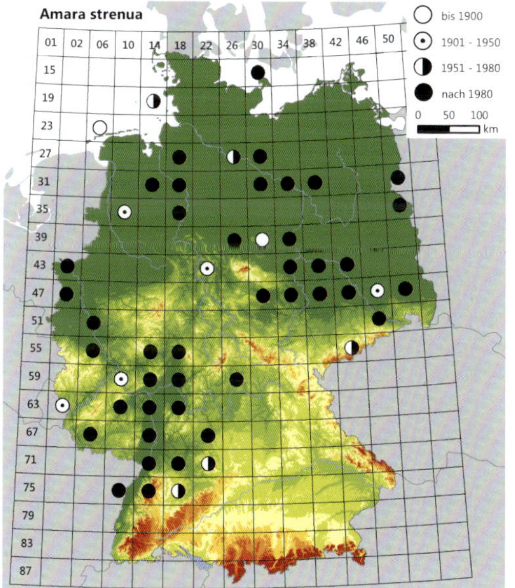

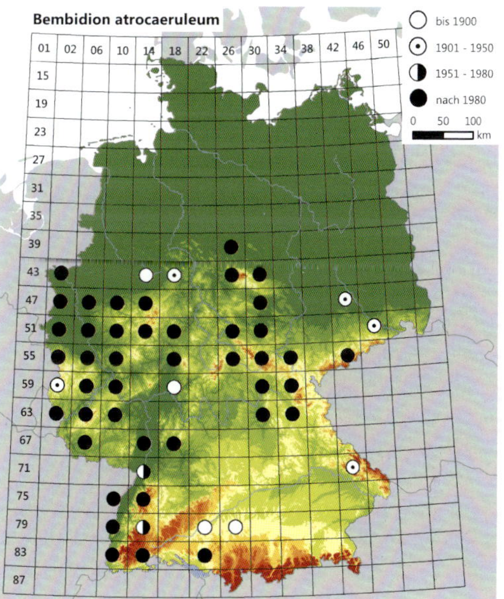

Deutschlandweite Verbreitung der in Baden-Württemberg vorkommenden Laufkäferarten *Agonum scitulum*, *Amara pulpani*, *A. strenua* und *Bembidion atrocaeruleum*, für die Deutschland eine besondere Schutzverantwortung hat. Es handelt sich in den hier gezeigten Fällen um Arten sehr unterschiedlicher Lebensraumtypen, bei *A. pulpani* bezieht sich die (fragliche) Schutzverantwortung nur auf Teile des Areals. Daten aus TRAUTNER et al. (2014) im Raster der Topographischen Karte 1:100 000, teils aktualisiert, s. Tab. 14.1. Kartengrundlage: © GeoBasis-DE/BKG 2016.

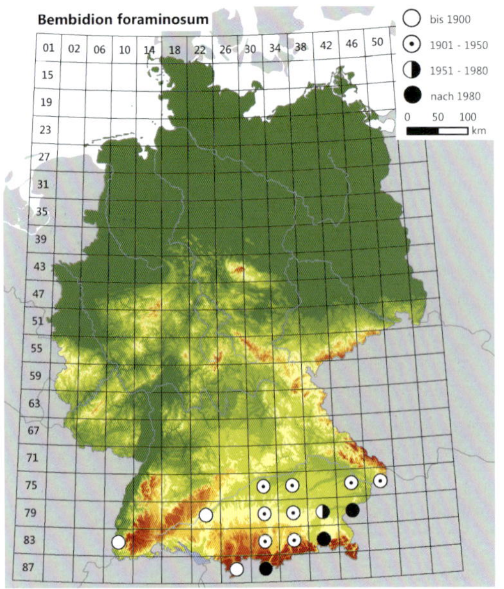

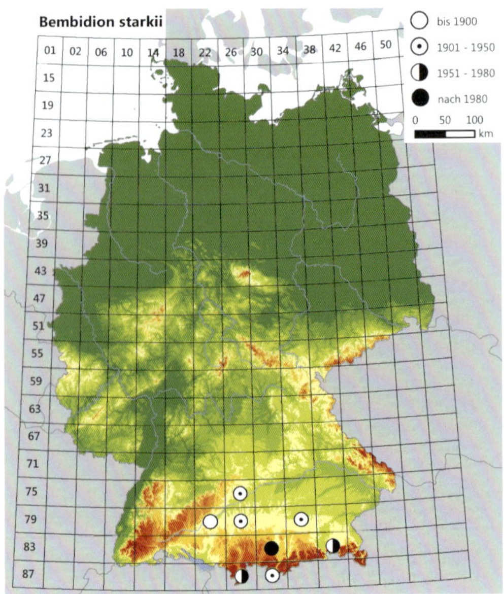

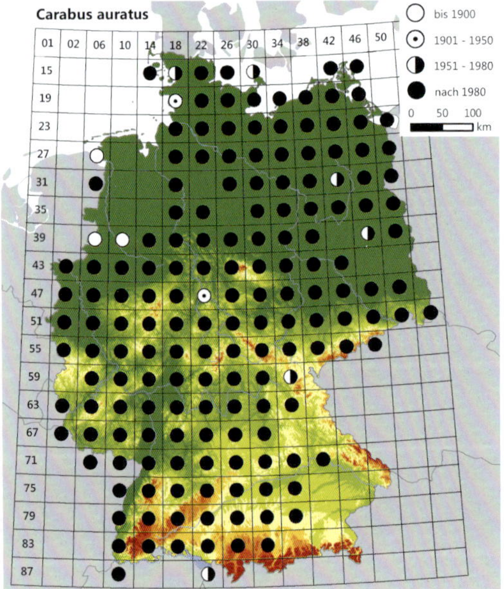

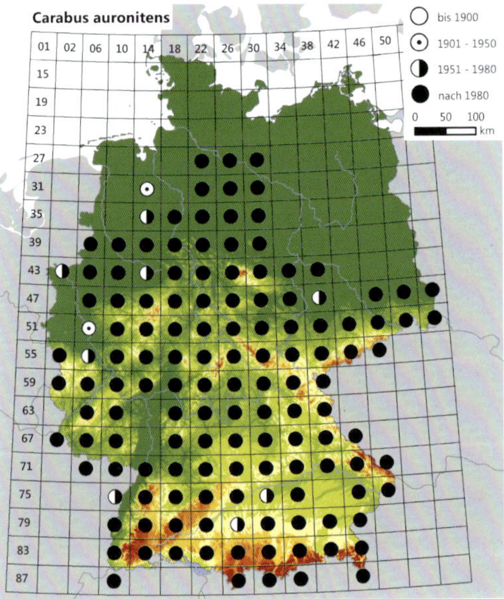

Deutschlandweite Verbreitung der in Baden-Württemberg vorkommenden Laufkäferarten *Bembidion foraminosum*, *B. starkii*, *Carabus auratus* und *C. auronitens*, für die Deutschland eine besondere Schutzverantwortung hat. Bei den beiden ersten Arten handelt es sich um spezifische Uferbewohner, die *Carabus*-Arten besiedeln die überwiegend offene Agrarlandschaft (*C. auratus*) bzw. Wälder (*C. auronitens*). Daten aus TRAUTNER et al. (2014) im Raster der Topographischen Karte 1:100 000, teils aktualisiert, s. Tab. 14.1. Kartengrundlage: © GeoBasis-DE/BKG 2016.

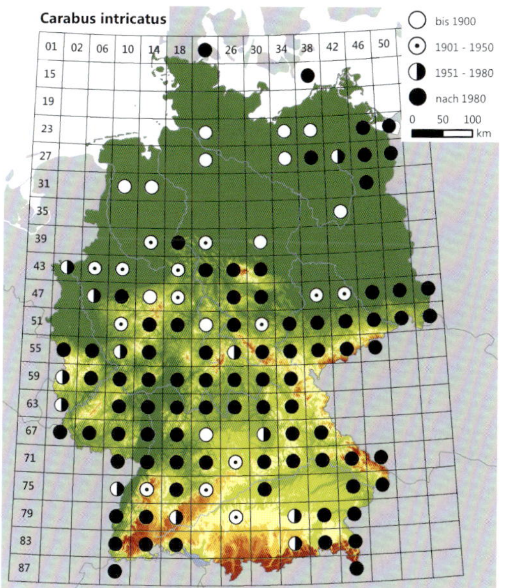

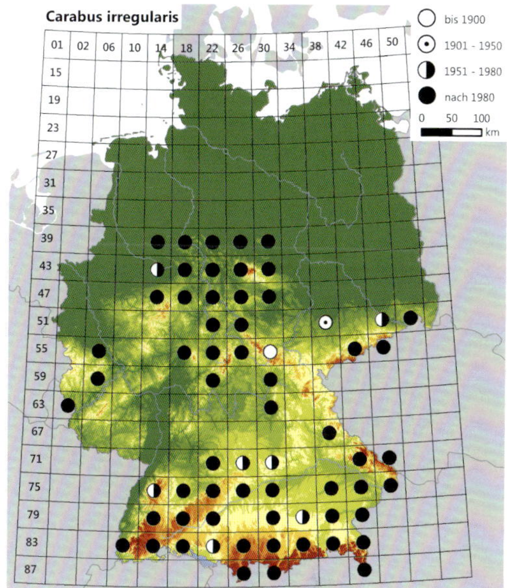

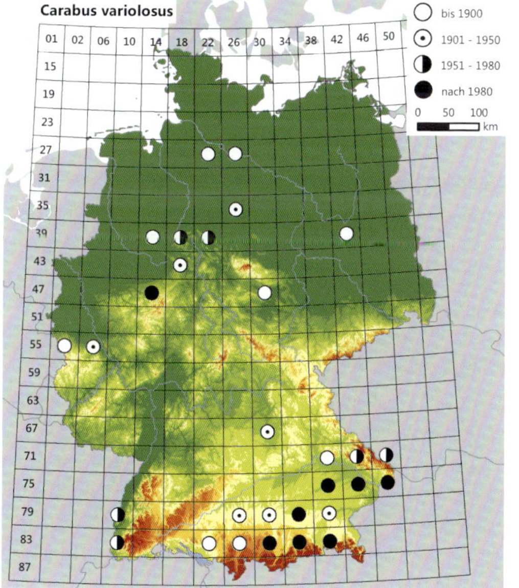

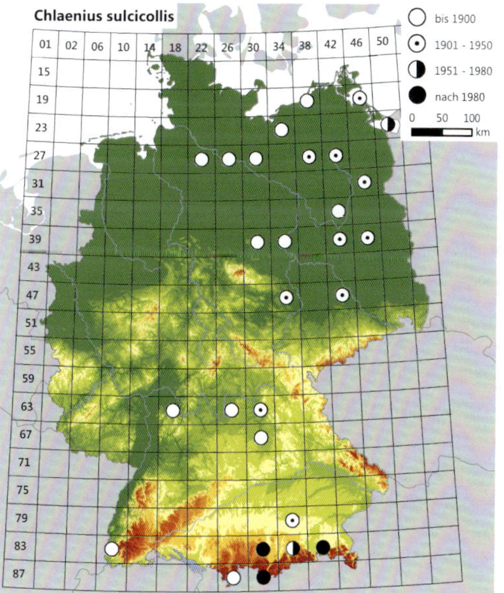

Deutschlandweite Verbreitung der in Baden-Württemberg vorkommenden Laufkäferarten *Carabus intricatus*, *C. irregularis*, *C. variolosus* ssp. *nodulosus* und *Chlaenius sulcicollis*, für die Deutschland eine besondere Schutzverantwortung hat. Bei den beiden ersten handelt es sich um Waldarten, die anderen besiedeln bewaldete Ufer- und Quellbereiche (*Carabus variolosus*) bzw. offene Nasslebensräume (*Chlaenius sulcicollis*). Daten aus Trautner et al. (2014) im Raster der Topographischen Karte 1:100 000, teils aktualisiert, s. Tab. 14.1. Kartengrundlage: © GeoBasis-DE/BKG 2016.

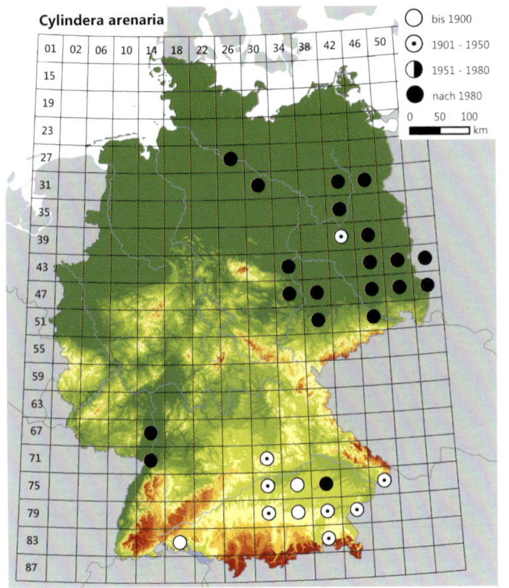

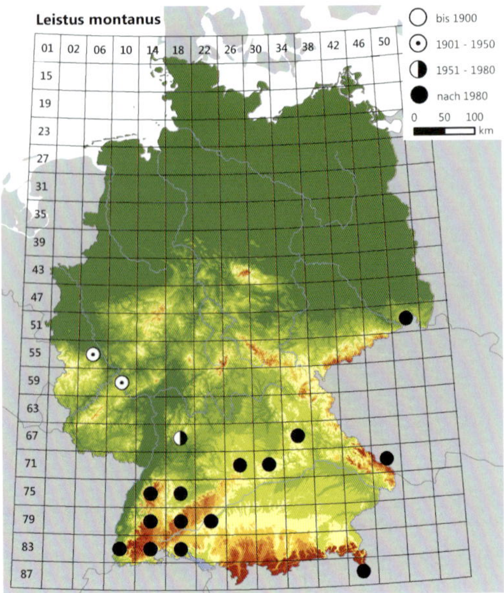

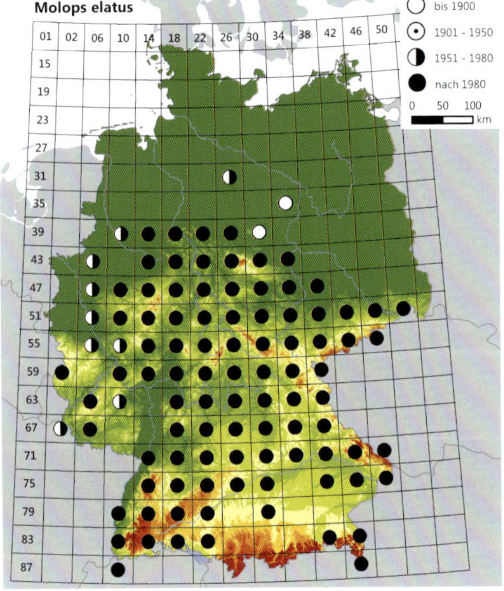

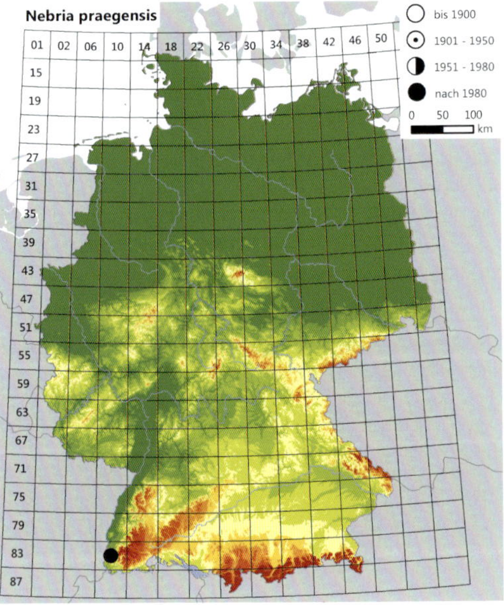

Deutschlandweite Verbreitung der in Baden-Württemberg vorkommenden Laufkäferarten *Cylindera arenaria*, *Leistus montanus*, *Molops elatus* und *Nebria praegensis*, für die Deutschland eine besondere Schutzverantwortung hat. Es handelt sich in den hier gezeigten Fällen um Arten sehr unterschiedlicher Lebensraumtypen; die zuletzt genannte Art ist in Deutschland endemisch. Daten aus TRAUTNER et al. (2014) im Raster der Topographischen Karte 1:100 000, teils aktualisiert, s. Tab. 14.1. Kartengrundlage: © GeoBasis-DE/BKG 2016.

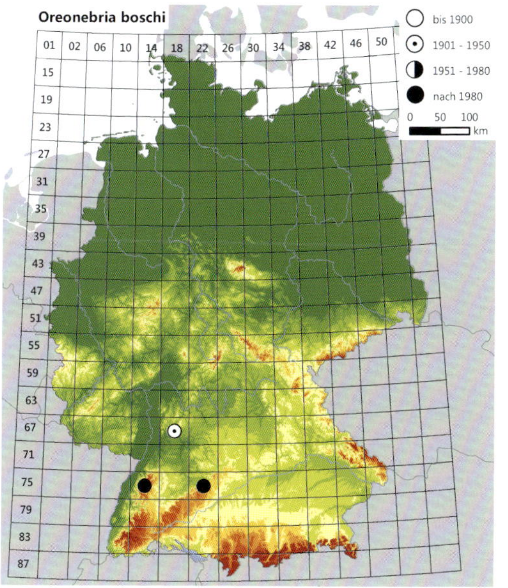

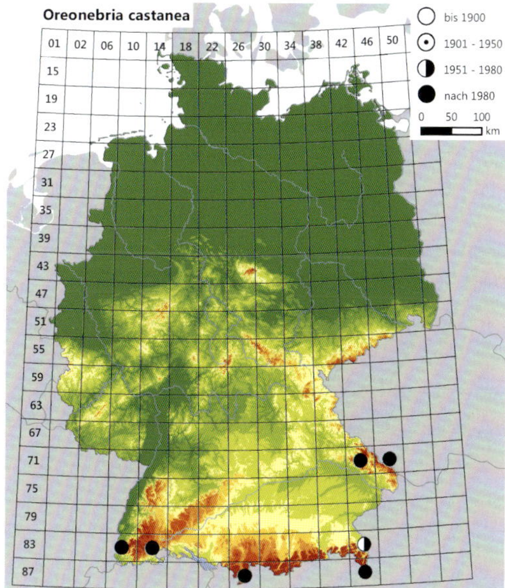

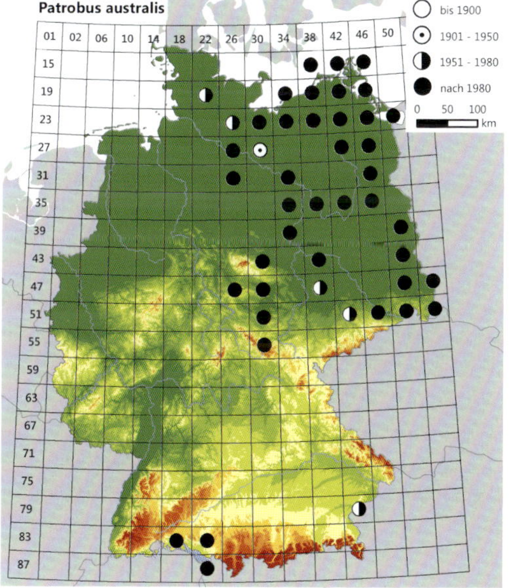

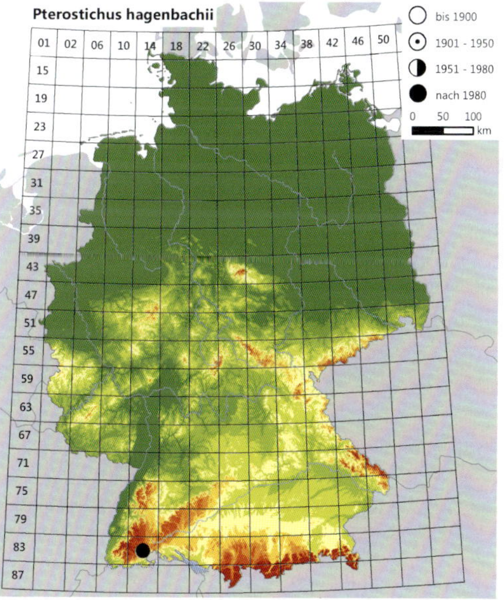

Deutschlandweite Verbreitung der in Baden-Württemberg vorkommenden Laufkäferarten *Oreonebria boschi*, *O. castanea*, *Patrobus australis* und *Pterostichus hagenbachii*, für die Deutschland insgesamt oder bezogen auf bestimmte Unterarten eine besondere Schutzverantwortung hat. Bei *O. castanea* bezieht sich diese nur auf die das Bundesland im äußersten Süden erreichende ssp. *raetzeri*. Endemisch ist *O. boschi*. Daten aus TRAUTNER et al. (2014) im Raster der Topographischen Karte 1:100 000, teils aktualisiert, s. Tab. 14.1. Kartengrundlage: © GeoBasis-DE/BKG 2016.

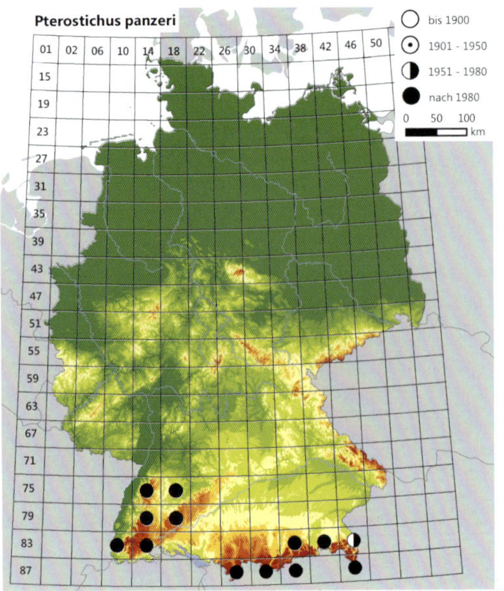

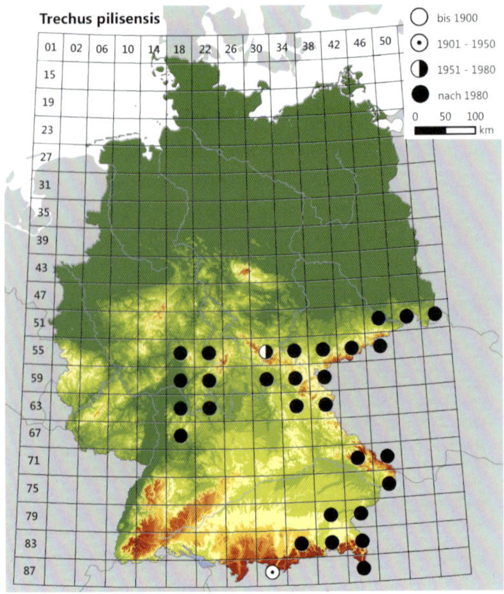

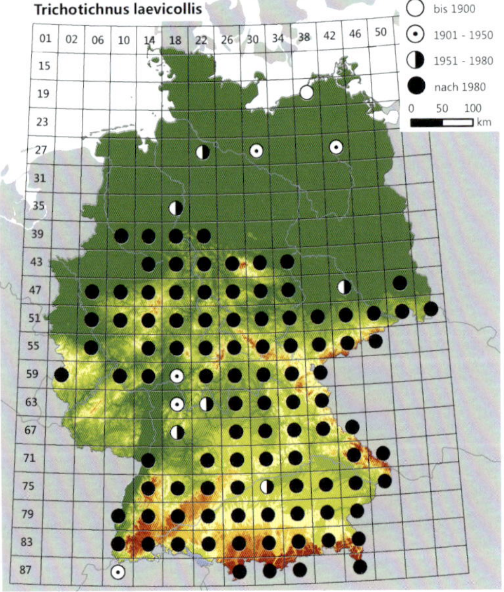

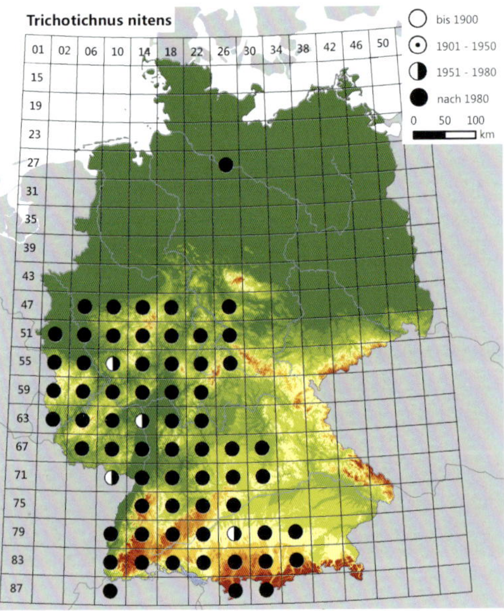

Deutschlandweite Verbreitung der in Baden-Württemberg vorkommenden Laufkäferarten *Pterostichus panzeri*, *Trechus pilisensis*, *Trichotichnus laevicollis* und *T. nitens*, für die Deutschland eine besondere Schutzverantwortung hat. Bei den beiden zuletzt genannten Arten handelt es sich um verbreitete Waldbewohner, die anderen bewohnen vorwiegend Blockhalden (*P. panzeri*) oder feuchte Waldstandorte (*T. pilisensis*). Daten aus TRAUTNER et al. (2014) im Raster der Topographischen Karte 1:100 000, teils aktualisiert, s. Tab. 14.1. Kartengrundlage: © GeoBasis-DE/BKG 2016.

15 Gefährdungssituation

J. Trautner & J. Rietze

Einen Überblick zur landesweiten Gefährdungssituation nach dem Stand der Roten Liste 2005 ist Trautner et al. (2005) zu entnehmen. Das vorliegende Grundlagenwerk enthält zwar keine neue Rote Liste; eine solche muss separat erarbeitet und regelmäßig fortgeschrieben werden, unter Berücksichtigung der zwischenzeitlich für Rote Listen möglichst bundesweit zu vereinheitlichenden Kriterien. Hinsichtlich der bundesweiten Gefährdung von Laufkäferarten wird auf Schmidt et al. (2016) hingewiesen.

Um dennoch die Anhaltspunkte für Veränderungen bei einzelnen Arten aufzugreifen, die bereits im jeweiligen Artkapitel des Speziellen Teils zur Sprache kamen, werden diese Punkte zunächst in Tab. 15.1 zusammengefasst. Hieraus wird ersichtlich, dass nach derzeitiger Einschätzung bei 63 Arten die Situation anders eingestuft wird oder zu prüfen ist, was zu etwa einem Drittel (18 Arten, 29 %) auf neu nachgewiesene, neu aufzunehmende oder zu streichende Arten zurückgeht. Bei 12 Arten (19 %) ist von einer verbesserten Situation auszugehen, darunter 3 bisher als ausgestorben oder verschollen eingestufte Arten, für die aktuelle Wiederfunde gelungen sind (*Bembidion velox, Chlaenius tristis, Cylindera arenaria*). Dem stehen 16 Arten (25 %) gegenüber, bei denen sich eine ungünstigere Einstufung als bisher andeutet. Bei den übrigen Arten geht es nach derzeitiger Einschätzung um eine Umstufung von oder in die Kategorien D (Daten defizitär), R (extrem selten oder mit geographischer Restriktion) sowie G (Gefährdung anzunehmen).

Tab. 15.2 stellt die Artenzahlen und prozentualen Anteile ungefährdeter sowie in unterschiedlichen Gefährdungskategorien stehender Laufkäferarten nach der bisherigen Roten Liste (Trautner et al. 2005) der Einschätzung der Situation für 2016 (basierend auf Tab. 15.1) gegenüber. Auf Grundlage der Einstufungen in der zuletzt genannten Tabelle ergibt sich das im Diagramm auf S. 733 dargestellte Bild für die Laufkäferfauna Baden-Württembergs insgesamt sowie dasjenige von Tab. 15.3 für die Gefährdungssituation nach unterschiedlichen Lebensraumschwerpunkten. Auch vor dem Hintergrund, dass es sich bei den Werten für 2016 um vorläufige Bilanzierungen handelt, von denen im Zuge der Erarbeitung einer neuen Roten Liste abgewichen werden kann, erscheinen diese Darstellungen zum jetzigen Zeitpunkt als adäquat, da sie die aktuelle Situation vor dem Hintergrund der umfangreichen zwischenzeitlich ergänzten Datengrundlagen und vorgenommenen Auswertungen sicherlich besser widerspiegeln als die nach über zehn Jahren inzwischen aktualisierungsbedürftige Rote Liste von 2005.

Wenngleich aufgrund der teils abweichenden Rahmenbedingungen auf Bundes- und Landesebene bei der Einstufung der Gefährdungssituation für eine Reihe von Arten Unterschiede zwischen Schmidt et al. (2016) und der vorliegenden Einschätzung für Baden-Württemberg für das Jahr 2016 bestehen, so ist dennoch die Gesamtbilanz sehr ähnlich: In Baden-Württemberg werden nach der Einschätzung für 2016 46,4 % der Laufkäferarten in der Roten Liste (Kategorien 0–G, R) und 9,6 % in der Vorwarnliste zu führen sein; die bundesweiten Werte liegen bei 46,4 % (Rote Liste) und 9,8 % (Vorwarnliste). Deutliche Abweichungen ergeben sich bei Zugrundelegen der Einschätzung für 2016 in den prozentualen Anteilen der Kategorien R, 2 und G: Der Anteil an Arten der Kategorie R ist in Baden-Württemberg mit 1,6 % (7 Arten) wesentlich niedriger einzuschätzen als bundesweit (11,4 %). Dagegen liegt der Anteil an Arten der Kategorie 2 in Baden-Württemberg mit 16,3 % (70 Arten) höher als bundesweit (11 %), ebenso derjenige der Arten mit einer Gefährdung unbekannten Ausmaßes (Kategorie G, 2,3 % in Baden-Württemberg gegenüber 0,2 % bundesweit). In Baden-Württemberg ist zudem die Bestandssituation der Artengruppen der Ufer, Bänke und Aufschwemmungen an Fließgewässern (Gruppe U) sowie diejenige der Feucht- und Nassbiotope (Gruppe F) deutlich kritischer zu sehen als im bundesweiten Vergleich.

Tab. 15.1 Nach derzeitiger Datenlage erkennbarer Prüfbedarf und mögliche Änderungen im Rahmen einer Fortschreibung der landesweiten Roten Liste bei einzelnen Arten. Arten in alphabetischer Reihenfolge.

Art	Einstufung Rote Liste 2005	Situation/Trend	voraussichtliche zukünftige Einstufung
Agonum munsteri	nicht enthalten	neu aufgenommen	vom Aussterben bedroht (oder ausgestorben/verschollen)
Amara convexiuscula	D	□	Gefährdung unbekannten Ausmaßes
Amara erratica	3	⇩	stark gefährdet
Amara famelica	D	□	ausgestorben oder verschollen
Amara fusca	D	□	gefährdet
Amara makolskii	nicht enthalten	neu aufgenommen	Daten unzureichend (oder ungefährdet)
Amara proxima	nicht enthalten	neu nachgewiesen	extrem selten
Amara pulpani	nicht enthalten	neu nachgewiesen	extrem selten
Amara sabulosa	*	⇩	Art der Vorwarnliste (oder gefährdet)
Amara spreta	*	□	Daten unzureichend
Amara tricuspidata	D	□	Art der Vorwarnliste (oder gefährdet)
Amblystomus niger	nicht enthalten	neu nachgewiesen	Daten unzureichend
Anillus caecus	D	□	nicht bewertet (Neozoon)
Apristus europaeus	nicht enthalten	neu nachgewiesen	ungefährdet
Bembidion argenteolum	nicht enthalten	neu nachgewiesen	vom Aussterben bedroht
Bembidion ascendens	3	⇩	stark gefährdet
Bembidion atrocaeruleum	3	⇩	stark gefährdet
Bembidion laticolle	nicht enthalten	neu aufgenommen	ausgestorben oder verschollen
Bembidion latinum	R	□	ungefährdet
Bembidion milleri	3	⇧	Art der Vorwarnliste
Bembidion quadripustulatum	3	⇩	stark gefährdet
Bembidion varicolor	3	⇩	stark gefährdet
Bembidion velox	0	⇧	vom Aussterben bedroht
Brachinus crepitans	*	⇩	Art der Vorwarnliste
Calathus ambiguus	V	⇩	gefährdet
Calathus rotundicollis	*	□	Daten unzureichend
Carabus convexus	3	⇩	stark gefährdet
Chlaenius tristis	0	⇧	vom Aussterben bedroht
Cicindela campestris	*	⇩	Art der Vorwarnliste
Cylindera arenaria	0	⇧	vom Aussterben bedroht
Cymindis angularis	nicht enthalten	neu aufgenommen	vom Aussterben bedroht
Dromius quadraticollis	nicht enthalten	neu nachgewiesen	ungefährdet
Dyschirius abditus	G	□	ausgestorben oder verschollen
Dyschirius laeviusculus	2	⇩	vom Aussterben bedroht

Art	Einstufung Rote Liste 2005	Situation/Trend	voraussichtliche zukünftige Einstufung
Dyschirius thoracicus	D	gestrichen	
Dyschirius tristis	3	⇩	stark gefährdet
Elaphropus diabrachys	nicht enthalten	neu nachgewiesen	ungefährdet
Epaphius rivularis	1	⇧	stark gefährdet
Harpalus calceatus	2	⇧	Art der Vorwarnliste (oder gefährdet)
Harpalus cupreus	D	☐	Gefährdung unbekannten Ausmaßes (oder konkrete Einstufung)
Harpalus marginellus	D	gestrichen	
Harpalus politus	D	☐	Gefährdung unbekannten Ausmaßes
Harpalus subcylindricus	2	⇧	gefährdet
Harpalus xanthopus	D	☐	ungefährdet
Laemostenus terricola	*	⇩	Art der Vorwarnliste (oder gefährdet)
Lebia chlorocephala	3	⇩	stark gefährdet
Olisthopus sturmii	nicht enthalten	neu aufgenommen	ausgestorben oder verschollen
Ophonus diffinis	nicht enthalten	neu aufgenommen	Daten unzureichend
Ophonus parallelus	D	☐	Gefährdung unbekannten Ausmaßes
Ophonus stictus	R	☐	Gefährdung unbekannten Ausmaßes (oder konkrete Einstufung)
Ophonus subquadratus	D	gestrichen	
Oreonebria boschi	*	☐	Gefährdung unbekannten Ausmaßes (oder konkrete Einstufung)
Oreonebria castanea	*	☐	ssp. *raetzeri* vorauss. extem selten, Nominatform Gefährdung unbekannten Ausmaßes (oder gefährdet)
Parophonus maculicornis	V	⇧	ungefährdet
Pterostichus diligens	V	⇧	ungefährdet
Pterostichus minor	V	⇧	ungefährdet
Pterostichus rhaeticus	V	⇧	ungefährdet
Sinechostictus elongatus	V	⇩	gefährdet
Sinechostictus ruficornis	nicht enthalten	neu aufgenommen	ausgestorben oder verschollen
Sphodrus leucophthalmus	1	⇩	ausgestorben oder verschollen
Syntomus obscuroguttatus	nicht enthalten	neu nachgewiesen	Daten unzureichend
Tachys fulvicollis	R	☐	Daten unzureichend
Trechus pilisensis	2	⇧	Art der Vorwarnliste (oder gefährdet)

Rote-Liste- und Vorwarnlistekategorien s. Legende zur Checkliste auf S. 776. Die Streichung früher geführter Arten ist im Kapitel zu zweifelhaften oder unzutreffenden Artmeldungen aus Bad.-Württ. im Speziellen Teil näher erläutert; ansonsten s. Einzelartkapitel im Speziellen Teil.

⇧ = Tendenz zu besserer Bewertung

⇩ = Tendenz zu schlechterer Bewertung

☐ = voraussichtlich Umstufung in oder von einer der Kategorien R, G, oder D (kann auch neu in einer Gefährdungskategorie resultieren)

Es sei ausdrücklich darauf hingewiesen, dass die Angaben in der letzten Tabellenspalte nur die voraussichtliche zukünftige Gefährdungseinstufung darstellen. Die derzeit gültige Rote Liste (2005) wird dadurch keineswegs ersetzt. Die Angaben sollen lediglich ergänzende Hilfe bei der Interpretation oder Bewertung von Artvorkommen bieten.

Tab. 15.2 **Artenzahlen und prozentuale Anteile ungefährdeter sowie in unterschiedlichen Gefährdungskategorien stehender Laufkäferarten nach der Roten Liste (Trautner et al. 2005) und Einschätzung der Situation in Baden-Württemberg für 2016. Die Gefährdungseinschätzung wurde auf Basis der nach aktuellem Stand anzuratenden Einstufungsänderungen in Tab. 15.1 vorgenommen (dortige Einträge in Klammern nicht berücksichtigt).**

Gefährdungsstufen(gruppen)	Rote Liste 2005		Einschätzung Situation 2016		Differenzwert Prozentanteil 2005 zu 2016	Tendenz (auf Prozentanteile bezogen)
	absolut	%	absolut	%		
Gefährdet (Kategorien 0 bis G, R)	186	44,6	199	46,4	1,8 %	Zunahme
Daten unzureichend (Kategorie D)	19	4,6	14	3,3	1,3 %	Abnahme
Vorwarnliste (Kategorie V)	39	9,4	41	9,6	0,2 %	annähend gleich
Ungefährdet und nicht bewertet	173	41,5	175	40,8	0,7 %	Abnahme
Artenzahl gesamt	417*		429			

* 2005 wurden 416 Arten ausgewiesen, von denen eine inzwischen als separate Art geführt und bewertet wird. Deren damalige Einstufung wurde der direkten Vergleichbarkeit halber hier mit berücksichtigt, wodurch sich die zugrunde zu legende Artenzahl um eine Art erhöhte.

Tab. 15.3 **Gefährdungsgrad der Laufkäferfauna Bad.-Württ. nach Lebensraumschwerpunkten sowie wesentliche Gefährdungsursachen. Basis der Bilanz ist die Einstufung in der Roten Liste 2005 sowie zusätzlich die Einschätzung der Situation für 2016 (letztere in grauer Schrift-**

Gruppen entsprechend Grobzuordnung des Lebensraums (GLR); Zahlen in Klammern = Gesamtartenzahl Lebensraum zum jeweiligen Einstufungszeitpunkt		Code	Ausgestorbene oder vom Aussterben bedrohte Arten (Kategorien 0, 1) absolut	%	Rote-Liste-Arten (Kategorien 0–3, G, R) insgesamt absolut	%
Arten der Küstenbiotope und Binnenlandsalzstellen	RL 2005 (1)	K	1	100,0	1	100,0
	Einschätzg. 2016 (1)	K	1	100,0	1	100,0
Arten von Gebirgsbiotopen (inkl. Blockschutthalden außerhalb der Alpen)	RL 2005 (8)	G	0	0,0	4	50,0
	Einschätzg. 2016 (8)	G	0	0,0	6	75,0
Euryöke Arten der überwiegend offenen Kulturlandschaft; teils auch im Wald auftretend	RL 2005 (71)	E	0	0,0	2	2,8
	Einschätzg. 2016 (71)	E	0	0,0	2	2,8
Arten der Äcker und des Grünlands vorwiegend mittlerer Standorte	RL 2005 (44)	O	1	2,3	14	31,8
	Einschätzg. 2016 (44)	O	1	2,3	14	31,8
Arten sonstiger (meist) mesotropher Offenlandstandorte des mittleren Feuchtebereichs, inkl. Waldrandstrukturen	RL 2005 (29)	M	1	3,5	13	44,8
	Einschätzg. 2016 (31)	M	1	3,2	14	45,2
Arten der Wälder und Feldgehölze des überwiegend mittleren Standortbereichs	RL 2005 (51)	W	0	0,0	8	15,7
	Einschätzg. 2016 (53)	W	0	0,0	7	13,2
Arten trockener, an größeren Gehölzen freier oder armer Biotope	RL 2005 (42)	T	19	45,2	33	78,6
	Einschätzg. 2016 (46)	T	22	47,8	40	87,0
Arten von Feucht- und Nassbiotopen (ohne spezifische Fließgewässeruferlebensräume, s.u.)	RL 2005 (85)	F	11	12,9	52	61,2
	Einschätzg. 2016 (87)	F	12	13,8	54	62,1
Arten der Ufer, Bänke und Aufschwemmungen an Fließgewässern	RL 2005 (52)	U	9	17,3	42	80,8
	Einschätzg. 2016 (56)	U	13	23,2	46	82,1
Arten der Roh- und Skelettböden sowie sonstiger Sonderstandorte	RL 2005 (31)	X	1	3,2	17	54,8
	Einschätzg. 2016 (32)	X	1	3,1	15	46,9

* deutlich geringere Relevanz als die zu intensive Nutzung im Bereich der Landwirtschaft

Anteil gefährdeter Laufkäferarten in Baden-Württemberg nach der Roten Liste 2005 (TRAUTNER et al. 2005).

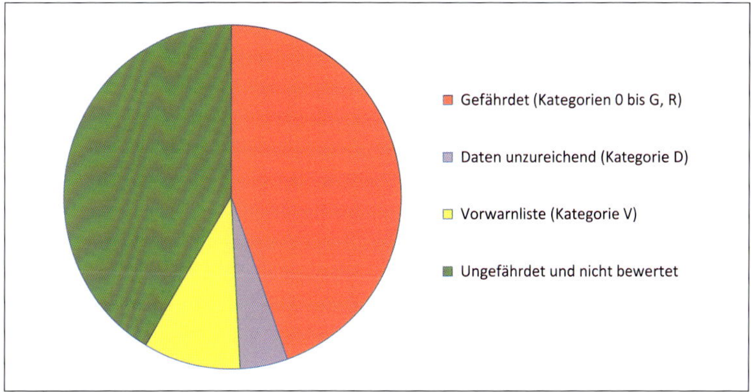

farbe; s. auch Tab. 15.1 und 15.2). Ursachen nach SCHMIDT et al. (2016) mit Ergänzungen/Modifikationen aufgrund Anpassung an landesspezifische Gegebenheiten.

Arten der Vorwarnliste (Kategorie V)		
absolut	**%**	**Wesentliche Gefährdungsursachen**
0	0	Biotopzerstörung, natürliche Seltenheit
0	0	
0	0	z. T. natürliche Seltenheit; Biotopzerstörung und qualitative Verschlechterung (u. a. Sport- und Freizeitnutzung, Sukzession bei ausbleibender bestandserhaltender Nutzung oder Pflege); potenziell klimatische Veränderungen
0	0	
3	4,2	intensive landwirtschaftliche Nutzung, Nivellierung von Standorteigenschaften, Verlust von nutzungsbegleitenden Strukturen und kurzzeitigen Brachen in Anbausystemen, Biozideinsatz, Eutrophierung
4	5,6	
7	15,9	
9	20,5	
3	10,4	Nutzungsaufgabe und Sukzession, Eutrophierung, Verlust von nutzungsbegleitenden Strukturen und kurzzeitigen Brachen in Anbausystemen, Verringerung des Angebots offener oder halboffener Strukturen in Wäldern und Waldrandbereichen, Aufforstung
3	9,7	
5	9,8	intensive forstwirtschaftliche Nutzung*, Nivellierung von Standorteigenschaften, Verhinderung oder Einschränkung natürlicher Prozesse
6	11,3	
4	9,5	Biotopzerstörung, Nutzungsaufgabe oder negative Veränderung bestandserhaltener Nutzung oder Pflege mit nachfolgender Sukzession (auch auf ehemaligen militärischen Übungsgeländen), Verlust von „Störstellen", Aufforstung, Eutrophierung, Fragmentierung; z. T. natürliche Seltenheit
4	8,7	
10	11,8	Biotopzerstörung, Degradation, Entwässerung, Aufgabe oder negative Veränderung bestandserhaltender Nutzung oder Pflege mit nachfolgender Sukzession (v. a. Nasswiesen und Riede, potenziell waldfähige Moorstandorte), Nutzungsintensivierung, teils Aufforstung, potenziell klimatische Veränderungen
7	8,1	
3	5,8	Zerstörung natürlicher und naturnaher Auen, Verhinderung oder Einschränkung von Fließgewässerdynamik sowie der Dynamik von Überschwemmungen im Auebereich; Rekultivierung und Sukzession in potenziellen Ersatzlebensräumen (v. a. in Abbaugebieten)
2	3,6	
4	12,9	Verlust oder Renovierung historischer Keller, Gewölbe und Mauern, Rekultivierung von Abbaugebieten; Verhinderung oder Bepflanzung bzw. Befestigung von Störstellen wie Hangrutschungen, Nutzungsaufgabe auf ehemaligen militärischen Übungsgeländen; z. T. natürliche Seltenheit
6	18,8	

Die bedeutendsten Gefährdungsursachen für Laufkäfer in ihren unterschiedlichen Lebensräumen sind in Tab. 15.3 aufgeführt. Für einen Teil der Ursachenkomplexe sind detailliertere Angaben der Analyse zur Schutz- und Gefährdungssituation von Laufkäfern in Deutschland von Reissmann et al. (2005) zu entnehmen. Im Speziellen Teil wurden bei den einzelnen Arten wichtige Aspekte genannt und teils auch konkrete Beispiele gegeben. Weiterführende Hinweise finden sich im folgenden Kap. 16, das auf Schutzziele und -maßnahmen fokussiert.

In Baden-Württemberg ist ebenso wie in der genannten bundesweiten Analyse der Komplex Wasserbau/Schifffahrt mit Sicherheit an erster Stelle der Gefährdungsursachen für Laufkäfer zu nennen, wobei Regulierungsmaßnahmen und Unterbindung der natürlichen Gewässerdynamik die Liste der spezifisch unterschiedenen Gefährdungsursachen anführen. Auch ein Großteil der ansonsten bei Reissmann et al. (2005) aufgeführten Ursachen bzw. Ursachenkomplexe werden als solche unstrittig sein, wenngleich ihre jeweilige Bedeutung zum Teil nicht oder nicht mehr zutreffend sein dürfte und insbesondere vor dem Hintergrund der methodischen Einschränkungen jener Studie einer neuen Bewertung bedarf. Qualitativ und quantitativ sind jedoch in Baden-Württemberg die folgenden Faktorenkomplexe als besonders kritisch einzuschätzen:

- Verhinderung oder Einschränkung der Fließgewässerdynamik sowie der Dynamik von Überschwemmungen im Auebereich.
- Nutzungsaufgabe oder negative Veränderung bestandserhaltener Nutzung oder Pflege mit nachfolgender Sukzession, die für naturschutzfachlich bedeutsame und zugleich maßnahmenrelevante Laufkäferarten beeinträchtigend ist.
- Geringer Anteil und weiterer Verlust von nutzungsbegleitenden, vor allem gehölzfreien bis -armen Strukturen und kurzzeitigen Brachen in Anbausystemen durch Sukzession (s. o.) oder Gehölzpflanzungen, direkte Verluste etwa im Rahmen von Flurneuordnungen oder Veränderungen landwirtschaftlicher Praxis.
- Konversion von militärischen Liegenschaften sowie von Industrie- und Infrastrukturflächen und Rekultivierung von Abbaugebieten oberflächennaher Rohstoffe.

Die nachfolgenden Abbildungen illustrieren wichtige Gefährdungsursachen für Laufkäfer in Baden-Württemberg.

Dynamische Flusslandschaften in West- und Mitteleuropa wiesen auch außerhalb des Alpen- und Voralpenraums neben Auwäldern breite Flussbetten mit ausgedehnten, vegetationsfreien und voll besonnten Flachuferzonen unterschiedlicher Substrate auf. In wenigen Gebieten haben sich solche Flussstrecken weitestgehend erhalten. Hier ein Blick auf eine Strecke des Allier in Frankreich mit einer extrem artenreichen Laufkäferfauna.

Donauausbau bei Beuren in den 1920er Jahren. Die frühere strukturelle Vielfalt von Ufer und Flussbett, die sich beispielsweise in alten Karten widerspiegelt, ist gerade noch zu erahnen. Bildquelle: Archiv Regierungspräsidium Tübingen (Repro 1994, mit freundlicher Genehmigung).

Sowohl entlang der schiffbaren Flussabschnitte Baden-Württembergs als auch an vielen anderen, insbesondere den etwas größeren Gewässern bestimmen heute ein begradigter Verlauf, fehlende Dynamik, einförmige Uferböschungen und eine wenig diverse, meist die Ufer stark beschattende Vegetation das Bild. Dies führt zu einer stark verarmten Laufkäferfauna der Ufer. Die Bilder zeigen Abschnitte des Neckars bei Mosbach und Gundelsheim (oben, letzteres mit Schleuse) sowie der Oberen Donau und der Enz (beide rechts).

Die über Jahrzehnte andauernde Zunahme gehölzdominierter Flächen in Baden-Württemberg bewirkte, zusammen mit dem Verlust aufgelichteter Strukturen in Wäldern, dass sich die Situation von Laufkäferarten und Laufkäferzönosen offener Trockenlebensräume auf unterschiedlichen räumlichen Skalenebenen erheblich verschlechterte. Dies geschah durch Fragmentierung, Flächenverluste und Qualitätsminderungen. Die Bilder zeigen von Gehölzen bedrängte und in eine dominierende Gehölzmatrix eingebettete Wacholderheiden an einem Talhang der Schwäbischen Alb (oben), die zunehmende Verbuschung an einem Trockenhang des Jagsttals (Neckar- und Tauber-Gäuplatten, Mitte) sowie eine „Wacholderdickung" mit kleinräumig vollständigem Verlust der Magerrasen-Vegetation sowie der entsprechenden Laufkäferfauna im Unterwuchs (unten).

Auch im feuchten bis nassen Standortbereich stellt Gehölzsukzession infolge aufgegebener Nutzung oder Pflege, teils verbunden mit Veränderungen des Wasserhaushalts, ein erhebliches Problem dar. Vielfach führt sie zum Ausfall gefährdeter Laufkäferarten der Nasswiesen, Riede und Röhrichte zugunsten weniger, weit verbreiteter schattentoleranter Arten bzw. Gehölzbewohner. Im Bild ein ehemals von offenen Feuchtlebensräumen geprägtes Naturdenkmal in den Neckar- und Tauber-Gäuplatten.

Durchgewachsene Hecken auf ehemals in größeren Teilen offenen Steinriegeln einer Ackerbaulandschaft auf der Hochfläche der Schwäbischen Alb. Laufkäferarten mit Lebensraumschwerpunkt in gras- und krautreichen Ackerbegleitstrukturen sind hier weitgehend ausgefallen.

Wo offene Begleitstrukturen zwischen Äckern oder Grünland nicht bereits der Flurneuordnung, einer Ausweitung der angrenzenden Nutzung oder der Gehölzsukzession zum Opfer fielen, unterliegen sie einem hohen Risiko, für Gehölzpflanzungen in Anspruch genommen zu werden. Dies geschieht zum Teil sogar im Rahmen geförderter Maßnahmen oder einer Eingriffskompensation. Diese tragen dadurch dazu bei, die Qualitäten und Funktionen solcher Begleitstrukturen für die Laufkäferfauna offener Lebensräume weiter zu verschlechtern.

Negativ auf die Bestände bedrohter Laufkäferarten wirkt sich auch der Ausfall einer lebensraumprägenden Nutzung oder Pflege aus, die zu wiederkehrenden „Bodenverwundungen" führte. In dem schon im Speziellen Teil (s. S. 88 f.) angesprochenen Fall ist ein Bestand des Deutschen Sandlaufkäfers (*Cylindera germanica*) in einem seit den 1960er Jahren dokumentierten Vorkommensgebiet im Schwäbischen Keuper-Lias-Land aus diesen Gründen erloschen. Die Bilder illustrieren die entscheidende Habitatstruktur Anfang der 1990er Jahre (oben) sowie die spätere strukturelle Entwicklung zunächst bis zum Jahr 2005 (Mitte) und dann bis 2016 (unten).

Zu den wesentlichen Gefährdungsursachen der Laufkäferfauna landwirtschaftlich genutzter Flächen zählen die strukturelle Verarmung und der Pestizideinsatz. Die Bilder zeigen entsprechende Situationen auf Ackerflächen der Filderebene (oben), auf Rebflächen an einem Talhang des Neckars (Mitte) sowie in Intensivobstanlagen des Bodenseeraums (unten).

Auch die Errichtung von Wohngebieten sowie von Gewerbe- und Infrastrukturflächen führt zum Verlust von Laufkäfer-Lebensräumen. Die meist kurzzeitig existierenden Baubrachen können einigen ausbreitungsfähigen Arten vorwiegend der Acker- und Ruderalfauna Lebensraum bieten, doch entwickeln sich im Anschluss daran nur teilweise auch dauerhaft relevante Lebensstätten (z. B. in extensiv gepflegten Grünanlagen). Zu berücksichtigen sind daneben die Trenn- und Fallenwirkungen, die bestimmte Elemente wie Bordsteine, Entwässerungsanlagen mit Gullies sowie stark befahrene Straßen auf bodengebundene Arten der Laufkäferfauna ausüben, wenngleich diese unter den bisherigen Rahmenbedingungen nur in bestimmten Fällen bereits eine relevante Gefährdungsursache darstellen dürften. Die Bilder zeigen ein neu entstehendes Wohngebiet mit dem Randbereich der Erschließungsstraße sowie einen toten Großlaufkäfer (hier: *Carabus coriaceus*) vor einer für ihn unüberwindbaren Bordsteinkante.

16 Schutzziele und Schutzmaßnahmen

J. Trautner & G. Hermann

16.1 Vorbemerkungen

Wie in den vorherigen Kapiteln aufgezeigt, unterliegen Laufkäfer in Baden-Württemberg einer ganzen Reihe von Gefährdungsfaktoren. Bei vielen Arten ist die Situation ungünstig oder bereits kritisch: Über die Hälfte aller einheimischen Laufkäferarten ist heute in der Roten Liste oder in der Vorwarnliste zu führen. Um diesen negativen Entwicklungen entgegenzuwirken, bedarf es auch gesetzlicher und administrativer Maßnahmen, von Änderungen der Agrarförderung bis hin zu Anpassungen landesweiter Empfehlungen und Vorgaben für die Eingriffskompensation. Hinzu kommt auf bundesweiter Ebene die Forderung, durch Rechtsverordnung im Rahmen der Ermächtigung nach § 54 BNatSchG bestimmte Arten in ihrem Schutz den europarechtlich geschützten Arten des Anhangs IV der FFH-Richtlinie gleichzustellen (s. Kap. 14). Hierauf kann an dieser Stelle allerdings nicht näher eingegangen werden.

Ebenso wenig ist es möglich, ein Gesamtkonzept zu präsentieren, das alle erforderlichen Maßnahmentypen beinhaltet, kategorisiert, im Detail beschreibt und priorisiert. Dies hätte den Rahmen des vorliegenden Werks gesprengt. Zudem gibt auch der aktuelle Erfahrungsstand noch Beschränkungen auf, da in Baden-Württemberg bislang eher wenige Projekte und Maßnahmen auf Laufkäfer (mit) ausgerichtet sind und die Umsetzungserfolge oder -misserfolge dieser Maßnahmen bezüglich der Laufkäfer kaum konkret geprüft wurden.

Dennoch soll in den folgenden Abschnitten versucht werden, eine Übersicht zu den wichtigsten Zielen und Maßnahmentypen zu geben, die in unterschiedlichen Lebensräumen für Laufkäfer verfolgt werden müssen. Vor allem lokal können durchaus weitere Maßnahmen sinnvoll oder im Einzelfall geboten sein. Im Rahmen der Ausführungen wurde auf relevante Maßnahmentypen der über 80 solcher Typen enthaltenden Maßnahmen-Datenbank des Informationssystems Zielartenkonzept Baden-Württemberg (Stand 2009) zurückgegriffen, das über die Webseite der LUBW verfügbar ist. Das entspechende Maßnahmenkürzel aus lateinischen und arabischen Ziffern wird in diesen Fällen jeweils in Klammern mit angegeben. Dabei ist zu berücksichtigen, dass die textliche Maßnahmenbezeichnung oder -beschreibung teilweise von der exakten Formulierung im Informationssystem abweichen kann, etwa weil bestimmte Teile der Maßnahme für Laufkäfer nicht relevant sind. Konkrete Räume oder Gebiete werden in der Regel nur exemplarisch aufgeführt.

Lediglich im Fall der Bodenseeufer sowie des Siedlungsbereichs (letzerer im Kap. 16.10 enthalten) wird nicht auf Maßnahmentypen des Informationssystems zurückgegriffen. Der Siedlungsbereich ist im Informationssystem Zielartenkonzept Baden-Württemberg ausgeklammert, und für die Bodenseeufer wurden bereits vorliegende Ausarbeitungen bei Bräunicke & Trautner (2002) in Kurzform übernommen. Sinnvoll ist, die Ausführungen im Zusammenhang mit denjenigen des jeweils entsprechenden Abschnitts in Kap. 13 zu sehen, das wichtige Aspekte für die Laufkäferfauna erläutert.

16.2 Fließgewässer und spezifische Auebiotope

Der Verbesserung von Lebensraumstrukturen für spezialisierte Auearten kommt bei Revitalisierungsprojekten an Fließgewässern eine Schlüsselrolle zu, und Laufkäfer reagieren besonders stark auf entsprechende Maßnahmen (s. etwa Hering et al. 2015). Da viele Gewässerabschnitte des Landes hinsichtlich der Uferfauna einen schlechten Zustand aufweisen (s. Kap. 13.2 und Kap. 15), besteht umfangreicher Handlungsbedarf. Insbesondere Hochwasserereignisse sollten nicht nur in Bezug auf Zeitpunkt, Häufigkeit und Ablauf möglichst natürlichen Verhältnissen entsprechen und Retentionsräume „füllen“. Vielmehr müssen sie – zumindest in ausgewählten größeren Räumen (darunter den FFH- und Naturschutzgebieten) – auch in der Lage sein, sich formend, d.h. strukturell auf die Lebensraumsituation im Auebereich auszuwirken (s.S. 745–747, Fotos 1–5), ohne dass man dem, etwa durch Uferverbau, Geländeerhöhungen und Abflussbeschleunigung aus der Aue, entgegenwirkt.

Zu den wichtigsten Schutz- und Entwicklungsansätzen für die Laufkäferfauna in Auen sind daher zu rechnen:

- die Erhöhung, Zulassung und Initialisierung natürlicher Dynamik an Gewässern wie Ufererosion und Sedimentation von Kies-, Sand- und Lehmbänken (VI.2);
- die Anlage offener, in extensive Grünlandnutzung eingebundener Flutmulden und die Wiederherstellung von Altarmstrukturen in den Auen der Fließgewässer 1. und 2. Ordnung (VI.4);
- die Förderung der Auwaldentwicklung an den Fließgewässern 1. Ordnung durch Wiederherstellung einer naturnahen Überflutungsdynamik (IX.3), z.B. durch Rückverlagerung der Polder und Dämme, nicht aber durch Erhöhung der Mittelwasserführung oder Aufforstung bzw. Sukzession im Offenland.

Fallweise können sich hierzu eher wenige Initialmaßnahmen anbieten, die dann aber in der Folge eine umfangreiche Eigenentwicklung des Gewässers ermöglichen, oder es kann sinnvoll sein, bereits in größerem Umfang neue Gewässerbetten, eventuell auch mit Verzweigung, vorzuzeichnen.

Zumindest für bestimmte Flussabschnitte, in denen Bootsverkehr oder Badenutzung an naturnahen, bereits vorhandenen oder zukünftig zu entwickelnden Uferzonen stark beeinträchtigend wirken, kann die Verringerung oder Herausnahme von Störungen (X.8) ebenfalls einen wichtigen Maßnahmentyp darstellen. Soweit erkennbar, konzentrieren sich entsprechend massive Störfaktoren hauptsächlich auf Kies- und Schotterufer.

Auf folgende Aspekte soll im Zusammenhang mit dem Schutz und der Förderung von naturschutzfachlich bedeutsamen Laufkäferarten in Auen noch hingewiesen werden:

- Bei einer Revitalisierung muss nicht zwingend ein historisch dokumentierter Flusslauf wiederhergestellt werden. Auch die Nutzung noch vorhandener Reste einer früheren Auelandschaft für eine „Neutrassierung“, etwa durch Wiederanschluss von Altarmen oder noch bestehenden Geländesenken, kann naturschutzfachlich eher kritisch sein, insbesondere wenn sich in jenen Lebensraumstrukturen heute lokal oder regional letzte Reste der Auenfauna gehalten haben (s. dazu etwa Trautner 1994d). Hier sollten andere Lösungen geprüft werden, bei denen die Strukturen erhalten bleiben.
- Stark schwankende Wasserstände und episodisch oder periodisch wasserführende und dann wieder austrocknende Gewässer sind im Auebereich, gerade auch für die Laufkäferfauna, ein wesentliches Qualitätsmerkmal. Eine „Stabilisierung“ des Wasserstandes solcher Lebensraumstrukturen darf keinesfalls das Ziel einer Maßnahme sein.
- Auch in Auen stellen Gehölzentwicklung und Gehölzdominanz selbst im Rahmen einer Auwaldförderung ein zum Teil erhebliches naturschutzfachliches Problem dar. Die Auwaldförderung ist daher primär qualitativ in einer Aufwertung bereits vorhandener, aber hinsichtlich der Wasserstandsdynamik bisher naturferner Gehölzbestände und nicht in der flächenhaften Ausdehnung von Gehölzen zu sehen. Bei Revitalisierungsprojekten sollte besonders darauf geachtet werden, dass vor allem besonnte Uferstrukturen und Flutmulden auch langfristig gefördert werden. Hierfür kann ein entsprechendes Management mit räumlich-zeitlich gestaffeltem Auf-den-Stock-Setzen von Ufergehölzen (also deren Zurückschneiden bis auf den Stock) sinnvoll sein, oder auch die Einbindung von Ufer- und Auestrukturen in eine Beweidung (s. dazu auch an späterer Stelle).
- Eine erhöhte Wasserdotation in Fließgewässern kann, ohne gleichzeitige Ausdehnung und Aufwertung von Uferstrukturen, zu erheblichen Beeinträchtigungen der Uferfauna führen. Dies besonders dann, wenn z.B. kiesige Flachuferzonen, die bislang über dem Mittelwasserstand lagen, nun Teil des weitgehend aquatischen Lebensraums werden und – wenn überhaupt – zwar noch zeit- und abschnittweise trocken fallen, aber in so geringem Maße, dass die Besiedlung durch Uferarten der Laufkäferfauna nicht mehr möglich ist. In solchen Vorhaben sind, zumindest im Fall besonders bedeutsamer Laufkäfervorkommen, auch entsprechende Uferstrukturen neu zu entwickeln.

- Insbesondere an stark verbauten und in ihrer Wasserführung erheblich veränderten Fließgewässerabschnitten, deren Uferverbau nur abgewandelt, aber nicht großräumig entfernt oder durch zusätzliche Strukturen auch für spezialisierte Arten dynamischer Ufer aufgewertet werden kann, stellt sich die Frage nach dem Aufwand-Nutzen-Verhältnis. Um ausschließlich weit verbreitete, feuchteliebende und sehr häufige uferbewohnende Laufkäferarten zu fördern, sind solche Maßnahmen sicherlich nicht angezeigt. In diesem Zusammenhang muss man konstatieren, dass eine ganze Reihe von an Fließgewässern bereits durchgeführten Maßnahmen keine oder kaum naturschutzfachlich bedeutende Wirkungen auf Laufkäfer zeitigen.
- Zwar können Revitalisierungen auch kleinräumig sinnvoll sein. Größere Flächen oder längere Fließgewässerstrecken sind aber unter anderem deshalb geeigneter, weil so die Wahrscheinlichkeit steigt, dass die für die einzelnen Arten relevanten Habitatstrukturen in ausreichender Flächengröße und in Form von dynamischen Strukturen zeitlich konstant in einem Gebiet vorhanden sind, wenngleich nicht immer am selben Ort. Sie müssen in Qualität und Umfang auf Populationsebene wirksam werden.

Räumliche Schwerpunkte für Revitalisierungsprojekte werden primär entlang von Rhein und Donau gesehen sowie in den Unter- und Mittelläufen ihrer etwas größeren Zuflüsse aus den Naturräumen Schwarzwald, Voralpines Hügel- und Moorland oder Donau-Iller-Lech-Platte, einschließlich der Bodenseezuflüsse (vor allem Rotach, Schussen und Argen). Dies liegt darin begründet, dass in den genannten Gebieten das Artenpotenzial für spezifische Bewohner dynamischer Uferstandorte besonders hoch ist. Auch in anderen Naturräumen sollte jedoch eine entsprechende Revitalisierung von Fließgewässern angestrebt werden, die deutlich stärker als in der bisher vorherrschenden Praxis auf eine Erhöhung dynamischer Prozesse abzielen muss.

1 Unterschiedliche Uferstrukturen aus gröberem und feinerem Substrat an einem naturnahen Fließgewässer, das trotz begleitenden Gehölzbestands genügend besonnte Abschnitte aufweist. Dies verdankt sich der Breite des Gewässers und seines geschwungenen Verlaufs, der die unterschiedliche Exposition der Uferzonen erlaubt. Das Foto wurde wenige Meter vor der baden-württembergischen Landesgrenze und der Mündung des Flusses in ein Fließgewässer höherer Ordnung des Voralpinen Hügel- und Moorlandes aufgenommen.

Neu entstandene, vegetationsarme Uferpartien an einem kurzen Revitalisierungsabschnitt in einem österreichischen Projektgebiet. In diesem Fall wurde neben dem Hauptbett mit strukturarmen Ufern (Bildhintergrund) ein ebenfalls durchflossener Nebenarm hergestellt. Die bisherige Fließgewässerdynamik scheint in diesem Abschnitt ausreichend, um einer typischen Laufkäferfauna dynamischer Uferstandorte lokal Lebensraum zu bieten.

Breite Gewässerbetten bilden Raum für Substratanlandung und die Bildung vegetationsfreier Inseln (Bildhintergrund) sowie unterschiedlich großer „Nebenarme" bei Niedrig- oder Mittelwasser. Das Bild stammt von einem Fließgewässerabschnitt in Österreich.

Bei ausreichender Gewässergröße und -dynamik können sich in Aufschwemmungen vegetationsfreie Rohsubstrattümpel bilden, die, zum Teil aus Druckwasser gespeist, zuweilen lange Wasser führen. Das Bild stammt von einem Fließgewässerabschnitt in Norditalien. Hier siedelt beispielsweise der in Baden-Württemberg bereits ausgestorbene Punktierte Gebirgsfluss-Ahlenläufer (*Bembidion foraminosum*).

Lange, aber stark wechselnd wasserführende Flutmulden mit teils vegetationsfreien oder -armen Uferzonen stellen bedeutende und an Laufkäfern sehr artenreiche Lebensräume in Flussauen dar. Diese sollten auch entlang der größeren Fließgewässer in Baden-Württemberg vorrangig wiederhergestellt bzw. gefördert werden. Das Bild stammt aus dem Auebereich der Elbe.

16.3 Uferzonen des Bodensees

Bräunicke & Trautner (2002) definieren Zielarten der Bodenseeufer und der zuführenden Fließgewässer und differenzieren dabei zwischen einer Basisaustattung und einer „gehobenen Ausstattung“ der jeweiligen Zönosen; zudem benennen die Autoren naturschutzfachlich herausragende Arten separat für verschiedene Ufertypen. Räumliche Vorrangbereiche für die Bestandssicherung und die Entwicklung der Laufkäferfauna an den Bodenseeufern werden von ihnen dargestellt und anschließend abgestufte Qualitätsziele für diese und sonstige Uferzonen außerhalb des Siedlungsbereichs formuliert.

Die Autoren stellen heraus, dass in großen Teilen des Bodensees offenen, dynamischen Uferstrukturen wie z.B. vegetationsarmen und voll besonnten Flachufern eine besondere Bedeutung für die Sicherung naturschutzfachlich wichtiger Laufkäferzönosen zukommt (s. exemplarisch das Foto auf S. 147 im Speziellen Teil). Daneben spielen – vor allem am Untersee und in einigen Teilen des Mündungsbereichs von Fließgewässern in den See – auch Uferröhrichte und Auwaldstrukturen eine Rolle.

Nachfolgend werden die wichtigsten Aspekte kurz benannt. Im Detail sei auf die oben genannte Arbeit verwiesen:

- Vollständige Sicherung derzeit als Lebensraum geeigneter Flächen in den Vorrangbereichen und dort nach Möglichkeit Entwicklung zusätzlicher Lebensraumflächen; außerdem Aufrechterhaltung funktionaler Bezüge ins Hinterland.
- Landseitige Ausdehnung unversiegelter Flächen oberhalb der mittleren Hochwasserlinie (mit möglichst ebenfalls für ufertypische Laufkäfer nutzbaren Strukturen).
- Vorrangige Berücksichtigung des Gelbrandigen Dammläufers (*Nebria livida*) in einem Maßnahmenprogramm mit Monitoring.
- Auch kleinräumige Förderung offener Uferstrukturen mit vielfältigen Substraten (Fein- bis Grobkies, auch Sand), etwa im Randbereich von Hafenanlagen oder stärker frequentierten Badeplätzen; von vorrangigem Interesse sind dabei die Nordufer des Obersees und die Ufer des Überlinger Sees.
- Badestrandnutzung stellt ein erhebliches naturschutzfachliches Problem dar (auch außerhalb von Wuchsorten besonderer Strandrasenpflanzen). Hier sind Einschränkungen bei eventuell geplanter Neueinrichtung oder Ausweitung erforderlich. Außerdem wird empfohlen, bei bestehenden Nutzungen zusätzliche Strukturen einzubringen und die Strandpflege zu reduzieren, damit Lebensraumstrukturen gefördert werden und sich die Trittbelastung punktuell verringert.
- Ausschluss der Freizeitnutzung in renaturierten Uferabschnitten oder zumindest ihre räumliche Differenzierung, so dass auch größere nicht oder nur gelegentlich betretene Bereiche entstehen können.
- Keine Förderung von Schilfbeständen an Standorten, die für gefährdete Laufkäferarten offener Uferstrukturen besonders geeignet sind.
- Leitbild für Uferröhrichte und periodisch oder sporadisch überflutete Landröhrichte sind keinesfalls nur dichtwüchsige, „stabil“ erscheinende Bestände, sondern auch solche mit größeren Lücken und einer raum-zeitlichen Dynamik bei gleichzeitigem Vorhandensein von offenen Ufern.
- Das Zulassen der Anlandung und der Verzicht auf zu häufige und zu gründliche Räumung von Treibholz als natürlichem Bestandteil des Seeökosystems (hiervon ausgenommen sind ausdrücklich spezielle Strandrasen-Standorte).

16.4 Moore sowie sonstige Feucht- und Nassbiotope

Für den Schutz der spezifischen Laufkäferfauna in Feucht- und Nassbiotopen, auf die insbesondere im Moorschutz besonderes Augenmerk zu legen ist, stellt die Offenhaltung der Lebensräume ein Schwerpunktthema dar. Dazu genügt es nicht, sich auf Sicherung und Steuerung des Wasser- und Nährstoffhaushaltes zu konzentrieren. Denn der Schutz vor hydrologischen Störungen und Stoffeinträgen (Pufferzonen, Düngungsverbote etc.) oder die Ansätze zur Wiederherstellung eines natürlichen Wasserhaushalts reichen offenkundig vielfach nicht aus, um selbst ombrotrophe Moore (Regenmoore) dauerhaft baumfrei oder ihren Baumbestand zumindest gering zu halten. Vielmehr neigen unter den heutigen Gegebenheiten viele Standorte zu einer schleichenden Bewaldung, so dass sich hier die Frage stellt, ob zusätzliche Maßnahmen für den Erhalt ihrer biologischen Eigenart ergriffen werden müssen.

Weil keine der hochmoortypischen Laufkäferarten mehr oder weniger geschlossene Moorwälder zu nutzen vermag, ist in begründeten Fällen die gezielte Zurückdrängung von Koniferenaufwuchs (Fichte, Bergkiefer) naheliegend (s. Maßnahmentyp I.6 in der Auflistung unten). Zuwachsende oder bereits weitgehend bewaldete Hochmoore sollten von entsprechenden Pflegeeingriffen nicht ausgenommen werden, zumindest dann nicht, wenn in ihren offenen oder halboffenen Bereichen hochgradig gefährdete Zielartenbestände vorkommen, für deren landesweiten Erhalt offene Moorbildungen entscheidend sind. Entsprechender Handlungsbedarf besteht beispielsweise für nur noch kleinflächig offene, von Wald umschlossene Hochmoore im Schwarzwald sowie im Voralpinen Hügel- und Moorland mit Vorkommen des Hochmoor-Glanzflachläufers (*Agonum ericeti*). Die jeweils geeigneten Habitate müssen noch groß genug sein, um eine längerfristige Bestandssicherung zu ermöglichen (vgl. S. 568).

Gerade in hydrologisch gestörten Mooren, die oft noch Reliktvorkommen stenotoper Hochmoorarten oder gefährdeter Heidearten beherbergen, wäre durch Gehölzrücknahme in vielen Fällen eine effektive und rasche Habitatoptimierung zu erreichen. Für den Hochmoor-Ahlenläufer (*Bembidion humerale*) kann auch die Freilegung offener, gut besonnter Torfflächen eine für den Bestandserhalt wichtige Maßnahme darstellen. Wiedervernässungen, wie sie bisher primär im Kontext des Prozess- und Klimaschutzes erwogen oder bereits durchgeführt werden, bedürfen einer eingehenderen Zieldiskussion, wobei die im Ausgangszustand vorhandenen Arten und Zönosen einbezogen und im Rahmen der konkreten Umsetzung berücksichtigt werden müssen. Nur so lässt sich vermeiden, dass bei Maßnahmen ein Teil eben jener Arten beeinträchtigt oder gar lokal eliminiert wird, der eigentlich ebenfalls Zielobjekt solcher Vorhaben sein sollte. Wiedervernässungsmaßnahmen, die in der Folge zu verstärkten Gehölzentwicklungen etwa im Kontext einer reduzierten oder ausbleibenden Pflege führen, sind für Laufkäfer ausgesprochen kritisch zu betrachten; dies gilt nicht nur für Regenmoorstandorte.

Auch in Niedermooren und in Feuchtgebieten auf Mineralstandorten spielt Offenhaltung für die spezifische Laufkäferfauna eine herausragende Rolle, außerdem die Heterogenität des Lebensraums etwa aufgrund von „Störstellen" in Form von vegetationsfreien Zonen neben Zonen mit Ried- oder Röhrichtvegetation (s. S. 751-6). Extensive Formen der Beweidung, sowohl mit Nutztieren als auch mit wilden oder halbwild lebenden „Habitatbildnern" der Großsäugerfauna, dürften hier in vielen Fällen die Schlüsselmaßnahme sein, um eine langfristig besonders günstige Lebensraumsituation zu erreichen. Dies gilt zumindest dann, wenn die entsprechenden Weidegebiete ausreichend groß sind und sich beweidungsbedingt bzw. durch die Beweidung unterstützt Gradienten im Mikrorelief und diverse, überwiegend gehölzfreie Vegetationsstrukturen erhalten oder ausbilden (s. etwa Lederbogen et al. 2004 zu Allmendweiden in Südbayern; Schulz & Reck 2004).

Im gemähten Feucht- und Nassgrünland sollte ein gewisser Anteil jüngerer Brachestadien gesichert bzw. gefördert werden. Selbstverständlich können solche Brachestadien nur dann kontinuierlich fortbestehen, wenn in deutlich größerem Flächenumfang auch die zugehörigen Nutzungen erhalten bleiben. Als Initialmaßnahme zur Wiederherstellung offener Feucht- und Nasslebensräume ist es oft geboten, zunächst einmal vorhandene Gehölze zu entfernen, bevor man eine weitere Pflege oder Nutzung installiert. Als Beispiel für entsprechende Projekte in Baden-Württemberg sei hier auf Maßnahmen im Naturschutzgebiet Hepbacher-Leimbacher Ried nahe dem Bodensee hingewiesen, wo durch den BUND in Kooperation mit dem zuständigen Landratsamt Anfang der 2000er Jahre in Teilflächen eine Beweidung mit einer kleinen Herde Heckrindern initiiert worden war (s. S. 751-7) und außerdem auf weiteren Flächen mit langjährig deutlichem Pflegedefizit die mechanische Zurückdrängung von Gehölzen verfolgt wird (s. S. 752, Fotos 8–9).

Zu den wichtigsten Schutz- und Entwicklungsansätzen für die Laufkäferfauna in Feucht- und Nasslebensräumen sind zu rechnen:

- die Herstellung struktureller Voraussetzungen für extensiv genutzte Weiden und entsprechende Verbundsysteme (I.7);
- die Förderung düngungsarmer Grünlandnutzung: Zieltyp Feucht-/Nasswiese (Richtwert: Produktivität < 70 dt Tm/ha/a) (I.3);
- die Rücknahme von Aufforstungen und fortgeschrittenen Gehölzsukzessionen auf Grenz-

ertragsstandorten mit geeignetem Entwicklungspotenzial, sofern geboten mit einer sachgerechten Folgenutzung/-pflege (I.6);

- die Wiedervernässung ehemaliger Feucht-/Nassgrünland- und offener Niedermoorstandorte mit ebenfalls anschließender Pflege zur Offenhaltung (VII.2);
- zudem mit bestimmten Flächenanteilen in genutzten Feuchtgebietskomplexen die Entwicklung linearer oder kleinflächiger, selten gemähter Gras-/Krautsäume feuchter bis nasser Standorte, etwa kleinflächiger Schilfröhrichte und Hochstaudenfluren (III.3), bzw. die Förderung von Grünlandbrachen feuchter bis nasser Standorte (III.8).

Daneben kann die Wiedervernässung ehemaliger Feucht-, Sumpf- und Bruchwaldstandorte durch Erhöhung des Grundwasserstandes (IX.2) eine sinnvolle Maßnahme sein, und schließlich bietet sich, gerade in bereits verarmten Landschaftsausschnitten, eine Reihe von zunächst mechanisch gestaltenden Ansätzen an, die mit verhältnismäßig geringem Aufwand eine erhebliche Aufwertung für feuchteabhängige Laufkäferzönosen leisten könnten. So besteht für naturfern gestaltete Stehgewässer die Möglichkeit, durch partielle Materialeinbringung oder einen Abtrag von Material breite, seeseitige Flachwasser-, Verlandungs- und Versumpfungszonen zu entwickeln. In diesen könnten dann gezielt Wasserröhrichte gefördert werden, bei stärkeren Wasserstandsschwankungen auch Großseggengesellschaften (Maßnahmentyp der Förderung natürlicher Verlandungszonen an bestehenden Stillgewässern, VI.12).

In ähnlicher Weise ließen sich in Intensivgrünlandgebieten (z. B. auf entwässertem Niedermoor) oder auch in Brachekomplexen besonnte Flachgewässer, sogenannte „Blänken“, ausschieben, die nach sommerlichem Trockenfallen zumindest sporadisch ausgemäht oder in Weideflächen integriert werden (VI.10). Dadurch könnte eine große Zahl von Feuchtgebiets- und Uferarten der Laufkäferfauna gefördert werden. Letzteres knüpft an eine früher oft höhere Reliefierung und an stärkere Standortgradienten in der genutzten Kulturlandschaft an (vgl. S. 753-10). Hunger & Schiel (2015) berichten von einem Projekt im Oberrhein-Tiefland, das auf die Reetablierung wechselnasser Standorte mit Zwergbinsen-Gesellschaften (Isoëto-Nanojuncetea) abstellt und dabei auch typische Laufkäferzönosen entwickelt. Sie betonen, dass die temporär wasserführenden Mulden „ in Trockenphasen mit normalen landwirtschaftlichen Maschinen nicht nur von Röhricht- und Gehölzaufwuchs frei gehalten, sondern auch einer Bodenbearbeitung [mit wiederkehrender Schaffung von Störstellen] unterzogen werden können“.

Abschließend soll in diesem Abschnitt noch ein weiterer Maßnahmentyp kurz angesprochen werden, der in bestimmten Situationen gerade bei Feucht und Nasslebensräumen (sowie bei Trockenstandorten, s. Kap. 16.7) auch für Laufkäfer relevant sein kann: der Schutz vor Lichtimmission oder die Beseitigung oder Entschärfung problematischer Lichtquellen (X.18) im Nahbereich solcher Lebensräume. Bei nächtlich flugaktiven Laufkäferarten, die zudem möglicherweise im Einzelfall nur eine geringe Lebensraumfläche besiedeln, könnte sich die Anlockwirkung, verbunden mit möglicherweise erhöhter Mortalität an oder im Umfeld der Lichtquellen langfristig negativ auswirken.

In Feuchtgebieten ist in aller Regel eine wiederkehrende maschinelle oder anderweitige Pflege erforderlich, um diejenige Vegetationsstruktur zu erhalten oder zu erreichen, auf die naturschutzfachlich im jeweiligen Fall abgestellt wird. Lokale Bodenverdichtungen und „Störstellen" der Vegetation, die zu einer heterogenen Lebensraumstruktur beitragen, sind dabei für Laufkäfer positiv zu bewerten. Das Bild stammt aus dem Schwäbischen Keuper-Lias-Land.

Extensive Beweidung ist zumindest in vielen größeren Feuchtgebieten als Schlüsselmaßnahme der Nutzung oder Pflege einzustufen, will man hier langfristig eine auch für typische Laufkäferarten offener Feucht- und Nassstandorte günstige Lebensraumsituation erhalten. Das Bild zeigt Heckrinder in einem Beweidungsprojekt im Voralpinen Hügel- und Moorland nahe dem Bodensee, s. Text. Foto: F. Beer.

8–9 Als Initialmaßnahme oder ergänzend zu anderweitigen Maßnahmen ist vielerorts in baden-württembergischen Feuchtgebieten die mechanische Zurückdrängung von Gehölzen naturschutzfachlich geboten, und zwar nicht nur in Hinblick auf die Laufkäferfauna. Die beiden Bilder zeigen mit zeitlichem Versatz den lokalen Fortschritt entsprechender Pflegearbeiten in einem Naturschutzgebiet des Voralpinen Hügel- und Moorlandes nahe dem Bodensee.
Fotos: F. Beer.

Deutliche standort- oder nutzungsbedingte Reliefunterschiede wurden in vielen landwirtschaftlichen Gebieten bereits im Zuge von Flurneuordnungen, Drainage oder der schrittweisen Verfüllung oder Einebnung begleitend zur Ackerbau- und Grünlandnutzung beseitigt oder nivelliert. Wo immer möglich, sollte wieder eine verstärkte Reliefierung gefördert werden, ohne dass hieraus eine Nutzungsaufgabe resultiert. Das Bild zeigt nasse Senken im Übergang von regelmäßig genutztem Grünland frischer Standorte zu Feuchtgrünland und Feuchtbrachen (Bildhintergrund) im südöstlichen Teil der Donau-Iller-Lech-Platte. Solche Strukturen tragen wesentlich zu einer erhöhten Biodiversität bei; sie werden von einer typischen Laufkäferfauna der Feucht- und Nasswiesen besiedelt

16.5 Wiesen- und Weidegebiete mittlerer Standorte

Grünland mittlerer Standorte beherbergt, zumindest unter den heute großräumig üblichen Landnutzungen, eine verhältnismäßig geringe Zahl an Laufkäferarten, die dort einen deutlichen Siedlungsschwerpunkt besitzen und zugleich spezifische Anforderungen an die Bewirtschaftung stellen (vgl. Kap. 13.5). Ziele und Maßnahmen können hier vorrangig abgeleitet werden aus den Ansprüchen bestimmter anderer Arten und Artengemeinschaften an Häufigkeit und Zeitpunkt der Mahd, darunter charakteristische Pflanzengesellschaften (z.B. FFH-Mähwiesen) und besonders empfindliche Tierarten anderer Gruppen als der Laufkäfer wie die tagaktiven Schmetterlinge oder etwa die Wanstschrecke (*Polysarcus denticauda*), eine gefährdete Heuschreckenart mit eingeschränktem Verbreitungsgebiet in Baden-Württemberg.

Da eine artenreichere Fauna in Grünlandgebieten aber auch vom standörtlichen Spektrum und dem Angebot an nutzungsbegleitenden Strukturen abhängt, erlangt insbesondere die Beibehaltung oder Wiederherstellung entsprechender standörtlicher Gradienten und die Förderung von Saumstrukturen eine Bedeutung. Letzteres ist der Maßnahme „Entwicklung linearer und/oder kleinflächiger, selten gemähter Gras-/Krautsäume mittlerer bzw. frischer Standorte“ (III.2) zuzurechnen (vgl. S. 754-11). Magere, trockenere Böschungen (vgl. S. 755-12) oder Übergänge zu Feuchtstandorten (vgl. das Bild oben) können einen hohen naturschutzfachlichen Wert mit einer höheren Zahl gefährdeter Arten erlangen. Für diese soll sichergestellt werden, dass sie in die Grünlandnutzung eingebunden werden, um nicht langfristig durch Brache und Gehölzsukzession entwertet zu werden. Es könnten und sollten entsprechende offene Strukturen auch durch Rücknahme von in Grünland eingebundenen Hecken und Feldgehölzen wiederentwickelt werden.

Bezüglich der Laufkäferfauna vertieft zu betrachten ist die Situation bei Grasland der ausgeprägt wechselfeuchten oder wechseltrockenen, oft lehmigen und ruderal beeinflussten Standorte, in dem eine landwirtschaftliche Intensivierung bislang nicht oder nur teilweise mit den üblichen Meliorationen stattgefunden hat. Solche Standorte finden sich etwa einzeln im Bereich größerer Weiden sowie insbesondere auf (ehemaligen) Flugfeldern und militärischen Liegenschaften. Pflanzensoziologisch sind entsprechende Bestände oft schwierig einzuordnen. Die für Laufkäfer durchaus bedeutsamen Grünlandstandorte weisen in der Regel eine lückige Grasnarbe auf, oft auch ein sehr heterogenes, unebenes Mikrorelief. Regelmäßig sind die Flächen mit zahlreichen Vegetationslücken („Störstellen") durchsetzt, deren Umfang bei militärischer Nutzung oft noch durch ungeregeltes Befahren erhöht ist. Pflege- oder Nutzungskonzepte müssten hier, soweit bisherige Nutzungen ausfallen, meist auch umfangreichere Bodenverwundungen durch sporadisches Befahren oder Abschieben beinhalten. Insbesondere wäre sicherzustellen, dass gerade die unter landwirtschaftlichen oder landespflegerischen Aspekten „schwierigen" Standorte weder durch die Nutzung nivelliert werden noch brachfallen und verbuschen. Beispiele von zwar noch auf solchen Flächen, aber im heutigen Normalgrünland nicht oder kaum mehr vorkommenden Arten sind der Langhalsige Grabläufer (*Pterostichus longicollis*) und der Herzhals-Grabläufer (*P. macer*) sowie der Deutsche Sandlaufkäfer (*Cylindera germanica*), denen deshalb auch als Erfolgszeiger entsprechender Maßnahmen eine wichtige Bedeutung zukommt.

Empfehlungen zur Grünlandnutzung, insbesondere auch zu Mahdtechniken und -vorkehrungen, die primär auf den Individuenschutz von Tierarten unmittelbar bei der Nutzung ausgerichtet sind, sollten kritisch daraufhin überprüft werden, ob sie sich negativ auf die Lebensraumstruktur und -qualität auswirken, da diese vorrangig gesichert werden muss. Dies gilt etwa für die von VAN DE POEL & ZEHM (2014) empfohlene Schnitthöhe von „mindestens 10 cm [...], besser noch mehr", bei der eine zumindest mittel- bis langfristig negative Auswirkung durch Vereinheitlichung und allmähliche Vergrasung der Vegetation naheliegt.

Gelegentlich gemähter Gras-/Krautsaum (vermutlich entlang eines ehemaligen Grabens oder Weges) in einem Grünlandgebiet überwiegend mittlerer Standorte im Schwäbischen Keuper-Lias-Land. Vor allem entlang oder zwischen intensiver genutzten Flächen wird hier Lebensraum etwa für eine Reihe samenfressender Laufkäferarten geboten.

Noch weitgehend gehölzfreie, trockenere Böschungen in einem Grünlandgebiet des Schwäbischen Keuper-Lias-Landes. Durch die Erhaltung und Wiederherstellung solcher Lebensraumstrukturen können Arten wie der Trockenwiesen-Kreuzläufer (*Panagaeus bipustulatus*) oder der Schwarzbindige Prunkläufer (*Lebia cruxminor*) gefördert werden und eine höhere Vorkommensdichte erreichen.

16.6 Ackergebiete und Sonderkulturen

Für die ackerbaulich bzw. in Form von Sonderkulturen genutzte Landschaft ergeben sich bezüglich der Laufkäferfauna drei vorrangige Handlungsfelder:

- die (Re-)Diversifizierung der Feldfrüchte und der Bewirtschaftungsmethoden bei Bevorzugung pestizidarmer oder -freier Verfahren;
- die Beibehaltung bzw. Wiederherstellung standörtlicher Vielfalt auch auf kleinräumiger Ebene;
- die Erhöhung des Anteils an offenen (gehölzfreien oder -armen), sowohl dauerhaften als auch räumlich zeitlich wechselnden (Brache-) Begleitstrukturen innerhalb der Nutzflächenmatrix.

Diese Ziele sollten nach Möglichkeit sowohl im naturräumlichen Maßstab als auch bezogen auf einzelne Ackergebiete unter Berücksichtigung der erforderlichen Mindestgröße heutiger Bewirtschaftungseinheiten verfolgt werden. Den Autoren ist jedoch bewusst, dass die Rahmenbedingungen hierfür durchaus schwierig sind und die Praxis überwiegend gegenläufig ist.

Zwar erschweren nutzungbegleitende Strukturen die Bewirtschaftung und reduzieren lokal den Ertrag oder führen sogar im Fall extremer Standorte auf kleinen Flächen und jahrweise wechselnd zu Ernteausfällen (s. etwa S. 757-13 und -14). Solche Flächen und Zonen können aber zu einer erheblich höheren Artenvielfalt beitragen und standortabhängig zudem als Trittsteine für Arten/Zönosen der Trocken- und Nassstandorte im Landschaftsmaßstab dienen. Unter anderem anhand von Untersuchungen im Kraichgau (Teil der Neckar- und Tauber-Gäuplatten) wurde belegt, dass die Förderung mehrjähriger Saumstrukturen oder Ackerbrachen „ein geeignetes Instrument zum Schutz der artenreichen Laufkäferfauna“ in der ackerbaulich genutzten Landschaft ist (Kubach 1995, s. auch Kubach & Zebitz 1996).

Neben der grundsätzlichen Neuanlage solcher

Strukturen kann auch die teilweise Zurücknahme von Hecken zugunsten von Gras-/Krautsäumen und gehölzarmen Lesesteinriegeln die Situation typischer Laufkäferarten der artenreichen, offenen Kulturlandschaft verbessern. Solches sollte insbesondere dort in größerem Umfang angestrebt werden, wo Hecken und Feldgehölze aufgrund langjähriger Pflegedefizite sämtliche oder einen Großteil der früher offenen Saumstrukturen überwachsen haben. Das gilt umso mehr, als diese Situation auch für andere Artengruppen bereits zum Problem geworden ist, so für Kulissenflüchter unter den Vögeln und für bestimmte samenfressende Vogelarten (darunter selbst häufigere Gehölzbrüter; s. etwa Trautner et al. 2015).

Von erheblicher Bedeutung wäre außerdem, dass standörtlich extremere Verhältnisse auch innerhalb einer ackerbaulichen Nutzung in gewissem Rahmen toleriert und ggf. unterstützt werden, etwa auch durch Remodellierung oder lokales Verschließen bestehender Drainagesysteme. Auch ist die Wiederaufnahme der ackerbaulichen Nutzung auf solchen Grenzertragsstandorten zu erwägen, auf denen die Nutzung in den letzten Jahrzehnten aufgegeben wurde und heute anstelle der Segetalflora artenreicher Äcker artenärmeres Grünland oder dauerhafte Brachestadien dominieren. Dies gilt neben dem mittleren gerade auch für den eher trockenen Standortbereich, z. B. mit Ackerbau auf kalkscherbenreichen Böden (s. S. 758-15).

Zusammenfassend zählen zu den wichtigsten Schutz- und Entwicklungsansätzen für die Laufkäferfauna in Ackergebieten:

- die Förderung junger, 3–5-jähriger Ackerbrachen überwiegend mittlerer Standorte (III.9), wobei sowohl die Eigenentwicklung als auch Wilkdkrautansaaten infrage kommen;
- die Neuanlage bzw. Offenhaltung von Lesesteinriegeln oder Lesesteinhaufen in Ackerbaugebieten (kalk-)scherbenreicher Standorte (III.4) (s. S. 758-16);
- die Entwicklung sonstiger linearer und/oder kleinflächiger, selten gemähter Gras-/Krautsäume überwiegend mittlerer Standorte (III.2) (s. S. 759-17);
- die Förderung lückiger, ertragsschwacher Getreidebestände, etwa durch Verzicht auf Düngung, Erweiterung des Drillreihenabstandes und Fortführung oder Wiederaufnahme des Ackerbaus auf Grenzertragsstandorten wie Kalkscherben-/Sandböden sowie durch Anlage von Ackerrandstreifen (II.1).

Teilweise existiert im Land bereits eine geeignete Förderkulisse für entsprechende Maßnahmen (MEKA, LPR). Die in Ackerbaugebieten förderfähigen Maßnahmen müssten jedoch aus Sicht des Laufkäfer-Artenschutzes gezielt um solche aufgestockt werden, die im ackerbaulichen Kontext eine wiederkehrende Bereitstellung früher Sukzessionsstadien nutzungsbegleitender Strukturen ermöglichen, insbesondere solche auf extremeren Standorten (s. o.) bzw. mit günstiger Vegetationsstruktur (s. S. 759-18).

In weinbaulich genutzten Gebieten sind die erforderlichen Maßnahmen ähnlich. Auch hier kommt der Förderung von offenen Begleitstrukturen und jüngeren Brachen eine besondere Bedeutung zu (s. S. 760-19). Zudem spielt der Verzicht auf flächige Begrünungsverfahren in Hanglagen eine Rolle, insbesondere mit dem Ziel, Offenboden zwischen den Rebzeilen und eine maximale Besonnung der Bodenoberfläche zu erreichen (II.2).

13–14 Feuchte bis nasse Senken in Ackerbaugebieten stellen Teillebensräume und Trittsteine für einige Feuchtgebiets- und Uferarten besonnter Standorte dar, darunter auch für gefährdete Arten. Die Bilder zeigen entsprechende Strukturen im Voralpinen Hügel- und Moorland nahe dem Bodensee (oben) und in der Donau-Iller-Lech-Platte (unten), letztere nach Abtrocknen im Spätsommer.

Die Beibehaltung oder Wiederaufnahme einer ackerbaulichen Nutzung auf extremeren Standorten, etwa auf flachgründigen, kalkscherbenreichen Böden, kann einen wichtigen Beitrag zu einer artenreichen Laufkäferfauna leisten. Das gezeigte Bild stammt aus einem Gebiet in Bayern.

Offene Ackersäume mit Lesesteinen oder punktuellen Felsstrukturen im Übergang zu Magerrasen stellen heute in Baden-Württemberg eine Seltenheit dar. In vielen Gebieten fielen sie direkt der Flurneuordnung zum Opfer oder sind heute weitestgehend bis vollständig von Hecken und Feldgehölzen überwachsen. Ihre Reetablierung als verbreitetes Landschaftselement wird als wichtiges Ziel zum Schutz und zur Förderung (nicht nur) von Laufkäferarten gesehen. Das gezeigte Bild stammt von der Schwäbischen Alb.

Auch im weniger extremen Standortbereich dienen Saumstrukturen zwischen Äckern als Lebenraumbestandteil für zahlreiche Laufkäferarten, etwa für Samenfresser, sowie als Winterquartier. Das Bild stammt von der Schwäbischen Alb.

Bei Ackerbrachen erlangen insbesondere diejenigen Flächen eine hohe Bedeutung für Laufkäfer, die auch nach mehreren Jahren noch eine artenreiche, nicht zu hoch- oder zu dichtwüchsige Vegetation aufweisen. Das Bild zeigt eine mehrjährige Ackerbrache günstiger Struktur nach Eigenentwicklung, d. h., sie ist nicht aus einer speziellen Ansaat hervorgegangen. Foto: S. Geißler-Strobel.

19 Auch in Rebgebieten spielen offene Begleitstrukturen wie z. B. lückige Brachestadien oder Steinriegel eine große Rolle für die Laufkäferfauna. Das gezeigte Bild stammt aus dem Taubergebiet im nordöstlichen Teil der Neckar- und Tauber-Gäuplatten.

16.7 Gehölzfreie bis -arme Biotope trockener Standorte

Ebenso wie bei Feucht- und Nassbiotopen (s. Kap. 16.4) ist auch für weitgehend offene Biotope trockener Standorte eine extensive Beweidung als Schlüsselmaßnahme zu sehen, um für typische Laufkäfer eine langfristig günstige Lebensraumsituation zu schaffen. Hierbei ist zunächst nicht von Bedeutung, ob die Beweidung durch Nutztiere stattfindet oder durch andere Großsäuger, die wild oder halbwild leben bzw. gehalten werden. Vielmehr ist entscheidend, dass sich jene Lebensraumbedingungen erhalten und entwickeln, die für die Laufkäferfauna einschließlich der naturschutzfachlich besonders relevanten Arten wesentlich sind. Hierzu zählen in größeren Gebieten neben einem gewissen, aber keinesfalls überwiegenden Anteil an jüngeren Brache- oder Versaumungsstadien insbesondere vegetationsfreie Bodenstellen, etwa auf Fels, Felsgrus oder Sand (s. z. B. S. 761-20). Solche Stellen treten regelmäßig in Bereichen stärkeren Vertritts in Weidegradienten auf.

Oppermann & Luick (1999) führen in diesem Zusammenhang aus, dass „selektive Weidereste“ (in einer dort benannten Größenordnung von jahrweise 20–30 %) zwar „de facto eine Unterbeweidung darstellen [...], gleichzeitig [aber] auf benachbarten Flächen eine Überbeweidung bis hin zu kleinflächigen offenen Bodenstellen stattfinden [kann]. Beides, lokale Unterbeweidung und Überbeweidung, bedingt die Vielfalt des Weidesystems und ist im Sinne des Naturschutzes.“ Ob die hier genannte Größenordnung von Weideresten auch für Laufkäfer in Trockenlebensräumen ideal ist, kann mangels entsprechender Untersuchungen nicht beurteilt werden, grundsätzlich wird der Einschätzung aber zugestimmt. Gerade wenn es darum geht, Gehölzentwicklung zurückzudrängen und ein ausreichendes Angebot an offenen, vegetationsarmen Bereichen zu schaffen, kann es sinnvoll sein, mehrfach kurz, aber intensiv und früh im Jahr beginnend zu beweiden. Außerdem mag es sich heute anbieten, auch in solchen Gebieten mit gemischten Vieherden oder zusätzlichen anderen Arten, etwa Rinderrassen, zu arbeiten, die traditionell nur durch Schafe bestoßen wurden (vgl. S. 762-21 und -22). Zudem kann sowohl eine mechanische Gehölzpflege als auch eine Maßnahme wie das mechanische Abschieben von Oberboden, etwa zur Regeneration von Sandmagerrasen, Kalk-Pionierfluren oder Zwergstrauchheiden (s. S. 763-23, sinnvoll bzw. erforderlich sein.

Zu den wichtigsten Schutz- und Entwicklungsansätzen für die Laufkäferfauna offener Trockenlebensräume sind zu rechnen:

- die Förderung düngungsfreier Grünlandnutzung mit dem Zieltyp trockener Magerrasen (Richtwert: Produktivität < 40 dt Tm/ha/a und sachgerechter Folgepflege (I.1) oder Heiden;
- die Rücknahme von Aufforstungen und fortgeschrittenen Gehölzsukzessionen auf Grenzertragsstandorten mit geeignetem Entwicklungspotenzial, sofern geboten mit sachgerechter Folgenutzung/-pflege (I.6);
- die Herstellung struktureller Voraussetzungen für extensiv genutzte Weideverbundsysteme (z.B. Wiederherstellung oder Neuanlage von Triebwegen und Koppelflächen zur Förderung der Wanderschäferei in Gebieten mit Magerrasen und anderen, von extensiver Beweidung abhängigen trockenen Lebensraumtypen; Erhalt/Förderung großflächiger Allmendweiden) (I.7);
- das partielle Abschieben von Oberboden zur Schaffung nährstoffarmer Pionierstandorte, z.B. Humusabtrag auf Teilflächen eutrophierter Magerrasenbrachen (X.5).

Ebenso wie im Fall von Feucht und Nasslebensräumen (s. Kap. 16.4) soll auch hier noch das Thema Schutz vor Lichtimmission und Beseitigung oder Entschärfung problematischer Lichtquellen (X.18) im Nahbereich solcher Lebensräume angesprochen werden. Denn bei nächtlich flugaktiven Laufkäferarten, die zudem womöglich nur eine geringe Lebensraumfläche besiedeln, ist die Anlockwirkung verbunden mit erhöhter Mortalität an oder im Umfeld der Lichtquellen problematisch, vor allem auf lange Sicht. Eine besondere Empfindlichkeit und Maßnahmenrelevanz wird hier für Sand- und Heidebiotope gesehen, ergänzend zu vorrangigen Maßnahmen der Habitatneuentwicklung und -optimierung.

Wichtig für trockene Lebensräume, in denen eine Reihe an bedrohten Laufkäferarten mit geringer Mobilität siedelt (etwa Vertreter der Gattung *Licinus*), ist zudem die Erkenntnis, dass gut geeignete Lebensräume inzwischen nur noch in geringer Fläche vorkommen und Verbundstrukturen heute oft fehlen. Schätzungen zufolge sind wahrscheinlich schon etwa 90% der Kalkmagerrasen und ein noch höherer Anteil der Sandmagerrasen in Süddeutschland verschwunden (Poschlod 2015). Hier bedarf es vielerorts dringender Maßnahmen, um etwa durch Gehölzentwicklung im Umfeld eingeengte oder separierte Trockenlebensräume zu vergrößern und wieder in einen funktionalen Zusammenhang zu bringen (s. dazu auch LUBW 2014). In bestimmten Fällen ist neben der Wiederentwicklung geeigneter Lebensräume auch für Laufkäfer, in der Regel gemeinsam mit Vertretern weiterer Artengruppen, der Einsatz von Querungshilfen über Straßen etwa durch Anlage und Unterhaltung von Grünbrücken sinnvoll oder geboten (Teil von X.11; s. auch Rietze 2002). Im Landeskonzept Wiedervernetzung des Ministeriums für Verkehr Baden-Württembergs (MVI 2015) sind einzelne Abschnitte an Straßen des Landes enthalten, in denen auch spezifische Laufkäferarten von Trockenlebensräumen bei Entschneidungsmaßnahmen gefördert werden könnten.

Ein hinsichtlich der Laufkäferfauna bedeutsamer Trockenlebensraum mit offenen Felsstrukturen, gelegen am Nordostrand der Schwäbischen Alb.

21

22

◁ 21–22 Auf Extensivweiden können auch gemischte Herden sinnvoll sein. Das obere Bild zeigt Schafe und Ziegen in einem bislang deutlich unterbeweideten Gebiet der Neckar- und Tauber-Gäuplatten, auf dem unteren Bild (Foto: T. Kaiser) sind Salers-Rinder und ein Konik in einem Beweidungsprojekt im Oberrhein-Tiefland zu sehen (zu letzterem s. Kap. 16.8).

Das Abschieben von Oberboden kann eine geeignete Methode sein, um Heidebestände mit entsprechenden Artengemeinschaften zu verbessern oder zu reetablieren. Das Bild zeigt eine entsprechende Maßnahme zur Förderung einer spezialisierten Heuschreckenart (vgl. TRAUTNER & SIMON 1993), von der auch gefährdete Laufkäferarten profitierten.

16.8 Wälder und Gehölze trockenwarmer sowie mittlerer Standorte

Im Regelfall sind die naturraumtypischen Laufkäferzönosen mehr oder minder geschlossener Waldbestände durch die heute „normale“ forstliche Bewirtschaftung hinreichend und nachhaltig gesichert. Die schattenpräferierenden oder zumindest schattentoleranten Arten bedürfen weder eines generellen Nutzungsverzichts (wie etwa beim Bannwald) oder besonders hoher Totholzvorräte, noch ist bei der Bewirtschaftung eine spezifische Rücksichtnahme, wie etwa der ausschließliche Anbau standortheimischer Baumarten oder der Verzicht auf schwere Erntemaschinen, notwendig. Dass Besiedlung und Lebensraumqualität von den vorhandenen Baumarten und der strukturellen Ausstattung von Waldgebieten abhängen und dabei bestimmte, einheitlich strukturierte Dominanzbestände/Altersstadien sehr artenarme Laufkäferzönosen aufweisen können (vgl. Kap. 13.8), sei in dem Zusammenhang nochmals betont. Aber auch eine zu starke Begünstigung von mehrschichtigen Beständen und von Erntehieben über bereits gesicherter Verjüngung führen letztlich zu einer Abnahme der strukturellen Vielfalt in Waldgebieten. Insoweit kommt einer gewissen Heterogenität an Bewirtschaftungsformen, die entsprechend vielfältige Strukturen zur Folge haben, eine Bedeutung zu, darunter auch geräumten Kahlschlägen mit anschließender Sukzession über Schlagflur und Vorwald, die heute in Baden-Württemberg im Landschaftsmaßstab fehlen.

Wichtig ist eine Rücksichtnahme auf Sonderstandorte in der forst- und jagdlichen Praxis, was besonders auch den Ausbau der Infrastruktur wie z. B. des Forstwegenetzes betrifft. Hier stellt sich die Inanspruchnahme von z. B. staunassen und quelligen Bereichen (s. S. 765-24), von Zonen entlang von Waldbächen sowie von blockschuttreichen Standorten grundsätzlich als konfliktreicher dar, weil dort zum Teil spezifische, kleinräumig ausgebildete Laufkäferzönosen oder Vorkommen naturschutzfachlich bedeutender Arten zu erwarten sind. Wesentliche Beeinträchtigungen oder das Erlöschen lokaler Populationen durch forstlichen Wegebau sind dokumentiert (vgl. *Carabus variolosus* im Speziellen Teil, S. 119) und müssen vermieden werden.

Auch unter den Laufkäfern gibt es Arten, die auf sehr frühe Stadien der Waldentwicklung angewiesen sind oder von ihnen profitieren. Entstehen konnten diese Stadien durch „Katastrophenereignisse" wie Wind- und Schneebruch, Waldbrand oder Käferkalamitäten, insbesondere aber durch heute nicht mehr übliche Waldnutzungen wie Nieder- oder Mittelwald (s. S. 766-25 und -26). Beispiele dieses Anspruchstyps finden sich zahlreicher bei anderen Tiergruppen (etwa unter Vögeln und Schmetterlingen), aber auch bei einzelnen Laufkäferarten. Darüber hinaus können von dauerhaften oder temporären, sehr lichten und eher mageren Waldbeständen sowie von offenen Strukturen in Wäldern solche Laufkäferarten profitieren, deren Lebensräume auch im Offenland gefährdet sind.

Entsprechende Prozesse und Nutzungen sollten daher verstärkt auch in baden-württembergischen Wäldern Berücksichtigung finden. Eine „Renaissance" von Niederwald, Mittelwald oder Hutewäldern (Waldweide), wie sie in der neueren Naturschutzdiskussion zunehmend gefordert wird, wäre insoweit zunächst als Bereicherung für Wirtschaftswälder zu sehen, auch hinsichtlich der Laufkäfer. Die Gefahr, Waldzönosen oder -arten mit Bindung an mehr oder minder geschlossene Wälder könnten dadurch beeinträchtigt sein, wird dagegen als gering eingeschätzt, sofern bestimmte Sonderstandorte (s. o.) in Verbindung mit Vorkommen von Waldarten naturräumlich bzw. lokal stark eingeschränkter Vorkommen bei der Planung und Ausweisung berücksichtigt werden.

Eine größere Bedeutung hätte die Reetablierung von Nieder- oder Mittelwaldnutzungen in Waldgebieten der eher wärmebegünstigten Naturräume (z. B. des südlichen Oberrhein-Tieflands und des Strom- und Heuchelbergs im westlichen Teil der Neckar- und Tauber-Gäuplatten) bzw. auf trockenwarmen Waldstandorten. Zu den naturschutzrelevanten „Adressaten" zählt hier etwa der Große Puppenräuber (*Calosoma sycophanta*, s. S. 94 f.). Auch die Beweidung in Wäldern, in Wald-Offenland-Ökotonen und übergreifend von Offenland und Wald wird als Chance im oben genannten Kontext gesehen. Als Beispiel sei auf das Projekt „Wilde Weiden Taubergießen" verwiesen, das im südlichen Oberrhein-Tiefland von der Gemeinde Kappel-Grafenhausen gemeinsam mit der Naturschutzverwaltung des Landes und unterstützt durch den Landschaftserhaltungsverband Ortenaukreis durchgeführt wird. Mit Salers-Rindern und Koniks (Pferderasse) werden dort Wiesen- und Gebüschkomplexe sowie Auwald beweidet (s. S. 767-27 und S. 763-22). Ziele sind die Wiederherstellung einer großflächigen und artenreichen, halboffenen Weidelandschaft sowie die Etablierung lichter Eichen-Ulmen-Hutewälder (Paleit, in lit.). Dies dürfte standortübergreifend gerade im Kontext mit Aue- und Feuchtlebensräumen (vgl. Kap. 16.2 und 16.4) auch für Laufkäfer zu wesentlichen Aufwertungen führen: Aus dem genannten Raum sind zahlreiche Laufkäferarten bekannt, die von Strukturen profitieren können, wie sie durch Beweidung entstehen.

Zu den wichtigsten Schutz- und Entwicklungsansätzen für die Laufkäferfauna in Wäldern überwiegend mittlerer oder trockener Standorte sind zu rechnen:

- allgemein und vorrangig die Sicherung des natürlichen Standortspektrums unter besonderer Berücksichtigung von Sonderstandorten, zugleich eine gewisse Heterogenität in den Waldbewirtschaftungsformen;
- die gebietsweise Wiederaufnahme von historischen Austragsnutzungen im Wald (z. B. im Zuge einer Schonwaldausweisung, insbesondere Nieder-, Mittel-, Hudewald) mit begünstigter Entstehung nicht eutropher (magerer) Gras-Kraut-Vegetation; Ziel ist die Entwicklung offener, mit mageren Lichtungen durchsetzter Wälder (IX.1);
- darüber hinaus die Förderung von Lichtungen (IX.6), mageren Gras-/Krautsäumen entlang von breiten, sonnigen Forstwegen (IX.9) sowie das abschnittweise Zurücksetzen begradigter Waldränder zur Entwicklung von Wald-Offenland-Ökotonen (IX.8);
- die verstärkte Duldung von Insektenkalamitäten (u. a. Schwammspinner) (IX.11) oder von Prozessen wie Waldbränden (s. im Text).

Insektenkalamitäten (zyklische Massenentwicklung), darunter solche bestimmter Schmetterlingsarten, von denen sich Imagines und Larven der einheimischen Puppenräuber (*Calosoma*-Arten) ernähren, sind ein natürlicher Prozess. Trotzdem sehen Waldschutzmaßnahmen im Kalamitätsfall grundsätzlich auch in Schutzgebieten oder Waldreservaten den Einsatz chemischer oder bakterieller Bekämpfungsmaßnahmen gegen Arten wie den Schwammspinner (*Lymantria dispar*) oder den Eichenprozessionsspinner (*Thaumetopoea processionea*) vor. Den Populationen der *Calosoma*-Arten wird dadurch schon frühzeitig die Möglichkeit zur eigenen Massenentwicklung genommen, insbesondere aber auch die Chance, als natürliche Gegenspieler und Regulatoren ihrer Beutetiere wirksam zu werden. Eine Duldung entsprechender Kalamitäten sollte daher dort erwogen werden, wo sie insbesondere mit Belangen der Gesundheitsvorsorge des Menschen und der Verkehrssicherungspflicht vereinbar sind, auch wenn sie im Wirtschaftswald den Jahreszuwachs einschränken und im Zusammenspiel mit anderen Belastungsfaktoren auch zum Absterben einzelner Bäume oder (ausnahmsweise) Bestände führen können. Ähnlich ist die Situation bei Waldbränden zu sehen (s. auch Trautner & Rietze 2001, Loch et al. 2002).

24 Feuchtbereich in einem von Nadelbäumen dominierten Waldbestand des Hochschwarzwaldes. Extremstandorte wie Vermoorungen, Versumpfungen, Felsen und Geröllfluren innerhalb von Waldbeständen des ansonsten überwiegend mittleren Standortbereichs können wichtige Laufkäfer-Lebensräume darstellen.

25–26 Historische Waldnutzungsformen wie die Nieder- oder die Mittelwaldwirtschaft können zu einer Diversifizierung der Laufkäferfauna in Wäldern beitragen und insbesondere wärme- und lichtliebende Arten offener Begleitstrukturen sowie Arten junger Waldsukzessionsstadien fördern. Die hier gezeigten Bilder stammen aus dem Burgenland in Österreich (oben) sowie aus dem fränkischen Steigerwald (unten).

27 Salers-Rinder in einem standortübergreifenden, Wald- und Offenland umfassenden Beweidungsprojekt im Oberrhein-Tiefland (s. Text). Foto: J. Paleit.

16.9 Spezifische Fels-, Geröll- und Rohbodenbiotope

Für natürliche Fels, Geröll- und Rohbodenbiotope (s. S. 268-28) steht zunächst die Sicherung der entsprechenden Lebensraumfläche und der sie prägenden Prozesse im Vordergrund.

Im Fall von Blockhalden unterhalb von Felsen gehört hierzu beispielsweise, dass Frostabsprengung von Felsgestein als natürlicher Erosionsprozess, der zu einer Offenhaltung der darunter liegenden Halde und von Felsstandorten beiträgt, weiterhin zugelassen wird. Gerade im Fall von äußerst bedeutsamen Artvorkommen, etwa solchen mit Vorpostencharakter oder endemischen Taxa, müssen hierbei ggf. auch sonst vielfach übliche Sicherungsmaßnahmen im Umfeld von Wegen zurücktreten und stattdessen die mögliche Schließung oder Verlegung bisheriger Forststraßen oder Wege im Einflussbereich von Erosionsprozessen ins Auge gefasst werden. Ob darüber hinaus weitere Maßnahmen auch der Pflege erforderlich sein könnten, insbesondere bei der langfristigen Offenhaltung von Gesteinsschutthalden mit Artvorkommen, die an unbewaldete Standorte gebunden sind (etwa des Pechbraunen Bartläufers *Leistus montanus*), ist im Einzelfall zu prüfen.

Anthropogenen Roh- und Skelettböden kann ebenfalls eine sehr hohe Bedeutung für Laufkäferarten zukommen (vgl. Kap. 13.9). Hierzu zählen z. B. bei größeren Baumaßnahmen entstehende Steilböschungen, insbesondere aber Abbaugebiete oberflächennaher Rohstoffe, die entsprechende Strukturen beinhalten. Hier sollten Maßnahmen zunächst während des Abbaus und vorbereitend bereits in der Planungsphase darauf abzielen, dass in möglichst großem Umfang Strukturen wie wechselnasse, vegetationsfreie Lehmböden mit ephemeren Kleingewässern, wasserdurchlässige und zu starker Austrocknung neigende Sand- und Feinkiesbereiche mit lückiger Ruderalvegegtation sowie Kiesböschungen und Abbruchkanten vorwiegend in Südexposition vorhanden sind oder immer wieder neu entstehen.

Bei der Frage, wie diese Gebiete nach Abbauende zu behandeln sind und welche Folgenutzung möglich ist, sollte abweichend zur bisher vorherrschenden Praxis verstärkt versucht werden, die besonderen Potenziale solcher Abbaugebiete aus Naturschutzsicht zu nutzen und dabei auch die Artengruppe der Laufkäfer in den Blick zu nehmen. Dies beinhaltet in der Regel den Verzicht auf eine Verfüllung (X.1) ebenso wie die Abkehr von einer normalen Rekultivierung mit land- oder forstwirtschaftlicher Folgenutzung. Nach Beendigung eines Abbaus sind die spezifischen, naturschutzfachlich bedeutsamen Eigenschaften von Abbaugebieten langfristig und auf möglichst großer Fläche zu sichern, am besten durch Maßnahmen, die dem normalen Abbaubetrieb ähneln. Kontraproduktiv sind hingegen solche Maßnahmen, die auf größeren Flächen zu Nährstoffanreicherung im Oberboden, zur Überdeckung von Rohböden und zur Beschleunigung der Gehölz- und sonstigen Vegetationsentwicklung führen (s. auch Beiträge in Trautner 2016). Unter Umständen könnte hierbei auch Beweidung eine Rolle spielen, ansonsten müssen vielfach mechanische Pflegemaßnahmen ergriffen werden (s. unten; z. B. Schiel & Rademacher 2008).

Dieser erodierende Hang am Rand eines Flusstales im Voralpinen Hügel- und Moorland hat umfangreiche Rohbodenstandorte zu bieten.

29

Mechanische Pflege zur Wiederherstellung offener, teils feuchter bis wechselnasser Rohböden auf einer Fläche fortgeschrittener Sukzession. Das Bild stammt aus einem Kiesabbaugebiet im Voralpinen Hügel- und Moorland. Foto: M. Bräunicke.

16.10 Sonstige Lebensräume

In diesem Abschnitt soll noch kurz auf den Siedlungsbereich eingegangen werden, in dem sich für die Laufkäferfauna bedeutende Lebensräume finden, insbesondere in Form von Relikten der früheren Landschaftsausstattung sowie in spezifischen Grünflächen oder Begleit- und Folgestrukturen auf Industrie-, Gewerbe- oder Infrastrukturflächen (s. Kap. 13.10).

Zu den wichtigsten Schutz- und Entwicklungsansätzen für die Laufkäferfauna im Siedlungsbereich zählen:

- allgemein der Erhalt eines möglichst hohen Anteils an unversiegelter Fläche bei extensiver Pflege;
- die besondere Berücksichtigung der Artengruppe bei Pflege, Entwicklung oder Konversion von Trockenlebensräumen bzw. deren Fragmenten und von Ruderalbiotopen mit noch höherem Anteil von Roh- oder Skelettböden;
- die besondere Berücksichtigung der Artengruppe bei Entwicklungs- und Unterhaltungsmaßnahmen von Fließgwässern und deren Uferzonen, ggf. auch von Stillgewässern;
- der Erhalt möglichst durchgängiger Landschaftselemente mit geeigneter Lebensraumfunktion auch für bodengebundene Arten, etwa entlang von Gewässern oder Bahnstrecken im Siedlungsbereich;
- zumindest in bestimmten Fällen zudem die Verringerung von Mortalitätsrisiken mittels Einschränkung der Lichtemissionen und Vermeidung oder Entschärfung von Strukturen mit Fallenwirkung (s. Kap. 13.10 und Kap. 15), dies in der Regel im Übergangsbereich der Siedlung in die umgebende Landschaft.

Darüber hinaus sollte bei Bau-, Abbruch- oder Renovierungsmaßnahmen in bestimmten Fällen, vor allem in Gewölben und Kellern sowie an unverfugten Außenmauern historischer Gebäude, auf eine Betroffenheit bestimmter Einzelarten (s. S. 291 f. und S. 559 f. sowie Kap. 13.10) geprüft und deren Ansprüche nach Möglichkeit im Rahmen der Vorhaben berücksichtigt werden, um dem Erlöschen lokal vorhandener Populationen dieser Arten vorzubeugen.

17 Einbindung von Laufkäfern in raumrelevante Planungen

J. Trautner

Laufkäfer sind Teil von Natur und Landschaft, die entsprechend den Bestimmungen des Bundesnaturschutzgesetzes (BNatSchG, § 1 Ziele des Naturschutzes und der Landschaftspflege) unter anderem mit dem Ziel einer dauerhaften Sicherung der biologischen Vielfalt zu schützen, zu pflegen, zu entwickeln und – soweit erforderlich – wieder herzustellen ist. In Abs. 2 des genannten Paragraphen wird präzisiert, dass hierzu „entsprechend dem jeweiligen Gefährdungsgrad insbesondere

1. lebensfähige Populationen wild lebender Tiere und Pflanzen einschließlich ihrer Lebensstätten zu erhalten und der Austausch zwischen den Populationen sowie Wanderungen und Wiederbesiedelungen zu ermöglichen,
2. Gefährdungen von natürlich vorkommenden Ökosystemen, Biotopen und Arten entgegenzuwirken, sowie
3. Lebensgemeinschaften und Biotope mit ihren strukturellen und geografischen Eigenheiten in einer repräsentativen Verteilung zu erhalten […]" sind.

Im Weiteren wurde gesetzlich eine Reihe von Regelungen, Planungsaufträgen und konkreten Schutzbestimmungen getroffen, zu deren wesentlichen Aspekten in Bezug auf Laufkäfer das nebenstehende Schaubild eine vereinfachte Übersicht gibt.

Mit raumrelevanten Planungen ist einerseits die räumliche Gesamtplanung gemeint, die von der übergeordneten Ebene des Bundes bis hin zu den kommunalen Planungen (Flächennutzungs- und Bebauungspläne) reicht, andererseits die Landschaftsplanung im engeren Sinne sowie diverse Fachplanungen wie etwa des Straßenbaus, aber auch des Naturschutzes selbst (vertiefend hierzu etwa Haaren 2004, Turowski 2005).

Möglichkeiten und Bedarf zur Berücksichtigung von Laufkäfern finden sich auf allen räumlichen Ebenen und für verschiedenste Fragestellungen mit unterschiedlichem Detaillierungsgrad. Beispiele sind unter anderem bei Trautner (1993b) dargestellt. Naturgemäß ist die Bedeutung der Artengruppe je nach Fragestellung, räumlicher Ebene und betroffenen Biotoptypen bzw. Ökosystemen differenziert zu sehen. Denn Laufkäfer stellen auch innerhalb des Arten- und Biotopschutzes selbstverständlich nur einen Teil des Systems von Belastungs-, Ziel- und Bewertungsindikatoren dar, auch wenn sie zum Teil hohe Relevanz besitzen. Ein aktuelles Beispiel eines fachlich ausgearbeiteten Systems dafür, welche Tiergruppen bei Planungsvorhaben bearbeitet werden sollen, um eine ausreichende Bestands- und Eingriffsbewertung sowie die Ableitung von Maßnahmen im Rahmen einer Fachplanung zu ermöglichen, ist in Tab. 17.1 auf S. 773 dargestellt. Die Tabelle entstammt einer der Richtlinien und Vorschriften für das Straßenwesen (RVS) in Österreich, die dort zur Projektierung und Straßenraumgestaltung herangezogen werden. Erarbeitet und herausgegeben wurde sie von der Österreichischen Forschungsgesellschaft Straße – Schiene – Verkehr (FSV).

In Baden-Württemberg wurden Laufkäfer im Rahmen einer ganzen Reihe von Eingriffsvorhaben in Fachbeiträgen bearbeitet. Inzwischen finden sie in speziellen Fällen bei der Ökologischen Ressourcenanalyse (ÖRA) zu Flurneuordnungsverfahren Berücksichtigung (LGL 2016). Außerdem trugen sie zur Identifikation landesweit besonders bedeutsamer Fließgewässerabschnitte bei (Kaule et al. 2001) und wurden vereinzelt bei der Ausweisung und Pflegeplanung von Schutzgebieten herangezogen sowie bei der Zielformulierung und Erstellung von Leitbildern, etwa auf Naturraumebene (s. Breunig & Trautner 1996) und für die Bodenseeufer (Bräunicke & Trautner 2002). Diese Situation ist sicherlich noch unbefriedigend, weil damit das Anwendungspotenzial bei Weitem nicht ausgeschöpft ist und auch fachlichen Anforderungen, die sich unter Berücksichtigung der Artengruppe ergeben, bislang nicht ausreichend entsprochen wird. Das nun vorliegende Grundla-

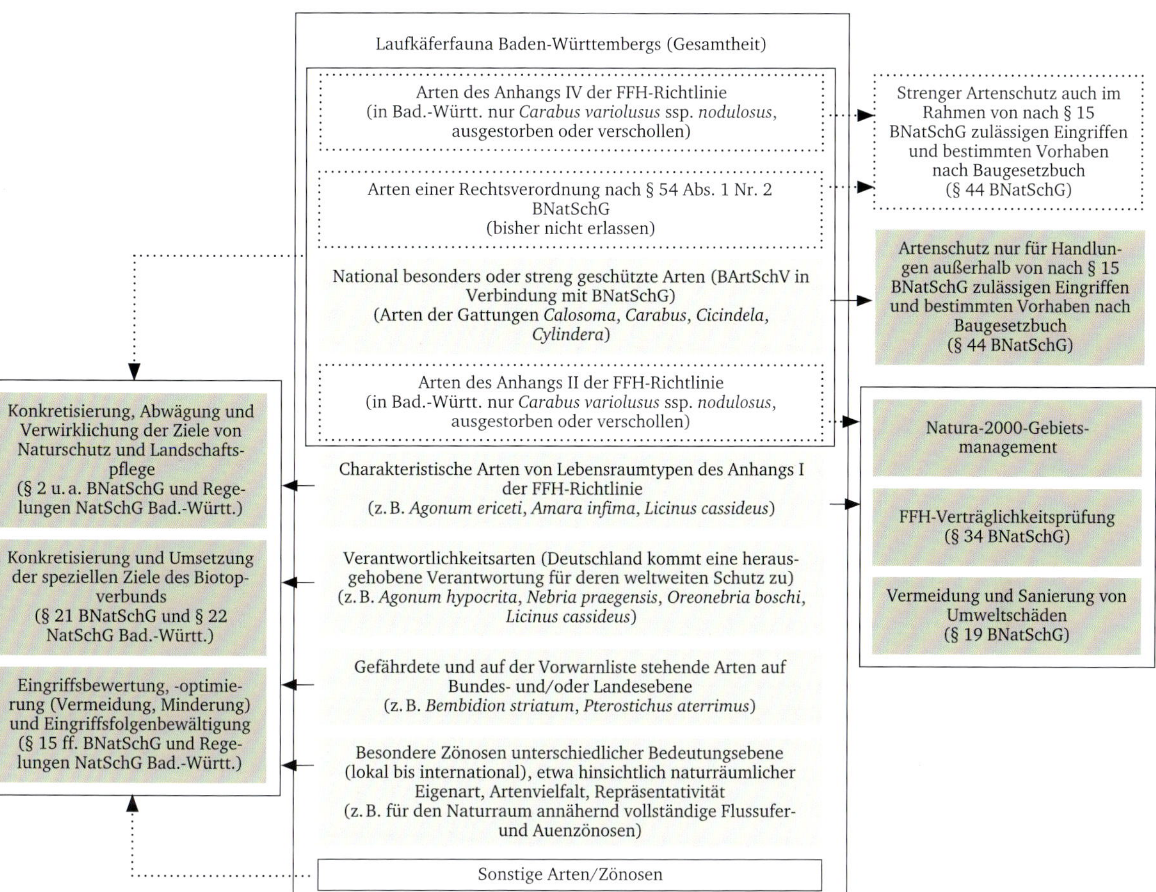

Vereinfachte Übersicht zur Relevanz von Laufkäfern in verschiedenen Regelungsbereichen des Bundesnaturschutzgesetzes. Die Abbildung erhebt keinen Anspruch auf Vollständigkeit. Die zur Vereinfachung separiert dargestellten Kästen können sich teils überschneiden, etwa weil Arten sowohl gefährdet als auch besonders geschützt oder in eine Verantwortlichkeitskategorie gestellt sind. Zu Verantwortlichkeitsarten s. Kap. 14, zu charakteristischen Arten von Lebensraumtypen des Anhangs I der FFH-Richtlinie s. Kap. 13.1. Stand: Oktober 2016.

genwerk soll auch hier dazu beitragen, die Sachlage zu verbessern. Im Informationssystem Zielartenkonzept Baden-Württemberg (Stand 2009) sind Laufkäfer in eingeschränktem Umfang berücksichtigt (s. dazu u.). Zu Erfassungsmethoden sei auf Kap. 7 verwiesen.

In Einzelfällen waren Laufkäfer auch Gegenstand gerichtlicher Entscheidungen zu Vorhaben, etwa durch den Verwaltungsgerichtshof Baden-Württemberg. Dieser hatte beispielsweise im Fall der Landesmesse auf den Fildern darüber zu befinden, ob zusätzliche Ausgleichsmaßnahmen zu treffen sind. Neben der Frage, ob die Bestandserfassung und die Ableitung der Maßnahmen bezüglich Laufkäfern ausreichend waren, wurde dabei auch der funktionale Zusammenhang zwischen dem Eingriffsort und dem Ort der Kompensation thematisiert (VGH Bad.-Württ. 8 S 1269/04, Urteil vom 02. 11. 2006, zuvor VG Stuttgart 1 K 1545/03). In einem anderen Fall ging es um die Frage, inwiefern der landesweit vom Aussterben bedrohte Lehmufer-Ahlenläufer (*Bembidion fluviatile*) durch eine der Varianten eines geplanten Straßenbauvorhabens im Donauraum tatsächlich betroffen war (VGH Bad.-Württ. 5 S 369/12, Urteil vom 06. 05. 2013).

Für Entscheidungen zu Planungsprozessen und die dabei vorzunehmende Abwägung unterschiedlicher Belange ist in der Regel eine fundierte Gewichtung erforderlich, bei der sowohl die Bedeutung betroffener Flächen und Funktionen als auch mögliche Beeinträchtigungen und die Bewältigung ihrer Folgen zu bewerten sind. Im Bereich des Arten- und Biotopschutzes wurden in zahlreichen Arbeiten Kriterien zur Bewertung von Flächen als Lebensräume vorgestellt und diskutiert und zum Teil auch direkt mit einer Bewertungsskala verknüpft (etwa bei Kaule 1991, Reck 1996 sowie darauf aufbauend Trautner 2000). Als wichtige Kriterien für Tierartenvorkommen werden dabei eine besondere Schutzverantwortung, die Gefährdungssituation von Arten auf verschiedenen Maßstabsebenen, der Artenreichtum und die Repräsentanz von Zönosen, besonders bedeutende Populationen (z. B. hinsichtlich ihrer Größe und der Relevanz zur Erhaltung der Art auch im übergeordneten Raum) sowie außerdem natürliche Seltenheit genannt. Auch auf Laufkäferbestände lassen sich diese Kriterien anwenden, und gegenüber früheren Jahren hat sich die Beurteilungsgrundlage hierzu erheblich verbessert, nicht zuletzt aufgrund der aktuellen bundesweiten Roten Liste mit einer Ausarbeitung zu den Verantwortlichkeitsarten (Schmidt et al. 2016, Schmidt & Trautner 2016). Tab. 17.2 bietet keine neue Bewertungsmatrix mit vollständigen Kriterien, zeigt aber Beispiele dafür, wie sich bestimmte Ausprägungen von Laufkäfervorkommen in die 9-stufige Skala von Kaule (1991) einordnen lassen.

Entsprechende konkrete Flächenbewertungen können – in Verknüpfung mit den Lebensraumansprüchen der Arten sowie den als besonders relevant eingestuften Zielen und Maßnahmen (s. auch Kap. 16) – für die Ziel- und Leitbildfindung teils bereits auf Landesebene, im Übrigen im regionalen bis lokalen Maßstab in Baden-Württemberg herangezogen werden. Dass lokal durchaus auch naturschutzfachliche Zielkonflikte bestehen können zwischen dem Schutz bestimmter Laufkäferarten und jenem anderer Taxa oder in Bezug auf allgemein ausgerichtete Zielvorstellungen, ist unbestritten. Gerade für diese Fälle ist es aber wesentlich, dass die Bedeutung der jeweiligen Ziele im regionalen und landesweiten Vergleich adäquat gegenübergestellt werden kann (Abgleich von Prioritäten): Welches Ziel soll dann im konkreten Fall verfolgt werden? Für diese Frage spielt eine große Rolle, ob etwa nur eine lokal bedeutsame Zönose neu entwickelt oder gesichert werden soll, für die umfangreiche Potenziale oder entsprechende Lebensräume auch an zahlreichen anderen Stellen bestehen, oder ob es um ein auch aus regionaler und landesweiter Sicht hochgradig bedeutsames Vorkommen geht.

Die Planung und Umsetzung von Projekten hat Veränderungen in der Landschaft zur Folge. Neben einer allgemeinen Bestandsbewertung muss man sich mit der Frage auseinandersetzen, ob Laufkäfer von den mit einer Umsetzung verbundenen Wirkfaktoren betroffen sind, ob sie es im positiven oder negativen Sinne sind und in welchem Ausmaß dies der Fall ist (Wirkungsprognose, Konfliktanalyse, u. a. die Frage erheblicher Beeinträchtigungen). Hierauf sowie auf die Vorhabensoptimierung (Vermeidung, Minderung) und die Kompensation kann an dieser Stelle nicht näher eingegangen werden. Grundsätzliche Hinweise für sinnvolle Maßnahmen, auch im Rahmen einer möglichen Kompensation, gibt Kap. 16. Eine tabellarische Übersicht zu Wirkfaktoren, die mit Projekten verbunden sein können, geben Lambrecht et al. (2004), und zwar nicht nur auf das Thema FFH-Verträglichkeitsprüfung beschränkt. Die meisten der von ihnen genannten Wirkfaktoren können auch für Laufkäfer relevant sein und sowohl regelmäßig (etwa bei direktem Flächenentzug, bei Veränderung der Vegetationsstruktur oder bei Verlust einer charakteristischen Dynamik) als auch in Einzelfällen wirken. Lediglich akustischen, olfaktorischen (Dufstoffe) oder optischen Reizen (sofern diese nicht der Beleuchtungsproblematik zuzuordnen sind) sowie Vibrationen und Erschütterungen haben bei Laufkäfern keine Bedeutung. Zu einzelnen anderen Wirkfaktoren (etwa nichtionisierender Strahlung/eletromagnetischen Feldern) sind dem Autor keine spezifischen Untersuchungen bekannt.

Abschließend soll noch auf das Informationssystem Zielartenkonzept Baden-Württemberg (Stand 2009) eingegangen werden, das über die Webseite der LUBW abrufbar ist und dort durch einen Leitfaden sowie sonstige Materialien begleitet wird.

Dieses Informationssystem, ein interaktives, die Planung unterstützendes Werkzeug, sollte zunächst dazu dienen, wesentliche Inhalte des faunistischen Teils des bereits Mitte der 1990er Jahre für das Land erarbeiteten Zielartenkonzepts zu aktualisieren, räumlich zu konkretisieren und planungsbezogen aufzubereiten. Dabei wurde primär

Tab. 17.1 Tierartengruppen, die im Einreichprojekt zu Bundesstraßen sowie zu UVP-pflichtigen Landesstraßen in Österreich ergänzend zu europarechtlich geschützten Arten in Abhängigkeit von vorhandenen Lebensraumtypen zu bearbeiten sind.

Lebensraumtypen	Alpine Lebensräume	Dealpine Geotope (Höhlen, Stollen, Blockschutthalden, Felsen)	Fließende Gewässer und ihre Uferzonen	Stehende Gewässer und ihre Uferzonen	Moore, Quellfluren, Nassgrünland	Intensivgrünland	Mittleres Grünland, Grünlandbrachen, ältere Ackerbrachen, hochwertige Ruderalflächen[A], gehölzarme bis -freie Säume	Trockenes Grünland, Trockenlebensräume (Halbtrockenrasen, Heiden u.a.)	Sonderstandorte und Begleitstrukturen in Acker- und Weingartengebieten	Siedlungsbereich	Offene Waldstrukturen (Lichtungen, Waldmäntel und historische Waldnutzungsformen mit offenen Stadien/Strukturen wie Mittelwald, Niederwald, Waldsäume, in besonderen Fällen auch Alleen, Einzelbäume, Parks)	Naturferne Wälder (Forste jünger als 100 Jahre)	Naturnahe Wälder (zonal und azonal) und alte Forste
Biotopkomplexbewohner: Die Tiergruppe ist für relevante Lebensraumgruppen zu bearbeiten.													
Amphibien	●	○	○	●	●		○	○	○	○	●	○	○
Fledermäuse	Bereits vollständig über Anhang IV FFH-Richtlinie abgedeckt												
Vorwiegend Offenlandbewohner mit großflächig relativ einfacher Bearbeitbarkeit: beide Tiergruppen sind für relevante Lebensraumgruppen zu bearbeiten													
Reptilien	●	●	○	●	○		●	●	○	○	●		○
Heuschrecken und Fangschrecken (ca. 150 Arten)	○	●	○	○	●	●	●	●	●	○	○		
Vorwiegend oder ausschließlich an Pflanzen lebende Bewohner der Kraut- und Gehölzschicht: zumindest eine der Tiergruppen ist für relevante Lebensraumgruppen zu bearbeiten.													
Wanzen (ca. 900 Arten, mit Landes-RL)			■	■	■		■	■	□		■		
Zikaden (ca. 650 Arten)	□		■	■	■		■	■	■		■		
Wildbienen (ca. 600 Arten)							□	■	○	□	■		
Tagfalter, Widderchen u. Dickkopffalter (ca. 200 Arten)	□				□		□	■	□		■		
Vorwiegend oder ausschließlich räuberisch lebende Bewohner der Bodenoberfläche/oberen Bodenschicht: zumindest eine der Tiergruppen ist für relevante Lebensraumgruppen zu bearbeiten.													
Spinnen und Weberknechte (ca. 1100 Arten)	□	○	□	□	■		■	■	□		○		○
Laufkäfer (ca. 660 Arten)	■	○	■	■	■		■	■	■		○		○
Vorwiegend oder ausschließlich aquatisch lebende Artengruppen													
Libellen (ca. 80 Arten)			●[1])	●	●[2])								
Sonstige wertbestimmende aquatische Arten[3])			●	●									
Weitere Artengruppen mit Begründung des speziellen Falles/Mehrwertes													
Weichtiere (ca. 450 Arten)			○	○	○		○	○	○		○		○
Xylobionte Käfer (ca. 400 Arten)										○	○		○
Sonstige Artengruppen mit hochgradig gefährdeten und/oder endemischen Arten[4])	○	○	○	○	○	○	○	○	○	○	○	○	○

● verpflichtend zu bearbeitende Tiergruppe
○ nur dann verpflichtend zu bearbeitende Tiergruppe, wenn hohes Potenzial und hohe Planungsrelevanz zu erwarten sind (wertbestimmende/planungsrelevante Artvorkommen zu erwarten)
■ mögliche zu bearbeitende Tiergruppe. Je eine an Pflanzen lebende und eine räuberische Indikatorgruppe muss bearbeitet werden.
□ Alternative zu ■; nur für den Fall, dass hohes Potenzial im Naturraum vorliegt und hohe Planungsrelevanz zu erwarten sind (wertbestimmende/planungsrelevante Artvorkommen zu erwarten)
(leer) In diesem Fall ist keine Tiergruppe zu bearbeiten; Ausnahme: Naturschutzfachlich besonders relevante Artengruppen, die in Österreich allerdings nur sehr lokal auftreten, sind mit Begründung des speziellen Mehrwerts auch zu bearbeiten
[1]) verpflichtend nur in der planaren bis collinen Höhenstufe
[2]) verpflichtend nur bei Präsenz offener Wasserflächen
[3]) wenn vorhanden, sind hier – unabhängig von den inhaltlichen und methodischen Anforderungen in Bezug auf die WR-Richtlinie (gewässerökologische Betrachtung) – etwaige naturschutzfachlich bzw. artenschutzrechtlich relevanten Inhalte zu bearbeiten. Dies betrifft insbesondere Zehnfußkrebse und Fische.
[4]) z.B. Skorpione, Urzeitkrebse
[A]) hochwertige Ruderalflächen hinsichtlich Strukturreichtum, Reifegrad, Wasserhaushalt usw.

Auszug aus der RVS 04 03. 15 „Umweltschutz, Flora und Fauna an Verkehrswegen, Artenschutz an Verkehrswegen“, Stand Oktober 2015 (FSV 2015) der Österreichischen Forschungsgesellschaft Straße – Schiene – Verkehr (www.fsv.at), mit freundlicher Genehmigung. Laufkäfer sind hier als Indikatorgruppe enthalten, die in einem größeren Teil der Lebensraumtypen als eine der beiden Gruppen wirbelloser Tiere mit vorwiegend oder ausschließlich räuberisch lebenden Bewohnern der Bodenoberfläche und der oberen Bodenschicht zu bearbeiten ist.

Tab. 17.2 Skalierung einer Flächenbewertung mit Beispielen der Laufkäferfauna. Alle aufgeführten Beispiele sind durch konkrete Situationen aus Baden-Württemberg belegt.

Skalenstufe nach KAULE (1991)	Bezeichnung nach RECK (1996)	Beispiele
9	gesamtstaatlich bis international bedeutsam	Lebensraum und Population der endemischen Art (Verantwortlichkeitsart) *Nebria praegensis* im südlichen Schwarzwald. Lebensraum mit großer Population der Verantwortlichkeitsart *Agonum hypocrita* in einem Feuchtgebietskomplex der Schwäbischen Alb.
8	überregional bis landesweit bedeutsam	Lebensraum und Population der bundes- und landesweit vom Aussterben bedrohten Art *Licinus cassideus* in einem Trockengebietskomplex der Neckar- und Tauber-Gäuplatten (je nach Größe der Population, der Qualität des Lebensraums und weiteren Entwicklungsmöglichkeiten ggf. auch der höheren Wertstufe zuzuordnen). Artenreiche und besonders lebensraumtypische Laufkäferzönose eines dynamischen Fließgewässers mit mehreren gefährdeten und stark gefährdeten Arten (etwa *Bembidion varicolor, Bembidion ascendens*) im Voralpinen Hügel- und Moorland.
7	regional bedeutsam	Lebensraum und Population des landesweit stark gefährdeten *Elaphrus uliginosus* in Teilen eines Feuchtwiesen- und Feuchtbrachekomplexes im Schwäbischen Keuper-Lias-Land (je nach Größe der Population, der Qualität des Lebensraums und weiteren Entwicklungsmöglichkeiten ggf. auch der höheren Wertstufe zuzuordnen). Lebensraum mit großer Population der landesweit gefährdeten Art *Anthracus consputus* sowie weiteren rückläufigen Feuchtgebietsarten in einem Auerelikt in den Neckar- und Tauber-Gäuplatten.
6	lokal bedeutsam	Im regionalen Vergleich überdurchschnittlich artenreiche Laufkäferzönose in einem Ackergebiet der Donau-Iller-Lech-Platte, das Lebensraumfunktion auch für rückläufige Arten besitzt (etwa für *Amara eurynota*, eine Art der Vorwarnliste) sowie für einzelne gefährdete, nicht aber für hochgradig gefährdete Arten. Im regionalen Vergleich durchschnittlich artenreiche Laufkäferfauna in einem Waldgebiet des Voralpinen Hügel- und Moorlandes, das Lebensraumfunktion für Arten naturräumlich eingeschränkter Verbreitung und Bedeutung für die naturräumliche Eigenart hat (etwa mit *Carabus glabratus, Pterostichus unctulatus*).
5	verarmt, noch artenschutzrelevant	Im regionalen Vergleich unterdurchschnittlich artenreiche Laufkäferzönose in einem Grünlandgebiet mittlerer Standorte. Im regionalen Vergleich unterdurchschnittlich artenreiche Laufkäferzönose einer Rebfläche mit geringem Anteil an Begleitstrukturen, diese hat aber noch eingeschränkt Lebensraumfunktion für eine einzelne rückläufige oder gefährdete Art (etwa für *Leistus spinibarbis*).
4 bis 1	stark verarmt bis sehr stark belastend	Sehr artenarme Laufkäferzönose einer Intensivobstkultur, diese zudem mit Beeinträchtigung angrenzender Flächen auch als Laufkäfer-Lebensraum aufgrund von Pestizidaustrag. Verkehrsstraße ohne Lebensraumfunktion und mit zusätzlicher Barrierewirkung sowie erhöhten Mortalitätsrisiken für ausschließlich bodengebundene Laufkäferarten.

auf die Anwendung in der kommunalen Landschaftsplanung abgezielt (s. GEISSLER-STROBEL et al. 2006, JOOSS & GEISSLER-STROBEL 2008), wo das Tool die fachlich fundierte Erarbeitung eines 2-stufig angelegten, kommunalen Zielarten- und Maßnahmenkonzepts für die Fauna unterstützen soll. Heute wird das Anwendungsfeld breiter gesehen, was sich auch konkret in Projekten niederschlägt. So wird das Tool beispielsweise auch in Eingriffsplanungen zur vorbereitenden Klärung des Untersuchungsbedarfs eingesetzt und fand bereits frühzeitig Eingang in Analysen zur regionalen Planung (s. z. B. SCHUMACHER & TRAUTNER 2006).

Die Grundlage des Zielartenkonzepts bilden vor allem Datenbanken zur Verbreitung, zu Habitatzuordnungen sowie zu Maßnahmentypen (s. auch Verweise in Kap. 16), die artbezogen bewertet wurden. Einige Artengruppen wie Vögel und Heuschrecken sind vollständig in den Programmablauf zur automatisierten Zielarten- und Maßnahmenauswahl eingebunden, die Laufkäfer hingegen sind bislang noch nicht in dieser Weise integriert. Bei ihnen beschränkt sich der Programmablauf auf ein enges Artenset. Für weitere Zielarten der Gruppe sind ergänzende Informationen zwar verfügbar, allerdings nur außerhalb des Programmablaufs. Die neuen Daten des vorliegenden Grundlagenwerks legen eine Aktualisierung nahe, besonders zu den Themen Verbreitung und Gefährdung sowie zur Verantwortlichkeits-Einstufung der einzelnen Arten. Zudem wäre es erstrebenswert, die Artengruppe vollständig in den Programmablauf zu integrieren. Auch hierfür liegen nun verbesserte Grundlagen vor, und entsprechende Überlegungen zur Fortschreibung des Informationssystems finden bereits statt.

Index/Verzeichnisse

Checkliste

Die nachfolgende Checkliste verzeichnet alle 429 für Baden-Württemberg historisch oder aktuell nachgewiesenen Arten in alphabetischer Reihenfolge der wissenschaftlichen Namen. Folgende Informationen sind in den einzelnen Spalten oder Spaltengruppen enthalten:

Wissenschaftlicher Artname/Beschreiber, Jahr: Wie bereits in Kap. 9 ausgeführt, folgen die wissenschaftlichen Artnamen weitestgehend den in der aktuellen Checkliste und Roten Liste Deutschlands (Schmidt et al. 2016) verwendeten Namen, einschließlich Beschreibername und Jahr. Nur in sehr wenigen Einzelfällen gab es hierzu Korrekturen. Wichtige Synonyme sind in einem eigenen Verzeichnis zusammen mit den derzeit jeweils gültigen Namen zusammengestellt (s. S. 833 ff.).

Deutscher Artname: Die deutschen Artnamen gehen in großen Teilen auf die erste Rote Liste für Baden-Württemberg zurück (Trautner 1992a), von der aus sie auch Eingang in die bundesdeutschen Roten Listen gefunden haben. Für einzelne, bislang nicht mit deutschen Namen versehene Arten wurden passende neu gebildet.

Systematische Einordnung: Angegeben sind Unterfamilie und Tribus, zu denen die jeweilige Art gehört. Eine Übersicht der Unterfamilien und Tribus gibt Tab. 8.1 in Kap. 8 (S. 66).

Nachweise nach 1975: Angegeben sind die Anzahl der Rasterfelder nach Blattschnitt der Topographischen Karte 1:25 000 mit Nachweisen der jeweiligen Art nach 1975 (RN) und der prozentuale Anteil an allen Rasterfeldern, die dem Bundesland zugeordnet wurden, aufgeführt als Rasterfrequenz (RF). Zusätzliche Nachweise in Rasterfeldern nur bis 1975 blieben bei den Angaben in diesen Spalten unberücksichtigt.

Naturräumliche Verbreitung: Angegeben sind Nachweise und Artenpotenzial nach Naturräumen 3. Ordnung (s. Kap. 2 und 12) in Baden-Württemberg. Die Basis liefert eine Auswertung nach Rasterfeldern entsprechend dem Blattschnitt der Topographischen Karte 1:25 000. Unberücksichtigt bei dieser Auswertung blieben die Naturräume des Fränkischen Keuper-Lias-Landes und der Mainfränkischen Platten, die das Bundesland nur mit sehr geringen Flächen im Osten betreffen. Es ist darauf hinzuweisen, dass nur der Eintrag ● als sicherer Nachweis im jeweiligen Naturraum zu werten ist, während die übrigen Einträge auf einen Nachweis aus einem oder mehreren Rasterfeldern zurückgehen, an denen ein oder mehrere weitere Naturräume nicht nur unwesentlichen Anteil haben (für nähere Erläuterungen s. Kap. 12). Die Einträge bedeuten im Einzelnen:

- ● Nachweis nach 1975 in einem Kartenblatt der Topographischen Karte 1:25 000, das ausschließlich diesem Naturraum zuzurechnen ist oder allenfalls unwesentliche Flächenanteile bis maximal 5 % von anderen Naturräumen aufweist.
- ◍ Nachweis nach 1975 in einem Kartenblatt der Topographischen Karte 1:25 000, von dessen Fläche neben dem betreffenden Naturraum summarisch ein oder mehrere weitere Naturräume über 5 % einnehmen.
- ○ Nachweis bis 1975 in einem Kartenblatt der Topographischen Karte 1:25 000, an dem der betreffende Naturraum Anteil hat (ohne weitere Differenzierung).

Gefährdung: Angegeben sind die Einstufung in der Roten Liste Deutschlands (RL-D, Stand 2015; Schmidt et al. 2016) sowie Baden-Württembergs (RL-BW, Stand 2005; Trautner et al. 2005); zudem sind diejenigen Arten in der Spalte „Anm BW“ separat markiert, für die auf Ebene des Bundeslandes nach aktuellem Stand Einstufungsänderungen naheliegen oder zu prüfen sind (diese Arten sind in Tabelle 15.1 in Kap. 15 auch separat gelistet). Die Einträge bedeuten im Einzelnen:

- 0 Ausgestorben oder verschollen
- R Extrem selten
- 1 Vom Aussterben bedroht
- 2 Stark gefährdet
- 3 Gefährdet
- G Gefährdung unbekannten Ausmaßes (ehemals auch: Gefährdung anzunehmen)
- V Art der Vorwarnliste
- D Daten unzureichend
- * Ungefährdet
- ♦ Nicht bewertet (im Fall von Neobiota auf Bundesebene)
- neu (Noch) nicht berücksichtigt, da zum Bearbeitungszeitpunkt nicht als vorkommend oder nicht als ehemals vorkommend bewertet bzw. bekannt

Zielarten/ZIA: Angegeben ist die Einstufung im landesweiten Informationssystem Zielartenkonzept Bad.-Württ. (Stand 2009) als Zielart sowie ggf. zusätzlich als sogenannte Zielorientierte Indikatorart (ZIA). Weitergehende Erläuterungen zum Informationssystem Zielartenkonzept Bad.-Württ. und den entsprechenden Kategorien finden sich auf der dazugehörigen Webseite der LUBW. Die Einträge in der Spalte „Zielart" bedeuten:

E Erloschene Art
LA Landesart der Kategorie A
LB Landesart der Kategorie B
N Naturraumart
nb nicht bewertet
z weitere berücksichtigte Zielart (als Zielorientierte Indikatorart, s. separate Spalte ZIA)

Verantwortlichkeit (VER): Angegeben ist die Einstufung der Verantwortlichkeit Deutschlands für den weltweiten Schutz der Art nach Schmidt et al. (2016) bzw. Schmidt & Trautner (2016); entsprechend markierte Arten sind in Tab. 14.2 in Kap. 14 auch separat gelistet. Die Einträge bedeuten im Einzelnen:

!! In besonders hohem Maße verantwortlich
! In hohem Maße verantwortlich
(!) In besonderem Maße für hochgradig separierte Vorposten verantwortlich
? Daten ungenügend, evtl. erhöhte Verantwortlichkeit zu vermuten

Grobzuordnung des Lebensraums (GLR): Vorgenommen wurde eine grobe Typisierung nach Schwerpunktlebensraum, die insbesondere auf die detaillierteren Auswertungen bei GAC (2009) zurückgreift. Im Weiteren sind aber auch Anpassungen erfolgt, die aus den Auswertungen zum vorliegenden Werk resultieren. Diese Grobtypisierung kann die detaillierteren Angaben zu den einzelnen Arten keinesfalls ersetzen, stellt aber eine Grundlage für vereinfachte Auswertungen dar (s. u a. Kap. 12). Die Einträge bedeuten (in alphabetischer Reihenfolge):

E Euryöke Arten der überwiegend offenen Kulturlandschaft; teils auch im Wald auftretend
F Arten von Feucht- und Nassbiotopen (ohne spezifische Fließgewässerufer-Lebensräume, s. u.; bestimmte Auwaldarten wurden allerdings dieser Gruppe zugeordnet)
G Arten von Gebirgsbiotopen (einschließlich Blockschutthalden außerhalb der Alpen)
K Arten der Küstenbiotope und Binnenlandsalzstellen
M Arten sonstiger (meist) mesotropher Offenlandstandorte des mittleren Feuchtebereichs, einschließlich Waldrandstrukturen
O Arten der Äcker und des Grünlands vorwiegend mittlerer Standorte
T Arten trockener, an größeren Gehölzen freier oder armer Biotope
U Arten der Ufer, Bänke und Aufschwemmungen an Fließgewässern (fokussiert auf Arten spezifischer, vegetationsarmer Uferstrukturen im Sinne der Gruppe 3 der Klassifikation in GAC 2009)
W Arten der Wälder und Feldgehölze des überwiegend mittleren Standortbereichs
X Arten der Roh- und Skelettböden sowie sonstiger Sonderstandorte

Charakteristische Art von FFH-Lebensraumtypen (CA FFH): Es sind diejenigen Arten mit x markiert, die im speziellen Teil des Buches aus landesweiter Sicht als charakteristisch für bestimmte Lebensraumtypen des Anhangs I der FFH-Richtlinie oder dafür in Frage kommend benannt sind. Dies deckt sicherlich noch nicht das gesamte Spektrum charakteristischer Laufkäferarten für diese Lebensraumtypen in Baden-Württemberg ab. Exemplarisch sind weitere Arten, die auf Naturraum- oder Gebietsebene infrage kommen können, mit (x) gekennzeichnet. Weitergehende Erläuterungen finden sich in Kap. 13.1.

Wissenschaftlicher Artname	Beschreiber, Jahr	Deutscher Artname	Systematische Einordnung	
			Unterfamilie	**Tribus**
Abax carinatus	(Duftschmid, 1812)	Runzelhals-Brettläufer	Pterostichinae	Pterostichini
Abax ovalis	(Duftschmid, 1812)	Rundlicher Brettläufer	Pterostichinae	Pterostichini
Abax parallelepipedus	(Piller & Mitterpacher, 1783)	Großer Brettläufer	Pterostichinae	Pterostichini
Abax parallelus	(Duftschmid, 1812)	Schmaler Brettläufer	Pterostichinae	Pterostichini
Acupalpus brunnipes	(Sturm, 1825)	Bräunlicher Buntschnellläufer	Harpalinae	Stenolophini
Acupalpus dubius	Schilsky, 1888	Moor-Buntschnellläufer	Harpalinae	Stenolophini
Acupalpus exiguus	Dejean, 1829	Dunkler Buntschnellläufer	Harpalinae	Stenolophini
Acupalpus flavicollis	(Sturm, 1825)	Nahtstreifen-Buntschnellläufer	Harpalinae	Stenolophini
Acupalpus interstitialis	Reitter, 1884	Flachstreifiger Buntschnellläufer	Harpalinae	Stenolophini
Acupalpus luteatus	(Duftschmid, 1812)	Gelbbeiniger Buntschnellläufer	Harpalinae	Stenolophini
Acupalpus maculatus	(Schaum, 1860)	Gefleckter Buntschnellläufer	Harpalinae	Stenolophini
Acupalpus meridianus	(Linnaeus, 1760)	Feld-Buntschnellläufer	Harpalinae	Stenolophini
Acupalpus parvulus	(Sturm, 1825)	Rückenfleckiger Buntschnellläufer	Harpalinae	Stenolophini
Agonum duftschmidi	Schmidt, 1994	Duftschmids Glanzflachläufer	Platyninae	Platynini
Agonum emarginatum	(Gyllenhal, 1827)	Dunkler Glanzflachläufer	Platyninae	Platynini
Agonum ericeti	(Panzer, 1809)	Hochmoor-Glanzflachläufer	Platyninae	Platynini
Agonum fuliginosum	(Panzer, 1809)	Gedrungener Flachläufer	Platyninae	Platynini
Agonum gracile	Sturm, 1824	Zierlicher Flachläufer	Platyninae	Platynini
Agonum gracilipes	(Duftschmid, 1812)	Schlankfüßiger Glanzflachläufer	Platyninae	Platynini
Agonum hypocrita	(Apfelbeck, 1904)	Östlicher Glanzflachläufer	Platyninae	Platynini
Agonum impressum	(Panzer, 1796)	Grobpunktierter Glanzflachläufer	Platyninae	Platynini
Agonum lugens	(Duftschmid, 1812)	Mattschwarzer Glanzflachläufer	Platyninae	Platynini
Agonum marginatum	(Linnaeus, 1758)	Gelbrandiger Glanzflachläufer	Platyninae	Platynini
Agonum micans	(Nicolai, 1822)	Ufer-Flachläufer	Platyninae	Platynini
Agonum muelleri	(Herbst, 1784)	Gewöhnlicher Glanzflachläufer	Platyninae	Platynini
Agonum munsteri	(Hellén, 1935)	Moor-Flachläufer	Platyninae	Platynini
Agonum piceum	(Linnaeus, 1758)	Sumpf-Flachläufer	Platyninae	Platynini
Agonum scitulum	Dejean, 1828	Auwald-Flachläufer	Platyninae	Platynini
Agonum sexpunctatum	(Linnaeus, 1758)	Sechspunkt-Glanzflachläufer	Platyninae	Platynini
Agonum thoreyi	Dejean, 1828	Röhricht-Flachläufer	Platyninae	Platynini
Agonum versutum	Sturm, 1824	Auen-Glanzflachläufer	Platyninae	Platynini
Agonum viduum	(Panzer, 1796)	Grünlicher Glanzflachläufer	Platyninae	Platynini
Agonum viridicupreum	(Goeze, 1777)	Bunter Glanzflachläufer	Platyninae	Platynini
Amara aenea	(De Geer, 1774)	Erzfarbener Kamelläufer	Pterostichinae	Zabrini
Amara anthobia	A. & J.B. Villa, 1833	Schlanker Kamelläufer	Pterostichinae	Zabrini
Amara apricaria	(Paykull, 1790)	Enghals-Kamelläufer	Pterostichinae	Zabrini
Amara aulica	(Panzer, 1797)	Kohldistel-Kamelläufer	Pterostichinae	Zabrini

Nachweise nach 1975		Naturräumliche Verbreitung									Gefährdung			Weitere Angaben				
RN	RF [%]	Donau-Iller-Lech-Platte	Hochrheingebiet	Neckar- und Tauber-Gäuplatten	Oberrhein-Tiefland	Odenwald	Schwarzwald	Schwäbische Alb	Schwäbisches Keuper-Lias-Land	Voralpines Hügel- und Moorland	RL-D	RL-BW	Anm BW	Zielart	ZIA	VER	GLR	CA FFH
57	18,3	◍	◍	●	●	◍	◍	●	●		V	V		N			W	
160	51,3	●	●	●	●	●	●	●	●	●	*	*				!	W	
254	81,4	●	●	●	●	●	●	●	●	●	*	*					W	
221	70,8	●	◍	●	●	●	●	●	●	●	*	*				!	W	
2	0,6			◍	◍		◍		○		2	2		LA			F	
51	16,3	◍	◍	●	●	◍	◍	◍	●	●	V	V					F	
18	5,8			●	●	◍	◍		◍		*	3		N			F	
113	36,2	●	●	●	●	◍	●	●	●	●	*	*					F	
1	0,3			○	●				○		R	D		N			T	
4	1,3				●						R	1		LA			F	
18	5,8			●	●		◍			●	*	3		N			F	
129	41,3	●	◍	●	●	●	●	●	●	●	*	*					O	
34	10,9	●	◍	●	●	◍	◍	●	●	●	*	3		N			F	
15	4,8			●	●		◍			●	3	2		LB			F	
173	55,4	●	◍	●	●	●	●	●	●	●	*	*					F	
15	4,8	●		●			●			●	2	2		LB			F	x
169	54,2	●	●	●	●	◍	●	●	●	●	*	*					F	
60	19,2	●	◍	●	●		●	●	●	●	V	3		N			F	
6	1,9	●		◍	●	◍		◍	●	○	*	D					E	
7	2,2	●						●		●	1	2		LA		!!	F	(x)
0	0,0	○						○			1	0		E			U	
24	7,7	◍		●	●	◍	◍			●	3	3		N			F	
83	26,6	●	◍	●	●	◍	◍	●	●	●	*	*					F	
122	39,1	●	◍	●	●	●	●	●	●	●	*	*					F	
208	66,7	●	●	●	●	●	●	●	●	●	*	*					E	
0	0,0	○								○	1	neu	x	nb	nb	(!)	F	x
30	9,6	◍	○	●	●	◍	●	●	●	●	3	2		LB			F	x
19	6,1		◍	◍	●		●	◍	●		2	2		LB		!	F	x
138	44,2	●	◍	●	●	●	●	●	●	●	*	*					E	
81	26,0	●	◍	●	●	◍	●	●	●	●	*	V					F	
7	2,2	◍		◍	●	◍	◍	○		◍	3	2		LB			F	x
150	48,1	●	◍	●	●	●	●	●	●	●	*	*					F	
22	7,1		◍	●	●		◍	●	◍	●	3	2		LB	x		F	
207	66,3	●	◍	●	●	●	●	●	●	●	*	*					E	
18	5,8			●	●	○	◍		●		*	*					X	
45	14,4	●	◍	●	●	◍	●	●	●	●	*	*					E	
101	32,4	●	●	●	●	◍	●	●	●	●	*	*					M	

Wissenschaftlicher Artname	Beschreiber, Jahr	Deutscher Artname	Systematische Einordnung Unterfamilie	Tribus
Amara bifrons	(Gyllenhal, 1810)	Brauner Punkthals-Kamelläufer	Pterostichinae	Zabrini
Amara communis	(Panzer, 1797)	Schmaler Wiesen-Kamelläufer	Pterostichinae	Zabrini
Amara concinna	Zimmermann, 1832	Zierlicher Kamelläufer	Pterostichinae	Zabrini
Amara consularis	(Duftschmid, 1812)	Breithals-Kamelläufer	Pterostichinae	Zabrini
Amara convexior	Stephens, 1828	Gedrungener Wiesen-Kamelläufer	Pterostichinae	Zabrini
Amara convexiuscula	(Marsham, 1802)	Gewölbter Kamelläufer	Pterostichinae	Zabrini
Amara crenata	Dejean, 1828	Gekerbter Kamelläufer	Pterostichinae	Zabrini
Amara cursitans	Zimmermann, 1832	Pechbrauner Kamelläufer	Pterostichinae	Zabrini
Amara curta	Dejean, 1828	Kurzer Kamelläufer	Pterostichinae	Zabrini
Amara equestris	(Duftschmid, 1812)	Plumper Kamelläufer	Pterostichinae	Zabrini
Amara erratica	(Duftschmid, 1812)	Gebirgs-Kamelläufer	Pterostichinae	Zabrini
Amara eurynota	(Panzer, 1797)	Großer Kamelläufer	Pterostichinae	Zabrini
Amara famelica	Zimmermann, 1832	Nordöstlicher Kamelläufer	Pterostichinae	Zabrini
Amara familiaris	(Duftschmid, 1812)	Gelbbeiniger Kamelläufer	Pterostichinae	Zabrini
Amara fulva	(O.F. Müller, 1776)	Gelber Kamelläufer	Pterostichinae	Zabrini
Amara fulvipes	(Audinet-Serville, 1821)	Braunfüßiger Kamelläufer	Pterostichinae	Zabrini
Amara fusca	Dejean, 1828	Brauner Sand-Kamelläufer	Pterostichinae	Zabrini
Amara gebleri	Dejean, 1831	Geblers Kamelläufer	Pterostichinae	Zabrini
Amara infima	(Duftschmid, 1812)	Heide-Kamelläufer	Pterostichinae	Zabrini
Amara kulti	Fassati, 1947	Kults Kamelläufer	Pterostichinae	Zabrini
Amara littorea	Mannerheim, 1843	Strand-Kamelläufer	Pterostichinae	Zabrini
Amara lucida	(Duftschmid, 1812)	Leuchtender Kamelläufer	Pterostichinae	Zabrini
Amara lunicollis	Schiödte, 1837	Dunkelhörniger Kamelläufer	Pterostichinae	Zabrini
Amara majuscula	(Chaudoir, 1850)	Östlicher Kamelläufer	Pterostichinae	Zabrini
Amara makolskii	Roubal, 1923	Makolskis Kamelläufer	Pterostichinae	Zabrini
Amara montivaga	Sturm, 1825	Kahnförmiger Kamelläufer	Pterostichinae	Zabrini
Amara municipalis	(Duftschmid, 1812)	Rehbrauner Kamelläufer	Pterostichinae	Zabrini
Amara nitida	Sturm, 1825	Glänzender Kamelläufer	Pterostichinae	Zabrini
Amara ovata	(Fabricius, 1792)	Ovaler Kamelläufer	Pterostichinae	Zabrini
Amara plebeja	(Gyllenhal, 1810)	Dreifingriger Kamelläufer	Pterostichinae	Zabrini
Amara praetermissa	(C.R. Sahlberg, 1827)	Verkannter Kamelläufer	Pterostichinae	Zabrini
Amara proxima	Kult, 1949	Dunkler Kamelläufer	Pterostichinae	Zabrini
Amara pulpani	Putzeys, 1866	Pulpans Kamelläufer	Pterostichinae	Zabrini
Amara sabulosa	(Audinet-Serville, 1821)	Rundschild-Kamelläufer	Pterostichinae	Zabrini
Amara similata	(Gyllenhal, 1810)	Gewöhnlicher Kamelläufer	Pterostichinae	Zabrini
Amara spreta	Dejean, 1831	Flachhalsiger Kamelläufer	Pterostichinae	Zabrini
Amara strenua	Zimmermann, 1832	Auen-Kamelläufer	Pterostichinae	Zabrini

Nachweise nach 1975		Naturräumliche Verbreitung									Gefährdung			Weitere Angaben				
RN	RF [%]	Donau-Iller-Lech-Platte	Hochrheingebiet	Neckar- und Tauber-Gäuplatten	Oberrhein-Tiefland	Odenwald	Schwarzwald	Schwäbische Alb	Schwäbisches Keuper-Lias-Land	Voralpines Hügel- und Moorland	RL-D	RL-BW	Anm BW	Zielart	ZIA	VER	GLR	CA FFH
87	27,9	●	◉	●	●	●	●	●	●	●	*	*					E	
161	51,6	●	●	●	●	●	●	●	●	●	*	*					O	
2	0,6			◉	●				◉		1	1		LA			F	
57	18,3	●		●	●	◉	●	●	●	●	*	V					X	
180	57,7	●	◉	●	●	●	●	●	●	●	*	*					E	
3	1,0			●	●		◉	○	○		*	D	x				M	
0	0,0			○					○		2	0		E			T	
39	12,5	◉	○	●	●	◉	●	●	◉	●	V	3		N			X	
62	19,9	◉	◉	●	●	●	●	●	●	●	*	V					T	
77	24,7	●	○	●	●	◉	●	●	●	●	*	V					O	
5	1,6				◉		●				3	3	x	N			G	
69	22,1	●		●	●	◉	●	●	●	●	*	V					M	
1	0,3	○	○	◉	◉	◉	○				2	D	x				T	
203	65,1	●	◉	●	●	●	●	●	●	●	*	*					E	
26	8,3	◉		●	●	◉	◉	◉	●	●	*	V		N			T	
9	2,9			◉	●	◉	◉			○	2	1		LA			T	x
8	2,6			◉	●		◉		◉		*	D	x				X	
8	2,6				●						*	D		N			M	
1	0,3				●						3	1		LA			T	x
22	7,1			●	●	●	●			●	*	*					O	
20	6,4	◉		●	●		●	●	●	●	*	G					M	
22	7,1			●	●	◉	●		◉	●	V	2		LB			T	
176	56,4	●	◉	●	●	●	●	●	●	●	*	*					E	
12	3,8	◉		◉	●	◉	◉	◉	●	●	*	*					E	
4	1,3	●		◉			●		◉		*	neu	x	nb	nb		W	
97	31,1	●	◉	●	●	●	●	●	●	●	V	V		N			O	
18	5,8	●		◉	●		◉	●	◉	●	*	3		N			X	
64	20,5	●	◉	●	●	●	●	●	●	●	V	3		N			O	x
188	60,3	●	●	●	●	●	●	●	●	●	*	*					E	
153	49,0	●	●	●	●	●	●	●	●	●	*	*					E	
4	1,3	●			◉		●				2	2		LB			T	x
1	0,3							◉	◉		R	neu	x	nb	nb		T	x
2	0,6							●	◉		R	neu	x	nb	nb	?	T	x
33	10,6			●	○	◉	◉	●	●	●	3	*	x				O	
192	61,5	●	●	●	●	●	●	●	●	●	*	*					E	
4	1,3				●	◉	◉				*	*	x				O	
8	2,6			●	●		◉		●		*	G		N		!	O	

Wissenschaftlicher Artname	Beschreiber, Jahr	Deutscher Artname	Systematische Einordnung Unterfamilie	Tribus
Amara tibialis	(Paykull, 1798)	Zwerg-Kamelläufer	Pterostichinae	Zabrini
Amara tricuspidata	Dejean, 1831	Dreispitziger Kamelläufer	Pterostichinae	Zabrini
Amblystomus niger	(Heer, 1841)	Dunkler Schieflippenläufer	Harpalinae	Harpalini
Anchomenus dorsalis	(Pontoppidan, 1763)	Bunter Enghalsläufer	Platyninae	Platynini
Anillus caecus	Jacquelin du Val, 1851	Blindahlenläufer	Trechinae	Anillini
Anisodactylus binotatus	(Fabricius, 1787)	Gewöhnlicher Rotstirnläufer	Harpalinae	Anisodacty-lini
Anisodactylus nemorivagus	(Duftschmid, 1812)	Kleiner Rotstirnläufer	Harpalinae	Anisodacty-lini
Anisodactylus signatus	(Panzer, 1796)	Schwarzhörniger Rotstirnläufer	Harpalinae	Anisodacty-lini
Anthracus consputus	(Duftschmid, 1812)	Herzhals-Buntschnellläufer	Harpalinae	Stenolophini
Apristus europaeus	(Mateu, 1980)	Dunkler Krallenläufer	Lebiinae	Lebiini
Asaphidion austriacum	Schweiger, 1975	Österreichischer Haarahlenläufer	Trechinae	Bembidiini
Asaphidion caraboides	(Schrank, 1781)	Flussufer-Haarahlenläufer	Trechinae	Bembidiini
Asaphidion curtum	(Heyden, 1870)	Gehölz-Haarahlenläufer	Trechinae	Bembidiini
Asaphidion flavipes	(Linnaeus, 1760)	Gewöhnlicher Haarahlenläufer	Trechinae	Bembidiini
Asaphidion pallipes	(Duftschmid, 1812)	Ziegelei-Haarahlenläufer	Trechinae	Bembidiini
Badister bullatus	(Schrank, 1798)	Gewöhnlicher Wanderläufer	Licininae	Licinini
Badister collaris	Motschulsky, 1844	Ried-Dunkelwanderläufer	Licininae	Licinini
Badister dilatatus	Chaudoir, 1837	Breiter Dunkelwanderläufer	Licininae	Licinini
Badister lacertosus	Sturm, 1815	Stutzfleck-Wanderläufer	Licininae	Licinini
Badister meridionalis	Puel, 1925	Bogenfleck-Wanderläufer	Licininae	Licinini
Badister peltatus	(Panzer, 1796)	Auen-Dunkelwanderläufer	Licininae	Licinini
Badister sodalis	(Duftschmid, 1812)	Kleiner Gelbschulter-Wanderläufer	Licininae	Licinini
Badister unipustulatus	Bonelli, 1813	Großer Wanderläufer	Licininae	Licinini
Bembidion argenteolum	Ahrens, 1812	Silberfleck-Ahlenläufer	Trechinae	Bembidiini
Bembidion articulatum	(Panzer, 1796)	Hellfleckiger Ufer-Ahlenläufer	Trechinae	Bembidiini
Bembidion ascendens	K. Daniel, 1902	Spitzdecken-Ahlenläufer	Trechinae	Bembidiini
Bembidion assimile	Gyllenhal, 1810	Flachmoor-Ahlenläufer	Trechinae	Bembidiini
Bembidion atrocaeruleum	(Stephens, 1828)	Schwarzblauer Ahlenläufer	Trechinae	Bembidiini
Bembidion azurescens	Dalla Torre, 1877	Blauglänzender Ahlenläufer	Trechinae	Bembidiini
Bembidion biguttatum	(Fabricius, 1779)	Zweifleckiger Ahlenläufer	Trechinae	Bembidiini
Bembidion bipunctatum	(Linnaeus, 1760)	Zweipunkt-Ahlenläufer	Trechinae	Bembidiini
Bembidion bruxellense	Wesmael, 1835	Schiefflеckiger Ahlenläufer	Trechinae	Bembidiini
Bembidion conforme	(Dejean, 1831)	Verwaschener Ahlenläufer	Trechinae	Bembidiini
Bembidion cruciatum	(Dejean, 1831)	Buales Ahlenläufer	Trechinae	Bembidiini
Bembidion decorum	(Panzer, 1799)	Blaugrüner Punkt-Ahlenläufer	Trechinae	Bembidiini
Bembidion deletum	Audinet-Serville, 1821	Mittlerer Lehmwand-Ahlenläufer	Trechinae	Bembidiini

Nachweise nach 1975		Naturräumliche Verbreitung									Gefährdung			Weitere Angaben				
RN	RF [%]	Donau-Iller-Lech-Platte	Hochrheingebiet	Neckar- und Tauber-Gäuplatten	Oberrhein-Tiefland	Odenwald	Schwarzwald	Schwäbische Alb	Schwäbisches Keuper-Lias-Land	Voralpines Hügel- und Moorland	RL-D	RL-BW	Anm BW	Zielart	ZIA	VER	GLR	CA FFH
25	8,0	○		◍	●	◍	◍	○			*	3		N			O	
13	4,2			●	●	◍	◍				V	D	x				O	
1	0,3									●	neu	neu	x	nb	nb		F	
200	64,1	●	●	●	●	●	●	●	●	●	*	*					O	
4	1,3			●					◍		♦	D	x				X	
211	67,6	●	●	●	●	●	●	●	●	●	*	*					E	
18	5,8	◍	◍	◍	●	○	●	●	◍	●	2	3		N			O	
72	23,1	○	●	●	●	◍	◍	◍	●	●	V	V					X	
25	8,0			●	●	◍	◍	●	◍	●	V	2		LB			F	
1	0,3				●						D	neu	x	nb	nb		X	
19	6,1	●	◍	◍	●		◍			●	*	2		LB			U	x
0	0,0	○						○			2	0		E			U	
30	9,6		●	●	●	◍	◍		●	●	*	V					W	
141	45,2	●	◍	●	●	●	●	●	●	●	*	*					E	
49	15,7	●	◍	●	●		◍	●	◍	●	V	3		N			X	
182	58,3	●	◍	●	●	◍	●	●	●	●	*	*					E	
34	10,9	●	◍	●	●		◍	●	●	●	*	2		LB			F	
44	14,1	●		●	●		◍	●	●	●	*	3		N			F	
118	37,8	●	◍	●	●	●	●	●	●	●	*	*					W	
7	2,2			◍	●	◍	◍		◍	○	3	D					F	
40	12,8	●		●	●		◍	●	◍	●	3	2		LB			F	x
150	48,1	●	◍	●	●	◍	●	●	●	●	*	*					M	
13	4,2		○		●		◍				3	2		LB			F	x
1	0,3				●						3	neu	x	nb	nb		U	x
184	59,0	●	◍	●	●	●	●	●	●	●	*	*					F	
15	4,8	◍	◍	●	●		●	○		●	3	3	x	N	x		U	x
58	18,6	●		●	●		◍	●	●	●	*	V					F	
26	8,3	○	◍	◍	●	◍	●	○		●	2	3	x	N	x	!	U	x
23	7,4	●		◍	●	◍	○	◍		●	V	2		LB			U	
154	49,4	●	●	●	●	●	●	●	●	●	*	*					F	
1	0,3	○		◍	○		○	○	◍		3 (ssp.)	0		E			F	
28	9,0	●	◍	●	●	◍	●	●	●	●	*	3		N			F	
5	1,6				●						*	2		LB			U	x
15	4,8	◍	◍	◍	●		◍	◍		●	3 (ssp.)	2		LB			U	
97	31,1	●	◍	●	●	●	●	●	●	●	*	*					U	
125	40,1	●	●	●	●	●	●	●	●	●	*	*					X	

Wissenschaftlicher Artname	Beschreiber, Jahr	Deutscher Artname	Systematische Einordnung	
			Unterfamilie	**Tribus**
Bembidion dentellum	(Thunberg, 1787)	Metallbrauner Ahlenläufer	Trechinae	Bembidiini
Bembidion doris	(Panzer, 1796)	Ried-Ahlenläufer	Trechinae	Bembidiini
Bembidion fasciolatum	(Duftschmid, 1812)	Braunschieniger Ahlenläufer	Trechinae	Bembidiini
Bembidion femoratum	Sturm, 1825	Kreuzgezeichneter Ahlenläufer	Trechinae	Bembidiini
Bembidion fluviatile	Dejean, 1831	Lehmufer-Ahlenläufer	Trechinae	Bembidiini
Bembidion foraminosum	Sturm, 1825	Punktierter Gebirgsfluss-Ahlenläufer	Trechinae	Bembidiini
Bembidion fumigatum	(Duftschmid, 1812)	Rauchbrauner Ahlenläufer	Trechinae	Bembidiini
Bembidion genei	Küster, 1847	Illigers Ahlenläufer	Trechinac	Bembidiini
Bembidion geniculatum	Heer, 1837	Kleiner Uferschotter-Ahlenläufer	Trechinae	Bembidiini
Bembidion gilvipes	Sturm, 1825	Feuchtbrachen-Ahlenläufer	Trechinae	Bembidiini
Bembidion guttula	(Fabricius, 1792)	Wiesen-Ahlenläufer	Trechinae	Bembidiini
Bembidion humerale	Sturm, 1825	Hochmoor-Ahlenläufer	Trechinae	Bembidiini
Bembidion lampros	(Herbst, 1784)	Gewöhnlicher Ahlenläufer	Trechinae	Bembidiini
Bembidion laticolle	(Duftschmid, 1812)	Breithalsiger Ahlenläufer	Trechinae	Bembidiini
Bembidion latinum	Netolitzky, 1911	Latinischer Ahlenläufer	Trechinae	Bembidiini
Bembidion litorale	(Olivier, 1790)	Flussauen-Ahlenläufer	Trechinae	Bembidiini
Bembidion lunatum	(Duftschmid, 1812)	Mondfleck-Ahlenläufer	Trechinae	Bembidiini
Bembidion lunulatum	(Geoffroy, 1785)	Sumpf-Ahlenläufer	Trechinae	Bembidiini
Bembidion mannerheimii	C.R. Sahlberg, 1827	Sumpfwald-Ahlenläufer	Trechinae	Bembidiini
Bembidion milleri	Jacquelin du Val, 1852	Kleiner Lehmwand-Ahlenläufer	Trechinae	Bembidiini
Bembidion minimum	(Fabricius, 1792)	Kleiner Ahlenläufer	Trechinae	Bembidiini
Bembidion modestum	(Fabricius, 1801)	Großfleck-Ahlenläufer	Trechinae	Bembidiini
Bembidion monticola	Sturm, 1825	Sandufer-Ahlenläufer	Trechinae	Bembidiini
Bembidion obliquum	Sturm, 1825	Schrägbindiger Ahlenläufer	Trechinae	Bembidiini
Bembidion obtusum	Audinet-Serville, 1821	Schwachgestreifter Ahlenläufer	Trechinae	Bembidiini
Bembidion octomaculatum	(Goeze, 1777)	Achtfleck-Ahlenläufer	Trechinae	Bembidiini
Bembidion prasinum	(Duftschmid, 1812)	Grünlicher Ahlenläufer	Trechinae	Bembidiini
Bembidion properans	(Stephens, 1828)	Feld-Ahlenläufer	Trechinae	Bembidiini
Bembidion punctulatum	Drapiez, 1820	Grobpunktierter Ahlenläufer	Trechinae	Bembidiini
Bembidion pygmaeum	(Fabricius, 1792)	Matter Lehm-Ahlenläufer	Trechinae	Bembidiini
Bembidion quadrimaculatum	(Linnaeus, 1760)	Vierfleck-Ahlenläufer	Trechinae	Bembidiini
Bembidion quadripustulatum	Audinet-Serville, 1821	Schlammufer-Ahlenläufer	Trechinae	Bembidiini
Bembidion schueppelii	Dejean, 1831	Schüppels Ahlenläufer	Trechinae	Bembidiini
Bembidion semipunctatum	(Donovan, 1806)	Grünbindiger Ahlenläufer	Trechinae	Bembidiini
Bembidion starkii	Schaum, 1860	Starks Ahlenläufer	Trechinae	Bembidiini
Bembidion stephensii	Crotch, 1869	Großer Lehmwand-Ahlenläufer	Trechinae	Bembidiini
Bembidion striatum	(Fabricius, 1792)	Gestreifter Ahlenläufer	Trechinae	Bembidiini

Nachweise nach 1975		Naturräumliche Verbreitung									Gefährdung			Weitere Angaben				
RN	RF [%]	Donau-Iller-Lech-Platte	Hochrheingebiet	Neckar- und Tauber-Gäuplatten	Oberrhein-Tiefland	Odenwald	Schwarzwald	Schwäbische Alb	Schwäbisches Keuper-Lias-Land	Voralpines Hügel- und Moorland	RL-D	RL-BW	Anm BW	Zielart	ZIA	VER	GLR	CA FFH
128	41,0	●	◐	●	●	●	●	●	●	●	*	*					F	
35	11,2	●		●	●		●	●	◐	●	V	3		N			F	
9	2,9	○		○	●			○		●	3	2		LB			U	x
110	35,3	●	◐	●	●	◐	●	●	●	●	*	*					E	
6	1,9	●		○	●			◐	●	●	2	1		LA	x		U	x
0	0,0	○			○		○	○			1	0		E		!!	U	x
16	5,1	●		●	●			◐	◐	●	*	3		N			F	x
120	38,5	●	●	●	●	◐	●	●	●	●	*	*					X	
29	9,3	◐	◐	●	●		●	○		●	V	*					U	
40	12,8	◐		●	●	●	●	●	●	●	*	3		N			F	
90	28,8	●	◐	●	●	◐	●	●	●	●	*	3		N			O	
12	3,8	●	○	◐	●		◐	○	◐	●	2	2		LB			F	x
229	73,4	●	◐	●	●	●	●	●	●	●	*	*					E	
0	0,0			○							0	neu	x	nb	nb		U	
7	2,2		◐	●	●		◐	◐			R	R	x	LA			X	
2	0,6	○	○	○	●		○	○	○	○	3	1		LA			U	
17	5,4	●	○	●	●		◐	●	●	●	3	2		LA	x		U	
174	55,8	●	◐	●	●	●	●	●	●	●	*	*					E	
116	37,2	●	◐	●	●	●	●	●	●	●	*	*					F	
64	20,5	●	◐	●	●	◐	◐	●	●	●	V (ssp.)	3	x	LB			X	
24	7,7	●		●	●		◐	◐	●	○	*	3		N			X	
14	4,5	○		●	●		○	○	●		3	2		LB			U	x
80	25,6	●	◐	●	●	◐	●	●	●	●	3	3		N	x		U	
11	3,5	◐		●	●	◐	◐	◐	●	◐	*	2		LB			F	
144	46,2	●	◐	●	●	●	◐	●	●	●	*	*					O	
23	7,4		○	●	●	○	◐		◐	●	3	2		LB			U	
14	4,5	●	◐	○	●		◐	○	○	●	2	2		LB			U	x
186	59,6	●	●	●	●	●	●	●	●	●	*	*					E	
77	24,7	●	◐	●	●	◐	●	●	●	●	*	*					U	
30	9,6	●		●	●	◐	◐	●	◐	●	V	3		N			X	
203	65,1	●	◐	●	●	●	●	●	●	●	*	*					E	
18	5,8	◐	○	●	●	◐	○	◐	●		*	3	x	N			U	
25	8,0	●			●			◐		●	V	V					U	
32	10,3	○	◐	●	●	◐	◐	○	●	●	*	*					U	
0	0,0	○						○			1	0		E		!	U	
48	15,4	◐	◐	●	●	●	●	●	●	●	*	*					X	
8	2,6		○	◐	●		○		○		1	1		LA			U	x

Wissenschaftlicher Artname	Beschreiber, Jahr	Deutscher Artname	Systematische Einordnung Unterfamilie	Tribus
Bembidion testaceum	(Duftschmid, 1812)	Ziegelroter Ahlenläufer	Trechinae	Bembidiini
Bembidion tetracolum	Say, 1823	Gewöhnlicher Ufer-Ahlenläufer	Trechinae	Bembidiini
Bembidion tibiale	(Duftschmid, 1812)	Großer Uferschotter-Ahlenläufer	Trechinae	Bembidiini
Bembidion varicolor	Fabricius, 1803	Zweifarbiger Ahlenläufer	Trechinae	Bembidiini
Bembidion varium	(Olivier, 1795)	Veränderlicher Ahlenläufer	Trechinae	Bembidiini
Bembidion velox	(Linnaeus, 1760)	Grünfleck-Ahlenläufer	Trechinae	Bembidiini
Blemus discus	(Fabricius, 1792)	Quergebänderter Haarflinkläufer	Trechinae	Trechini
Blethisa multipunctata	(Linnaeus, 1758)	Narbenläufer	Elaphrinae	Elaphrini
Brachinus crepitans	(Linnaeus, 1758)	Großer Bombardierkäfer	Brachininae	Brachinini
Brachinus explodens	Duftschmid, 1812	Kleiner Bombardierkäfer	Brachininae	Brachinini
Bradycellus caucasicus	(Chaudoir, 1846)	Heller Rundbauchläufer	Harpalinae	Stenolophini
Bradycellus csikii	Laczó, 1912	Csikis Rundbauchläufer	Harpalinae	Stenolophini
Bradycellus harpalinus	(Audinet-Serville, 1821)	Gewöhnlicher Rundbauchläufer	Harpalinae	Stenolophini
Bradycellus ruficollis	(Stephens, 1828)	Heide-Rundbauchläufer	Harpalinae	Stenolophini
Bradycellus verbasci	(Duftschmid, 1812)	Eckhalsiger Rundbauchläufer	Harpalinae	Stenolophini
Broscus cephalotes	(Linnaeus, 1758)	Kopfläufer	Broscinae	Broscini
Calathus ambiguus	(Paykull, 1790)	Breithalsiger Kahnläufer	Platyninae	Sphodrini
Calathus cinctus	Motschulsky, 1850	Sand-Kahnläufer	Platyninae	Sphodrini
Calathus erratus	(C.R. Sahlberg, 1827)	Schmalhalsiger Kahnläufer	Platyninae	Sphodrini
Calathus fuscipes	(Goeze, 1777)	Großer Kahnläufer	Platyninae	Sphodrini
Calathus melanocephalus	(Linnaeus, 1758)	Rothalsiger Kahnläufer	Platyninae	Sphodrini
Calathus micropterus	(Duftschmid, 1812)	Kleiner Kahnläufer	Platyninae	Sphodrini
Calathus rotundicollis	Dejean, 1828	Wald-Kahnläufer	Platyninae	Sphodrini
Callistus lunatus	(Fabricius, 1775)	Mondfleckläufer	Licininae	Chlaeniini
Calodromius spilotus	(Illiger, 1798)	Kleiner Vierfleck-Rindenläufer	Lebiinae	Lebiini
Calosoma inquisitor	(Linnaeus, 1758)	Kleiner Puppenräuber	Carabinae	Carabini
Calosoma sycophanta	(Linnaeus, 1758)	Großer Puppenräuber	Carabinae	Carabini
Carabus arcensis	Herbst, 1784	Hügel-Laufkäfer	Carabinae	Carabini
Carabus auratus	Linnaeus, 1760	Goldlaufkäfer	Carabinae	Carabini
Carabus auronitens	Fabricius, 1792	Goldglänzender Laufkäfer	Carabinae	Carabini
Carabus cancellatus	Illiger, 1798	Feld-Laufkäfer	Carabinae	Carabini
Carabus convexus	Fabricius, 1775	Kurzgewölbter Laufkäfer	Carabinae	Carabini
Carabus coriaceus	Linnaeus, 1758	Lederlaufkäfer	Carabinae	Carabini
Carabus glabratus	Paykull, 1790	Glatter Laufkäfer	Carabinae	Carabini
Carabus granulatus	Linnaeus, 1758	Gekörnter Laufkäfer	Carabinae	Carabini
Carabus hortensis	Linnaeus, 1758	Goldgruben-Laufkäfer	Carabinae	Carabini
Carabus intricatus	Linnaeus, 1760	Blauer Laufkäfer	Carabinae	Carabini

Nachweise nach 1975		Naturräumliche Verbreitung									Gefährdung			Weitere Angaben				
RN	RF [%]	Donau-Iller-Lech-Platte	Hochrheingebiet	Neckar- und Tauber-Gäuplatten	Oberrhein-Tiefland	Odenwald	Schwarzwald	Schwäbische Alb	Schwäbisches Keuper-Lias-Land	Voralpines Hügel- und Moorland	RL-D	RL-BW	Anm BW	Zielart	ZIA	VER	GLR	CA FFH
40	12,8	●	◍	◍	●	◍	◍	◍	●	●	3	3		N			U	
192	61,5	●	◍	●	●	●	●	●	●	●	*	*					E	
141	45,2	●	●	●	●	●	●	●	●	●	*	*					U	
9	2,9	◍		○	●		◍	◍		●	V	3	x	LB			U	x
53	17,0	◍		●	●	◍	◍	●	●	●	*	*					F	
1	0,3				●						2	0	x	E			U	x
57	18,3	●	◍	●	●	◍	◍	●	●	●	*	*					F	
2	0,6	◍		◍				◍	○	○	3	1		LA			F	(x)
116	37,2	◍	◍	●	●	●	●	●	●	●	V	*	x				O	
104	33,3	◍	◍	●	●	◍	●	●	●	●	V	*					O	
24	7,7	●	○	◍	●	◍	●	●	◍	●	V	2		LB			M	
50	16,0	◍		●	●	○	●	●	◍	●	*	*					M	
109	34,9	●	◍	●	●	●	●	●	●	●	*	*					M	
12	3,8	●			●		●	○	○	◍	3	2		LB			T	x
67	21,5	◍	◍	●	●	●	◍	●	●	●	*	*					M	
11	3,5	◍		●	●	◍	○	◍	●	◍	*	2		LA			X	
9	2,9	○		●	●			●			*	V	x	N			O	
16	5,1			◍	●		◍				*	*					E	
32	10,3	◍		●	●	◍	●	●	◍	●	*	V					O	
165	52,9	●	●	●	●	●	●	●	●	●	*	*					E	
126	40,4	●	◍	●	●	●	●	●	●	●	*	*					E	
25	8,0	◍		●	●	◍	●	●	●	◍	*	3		N			W	
1	0,3				◍		◍				*	*	x				W	
62	19,9	◍	●	●	●	◍	●	◍	●	●	3	3		N			M	
114	36,5	●	◍	●	●	●	●	●	●	●	*	*					W	
44	14,1	●	○	●	●	◍	●	●	◍	◍	3	3		N			W	
15	4,8			●	●	◍	●	○	◍	●	2	2		LA	x		W	
72	23,1	◍	○	●	●	●	●	●	●	◍	3 (ssp.)	V					W	
155	49,7	●	◍	●	●	●	●	●	●	●	*	*				!	O	
178	57,1	●	●	●	●	●	●	●	●	●	*	*				!	W	
168	53,8	●	●	●	●	◍	●	●	●	●	V (ssp.)	V					E	
48	15,4	●		●	●	◍	●	●	●	●	V	3	x	N			M	
210	67,3	●	◍	●	●	●	●	●	●	●	*	*					W	
21	6,7	●	◍	○	◍		●	◍		●	*	*		N			W	
194	62,2	●	◍	●	●	●	●	●	●	●	*	*					E	
35	11,2	●		◍			◍	●	●	●	*	*					W	
58	18,6	◍	◍	●	●	●	●	●	●	●	3	3		N		!	W	

Wissenschaftlicher Artname	Beschreiber, Jahr	Deutscher Artname	Systematische Einordnung	
			Unterfamilie	Tribus
Carabus irregularis	Fabricius, 1792	Schluchtwald-Laufkäfer	Carabinae	Carabini
Carabus monilis	Fabricius, 1792	Feingestreifter Laufkäfer	Carabinae	Carabini
Carabus nemoralis	O.F. Müller, 1764	Hain-Laufkäfer	Carabinae	Carabini
Carabus nitens	Linnaeus, 1758	Heide-Laufkäfer	Carabinae	Carabini
Carabus problematicus	Herbst, 1786	Blauvioletter Wald-Laufkäfer	Carabinae	Carabini
Carabus sylvestris	Panzer, 1796	Bergwald-Laufkäfer	Carabinae	Carabini
Carabus ulrichii	Germar, 1824	Höckerstreifen-Laufkäfer	Carabinae	Carabini
Carabus variolosus	Fabricius, 1787	Schwarzer Grubenlaufkäfer	Carabinae	Carabini
Carabus violaceus	Linnaeus, 1758	Violettrandiger Laufkäfer	Carabinae	Carabini
Chlaenius nigricornis	(Fabricius, 1787)	Sumpfwiesen-Sammetläufer	Licininae	Chlaeniini
Chlaenius nitidulus	(Schrank, 1781)	Lehmstellen-Sammetläufer	Licininae	Chlaeniini
Chlaenius sulcicollis	(Paykull, 1798)	Grauhaariger Sammetläufer	Licininae	Chlaeniini
Chlaenius tibialis	Dejean, 1826	Schwarzschenkliger Sammetläufer	Licininae	Chlaeniini
Chlaenius tristis	(Schaller, 1783)	Schwarzer Sammetläufer	Licininae	Chlaeniini
Chlaenius vestitus	(Paykull, 1790)	Gelbspitziger Sammetläufer	Licininae	Chlaeniini
Cicindela campestris	Linnaeus, 1758	Feld-Sandlaufkäfer	Cicindelinae	Cicindelini
Cicindela hybrida	Linnaeus, 1758	Dünen-Sandlaufkäfer	Cicindelinae	Cicindelini
Cicindela sylvatica	Linnaeus, 1758	Heide-Sandlaufkäfer	Cicindelinae	Cicindelini
Cicindela sylvicola	Dejean, 1822	Berg-Sandlaufkäfer	Cicindelinae	Cicindelini
Clivina collaris	(Herbst, 1784)	Zweifarbiger Grabspornläufer	Scaritinae	Scaritini
Clivina fossor	(Linnaeus, 1758)	Gewöhnlicher Grabspornläufer	Scaritinae	Scaritini
Cychrus attenuatus	(Fabricius, 1792)	Berg-Schaufelläufer	Carabinae	Cychrini
Cychrus caraboides	(Linnaeus, 1758)	Gewöhnlicher Schaufelläufer	Carabinae	Cychrini
Cylindera arenaria	(Fuesslin, 1775)	Flussufer-Sandlaufkäfer	Cicindelinae	Cicindelini
Cylindera germanica	Linnaeus, 1758	Deutscher Sandlaufkäfer	Cicindelinae	Cicindelini
Cymindis angularis	Gyllenhal, 1810	Mondfleckiger Nachtläufer	Lebiinae	Lebiini
Cymindis axillaris	(Fabricius, 1794)	Achselfleckiger Nachtläufer	Lebiinae	Lebiini
Cymindis humeralis	(Geoffroy, 1785)	Schulterfleckiger Nachtläufer	Lebiinae	Lebiini
Cymindis vaporariorum	(Linnaeus, 1758)	Rauchbrauner Nachtläufer	Lebiinae	Lebiini
Demetrias atricapillus	(Linnaeus, 1758)	Gewöhnlicher Halmläufer	Lebiinae	Lebiini
Demetrias imperialis	(Germar, 1824)	Gefleckter Halmläufer	Lebiinae	Lebiini
Demetrias monostigma	Samouelle, 1819	Ried-Halmläufer	Lebiinae	Lebiini
Diachromus germanus	(Linnaeus, 1758)	Bunter Schnellläufer	Harpalinae	Anisodacty-lini
Dicheirotrichus rufithorax	(C. R. Sahlberg, 1827)	Rothalsiger Kinnzahn-Schnellläufer	Harpalinae	Stenolophini
Dolichus halensis	(Schaller, 1783)	Fluchtläufer	Platyninae	Sphodrini
Dromius agilis	(Fabricius, 1787)	Brauner Rindenläufer	Lebiinae	Lebiini
Dromius angustus	Brullé, 1834	Kiefern-Rindenläufer	Lebiinae	Lebiini

Nachweise nach 1975		Naturräumliche Verbreitung									Gefährdung		Weitere Angaben					
RN	RF [%]	Donau-Iller-Lech-Platte	Hochrheingebiet	Neckar- und Tauber-Gäuplatten	Oberrhein-Tiefland	Odenwald	Schwarzwald	Schwäbische Alb	Schwäbisches Keuper-Lias-Land	Voralpines Hügel- und Moorland	RL-D	RL-BW	Anm BW	Zielart	ZIA	VER	GLR	CA FFH
64	20,5	◍		●	◍		●	●	●	●	3	*				!	W	
147	47,1	●	◍	●	●	●	●	●	●	●	V	*					E	
216	69,2	●	●	●	●	●	●	●	●	●	*	*					W	
0	0,0	○						○			1	0		E			T	
120	38,5	◍	◍	●	●	●	●	●	●	●	*	*					W	
30	9,6			◍	◍		●				*	*					W	
71	22,8	●		●	●	◍	◍	●	●	●	V (ssp.)	3		N			M	
0	0,0	○			○		○			○	1	0		E		!!	F	
160	51,3	●	◍	●	●	●	●	●	●	●	*	*					E	
111	35,6	●	◍	●	●		●	●	●	●	*	V					F	
67	21,5	●	●	●	●	◍	●	●	●	●	3	3		N			F	
0	0,0						○				1	0		E		(!)	F	
19	6,1	●		◍			◍	◍		●	3	3		N			X	
1	0,3									●	3	0	x	E			F	x
102	32,7	●	●	●	●	◍	●	●	●	●	*	*					F	
211	67,6	●	●	●	●	●	●	●	●	●	*	*	x				E	
62	19,9	●	○	◍	●	◍	●	◍	●	●	*	3		N			X	
0	0,0			○	○		○	○	○		2	0		E	x		T	x
118	37,8	●	●	●	●	●	●	●	●	●	3	3		N			X	
120	38,5	●	◍	●	●	●	●	●	●	●	*	*					E	
205	65,7	●	●	●	●	●	●	●	●	●	*	*					E	
52	16,7	●	●	●	●		●	●	●	●	*	*					W	
141	45,2	●	●	●	●	●	●	●	●	●	*	*					W	
4	1,3				●					○	2 (ssp.)	0	x	LA (ssp.)	x	(!)(ssp.)	U	
15	4,8	◍		●	○	◍		●	●	○	2	1		LA	x		T	(x)
3	1,0							●	◍		V	neu	x	nb	nb		T	x
10	3,2	◍		●	●	◍	○	●	◍		2	1		LA	x		T	x
34	10,9	◍		●	●	◍	●	●	◍	◍	3	3		N			T	x
7	2,2	●		●						●	2	2		LB			T	x
110	35,3	◍	◍	●	●	●	●	●	●	●	*	*					E	
53	17,0	●		●	●		◍	◍	●	●	*	3		N			F	
41	13,1	◍		●	●	◍	●	◍		●	*	V					F	
119	38,1	◍	●	●	●	●	●	●	●	●	*	*					E	
0	0,0	○			○			○			3	0		E			F	
8	2,6				●		◍			●	2	2		LB			O	
104	33,3	●	◍	●	●	●	●	●	●	●	*	*					W	
43	13,8	●	◍	●	●	●	●	◍	●	●	*	*					W	

Wissenschaftlicher Artname	Beschreiber, Jahr	Deutscher Artname	Systematische Einordnung	
			Unterfamilie	Tribus
Dromius fenestratus	(Fabricius, 1794)	Zweifleckiger Rindenläufer	Lebiinae	Lebiini
Dromius quadraticollis	A. Morawitz, 1862	Eckschild-Rindenläufer	Lebiinae	Lebiini
Dromius quadrimaculatus	(Linnaeus, 1758)	Großer Vierfleck-Rindenläufer	Lebiinae	Lebiini
Dromius schneideri	Crotch, 1871	Schwarzrandiger Rindenläufer	Lebiinae	Lebiini
Drypta dentata	(P. Rossi, 1790)	Grüner Backenläufer	Dryptinae	Dryptini
Dyschirius abditus	Fedorenko, 1993	Südlicher Handläufer	Scaritinae	Scaritini
Dyschirius aeneus	(Dejean, 1825)	Sumpf-Handläufer	Scaritinae	Scaritini
Dyschirius agnatus	Motschulsky, 1844	Leuchtender Handläufer	Scaritinae	Scaritini
Dyschirius angustatus	(Ahrens, 1830)	Schmaler Ziegelei-Handläufer	Scaritinae	Scaritini
Dyschirius bonellii	Putzeys, 1846	Bonellis Steppen-Handläufer	Scaritinae	Scaritini
Dyschirius globosus	(Herbst, 1784)	Gewöhnlicher Handläufer	Scaritinae	Scaritini
Dyschirius intermedius	Putzeys, 1846	Mittlerer Ziegelei-Handläufer	Scaritinae	Scaritini
Dyschirius laeviusculus	Putzeys, 1846	Glatter Flussufer-Handläufer	Scaritinae	Scaritini
Dyschirius nitidus	(Dejean, 1825)	Grobgestreifter Handläufer	Scaritinae	Scaritini
Dyschirius politus	(Dejean, 1825)	Bronzeglänzender Handläufer	Scaritinae	Scaritini
Dyschirius tristis	Stephens, 1828	Dunkler Handläufer	Scaritinae	Scaritini
Elaphropus diabrachys	(Kolenati, 1845)	Kurzstreifen-Zwergahlenläufer	Trechinae	Bembidiini
Elaphropus parvulus	(Dejean, 1831)	Schlanker Zwergahlenläufer	Trechinae	Bembidiini
Elaphropus quadrisignatus	(Duftschmid, 1812)	Vierfleckiger Zwergahlenläufer	Trechinae	Bembidiini
Elaphropus sexstriatus	(Duftschmid, 1812)	Ufersand-Zwergahlenläufer	Trechinae	Bembidiini
Elaphropus walkerianus	(Sharp, 1913)	Torf-Zwergahlenläufer	Trechinae	Bembidiini
Elaphrus aureus	P. Müller, 1821	Erzgrauer Uferläufer	Elaphrinae	Elaphrini
Elaphrus cupreus	Duftschmid, 1812	Glänzender Uferläufer	Elaphrinae	Elaphrini
Elaphrus riparius	(Linnaeus, 1758)	Kleiner Uferläufer	Elaphrinae	Elaphrini
Elaphrus uliginosus	Fabricius, 1792	Dunkler Uferläufer	Elaphrinae	Elaphrini
Epaphius rivularis	(Gyllenhal, 1810)	Moor-Flinkläufer	Trechinae	Trechini
Epaphius secalis	(Paykull, 1790)	Sumpf-Flinkläufer	Trechinae	Trechini
Harpalus affinis	(Schrank, 1781)	Haarrand-Schnellläufer	Harpalinae	Harpalini
Harpalus albanicus	Reitter, 1900	Südlicher Schnellläufer	Harpalinae	Harpalini
Harpalus anxius	(Duftschmid, 1812)	Seidenmatter Schnellläufer	Harpalinae	Harpalini
Harpalus atratus	Latreille, 1804	Schwarzer Schnellläufer	Harpalinae	Harpalini
Harpalus attenuatus	Stephens, 1828	Westlicher Schnellläufer	Harpalinae	Harpalini
Harpalus autumnalis	(Duftschmid, 1812)	Herbst-Schnellläufer	Harpalinae	Harpalini
Harpalus calceatus	(Duftschmid, 1812)	Sand-Haarschnellläufer	Harpalinae	Harpalini
Harpalus cupreus	Dejean, 1829	Kupferfarbener Schnellläufer	Harpalinae	Harpalini
Harpalus dimidiatus	(Rossi, 1790)	Blauhals-Schnellläufer	Harpalinae	Harpalini
Harpalus distinguendus	(Duftschmid, 1812)	Düstermetallischer Schnellläufer	Harpalinae	Harpalini

Nachweise nach 1975		Naturräumliche Verbreitung									Gefährdung			Weitere Angaben				
RN	RF [%]	Donau-Iller-Lech-Platte	Hochrheingebiet	Neckar- und Tauber-Gäuplatten	Oberrhein-Tiefland	Odenwald	Schwarzwald	Schwäbische Alb	Schwäbisches Keuper-Lias-Land	Voralpines Hügel- und Moorland	RL-D	RL-BW	Anm BW	Zielart	ZIA	VER	GLR	CA FFH
34	10,9	◍	◍	◍	◍		●	●	●	●	*	*					W	
2	0,6		◍				◍				R	neu	x	nb	nb		W	
127	40,7	●	●	●	●	●	●	●	●	●	*	*					W	
20	6,4	◍		◍	○	●	●	●	●	●	*	*					W	
53	17,0	◍	◍	●	●	◍	●		◍	●	*	*					E	
0	0,0	○									2	G	x	LB			U	
103	33,0	●	◍	●	●	●	●	●	●	●	*	*					F	
9	2,9			◍	●		◍				2	2		LB			U	
31	9,9	●	◍	●	●		◍	●	◍	●	V	3		N			X	
2	0,6	◍						◍	◍		2	1		LA			T	x
168	53,8	●	◍	●	●	●	●	●	●	●	*	*					E	
39	12,5	●		●	●	◍	●	○	●	●	*	3		N			O	
6	1,9	◍			●			◍		●	2	2	x	LA			F	
6	1,9	○		◍	●	◍		○			2	2		LB			U	
14	4,5	●		◍	●		◍	◍		●	*	3		N			U	
4	1,3			◍	●		◍		◍		*	3	x	N			F	
1	0,3			●							*	neu	x	nb	nb		U	
116	37,2	●	●	●	●	◍	●	●	●	●	*	*					E	
76	24,4	●	●	●	●		◍	●	●	●	*	V					X	
23	7,4		●	◍	●		◍		●	●	2	2		LB			U	
2	0,6	◍								◍	R	G		LB			F	x
27	8,7	◍		●	●	◍	◍	◍	○	●	V	2		LB	x		U	x
151	48,4	●	◍	●	●	●	●	●	●	●	*	*					F	
90	28,8	●		●	●	●	●	●	●	●	*	*					F	
21	6,7			●	◍	◍	●	◍	●		2	2		LB	x		F	
4	1,3	●		◍			●	○		◍	3	1	x	LA			F	
129	41,3	●	○	●	●	◍	●	●	●	●	*	*					F	
192	61,5	●	◍	●	●	●	●	●	●	●	*	*					E	
4	1,3			●	●						R	R		LB			O	
38	12,2	○	◍	●	●	◍	◍	●	◍	◍	*	V					E	
84	26,9	●	●	●	●	●	●	●	●	●	*	*					E	
4	1,3				●		◍				*	*					M	
18	5,8			●	●	◍	◍				3	3		N			T	
21	6,7			●	●	◍	◍		◍	●	*	2	x	LB			O	
2	0,6				●						R	D	x				F	
120	38,5	◍	◍	●	●	◍	●	●	●	●	3	V					T	
141	45,2	●	◍	●	●	●	◍	●	●	●	*	*					E	

Wissenschaftlicher Artname	Beschreiber, Jahr	Deutscher Artname	Systematische Einordnung Unterfamilie	 Tribus
Harpalus flavescens	(Piller & Mitterpacher, 1783)	Rostgelber Schnellläufer	Harpalinae	Harpalini
Harpalus froelichii	Sturm, 1818	Froelichs Schnellläufer	Harpalinae	Harpalini
Harpalus fuscicornis	Ménétriés, 1832	Braunfühleriger Schnellläufer	Harpalinae	Harpalini
Harpalus griseus	(Panzer, 1796)	Stumpfhalsiger Haarschnellläufer	Harpalinae	Harpalini
Harpalus hirtipes	(Panzer, 1796)	Zottenfüßiger Schnellläufer	Harpalinae	Harpalini
Harpalus honestus	(Duftschmid, 1812)	Leuchtendblauer Schnellläufer	Harpalinae	Harpalini
Harpalus laevipes	Zetterstedt, 1828	Vierpunktiger Schnellläufer	Harpalinae	Harpalini
Harpalus latus	(Linnaeus, 1758)	Breiter Schnellläufer	Harpalinae	Harpalini
Harpalus luteicornis	(Duftschmid, 1812)	Zierlicher Schnellläufer	Harpalinae	Harpalini
Harpalus melancholicus	Dejean, 1829	Dünen-Schnellläufer	Harpalinae	Harpalini
Harpalus modestus	Dejean, 1829	Kleiner Schnellläufer	Harpalinae	Harpalini
Harpalus picipennis	(Duftschmid, 1812)	Steppen-Schnellläufer	Harpalinae	Harpalini
Harpalus politus	Dejean, 1829	Polierter Schnellläufer	Harpalinae	Harpalini
Harpalus progrediens	Schauberger, 1922	Auwald-Schnellläufer	Harpalinae	Harpalini
Harpalus pumilus	Sturm, 1818	Zwerg-Schnellläufer	Harpalinae	Harpalini
Harpalus rubripes	(Duftschmid, 1812)	Metallglänzender Schnellläufer	Harpalinae	Harpalini
Harpalus rufipalpis	Sturm, 1818	Rottaster-Schnellläufer	Harpalinae	Harpalini
Harpalus rufipes	(De Geer, 1774)	Gewöhnlicher Haarschnellläufer	Harpalinae	Harpalini
Harpalus serripes	(Quensel in Schönherr, 1806)	Gewölbter Schnellläufer	Harpalinae	Harpalini
Harpalus servus	(Duftschmid, 1812)	Ovaler Schnellläufer	Harpalinae	Harpalini
Harpalus signaticornis	(Duftschmid, 1812)	Kleiner Haarschnellläufer	Harpalinae	Harpalini
Harpalus smaragdinus	(Duftschmid, 1812)	Smaragdfarbener Schnellläufer	Harpalinae	Harpalini
Harpalus solitaris	Dejean, 1829	Sand-Schnellläufer	Harpalinae	Harpalini
Harpalus subcylindricus	Dejean, 1829	Walzenförmiger Schnellläufer	Harpalinae	Harpalini
Harpalus tardus	(Panzer, 1796)	Gewöhnlicher Schnellläufer	Harpalinae	Harpalini
Harpalus tenebrosus	Dejean, 1829	Dunkler Schnellläufer	Harpalinae	Harpalini
Harpalus xanthopus	Gemminger & Harold, 1868	Goldfüßiger Schnellläufer	Harpalinae	Harpalini
Laemostenus terricola	(Herbst, 1784)	Blauschwarzer Dunkelläufer	Platyninae	Sphodrini
Lebia chlorocephala	(J.J. Hoffmann et al., 1803)	Grüner Prunkläufer	Lebiinae	Lebiini
Lebia cruxminor	(Linnaeus, 1758)	Schwarzbindiger Prunkläufer	Lebiinae	Lebiini
Lebia cyanocephala	(Linnaeus, 1758)	Blauer Prunkläufer	Lebiinae	Lebiini
Lebia marginata	(Geoffroy, 1785)	Rotspitziger Prunkläufer	Lebiinae	Lebiini
Lebia scapularis	(Geoffroy, 1785)	Westlicher Prunkläufer	Lebiinae	Lebiini
Leistus ferrugineus	(Linnaeus, 1758)	Gewöhnlicher Bartläufer	Nebriinae	Nebriini
Leistus fulvibarbis	Dejean, 1826	Westlicher Bartläufer	Nebriinae	Nebriini
Leistus montanus	Stephens, 1828	Pechbrauner Bartläufer	Nebriinae	Nebriini
Leistus nitidus	(Duftschmid, 1812)	Grünglänzender Bartläufer	Nebriinae	Nebriini

Nachweise nach 1975		Naturräumliche Verbreitung									Gefährdung			Weitere Angaben				
RN	RF [%]	Donau-Iller-Lech-Platte	Hochrheingebiet	Neckar- und Tauber-Gäuplatten	Oberrhein-Tiefland	Odenwald	Schwarzwald	Schwäbische Alb	Schwäbisches Keuper-Lias-Land	Voralpines Hügel- und Moorland	RL-D	RL-BW	Anm BW	Zielart	ZIA	VER	GLR	CA FFH
2	0,6				●						3	1		LA			T	x
15	4,8			●	●	◐	◐		◐		*	3		N			E	
1	0,3									●	R	R		LB			O	
71	22,8	●	◐	●	●	●	●	●	●	●	*	*					O	
2	0,6				●						3	1		LA	x		T	x
49	15,7	●	◐	●	●	●	●	●	●	●	V	*					O	
75	24,0	●	◐	●	●	●	●	●	●	●	*	V					W	
179	57,4	●	◐	●	●	●	●	●	●	●	*	*					E	
61	19,6	◐	◐	●	●	◐	●	◐	●	●	*	V					O	
9	2,9			◐	●		◐				2	1		LA	x		T	x
15	4,8	◐		●	●	◐	○		○	●	3	2		LB			M	
13	4,2			◐	●	◐	◐			○	3	2		LB			T	x
1	0,3							◐	◐		1	D	x				T	x
14	4,5	◐			●			◐			2	2		LB			F	x
35	11,2	◐		●	●	◐	◐	●	◐	●	*	V					M	
179	57,4	●	●	●	●	●	●	●	●	●	*	*					E	
30	9,6		◐	●	●	●	●		●		*	V		N			E	
206	66,0	●	●	●	●	●	●	●	●	●	*	*					O	
34	10,9		○	●	●	◐	◐	◐	◐		3	3		N			M	
4	1,3				●						3	1		LA	x		T	x
47	15,1	●	◐	●	●	◐	◐	●	●	●	*	*					E	
33	10,6		●	●	●	◐	◐		◐	●	*	V		N			O	
17	5,4		◐	◐	●	●	●		●		3	2		LB			M	
37	11,9	◐		●	●	◐	●	●	◐	●	G	2	x	LB			T	
111	35,6	●	◐	●	●	●	●	●	●	●	*	*					E	
4	1,3			●	●		○				3	1		LA			T	
3	1,0				●						*	D	x				W	
22	7,1		●	●	●	◐	●	◐	●	●	*	*	x				X	
61	19,6	◐	◐	●	●	◐	●	●	●	◐	V	3	x	N			M	
45	14,4	●	●	●	●	◐	◐	●	●	●	3	2		LB			T	
4	1,3	○		○	●			◐	○	◐	2	1		LA			T	x
8	2,6	○	○	◐	●	◐	●	○	◐		2	1		LA			T	x
0	0,0				○						0	0		E			M	
156	50,0	●	◐	●	●	●	●	●	●	●	*	*					E	
7	2,2				●						*	*					E	
12	3,8	◐		◐	○	○	●	◐	◐	●	R	2		LB		?	G	x
1	0,3	◐								◐	3	R		LB			G	

Wissenschaftlicher Artname	Beschreiber, Jahr	Deutscher Artname	Systematische Einordnung Unterfamilie	Tribus
Leistus piceus	Froelich, 1799	Schlanker Bartläufer	Nebriinae	Nebriini
Leistus rufomarginatus	(Duftschmid, 1812)	Rotrandiger Bartläufer	Nebriinae	Nebriini
Leistus spinibarbis	(Fabricius, 1775)	Blauer Bartläufer	Nebriinae	Nebriini
Leistus terminatus	(Hellwig in Panzer, 1793)	Schwarzköpfiger Bartläufer	Nebriinae	Nebriini
Licinus cassideus	(Fabricius, 1792)	Trockenrasen-Stumpfzangenläufer	Licininae	Licinini
Licinus depressus	(Paykull, 1790)	Kleiner Stumpfzangenläufer	Licininae	Licinini
Licinus hoffmannseggii	(Panzer, 1803)	Berg-Stumpfzangenläufer	Licininae	Licinini
Limodromus assimilis	(Paykull, 1790)	Schwarzer Enghalsläufer	Platyninae	Platynini
Limodromus longiventris	(Mannerheim, 1825)	Gestreckter Enghalsläufer	Platyninae	Platynini
Lionychus quadrillum	(Duftschmid, 1812)	Vierpunkt-Krallenläufer	Lebiinae	Lebiini
Loricera pilicornis	(Fabricius, 1775)	Borstenhornläufer	Loricerinae	Loricerini
Masoreus wetterhallii	(Gyllenhal, 1813)	Sand-Steppenläufer	Lebiinae	Cyclosomini
Microlestes maurus	(Sturm, 1827)	Gedrungener Zwergstutzläufer	Lebiinae	Lebiini
Microlestes minutulus	(Goeze, 1777)	Schmaler Zwergstutzläufer	Lebiinae	Lebiini
Molops elatus	(Fabricius, 1801)	Großer Striemenläufer	Pterostichinae	Pterostichini
Molops piceus	(Panzer, 1793)	Kleiner Striemenläufer	Pterostichinae	Pterostichini
Nebria brevicollis	(Fabricius, 1792)	Gewöhnlicher Dammläufer	Nebriinae	Nebriini
Nebria jockischii	Sturm, 1815	Jockischs Dammläufer	Nebriinae	Nebriini
Nebria livida	(Linnaeus, 1758)	Gelbrandiger Dammläufer	Nebriinae	Nebriini
Nebria picicornis	(Fabricius, 1801)	Rotköpfiger Dammläufer	Nebriinae	Nebriini
Nebria praegensis	Huber & Molenda, 2004	Präger Dammläufer	Nebriinae	Nebriini
Nebria rufescens	(Stroem, 1768)	Bergbach-Dammläufer	Nebriinae	Nebriini
Nebria salina	Fairmaire & Laboulb., 1854	Feld-Dammläufer	Nebriinae	Nebriini
Notiophilus aestuans	Dejean, 1826	Schmaler Laubläufer	Nebriinae	Notiophilini
Notiophilus aquaticus	(Linnaeus, 1758)	Dunkler Laubläufer	Nebriinae	Notiophilini
Notiophilus biguttatus	(Fabricius, 1779)	Zweifleckiger Laubläufer	Nebriinae	Notiophilini
Notiophilus germinyi	Fauvel in Grenier, 1863	Heide-Laubläufer	Nebriinae	Notiophilini
Notiophilus palustris	(Duftschmid, 1812)	Gewöhnlicher Laubläufer	Nebriinae	Notiophilini
Notiophilus quadripunctatus	Dejean, 1826	Vierpunktiger Laubläufer	Nebriinae	Notiophilini
Notiophilus rufipes	Curtis, 1829	Gelbbeiniger Laubläufer	Nebriinae	Notiophilini
Ocys harpaloides	(Audinet-Serville, 1821)	Weichholzrinden-Ahlenläufer	Trechinae	Bembidiini
Ocys quinquestriatus	(Gyllenhal, 1810)	Mauer-Ahlenläufer	Trechinae	Bembidiini
Odacantha melanura	(Linnaeus, 1767)	Sumpf-Halsläufer	Lebiinae	Odacanthini
Olisthopus rotundatus	(Paykull, 1790)	Sand-Glattfußläufer	Platyninae	Platynini
Olisthopus sturmii	(Duftschmid, 1812)	Sturms Glattfußläufer	Platyninae	Platynini
Omophron limbatum	(Fabricius, 1777)	Grüngestreifter Grundläufer	Omophroni- nae	Omophro- nini
Oodes helopioides	(Fabricius, 1792)	Eiförmiger Sumpfläufer	Licininae	Oodini

Nachweise nach 1975		Naturräumliche Verbreitung									Gefährdung			Weitere Angaben				
RN	RF [%]	Donau-Iller-Lech-Platte	Hochrheingebiet	Neckar- und Tauber-Gäuplatten	Oberrhein-Tiefland	Odenwald	Schwarzwald	Schwäbische Alb	Schwäbisches Keuper-Lias-Land	Voralpines Hügel- und Moorland	RL-D	RL-BW	Anm BW	Zielart	ZIA	VER	GLR	CA FFH
7	2,2		◐	○	◐		●				3	*		LB			G	
30	9,6		◐	●	●	●	●	●	◐		*	*					W	
26	8,3			●	●		●	◐	●	◐	V	3		N			O	
27	8,7	●		●	●		●	●	●	●	*	3		N			F	
5	1,6	◐		◐	○	◐	○	●	○	◐	1	1		LA			T	x
13	4,2			◐	●		◐	●	◐		V	2		LB	x		T	x
19	6,1	◐	●	●	◐	○	●	●		●	3	3		LB			W	
236	75,6	●	●	●	●	●	●	●	●	●	*	*					W	
11	3,5			◐	●				◐	●	2	2		LB			F	
59	18,9	●	◐	●	●		◐	◐	●	●	*	V		z	x		X	
227	72,8	●	◐	●	●	●	●	●	●	●	*	*					E	
9	2,9			○	●		◐	◐	◐		*	1		LA			T	
105	33,7	◐	◐	●	●	◐	◐	●	●	●	*	*					E	
135	43,3	●	◐	●	●	●	●	●	●	●	*	*					E	
121	38,8	●	◐	●	●	●	●	●	●	●	*	*				!	W	
175	56,1	●	◐	●	●	●	●	●	●	●	* (ssp.)	*					W	
236	75,6	●	◐	●	●	●	●	●	●	●	*	*					E	
1	0,3	◐								◐	3	3		N			U	
11	3,5	○			●			○		●	3	2		LB	x		U	x
15	4,8	○	○	◐	●		○	○		●	3	2		LB			U	x
1	0,3						●				R	R		LB		!!	G	x
10	3,2	●			◐		●			●	*	*		N			U	
68	21,8		◐	●	●	●	●	◐	●	●	*	*					E	
90	28,8	●	◐	●	●	◐	●	●	●	●	V	*					O	
30	9,6	●		●	●	◐	●	●	●	◐	*	3		N			T	
198	63,5	●	◐	●	●	●	●	●	●	●	*	*					E	
40	12,8	●		●	●	●	●	●	●	◐	*	2		LB			T	
198	63,5	●	◐	●	●	●	●	●	●	●	*	*					E	
7	2,2				●		◐				R	*					E	
64	20,5	◐	◐	●	●	●	●	◐	●	●	*	V					W	
74	23,7	●	◐	●	●	◐	●	●	●	●	3	3		N			U	x
11	3,5	◐	○	○	●		○	●	○		3	2		LA			X	
47	15,1	●		●	●	◐	◐	●	◐	●	*	3		N			F	
18	5,8	○	◐	●	●	○	◐	●	●		V	2		LB			X	
0	0,0			○							1	neu	x	nb	nb		T	
29	9,3	◐	○	●	●	●	◐	◐	◐	◐	V	2		LB	x		U	(x)
126	40,4	●	◐	●	●	◐	●	●	●	●	*	V					F	

Wissenschaftlicher Artname	Beschreiber, Jahr	Deutscher Artname	Systematische Einordnung Unterfamilie	Tribus
Ophonus ardosiacus	Lutshnik, 1922	Blauer Haarschnellläufer	Harpalinae	Harpalini
Ophonus azureus	(Fabricius, 1775)	Leuchtender Haarschnellläufer	Harpalinae	Harpalini
Ophonus cordatus	(Duftschmid, 1812)	Herzhals-Haarschnellläufer	Harpalinae	Harpalini
Ophonus diffinis	(Dejean, 1829)	Nahtwinkel-Haarschnellläufer	Harpalinae	Harpalini
Ophonus laticollis	Mannerheim,1825	Grüner Haarschnellläufer	Harpalinae	Harpalini
Ophonus melletii	(Heer, 1837)	Mellets Haarschnellläufer	Harpalinae	Harpalini
Ophonus parallelus	(Dejean, 1829)	Schmaler Haarschnellläufer	Harpalinae	Harpalini
Ophonus puncticeps	Stephens, 1828	Feinpunktierter Haarschnellläufer	Harpalinae	Harpalini
Ophonus puncticollis	(Paykull, 1798)	Grobpunktierter Haarschnellläufer	Harpalinae	Harpalini
Ophonus rufibarbis	(Fabricius, 1792)	Breithalsiger Haarschnellläufer	Harpalinae	Harpalini
Ophonus rupicola	(Sturm, 1818)	Zweifarbiger Haarschnellläufer	Harpalinae	Harpalini
Ophonus sabulicola	(Panzer, 1796)	Violetter Haarschnellläufer	Harpalinae	Harpalini
Ophonus schaubergerianus	(Puel, 1937)	Schaubergers Haarschnellläufer	Harpalinae	Harpalini
Ophonus stictus	Stephens, 1828	Schwarzbehaarter Haarschnellläufer	Harpalinae	Harpalini
Oreonebria boschi	Winkler in Horion, 1949	Boschs Berg-Dammläufer	Nebriinae	Nebriini
Oreonebria castanea	(Bonelli, 1810)	Brauner Berg-Dammläufer	Nebriinae	Nebriini
Oxypselaphus obscurus	(Herbst, 1784)	Sumpf-Enghalsläufer	Platyninae	Platynini
Panagaeus bipustulatus	(Fabricius, 1775)	Trockenwiesen-Kreuzläufer	Panagaeinae	Panagaeini
Panagaeus cruxmajor	(Linnaeus, 1758)	Feuchtbrachen-Kreuzläufer	Panagaeinae	Panagaeini
Paradromius linearis	(Olivier, 1795)	Geriffelter Rindenläufer	Lebiinae	Lebiini
Paradromius longiceps	(Dejean, 1826)	Langköpfiger Rindenläufer	Lebiinae	Lebiini
Paranchus albipes	(Fabricius, 1796)	Ufer-Enghalsläufer	Platyninae	Platynini
Parophonus maculicornis	(Duftschmid, 1812)	Geflecktfühleriger Haarschnellläufer	Harpalinae	Harpalini
Patrobus atrorufus	(Stroem, 1768)	Gewöhnlicher Grubenhalsläufer	Patrobinae	Patrobini
Patrobus australis	J.Sahlberg, 1875	Schmaler Grubenhalsläufer	Patrobinae	Patrobini
Perigona nigriceps	(Dejean, 1831)	Kompostläufer	Lebiinae	Perigonini
Perileptus areolatus	(Creutzer, 1799)	Schlanker Sand-Ahlenläufer	Trechinae	Trechini
Philorhizus melanocephalus	(Dejean, 1825)	Heller Rindenläufer	Lebiinae	Lebiini
Philorhizus notatus	(Stephens, 1827)	Gebänderter Rindenläufer	Lebiinae	Lebiini
Philorhizus quadrisignatus	(Dejean, 1825)	Großäugiger Rindenläufer	Lebiinae	Lebiini
Philorhizus sigma	(P. Rossi, 1790)	Sumpf-Rindenläufer	Lebiinae	Lebiini
Platynus livens	(Gyllenhal, 1810)	Sumpfwald-Enghalsläufer	Platyninae	Platynini
Poecilus cupreus	(Linnaeus, 1758)	Gewöhnlicher Buntgrabläufer	Pterostichinae	Pterostichini
Poecilus kugelanni	(Panzer, 1797)	Zweifarbiger Buntgrabläufer	Pterostichinae	Pterostichini
Poecilus lepidus	(Leske, 1785)	Schmaler Buntgrabläufer	Pterostichinae	Pterostichini
Poecilus punctulatus	(Schaller, 1783)	Mattschwarzer Buntgrabläufer	Pterostichinae	Pterostichini
Poecilus versicolor	(Sturm, 1824)	Glatthalsiger Buntgrabläufer	Pterostichinae	Pterostichini

Nachweise nach 1975		Naturräumliche Verbreitung									Gefährdung			Weitere Angaben				
RN	RF [%]	Donau-Iller-Lech-Platte	Hochrheingebiet	Neckar- und Tauber-Gäuplatten	Oberrhein-Tiefland	Odenwald	Schwarzwald	Schwäbische Alb	Schwäbisches Keuper-Lias-Land	Voralpines Hügel- und Moorland	RL-D	RL-BW	Anm BW	Zielart	ZIA	VER	GLR	CA FFH
95	30,4	◍	●	●	●	◍	●	●	●	●	*	*					M	
124	39,7	◍	◍	●	●	◍	◍	●	●	●	*	*					O	
22	7,1	◍	○	●	●	◍	◍	●	◍		3	2		LB			T	x
1	0,3			●							1	neu	x	nb	nb		M	
42	13,5	◍		●	●	◍	◍	●	●	●	*	*					M	
33	10,6	◍	◍	●	●	◍	◍	●	●	●	V	3		N			M	
12	3,8	◍		◍	●	◍		●	◍	●	2	D	x				T	
118	37,8	◍		●	●	◍	●	●	●	●	*	*					M	
59	18,9	●	◍	●	●	◍	◍	●	●	●	V	V					T	x
71	22,8	●		●	●	●	●	●	●	●	*	*					E	
50	16,0	◍	○	●	●	◍	◍	●	●	●	V	3		N			O	
0	0,0		○	○	○		○	○	○		2	0		E			T	
46	14,7	●		●	●	◍	◍	●	●	●	V	*					M	
8	2,6		◍	◍	●		●	◍	◍	●	2	R	x	LA			T	
5	1,6				○	○	●	●			R	*	x	N		!!	G	x
7	2,2		◍	◍	◍		●				R	*	x	N		(!) (ssp.)	G	x
76	24,4	●	◍	●	●	●	◍	●	◍	●	*	*					F	
111	35,6	●	◍	●	●	●	●	●	●	●	*	V					M	
81	26,0	●	◍	●	●	◍	◍	●	●	●	*	V					F	
115	36,9	●	●	●	●	◍	●	●	●	●	*	*					M	
27	8,7	●		●	●	◍	◍	○	●	●	3	2		LB			F	
207	66,3	●	●	●	●	●	●	●	●	●	*	*					U	
64	20,5	◍	●	●	●	◍	●	◍	◍	●	*	V	x				O	
121	38,8	●	○	●	●	●	●	●	●	●	*	*					W	
9	2,9	◍								●	3	3		N		!	F	x
15	4,8			●	●			●	●	●	*	*					X	
29	9,3	●	◍	◍	●		◍	◍	●	●	2	3		N			U	(x)
26	8,3			●	●	●	◍		●		*	3		N			M	
67	21,5	◍	○	●	●	●	●	●	●	◍	*	3		N			M	
2	0,6			◍	●				◍		D	D					W	
22	7,1	●		●	●		◍	●	●		*	3		N			F	
29	9,3	◍	◍	●	●	◍	◍	◍	●	●	3	2		LB	x		F	x
227	72,8	●	◍	●	●	●	●	●	●	●	*	*					O	
2	0,6				●	○					1	1		LA			T	x
46	14,7	◍	◍	◍	●	◍	●	●	◍	●	*	3		N			E	
3	1,0			●	●						3	1		LA			O	
198	63,5	●	◍	●	●	●	●	●	●	●	*	*					O	

Wissenschaftlicher Artname	Beschreiber, Jahr	Deutscher Artname	Systematische Einordnung Unterfamilie	Tribus
Pogonus chalceus	(Marsham, 1802)	Erzfarbener Salzstellenläufer	Trechinae	Pogonini
Polistichus connexus	(Geoffroy, 1785)	Natterläufer	Dryptinae	Zuphiini
Porotachys bisulcatus	(Nicolai, 1822)	Rötlicher Zwergahlenläufer	Trechinae	Bembidiini
Pterostichus aethiops	(Panzer, 1796)	Rundhalsiger Wald-Grabläufer	Pterostichinae	Pterostichini
Pterostichus anthracinus	(Illiger, 1798)	Kohlschwarzer Grabläufer	Pterostichinae	Pterostichini
Pterostichus aterrimus	(Herbst, 1784)	Glänzender Grabläufer	Pterostichinae	Pterostichini
Pterostichus burmeisteri	Heer, 1838	Kupfriger Grabläufer	Pterostichinae	Pterostichini
Pterostichus cristatus	(Dufour, 1820)	Westlicher Wald-Grabläufer	Pterostichinae	Pterostichini
Pterostichus diligens	(Sturm, 1824)	Ried-Grabläufer	Pterostichinae	Pterostichini
Pterostichus fasciatopunctatus	(Creutzer, 1799)	Enghalsiger Gebirgs-Grabläufer	Pterostichinae	Pterostichini
Pterostichus gracilis	(Dejean, 1828)	Zierlicher Grabläufer	Pterostichinae	Pterostichini
Pterostichus hagenbachii	(Sturm, 1824)	Hagenbachs Grabläufer	Pterostichinae	Pterostichini
Pterostichus leonisi	Apfelbeck, 1904	Östlicher Grabläufer	Pterostichinae	Pterostichini
Pterostichus longicollis	(Duftschmid, 1812)	Langhalsiger Grabläufer	Pterostichinae	Pterostichini
Pterostichus macer	(Marsham, 1802)	Herzhals-Grabläufer	Pterostichinae	Pterostichini
Pterostichus madidus	(Fabricius, 1775)	Gebüsch-Grabläufer	Pterostichinae	Pterostichini
Pterostichus melanarius	(Illiger, 1798)	Gewöhnlicher Grabläufer	Pterostichinae	Pterostichini
Pterostichus melas	(Creutzer, 1799)	Gewölbter Grabläufer	Pterostichinae	Pterostichini
Pterostichus minor	(Gyllenhal, 1827)	Sumpf-Grabläufer	Pterostichinae	Pterostichini
Pterostichus niger	(Schaller, 1783)	Großer Grabläufer	Pterostichinae	Pterostichini
Pterostichus nigrita	(Paykull, 1790)	Schwärzlicher Grabläufer	Pterostichinae	Pterostichini
Pterostichus oblongopunctatus	(Fabricius, 1787)	Gewöhnlicher Wald-Grabläufer	Pterostichinae	Pterostichini
Pterostichus ovoideus	(Sturm, 1824)	Flachäugiger Grabläufer	Pterostichinae	Pterostichini
Pterostichus panzeri	(Panzer, 1803)	Panzers Grabläufer	Pterostichinae	Pterostichini
Pterostichus pumilio	(Dejean, 1828)	Waldstreu-Grabläufer	Pterostichinae	Pterostichini
Pterostichus quadrifoveolatus	Letzner, 1852	Viergrubiger Grabläufer	Pterostichinae	Pterostichini
Pterostichus rhaeticus	Heer, 1837	Rhaetischer Grabläufer	Pterostichinae	Pterostichini
Pterostichus strenuus	(Panzer, 1796)	Kleiner Grabläufer	Pterostichinae	Pterostichini
Pterostichus unctulatus	(Duftschmid, 1812)	Bergstreu-Grabläufer	Pterostichinae	Pterostichini
Pterostichus vernalis	(Panzer, 1796)	Frühlings-Grabläufer	Pterostichinae	Pterostichini
Sinechostictus decoratus	(Duftschmid, 1812)	Schwemmsand-Ahlenläufer	Trechinae	Bembidiini
Sinechostictus doderoi	(Ganglbauer, 1891)	Doderos Ahlenläufer	Trechinae	Bembidiini
Sinechostictus elongatus	(Dejean, 1831)	Länglicher Ahlenläufer	Trechinae	Bembidiini
Sinechostictus inustus	(Jacquelin du Val, 1857)	Erd-Ahlenläufer	Trechinae	Bembidiini
Sinechostictus millerianus	(Heyden, 1883)	Gebirgsbach-Ahlenläufer	Trechinae	Bembidiini
Sinechostictus ruficornis	(Sturm, 1825)	Sturms Ahlenläufer	Trechinae	Bembidiini
Sinechostictus stomoides	(Dejean, 1831)	Waldbach-Ahlenläufer	Trechinae	Bembidiini

Nachweise nach 1975		Naturräumliche Verbreitung									Gefährdung			Weitere Angaben				
RN	RF [%]	Donau-Iller-Lech-Platte	Hochrheingebiet	Neckar- und Tauber-Gäuplatten	Oberrhein-Tiefland	Odenwald	Schwarzwald	Schwäbische Alb	Schwäbisches Keuper-Lias-Land	Voralpines Hügel- und Moorland	RL-D	RL-BW	Anm BW	Zielart	ZIA	VER	GLR	CA FFH
2	0,6				●						V	1		LA			K	
7	2,2			●	●		◉	◉	◉		2	D					O	
30	9,6	○	◉	●	●	◉	●	●	◉	●	*	*					X	
74	23,7	●	◉	●	◉		●	●	●	●	*	*					W	
171	54,8	●	◉	●	●	●	●	●	●	●	*	*					F	
4	1,3	○		○				○	○	●	1	1		LA			F	(x)
162	51,9	●	◉	●	●	●	●	●	●	●	*	*					W	
28	9,0	◉	●	●	●		●	◉		●	V	*					W	
125	40,1	●	◉	●	●	●	●	●	●	●	*	V	x				F	
5	1,6	◉		●			◉			●	*	3		N			U	
22	7,1	●		●	●	◉	●	●		●	V	2		LB	x		F	
3	1,0		◉	●			◉				R	R		LB		(!)	W	x
1	0,3			◉					◉		D	D					O	
19	6,1			●	●	◉	◉	◉	●		3	2		LB			X	
41	13,1	◉		●	●	◉	◉	◉	●		V	3		N			O	
127	40,7	●	●	●	●	◉	●	●	●	●	*	*					W	
221	70,8	●	◉	●	●	●	●	●	●	●	*	*					O	
95	30,4	●	○	●	●	◉	●	●	●	●	*	*					O	
114	36,5	●	◉	●	●	◉	●	●	●	●	*	V	x				F	
206	66,0	●	●	●	●	●	●	●	●	●	*	*					E	
202	64,7	●	◉	●	●	●	●	●	●	●	*	*					F	
229	73,4	●	●	●	●	●	●	●	●	●	*	*					W	
138	44,2	●	◉	●	●	●	●	●	●	●	*	*					E	
9	2,9			●	◉		●	◉	◉		*	*		N		(!)	G	x
99	31,7	●	●	●	●	●	●	●	●	●	*	*					W	
22	7,1	◉	○	●	●	●	●	●	●	●	V	3		N			W	
74	23,7	●	◉	●	●	●	●	●	●	●	*	V	x				F	
210	67,3	●	◉	●	●	●	●	●	●	●	*	*					E	
6	1,9	●								●	*	*		N			W	
204	65,4	●	●	●	●	●	●	●	●	●	*	*					E	
44	14,1	●	◉	●	●		◉	◉	●	●	V	V		z	x		U	
4	1,3			●	◉		●	◉	◉		3	2		LB			U	
25	8,0		◉	●	●		●		◉		V	V	x	z	x		U	
51	16,3	◉	●	●	●	●	●	●	●	●	*	*					X	
5	1,6	◉		●			●	○		◉	2	2		LB			U	x
0	0,0	○						○			3	neu	x	nb	nb		U	
32	10,3	●	◉	●	◉		●	◉	●	●	V	3		LB	x		U	

Systematische Einordnung

Wissenschaftlicher Artname	**Beschreiber, Jahr**	**Deutscher Artname**	**Unterfamilie**	**Tribus**
Sphodrus leucophthalmus	(Linnaeus, 1758)	Kellerlaufkäfer	Platyninae	Sphodrini
Stenolophus mixtus	(Herbst, 1784)	Dunkler Scheibenhals-Schnellläufer	Harpalinae	Stenolophini
Stenolophus skrimshiranus	Stephens, 1828	Rötlicher Scheibenhals-Schnellläufer	Harpalinae	Stenolophini
Stenolophus teutonus	(Schrank, 1781)	Bunter Scheibenhals-Schnellläufer	Harpalinae	Stenolophini
Stomis pumicatus	(Panzer, 1796)	Spitzzangenläufer	Pterostichinae	Pterostichini
Syntomus foveatus	(Geoffroy, 1785)	Sand-Zwergstreuläufer	Lebiinae	Lebiini
Syntomus obscuroguttatus	(Duftschmid, 1812)	Gefleckter Zwergstreuläufer	Lebiinae	Lebiini
Syntomus truncatellus	(Linnaeus, 1760)	Gewöhnlicher Zwergstreuläufer	Lebiinae	Lebiini
Synuchus vivalis	(Illiger, 1798)	Scheibenhalsläufer	Platyninae	Sphodrini
Tachys bistriatus	(Duftschmid, 1812)	Zweistreifiger Zwergahlenläufer	Trechinae	Bembidiini
Tachys fulvicollis	(Dejean, 1831)	Brauner Zwergahlenläufer	Trechinae	Bembidiini
Tachys micros	(Fischer v.W., 1828)	Heller Zwergahlenläufer	Trechinae	Bembidiini
Tachyta nana	(Gyllenhal, 1810)	Rinden-Zwergahlenläufer	Trechinae	Bembidiini
Thalassophilus longicornis	(Sturm, 1825)	Langfühleriger Zartläufer	Trechinae	Trechini
Trechoblemus micros	(Herbst, 1784)	Bräunlicher Haarflinkläufer	Trechinae	Trechini
Trechus obtusus	Erichson, 1837	Schwachgestreifter Flinkläufer	Trechinae	Trechini
Trechus pilisensis	Csiki, 1918	Herzhals-Flinkläufer	Trechinae	Trechini
Trechus quadristriatus	(Schrank, 1781)	Gewöhnlicher Flinkläufer	Trechinae	Trechini
Trechus rubens	(Fabricius, 1792)	Ziegelroter Flinkläufer	Trechinae	Trechini
Trichocellus placidus	(Gyllenhal, 1827)	Sumpf-Pelzdeckenläufer	Harpalinae	Stenolophini
Trichotichnus laevicollis	(Duftschmid, 1812)	Glatter Stirnfurchenläufer	Harpalinae	Harpalini
Trichotichnus nitens	(Heer, 1837)	Schwachpunktierter Stirnfurchenläufer	Harpalinae	Harpalini
Zabrus tenebrioides	(Goeze, 1777)	Getreidelaufkäfer	Pterostichinae	Zabrini

Nachweise nach 1975		Naturräumliche Verbreitung									Gefährdung			Weitere Angaben				
RN	RF [%]	Donau-Iller-Lech-Platte	Hochrheingebiet	Neckar- und Tauber-Gäuplatten	Oberrhein-Tiefland	Odenwald	Schwarzwald	Schwäbische Alb	Schwäbisches Keuper-Lias-Land	Voralpines Hügel- und Moorland	RL-D	RL-BW	Anm BW	Zielart	ZIA	VER	GLR	CA FFH
2	0,6	○		●	●	○	○	○	○		1	1	x	LA			X	
89	28,5	●	●	●	●	◉	◉	●	●	●	*	*					F	
9	2,9	●		●	●		◉		◉		3	1		LA	x		F	
135	43,3	●	●	●	●	●	●	●	●	●	*	*					E	
172	55,1	●	◉	●	●	●	●	●	●	●	*	*					E	
39	12,5			●	●	●	◉	◉	◉	●	*	*					T	
2	0,6				●						2	neu	x	nb	nb		M	
81	26,0	●	◉	●	●	●	●	●	●	●	*	*					E	
147	47,1	●	●	●	●	●	●	●	●	●	*	*					E	
132	42,3	●	●	●	●	●	●	●	●	●	*	*					E	
4	1,3	◉		◉	●		◉		●	◉	2	R	x	LA			X	
35	11,2	●	◉	●	●	●	◉	◉	●	●	V	2		LB			U	
102	32,7	●	●	●	●	●	●	●	●	●	*	*					W	
11	3,5	◉	◉	◉	●		●	◉	●	●	2	2		LB	x		U	(x)
71	22,8	●	◉	●	●	◉	◉	●	●	●	*	*					E	
104	33,3	●	●	●	●	●	●	●	●	●	*	*					E	
3	1,0			◉	◉	●					*	2	x	LB		?	W	
195	62,5	●	●	●	●	●	●	●	●	●	*	*					E	
16	5,1	●	○	●	○		●	◉	●	○	V	2		LB	x		F	
20	6,4	○	○	◉	●	◉	◉	◉	●	●	*	2		LB			F	
79	25,3	●	○	●	◉	●	●	●	●	●	*	*				!	W	
159	51,0	●	◉	●	●	●	●	●	●	●	*	*				!	W	
29	9,3	◉		●	●	◉	◉	◉	●	◉	*	*					O	

Literaturverzeichnis

Das Verzeichnis listet alle im Buch zitierten Werke sowie zusätzlich diejenigen publizierten Arbeiten auf, die zeitlich nach Horions Faunistik von 1941 datieren und für das vorliegende Werk ausgewertet wurden. Mit wenigen Ausnahmen, nämlich soweit es sich um direkt zitierte Arbeiten handelt, wurden unpublizierte Werke nicht aufgenommen. Hierzu zählen zahlreiche Projektberichte und Gutachten aus Baden-Württemberg, aber auch einige Diplom- oder sonstige Zulassungsarbeiten. Für publizierte und ausgewertete, zugleich aber im Text nicht zitierte Werke vor 1941 wird auf die Bibliographie von Kostenbader (2014) verwiesen, die sowohl gedruckt als auch digital verfügbar ist und neben der Quellenangabe in der Regel auch eine Zuordnung der jeweils behandelten Käferfamilien (darunter der Laufkäfer) enthält.

Eine Differenzierung von mehreren Werken des bzw. der gleichen Verfasser aus einem Jahr mit den die Jahreszahl ergänzenden Buchstaben (a, b usw.) wurde nur bei denjenigen Arbeiten vorgenommen, auf die im Buch selbst direkt verwiesen wird. Alle weiteren Arbeiten finden sich in jeweils alphabetischer und zeitlicher Reihenfolge unter den Verfassern eingeordnet, ohne eine zusätzliche Differenzierung. Das Sternchen nach der Jahreszahl wurde bei allen Arbeiten gesetzt, die ausgewertet, aber nicht im Text zitiert sind. Bandnummern von Zeitschriftenreihen und deren Supplementen sind grundsätzlich in arabischen Ziffern gesetzt, in Titeln enthaltene Autorennamen grundsätzlich nicht in durchgehenden Großbuchstaben oder Kapitälchen. Wissenschaftliche Gattungs- und Artnamen wurden dagegen grundsätzlich kursiv gesetzt.

Auf zwei weitere Details soll hingewiesen werden: Lindroths spezieller Band zu den fennoskandischen Laufkäfern, der bereits in den 1940er Jahren erschien, ist hier in der 1992 publizierten englischsprachigen Übersetzung aufgeführt, weil mit dieser gearbeitet wurde. Schließlich sind die Arbeiten A. J. W. von der Trappens im Buch regelwidrig mit v. d. Trappen zitiert, weil so unter anderem auch bei Horion (1941) geführt und Teil des coleopterologischen Sprachgebrauchs, jedenfalls desjenigen des Herausgebers. Konsequenterweise finden sich diese Arbeiten demnach im Verzeichnis unter V eingeordnet.

Adam, K. D.; Binder, H.; Bleich, K. E.; Dobat, K. (1968): *Die Pflanzen- und Tierwelt der Charlottenhöhle. Abh. Karst- u. Höhlenkde., A Speläologie 3: 37–50.

Adamovic, Z. (1966): Ecological differences of some closely related species. Ekologija 1(1-2): 121–131.

Ade, M. (1985): Laufkäfer. In: Ade, M.; Blitschen, S.; Bretzinger, J.; Fürst, J.; Halm, H.; Hertenstein, B.; Jakob, G.; Klein, E.; Kotz, C.; Lang, W.; Martin, K.; Schmid, W.; Settele, J.: Schaichtal, Lebensraum Bachaue. Ökologie aktuell 2: 197–229.

Agnezy, S. (2008): Von Weingärten zu Trockenrasen. Laufkäfer (Carabidae) als Indikatoren für landschaftliche Veränderungen auf dem Podersdorfer Seedamm (Nationalpark Neusiedler See – Seewinkel). Abh. Zool.-Bot. Ges. Österreich 37: 191–216.

Alf, A. (1989): *Methodologische Untersuchungen zur Feuchteindikation von Biotopen auf der Basis der Bodenkäfergesellschaften. Handbuch Wasserbau 4: 162 S.

Althoff, G.-H.; Ewig, M.; Hemmer, J.; Hockmann, P.; Klenner, M.; Niehues, F.-J.; Schulte, R.; Weber, F. (1992): Ergebnisse eines Zehn-Jahres-Zensus an einer *Carabus auronitens*-Subpopulation im Münsterland (Westf.). Abh. Westfäl. Mus. Naturkde. 54(4): 3–65.

Andersen, A. (1997): Densities of overwintering carabids and staphylinids (Col., Carabidae and Staphylinidae) in cereal and grass fields and their boundaries. J. Appl. Ecol. 121(1-5): 77–80.

Andersen, J. (1969): Habitat choice and life history of Bembidiini (Col., Carabidae) on river banks in central and northern Norway. Norsk. Entomol. Tidskr. 17: 440–453.

Andorkó, R. (2014): Studies on carabid assemblages and life-history characteristics of two *Carabus* (Coleoptera, Carabidae) species. Eötvös Loránd University, Faculty of Sciences, Doctorate School in Biology.

ANL, Akademie für Naturschutz und Landschaftspflege; DAF, Dachverband Agrarforschung; Hrsg. (1991): Begriffe aus Ökologie, Umweltschutz und Landnutzung. 2. neu bearb. Aufl. Laufen, Frankfurt: ANL, DAF.

Antoine, M. (1933): Notes d'entomologie marocaine. XIV Carabiques nouveaux ou intéressants (Ins. Coléopt.). Bull. Soc. Sci. Nat. Maroc 13: 69–101.

Antvogel, H.; Bonn, A. (2001): Environmental parameters and microspatial distribution of insects: a case study of carabids in an alluvial forest. Ecography 24: 470–482.

Arbeitskreis Bühler Tal des VEbTiL e.V.; Hrsg. (1990): *Das Bühler Tal bei Tübingen – Natur bedroht durch Staudammpläne. Ökologie Aktuell 3.

Arens, W. (1984): Untersuchungen zur Biologie, Physiologie und Morphologie des tauchenden Laufkäfers *Blethisa multipunctata* (Linné) 1758. Diplomarbeit Univ. Regensburg (unveröff.).

Arens, W.; Bauer, T. (1987): Diving behaviour and respiration in *Blethisa multipunctata* in comparison with two other ground beetles. Physiol. Entomol. 12(3): 255–261.

Arlettaz, R. (1996): Feeding behaviour and foraging strategy of free-living mouse-eared bats, *Myotis myotis* and *Myotis blythii*. Anim. Behav. 51: 1–11.

Arndt, E.; Arndt, M. (1987): Auswertung der Bodenfallenfänge von Carabidenlarven (Coleoptera) im Hakel (Nordharzvorland). Hercynia N. F. 24(1): 22–23.

Arndt, E.; Hielscher, S. (2007): Ground beetles (Coleoptera: Carabidae) in the forest canopy: species composition and seasonality. In: Unterseher, M.; Morawetz, W.; Klotz, S.; Arndt, E.(eds.): The Canopy of a temperate floodplain forest – Results from five years of research at the Leipzig Canopy Crane. Leipzig: Univ. Leipzig: 106–161.

Arndt, E.; Trautner, J. (2006): 4. Tribus: Carabini. In: Müller-Motzfeldt, G. (Hrsg.): Die Käfer Mitteleuropas. Bd. 2. Adephaga 1. Carabidae (Laufkäfer). Korrigierter Nachdruck der 2. Auflage. Heidelberg, Berlin: Spektrum Akademischer Verlag: 28–60.

Arus, L.; Kikas, A.; Luik, A. (2012): Carabidae as natural enemies of the raspberry beetle (*Byturus tomentosus* F.). Žemdirbystė Agriculture 99(3): 327–332.

Assmann, T. (1982): Faunistisch-ökologische Untersuchungen an der Carabidenfauna naturnaher Biotope im Hahnenmoor (Coleoptera, Carabidae). Osnabrücker Naturwiss. Mitt. 9: 105–134.

Assmann, T. (1992): *Dyschirius lucidus* (Putzeys 1846) in Nordwestdeutschland (Coleoptera: Carabidae). Osnabrücker Naturwiss. Mitt. 18: 91–94.

Assmann, T. (1994): Epigäische Coleopteren als Indikatoren für historisch alte Wälder in der nordwestdeutschen Tiefebene. NNA-Ber. 3/94: 142–151.

Assmann, T. (1999): The ground beetle fauna of ancient and recent woodlands in north-west Germany (Coleoptera, Carabidae). Biodivers. Conserv. 8(11): 1499–1517.

Assmann, T. (2004): 12. Gattung: *Leistus* Fröhlich, 1799. In: Müller-Motzfeldt, G. (Hrsg.): Die Käfer Mitteleuropas. Bd. 2. Adephaga 1. Carabidae (Laufkäfer). 2. Aufl. Heidelberg, Berlin: Spektrum Akademischer Verlag: 65–70.

Assmann, T.; Günther, J. (2000): Relict populations in ancient woodlands: genetic differentiation, variability, and power of dispersal of *Carabus glabratus* (Coleoptera, Carabidae) in north-western Germany. In: Brandmayr, P.; Lövei, G.; Zetto Brandmayr, T.; Casale, A.; Vigna Taglianti, A. (eds.): Natural history and applied ecology of carabid beetles. Sofia, Moscow: Pensoft Publishers: 197–206.

Aukema, B. (1990): Taxonomy, life history and distribution of three closely related species of the genus *Calathus* (Coleoptera: Carabidae). Tijdschr. Entomol. 133: 121–141.

Ausmeier, F. (1998): Bemerkenswerte Carabidae aus Baden-Württemberg. Mitt. Entomol. Ver. Stuttgart 33(2): 77.

Ausmeier, F.; Szallies, A. (1999): Verbreitung von *Harpalus melancholicus* Dej. (Coleoptera: Carabidae) in Baden-Württemberg. Mitt. Entomol. Ver. Stuttgart 34(2): 121–122.

Baehr, M. (1979): Beiträge zur Faunistik der Carabiden Württembergs (Insecta, Coleoptera). 1. Einige neue und bemerkenswerte Arten der württembergischen Fauna. Veröff. Naturschutz Landschaftspflege Baden-Württ. 49/50: 489–497.

Baehr, M. (1980): Die Carabidae des Schönbuchs bei Tübingen (Insecta, Coleoptera). 1. Faunistische Bestandsaufnahme – Beiträge zur Faunistik der Carabiden Württembergs 2. Veröff. Naturschutz Landschaftspflege Baden-Württ. 51/52: 515–600.

Baehr, M. (1981): Neue und seltene Carabiden der württembergischen Fauna (Insecta, Coleoptera). 3. Beitrag zur Faunistik der Carabiden Württembergs. Veröff. Naturschutz Landschaftspflege Baden-Württ. 53/54: 453–458.

Baehr, M. (1981): *Die Carabidae des Rahnsbachtales im Rammert bei Tübingen (Insecta, Coleoptera). 4. Beitrag zur Faunistik der Carabiden Württembergs. Veröff. Naturschutz Landschaftspflege Baden-Württ. 53/54: 459–475.

Baehr, M. (1982): *Die Laufkäfer (Carabidae). In: Stadt Münsingen (Hrsg.): Münsingen. Geschichte, Landschaft, Kultur: Festschrift zum Jubiläum des württembergischen Landeseinigungsvertrags von 1482. Sigmaringen: Jan Thorbecke: 765–777.

Baehr, M. (1983): Zum Vorkommen einiger Laufkäfer im württembergischen Allgäu. Mitt. Arb.gem. Naturschutz Wangen 3: 62–69.

Baehr, M. (1984): Die Carabidae des Lautertals bei Münsingen (Insecta, Coleoptera). Ein Querschnitt durch ein Flußtal der Schwäbischen Alb. 5. Beitrag zur Faunistik der württembergischen Carabidae. Veröff. Naturschutz Landschaftspflege Baden-Württ. 57/58: 341–374.

Baehr, M. (1985): Die Laufkäfer des Gipsbruches bei Wurmlingen, Kreis Tübingen (Coleoptera, Carabidae). 6. Beitrag zur Faunistik der Carabiden Baden-Württembergs. Veröff. Naturschutz Landschaftspflege Baden-Württ. 59/60: 391–420.

Baehr, M. (1986): Die Laufkäfer des Kochartgrabens bei Reusten, Kreis Tübingen (Insecta, Coleoptera, Carabidae). 7. Beitrag zur Faunistik der Carabiden Baden-Württembergs. Veröff. Naturschutz Landschaftspflege Baden-Württ. 61: 405–417.

Baehr, M. (1988a): Die Laufkäferfauna einiger Kiesgruben im Raum Tübingen (Coleoptera, Carabidae). 8. Beitrag zur Faunistik der Carabiden Baden-Württembergs. Veröff. Naturschutz Landschaftspflege Baden-Württ. 63: 313–330.

Baehr, M. (1988b): Über seltene und wenig bekannte Laufkäfer aus Spanien (Coleoptera, Cicindelidae und Carabidae) 1. Teil: Cicindelidae; Carabidae: Carabinae bis Pogoninae. NachrBl. Bayer. Entomol. 37: 18–26.

Balazuc, J.; Fongond, H. (1987): A propos d'*Apristus subaeneus* Chaudoir, 1846 et d'*A. europaeus* Mateu, 1980 (Coleoptera, Caraboidea, Lebiidae, Dromiini). L. Entomolog. 43(3): 155–160.

Balke, M.; Hendrich, L.; Jahn, P.; Krausenbaum, J.; Kühnel, K.-D.; Möller, G.; Platen, R.; Prasse, R.; Schwarz, J.; Winkelmann, H.; Wohlgemuth, D. (1992): Monitoring der Naturschutzgebiete von Berlin (West). 2. Zwischenbericht. Teil Fauna und Wasserchemie. Gutachten im Auftrag der Senatsverwaltung für Stadtentwicklung (unveröff.).

Balkenohl, M. (1988): Coleoptera Westfalica: Familia Carabidae Subfamilia Scaritinae et Broscinae. Abh. Westfäl. Mus. Naturkde. 50(4): 3–28.

Balkenohl, M. (2006): 10. Tribus: Scaritini. In: Müller-Motzfeldt, G. (Hrsg.): Die Käfer Mitteleuropas. Bd. 2. Adephaga 1. Carabidae (Laufkäfer). Korrigierter Nachdruck der 2. Auflage. Heidelberg, Berlin: Spektrum Akademischer Verlag: 89–106.

Bänninger, M. (1932): Zur Kenntnis alpiner *Nebria*-Arten. Koleopt. Rdsch. 18(3/4): 112–119.

Barber, H. S. (1931): Traps for cave-inhabiting insects. J. Elisha Mitchell Sci. Soc. 46: 259–266.

Barndt, D. (1976): Das Naturschutzgebiet Pfaueninsel in Berlin. Faunistik und Ökologie der Carabiden. Dissertation Freie Univ. Berlin.

Barndt, D. (1981): Liste der Laufkäfer-Arten von Berlin (West) mit Kennzeichnung und Auswertung der verschollenen und gefährdeten Arten (Rote Liste). Entomol. Bl. 77 (Sonderheft).

Barner, K. (1954): Die Cicindeliden und Carabiden der Umgebung von Minden und Bielefeld III. Abh. Westfäl. Mus. Naturkde. 16: 1–61.

Basedow, T. (1987): Der Einfluss gesteigerter Bewirtschaftungsintensität im Getreidebau auf die Laufkäfer (Coleoptera, Carabidae). Auswertung vierzehnjähriger Untersuchungen (1971–1984). Mitt. Biol. Bundesanstalt Land- u. Forstwirtschaft 235: 1–123.

Basedow, T. (1989): Die Bedeutung der Pestizidanwendung für die Existenz von Tierarten in der Agrarlandschaft. In: Blab, J.; Nowak, E. (Hrsg.): Zehn Jahre Rote Liste gefährdeter Tierarten in der Bundesrepublik Deutschland. Schr.reihe Landsch.pfl. Naturschutz 29: 151–168.

Basedow, T. (1998): Langfristige Bestandsveränderungen von Arthropoden in der Feldflur, ihre Ursachen und deren Bedeutung für den Naturschutz, gezeigt an Laufkäfern (Carabidae) in Schleswig-Holstein, 1971–1996. Schr.reihe Landsch.pfl. Naturschutz 58: 215–227.

Basedow, T. (2002): Die Dynamik einer Population des Goldlaufkäfers, *Carabus auratus* L., im Ökolandbau bei Kiel, Schleswig-Holstein. 1984–2000. DGaaE-Nachr. 16(3): 105.

Basedow, T.; Borg, R.; de Clercq, R.; Nijveldt, W.; Scherney, F. (1976): Untersuchungen über das Vorkommen der Laufkäfer (Col.: Carabidae) auf europäischen Getreidefeldern. Entomophaga 21(1): 59–72.

Basedow, T.; Dickler, E. (1981): Untersuchungen über die Laufkäfer in einer Obstanlage anhand von Boden- und Lichtfallenfängen (Col., Carabidae). Mitt. Dtsch. Ges. allg. angew. Entomol. 3(1-3): 36–39.

Basedow, T.; Rzehak, H. (1988): Abundanz und Aktivitätsdichte epigäischer Raubarthropoden auf Ackerflächen – ein Vergleich. Zool. Jahrb. Syst. 115(4): 495–508.

Basset, P. (1978): Damage to Winter Cereals by *Zabrus tenebrioides* (Goeze) (Coleoptera: Carabidae). Plant Pathol. 27: 48.

Bates, A. J.; Sadler, J. P.; Fowles, A. P. (2006): Condition-dependent dispersal of a patchily distributed riparian ground beetle in response to disturbance. Oecologia 150: 50–60.

Bauer, S. (1982): *Pflegemaßnahmen in Streuwiesengebieten. Entstehung, Wert und frühere Bewirtschaftung von Streuwiesen sowie Auswirkungen heutiger Pflege auf ihre Tierwelt. Dissertation Univ. Tübingen.

Bauer, T. (1971): Zur Biologie von *Asaphidion flavipes* L. (Col., Carabidae). Entomol. Z. 81(14/15): 154–164.

Bauer, T. (1974): Ethologische, autökologische und ökophysiologische Untersuchungen an *Elaphrus cupreus* Dft. und *Elaphrus riparius* L. (Coleoptera, Carabidae). Zum Lebensformtyp des optisch jagenden Räubers unter den Laufkäfern. Oecologia 14(1): 139–196.

Bauer, T. (1975a): Stridulation bei *Carabus irregularis* Fabr. (Coleoptera, Carabidae). Zool. Anz. 194: 1–5.

Bauer, T. (1975b): Zur Biologie und Autökologie von *Notiophilus biguttatus* F. und *Bembidion foraminosum* Strm. (Coleopt., Carabidae) als Bewohner ökologisch extremer Standorte. Zum Lebensformtyp des visuell jagenden Räubers unter den Laufkäfern (II). Zool. Anz. 194(5-6): 305–318.

Bauer, T. (1982): Predation by a carabid beetle specialized for catching Collembola. Pedobiologia 24: 169–179.

Bauer, T.; Bath, M. (1976): Zur etho-ökologischen Differenzierung und Nischenbildung der Raschkäfer-Arten *Elaphrus riparius*, *aureus* und *ulrichi* (Coleoptera, Carabidae). Entomol. Germanica 2(3): 209–216.

Bauer, T.; Desender, K.; Morwinsky, T.; Betz, O. (1998): Eye morphology reflects habitat demands in three closely related ground beetle species (Coleoptera: Carabidae). J. Zool. 245(4): 467–472.

Bauer, T.; Kredler, M. (1988): Adhesive mouthparts in a ground beetle larva (Coleoptera, Carabidae, *Loricera pilicornis* F.) and their function during predation. Zool. Anz. 221: 145–156.

Baum, F. (1989): Zur Käferfauna des Belchengebietes. In: Landesanstalt für Umweltschutz Baden-Württ. (Hrsg.): Der Belchen im Schwarzwald. Geschichtlich-naturkundliche Monographie des schönsten Schwarzwaldberges. Natur- u. Landsch.schutzgeb. Baden-Württ. 13: 965–1030.

Baum, F. (2003): *Ungewöhnliche Nachweise des Großen Puppenräubers (*Calosoma sycophanta* L.) vom Schwarzwaldrand bei Staufen im Breisgau. Zur Erinnerung an Stephan Huchel (1949–1990), Liebhaber und Schützer der Natur um Staufen. Mitt. Entomol. Ver. Stuttgart 38(1): 19–21.

Baum, F. (2006): *Käfer am Schönberg. In: Körner. H. (Hrsg.): Der Schönberg. Natur- und Kulturgeschichte eines Schwarzwald-Vorberges. Freiburg: Lavori: 160–172.

Baum, F. (2008): Käfer und Käferfauna am Belchen im Schwarzwald (Teil 1). Artikel am 20.2.2008 zuletzt geändert, http://vorort.bund.net/suedlicher-oberrhein/kaefer-und-kaeferfauna-am-belchen-imschwarzwald.

Baum, F.; Roppel, J. (1976): *Bemerkenswerte neue Käferfunde aus der Umgebung von Freiburg i. Br. Mitt. bad. Landesver. Naturkunde u. Naturschutz N. F 11(3/4): 363–383.

Baumgartner, R.; Bechtel, A.; van der Boom, A.; Hockmann, P.; Horstmann, B.; Kliewe, V.; Landwehr, M.; Weber, F. (1997): Age pyramid of a local population and viability fitness of phenotypical fractions in *Carabus auronitens* (Coleoptera, Carabidae). Italian J. Zool. 64: 319–340.

Beck, T. (2005): *Der Käfer, der aus der Kälte kam. Stuttgarter Zeitung 14 (19. Januar 2005): 7.

Bense, U. (1993): Käferfunde in Stammeklektoren von Gehölzbeständen in Missen (Landkreis Calw). In: LfU, Landesanstalt für Umweltschutz Baden-Württ. (Hrsg.): Missen im Landkreis Calw, Fauna, Flora und Vegetation, Schutz und Entwicklung. Veröff. Naturschutz Landschaftspflege Baden-Württ. Beiheft 73: 421–434.

Bense, U. (1996): Käferfunde in Stammeklektoren aus dem NSG „Gültlinger und Holzbronner Heiden", Teilgebiet „Fuchtberg" (Gültlingen, Landkreis Calw). In: LfU, Landesanstalt für Umweltschutz Baden-Württ. (Hrsg.): Wacholderheiden am Ostrande des Schwarzwaldes. Veröff. Naturschutz Landschaftspflege Baden-Württ. Beiheft 88: 345–354.

Bense, U. (1996): *Ergebnisse der Exkursionen der Arbeitsgemeinschaft südwestdeutscher Koleopterologen zum Scheuelberg und zur Rauhen Wiese (Ostalbkreis). Mitt. Entomol. Ver. Stuttgart 31(2): 70–84.

Bense, U. (2005): *Die Totholzkäferfauna im Bannwald „Bechtaler Wald". Waldschutzgebiete Baden-Württ. 8: 199–208.

Bense, U. (2006): *Vergleichende Untersuchungen zur Totholzkäferfauna in buchendominierten Bannwäldern und Wirtschaftswäldern der Schwäbischen Alb. In: FVA, Forstliche Versuchs- und Forschungsanstalt Baden-Württ. (Hrsg.): Totholzkäferfauna in Buchen- und Sturmwurf-Bannwäldern. Waldschutzgebiete Baden-Württ. 11: 5–74.

Bense, U. (2006): *Zur Totholzkäferfauna von laubholzreichen Sturmwurfflächen in Baden-Württemberg. In: FVA, Forstliche Versuchs- und Forschungsanstalt Baden-Württ (Hrsg.): Totholzkäferfauna in Buchen- und Sturmwurf-Bannwäldern. Waldschutzgebiete Baden-Württ. 11: 75–147.

Bense, U. (2009): *Ergebnisse der Exkursionen der Arbeitsgemeinschaft südwestdeutscher Koleopterologen 2001 an den Rand des Nordschwarzwalds bei Pforzheim. Mitt. Entomol. Ver. Stuttgart 44: 39–57.

Bense, U.; Geis, K.-U. (1998): *III. Holzkäfer. In: Bücking, W. (wiss. Koord.): Faunistische Untersuchungen in Bannwäldern. Holzbewohnende Käfer, Laufkäfer, Vögel. Mitt. Forstl. Vers.- Forsch.anst. Baden-Württ. 203: 45–56.

Bense, U.; Maus, C.; Mauser, J.; Neumann, C.; Trautner, J. (2000): Die Käfer der Markgräfler Trockenaue. In: LfU, Landesanstalt für Umweltschutz Baden-Württ. (Hrsg.): Vom Wildstrom zur Trockenaue. Natur und Geschichte der Flusslandschaft am südlichen Oberrhein. Naturschutz-Spectrum-Themen 92: 347–460.

Bergeal, M. (1970): **Carabus* (s. st.) *ullrichi* Germar dans le Sud du Wurttemberg. L. Entomolog. 26(1/2): 3–6.

Bernert, S. (1972a): *Carabus hortensis* L. im Welzheimer Wald. Mitt. Entomol. Ver. Stuttgart 7(1): 21–24.

Bernert, S. (1972b): Die Käferfauna der Umgebung Schwäbisch Gmünds. 1. Fortsetzung. Lupe, Mitt. Naturkundever. Schwäb. Gmünd 2(1): 6–7.

Bernert, S. (1972): *Die Käferfauna der Umgebung Schwäbisch Gmünds. 2. Fortsetzung. Lupe, Mitt. Naturkundever. Schwäb. Gmünd 2(2): 5.

Bernert, S. (1972): *Die Käferfauna der Umgebung Schwäbisch Gmünds. 3. Fortsetzung. Lupe, Mitt. Naturkundever. Schwäb. Gmünd 2(3): 6–7.

Bernert, S. (1973): *Die Käferfauna der Umgebung Schwäbisch Gmünds. 4. Fortsetzung. Lupe, Mitt. Naturkundever. Schwäb. Gmünd 3(1): 22.

Bernert, S. (1973): *Die Käferfauna der Umgebung Schwäbisch Gmünds. 5. Fortsetzung. Lupe, Mitt. Naturkundever. Schwäb. Gmünd 3(2): 6.

Bernert, S. (1974): *Die Käferfauna der Umgebung Schwäbisch Gmünds. 6. Fortsetzung. Lupe, Mitt. Naturkundever. Schwäb. Gmünd 4(3): 6.

Bernert, S. (1975): Die Käferfauna der Umgebung Schwäbisch Gmünds. 7. Fortsetzung. Lupe, Mitt. Naturkundever. Schwäb. Gmünd 5(2): 15.

Bernert, S. (1975): *Die Käferfauna der Umgebung Schwäbisch Gmünds. 8. Fortsetzung. Lupe, Mitt. Naturkundever. Schwäb. Gmünd 5(3): 6–7.

Bernert, S. (1976): Die Käferfauna der Umgebung Schwäbisch Gmünds. 9. Fortsetzung. Lupe, Mitt. Naturkundever. Schwäb. Gmünd 6(1): 3.

Bernert, S. (1976): *Die Käferfauna der Umgebung Schwäbisch Gmünds. 10. Fortsetzung. Lupe, Mitt. Naturkundever. Schwäb. Gmünd 6(2): 14–15.

Bernert, S. (1976): *Die Käferfauna der Umgebung Schwäbisch Gmünds. 11. Fortsetzung. Lupe, Mitt. Naturkundever. Schwäb. Gmünd 6(3): 8.

Bernert, S. (1977): *Die Käferfauna der Umgebung Schwäbisch Gmünds. 12. Fortsetzung. Lupe, Mitt. Naturkundever. Schwäb. Gmünd 7(1): 12–13.

Bernert, S. (1977): *Die Käferfauna der Umgebung Schwäbisch Gmünds. 13. Fortsetzung. Lupe, Mitt. Naturkundever. Schwäb. Gmünd 7(2): 8–9.

Bernert, S. (1978): *Die Käferfauna der Umgebung Schwäbisch Gmünds. 14. Fortsetzung. Lupe, Mitt. Naturkundever. Schwäb. Gmünd 8(1): 9–11.

Bernert, S. (1979): Die Käferfauna der Umgebung Schwäbisch Gmünds. 15. Fortsetzung. Lupe, Mitt. Naturkundever. Schwäb. Gmünd 9(2): 8–9.

Bernert, S. (1979): *Die Käfer im Naturdenkmal Auwald Remswasen. Lupe, Mitt. Naturkundever. Schwäb. Gmünd 9(1): 24.

Bernhard, D.; Britz, R. (1994): *Dritter Nachtrag zur Käferfauna des Spitzbergs bei Tübingen. Veröff. Naturschutz Landschaftspflege Baden-Württ. 68/69: 335–338.

Bertrand, C.; Burel, F.; Baudry, J. (2016): Spatial and temporal heterogeneity of the crop mosaic influences carabid beetles in agricultural landscapes. Landscape Ecol. 31: 451–466.

Béthoux, O. (2009): The Earliest Beetle Identified. J. Paleo. 83(6): 931–937.

Bettag, E.; Niehuis, M.; Schimmel, R.; Vogt, W. (1979): *Bemerkenswerte Käferfunde in der Pfalz und benachbarten Gebieten. 4. Beitrag zur Kenntnis der Käfer der Pfalz. Pfälzer Heimat 30(3): 132–138.

Bettag, E.; Niehuis, M.; Schimmel, R.; Vogt, W. (1980): *Bemerkenswerte Käferfunde in der Pfalz und benachbarten Gebieten. 5. Beitrag zur Kenntnis der Käfer der Pfalz. Pfälzer Heimat 31(1): 2–8.

Bettag, E.; Niehuis, M.; Schimmel, R.; Vogt, W. (1981): *Bemerkenswerte Käferfunde in der Pfalz und benachbarten Gebieten. 6. Beitrag zur Kenntnis der Käfer der Pfalz. Pfälzer Heimat 32: 80–85.

Beutel, R. G.; Leschen, R. A. B.; vol. eds. (2005): Handbook of Zoology, Vol. IV Arthropoda: Insecta. Part 38. Coleoptera, Vol. 1: Morphology and Systematics (Archostemata, Adephaga, Myxophaga, Polyphaga [partim]). Berlin, New York: Walter De Gruyter.

Bezděčka, P.; Ressl, K. (1991): A contribution to chorology and determination of the species *Pterostichus leonisi* Apfelbeck, 1904 (Coleoptera, Carabidae). Zprav. Západočes. Poboč. Čs. Společ. Entomol. v Plzni, Ser. Carabidol. 1: 41–44.

BfN, Bundesamt für Naturschutz; Hrsg. (2014): Grünland-Report. Alles im grünen Bereich? Bonn-Bad Godesberg: BfN.

Billen, W. (1999): *Entomologische Notizen: Bericht über ein Massenauftreten des Laufkäfers *Harpalus rufipes* (De Geer) (Coleoptera: Carabidae). Mitt. Entomol. Ges. Basel 49(1): 36–37.

Bílý, S. (1971): The larva of *Amara* (*Celia*) *erratica* (Duftschmidt) and notes on the bionomy of this species. Acta Entomol. Bohemoslov. 68(2): 89–94.

Bílý, S. (1975): Larvae of the genus *Amara* (subgenus *Celia* Zimm.) from Central Europe. Studie ČSAV 13.

Binder, H. (1957): *Der Hungerbrunnen. Mitt. Ver. Naturwiss. Math. Ulm 25: 259–261.

Blair, K. G. (1920): *Cicindela germanica* L. and its Larva. Entomologist's mon. Mag. 56: 210–211.

Blumenthal, C.-L. (1974): *Beitrag zur Variation einiger *Carabus*-Arten im Mittelgebirge (Col., Carabidae). Entomol. Z. 84(8): 77–84.

BMVI, Bundesministerium für Verkehr, Bau und Stadtentwicklung; Hrsg. (2014): Leistungsbeschreibungen für faunistische Untersuchungen im Zusammenhang mit landschaftsplanerischen Fachbeiträgen und Artenschutzbeitrag. Forschungs- und Entwicklungsvorhaben FE 02.0332/2011/LRB. Schlussbericht 2014. Bonn: BMVI.

Bogenschütz, H. (1974): *Bemerkungen zur Insektenfauna. In: Grieshaber, H. A. P. (Hrsg.): Der Beutenlay. Eine typische Landschaft der Schwäbischen Alb. Münsingen: Stadt Münsingen: 128–132.

Bohan, D. A.; Bohan, A. C.; Glen, D. M.; Symondson, W. O. C.; Wiltshire, C. W.; Hughes, L. (2000): Spatial dynamics of predation by carabid beetles on slugs. J. Anim. Ecol. 69: 367–379.

Bonn, A.; Schröder, B. (2001): Habitat models and their transfer for single and multi species groups: a case study of carabids in an alluvial forest. Ecography 24: 483–496.

Borcherdt, C. (1991): Baden-Württemberg – Eine geographische Landeskunde. Wissenschaftliche Länderkunden, Bundesrepublik Deutschland 8/V.

Bousquet, Y. (2012): Catalogue of Geadephaga (Coleoptera, Adephaga) of America, north of Mexico. ZooKeys 245: 1–1722.

Boye Jensen, L. (1990): Effect of temperature on the developement of the immatur stages of *Bembidion lampros* (Coleoptera: Carabidae). Entomophaga 35(2): 277–281.

Bracht Jørgensen, H.; Toft, S. (1997a): Role of granivory and insectivory in the life cycle of the carabid beetle *Amara similata*. Ecol. Entomol. 22: 7–15.

Bracht Jørgensen, H.; Toft, S. (1997b): Food preference, diet dependent fecundity and larval development in *Harpalus rufipes* (Coleoptera: Carabidae). Pedobiologia 41(4): 307–315.

Brändle, M.; Bamberger, H. (1995): Vegetation und Fauna des Natur- und Landschaftsschutzgebietes Ochsenberg-Litzelstetten (Löffingen, Kreis Breisgau-Hochschwarzwald). Veröff. Naturschutz Landschaftspflege Baden-Württ. 70: 339–392.

Brandmayr, P.; Giorgi, F.; Casale, A.; Colombetta, G.; Mariotti, L.; Vigna Taglianti, A.; Weber, F.; Pizzolotto, R. (2013): Hypogean carabid beetles as indicators of global warming? Environm. Research Letters 8: 1–11.

Brandmayr, P.; Zetto Brandmayr, T. (1974): Sulle cure parentali e su altri aspetti della biologia di *Carterus (Sabienus) calydonius* Rossi, con alcune considerazioni sui fenomeni di cura della prole sino ad oggi riscontrati in Carabidi (Coleoptera, Carabidae). Redia 55: 143–175.

Brandmayr, P.; Zetto Brandmayr, T. (1986): Food and feeding behaviour of some *Licinus* species (Coleoptera Carabidae Licinini). Monitore zool. ital. (N. S.) 20: 171–181.

Brandstetter, C. M.; Kapp, A.; Schabel, F. (1993): Die Laufkäfer von Vorarlberg und Liechtenstein. Bürs: EVCV.

Brauckmann, H.-J.; Hemker, M.; Kaiser, M.; Schöning, O.; Broll, G.; Schreiber, K.-E. (1997): *Faunistische Untersuchungen auf Bracheversuchsflächen in Baden-Württemberg. Veröff. PAÖ 27.

Braun, A. (1986): *Ein Beitrag zur ökologischen Funktion der Westwall-Bunkerruinen. Mitt. bad. Landesver. Naturkunde u. Naturschutz N. F. 14(1): 207–229.

Braun, A. (1994): *Käfer- und Holzwespenfunde an Stieleichen aus der „Teninger Allmend", Lkr. Emmendingen (Coleoptera et Hymenoptera: Siricidae). Mitt. Entomol. Ver. Stuttgart 29(2): 85–88.

Bräunicke, M.; Hermann, G. (1998): *Methodenentwicklung für die Erfolgskontrolle im Wurzacher Ried am Beispiel der Laufkäfer und Tagfalter. In: Naturschutzzentrum Bad Wurzach (Hrsg.): Zehn Jahre Projekt „Wurzacher Ried". Int. Fachtagung z. Erhaltung u. Regeneration v. Moorgebieten: 246–251.

Bräunicke, M.; Reck, H. (1997): 4.6. Laufkäfer. In: Böcker, R. (Hrsg.): Erfolgskontrolle im Naturschutz am Beispiel des Moorkomplexes Wurzacher Ried. Agrarforschung in Baden-Württ. 28: 227–243.

Bräunicke, M.; Trautner, J. (1994): *Bembidion latinum* Netolitzky, 1911 neu in Deutschland (Coleoptera: Carabidae). Mitt. Internat. Entomol. Ver. 19(3/4): 127–131.

Bräunicke, M.; Trautner, J. (1999): Die Ahlenläufer-Arten der *Bembidion*-Untergattungen *Bracteon* und *Odontium*: Verbreitung, Bestandssituation, Habitate und Gefährdung charakteristischer Flußaue-Arten in Deutschland. Angew. Carabidol. Suppl. 1: 79–94.

Bräunicke, M.; Trautner, J. (2002): Die Laufkäfer der Bodenseeufer. Indikatoren für naturschutzfachliche Bedeutung und Entwicklungsziele. Bristol-Schr.reihe 9: 116 S.

Bräunicke, M.; Trautner, J.; Reck, J.; Drescher, B.; Quetz, P.; Hermann, G.; Häuser, C.; Buchweitz, M.; Schmid-Egger, C.; Colling, M. (1997): Städtebauprojekt Stuttgart 21 – Bestandsaufnahme und Bewertung für Belange des Arten- und Biotopschutzes. Untersuchungen zur Umwelt „Stuttgart 21" 5: 154 S.

Brechtel, F.; Kostenbader, H.; Hrsg. (2002): Die Pracht- und Hirschkäfer Baden-Württembergs. Stuttgart: Eugen Ulmer.

Brechtel, F.; Schmid-Egger, C.; Baum, F. (1995): *Die Trockenaue am südlichen Oberrhein. Naturschutz u. Landschaftsplanung 27(6): 227–236.

Bretzendorfer, F. (1986): *Ergebnis der Exkursionen der Arbeitsgemeinschaft südwestdeutscher Koleopterologen in Spielberg (Kreis Ludwigsburg). Mitt. Entomol. Ver. Stuttgart 21(2): 59–74.

Bretzendorfer, F. (1987): *Faunistische Untersuchungen im Feuchtgebiet „Unterer See" bei Horrheim (Kreis Ludwigsburg). Mitt. Entomol. Ver. Stuttgart 22(2): 51–63.

Bretzendorfer, F. (2003): *Ergebnisse der Exkursion 1978 der Arbeitsgemeinschaft südwestdeutscher Koleopterologen nach Schiltach im Kinzigtal, Schwarzwald. Mitt. Entomol. Ver. Stuttgart 38(1): 45–58.

Bretzendorfer, F.; Frank, J.; Messutat, J. (1993): Käfer, Wanzen und Zikaden auf xerothermen Biotopen des mittleren Remstals. In: Scheerer, H. (Hrsg.): Xerothermbiotope im mittleren Remstal. Floristische und faunistische Untersuchungen an xerothermen Keuperstandorten im mittleren Remstal. Veröff. Naturschutz Landschaftspflege Baden-Württ. Beiheft 76: 261–281.

Breunig, T.; Thielmann, G. (1992): *Binnendünen und Sandrasen. Biotope in Baden-Württ. 1.

Breunig, T.; Trautner, J. (1996): Naturraumkonzeption Stromberg-Heuchelberg. Karlsruhe: Bezirksstelle für Naturschutz und Landschaftspflege.

Breyer, S. (1989): *Skelett und Muskulatur des Kopfes der Larve von *Cicindela campestris* L. (Coleoptera: Cicindelidae). Stuttg. Beitr. Nat.kd. (A) 438.

Britz, R. (1990): *Bemerkenswerte Käferfunde aus dem Kreis Tübingen. Mitt. Entomol. Ver. Stuttgart 25(1): 66–72.

Britz, R.; Bernhard, D. (1994): *Ein Beitrag zur Käferfauna des Landschaftsschutzgebietes Rammert bei Tübingen. Veröff. Naturschutz Landschaftspflege Baden-Württ. 68/69: 339–353.

Broll, A.; Reike, H.-P.; Mau, M. (2008): Aktivitätsmuster von *Carabus auratus* (Coleoptera, Carabidae) im Grünland – eine Harmonic-Radar-Studie. Faun. Abh. Mus. Tierkd. Dresden 26: 21–35.

Brose, U. (2001): Artendiversität der Pflanzen- und Laufkäfergemeinschaften von Nassstellen auf mehreren räumlichen Skalenebenen. Dissertationes Botanicae 345: 155 S.

Brucker, G. (1991): *Welche Tiere lassen eine Verbindung zu anderen Lebensräumen und Regionen erkennen? In: Naturkundeverein Schwäbisch Gmünd e.V. (Hrsg.): Das Kalte Feld. Teil 2: Beiträge zur Erholung, zur Waldgeschichte, zu Landwirtschaft und Wasserschutz, zur Vegetation und zur Fauna. Unicornis 6: 46.

Bruns, D. (1992): Beitrag zur Planung von Ersatzbiotopen gemäß Paragraph 8 Bundesnaturschutzgesetz am Beispiel von Sukzessionsflächen auf Lehm. Veröff. Naturschutz Landschaftspflege Baden-Württ. Beiheft 65.

Büche, B. (1994): Zur Käferfauna (Coleoptera) der Dünengebiete bei Sandhausen. Veröff. Naturschutz Landschaftspflege Baden-Württ. Beiheft 80: 255–282.

Buchholz, S.; Jess, A.-M.; Hertenstein, F.; Schirmel, J. (2010): Effect of the colour of pitfall traps on their capture efficiency of carabid beetles (Coleoptera: Carabidae), spiders (Araneae) and other arthropods. Eur. J. Entomol. 107: 277–280.

Buck, H.; Konzelmann, E. (1985): Vergleichende koleopterologische Untersuchungen zur Differenzierung edaphischer Biotope. In: LfU, Landesanstalt für Umweltschutz Baden-Württ. (Hrsg.): Ökologische Untersuchungen an der ausgebauten unteren Murr, Landkreis Ludwigsburg (1977–1982). Karlsruhe: 195–310.

Buck, H.; Konzelmann, E. (1991): *Vergleichende koleopterologische Untersuchungen zur Differenzierung edaphischer Biotope (2). In: LfU, Landesanstalt für Umweltschutz Baden-Württ. (Hrsg.): Ökologische Untersuchungen an der ausgebauten unteren Murr, Landkreis Ludwigsburg (1983–1987), 2. Band. Karlsruhe: 185–377.

Buck, H.; Konzelmann, E. (1992): *Käfer als Bioindikatoren zur Habitatcharakterisierung und -entwicklung. Hohenheimer Umwelttagung 24: 129–142.

Bücking, W.; Bense, U.; Trautner, J.; Hohlfeld, F. (1998): *Faunenstrukturen einiger Bannwälder und vergleichbarer Wirtschaftswälder – Sechs Fallstudien in Baden-Württemberg zu Totholzkäfern, Laufkäfern, Vögeln. Mitt. Ver. Forstl. Standortskunde u. Forstpflanzenzüchtung 39: 109–123.

Büngener, P.; Persohn, M.; Bettag, E. (1991): Verbreitung, Biologie, Ökologie und Systematik der *Dromius*-Arten (Coleoptera: Carabidae) in Rheinland-Pfalz. Mitt. Pollichia 78: 189–239.

Burakowski, B. (1967): Biology, ecology and distribution of *Amara pseudocommunis*. Ann. Zool. 24: 485–526.

Burgess, A. F. (1911): *Calosoma sycophanta*: its life history, behavior and successfull colonization in New England. Bull. Bur. Entomol. US Dept. Agr. 101: 1–94.

Burmeister, F. (1939): Biologie, Ökologie und Verbreitung der europäischen Käfer. I. Band: Adephaga, Caraboidea. Krefeld: Goecke.

Butterweck, M. D.; Jeschke, R. (2001): Wie schwer ist das Laufen im Wald? Laufwiderstandsmessungen an *Abax parallelepipedus* (Piller et Mitterpacher, 1793) in unterschiedlichen Habitaten. Angew. Carabidol. Suppl. 2: 99–104.

Butterweck, M. D.; Koenig, K.; Niedling, A. (2000): Zur Verbreitung von *Harpalus subcylindricus* (Dejean, 1829) in Deutschland. Angew. Carabidol. 2/3: 95–98.

Callot, H. (2015): Liste de référence des Coléoptères d'Alsace, version du 19-VII-2015. Strasbourg: Société Alsacienne d'Entomologie: 1–104.

Callot, H.; Schott, C. (1993): Catalogue et atlas des Coléoptères d'Alsace. Strasbourg: Société Alsacienne d'Entomologie.

Cardoso, A.; Vogler, A. P. (2005): DNA taxonomy, phylogeny and Pleistocene diversification of the *Cicindela hybrida* species group (Coleoptera: Cicindelidae). Molecular Ecol. 14(11): 3531–3546.

Casale, A. (1988): Revisione degli Sphodrina (Coleoptera, Carabidae, Sphodrini). Torino: Museo Regionale di Scienze Naturali Monografie V.

Chaabane, K.; Loreau, M.; Josens, G. (1996): Individual and population energy budgets of *Abax ater* (Coleoptera, Carabidae). Ann. Zool. Fennici 33: 97–108.

Classen, A.; Kapfer, A.; Luick, R. (1993): *Einfluß der Mahd mit Kreisel- und Balkenmäher auf die Fauna von Feuchtgrünland. Naturschutz u. Landschaftsplanung 25(6): 217–220.

Coulon, J.; Pupier, R.; Queinnec, E.; Ollivier, E.; Richoux, P. (2011): Coléoptères Carabiques. Volume 2. Première Partie. Harpalidae, Brachinidae, Bibliographie, Catalogue, Index. Compléments aux deux volumes de René Jeannel, mise à jour, corrections et répertoire. Faune de France 95: 1–337 + Tafeln.

Dalang, T. (1981): Zur Beurteilung der Biotopansprüche verschiedener Laufkäferarten aufgrund ihrer Verbreitung in Schweizer Wäldern. Dissertation ETH Zürich.

Dawson, N. (1965): A comparative study of the ecology of eight species of fenland carabidae (Coleoptera). J. Anim. Ecol. 34(2): 299–314.

De Vries, H. H.; Den Boer P. J. (1990): Survival of populations of *Agonum ericeti* Panz. (Col., Carabidae) in relation to fragmentation of habitats. Neth. J. Zool. 40: 484–498.

Deleurance, S.; Deleurance, E. P. (1964): Reproduction et cycle évolutif larvaire des *Aphaenops* (*A. cerberus* Dieck, *A. crypticola* Linder), Insectes Coléoptères cavernicoles. C. R. Acad. Sci. Paris 258: 4369–4370.

Delkeskamp, K. (1930): Biologische Studien über *Carabus nemoralis* Müll. Z. Morph. Ökol. Tiere 19(1): 1–58.

Den Boer P. J.; Den Boer-Daanje, W. (1990): On life history tactics in carabid beetles: are there only spring and autumn breeders. In: Stork, N. E. (ed.): The Role of Ground Beetles in Ecological and Environmental Studies. Andover: Intercept: 247–258.

Den Boer, P. J.; Van Huizen, T. H. P.; Den Boer-Daanje, W.; Aukema, B.; Den Bieman, C. F. M. (1980): Wing Polymorphism and Dimorphism in Ground Beetles as Stages in an Evolutionary Process (Coleoptera: Carabidae). Entomol. Gen. 6(2/4): 107–134.

Dennemann, W. D. (1990): A comparison of the diet composition of two *Sorex araneus* populations under different heavy metal stress. Acta Theriologica 35(1-2): 25–38.

Desender, K. (1983): Ecological data on *Clivina fossor* (Coleoptera, Carabidae) from a pasture ecosystem. I. Adult and larval abundance, seasonal and diurnal activity. Pedobiologia 25: 157–167.

Desender, K. (1985): Wing Polymorphism and reproductive biology in the halobiont carabid beetle *Pogonus chalceus* (Marsham) (Coleoptera: Carabidae). Biol. Jb. Dodonaea 53: 89–100.

Desender, K. (1986): On the relation between abundance and flight activity in Carabid beetles from a heavily grazed pasture. Z. Angew. Entomol. 102(1-5): 225–231.

Desender, K. (1996): Diversity and dynamics of coastal dune carabids. Ann. Zool. Fennici 33: 65–75.

Desender, K.; Bosmans, R. (1998): Ground beetles (Coleoptera, Carabidae) on set-aside fields in the Campine region and their importance for nature conservation in Flanders (Belgium). Biodivers. Conserv. 7(11): 1485–1493.

Desender, K.; Dekoninck, W.; Maes, D. (2008): Een nieuwe verspreidingsatlas van de loopkevers en zandloopkevers (Carabidae) in België. Rapporten van het Instituut voor Natuur- en Bosonderzoek (INBO.R.2008.13).

Desender, K.; Maelfait, J.-P. (1999): Diversity and conservation of terrestrial arthropods in tidal marshes along the River Schelde: a gradient analysis. Biol. Conserv. 87: 221–229.

Desender, K.; Pollet, M. (1988): Sampling pasture carabids with pitfalls: evaluation of species richness and precision. Med. Fac. Landbouww. Rijksuniv. Gent 53(3a): 1109–1117.

Desender, K.; Segers, R. (1985): A simple device and technique for quantitative sampling of riparian beetle populations with some Carabid and Staphylinid abundance estimates on different riparian habitats (Coleoptera). Rev. Ecol. Biol. Sol 22(4): 497–506.

Dettner, K. (1985): *Die Arthropodenfauna (Gliedertiere) des Naturschutzgebietes und Bannwaldes „Waldmoor-Torfstich" im Nordschwarzwald. In: Ministerium für Ernährung, Landwirtschaft und Forsten Baden-Württ. (Hrsg.): Der Bannwald „Waldmoor-Torfstich". Mitt. Forstl. Vers.- Forsch.anst. Baden-Württ. 3: 151–210.

Dettner, K. (1999): *Zoologische Analyse des Schachtinhaltes einer keltischen Viereckschanze auf der Basis von Arthropodenfragmenten (Vorbericht). Forschungsber. Vor- u. Frühgesch. Baden-Württ. 80: 150–160.

Deuschle, J.; Glück, E. (2001): *Laufkäfer-Zönosen in Streuobstwiesen Südwestdeutschlands und ihre Differenzierung entsprechend unterschiedlicher Bewirtschaftungsweisen (Coleopterta: Carabidae). Entomol. Gen. 25(4): 275–304.

Dilger, R.; Spaeth, V. (1988): *Konzeption natur- und landschaftsschutzwürdiger Gebiete der Rheinniederung des Regierungsbezirkes Karlsruhe (Rheinauen-Schutzgebietskonzeption). Materialien zum integrierten Rheinprogramm 1.

Dittmar, T. (1984): Untersuchung der Fauna des geplanten Naturschutzgebietes Digelfeld Landkreis Reutlingen in der Vegetationsperiode 1984. Gutachten im Auftrag der Bezirksstelle für Naturschutz und Landschaftspflege Tübingen (unveröff.).

Dobat, K. (1963): *Die Fauna der Gutenberger Höhlen. Jahresh. Karst- u. Höhlenkunde 4: 287–301.

Dobat, K. (1966): *Geschichte und Ergebnisse botanischer und zoologischer Untersuchungen in den Höhlen der Schwäbischen Alb bis zum Jahre 1960. Jahresh. Karst- u. Höhlenkunde 6: 139–151.

Dobat, K. (1975): Die Höhlenfauna der Schwäbischen Alb – mit Einschluß des Dinkelberges, des Schwarzwaldes und des Wutachgebietes. Versuch einer Monographie. Jahresh. Ges. Nat.kd. Württ. 130: 260–381.

Dolderer, P. (1955): Unverfrorenes Volk. Aus d. Heimat 63: 28–30.

Dolderer, P. (1957): *Wärmetiere der deutschen Käferfauna auf der Ulmer Alb. Mitt. Ver. Naturwiss. Math. Ulm 25: 411–415.

Dolderer, P. (1960): Wie sich die Tierwelt des unteren Lonetales veränderte, als es mehrere Jahre lang Wasser führte (unter besonderer Berücksichtigung der Käferfauna). Jahresh. Karst- u. Höhlenkunde 1: 249–256.

Donath, H. (1986): Verbreitung und Ökologie der Sandlaufkäfer (Coleoptera, Cicindelidae) in der nordwestlichen Niederlausitz. Biol. Studien Luckau 15: 28–34.

Drees, C.; Brandmayr, P.; Buse, J.; Dieker, P.; Gürlich, S.; Habel, J.; Harry, I.; Härdtle, W.; Matern, A.; Meyer, H.; Pizzolotto, R.; Quante, M.; Schäfer, K.; Schuldt, A.; Taboada, A.; Assmann, T. (2011a): Poleward range expansion without a southern contraction in the ground beetle *Agonum viridicupreum* (Coleoptera, Carabidae). In: Kotze D. J.; Assmann, T.; Noordijk, J.; Turin, H.; Vermeulen, R. (eds.): Carabid Beetles as Bioindicators: Biogeographical, Ecological and Environmental Studies. ZooKeys 100: 333–252.

Drees, C.; De Vries, H.; Härdtle, W.; Matern, A.; Persigehl, M.; Assmann, T. (2009): Genetic erosion in a stenotopic heathland ground beetle (Coleoptera: Carabidae): a matter of habitat size? Conserv. Genet. DOI: 10.1007/s10592-10009-19994-x (online first).

Drees, C.; Husemann, M.; Homburg, K.; Brandt, P.; Dieker, P.; Habel, J. C.; Wehrden, H. von; Zumstein, P.; Assmann, T. (2016): Molecular analyses and species distribution models indicate cryptic northern mountain refugia for a forestdwelling ground beetle. J. Biogeogr. 43(11): 2223–2236.

Drees, C.; Matern, A.; Oheimb, G. von; Reimann, T.; Assmann, T. (2010): Multiple Glacial Refuges of Unwinged Ground Beetles in Europe: Molecular Data Support Classical Phylogeographic Models. In: Habel, J. C.; Assmann, T. (eds.): Relict Species: Phylogeography and Conservation Biology. Heidelberg: Springer: 199–216.

Drees, C.; Matern, A.; Rasplus, J. Y.; Terlutter, W.; Assmann, T.; Weber, F. (2008): Microsatellites and allozymes as the genetic memory of habitat fragmentation and defragmentation in populations of the ground beetle *Carabus auronitens* (Col., Carabidae). J. Biogeogr. 35: 1937–1949.

Drees, C.; Matern, A.; Vermeulen, R.; Assmann, T. (2007): The influence of habitat quality on populations: a plea for an amended approach in the conservation of *Agonum ericeti*. Baltic J. Coleopterol. 7(1): 1–8.

Drees, C.; Zumstein, P.; Buck-Dobrick, T.; Härdtle, W.; Matern, A.; Meyer, H.; Oheimb, G. von; Assmann, T. (2011b): Genetic erosion in habitat specialist shows need to protect large peat bogs. Conserv. Genet. DOI 10.1007/s10592-011-0254-5 (online first).

Dufrêne, M.; Legendre, P. (1997): Species assemblages and indicator species: The need for a flexible asymmetrical approach. Ecol. Monographs 67(3): 345–366.

Dynort, P. (1994): Zur Käferfauna des Naturschutzgebietes Kupfermoor in Württemberg, Hohenlohe (mit einem Anhang zur Schmetterlingsfauna). Mitt. Entomol. Ver. Stuttgart 29(1): 3–58.

Dynort, P. (1995): Ergebnis der coleopterologischen Untersuchungen im Taubertal bei Werbach, inklusive der Exkursion der Arbeitsgemeinschaft südwestdeutscher Koleopterologen. Mitt. Entomol. Ver. Stuttgart 30(1): 35–54.

Dynort, P. (2013): *Beitrag zur Insektenfauna des Naturschutzgebietes Pfahl und Sündrich bei Crispenhofen. Mitt. Entomol. Ver. Stuttgart 48(2): 142–154.

Eberle, J.; Eitel, B.; Blümel, W.-D.; Wittmann, P. (2010): Deutschlands Süden – vom Erdmittelalter zur Gegenwart. Wiesbaden: Spektrum Akademischer Verlag.

Eckert, H.; Lauterbach, K.-E. (1969): *Die koprophagen Lamellicornier der Hirschlosung im Goldersbachtal bei Tübingen. Veröff. Naturschutz Landschaftspflege Baden-Württ. 37: 179–186.

Eisenbach, H. F. (1822): Beschreibung und Geschichte der Stadt und Universität Tübingen. Tübingen: Christian Friedrich Osiander.

Ekbom, B. S.; Wiktelius. S.; Chiverton, P. A. (1992): Can polyphagous predators control the bird cherry-oat aphid (*Rhopalosiphum padi*) in spring cereals? Entomol. Exp. Appl. 65: 215–223.

Ellenberg, H.; Hrsg. (1973): Ökosystemforschung. Heidelberg, Berlin, New York: Springer.

Ernsting, G.; Isaaks, J. E.; Berg, M. P. (1992): Life cycle and food availability indices in *Notiophilus biguttatus* (Coleoptera, Carabidae). Ecol. Entomol. 17: 33–42.

Ervynck, A.; Desender, K.; Pieters, M.; Bungeneers, J. (1994): Carabid beetles as palaeo-ecological indicators in archaeology. In: Desender, K.; Dufrêne, M.; Loreau, M.; Luff, M. L.; Maelfait, J.-P. (eds.): Carabid Beetles – Ecology and Evolution. Dordrecht, Boston, London: Kluwer Academic Publishers: 261–266.

Erwin, T. L. (2010): *Agra*, arboreal beetles of Neotropical forests: *pusilla* group and *piranha* group systematics and notes on their ways of life (Coleoptera, Carabidae, Lebiini, Agrina). ZooKeys 66: 1–28.

Esser, J.; Kielhorn, K.-H. (2005): Ergebnisse der Untersuchungen zur Insektenfauna auf der Berliner Bahnbrache Biesenhorster Sand – Käfer (Coleoptera). Märk. Entomol. Nachr. Sonderheft 3: 29–76.

Ewald, G.; Lüdge, W. (1965): *Untersuchungen über den Einfluss der Wildzäune auf die Waldbiozönose. Schr. reihe Forstl. Abt. Albert-Ludwigs-Univ. Freiburg. i. Br. 2.

Faille A.; Tänzler, R.; Toussaint, E. F. A. (2015): On the way to speciation: Shedding light on the karstic phylogeography of the micro-endemic cave beetle *Aphaenops cerberus* in the Pyrenees. J. Heredity 106(6): 692–699.

Farkač, J.; Fassati, M (1999): Subspecific taxonomy of *Leistus montanus* from Central Europe (Coleoptera: Carabidae: Nebriini). Acta Soc. Zool. Bohemicae 63: 407–425.

Fassati, M. (1958): Über die bisherige Art *Amara concinna* Zimm. (Col.). Sborn. Entomol. Odd. Národ. Mus. Praze 32: 519–536.

Fazekas, J. P.; Sárospataki, M.; Lövei, G. L. (1997): Seasonal activity, age structure and egg production of the ground beetle *Anisodactylus signatus* (Coleoptera: Carabidae) in Hungary. Eur. J. Entomol. 94: 473–484.

Feurer, G. (1985): Faunistische Untersuchungen in Weizenbeständen Baden-Württembergs. Diplomarbeit Univ. Hohenheim (unveröff.).

Figura, W.; Schanowski, A.; Gerken, B. (2001): Beitrag der Laufkäfer (Coleoptera: Carabidae) zur Indikation von Standortverhältnissen der Elbaue. UFZ-Ber. 8: 95–97.

Fischer, L. (1900): Die Käferfauna der Kniebisgegend. Mitt. bad. Zool. Ver. 1-8: 143–153.

Fischer, L. H. (1843): Dissertatio inauguralis zoologica sistens enumerationem coleopterorum circa Friburgum Brisgoviae indigenarum annexis locis natabilis. Dissertation Univ. Freiburg i. Br.

Fisher, B.; Turner, R. K.; Morling, P. (2009): Defining and classifying ecosystem services for decision making. Ecol. Econ. 68: 643–653.

Folwaczny, B. (1959): Bestimmungstabelle der Arten der Untergattung *Acupalpus* s. str. Entomol. Bl. 55: 175–186.

Forcke, T. (2012): *Bembidion velox* (L., 1761) (Col., Carabidae) – Wiederfund für Baden-Württemberg. Mitt. Entomol. Ver. Stuttgart 47(1): 43–45.

Frank, J. (1972): *Bericht über die 13. gemeinsame Exkursion der Arbeitsgemeinschaft südwestdeutscher Koleopterologen in das Gebiet von Schweinberg 1970. Mitt. Entomol. Ver. Stuttgart 7(1): 33–58.

Frank, J. (1982): *38. *Leistus rufescens* Fabr. (Col., Carabidae). In: Kleine Mitteilungen. Mitt. Entomol. Ver. Stuttgart 17(1): 43.

Frank, J. (1984): *53. *Cychrus caraboides* L. (Col., Carabidae). In: Kleine Mitteilungen. Mitt. Entomol. Ver. Stuttgart 19(2): 95.

Frank, J. (1991): *Ergebnis der Exkursion 1988 der Arbeitsgemeinschaft südwestdeutscher Koleopterologen nach Oberflockenbach. Mitt. Entomol. Ver. Stuttgart 26(2): 75–88.

Frank, J. (2009): *Bericht über die Exkursion der Arbeitsgemeinschaft südwestdeutscher Koleopterologen 1981 nach Neresheim und Großkuchen. Mitt. Entomol. Ver. Stuttgart 44: 23–38.

Frank, J.; Konzelmann, E. (2002): Die Käfer Baden-Württembergs 1950–2000. Fachdienst Naturschutz, Naturschutz-Praxis, Artenschutz 6.

Franz, H. (1970): Die Nordostalpen im Spiegel ihrer Landtierwelt. Eine Gebietsmonographie. Bd. III Coleoptera 1. Teil, umfassend die Familien Cicindelidae bis Staphylinidae. Innsbruck: Wagner.

Freude, H. (1972): Koleopterologische Meldungen der Arbeitsgemeinschaft München. NachrBl. Bayer. Entomol. 21: 70–73.

Freude, H. (1997): *Bemerkenswerte Käferfunde von Heinrich Wichmann (Coleoptera). NachrBl. Bayer. Entomol. 46(3/4): 90–92.

Friebe, B. (1983): *Zur Biologie eines Buchenwaldbodens. 3. Die Käferfauna. Carolinea 41: 45–80.

Friedrich, H. (1993): **Licinus hoffmannseggi* Panzer, 1797 – Bestätigt für die Rheinprovinz (Col., Carabidae). Mitt. Arb.gem. Rhein. Koleopterol. 3(4): 131–34.

Fritze, M.-A. (1990): Die Biologie und Biotopbindung der *Chlaenius*-Arten Bonelli in der Umgebung von Bayreuth. Diplomarbeit Univ. Bayreuth (unveröff.).

Fritze, M.-A. (2007): 6.5. Laufkäfer. In: Brockmann-Schwerwass, U.; Bücking, T.; Fritze, M.-A.; Heiman, R.; Hübner, T.; Krechel, R.; Pavlovic, P.; Schwerwass, R. (Hrsg.): Renaturierung der Berkelaue Ergebnisse eines Erprobungs- und Entwicklungsvorhabens im Kreis Borken. Naturschutz Biol. Vielfalt 45: 173–209.

Fritze, M.-A.; Hannig, K. (2010): Verbreitung und Ökologie von *Leistus montanus* Stephens, 1827 in Deutschland (Coleoptera: Carabidae). Angew. Carabidol. 9: 39–50.

Fritze, M.-A.; Kroupa, A.; Lorenz, W. (2004): Der Deutsche Sandlaufkäfer *Cylindera germanica* (Linnaeus, 1758) im Landkreis Lichtenfels (Oberfranken/Bayern). Angew. Carabidol. 6: 7–14.

Frömel, R. (1980): *Die Verbreitung im Schilf überwinternder Arthropoden im westlichen Bodenseegebiet und ihre Bedeutung für Vögel. Die Vogelwarte 60: 218–254.

FSV, Forschungsgesellschaft Strasse – Schiene – Verkehr; Hrsg. (2015): RVS 04.03.15 Artenschutz an Verkehrswegen (Oktober 2015) und Arbeitspapier Nr. 22 – Fachliche Grundlage. Wien: FSV.

Funke, W.; Heinle, R.; Kuptz, S.; Majzlan, O.; Reich, M. (1986): *Arthropodengesellschaften im Ökosystem „Obstgarten". Verh. Ges. Ökol. 14: 131–150.

Funke, W.; Herlitzius, H. (1984): *Zur Orientierung von Arthropoden der Bodenoberfläche nach Stammsilhouetten im Wald. Jber. natwiss. Ver. Wuppertal 37: 8–13.

Funke, W.; Kenter, B.; Baumann, K.; Schwarz, E.; Bellmann, H.; Krauss, J.; Werth, H. (1995): *Tiergesellschaften auf Windwurfflächen in Süddeutschland – Untersuchungen an Arthropoden und Avizönosen. Veröff. PAÖ 12: 131–142.

Funke, W.; Sammer, G. (1980): *Stammauflauf und Stammanflug von Gliederfüßern in Laubwäldern (Arthropoda). Entomol. Gen. 6(2-4): 159–168.

GAC, Gesellschaft für Angewandte Carabidologie; Hrsg. (2009): Lebensraumpräferenzen der Laufkäfer Deutschlands – Wissensbasierter Katalog. Angew. Carabidol. Suppl. 4.

Gaines, H. R.; Gratton, C. (2010): Seed predation increases with ground beetle diversity in Wisconsin (USA) potato agroecosystems. Agric. Ecosyst. Environ. 137: 329–336.

Gärtner, G. (1980): *Ökologisch-faunistische Veränderungen durch Flurbereinigungsmaßnahmen, dargestellt am Beispiel der Carabidenfauna von Zuckerrübenkulturen in ausgewählten Kraichgau-Gemeinden. Dissertation Univ. Heidelberg.

Gastel, R.; Hrsg. (1994): Beantragtes Naturschutzgebiet Panzerübungsplatz Böblingen. Remshalden: Hennecke.

Gauckler, K. (1964): *Areal, Biotop und Beharrungsvermögen des Perlengeschmückten Laufkäfers *Carabus hortensis* L. (= *Carabus gemmatus* F.). NachrBl. Bayer. Entomol. 12: 79–83.

Gauss, R. (1963): Bemerkenswerte badische Käferfunde. Mitt. bad. Landesver. Naturkunde u. Naturschutz N. F. 8(3): 439–443.

Gebert, J. (1995): *Revision der *Cicindela* (s. str.) *hybrida*-Gruppe (sensu Mandl 1935/6) und Bemerkungen zu einigen äußerlich ähnlichen paläarktischen Arten. Mitt. Münch. Ent. Ges. 86: 3–32.

Gebert, J. (2006): Die Sandlaufkäfer und Laufkäfer von Sachsen. Beiträge zur Insektenfauna Sachsens Teil 1 (Carabidae: Cicindelini – Loricerini). Entomol. Nachr. Ber. Beih. 10: 1–180.

Gebert, J. (2013): Zur aktuellen Situation von *Elaphrus (Elaphroterus) ullrichii* W. Redtenbacher, 1842 in Deutschland und Europa (Coleoptera, Carabidae). Entomol. Nachr. Ber. 57(3): 131–136.

Gebhardt, H. (2008): Räumliche Kontraste innerhalb Baden-Württembergs. In: Gebhardt, H. (Hrsg.): Geographie Baden-Württembergs. Stuttgart: Kohlhammer: 54–101.

Geigenmüller, L.; Trautner, J. (1997): Zur Laufkäferfauna des „Feuerhauptes" in Filderstadt als Ausschnitt einer typischen Wohnsiedlungsfauna (Col., Carabidae). Mitt. Entomol. Ver. Stuttgart 32(2): 104–109.

Geiger, F.; Bengtsson, J.; Berendse, F.; Weisser, W. W.; Emmerson, M.; Morales, M. B.; Ceryngier, P.; Liira, J.; Tscharntke, T.; Winqvist, C.; Eggers, S.; Bommarco, R.; Part, T.; Bretagnolle, V.; Plantegenest, M.; Clement, L. W.; Dennis, C.; Palmer, C.; Onate, J. J.; Guerrero, I.; Hawro, V.; Aavik, T.; Thies, C.; Flohre, A.; Hanke, S.; Fischer, C.; Goedhart, P. W.; Inchausti, P. (2010): Persistent negative effects of pesticides on biodiversity and biological control potential on European farmland. Basic and Appl. Ecol. 11: 97–105.

Geiler, H. (1957): Zur Ökologie und Phänologie der auf mitteldeutschen Feldern lebenden Carabiden. Wiss. Z. Karl-Marx-Univ. Leipzig (Math.-nat. R.) 6 (1956/57)(1): 35–53.

Geiler, H. (1980): Freilanddaten zur autökologischen Charakteristik des Gartenlaufkäfers *Carabus hortensis* (Coleoptera: Carabidae). Entomol. Gen. 6(2/4): 181–191.

Geissler-Strobel, S.; Trautner, J.; Jooss, R.; Hermann, G.; Kaule, G. (2006): Informationssystem Zielartenkonzept Baden-Württemberg. Ein Planungswerkzeug zur Berücksichtigung tierökologischer Belange in der kommunalen Praxis. Naturschutz u. Landschaftsplanung 38(12): 361–369.

Gerisch, M.; Schanowski, A.; Figura, W.; Gerken, B.; Dziock, F.; Henle, K. (2006): Carabid beetles (Coleoptera, Carabidae) as indicators of hydrological site conditions in floodplain grasslands. Int. Rev. Hydrobiol. 91: 326–340.

Gerken, B. (1981): Zum Einfluß periodischer Überflutungen auf bodenlebende Coleopteren in Auewäldern am südlichen Oberrhein. Mitt. Dtsch. Ges. allg. angew. Entomol. 3(1-3): 130–134.

Gerken, B. (1982): *Probeflächenuntersuchungen in Mooren des oberschwäbischen Alpenvorlandes. Ein Beitrag zur Kenntnis wirbelloser Leitarten südwestdeutscher Moore. Telma 12: 67–84.

Gerken, B. (1985): *Zonationszönosen bodenlebender Käfer der Oberrhein-Niederung: Spiegel der Wandlung einer Stromauenlandschaft. Mitt. Dtsch. Ges. allg. angew. Entomol. 4(4-6): 443–446.

Gilbert, O. (1956): The natural histories of four species of *Calathus* (Coleoptera, Carabidae) living on sand dunes in Anglesey, North Wales. Oikos 7(1): 22–47.

Gladitsch, S. (1972): **Dactylosternum insulare* Cast., ein Erstfund für Deutschland und einige weitere für Baden neue Käferarten. 6. Beitrag zur Faunistik der südwestdeutschen Coleopteren. Beitr. naturkdl. Forsch. Südwestdtschl. 31: 153–159.

Gladitsch, S. (1976): *Die Käferfauna des Altrheingebiets Elisabethenwörth bei Karlsruhe (Baden). Mitt. Entomol. Ver. Stuttgart 10/11(2): 49–83.

Gladitsch, S. (1976): *Weitere Käfererstfunde für Südwest-Deutschland mit je einem Erstfund für Mitteleuropa und Deutschland. 9. Beitrag zur Faunistik der südwestdeutschen Coleopteren. Beitr. naturkdl. Forsch. Südwestdtschl. 35: 149–167.

Gladitsch, S. (1977): *Nachtrag zur Käferfauna des Altrheingebiets Elisabethenwörth bei Karlsruhe. Mitt. Entomol. Ver. Stuttgart 12(1): 36–39.

Gladitsch, S. (1978): Die Käferfauna des Rußheimer Altrheingebietes (Elisabethenwörth). In: LfU, Landesanstalt für Umweltschutz Baden-Württ. (Hrsg.): Der Rußheimer Altrhein, eine nordbadische Auenlandschaft. Natur- u. Landsch.schutzgeb. Baden-Württ. 10: 451–522.

Gladitsch, S. (1978): *Weitere für Südwestdeutschland neue oder bemerkenswerte Käferarten. 11. Beitrag zur Faunistik der südwestdeutschen Coleopteren. Beitr. naturkdl. Forsch. Südwestdtschl. 37: 149–158.

Gladitsch, S. (1983): 12. Beitrag zur Faunistik der Südwestdeutschen Coleopteren. Carolinea 41: 81–86.

Gladitsch, S. (1989): Weitere in Südwestdeutschland neue oder bemerkenswerte Käferarten. 13. Beitrag zur Faunistik der südwestdeutschen Coleopteren. Mitt. Entomol. Ver. Stuttgart 24(2): 87–102.

Gladitsch, S. (1991): *Ergebnis der Exkursion der Arbeitsgemeinschaft südwestdeutscher Koleopterologen nach Lautenbach (Badischer Nordschwarzwald). Mitt. Entomol. Ver. Stuttgart 26(1): 7–27.

Gladitsch, S. (1998): *Käferfunde aus der Bodenstreu unter einer Brombeerhecke. 16. Beitrag zur Faunistik südwestdeutscher Coleopteren. Mitt. Entomol. Ver. Stuttgart 33(1): 44–46.

Glück, E.; Deuschle, J. (2003): Habitat- und Feuchtepräferenz von Laufkäfern (Coleoptera, Carabidae) in Streuobstwiesen. Bonn. Zool. Beitr. 51(1): 51–69.

Glück, E.; Deuschle, J. (2005): *Beeinflusst die Streuobstwiesen-Unterbewirtschaftung die Besiedelung durch Laufkäfer distinkter Körpergrößen und Ernährungstypen? Naturschutz u. Landschaftspflege Baden-Württ. 75: 237–264.

Glück, E.; Deuschle, J. (2005): *Ground beetle distribution of distinct size and feeding type due to grassland management Treatments on orchards (Coleoptera: Carabidae). Entomol. Gen. 28(1): 39–63.

Graclik, A.; Wasielewsky, O. (2012): Diet composition of *Myotis myotis* (Chiroptera, Vespertilionidae) in western Poland: results of fecal analyses. Turk. J. Zool. 36(2): 209–213.

Greenslade, P. J. M. (1965): On the Ecology of some British Carabid Beetles with special Reference to Life Histories. Trans. Soc. British Entomol. 16(6): 149–179.

Grell, H. (1997): Die Flaschenfalle. Naturschutz u. Landschaftsplanung 20: 126–127.

Gresser, F. J. (1903): Nachtrag zum Verzeichnis der in Württemberg aufgefundenen Käfer. Jahresh. Ver. vaterl. Nat.kd. Württ. 59: 325–327.

Grimaldi, D.; Engel, M. S. (2005): Evolution of the Insects. Cambridge: Cambridge University Press.

Grimm, R. (1975): Zum Vorkommen von *Carabus catenatus* Panz. (Coleoptera, Carabidae) in Württemberg. Jahresh. Ges. Nat.kd. Württ. 130: 383–384.

Grimm, R.; Funke, W. (1986): 6.3 Energieflüsse durch die Populationen der Tiere. In: Ellenberg, H.; Mayer, R.; Schauermann, J. (Hrsg.): Ökosystemforschung – Ergebnisse des Sollingprojekts 1966–1986. Stuttgart: Eugen Ulmer: 337–355.

Grimm, R.; Jans, W. (1984): *Tageszeitliche Aktivitäten von Waldcarabiden. Jber. natwiss. Ver. Wuppertal 37: 51–55.

Grossecappenberg, W.; Mossakowski, D.; Weber, F. (1978): Beiträge zur Kenntnis der terrestrischen Fauna des Gildehauser Venns bei Bentheim. I. Die Carabidenfauna der Heiden, Ufer und Moore. Abh. Westfäl. Mus. Naturkde. 40(2): 12–34.

Gruttke, H. (1994): Investigations on the ecology of *Laemostenus terricola* (Coleoptera, Carabidae) in an agricultural landscape. In: Desender, K.; Dufrêne, M.; Loreau, M.; Luff, M. L.; Maelfait, J.-P. (eds.): Carabid Beetles – Ecology and Evolution. Dordrecht, Boston, London: Kluwer Academic Publishers: 145–151.

Gruttke, H. (2010): Verantwortlichkeit für den Schutz und Raumbedeutsamkeit von Laufkäfern in Deutschland: Taxa welcher Lebensräume Deutschlands sind betroffen? Angew. Carabidol. 9: 11–24.

Gruttke, H.; Ludwig, G.; Schnittler, M.; Binot-Hafke, M.; Fritzlar, F.; Kuhn, J.; Assmann, T.; Brunken, H.; Denz, O.; Detzel, P.; Henle, K.; Kuhlmann, M.; Laufer, H.; Matern, A.; Meinig, H.; Müller-Motzfeldt, G.; Schütz, P.; Voith, J.; Welk, E. (2004): Memorandum: Verantwortlichkeit Deutschlands für die weltweite Erhaltung von Arten – verabschiedet durch das Symposium: „Ermittlung der Verantwortlichkeit für die weltweite Erhaltung von Tierarten mit Vorkommen in Mitteleuropa", Vilm, 17.–20. November 2003. In: Gruttke, H. (Bearb.): Ermittlung der Verantwortlichkeit für die Erhaltung mitteleuropäischer Arten. Naturschutz Biol. Vielfalt 8: 273–280.

Günther, J.; Hölscher, B. (2004): Verbreitung, Populations- und Nahrungsökologie von *Elaphrus aureus* in Nordwestdeutschland (Coleoptera, Carabidae). Angew. Carabidol. 6: 15–27.

Günther, J.; Hölscher, B.; Prussner, F.; Assmann, T. (2004): Survival at river banks – Power of dispersal and population structure of *Elaphrus aureus* and *Omophron limbatum* in north-western Germany (Coleoptera, Carabidae). Mitt. Dtsch. Ges. allg. angew. Entomol. 14: 517–520.

Günzl, H. (1983): *Das Naturschutzgebiet Federsee. Geschichte und Ökologie des größten Moores Südwestdeutschlands. Führer Natur- u. Landschaftsschutzgebiete Baden-Württ. 7: 1–115.

Güth, M. (2008): Vergleichende populationsgenetische Untersuchungen an Arthropoden in gestörten Offenlandschaften. Dissertation TU Cottbus.

Güth, M.; Durka, W.; Mrzljak, J. (2006): Genetische Untersuchungen zur Populationsstruktur von *Calathus erratus* (Carabidae) in gestörten Offenlandbereichen der Niederlausitz. Mitt. Dtsch. Ges. allg. angew. Entomol. 15: 107–112.

Haaren, C. von; Hrsg. (2004): Landschaftsplanung. Stuttgart: Eugen Ulmer.

Haas, S. (1988): Laufkäfer an Xerotherm- und Kulturstandorten bei Albeins, Südtirol (Insecta, Coleóptera: Carabidae). Ber. Nat.-med. Verein Innsbruck 75: 197–212.

Hafner, A. (1991): *Missen im Landkreis Calw (1). Floristisch-faunistische Erhebungen im „Heselwasen". Veröff. Naturschutz Landschaftspflege Baden-Württ. Beiheft 62: 128 S.

Hammel, S.; Beggel, S.; Randler, C.; Schmid, G. (2002): *Beantragtes Naturschutzgebiet Weinbergbrache „Unterer Berg" bei Sachsenheim-Häfnerhaslach. Naturschutz u. Landschaftspflege Baden-Württ. 74: 57–132.

Hammond, P. M. (1992): Species inventory. In: Groombridge, B. (ed.): Global Diversity. Status of the Earth's Living Resources. London: Chapman & Hall: 17–39.

Handke, K. (1988): Faunistisch-ökologische Untersuchungen auf Brachflächen in Baden-Württemberg. Arbeitsber. Lehrstuhl Landschaftsökol. Münster 8.

Handke, K. (1992): *Die Bedeutung von unterschiedlich gepflegten Grünlandbrachen für die Fauna (Oberstetten/Taubergebiet). Faun. flor. Mitt. Taubergrund 10: 3–63.

Handke, K. (1997): *Zur Wirbellosen-Fauna regelmäßig gebrannter Brachflächen in Baden-Württemberg 1983/84. NNA-Ber. 10(5). 72–81.

Handke, K. (2004): Laufkäferuntersuchungen mit Eklektoren – Erste Ergebnisse aus der Bremer Flussmarsch. Angew. Carabidol. 6: 29–41.

Handke, K. (2006): 5. Faunistische Untersuchungen. In: Hölzel, N.; Bissels, S.; Donath, T. W.; Handke, K.; Harnisch, M.; Otte, A.: Renaturierung von Stromtalwiesen am hessischen Oberrhein. Naturschutz Biol. Vielfalt 31: 112–199.

Handke, K.; Kundel, W. (1989): Zur Besiedlung neugeschaffener Ufer in der Wesermarsch durch Gefäßpflanzen- und Arthropoden-Gemeinschaften. Landsch. Stadt 21(3): 87–92.

Handke, K.; Schreiber, K.-F. (1985): *Faunistisch-ökologische Untersuchungen auf unterschiedlich gepflegten Parzellen einer Brachfläche im Taubergebiet. Münstersche Geogr. Arb. 20: 155–186.

Hannig, K. (2010): Verbreitung, Biologie und Bestandsentwicklung von *Leistus fulvibarbis* Dejean, 1826 in Deutschland (Coleoptera: Carabidae). Angew. Carabidol. 9: 25–37.

Hannig, K. (2015): Mitteilungen über ausgewählte Laufkäferarten (Col., Carabidae) in Nordrhein-Westfalen VI. Abh. Westfäl. Mus. Naturkde. 75(2): 61–77.

Hannig, K. (2016): Faunistische Mitteilungen über ausgewählte Laufkäferarten (Col., Carabidae) in Nordrhein-Westfalen VII. Natur u. Heimat 76(2/3): 99–108.

Hannig, K.; Kerkering, C. (2004): Erstnachweis von *Philorhizus quadrisignatus* Dejean, 1825 für Schleswig-

Holstein sowie zwei weitere Fundorte von *Dromius meridionalis* Dejean, 1825 von Fehmarn (Coleoptera: Carabidae). Entomol. Z. 114(6): 263–264.

Hannig, K.; Kerkering, C.; Schäfer, P.; Decker, P.; Sonnenburg, H.; Raupach, M.; Terlutter, H. (2009): Kommentierte Artenliste zu ausgewählten Wirbellosengruppen (Coleoptera: Carabidae, Hygrobiidae, Haliplidae, Noteridae, Dytiscidae, Hydrophilidae; Heteroptera; Hymenoptera: Formicidae; Crustacea: Isopoda; Myriapoda: Chilopoda, Diplopoda) des NSG „Emsdettener Venn" im Kreis Steinfurt (Nordrhein-Westfalen). Natur u. Heimat 69: 1–32.

Hannig, K.; Schwerk, A. (1999): Faunistische Mitteilungen über ausgewählte Laufkäferarten (Col., Carabidae) in Westfalen. Natur u. Heimat 59(1): 1–10.

Hantge, E. (1957): Uber die Brutbiologie des Schwarzstirnwürgers (*Lanius minor*). Vogelwelt 78: 137–147.

Harde, K.-W.; Köstlin, R. (1961): Beiträge zur württembergischen Käferfauna I. Jahresh. Ver. vaterl. Nat.kd. Württ. 116: 218–237.

Harde, K.-W.; Köstlin, R. (1965): Beiträge zur württembergischen Käferfauna III. Jahresh. Ver. vaterl. Nat.kd. Württ. 120: 246–267.

Harry, I.; Drees, C.; Höfer, H.; Assmann, T. (2011): When to sample in an inaccessible landscape: a case study with carabids from the Allgäu (northern Alps) (Coleoptera, Carabidae). ZooKeys 100: 255–271.

Harry, I.; Höfer, H. (2010): Die Laufkäfer (Coleoptera: Carabidae) der Alpe Einödsberg und ausgewählter Vergleichsstandorte im Naturschutzgebiet Allgäuer Hochalpen. Andrias 18: 79–98.

Hartmann, F. (1924): Beiträge zu Badens Käferfauna III. Mitt. bad. Landesver. Naturkunde u. Naturschutz N. F 1(12/13): 275–284.

Hartmann, F. (1926): Beiträge zu Badens Käferfauna IV. Mitt. bad. Landesver. Naturkunde u. Naturschutz N. F 2(4): 41–55.

Hartmann, M. (1985): Zur Verbreitung der Arten aus der Verwandtschaft des *Asaphidion flavipes* L. (Col., Carabidae). Entomol. Nachr. Ber. 29(3): 121–123.

Hartmann, M. (2007): Die Verbreitung von *Carabus convexus* Fabricius, 1775 und *C. clatratus* Linné, 1761 in Thüringen (Coleoptera, Carabidae). Thür. Faun. Abh. 12: 149–154.

Hasselmann, M.; Molenda, R.; Sedlmair, D. (2000): Rekonstruktion der Ausbreitungsgeschichte von *Nebria castanea* Bonelli, 1810 (Coleoptera: Carabidae). Entomol. Basiliensia 22: 159–163.

Hau, B. (1994): Die Bedeutung der Vegetationsstruktur für die Carabidenfauna in der Verlandungszone eines Kleingewässers. Diplomarbeit Freie Univ. Berlin (unveröff.).

Heckes, U.; Lorenz, W.; Franzen, M. (1999): Bestandsentwicklung von Laufkäfern der Uferbänke des dealpinen Lechs nach Neubau der Staustufe Kinsau/Oberbayern. Angew. Carabidol. Suppl. 1: 127–138.

Heijerman, T.; Aukema, B. (2014): *Notiophilus quadripunctatus* weer terug op de Nederlandse lijst (Coleoptera: Carabidae). Entomol. Ber. (Amst.) 74(4): 143–146.

Heinz, W. (2002): 126. Bemerkungen zur Verbreitung von *Leistus montanus* in Deutschland (Col., Carabidae). Mitt. Entomol. Ver. Stuttgart 37(1): 64.

Heinzel, G.; Hollnaicher, M.; Rahmann, H. (1988): Vergleichende qualitative und quantitative Untersuchung der Käferfauna zweier unterschiedlich genutzter Kiesgruben im Landkreis Ravensburg/Oberschwaben. Verh. Dtsch. Zool. Ges. 81: 321–322.

Heitjohann, H. (1974): Faunistische und tierökologische Untersuchungen zur Sukzession der Carabidenfauna (Coleoptera, Insecta) in den Sandgebieten der Senne. Abh. Westfäl. Mus. Naturkde. 36(4): 3–27.

Hemmann, K. (1979): *Käferfunde aus Südwest-Deutschland. Mitt. bad. Landesver. Naturkunde u. Naturschutz N. F 12(1/2): 107–108.

Hemmann, K. (2005): *Ergebnisse der Exkursionen der Arbeitsgemeinschaft südwestdeutscher Koleopterologen zum Heuberg 1998. Mitt. Entomol. Ver. Stuttgart 40(1/2): 23–54.

Hemmann, K.; Trautner, J. (2002): *Notiophilus quadripunctatus* Dejean, 1826 neu in Deutschland. Angew. Carabidol. 4(5): 117–120.

Hering, D. (1995): Nahrung und Nahrungskonkurrenz von Laufkäfern und Ameisen in einer nordalpinen Wildflußaue. Archiv Hydrobiol. Suppl. 101 (Large Rivers 9): 439–453.

Hering, D.; Aroviita, J.; Baattrup-Pedersen, A.; Brabec, K.; Buijse, T.; Ecke, F.; Friberg, N.; Gielczewski, M.; Januschke, K.; Köhler, J.; Kupilas, B.; Lorenz, A.; Muhar, S.; Paillex, A.; Poppe, M.; Schmidt, T.; Schmutz, S.; Vermaat, J.; Verdonschot, P.; Verdonschot, R. (2015): Contrasting the roles of section length and instreamhabitat enhancement for river restoration success: a field study of 20 European restoration projects. J. Appl. Ecol. 52: 1518–1527.

Hering, D.; Plachter, H. (1997): Riparian ground beetles (Coleoptera, Carabidae) preying on aquatic invertebrates: a feeding strategy in alpine floodplains. Oecologia 111(2): 261–270.

Herrmann, M.; Kless, J.; Schmitz, G. (2007): *Tiere und Pflanzen der innerstädtischen Grünfläche Fürstenberg in Konstanz. Übersicht – seltene Arten – Naturschutz. Ber. Naturforsch Ges. Freiburg i. Br. 97(1): 117–132.

Hieke, F. (1970): *Die paläarktischen *Amara*-Arten des Subgenus *Zezea* Csiki (Carabidae, Coleoptera). Dtsch. Entomol. Z. NF 17(1-3): 119–214.

Hieke, F. (1976): *Revision einiger Gruppen der Gattung *Amara* Bon. (Col. Carabidae). Dtsch. Entomol. Z. NF 23(4/5): 297–366.

Hieke, F. (2006): 77. Gattung: *Amara* Bonelli, 1810. In: Müller-Motzfeldt, G. (Hrsg.): Die Käfer Mitteleuropas. Bd. 2. Adephaga 1. Carabidae (Laufkäfer). Korrigierter Nachdruck der 2. Auflage. Heidelberg, Berlin: Spektrum Akademischer Verlag: 299–344.

Hintzpeter, U.; Bauer, T. (1986): The antennal setal trap of the ground beetle *Loricera pilicornis*: a specialisation for feeding on Collembola. J. Zool. Lond. A 208: 615–630.

Hochhardt, W. (1996): *Vegetationskundliche und faunistische Untersuchungen in den Niederwäldern des Mittleren Schwarzwaldes unter Berücksichtigung ihrer Bedeutung für den Arten- und Biotopschutz. Schr.reihe Inst. Landespflege Univ. Freiburg 21.

Hochhardt, W. (1997): *Vegetation und Fauna der Niederwälder des Mittleren Schwarzwaldes. AFZ – Der Wald 52(12): 672–674.

Hochhardt, W. (2001): Die Laufkäferbesiedelung ehemaliger und rezenter Niederwälder des Mittleren Schwarzwaldes. Angew. Carabidol. Suppl. 2: 55–60.

Hochhardt, W.; Ostermann, R. (1998): *Die Laufkäferbesiedlung eines Edelkastanien-Niederwaldes im Mittleren Schwarzwald (Ödsbach/Oberkirch). Mitt. bad. Landesver. Naturkunde u. Naturschutz N. F. 17(1): 137–153.

HOCKMANN, P.; SCHLOMBERG, P.; WALLIN, H.; WEBER, F. (1989): Bewegungsmuster und Orientierung des Laufkäfers *Carabus auronitens* in einem westfälischen Eichen-Hainbuchen-Wald (Radarbeobachtungen und Rückfangexperimente). Abh. Westfäl. Mus. Naturkde. 51(1).

HOFFMANN, B. (1980): *Vergleichend ökologische Untersuchungen über die Einflüsse des kontrollierten Brennens auf die Arthropodenfauna einer Riedwiese im Federseegebiet (Südwürttemberg). Veröff. Naturschutz Landschaftspflege Baden-Württ. 51/52(2): 691–714.

HOFMANN, E. (1874): Beiträge zur württembergischen Insectenfauna. Jahresh. Ver. vaterl. Nat.kd. Württ. 30: 299–301.

HOFMANN, E. (1879): Beiträge zur württembergischen Insectenfauna. Jahresh. Ver. vaterl. Nat.kd. Württ. 35: 198–217.

HOLLNAICHER, M. (1990): *Vergleichende qualitative und quantitative Untersuchungen zur Limnofauna zweier Stehgewässer unterschiedlicher Entstehung und Belastung unter besonderer Berücksichtigung der Käfer als mögliche Bioindikatoren. Dissertation Univ. Hohenheim.

HOLLNAICHER, M.; RAHMAN, H. (1990): *Bioindikation für kleinere Stehgewässer auf der Basis faunistischer Untersuchungen. Ökol. u. Naturschutz 3: 183–204.

HOLSTE, G. (1915): *Calosoma sycophanta* L. Seine Lebensgeschichte und -gewohnheiten und seine erfolgreiche Ansiedlung in Neuengland. Eine Besprechung nebst einigen Bemerkungen über *Calosoma inquisitor* L. J. Appl. Entomol. 2(2): 413–421.

HOLSTEIN, J (1995): *Die Spinnen- und Käferzönosen zweier Streuobstwiesen in Oberschwaben. Dissertation Univ. Ulm.

HOLSTEIN, J.; FUNKE, W. (1995): *Käfer- und Spinnengesellschaften süddeutscher Streuobstwiesen. Mitt. Dtsch. Ges. allg. angew. Entomol. 10(1-6): 309–312.

HÖLZINGER, J. (1997): *Lanius minor* J. F. Gmelin, 1788 Schwarzstirnwürger. In: HÖLZINGER, J. (Hrsg.): Die Vögel Baden-Württembergs. Bd. 3 Singvögel. 2. Passeriformes – Sperlingsvögel: Muscicapidae (Fliegenschnäpper) und Thraupidae (Ammertangaren). Stuttgart: Eugen Ulmer: 267–288.

HOMBURG, K.; BRANDT, P.; DREES, C.; ASSMANN, T. (2014): Evolutionarily significant units in a flightless ground beetle show different climate niches and high extinction risk due to climate change. J. Insect Conserv. 18: 781–790.

HONDONG, H.; LANGNER, S.; COCH, T. (1993): Untersuchungen zum Naturschutz an Waldrändern. Bristol-Schr. reihe 2: 194 S.

HONĚK, A.; MARTINKOVÁ, Z.; JAROŠÍK, V (2003): Ground beetles (Carabidae) as seed predators. Eur. J. Entomol. 100: 531–544.

HÖPPNER, J.; HERING, D. (1997): Uferbewohnende Laufkäfer auf Schotterbänken von Fließgewässern des östlichen Rheinischen Schiefergebirges (Coleoptera: Carabidae). Entomol. Z. 107(11): 465–481.

HORION, A. (1936): Studien zur deutschen Käfer-Fauna I. Entomol. Bl. 32(5): 199–206.

HORION, A. (1937): Die rheinischen Arten der Tribus Bembidiini. Decheniana 95 B: 6–29.

HORION, A. (1941): Faunistik der deutschen Käfer. Band 1: Adephaga – Caraboidea. Krefeld: Goecke.

HORION, A. (1949): Käferkunde für Naturfreunde. Frankfurt: Vittorio Klostermann.

HORION, A. (1950): Adventivarten aus faulenden Pflanzenstoffen, besonders aus Komposthaufen. Studien zur deutschen Käfer-Fauna V. Koleopt. Z. 1(3): 203–215.

HORION, A. (1951a): Beiträge zur Kenntnis der Käfer-Fauna des Feldberggebietes. 1. Montane und subalpine Arten. Mitt. bad. Landesv. Naturkunde u. Naturschutz N. F. 5(4-5): 196–212.

HORION, A. (1951b): Verzeichnis der Käfer Mitteleuropas, 1. Abteilung Caraboidea, Palpicornia, Staphylinoidea, Malacodermata, Sternoxia, Fossipedes, Macrodactylia, Brachymera. Stuttgart: Alfred Kernen.

HORION, A. (1953): *Koleopterologischer Beitrag zur Kenntnis der Storchnahrung. Mitt. bad. Landesver. Naturkunde u. Naturschutz N. F. 6(1): 7–16.

HORION, A. (1954a): Beiträge zur Käferfauna des Feldberggebietes 2. Weitere montane und subalpine Arten. Mitt. bad. Landesver. Naturkunde u. Naturschutz N. F. 6(2): 92–109.

HORION, A. (1954b): Beitrag zur Käfer-Fauna des badischen Bodenseegebietes. 1. Abteilung: Carabidae bis Histeridae. Beitr. naturkdl. Forsch. Südwestdtschl. 13(1): 51–61.

HORION, A. (1954): *Koleopterologische Neumeldungen für Deutschland. Erster Nachtrag zum Verzeichnis der mitteleuropäischen Käfer. Dtsch. Entomol. Z. NF 1(1/2): 1–22.

HORION, A. (1954): *Bemerkenswerte Käferfunde aus Deutschland. Zweiter Nachtrag zum „Verzeichnis der Käfer Mitteleuropas“ Anfang. Entomol. Z. 64(12): 137–143.

HORION, A. (1956): *Bemerkenswerte Käferfunde aus Deutschland, 2. Reihe (4. Nachtrag zum „Verzeichnis der Käfer Mitteleuropas“). Entomol. Bl. 51: 61–75.

HORION, A. (1957): Bemerkenswerte Käferfunde aus Deutschland, 3. Reihe (6. Nachtrag zum „Verzeichnis der Käfer Mitteleuropas“). Entomol. Bl. 52(3): 108–123.

HORION, A. (1959a): Bemerkungen zur Faunistik der württembergischen Käfer. 1. Carabidae (Laufkäfer). Jahresh. Ver. vaterl. Nat.kd. Württ. 114: 176–190.

HORION, A. (1959b): Die halobionten und halophilen Carabiden der deutschen Fauna. Wiss. Z. Univ. Halle, Math.-Nat. 8(1/5): 549–556.

HORION, A. (1960): Bemerkungen zur Faunistik der württembergischen Käfer. 2. Haliplidae bis Scaphidiidae. Jahresh. Ver. vaterl. Nat.kd. Württ. 115: 316–329.

HORION, A. (1960): *Koleopterologische Neumeldungen für Deutschland, 4. Reihe (7. Nachtrag zum „Verzeichnis der mitteleuropäischen Käfer“). Mitt. Münch. Ent. Ges. 50: 119–162.

HORION, A. (1966): Neue und bemerkenswerte Käfer in Deutschland. 8. Nachtrag zum „Verzeichnis der mitteleuropäischen Käfer“. Entomol. Bl. 61(3): 134–181.

HORION, A. (1970): Zehnter Nachtrag zum Verzeichnis der mitteleuropäischen Käfer. Entomol. Bl. 66(1): 1–29.

HORION, A. (1972): *Zwölfter Nachtrag zum Verzeichnis der mitteleuropäischen Käfer. Entomol. Bl. 68(1): 9–42.

HORION, A. (1972): *Die mitteleuropäischen *Amara*-Arten der Untergattung *Zezea* Csiki nach der Revision von Herrn Dr. F. Hieke, Berlin. NachrBl. Bayer. Entomol. 21(1): 2–7.

HORION, A. (1973): Neuauflage des Verzeichnisses der Käfer von Mittel-Europa (unveröff. Manuskript in mehreren Bänden). Überlingen.

HORION, A.; HOCH, K. (1954): Beitrag zur Kenntnis der Koleopteren-Fauna der rheinischen Moorgebiete. Decheniana 102 B: 9–39.

HORN, H. (1980): Zur Ökologie epigäischer Arthropoden xerothermer Habitatinseln, untersucht am Beispiel der Sandhausener Dünen. Dissertation Univ. Heidelberg.

HORN, H. (1986): *Die Tierwelt der Naturschutzgebiete. In: GEMEINDE SANDHAUSEN (Hrsg.): Heimatbuch der Gemeinde Sandhausen. Sandhausen: Gemeinde Sandhausen: 43–52.

HÖRNSCHEMEYER, T.; STAPF, H. (1999): Die Insektentaphozönose von Niedermoschel (Asselian, unt. Perm; Deutschland). Terra Nostra, Schriften der Alfred-Wegener-Stiftung 99(8): 98.

HUBER, C.; MARGGI, W. (2005): Raumbedeutsamkeit und Schutzverantwortung am Beispiel der Laufkäfer der Schweiz (Coleoptera, Carabidae) mit Ergänzungen zur Roten Liste. Mitt. Schweiz. Entomol. Ges. 78: 375–397.

HUBER, C.; MARGGI, W. (2006): 13. Gattung: *Nebria* Latreille, 1802. In: MÜLLER-MOTZFELDT, G. (Hrsg.): Die Käfer Mitteleuropas. Bd. 2. Adephaga 1. Carabidae (Laufkäfer). Korrigierter Nachdruck der 2. Auflage. Heidelberg, Berlin: Spektrum Akademischer Verlag: 71–77.

HUBER, C.; MOLENDA, R. (2004): *Nebria (Nebriola) praegensis* sp. nov., ein Periglazialrelikt im Süd-Schwarzwald/Deutschland, mit Beschreibung der Larven (Insecta, Coleoptera, Carabidae). Contrib. Nat. Hist. 4: 1–28.

HUEY, R. B.; PIANKY, E. R. (1977): Natural selection for juvenile lizards mimicking noxious beetles. Science 195: 201–202.

HUGENTOBLER, H. (1963): *Kleine Mitteilung über Vorkommen von *Nebria livida* am Bodensee. Entomol. Bl. 59(2): 127.

HUNGER, H.; SCHIEL, F.-J. (2015): Nachhaltige Förderung von Zwergbinsen-Gesellschaften (Isoëto-Nanojuncetea) in der baden-württembergischen Oberrheinebene. Natur u. Landschaft 90(2): 49–53.

HUNT, T.; BERGSTEN, J.; LEVKANICOVA, Z.; PAPADOPOULOU, A.; ST JOHN, O.; WILD, R.; HAMMOND, P. M.; AHRENS, D.; BALKE, M.; CATERINO, M. S.; GÓMEZ-ZURITA, J.; RIBERA, I.; BARRACLOUGH, T. G.; BOCAKOVA, M.; BOCAK, L.; VOGLER, A. P. (2007): A comprehensive phylogeny of beetles reveals the evolutionary origins of a superradiation. Science 318: 1913–1916.

HŮRKA, K. (1973): Fortpflanzung und Entwicklung der mitteleuropäischen *Carabus*- und *Procerus*-Arten. Studie ČSAV 9.

HŮRKA, K. (1975): Laboratory studies on the life cycle of *Pterostichus melanarius* (Illig.) (Coleoptera: Carabidae). Vestn. Cesk. spol. zool. 39(4): 265–274.

HŮRKA, K. (1986): Larval taxonomy and breeding type of Palaearctic *Cymindis* (Coleoptera, Carabidae). Acta Entomol. Bohemoslov. 83: 30–61.

HŮRKA, K. (1996): Carabidae of the Czech and Slovak Republics. Zlin: Kabourek.

HŮRKA, K.; JAROŠÍK, V. (2001): Development, breeding type and diet of members of the *Amara communis* species aggregate (Coleoptera: Carabidae). Acta Soc. Zool. Bohemicae 65: 17–23.

HŮRKA, K.; JAROŠÍK, V. (2003): Larval omnivory in *Amara aenea* (Coleoptera: Carabidae). Eur. J. Entomol. 100: 329–335.

HŮRKA, K.; SMRŽ, J. (1981): Diagnosis and bionomy of unknown *Agonum*, *Batenus*, *Europhilus* and *Idiochroma* larvae (Col., Carabidae, *Platynus*). Vestn. Cesk. spol. zool. 45: 255- 276.

IHSSEN, G. (1954): *1490. *Badister kineli*. In: Kleine Mitteilungen. Entomol. Bl. 50: 127.

IHSSEN, G. (1954): *1492. *Anisodactylus nemorivagus*. In: Kleine Mitteilungen. Entomol. Bl. 50: 127.

IRMLER, U. (2004): Die Entwicklung der Carabidengemeinschaften während der Sukzession von Heide zu Wald. Angew. Carabidol. Suppl. 3: 17–25.

IRMLER, U. (2014): Autecology and population ecology of *Chlaenius nigricornis* (F., 1787) and *Blethisa multipunctata* Bonelli, 1810 in a wet grassland of northern Germany (Coleoptera: Carabidae). Faun. Ökol. Mitt. 9: 357–370.

IRMLER, U.; GÜRLICH, S. (2004): Die ökologische Einordnung der Laufkäfer (Coleoptera: Carabidae) in Schleswig-Holstein. Faun. Ökol. Mitt. Suppl. 32.

JÄGER, O. (1993): *13. Käfer – Coleoptera. In: LFU, LANDESANSTALT FÜR UMWELTSCHUTZ BADEN.-WÜRTT. (Hrsg.): Naturschutzgebiet „Wernauer Baggerseen" im Landkreis Esslingen. Von der Kiesgrube zum Naturreservat. Führer Natur- u. Landschaftsschutzgebiete Baden-Württ. 21: 177–185.

JANS, W. (1983): *Die zeitliche Einnischung der Carabidenpopulationen von Laubwäldern – Analyse der Laufaktivität. Verh. Dtsch. Zool. Ges. 76: 204.

JANSEN, W. (1998): *Die Laufkäferfauna eines Torfabbaugebietes im Moorkomplex Wurzacher Ried, Oberschwaben (Col., Carabidae et Cicindelidae). Verh. Westd. Entomol. Tag 1997: 43–52.

JANSEN, W. (1998): *Zur Käferfauna eines Gradienten unterschiedlich stark gestörter Hochmoorstandorte im Moorkomplex Wurzacher Ried, Oberschwaben. Mitt. Internat. Entomol. Ver. 22(3/4): 85–126.

JANSEN, W. (1999): *Faunistisch-ökologische Untersuchungen zur (Boden-)Käferfauna. In: JANSEN, W. (Hrsg.): Faunistisch-limnochemische Untersuchungen zur Erfolgskontrolle von Renaturierungsmaßnahmen in einem süddeutschen Moorkomplex (Wurzacher Ried, Lkr. Ravensburg). Hamburg: Dr. Kovac: 98–136.

JASKUŁA, R.; SOSZYŃSKA-MAJ, A. (2011): What do we know about winter active ground beetles (Coleoptera, Carabidae) in Central and Northern Europe? In: KOTZE D. J.; ASSMANN, T.; NOORDIJK, J.; TURIN, H.; VERMEULEN, R. (eds.): Carabid Beetles as Bioindicators: Biogeographical, Ecological and Environmental Studies. ZooKeys 100: 517–532.

JASSER, H. (1982): *Vergleichende Untersuchungen der Baumkronenfaunen unterschiedlich bewirtschafteter Apfelanlagen bei Balingen/Württemberg (unter besonderer Berücksichtigung der für den Apfelanbau bedeutenden Arthropodenarten). Darmstadt: Forschungsring für biologisch-dynamische Wirtschaftsweise.

JEANNEL, R. (1942): Coléoptères carabiques. Deuxième partie. Faune de France 40: 574–1173.

JOHN, R.; SCHULTZ, R. (2005): Die Laufkäferfauna im Bann- und Wirtschaftswald „Bechtaler Wald" nach dem Sturm Lothar. In: FVA, FORSTLICHE VERSUCHS- UND FORSCHUNGSANSTALT BADEN-WÜRTT. (Hrsg.): Bannwald „Bechtaler Wald". Eine Laubwald-Biozönose vor und nach dem Sturm Lothar. Waldschutzgebiete Baden-Württ. 8: 179–197.

JOHNSON, N. E.; CAMERON, R. S. (1969): Phytophagous Ground Beetles. Ann. Entomol. Soc. Am. 62(4): 909–914.

JONASON, D.; FRANZÉN, M.; RANIUS, T. (2014): Surveying Moths Using Light Traps: Effects of Weather and Time of Year. PLoS One 9(3): 1–7.

JOOSS, R.; GEISSLER-STROBEL, S. (2008): Das „Informationssystem Zielartenkonzept Baden-Württemberg" – ein innovatives Planungswerkzeug für den Schutz der Artenvielfalt. Naturschutz Biol. Vielfalt 60: 159–164.

JUNG, W. (1940): Ernährungsversuche an *Carabus*-Arten. Entomol. Bl. 36: 117–124.

JUNGINGER, W. (2013): Wie es früher wirklich war! Der Zeitzeuge Willi Junginger aus Asselfingen berichtet vom Torfstechen, von der Streugewinnung und der Heuernte aus den 40-er Jahren des 20. Jahrhunderts [Anmerkung und Arrangement H. Müller]. Arbeitsgemeinschaft Donaumoos e.V. Langenau.

Kahlen, M. (1987): Nachtrag zur Käferfauna Tirols. Ergänzung zu den bisher erschienenen faunistischen Arbeiten über die Käfer Nordtirols (1950, 1971 und 1976) und Südtirols (1977). Innsbruck: Tiroler Landesmuseum Ferdinandeum.

Kahlen, M. (1995): Die Käfer der Ufer und Auen des Rißbaches. Natur in Tirol. Naturkundliche Beiträge der Abteilung Umweltschutz. Innsbruck: Amt der Tiroler Landesregierung: 1–63.

Kahlen, M. (2009): Die Käfer der Ufer und Auen des Tagliamento (II. Beitrag: ergänzende eigene Sammelergebnisse, Fremddaten, Literatur). Gortania 31: 65–136.

Kaiser, M. (1997): Laufkäfer. In: LfU, Landesanstalt für Umweltschutz Baden-Württ. (Hrsg.): Faunistische Untersuchungen auf Bracheversuchsflächen in Baden-Württemberg. Veröff. PAÖ 27: 68–96.

Kaiser, M. (1997): *Der Einfluß von extensiven Pflegemaßnahmen und ungestörter Sukzession auf die Arthropodenfauna von Grünlandbrachen im Südschwarzwald. Mitt. Entomol. Ver. Stuttgart 32(2): 68–78.

Kaiser, M. (2004): Faunistik und Biogeographie der Anisodactylinae und Harpalinae Westfalens (Coleoptera: Carabidae). Abh. Westfäl. Mus. Naturkde. 66(3): 1–155.

Kamp, H. J. (1986): *Koleopterologische Meldungen aus Baden-Württemberg. Mitt. Entomol. Ver. Stuttgart 21(2): 74–83.

Kämpfer, P. R. (2004): Arthropodenzönosen und ihre Habitatpräferenzen auf Kiesinseln in der Rhone im Pfynwald (Schweiz, VS). Diplomarbeit Univ. Bern (unveröff.).

Kampmann, F. E. (1860): Catalogus coléopterorum vallis rhenanae alsatico-badensis. Bull. Soc. Hist. Nat. Colmar 1: 29–75.

Kaule, G. (1991): Arten- und Biotopschutz. 2. Aufl. Stuttgart: Eugen Ulmer.

Kaule, G.; Schwarz-von Raumer, H.-G.; Trautner, J.; Buchweitz, M.; Boschert, M.; Klemm, M.; Sternberg, K. (2001): Fließgewässer in Baden-Württemberg als Lebensraum ausgewählter Artengruppen. Oberirdische Gewässer, Gewässerökol. 66: 52 S. + Karten.

Kaule, G.; Trautner, J.; Marggraf, V.; Schwenninger, H.; Reck, H.; Mörsdorf, S.; Rietze, J.; Hermann, G.; Schmid-Egger, C.; Kubach, G. (2011): Rebflurbereinigung am Dätzberg – Untersuchungen zur Besiedlung von Weinbergen durch Flora und Fauna. Untersuchungsjahre 1990 bis 2010. Bericht im Auftrag des Landesamtes für Geoinformation und Landentwicklung Baden-Württ. (unveröff.). Stuttgart.

Kaupp, A. (1996): *Wiedervernässung und Wiederherstellung artenreicher Feuchtwiesen im Naturschutzgebiet „Südliches Federseeried“ (Zoologischer Teil). Veröff. PAÖ 16: 217–231.

Kegel, B. (1989): Laboratory experiments on the side effects of selected herbicides and insecticides on the larvae of three sympatric *Poecilus* species (Col., Carabidae). J. Appl. Entomol. 108(1-5): 144–155.

Kegel, B. (1994): The biology of four sympatric *Poecilus* species. In: Desender, K.; Dufrêne, M.; Loreau, M.; Luff, M. L.; Maelfait, J.-P. (eds.): Carabid Beetles – Ecology and Evolution. Dordrecht, Boston, London: Kluwer Academic Publishers: 157–163.

Kempf, W. (1955): Zur Biologie von *Broscus cephalotes* L. (Car.). Zool. Anz. 155: 30–33.

Kenter, B.; Baumann, K.; Bellmann, H.; Werth, H.; Funke, W. (1996): Tiergesellschaften auf Windwurfflächen in Süddeutschland – Untersuchungen an Arthropoden- und Avizönosen. Veröff. PAÖ 16: 357–366.

Kenter, B.; Bellmann, H.; Spelda, J.; Funke, W. (1998): 5.4 Makrofauna – Zoophage der Streu und der Bodenoberfläche – 5.4.1 Carabidae (Laufkäfer). In: Fischer, A. (Hrsg.): Die Entwicklung von Wald-Biozönosen nach Sturmwurf. Landsberg: ecomed-Verlagsgesellschaft: 258–279.

Kenter, B.; Jans, W.; Funke, W. (1994): *Untersuchungen zur Sukzession der Raubarthropodenzönose einer Windwurffläche. Mitt. Dtsch. Ges. allg. angew. Entomol. 9(1-3): 751–754.

Kenter, B.; Sattelmayer, E.; Bellmann, H.; Funke, W. (1994): *Sukzession der Lebensgemeinschaften einer Windwurffläche (Fichtenstandort Langenau) – Untersuchungen an Arthropodenzönosen. Veröff. PAÖ 8: 415–429.

Kern, P. (1912): Über die Fortpflanzung und Eibildung bei einigen Caraben. Zool. Anz. 40: 345–351.

Kern, P. (1921): Beiträge zur Biologie der Caraben. Entomol. Bl. 17(10-12): 162–172.

Kielhorn, K.-H. (2013): Zum Vorkommen von *Amara gebleri* Dejean, 1831 in Brandenburg und Berlin (Coleoptera, Carabidae). Märk. Entomol. Nachr. 15(1): 95–103.

Kielhorn, K.-H.; Gebert, J.; Franz, U. (2014): Ergänzungen zur Roten Liste und Gesamtartenliste der Laufkäfer (Coleoptera: Carabidae) von Berlin. Märk. Entomol. Nachr. 16(2): 197–202.

Kielhorn, K.-H.; Gebert, J.; Trost, M. (2007): Zur Ausbreitung von *Tachyura diabrachys* (Kolenati, 1845) in Deutschland (Coleoptera, Carabidae). Entomol. Nachr. Ber. 51(3/4): 207–210.

Kirichenko, M.; Babko, R. (2009): The spatial population distribution of *Omophron limbatum* Fabricius, 1777 (Coleoptera, Carabdiae) in the conditions of regulated rivers. Teka Kom. Ochr. Kszt. Środ. Przyr. OL PAN 6: 129–137.

Kirk, V. M. (1972): Seed caching by larvae of two ground beetles, *Harpalus pennsylvanicus* and *H. erraticus*. Ann. Entomol. Soc. Am. 65: 1426–1428.

Klausnitzer, B.; Hrsg. (1991): Die Käfer Mitteleuropas, Larven 1: Adephaga. Heidelberg: Spektrum Akademischer Verlag.

Klausnitzer, B.; Richter, K. (1983): Presence of an Urban Gradient Demonstrated for Carabid Associations. Oecologia 59(1): 79–82.

Kleinwächter, M. (2007): Laufkäfer (Coleoptera, Carabidae) in dynamischen Uferlebensräumen der Elbe. Schlüsselfaktoren, Habitateignung und anthropogene Einflüsse. Dissertation Univ. Braunschweig.

Kleinwächter, M.; Rickfelder, T. (2007): Habitat models for a riparian carabid beetle: their validity and applicability in the evaluation of river bank management. Biodivers. Conserv. 16: 3067–3081.

Klenner, M. F. (1989): Überlebenstrategien einer stenotopen Waldart: Untersuchungen zur Dynamik einer westfälischen *Carabus auronitens*-Population (Coleoptera, Carabidae). Verh. Ges. Ökol. 18: 781–791.

Kless, B. (1989): *Beitrag zur Käferfauna des Hegauer Kegelberglandes. Ergebnis der Gemeinschaftsexkursion 1980 der Arbeitsgemeinschaft südwestdeutscher Koleopterologen. Mitt. Entomol. Ver. Stuttgart 24(2): 103–119.

Kless, J. (1959): Bemerkenswerte Käferarten aus der Wutachschlucht. Mitt. bad. Landesver. Naturkunde u. Naturschutz N. F. 7(5): 357–362.

KLESS, J. (1961): Tiergeographische Elemente in der Käfer- und Wanzenfauna des Wutachgebiets und ihre ökologischen Ansprüche. Z. Morph. Ökol. Tiere 49(5): 541–628.

KLESS, J. (1961): *Die Käfer und Wanzen der Wutachschlucht. Mitt. bad. Landesver. Naturkunde u. Naturschutz N. F 8(1): 79–152.

KLESS, J. (1965): Beobachtungen an *Carabus variolosus nodulosus* Creutz. Mitt. bad. Landesver. Naturkunde u. Naturschutz N. F 8(4): 577–578.

KLESS, J. (1967): Der jetzige Zustand des Willaringer Moores, in dem Hartmann einen *Carabus* fing, den Nüßler für einen *C. menetriesi* hält. Mitt. Entomol. Ver. Stuttgart 2(2): 80.

KLESS, J. (1968): *Das Landschaftsschutzgebiet Taubergießen am Oberrhein. Mitt. Entomol. Ver. Stuttgart 3(2): 118–121.

KLESS, J. (1969): Bericht über die Käferfauna des Landschaftsschutzgebietes Taubergießen. Mitt. Entomol. Ver. Stuttgart 4: 1–28.

KLESS, J. (1971): Die Käfer (Coleoptera) des Wutachgebietes. In: LFU, LANDESANSTALT FÜR UMWELTSCHUTZ BADEN-WÜRTT. (Hrsg.): Die Wutach. Naturkundliche Monographie einer Flußlandschaft. Natur- u. Landsch. schutzgeb. Baden-Württ. 6: 397–410.

KLESS, J. (1974): Die Käferarten des Schutzgebietes „Taubergießen" am Oberrhein. In: LANDESSTELLE FÜR NATURSCHUTZ UND LANDSCHAFTSPFLEGE BADEN-WÜRTT. (Hrsg.): Das Taubergießengebiet. Eine Rheinauenlandschaft. Natur- u. Landsch.schutzgeb. Baden-Württ. 7: 552–569.

KLESS, J. (1983): Die Käferfauna des Mindelseegebietes. In: LFU, LANDESANSTALT FÜR UMWELTSCHUTZ BADEN-WÜRTT. (Hrsg.): Der Mindelsee bei Radolfzell, Monographie eines Naturschutzgebiets auf dem Bodanrück. Natur- u. Landsch.schutzgeb. Baden-Württ. 11: 645–659.

KLESS, J. (1998): Käfer aus dem NSG Unterhölzer Wald auf der Baar. Ergebnisse der Exkursion 1992 der Arbeitsgemeinschaft südwestdeutscher Koleopterologen. Mitt. Entomol. Ver. Stuttgart 33(2): 81–95.

KLESS, J. (2006): *149. 70-facher Tod in einer leeren Flasche. In: Kleine Mitteilungen. Mitt. Entomol. Ver. Stuttgart 41(1/2): 164.

KLESS, J.; KLESS, U. (2005): *Käfer aus dem NSG Wollmatinger Ried am Bodensee. Ergebnisse der Exkursion 2002 der Arbeitsgemeinschaft südwestdeutscher Koleopterologen (Teil 1). Mitt. Entomol. Ver. Stuttgart 40(1/2): 97–116.

KLESS, J.; KLESS, U.; KOSTENBADER, H. U.; KONZELMANN, E.; RENNER, K. (2002): *Käferfunde auf Gemarkung Radolfzell-Liggeringen. Naturschutz zw. Donau u. Bodensee 1: 59–63.

KLINGER, K. (1987): Laufkäfer auf Weizenschlägen des Lautenbacher Hofs, Landkreis Heilbronn (Coleoptera, Carabidae). Veröff. Naturschutz Landschaftspflege Baden-Württ. 62: 483–492.

KNAPP, H. (1996): *Eichenborke als Lebensraum für 22 Käferarten aus 14 Familien. Mitt. Entomol. Ver. Stuttgart 31(2): 101–102.

KNAPP, H. (2003): Wenig gemeldete Käferarten aus Baden-Württemberg (Coleoptera). Mitt. Entomol. Ver. Stuttgart 38(1): 27–29.

KNAPP, H. (2007): 154. *Harpalus xanthopus winkleri* Schauberger, 1923 (Col., Carabidae) – 2. Nachweis in Baden-Württemberg. In: Kleine Mitteilungen. Mitt. Entomol. Ver. Stuttgart 42(1/2): 64.

KNAPP, H.; RHEINHEIMER, J. (2010): Ergebnisse der Exkursion der Arbeitsgemeinschaft südwestdeutscher Koleopterologen in die nördliche Oberrheinebene 2006. Mitt. Entomol. Ver. Stuttgart 45(2): 91–132.

KÖBER, J. (1978): *„Raubritter" aus dem Allgäu – Betrachtungen einer Sandlaufkäferart. Mitt. Arb.gem. Naturschutz Wangen 1: 34–39.

KÖBER, J. (1987): *Coleopterologische Untersuchung im Bodenmer Moos bei Isny/Allgäu. Mitt. Arb.gem. Naturschutz Wangen 19: 34–44.

KOCH, D. (1984): *Pterostichus nigrita*, ein Komplex von Zwillingsarten. Entomol. Bl. 79(2/3): 141–152.

KOCK, T. (1975): *Abwehr von Schäden des Erdbeerlaufkäfers, *Harpalus pubescens* Müll. (Coleoptera, Carabidae), im Erdbeeranbau durch eine Ablenkfütterung. Z. Angew. Entomol. 77: 402–409.

KOEHLER, H. (1977): Nahrungsspektrum und Nahrungskonnex von *Pterostichus oblongopunctatus* (F.) und *Pterostichus metallicus* (F.) (Coleoptera, Carabidae). Verh. Ges. Ökol. 5: 103–111.

KOEHLER, H. (1984): Zum Nahrungsspektrum und Nahrungsumsatz von *Pterostichus oblongopunctatus* (F.) und *Pterostichus metallicus* (F.) (Coleopt., Carabidae) im „Ökosystem Buchenwald". Pedobiologia 27: 171–183.

KÖHLER, F. (2000): Erster Nachtrag zum „Verzeichnis der Käfer Deutschlands". Entomol. Nachr. Ber. 44(1): 60–84.

KÖHLER, F. (2011): 2. Nachtrag zum „Verzeichnis der Käfer Deutschlands" (Köhler & Klausnitzer 1998) (Coleoptera). Entomol. Nachr. Ber. 55: 109–174, 247–254.

KÖHLER, F.; KLAUSNITZER, B.; Hrsg. (1998): Verzeichnis der Käfer Deutschlands. Entomol. Nachr. Ber. Beiheft 4: 1–185.

KOIVULA, M. J. (2011): Useful model organisms, indicators, or both? Ground beetles (Coleoptera, Carabidae) reflecting environmental conditions. In: KOTZE D. J.; ASSMANN, T.; NOORDIJK, J.; TURIN, H.; VERMEULEN, R. (eds.): Carabid Beetles as Bioindicators: Biogeographical, Ecological and Environmental Studies. ZooKeys 100: 287–317.

KOKTA, C. (1989): Auswirkungen abgestufter Intensität der Pflanzenproduktion auf epigäische Arthropoden, insbesondere Laufkäfer (Coleoptera, Carabidae), in einer dreigliedrigen Fruchtfolge. Dissertation TH Darmstadt.

KOLESNIKOV, F. N. (2008): *Pterostichus* (*Pseudomaseus*) *anthracinus* (Coleoptera, Carabidae) in the Desna River Floodland Plane: Sex and Age Structure of the Population, Developmental Biology, and Parental Care. Entomol. Rev. 88(8): 904–909.

KOLESNIKOV, F. N.; KARAMYAN, A. N.; HOBACK, W. W. (2012): Survival of ground beetles (Coleoptera: Carabidae) submerged during floods: Field and laboratory studies. Eur. J. Entomol. 109: 71–76.

KOLESNIKOV, F. N.; MALUEVA, E. V. (2015): Life history of *Amara fulva* (Coleoptera: Carabidae) in the southwest forest zone of the East European Plain. Eur. J. Entomol. 112(1): 127–134.

KOMÁREK, J. (1954): Mutterpflege bei *Molops piceus* Panz. Acta. Soc. Entomol. člv. 51: 130–134.

KONZELMANN, E. (1981): *Ergebnis der Exkursionen der Arbeitsgemeinschaft südwestdeutscher Koleopterologen in das NSG Reisenberg bei Crailsheim. Mitt. Entomol. Ver. Stuttgart 16(1): 13–31.

KONZELMANN, E. (2006): *Käfer aus Genisten eines Winter-Hochwassers von der Murg bei Niederbühl (Rastatt) und vom Eberbach bei Haueneberstein (Baden-Baden). Mitt. Entomol. Ver. Stuttgart 41(2): 93–114.

KONZELMANN, E. (2010): *Käferfunde aus den Naturschutzgebieten Pleidelsheimer Wiesental und Altneckar im Kreis Ludwigsburg 1975–2008. Mitt. Entomol. Ver. Stuttgart 45(1): 3–78.

KONZELMANN, E. (2013): *Käfer aus Hochwassergenisten vom Main, eingetragen am 14.01.2011 in Bayern bei Staffelbach (Oberhaid) und Eschenbach (Eltmann) und in Baden-Württemberg bei Eichel (Wertheim). Mitt. Entomol. Ver. Stuttgart 48(1): 11–35.

KONZELMANN, E.; MALZACHER, P. (2006): *Die Käferfauna im Stadtgebiet von Ludwigsburg unter schwerpunktmäßiger Berücksichtigung von Substraten aus alten Laubbäumen und Bodenproben in deren unmittelbarer Umgebung. Mitt. Entomol. Ver. Stuttgart 41(2): 115–151.

KOPF, A.; FUNKE, W. (1998): 5.8 Borkenkäfer und Borkenkäferfeinde. In: FISCHER, A. (Hrsg.): Die Entwicklung von Wald-Biozönosen nach Sturmwurf. Landsberg: ecomed-Verlagsgesellschaft: 315–321.

KOPF, A.; FUNKE, W. (1998): *5.6 Xylobionte Arthropoden. In: FISCHER, A. (Hrsg.): Die Entwicklung von Wald-Biozönosen nach Sturmwurf. Landsberg: ecomed-Verlagsgesellschaft: 282–291.

KÖPPEL, C.; SPELDA, J. (1994): *Das vertikale Ausweichen von Bodenarthropoden und Lepidopteren-Larven in den „Rastatter Rheinauen" als Reaktion auf ein künstliches Hochwasser durch den Schleusentorbruch an der Staustufe Iffezheim. Mitt. Entomol. Ver. Stuttgart 29(2): 111–118.

KORGE, H. (1967): *Einige Käferfunde bei Todtnauberg (Schwarzwald). Entomol. Bl. 63(1): 59.

KORGE, H. (1971): **Carabus violaceus purpurascens*. Entomol. Bl. 67(2): 123.

KOSTENBADER, H. (1976): Ergebnisse der Isny-Exkursionen der Arbeitsgemeinschaft südwestdeutscher Koleopterologen. Mitt. Entomol. Ver. Stuttgart 10/11: 84–102.

KOSTENBADER, H. (1988): Unterlagen zur Faunistik der Käfer Südwest-Deutschlands (1): Die Käfersammlung von Paul Dolderer im Heimatmuseum in Heidenheim. Mitt. Entomol. Ver. Stuttgart 23(2): 106–124.

KOSTENBADER, H. (1988): *Ergebnis der Exkursionen 1983 der Arbeitsgemeinschaft südwestdeutscher Koleopterologen nach Sigmaringen-Unterschmeien (und weitere Funde dort). Mitt. Entomol. Ver. Stuttgart 23(1): 16–31.

KOSTENBADER, H. (1991): Unterlagen zur Faunistik der Käfer Südwest-Deutschlands (4): Die Käfersammlung von Dr. Hüber in Ulm. Mitt. Entomol. Ver. Stuttgart 26(1): 35–46.

KOSTENBADER, H. (1994): Unterlagen zur Faunistik der Käfer Südwest-Deutschlands (7): Die Käfersammlung von Sepp Bernert in Schwäbisch Gmünd. Mitt. Entomol. Ver. Stuttgart 29(2): 93–103.

KOSTENBADER, H. (1998): *Erweiterte Fundliste der Exkursion 1962 in das Große Lautertal auf der Schwäbischen Alb. Mitt. Entomol. Ver. Stuttgart 33(2): 53–59.

KOSTENBADER, H. (2007): *Käfer vom Michaelsberg bei Gundelsheim am Neckar – Ergebnisse der Exkursion 1977 der Arbeitsgemeinschaft südwestdeutscher Koleopterologen. Mitt. Entomol. Ver. Stuttgart 42(1/2): 37–50.

KOSTENBADER, H. (2008): *Bericht über die koleopterologische Exkursion 1996 zu den Missen im Nordschwarzwald bei Igelsloch, Kreis Calw. Mitt. Entomol. Ver. Stuttgart 43: 19–29.

KOSTENBADER, H. (2009): *Bericht über die Exkursion der Arbeitsgemeinschaft südwestdeutscher Koleopterologen 1997 ins Argental (in memoriam Helmut Kasper 21.12.1954 – 6.12.2004). Mitt. Entomol. Ver. Stuttgart 44: 14–22.

KOSTENBADER, H. (2012): *Bericht über die Exkursionen der Arbeitsgemeinschaft südwestdeutscher Koleopterologen ins Rotachtal im Ostalbkreis im Jahr 2010. Mitt. Entomol. Ver. Stuttgart 47(1): 3–22.

KOSTENBADER, H. (2013): *Unterlagen zur Faunistik der Käfer Südwest-Deutschlands (11): Konvolut koleopterologischer Artenlisten aus 46 unveröffentlichten Auftragsarbeiten (Insecta: Coleoptera). Mitt. Entomol. Ver. Stuttgart 48(2): 114–141.

KOSTENBADER, H. (2014): Unterlagen zur Faunistik der Käfer Südwestdeutschlands (12). Käferliteratur Baden-Württembergs und angrenzender Gebiete. Bibliographie von 1602 bis 2010. Mitt. Entomol. Ver. Stuttgart 49 (Sonderheft 29): 1–346.

KOSTENBADER, H.; TRAUTNER, J. (2008): *Bericht über die koleopterologische Exkursion 1993 ins Taubertal bei Edelfingen. Mitt. Entomol. Ver. Stuttgart 43: 31–40.

KÖSTLIN, R. (1955): Einige bemerkenswerte Käferfunde in Württemberg und im benachbarten Grenzgebiet. Jahresh. Ver. vaterl. Nat.kd. Württ. 110: 274–276.

KÖSTLIN, R. (1956): Ein Fund von *Amara crenata* Dej. in Württemberg. Mitt. Dtsch. entomol. Ges. 15(1): 31.

KÖSTLIN, R. (1956): *Weitere bemerkenswerte Käferfunde in Württemberg und dem benachbarten Grenzgebiet. Jahresh. Ver. vaterl. Nat.kd. Württ. 111: 263–265.

KÖSTLIN, R. (1957): Weitere bemerkenswerte Käferfunde in Württemberg (3. Mitteilung). Jahresh. Ver. vaterl. Nat. kd. Württ. 112: 325–328.

KÖSTLIN, R. (1966): *Bericht über die gemeinsame Exkursion der Arbeitsgemeinschaft württembergischer Koleopterologen in den württembergischen Schwarzwald. 1965. (Col.). Mitt. Entomol. Ver. Stuttgart 1(1): 23–43.

KÖSTLIN, R. (1967): *Bericht über die 9. gemeinsame Exkursion der Arbeitsgemeinschaft württembergischer Koleopterologen in die Balinger Berge (Schwäbische Alb) 1966. Mitt. Entomol. Ver. Stuttgart 2(2): 44–57.

KÖSTLIN, R. (1968): Bericht über die 10. gemeinsame Exkursion der Arbeitsgemeinschaft württembergischer Koleopterologen in das Naturschutzgebiet Brunnenholzried bei Aulendorf und zum Bussen bei Riedlingen. Mitt. Entomol. Ver. Stuttgart 3(2): 63–100.

KÖSTLIN, R. (1971): *Bericht über die 12. gemeinsame Exkursion der Arbeitsgemeinschaft südwestdeutscher Koleopterologen in das Gebiet von Langenau, Kreis Ulm 1969. Mitt. Entomol. Ver. Stuttgart 6: 1–34.

KÖSTLIN, R. (1973): *Bericht über die 15. gemeinsame Exkursion der Arbeitsgemeinschaft südwestdeutscher Koleopterologen in das Gebiet von Horb am Neckar 1972. Mitt. Entomol. Ver. Stuttgart 8: 31a–43.

KOTZE, D. J.; BRANDMAYR, P.; CASALE, A.; DAUFFY-RICHARD, E.; DEKONINCK, W.; KOIVULA, M. J.; LÖVEI, G. L.; MOSSAKOWSKI, D.; NOORDIJK, J.; PAARMANN, W.; PIZZOLOTTO, R.; SASKA, P.; SCHWERK, A.; SERRANO, J.; SZYSZKO, J.; TABOADA, A.; TURIN, H.; VENN, S.; VERMEULEN, R.; ZETTO, T. (2011): Forty years of carabid beetle research in Europe – from taxonomy, biology, ecology and population studies to bioindication, habitat assessment and conservation. In: KOTZE D. J.; ASSMANN, T.; NOORDIJK, J.; TURIN, H.; VERMEULEN, R. (eds.): Carabid Beetles as Bioindicators: Biogeographical, Ecological and Environmental Studies. ZooKeys 100: 55–148.

KRAMER, M.; TRAUTNER, J. (2000): Erstnachweis von *Harpalus cupreus* Dejean, 1829 in Deutschland. Angew. Carabidol. (2/3): 99–100.

KRECKWITZ, H. (1978): Untersuchungen zur Fortpflanzungsbiologie und zum jahresperiodischen Verhalten in Temperatur- und Feuchtigkeitsgradienten an Wildfängen und Laborzuchten des Carabiden *Agonum dorsale* Pont. Dissertation Univ. Köln.

Krell, F.-T. (1996): Die Käfer-Fauna (Coleoptera) des oberen Wiesaztales sowie des ehemaligen Militärgeländes „Listhof" und der alten Erddeponie bei Reutlingen. Mitt. Entomol. Ver. Stuttgart 31: 3–56.

Kromp, B. (1989): Carabid Beetle Communities (Carabidae, Coleoptera) in Biologically and Conventionally Farmed Agroecosystems. Agric. Ecosyst. Environ. 27: 241–251.

Kromp, B. (1999): Carabid beetles in sustainable agriculture: a review on pest control efficacy, cultivation impacts and enhancement. Agric. Ecosyst. Environ. 74: 187–228.

Krummen, H. (2002): Laufkäfergemeinschaften von Trockenhabitaten eines ehemaligen Verschiebebahnhofs. Angew. Carabidol. 4/5: 19–32.

Kubach, G. (1995): Verbreitung und Ökologie von Laufkäfern (Coleoptera, Carabidae) auf neu angelegten Saumstrukturen in einer süddeutschen Agrarlandschaft (Kraichgau). Dissertation Univ. Hohenheim.

Kubach, G.; Trautner, J.; Zebitz, C. P. W. (1999): Veränderungen der Laufkäferfauna in einer offenen Kulturlandschaft der Ostalb. Vergleich einer aktuellen Erhebung mit den Daten P. Dolderers aus den 1930er bis 1950er Jahren. Jahresh. Ges. Nat.kd. Württ. 155: 135–191.

Kubach, G.; Zebitz, C. P. W. (1996): Laufkäfer (Carabidae) auf neu angelegten Saumstrukturen in einer süddeutschen Agrarlandschaft (Kraichgau) unter besonderer Berücksichtigung von Arten der Unterfamilie Harpalinae. Jahresh. Ges. Nat.kd. Württ. 152: 187–212.

Kubach, G.; Zebitz, C. P. W. (1996): *Bewertung von Biotopneuanlagen auf Äckern anhand der Besiedlung durch Laufkäfer. Hinweise zum Biotopverbund im Kraichgau (Baden-Württemberg). Naturschutz u. Landschaftsplanung 28(9): 272–280.

Kulkarni, S. S.; Dosdall, L. M.; Willenborg, C. J. (2015): The Role of Ground Beetles (Coleoptera: Carabidae) in Weed Seed Consumption: A Review. Weed Science 63(2): 335–376.

Kůrka, A. (1972): Bionomy of the Czechoslovak species of the genus *Calathus* Bon. with notes on their rearing (Coleoptera, Carabidae). Vestn. Cesk. spol. zool. 36(2): 101–114.

Kůrka, A. (1975): The life cycle of *Bembidion tibiale* (Coleoptera, Carabidae). Acta Entomol. Bohemoslov. 72(6): 374–328.

Kůrka, A. (1976): The life cycle of *Agonum ruficorne* (Goeze) (Coleoptera, Carabidae). Acta Entomol. Bohemoslov. 73(5): 318–323.

Küster, H. (1995): Geschichte der Landschaft in Mitteleuropa: Von der Eiszeit bis zur Gegenwart. Frankfurt, Wien: Büchergilde Gutenberg.

Küster, H. (2008): Geschichte des Waldes: Von der Urzeit bis zur Gegenwart (2. Aufl.). München: C. H. Beck.

Kutasi, C.; Marko.; V.; Balog, A. (2004): Species Composition of Carabid (Coleoptera: Carabidae) Communities in Apple and Pear Orchards in Hungary. Acta Phytopath. Entomol. Hung. 39(1-3): 71–89.

Kutasi, C.; Szél, G. (2006): Ground beetle assemblages of dolomitic grasslands in Hungary. Entomol. Fennica 17: 253–257.

Lambrecht, H.; Trautner, J. (2007): Die Berücksichtigung von Auswirkungen auf charakteristische Arten der Lebensräume nach Anhang I der FFH-Richtlinie in der FFH-Verträglichkeitsprüfung – Anmerkungen zum Urteil des Bundesverwaltungsgerichts vom 16. März 2006 – 4 A 1075.04 (Großflughafen Berlin-Brandenburg). Natur u. Recht 29(3): 181–186.

Lambrecht, H.; Trautner, J.; Kaule, G. (2004): Ermittlung und Bewertung von erheblichen Beeinträchtigungen in der FFH-Verträglichkeitsprüfung. Ergebnisse aus einem Forschungs- und Entwicklungsvorhaben des Bundes – Teil 1: Grundlagen, Erhaltungsziele und Wirkungsprognose. Naturschutz u. Landschaftsplanung 36(11): 325–333.

Lampe, K. H. (1975): Die Fortpflanzungsbiologie und Ökologie des Carabiden *Abax ovalis* Dft. und der Einfluß der Umweltfaktoren Bodentemperatur, Bodenfeuchtigkeit und Photoperiode auf die Entwicklung in Anpassung an die Jahreszeit. Zool. Jahrb. Syst. 102: 128–170.

Lampert, K. (1897): Das Tierreich. In: Königl. Statistisches Landesamt (Hrsg.): Beschreibung des Oberamts Ulm. Stuttgart: W. Kohlhammer: 307–344.

Lamprecht, G.; Weber, F. (1975): Die Circadian-Rhythmik von drei unterschiedlich weit an ein Leben unter Höhlenbedingungen adaptierten *Laemostenus*-Arten (Col. Carabidae). Ann. Spéleol. 30(3): 471–482.

Landespflege Freiburg; LUBW, Landesanstalt für Umwelt, Messungen und Naturschutz; Hrsg. (2014): Kulturlandschaften in Baden-Württemberg. Karlsruhe: G. Braun.

Lang, A. (2000): The pitfalls of pitfalls: a comparison of pitfall trap catches and absolute density estimates of epigeal invertebrate predators in arable land. J. Pest Science 73: 99–106.

Lang, G. (1967): Die Ufervegetation des westlichen Bodensees. Archiv Hydrobiol. Suppl. 32: 427–574.

Lang, H. (1991): *Insektenfauna des Kalten Feldes. In: Naturkundeverein Schwäbisch Gmünd e.V. (Hrsg.): Das Kalte Feld. Teil 2: Beiträge zur Erholung, zur Waldgeschichte, zu Landwirtschaft und Wasserschutz, zur Vegetation und zur Fauna. Unicornis 6: 43–45.

Lang, U. (1990): Naturschutzgebiet „Kirchheimer Wasen", Landkreis Ludwigsburg. Der letzte Auenwald am Neckar. Veröff. Naturschutz Landschaftspflege Baden-Württ. Beiheft 55.

Lange, F. (2006): *Ergebnisse der Exkursionen der Arbeitsgemeinschaft südwestdeutscher Koleopterologen 1975 nach Gammertingen und Neufra. Mitt. Entomol. Ver. Stuttgart 41(1/2): 69–81.

Larochelle, A. (1990): The food of carabid beetles (Coleoptera: Carabidae, including Cicindelinae). Fabreries Suppl. 5: 1–132.

Larochelle, A.; Larivière, M.-C. (1989): First records of *Broscus cephalotes* (Linnaeus) (Coleoptera: Carabidae: Broscini) for North America. The Coleopterists Bull. 43: 69–73.

Larsson, S. G. (1939): Entwicklungstypen und Entwicklungszeiten der dänischen Carabiden. Entomol. Medd. 20: 277–560.

Lauterbach, K.-E. (1972): Gehört *Nebria dahli* Duftschmid (Coleoptera, Carabidae) zur württembergischen Fauna? Jahresh. Ges. Nat.kd. Württ. 127: 116–119.

Lauterborn, R. (1921): Faunistische Beobachtungen aus dem Gebiet des Oberrheins und des Bodensees 2. Reihe. Mitt. bad. Landesver. Naturkunde u. Naturschutz N. F. 1(7): 197–198.

Lauterborn, R. (1924): Faunistische Beobachtungen aus dem Gebiet des Oberrheins und des Bodensees 4. Reihe. Mitt. bad. Landesver. Naturkunde u. Naturschutz N. F. 1(12/13): 285–286.

Lauterborn, R. (1926): Faunistische Beobachtungen aus dem Gebiet des Oberrheins und des Bodensees 6. Reihe.

Mitt. bad. Landesver. Naturkunde u. Naturschutz N. F. 2(1/2): 3–6.

Lauterborn, R. (1933): Faunistische Beobachtungen aus dem Gebiete des Oberrheins und des Bodensees 8. Reihe. Beitr. naturwiss. Erforschung Badens 12: 196–201.

Lechner, M. (1991): Untersuchung der epigäischen Makrofauna fünfjähriger Feldhecken. Veröff. Naturschutz Landschaftspflege Baden-Württ. 66: 415–466.

Lederbogen, D.; Rosenthal, G.; Scholle, D.; Trautner, J.; Zimmermann, B.; Kaule, G. (2004): Allmendweiden in Südbayern – Naturschutz durch landwirtschaftliche Nutzung. Angew. Landschaftsökol. 62: 469 S. + Anhang.

Ledoux, G.; Roux, P. (2005): *Nebria* (Coleoptera, Nebriidae). Faune mondiale. Lyon: Muséum-Centre de Conservation et d'Etude des Collections, Société linnéenne de Lyon.

Leydig, F. (1871): Beiträge und Bemerkungen zur württembergischen Fauna mit theilweisem Hinblick auf andere deutsche Gegenden. Jahresh. Ver. vaterl. Nat.kd. Württ. 27: 243–255.

LfU, Landesanstalt für Umweltschutz Baden-Württ.; Hrsg. (2000): Vom Wildstrom zur Trockenaue. Natur und Geschichte der Flusslandschaft am südlichen Oberrhein. Naturschutz-Spectrum-Themen 92: 496 S.

LGL, Landesamt für Geoinformation und Landentwicklung Bad.-Württ.; Hrsg. (2016): Anleitung zur Ökologischen Ressourcenanalyse (ÖRA) und Ökologischen Voruntersuchung (ÖV). Stuttgart: LGL.

Licht, T. (1993): Verinselung von Waldwiesentälern für Heuschrecken und Laufkäfer durch Fichtenquerriegel. Natur u. Landschaft 68(3): 115–119.

Liebherr, J. K.; Takumi, R. (2002): Introduction and Distributional Expansion of *Trechus obtusus* (Coleoptera: Carabidae) in Maui, Hawai'i. Pacific Sc. 56(4): 365–375.

Liebmann, W. (1974): *Erfahrungen zum Thema „Holzkammer". Entomol. Bl. 70(1): 63.

Lindroth, C. H. (1954): Die Larve von *Lebia chlorocephala* Hoffm. (Col. Carabidae). Opusc. Ent. 19: 29–32.

Lindroth, C. H. (1974): Coleoptera Carabidae. Handb. Identification British Insects 4(2): 148 pp.

Lindroth, C. H. (1985): The Carabidae (Coleoptera) of Fennoscandia and Denmark. Part 1. Fauna Entomol. Scand. 15(1): 1–225.

Lindroth, C. H. (1986): The Carabidae (Coleoptera) of Fennoscandia and Denmark. Part 2. Fauna Entomol. Scand. 15(2): 226–497.

Lindroth, C. H. (1992): Ground Beetles (Carabidae) of Fennoscandia. A Zoogeographic Study. Part 1: Specific Knowledge Regarding the Species [Translation of: Die fennoskandischen Carabidae: Eine Tiergeographische Studie. 1. Spezieller Teil]. New Delhi: Amerind.

Lissak, F. (1981): **Carabus hortensis* L. (Col., Carabidae). Mitt. Entomol. Ver. Stuttgart 16(1): 40.

Lissak, W. (1990): *Insekten als Winternahrung des Raubwürgers (*Lanius excubitor*). Ornithol. Jahresh. Baden-Württ. 6(2): 97–99.

Löbl, I.; Smetana, A. (2003): Catalogue of Palaearctic Coleoptera, Volume 1: Archostemata–Myxophaga–Adephaga. Stenstrup: Apollo Books.

Loch, R.; Rietze, J.; Trautner, J.; Turni, H.; Bücking, W. (2002): Feuer und Flamme für Fauna und Flora. Ein Waldbrand im Odenwald und seine Folgen. AFZ – Der Wald 57(12): 608–611.

Loch, R.; Sonntag, E. (2004): *Stürmische Zeiten: Entwicklung der Arthropodendiversität in einem Waldschutzgebiet nach „Lothar". Mitt. Dtsch. Ges. allg. angew. Entomol. 14(1-6): 327–330.

Lohse, G. A. (1954): Die Laufkäfer des Niederelbegebietes und Schleswig-Holsteins. Verh. Ver. Naturwiss. Heimatforsch. Hamburg 31: 1–39.

Lohse, G. A. (1982): *13. Nachtrag zum Verzeichnis der mitteleuropäischen Käfer. Entomol. Bl. 78(2/3): 115–126.

Lohse, G. A. (1983): Die *Asaphidion*-Arten aus der Verwandtschaft des *A. flavipes* L. Entomol. Bl. 79: 33–36.

Lohse, G. A.; Lucht, W. (1989): Die Käfer Mitteleuropas, 12: 1. Supplementband mit Katalogteil. Krefeld: Goecke & Evers.

Loreau, M. (1984): Population density and biomass in Carabidae (Coleoptera) in a forest community. Pedobiologia 27(4): 269–278.

Loreau, M. (1985): Annual activity and life cycles of carabid beetles in two forest communities. Holarct. Ecol. 8: 228–235.

Lorenz, W. (2015): CarabCat: Global database of ground beetles (version Sep 2013). Species 2000 & ITIS Catalogue of Life. Digital resource at www.catalogueoflife.org/col.

Löser, S. (1970): Brutfürsorge und Brutpflege bei Laufkäfern der Gattung *Abax*. Verh. Dtsch. Zool. Ges. (Würzburg 1969): 322–326.

Löser, S. (1972): Art und Ursachen der Verbreitung einiger Carabidenarten (Coleoptera) im Grenzraum Ebene-Mittelgebirge. Zool. Jahrb. Syst. 99: 213–262.

Lövei, G. L.; Magura, T. (2011): Can carabidologists spot a pitfall? The non-equivalence of two components of sampling effort in pitfall-trapped ground beetles (Carabidae). Community Ecol. 12(1): 18–22.

Lövei, G. L.; Sundlerland, K. D. (1996): Ecology and behavior of ground beetles (Coleoptera: Carabidae). Annu. Rev. Entomol. 41(1): 231–256.

LUBW, Landesanstalt für Umwelt, Messungen und Naturschutz Baden-Württ.; Hrsg. (2014): Fachplan Landesweiter Biotopverbund – Arbeitshilfe. Naturschutz-Praxis, Landschaftsplanung 3: 68 S.

LUBW, Landesanstalt für Umwelt, Messungen und Naturschutz Baden-Württ.; Hrsg. (2016): Kartieranleitung Offenland-Biotopkartierung Baden-Württemberg, Stand März 2016. Naturschutz-Praxis, Allg. Grundlagen 2: 1–156.

Lüdge, W. (1965): *Über die ökologischen Voraussetzungen der Disposition von Kiefernwäldern für Insekten-Großschädlinge, gezeigt am Beispiel der Schwetzinger Hardt. Ein Beitrag zur Biozönoseforschung. Schr.reihe Forstl. Abt. Albert-Ludwigs-Univ. Freiburg. i. Br. 2: 65–135.

Luff, M. L. (1973): The Annual Activity Pattern and Life Cycle of *Pterostichus madidus* F. (Coleoptera, Carabidae). Entomol. Scand. 4(4): 259–273.

Luff, M. L. (1975): Notes on the biology of the developmental stages of *Nebria brevicollis* (F.) (Col., Carabidae) and on their parasites, *Phaenoserphus* spp. (Hym., Proctotrupidae). Entomologist's mon. Mag. 111: 249–255.

Luka, H.; Marggi, W.; Huber, C.; Gonseth, Y.; Nagel, P. (2009): Carabidae – Ecology – Atlas. Fauna Helvetica 24: 677 pp.

Luka, H.; Pfiffner, L.; Wyss, E. (1998): *Amara ovata* und *A. similata* (Coleoptera, Carabidae), zwei phytophage Laufkäferarten in Rapsfeldern. Mitt. Schweiz. Entomol. Ges. 71: 125–131.

Lunau, K.; Rupp, L. (1983): *Auswirkung des Abflämmens von Weinbergböschungen im Kaiserstuhl auf die Fauna – Fragestellungen und erste Ergebnisse. In: Goldammer,

J. G. (Hrsg.): DFG-Symposium „Feuerökologie". Freiburger Waldschutz-Abh. 4: 277–297.

Lunau, K.; Rupp, L. (1988): Auswirkungen des Abflämmens von Weinbergsböschungen im Kaiserstuhl auf die Fauna. Veröff. Naturschutz Landschaftspflege Baden-Württ. 63: 69–116.

Lundgren, J. G.; Lehman, R. M. (2010): Bacterial Gut Symbionts Contribute to Seed Digestion in an Omnivorous Beetle. PLoS One 5(5): 1–10.

Maddison, D. R. (2000): Coleoptera. Beetles. Version 11 September 2000 (under construction). The Tree of Life Web Project, http://tolweb.org/Coleoptera/8221/2000.09.11.

Maddison, D. R.; Anderson, R. (2016): Hidden species within the genus *Ocys* Stephens: the widespread species *O. harpaloides* (Audinet-Serville) and *O. tachysoides* (Antoine) (Coleoptera, Carabidae, Bembidiini). Dtsch. Entomol. Z. NF 63(2): 287–301.

Mader, H.-J. (1979): *Die Isolationswirkung von Verkehrsstraßen auf Tierpopulationen, untersucht am Beispiel von Arthropoden und Kleinsäugern der Waldbiozönose. Schr.reihe Landsch.pfl. Naturschutz 19.

Mader, H.-J.; Mühlenberg, M. (1981): Artenzusammensetzung und Ressourcenangebot einer kleinflächigen Habitatinsel, untersucht am Beispiel der Carabidenfauna. Pedobiologia 21: 46–59.

Mähler, F. J. (1850): Enumeratio coleopterorum circa Heidelbergam indigenarum adjectis synonymis locisque natalibus. Heidelberg: Ernst Mohr's Verlag.

Maier, K. J. (1997): Die Besiedlung neueingesäten Grünlands durch Laufkäfer (Col., Carabidae). Mitt. bad. Landesver. Naturkunde u. Naturschutz N. F. 16(3/4): 603–613.

Makolski, J. (1952): Revue of Central European species from the *Badister bipustulatus* Fabr. group with description of a new species (Coleoptera; Carabidae). Ann. Mus. Zool. Polonici 15(2): 7–32.

Malzacher, P. (1990): *Käfer. In: Breunling, R. (Hrsg.): Streuobstwiesen. Alte Halde Korntal – Eine Dokumentation zum Schutz und zur Erhaltung einer Kulturlandschaft. Schorndorf: Richard Doring: 51–53; 117–119.

Malzacher, P. (1990): *Zur Käferfauna gehölzdominierter Strukturelemente der Gemarkungen Ludwigsburg, Kornwestheim und Korntal-Münchingen. Mitt. Entomol. Ver. Stuttgart 25(2): 122–141.

Malzacher, P. (2000): Erster Nachweis einer blinden Laufkäfer-Art in Deutschland (Bembidiinae, Anillini). Angew. Carabidol. (2/3): 71–72.

Malzacher, P. (2005): *Käfer vom Köchersberg bei Großbottwar. Ein weiterer Beitrag zur Kenntnis der Käferfauna gehölzdominierter Landschaftsstrukturen im mittleren Neckarraum, unter besonderer Berücksichtigung der Bewohner von Spalträumen. Mitt. Entomol. Ver. Stuttgart 40(1/2): 57–96.

Malzacher, P.; Konzelmann, E. (2001): Die Käferfauna alter Parkbäume im Stadtgebiet von Ludwigsburg. Erstnachweis eines blinden Laufkäfers (Coleoptera: Carabidae, Bembidiinae, *Anillus*) für Deutschland. Mitt. Entomol. Ver. Stuttgart 36(1): 45–61.

Manderbach, R. (1998): Lebensstrategien und Verbreitung terrestrischer Arthropoden in schotterreichen Flußauen der Nordalpen. Dissertation Univ. Marburg.

Manderbach, R. (2002): Laufkäfergemeinschaften am Ufer schotterreicher Fließgewässer der Nordalpen. Angew. Carabidol. 4/5: 33–40.

Manderbach, R.; Reich, M. (1995): Auswirkungen großer Querbauwerke auf die Laufkäferzönosen (Coleoptera, Carabidae) von Umlagerungsstrecken der Oberen Isar. Archiv Hydrobiol. Suppl. 101 (Large Rivers 9): 573–588.

Mandl, K. (1962): *Die Caraben-Fauna des Schwarzwaldes. Mitt. bad. Landesver. Naturkunde u. Naturschutz N. F. 8(2): 305–308.

Mandl, K. (1967): *Neue *Carabus*-Formen aus der Schweiz und Frankreich. Mitt. Entomol. Ges. Basel N. F. 17: 128–131.

Mandl, K.; Perraudin, W. (1965): *Ein weiterer Beitrag zur Caraben-Fauna des Schwarzwaldes. Mitt. bad. Landesver. Naturkunde u. Naturschutz N. F. 8(4): 569–575.

Marcus, T.; Boch, S.; Durka, W.; Fischer, M.; Gossner, M. M.; Müller, J.; Schöning, I.; Weisser, W.; Drees, C.; Assmann, T. (2015): Living in Heterogeneous Woodlands – Are Habitat Continuity or Quality Drivers of Genetic Variability in a Flightless Ground Beetle? PLoS One 10(12): 1–18.

Marggi, W. (1983): **Nebria salina* Fairm. neu für die Schweiz (Col., Carabidae). 3. Beitrag zur Kenntnis der schweiz. Carabiden. Mitt. Entomol. Ges. Basel N. F. 33(2): 61–64.

Marggi, W. (1992): Faunistik der Sandlaufkäfer und Laufkäfer der Schweiz (Cicindelidae & Carabidae). Coleoptera Teil 1 / Text, Teil 2 (Karten) unter besonderer Berücksichtigung der „Roten Liste". Documenta Faunistica Helvetiae 13: 1–477, 1–243.

Marggi, W.; Messutat, J. (2002): Erstfund von *Pterostichus* (*Argutor*) *leonisi* Apfelbeck, 1904 in Deutschland. Angew. Carabidol. 4/5: 121–122.

Martinková, Z.; Saska, P.; Honěk, A. (2006): Consumption of fresh and buried seed by ground beetles (Coleoptera: Carabidae). Eur. J. Entomol. 103: 361–364.

Matalin, A. V. (1997): Specific Features of Life Cycle of *Pseudoophonus* (s. str.) *rufipes* Deg. (Coleoptera, Carabidae) in Southwest Moldova. Biol. Bull. 24(4): 371–381.

Matalin, A. V. (2007): Typology of Life Cycles of Ground Beetles (Coleoptera, Carabidae) in Western Palaearctic. Entomol. Rev. 87(8): 947–972.

Matalin, A. V. (2008): Evolution of biennial life cycles in ground beetles (Coleoptera, Carabidae) of the Western Palaearctic. In: Penev, L.; Erwin, T.; Assmann, T. (eds.): Back to the Roots and Back to the Future. Towards a New Synthesis amongst Taxonomic, Ecological and Biogeographical Approaches in Carabidology. Proc. XIII European Carabidologists Meeting, Blagoevgrad, August 20–24, 2007. Sofia, Moscow: Pensoft: 259–284.

Matern, A.; Drees, C.; Härdtle, W.; Oheimb, G. von; Assmann, T. (2011): Historical ecology meets conservation and evolutionary genetics: a secondary contact zone between *Carabus violaceus* (Coleoptera, Carabidae) populations inhabiting ancient and recent woodlands in north-western Germany. In: Kotze D. J.; Assmann, T.; Noordijk, J.; Turin, H.; Vermeulen, R. (eds.): Carabid Beetles as Bioindicators: Biogeographical, Ecological and Environmental Studies. ZooKeys 100: 545–563.

Matern, A.; Drees, C.; Kleinwächter, M.; Assmann, T. (2007): Habitat modelling for the conservation of the rare ground beetle species *Carabus variolosus* (Coleoptera, Carabidae) in the riparian zones of headwaters. Biol. Conserv. 136: 618–627.

Matern, A.; Drees, C.; Meyer, H.; Assmann, T. (2008): Population ecology of the rare carabid beetle *Carabus variolosus* (Coleoptera: Carabidae) in north-west Germany. J. Insect Conserv. 12: 591–601.

Maus, C. (1985): Ein Beitrag zur Käferfauna Südwestdeutschlands. Mitt. bad. Landesver. Naturkunde u. Naturschutz N. F. 13(3/4): 415–424.

Maus, C. (1987): Zweiter Beitrag zur Käferfauna Südwestdeutschlands. Mitt. Entomol. Ver. Stuttgart 22(1): 5–28.

Maus, C. (1989): *Käferfunde aus Rheinhessen und der Pfalz. Entomol. Bl. 85(1/2): 123–124.

Maus, C. (1989): **Otiorhynchus crataegi* in Württemberg (Curcul.), *Pterostichus rhaeticus* Heer im Schwarzwald (Carab.), *Tychius cuprifer* auch in Südbaden (Curc.). Entomol. Bl. 85(1/2): 124.

Meid, J. (1994): *148. *Diachromus germanus* (L.) (Col. Carabidae). In: Kleine Mitteilungen. Mitt. Entomol. Ver. Stuttgart 29(1): 66.

Meissner, A. (1998): Die Bedeutung der Raumstruktur für die Habitatwahl von Lauf- und Kurzflügelkäfern (Coleoptera: Carabidae, Staphylinidae) – Freilandökologische und experimentelle Untersuchung einer Niedermoorzönose. Dissertation TU Berlin.

Meissner, R.-G. (1983): Zur Biologie und Ökologie der ripicolen Carabiden *Bembidion femoratum* Sturm und *B. punctulatum* Drap. 1. Vergleichende Untersuchungen zur Biologie und zum Verhalten beider Arten. Zool. Jahrb. Syst. 110(4): 521–546.

Melber, A. (1983): *Calluna*-Samen als Nahrungsquelle für Laufkäfer in einer nordwestdeutschen Sandheide (Col.: Carabidae). Zool. Jahrb. Syst. 110: 87–95.

Merivee, E.; Tooming, E.; Must, A.; Sibul, I.; Williams, I. H. (2015): Low doses of the common alpha-cypermethrin insecticide affect behavioural thermoregulation of the non-targeted beneficial carabid beetle *Platynus assimilis* (Coleoptera: Carabidae). Ecotoxicol. Environ. Saf. 120: 286–294.

Messinesis, K. (1992): Untersuchungen zur Randeffekt-Problematik des Wurzacher Riedes: Vögel- und Kleinsäugerfauna (Muridae und Soricidae) sowie Arthropodenfauna (Aranea, Coleoptera, Formicidae) auf Transekten und Vergleichsflächen. Diplomarbeit Univ. Darmstadt (unveröff.).

Meyer, K.-H. (1966): Die Käfer des Spitzbergs. In: LfU, Landesanstalt für Umweltschutz Baden-Württ. (Hrsg.). Der Spitzberg bei Tübingen. Natur- u. Landschutzgeb. Baden-Württ. 3: 855–930.

Meyer, P. (1937): 1160. *Bembidion conforme* Dej. in Deutschland. In: Kleine Mitteilungen. Entomol. Bl. 33(3): 218.

Meyer, P. (1938): Die *Bembidion*-Fauna von Württemberg. Entomol. Bl. 34(1): 1–3.

Meyer, P. (1947): **Bembidion*-Studien I. Erster Beitrag zum Vorkommen verschiedener Arten der Carabiden-Großgattung *Bembidion* Latr., sensu Müller/Netolitzky. Zentralbl. Gesamtgebiet Entomol. 2(1): 54–56.

Meyer, P. (1949): **Bembidion*-Studien II. Zentralbl. Gesamtgebiet Entomol. 3: 46–51.

Meynen, E.; Schmithüsen, J.; Gellert, J.; Neef, E.; Mpller-Miny, H.; Schultze, J.-H.; Hrsg. (1953–1962): Handbuch der naturräumlichen Gliederung Deutschlands. Bonn-Bad Godesberg: Bundesanstalt für Landeskunde und Raumforschung.

Ministerium für Ernährung, Landwirtschaft, Umwelt und Forsten Bad.-Württ.; Hrsg. (1983): *Landschaft als Lebensraum – Biotopvernetzung – Modellvorhaben auf den Staatsdomänen Insultheimer Hof und Kirschgarthausen. Stuttgart.

Miotk, P. (1979): *Das Lößwandökosystem im Kaiserstuhl. Veröff. Naturschutz Landschaftspflege Baden-Württ. 49/50: 159–198.

Miotk, P. (1983): *Das Eriskircher Ried: Ein Führer durch das bedeutendste Naturschutzgebiet am nördlichen Bodenseeufer. Führer Natur- u. Landschaftsschutzgebiete Baden-Württ. 6: 188 S.

Molenda, R. (1989): Ein Beitrag zur Kenntnis der Käferfauna der Kare, Lawinenrinnen und Eislöcher des Feldberggebietes im Schwarzwald 1. Carabidae. Mitt. bad. Landesver. Naturkunde u. Naturschutz N. F. 14(4): 935–944.

Molenda, R. (1989): *Käfer in kaltlufterzeugenden Blockhalden – ökologische Untersuchungen an einem stark bewetterten Spaltenökosystem. Rd.schr. Arb.gem. rhein. Koleopterol. 4: 103–111.

Moll, S.; Voigtländer, K. (2012): Untersuchungen an Laufkäfern (Coleoptera, Carabidae) auf Rekultivierungsflächen des Lausitzer Braunkohletagebaues Jänschwalde. Ber. Naturforsch. Ges. Oberlausitz 20: 3–14.

Mossakowski, D. (1970): Das Hochmoor-Ökoareal von *Agonum ericeti* (Panz.) (Coleoptera, Carabidae) und die Frage der Hochmoorbindung. Faun. Ökol. Mitt. 3: 378–392.

Mossakowski, D. (1971): Zur Variabilität isolierter Populationen von *Carabus arcensis* Hbst. (Coleoptera). Z. zool. Syst. Evol.-forsch. 9: 81–106.

Mossakowski, D. (1973): Programmierte Auswertung faunistisch-ökologischer Daten. Faun. Ökol. Mitt. 4(5-8): 255–272.

Mossakowski, D. (1977): Die Käferfauna wachsender Hochmoorflächen in der Esterweger Dose. Drosera 77(2): 63–72.

Mossakowski, D. (1978): Sogenannte gute Moorarten. Bombus 2: 254–255.

Mossakowski, D. (2006): Kämpfende Laufkäfer: catch-as-catch-can bei *Broscus cephalotes*. Mitt. Dtsch. Ges. allg. angew. Entomol. 15: 141–142.

Muilwijk, J.; Heijerman, T. (1991): *Asaphidion curtum*, een tweede soort uit de *A. flavipes* groep in Nederland (Coleoptera: Carabidae). Entomol. Ber. (Amst.) 51: 145–152.

Müller, J. (1983): *Konkurrenzverminderung durch ökologische Sonderung bei Laufkäfern (Coleoptera: Carabidae). Untersuchungen zur Einnischung der bodenlebenden Carabiden eines Eichen-Hainbuchenwaldes mit einer Vorbemerkung zur Aussagekraft der Fallenfangmethode. Dissertation Univ. Freiburg i. Br.

Müller, J. (1985): *Konkurrenzverminderung und Einnischung bei Carabiden (Coleoptera). Z. zool. Syst. Evol.-forsch. 23: 299–314.

Müller, J. (1986): *Anpassungen zur intraspezifischen Konkurrenzverminderung bei Carabiden (Coleoptera). Zool. Jahrb. Syst. 113: 343–352.

Müller-Kroehling, S. (2013a): Zum Vorkommen moorspezifischer Laufkäfer (Coleoptera: Carabidae) und Schwimmkäfer (Dytiscidae) in Spirkenfilzen (FFH-Sub-LRT *91D3) des Südschwarzwaldes als charakteristische Arten. Mitt. bad. Landesver. Naturkunde u. Naturschutz N. F. 21(2): 283–302.

Müller-Kroehling, S. (2013b): Zum Vorkommen der bisher meist verkannten *Amara pulpani* Kult 1949 und *Amara makolskii* Roubal 1923 in Wäldern Bayerns. Angew. Carabidol. 10: 35–40.

Müller-Motzfeld, G. (1989): Laufkäfer (Coleoptera, Carabidae) als pedobiologische Indikatoren. Pedobiologia 33: 145–153.

Müller-Motzfeld, G. (2004): 13. Tribus: Bembidiini. In: Müller-Motzfeldt, G. (Hrsg.): Die Käfer Mitteleuropas. Bd. 2. Adephaga 1. Carabidae (Laufkäfer). 2. Aufl. Heidelberg, Berlin: Spektrum Akademischer Verlag: 150–208.

Müller-Motzfeld, G.; Hrsg. (2006a): Die Käfer Mitteleuropas. Bd. 2. Adephaga 1. Carabidae (Laufkäfer). Korrigierter Nachdruck der 2. Auflage. Heidelberg, Berlin: Spektrum Akademischer Verlag.

Müller-Motzfeld, G. (2006b): 13. Tribus: Bembidiini. In: Müller-Motzfeldt, G. (Hrsg.): Die Käfer Mitteleuropas. Bd. 2. Adephaga 1. Carabidae (Laufkäfer). Korrigierter Nachdruck der 2. Auflage. Heidelberg, Berlin: Spektrum Akademischer Verlag: 150–208.

Müller-Motzfeld, G. (2007): Die Salz- und Küstenlaufkäfer Deutschlands – Verbreitung und Gefährdung. Angew. Carabidol. 8: 17–27.

Müller-Motzfeld, G.; Trautner, J.; Bräunicke, M. (2004): Raumbedeutsamkeitsanalysen und Verantwortlichkeit für den Schutz von Arten am Beispiel der Laufkäfer (Coleoptera: Carabidae). In: Gruttke, H. (Bearb.): Ermittlung der Verantwortlichkeit für die Erhaltung mitteleuropäischer Arten. Naturschutz Biol. Vielfalt 8: 173–195.

Münch, W. (1997): Ameisen und Laufkäfer von Wacholderheiden und sonstigen Kalkmagerstandorten der Schwäbischen Alb – Vorläufige Ergebnisse. Veröff. Naturschutz Landschaftspflege Baden-Württ. 71/72(2): 513–601.

MVI, Ministerium für Verkehr und Infrastruktur Bad.-Württ.; Hrsg. (2015): Landeskonzept Wiedervernetzung an Straßen in Baden-Württemberg. Stuttgart: MVI.

Nelemans, M. N. E. (1983): Flight-muscle development of the carabid beetle *Nebria brevicollis* (F.). In: Brandmayr, P.; Den Boer, P. J.; Weber, F. (eds.): The synthesis of field study and laboratory experiment. Report 4th Symp. Carabidol. '81 Pudoc Wageningen: 45–51.

Nerlich, K.; Seidl, F.; Mastel, K.; Graef-Hönninger, S.; Claupein, W. (2012): Auswirkungen von Weiden (*Salix* spp.) und Pappeln (*Populus* spp.) im Kurzumtrieb auf die biologische Vielfalt am Beispiel von Laufkäfern (Carabidae). Gesunde Pflanzen 64(3): 129–139.

Netolitzky, F. (1913): Die Verbreitung des *Bembidion starki* Schaum. Entomol. Bl. 9(9/10): unpaginierte Beilage.

Netolitzky, F. (1915): Die Verbreitung des *Bembidion redtenbacheri* Dan. Entomol. Bl. 11(10-12): unpaginierte Beilage.

Netolitzky, F. (1918a): Die Verbreitung des *Asaphidion caraboides* Schrk. und seiner Rassen. Entomol. Bl. 14(7-9): unpaginierte Beilage.

Netolitzky, F. (1918b): Die Verbreitung des *Bembidion striatum* F. Entomol. Bl. 14(4-6): unpaginierte Beilage.

Neumann, C. (1998): 203. *Curculio elephas* (Gyll.) – Fund in Nordbaden (Col., Curculionidae). Mitt. Entomol. Ver. Stuttgart 33(2): 80.

Niedling, A. (2013): Laufkäfer (Coleoptera: Carabidae) im Areal der Kaiserburg Nürnberg unter besonderer Berücksichtigung des Kleinen Kellerlaufkäfers *Laemostenus terricola*. Galathea 29: 49–74.

Niedling, A.; Welsch, A. (1997): Beitrag zur Laufkäferfauna der Marloffsteiner Tongrube. Galathea 13(4): 147–157.

Niehuis, M. (1983): *Bemerkenswerte Käferfunde in der Pfalz und benachbarten Gebieten. 7. Beitrag zur Kenntnis der Käfer der Pfalz. Pfälzer Heimat 34(1): 25–37.

Niehuis, M. (1985): *Bemerkenswerte Käferfunde in der Pfalz und benachbarten Gebieten. 8. Beitrag zur Kenntnis der Käfer der Pfalz (2. Fortsetzung). Pfälzer Heimat 36: 180–186.

Niehuis, M.; Schimmel, R.; Vogt, W. (1978): *Funde sehr seltener Käfer in der Pfalz und in unmittelbar benachbarten Gebieten. Pfälzer Heimat 29(1): 21–23.

Niehuis, M.; Schimmel, R.; Vogt, W. (1979): *Funde sehr seltener Käfer in der Pfalz und in Nachbargebieten (3. Teil). Pfälzer Heimat 30(1): 4–10.

Nolte, H.-W. (1939): Zur Biologie des Puppenräubers (*Calosoma sycophanta* L.). Seine Bedeutung als Feind unserer Forstschädlinge. VII Internat. Kongr. Entomol. (Berlin 1938): 2021–2032.

Nolte, O. (1993): *Zum Problem der eiszeitlichen Überdauerung von *Carabus auronitens* Fabr. (Col., Carabidae). Untersuchungen an Populationen in der Region des Oberrheins. Verh. Westd. Entomol. Tag 1992: 35–39.

Noortwijck, C.; Hollnaicher, M.; Willibald, C.; Rahmann, H. (1988): *Quantitative und qualitative Untersuchungen der Fauna des aquatischen und aquatisch-terrestrischen Bereiches eines Baggersees im Landkreis Ravensburg/Oberschwaben. Verh. Dtsch. Zool. Ges. 81: 325.

Novotná, L.; Šťastná, P. (2012): Ground beetles (Carabidae) on quarry terraces in the vicinity of Brno (Czech Republic). Acta univ. agric. et silviv. Mendel. Brun. 60(3): 147–154.

Nowotny, H. (1949): Neufunde für Baden. Koleopt. Z. 1(1): 81–82.

Nowotny, H. (1949): *Käferfunde an alten Eichen in Baden. Koleopt. Z. 1(3): 228–232.

Nowotny, H. (1950): *1431. Zur Verbreitung von *Agonum ericeti* Panz. In: Kleine coleopterologische Mitteilungen. Entomol. Bl. 45/46: 160.

Nowotny, H. (1950): *1432. *Agonum livens* Gyll. In: Kleine coleopterologische Mitteilungen. Entomol. Bl. 45/46: 160.

Nowotny, H. (1950): *1434. *Bembidion pygmaeum* F. In: Kleine coleopterologische Mitteilungen. Entomol. Bl. 45/46: 161.

Nowotny, H. (1950): *1435. *Bembidion elongatum* Dej. In: Kleine coleopterologische Mitteilungen. Entomol. Bl. 45/46: 161.

Nowotny, H. (1950): *1436. *Bembidion azurescens* Wagner. In: Kleine coleopterologische Mitteilungen. Entomol. Bl. 45/46: 161–162.

Nowotny, H. (1950): *1433. *Bembidion octomaculatum* Goeze. In: Kleine coleopterologische Mitteilungen. Entomol. Bl. 45/46: 162.

Nowotny, H. (1951): *Beobachtungen über die Insektenwelt des Naturdenkmals Stutensee. Beitr. naturkdl. Forsch. Südwestdtschl. 10(1): 46–56.

Nyffeler, M.; Benz, G. (1988): Feeding ecology and predatory importance of wolf spiders (*Pardosa* spp.) (Araneae, Lycosidae) in winter-wheat fields. J. Appl. Entomol. 106: 123–134.

Oberholzer, F.; Escher, N.; Frank, T. (2003): The potential of carabid beetles (Coleoptera) to reduce slug damage to oilseed rape in the laboratory. Eur. J. Entomol. 100: 81–85.

Oppermann, R.; Luick, R. (2002): Extensive Beweidung und Naturschutz. Charakterisierung einer dynamischen und naturverträglichen Landnutzung [Auszugsweiser Nachdruck ...]. Vogel u. Luftverkehr 22: 46–54.

Ortuño, V. M.; Gilgado, J. D.; Jiménez-Valverde, A.; Sendra, A.; Pérez-Suárez, G.; Herrero-Borgoñón, J. J. (2013): The “Alluvial Mesovoid Shallow Substratum”, a New Subterranean Habitat. PLoS One 8(10): 1–16.

Ostendorp, W.; Dienst, M.; Löderbusch, W.; Peintinger, M.; Strang, I. (2010): Seeuferrenaturierungen am Bodensee. Naturschutzfachliche Bestandsaufnahme und Empfehlungen. Natur u. Landschaft 85: 89–97.

PAARMANN, W. (1966): Vergleichende Untersuchungen über die Bindung zweier Carabidenarten (*P. angustatus* Dft. und *P. oblongopunctatus* F.) an ihre verschiedenen Lebensräume. Z. Wiss. Zool. 174(1-2): 83–176.

PAARMANN, W. (1976): The Annual Periodicity of the polyvoltine Ground Beetle *Pogonus chalceus* Marsh. (Col., Carabidae) and its Control by Environmental Factors. Zool. Anz. 196: 150–160.

PAILL, W. (2000): Slugs as a prey for larvae and imagines of *Carabus violaceus* L. (Coleoptera, Carabidae). In: BRANDMAYR, P.; LÖVEI, G.; ZETTO BRANDMAYR, T.; CASALE, A.; VIGNA TAGLIANTI, A. (eds.): Natural history and applied ecology of carabid beetles. Sofia, Moscow: Pensoft Publishers: 221–222.

PAILL, W. (2001): Bemerkenswerte Laufkäfer aus Südost-Österreich (II) (Coleoptera: Carabidae). Koleopt. Rdsch. 71: 11–16.

PAILL, W. (2003): *Amara pulpani* Kult, 1949 – eine valide Art in den Ostalpen (Coleoptera: Carabidae). Rev. Suisse Zool. 110: 437–452.

PAILL, W. (2010): *Agonum scitulum* Dejean, 1828 in Österreich – bisher übersehen oder in Ausbreitung begriffen? (Coleoptera: Carabidae). Beitr. Entomofaunistik 11: 79–83.

PAILL, W.; ADLBAUER, K.; HOLZER, E. (2000): Interessante Laufkäferfunde aus der Steiermark (Coleoptera, Carabidae). Joannea 2: 25–32.

PAILL, W.; HOLZER, E. (2003): Interessante Laufkäferfunde aus der Steiermark II (Coleoptera, Carabidae). Joannea 5: 83–90.

PAILL, W.; HOLZER, E. (2006): Interessante Laufkäferfunde aus der Steiermark III (Coleoptera, Carabidae). Joannea 8: 47–53.

PAILL, W.; KAHLEN, M. (2009): Coleoptera (Käfer). In: RABITSCH, W.; ESSL, F. (Hrsg.): Endemiten – Kostbarkeiten in Österreichs Pflanzen- und Tierwelt. Klagenfurt, Wien: Naturwissenschaftlicher Verein, Umweltbundesamt GmbH: 627–783.

PAILL, W.; TRAUTNER, J.; GEIGENMÜLLER, L. (2010): Laufkäfer (Coleoptera: Carabidae) aus einer Lawinenrinne am Tamischbachturm im österreichischen Nationalpark Gesäuse. Abh. Zool. Bot. Ges. Österreich 38: 137–145.

PAJE, F.; MOSSAKOWSKI, D. (1984): pH-preferences and habitat selection in carabid beetles. Oecologia 64: 41–46.

PALMEN, E.; PLATONOV, S. (1943): Zur Autökologie und Verbreitung der Ostfennoskandischen Flussuferkäfer. Ann. Entomol. Fennici 9: 74–195.

PAPPERITZ, R. (1955): *Neufunde vom Kaiserstuhl. Entomol. Bl. 51: 92.

PAULUS, H. (1982): Käfer (Coleoptera). In: LFU, LANDESANSTALT FÜR UMWELTSCHUTZ BADEN-WÜRTT. (Hrsg.): Der Feldberg im Schwarzwald, subalpine Insel im Mittelgebirge. Natur- u. Landsch.schutzgeb. Baden-Württ. 12: 399–411.

PENNY, M. M. (1966): Studies on certain aspects of the ecology of *Nebria brevicollis* (F.) (Coleoptera, Carabidae). J. Anim. Ecol. 35(3): 505–512.

PENTERMANN, E. (1989): Über die Carabidenpopulation und deren Aktivitätsdichte in Auwaldrestbeständen südöstlich von Villach (Kärnten). Carinthia II 179/99: 477–489.

PEREIRA, M. J. R.; REBELO, H.; RAINHO, A.; PALMEIRIM, J. M. (2002): Prey Selection by *Myotis myotis* (Vespertilionidae) in a Mediterranean Region. Acta Chiropterologica 4(2): 183–193.

PERRAUDIN, W. (1960): Présence de *Hygrocarabus variolosus nodulosus* (Creutzer) en Forêt-Noire. Mitt. bad. Landesver. Naturkunde u. Naturschutz N. F. 7(6): 447–450.

PERSOHN, M. (1988): *2076. Eine neue Laufkäfer-Art für Deutschland (Coleoptera, Carabidae, Harpalinae): *Harpalus stictus* Steph. übersehen, verkannt oder neu für Deutschland? In: Kleine Mitteilungen. Entomol. Bl. 84(1/2): 10.

PERSOHN, M. (1988): *Neue und wiederentdeckte Käfer in der Pfalz (Insecta: Coleoptera). 1.Teil. Pfälzer Heimat 39(1): 35–38.

PERSOHN, M. (1990): *Mistverwerter vor den Pforten des TU – Naturbeobachtungen auf dem Gelände des KfK. Hausmitteilungen – Das Mitarbeitermagazin des Forschungszentrums Karlsruhe 1: 29.

PERSOHN, M.; BÜNGENER, P. (1989): *Harpalus* (*Ophonus*) *ardosianus* (Lutsh. 1922) und *Harpalus* (*Ophonus*) *stictus* Steph 1828 – Bemerkungen zur Untergattung *Ophonus* (s. str.) (Col.: Carabidae). Rd.schr. Arb.gem. Rhein. Koleopterol. 2: 33–39.

PERSOHN, M.; BÜNGENER, P. (1989): *Neue und wiederentdeckte Käfer in der Pfalz (Insecta: Coleoptera). 2.Teil. Pfälzer Heimat 40(3): 130–136.

PERSOHN, M.; KITT, M. (2002): *Ophonus brevicollis* Serville, 1821 (Coleoptera: Carabidae, Harpalinae) – Neu in Deutschland und erster gesicherter Nachweis in Mitteleuropa? Angew. Carabidol. 4/5: 111–114.

PERSOHN, M.; MALTEN, A.; WOLF-SCHWENNINGER, K. (2006): Seltenheiten-Ausschuss der GAC – 1. Bericht. Angew. Carabidol. 7: 55–60.

PERSOHN, M.; MALTEN, A.; WOLF-SCHWENNINGER, K. (2007): Seltenheiten-Ausschuss der GAC – 2. Bericht. Angew. Carabidol. 8: 29–34.

PERSOHN, M.; WOLF-SCHWENNINGER, K.; MALTEN, A. (2012): Seltenheiten-Ausschuss der GAC – 3. Bericht. Angew. Carabidol. 9: 83–85.

PETERSEN, M. K. (1997): Life histories of two predaceous beetles, *Bembidion lampros* and *Tachyporus hypnorum*, in the agroecosystem. Ph.D. thesis, Swedish Univ. Agricult Sc., Uppsala.

PFISTER, H.-P.; KELLER, V.; RECK, H.; GEORGII, B. (1993): *Bio-ökologische Wirksamkeit von Grünbrücken über Verkehrswege. Forschung Straßenbau Straßenverkehrstechnik 756: 1–587.

PIECHOCKI, R.; HÄNDEL, J. (2007): Makroskopische Präparationstechnik. Wirbellose. Leitfaden für das Sammeln, Präparieren und Konservieren. Stuttgart: Schweizerbart.

PILON, N.; CARDARELLI, E.; BOGLIANI, G. (2013): Ground beetles (Coleoptera: Carabidae) of rice field banks and restored habitats in an agricultural area of the Po Plain (Lombardy, Italy). Biodivers. Data Journal 1: 1–29.

POLUZZI, C. (1943): Observations relatives aux divers stades de *Cylindera germanica* Linné. Mitt. Schweiz. Entomol. Ges. 19(2/3): 82–91.

POSCHLOD, P. (2015): Geschichte der Kulturlandschaft: Entstehungsursachen und Steuerungsfaktoren der Entwicklung der Kulturlandschaft, Lebensraum- und Artenvielfalt in Mitteleuropa. Stuttgart: Eugen Ulmer.

PÜTZ, A. (1999): 99. Zur Winteraktivität bei Laufkäfern (Carabidae). Entomol. Nachr. Ber. 43(2/4): 227.

PUTZEYS, J. A. A. H. (1870): Monographie des *Amara* de l'Europe et pays voisins. L'Abeille, Journal d'Entomologie 11: 1–100.

RABELER, W. (1947): Die Tiergesellschaft der trockenen Callunaheiden in Nordwestdeutschland. Jber. Naturhist. Ges. Hannover 94/98: 357–375.

Rähle, W. (1972): *Ein Nachtrag zur Käferfauna des Spitzbergs bei Tübingen. Veröff. Naturschutz Landschaftspflege Baden-Württ. 40: 129–138.

Raskin, R. (2006): Bewertung von Feuchtgebieten und Grundwasserentnahmen anhand von Laufkäfern. Angew. Carabidol. 7: 71–77.

Ratzeburg, J. T. C. (1837): Die Forst-Insecten oder Abbildung und Beschreibung der in den Wäldern Preussens und der Nachbarstaaten als schädlich oder nützlich bekannt gewordenen Insecten. In systematischer Folge und mit besonderer Rücksicht auf die Vertilgung der Schädlichen. Erster Theil. Die Käfer. Berlin: Nicolai'sche Buchhandlung.

Rausch, H. (1993): *Die Laufkäfer ausgewählter Missen bei Oberreichenbach (Nordschwarzwald). In: LfU, Landesanstalt für Umweltschutz Baden-Württ. (Hrsg.): Missen im Landkreis Calw (2), Verbreitung der Missen, Fauna, Flora und Vegetation, Schutz und Entwicklung. Veröff. Naturschutz Landschaftspflege Baden-Württ. Beiheft 73: 403–420.

Rausch, H. (1996): Laufkäfer (Carabidae) der Wacholderheiden im Landkreis Calw. In: LfU, Landesanstalt für Umweltschutz Baden-Württ. (Hrsg.): Wacholderheiden am Ostrande des Schwarzwaldes. Veröff. Naturschutz Landschaftspflege Baden-Württ. Beiheft 88: 321–344.

Rausch, H. (2005): *Die Laufkäfer. In: LfU, Landesanstalt für Umweltschutz Baden-Württ. (Hrsg.): Das Albtal, Natur und Kultur vom Schwarzwald bis zum Rhein. Heidelberg: Regionalkultur: 269–280.

Reck, H. (1991): *Der Dunkle Uferläufer (*Elaphrus uliginosus*, Fabricius, 1775) – ein seltenes Kleinod in Filderstadt (Mit einem Anhang zu bisherigen Funden von Laufkäfern auf dem Fildern und einer ersten Einschätzung ihrer Gefährdung). Mitt. Umwelt Naturschutz (Filderstadt), 1: 57–64.

Reck, H. (1996): Flächenbewertung für die Belange des Arten- und Biotopschutzes. Beitr. Akad. Natur- u. Umweltschutz Baden-Württ. 23: 71–112.

Reck, H. (1997): Maßnahmen zur Sicherung und Ausweisung des Lebensraumes gefährdeter Arten und Lebensgemeinschaften in der Flurbereinigung Hettingen – Arten- und Biotopschutzkonzeption. Schr.reihe Landesamt Flurneuordnung Landentwicklung Baden-Württ. 7: 108 S. + Anhang.

Reck, H.; Kaule, G. (1993): *Zur Verpflanzung von Hecken und Halbtrockenrasen in der Flurbereinigung, Teil 2: Auswirkungen auf Tiere. Verh. Ges. Ökol. 22: 145–152.

Reck, H.; Rietze, J. (1995): Der Moor-Flinkläufer *Epaphius rivularis* (Gyllenhal, 1810) im Wurzacher Ried – neu für Baden-Württemberg (Coleoptera, Carabidae). Mitt. Entomol. Ver. Stuttgart 30(1): 3–5.

Reck, H.; Rietze, J.; Hermann, G. (1997): *Zönologische Untersuchungen an den Grünbrücken Würtembergle, Hohereute, Oberderdingen und Hardt 3 (Bericht 1992). In: Pfister, H. P.; Keller, V.; Reck, H.; Georgii, B. (Hrsg.): Bioökologische Wirksamkeit von Grünbrücken über Verkehrswege. Forschung Straßenbau Straßenverkehrstechnik 756: 469–492.

Reck, H.; Spandau, L. (1994): *Ufersanierung am Neckar als Teil einer Lebensraumkonzeption für Stuttgart. In: Bernhardt, K.-G. (Hrsg.): Revitalisierung einer Flußlandschaft. Initiativen z. Umweltschutz 1: 242–254.

Reibnitz, J. (1986): *Holzkäferfunde aus dem Stromberg. Mitt. Entomol. Ver. Stuttgart 21(1): 18–20.

Reibnitz, J. (1992): *Ergebnis der Exkursion 1985 der Arbeitsgemeinschaft südwestdeutscher Koleopterologen ins obere Filstal. Mitt. Entomol. Ver. Stuttgart 27(1): 30–42.

Reibnitz, J. (1992): *Berichtigung. Mitt. Entomol. Ver. Stuttgart 27(2): 83.

Reich, M.; Funke, W.; Heinle, R.; Kuptz, S. (1986): *Die zeitliche Struktur der Insektenzönose im Ökosystem „Obstgarten". Verh. Ges. Ökol. 14: 142–150.

Reich, M.; Roth, M.; Majzlan, O. (1985): *Die Coleopteren-Zönose im Ökosystem „Obstgarten", Eklektorfauna. Jber. natwiss. Ver. Wuppertal 38: 20–23.

Reike, H.-P. (2004): Untersuchungen zum Raum-Zeit-Muster epigäischer Carabidae an der Wald-Offenland-Grenze. Contrib. For. Sc. 21: 372 S.

Reimann, T.; Assmann, T.; Nolte, O.; Reuter, H.; Huber, C.; Weber, F. (2002): The paleo-ecology of *Carabus auronitens* Fabricius: characterization and localization of glacial refugia in southern France and reconstruction of postglacial expansion routes by means of allozyme polymorphisms. Abh. Naturwiss. V. Hamburg N. F. 35: 1–151.

Reissmann, K. (2008): Einige bemerkenswerte Käferlebensräume am Niederrhein (Coleoptera). Mitt. Arb.gem. rhein. Koleopterol. 18(1-4): 49–56.

Reissmann, R.; Gebert, J.; Schmidt, J. (2005): 3.5 Laufkäfer (Coleoptera: Carabidae). In: Günther, A.; Nigmann, U.; Achtziger, R.; Gruttke, H. (Bearb.): Analyse der Gefährdungsursachen planungsrelevanter Tiergruppen in Deutschland. Naturschutz Biol. Vielfalt 21: 224–260.

Renner, F.; Trautner, J. (1987): *Bodenbewohnende Spinnen (Araneida) und Laufkäfer (Coleoptera, Carabidae) eines dörflichen Nutzgartens auf der Schwäbischen Alb. Jahresh. Ges. Nat.kd. Württ. 142: 267–275.

Renner, K. (1980): Faunistisch-ökologische Untersuchungen der Käferfauna pflanzensoziologisch unterschiedlicher Biotope im Evessell-Buch bei Bielefeld-Sennestadt. Ber. Naturwiss. Ver. Bielefeld Sonderheft 2: 145–176.

Renner, K. (1982): *Bemerkenswerte Käferarten aus dem Südschwarzwald (Carab., Helod.). Entomol. Bl. 78(1): 38.

Renner, K. (2005): Faunistisch bemerkenswerte Käferfunde zwischen Schwarzwald und Rheinaue (Coleoptera). coleo 6: 61–65.

Rheinheimer, J. (1997): *Die Käfer. In: Hassler, M. (Hrsg.): Spargel, Steppe und Sandrasen – Das Naturschutzgebiet „Frankreich" und die Naturkunde der Waghäusler Gemarkung. Ubstadt-Weiher: Regionalkultur: 119–125; 191–196.

Rheinheimer, J. (1998): *Käfer. In: Hassler, M. (Hrsg.): Der Michaelsberg – Naturkunde und Geschichte des Untergrombacher Hausbergs. Ubstadt-Weiher: Regionalkultur: 252–256.

Rheinheimer, J. (2000): Die Käferfauna des Landkreises Karlsruhe und einiger angrenzender Gebiete. Mitt. Entomol. Ver. Stuttgart 35(1/2): 1–144.

Rheinheimer, J. (2004): *Bizarre Gestalten in vielfältiger Form: Käfer der Obstwiesen. In: Hassler, M.; Hassler, D.; Alberti, J. (Hrsg.): Obstwiesen im Kraichgau. Ubstadt-Weiher: Regionalkultur: 214–220.

Rheinheimer, J.; Reibnitz, J. (1998): Ergebnisse der Exkursionen der Arbeitsgemeinschaft südwestdeutscher Koleopterologen 1994 nach Rheinmünster. Mitt. Entomol. Ver. Stuttgart 33(2): 96–123.

Rieck, K.; Ufrecht, W. (1976): *Das Gutenberger Höhlensystem. 5. Biologie. Laichinger Höhlenfreund 11(21): 18–20.

RIECKEN, U.; RATHS, U. (1996): Use of radio telemetry for studying dispersal and habitat use of *Carabus coriaceus* L. Ann. Zool. Fennici 33: 109–116.

RIECKEN, U.; RATHS, U. (2000): Radio-telemetrische Untersuchungen zum Raum-Zeit-Verhalten von Laufkäfern am Beispiel von *Carabus coriaceus* Linne, 1758 und *C. monilis* Fabricius, 1792. Angew. Carabidol. 2/3: 49–58.

RIETZE, J. (2001): Zur Phänologie ausgewählter Laufkäfer in baden-württembergischen Wäldern. Angew. Carabidol. Suppl. 2: 105–115.

RIETZE, J. (2002): Wirksamkeit von Grünbrücken über Verkehrswege am Beispiel der Laufkäfer – Methoden, Erfahrungen und Ergebnisse. Angew. Carabidol. 4/5: 63–93.

RIETZE, J.; RECK, H. (1997): *Wirksamkeit von Grünbrücken für wirbellose Tierarten, Untersuchungen an der B 31 neu und Abschlußbericht. In: PFISTER, H. P.; KELLER, V.; RECK, H.; GEORGII, B. (Hrsg.): Bioökologische Wirksamkeit von Grünbrücken über Verkehrswege. Forschung Straßenbau Straßenverkehrstechnik 756: 327–467.

RIETZE, J.; TRAUTNER, J. (2016): Laufkäfer. In: TRAUTNER, J. (Hrsg.): Entwicklung einer Kiesabbaulandschaft im Hegau am westlichen Bodensee. Ergebnisse aus Untersuchungen zur Vegetation und Fauna im Zeitraum 1992 bis 2013. Deiningen: Steinmeier: 108–127.

RIETZE, J.; TRAUTNER, J.; AUSMEIER, F. (2016): Zur Laufkäferfauna des ehemaligen Truppenübungsplatzes Münsingen auf der Schwäbischen Alb (Coleoptera: Carabidae). Mitt. Entomol. Ver. Stuttgart 51: 77–84.

RÖDEL, M.-O.; KAUPP, A. (1990): Durch Hochwasser in den Bodensee verdriftete Carabiden. Mitt. Internat. Entomol. Ver. 19(1/2): 21–28.

ROPPEL, J. (1979): *Bemerkenswerte Käferfunde aus der Umgebung von Freiburg i. Br. Mitt. bad. Landesver. Naturkunde u. Naturschutz N. F. 12(1/2): 109–120.

ROPPEL, J. (1990): Einige bemerkenswerte Käfer aus dem Schwarzwald (Wutachtal, Unterhölzer Wald). Mitt. Entomol. Ver. Stuttgart 25(1): 19–23.

ROSENBERG, E. (1911): Biologiske bemaerkninger om larverne til *Tachypus flavipes* L. og *Lebia crux-minor* L. Entomol. Medd. 4: 181–183.

ROSER, C. L. F. VON (1838): Verzeichniß der in Würtemberg vorkommenden Käfer. Correspondenzbl. württ. landw. V. 1(2): 169–202.

ROSNER, H.-J. (2008): Physische Geographie, Landschaftliche Großeinheiten, Klima, Hydrologie und Böden. In: GEBHARDT, H. (Hrsg.): Geographie Baden-Württembergs. Stuttgart: Kohlhammer: 102–124.

ROTH, M. (1985): *Die Coleopteren im Ökosystem „Fichtenforst“, I. Ökologische Untersuchungen. Zool. Beitr. N. F. 29(2): 227–294.

ROTH, M.; FUNKE, W.; GÜNL, W.; STRAUB, S. (1983): *Die Käfergesellschaften mitteleuropäischer Wälder. Verh. Ges. Ökol. 10: 35–50.

ROTH VON SCHRECKENSTEIN, F. (1801): Verzeichniss der Kaefer, welche um den Ursprung der Donau und des Nekars, dann um den untern Theil des Bodensees vorkommen. Tübingen: J. G. Cotta'sche Buchhandlung.

ROTTER, S.; ZULKA, K. P. (1999): Bemerkenswerte Laufkäfer-Nachweise aus dem Steinfeld (Niederösterreich, südliches Wiener Becken) (Coleoptera: Carabidae). Koleopt. Rdsch. 69: 19–24.

ROUME, A.; OUIN, A.; RAISON, L.; DECONCHAT, M. (2011): Abundance and species richness of overwintering ground beetles (Coleoptera: Carabidae) are higher in the edge than in the centre of a woodlot. Eur. J. Entomol. 108(4): 615–622.

RUSDEA, E. (1994): Population dynamics of *Laemostenus schreibersi* (Carabidae) in a cave in Carinthia (Austria). In: DESENDER, K.; DUFRÊNE, M.; LOREAU, M., LUFF, M. L.; MAELFAIT, J.-P. (eds.): Carabid Beetles – Ecology and Evolution. Dordrecht, Boston, London: Kluwer Academic Publishers: 207–212.

RUSHTON, S. P.; WADSWORTH, R. A.; CHERRILL, A. J.; EYRE, M. D.; LUFF, M. L. (1994): Modelling the consequences of land use change on the distribution of Carabidae. In: DESENDER, K.; DUFRÊNE, M.; LOREAU, M.; LUFF, M. L.; MAELFAIT, J.-P. (eds.): Carabid Beetles – Ecology and Evolution. Dordrecht, Boston, London: Kluwer Academic Publishers: 353–360.

RUST, C. (2000): Einfluss von Wasserstandsänderungen auf die Laufkäferzönose (Coleoptera, Carabidae) des direkten Uferbereiches. Mitt. Schweiz. Entomol. Ges. 73(3/4): 321–331.

SASKA, P. (2005): Contrary food requirements of the larvae of two *Curtonotus* (Coleoptera: Carabidae: *Amara*) species. Ann. Appl. Biol. 147: 139–144.

SASKA, P. (2008): Effect of diet on the fecundity of three carabid beetles. Physiol. Entomol. 33: 188–192.

SASKA, P.; HONĚK, A. (2004): Development of the beetle parasitoids, *Brachinus explodens* and *B. crepitans* (Coleoptera: Carabidae). J. Zool. 262: 29–36.

SASKA, P.; HONĚK, A. (2005): Development of the ground-beetle parasitoids, *Brachinus explodens* and *B. crepitans* (Coleoptera: Carabidae): effect of temperature. In: LÖVEI G. L. & TOFT, S. (eds.): European Carabidology 2003. Proceedings of the 11th European Carabidologists' Meeting. DIAS report, 114. Arhus: Danish Institute of Agricultural Sciences: 265–274.

SASKA, P.; HONĚK, A. (2008): Synchronization of a Coleopteran Parasitoid, *Brachinus* spp. (Coleoptera: Carabidae), and Its Host. Ann. Entomol. Soc. Am. 101(3): 533–538.

SCHAEFER, W. (2012): Wörterbuch der Ökologie. 5. neu bearb. und erw. Aufl. Heidelberg: Spektrum Akademischer Verlag.

SCHÄFER, H. (1966): *Der Isteiner Klotz. Zur Naturgeschichte einer Landschaft am Oberrhein. Freiburg i. Br.: Rombach.

SCHÄFER, P. (2004): *Amara (Zezea) kulti* Fassati, 1947 (Coleoptera, Carabidae) in Nordwestdeutschland: Ausbreitungsmuster und Phänologie. Entomol. heute 16: 165–176.

SCHÄFER, P. (2007): Die Arten der *Amara communis*-Gruppe und ihr Status in Westfalen. 10. Jahrestagung GAC (Gelnhausen): Tagungsheft: 14–15.

SCHÄFER, W. (1983): *Arten- und Umweltschutz – ein wichtiger Bestandteil unserer Vereinsarbeit. Mitt. Entomol. Ver. Stuttgart 18(1): 4–24.

SCHANOWSKI, A. (1999): *Laufkäfer (Carabidae). In: LFU, LANDESANSTALT FÜR UMWELTSCHUTZ BADEN.-WÜRTT. (Hrsg.): Konzeption zur Entwicklung und zum Schutz der südlichen Oberrheinniederung. Materialien zum integrierten Rheinprogramm, Textband 10: 129–134.

SCHANOWSKI, A. (2013): Auswirkungen des Klimawandels auf die Insektenfauna. Forschungsbericht Klimopass. Karlsruhe: Landesanstalt für Umwelt, Messungen und Naturschutz Baden-Württemberg.

SCHANOWSKI, A.; SCHIEL, F.-J. (2004): Neufund von *Leistus fulvibarbis* (Dejean, 1826) in Baden-Württemberg und ein weiterer Fund von *Notiophilus quadripunctatus* Dejean, 1826 (Coleoptera: Carabidae). Carolinea 62: 155–157.

Schauermann, J. (1986): 4.6 Siedlungsdichten und Biomassen. In: Ellenberg, H.; Mayer, R.; Schauermann, J. (Hrsg.): Ökosystemforschung – Ergebnisse des Sollingprojekts 1966–1986. Stuttgart: Eugen Ulmer: 225–265.

Schaum, H. (1860): Naturgeschichte der Insecten Deutschlands. Erste Abtheilung Coleoptera. Erster Band, erste Hälfte. Berlin: Nicolaische Verlagsbuchhandlung.

Schawaller, W. (1979): *Käfer aus dem Landschaftsschutzgebiet Poppenweiler bei Ludwigsburg. Mitt. Entomol. Ver. Stuttgart 14(1): 1–12.

Schawaller, W. (1986): Fossile Käfer aus miozänen Sedimenten des Randecker Maars in Südwest-Deutschland (Insecta: Coleoptera). Stuttg. Beitr. Nat.kd. (B) 126.

Schawaller, W.; Schmalfuss, H. (1983): *Zur Arthropodenfauna des Weinberges „Hoher Spielberg" (Baden-Württemberg, Kreis Ludwigsburg). Jahresh. Ges. Nat.kd. Württ. 138: 261–270.

Scheller, H. V. (1984): The role of ground beetles (Carabidae) as predators on early populations of cereal aphids in spring barley. Z. Angew. Entomol. 97: 451–463.

Scherdlin, P. (1916): Beiträge zur badischen Coleopterenfauna. Verzeichnis der im Sommer 1915 in Griesbach (Bad. Schwarzwald) beobachteten Käfer. Int. entomol. Z. 9(25): 129–131.

Scherf, H.; Drechsel, U. (1971): *Zur Unterscheidung der mitteleuropäischen Arten der Gattung *Trichotichnus* (Coleoptera: Carabidae). Senck. biol. 52(1/2): 49–51.

Scherney, F. (1955): Untersuchungen über Vorkommen und wirtschaftliche Bedeutung räuberisch lebender Käfer in Feldkulturen (I. Mitt.). Z. Pflanzenbau Pflanzenschutz 6(50): 49–73.

Scherney, F. (1957): Über Biologie und Zucht von *Carabus*-Arten. Ber. 8. Wandervers. Deutsch. Ent., Tagungsber. 11: 120–126.

Scherney, F. (1959): Unsere Laufkäfer, ihre Biologie und wirtschaftliche Bedeutung. Neue Brehm Bücherei 245.

Scheurig, M.; Hohner, W.; Weick, D.; Brechtel, F.; Beck, L. (1996): Laufkäferzönosen südwestdeutscher Wälder – Charakterisierung, Beurteilung und Bewertung von Standorten. Carolinea 54: 91–138.

Schiel, F.-J.; Rademacher, M. (2008): Artenvielfalt und Sukzession in einer Kiesgrube südlich Karlsruhe – Ergebnisse des Biotopmonotoring zum Naturschutzgebiet „Kiesgrube am Hardtwald Durmersheim". Naturschutz u. Landschaftsplanung 40(3): 87–94.

Schildknecht, H.; Holoubek, K. (1961): Die Bombardierkäfer und ihre Explosionschemie. Angew. Chemie 73: 1–7.

Schiller, W. (1979): Die Käferfauna von Grenzach-Wyhlen. In: LfU, Landesanstalt für Umweltschutz Baden-Württ. (Hrsg.): Der Buchswald bei Grenzach. Natur- u. Landsch.schutzgeb. Baden-Württ. 9: 361–387.

Schiller, W. (1984): 2036. *Bembidion inustum* Duval in Südwestdeutschland nicht selten (Carab.). In: Kleine Mitteilungen. Entomol. Bl. 80(1): 59.

Schillhammer, H. (1995): Bemerkenswerte Käferfunde aus Österreich (IV) (Coleoptera). Koleopt. Rdsch. 65: 229–232.

Schilsky, J. (1909): Systematisches Verzeichnis der Käfer Deutschlands und Deutsch-Österreichs. Stuttgart: Strecker & Schröder.

Schirmel, J.; Lenze, S.; Katzmann, D.; Buchholz, S. (2010): Capture efficiency of pitfall traps is highly affected by sampling interval. Entomol. Exp. Appl. 163: 206–2010.

Schjøtz-Christensen, B. (1966a): Biology of some ground beetles (*Harpalus* Latr.) of the Corynephoretum. Natura Jutlandica 12: 225–229.

Schjøtz-Christensen, B. (1966b): Some Notes on the Biology of *Bradycellus collaris* Payk. and *B. similis* Dej. (Col., Carabidae). Natura Jutlandica 12: 230–234.

Schlick-Steiner, B. C.; Steiner, F. M. (2000): Eine neue Subterranfalle und Fänge aus Kärnten. Carinthia II 190/110: 475–482.

Schliemann, S. (2007): Zum Einfluss der Beweidung auf Laufkäfergesellschaften (Coleoptera, Carabidae) in den Küstenüberflutungsmooren der südlichen Ostseeküste. Dissertation Univ. Greifswald.

Schmid, G. (1965a): Bemerkenswerte Käfer und Wanzen aus Baden-Württemberg. Veröff. Naturschutz Landschaftspflege Baden-Württ. 33: 248–257.

Schmid, G. (1965b): Kleine Nachlese zur Käfer- und Wanzenfauna der Wutachschlucht. Veröff. Naturschutz Landschaftspflege Baden-Württ. 33: 258–259.

Schmid, G. (1967): *Der Feuersee bei Welzheim-Breitenfürst. Die Tierwelt eines Naturdenkmals. Veröff. Naturschutz Landschaftspflege Baden-Württ. 35: 45–88.

Schmidt, A. D. (1997): Phänotypische, ethologische und ökologische Unterschiede zwischen juvenilen und adulten *Heliobolus lugubris* A. Smith 1838 und deren biologischer Hintergrund. Senck. biol. 77: 1–13.

Schmidt, A. D. (2001): Experimentelle und freilandökologische Untersuchungen zu Aktivitätsrhythmik und mikroklimatischem Präferenzverhalten ausgewählter afrikanischer Laufkäferarten der Gattungen *Anthia* und *Thermophilum* (Coleoptera: Carabidae: Anthiini). Mitt. Internat. Entomol. Ver. 26(1/2): 53–84.

Schmidt, A. D.; Gruschwitz, M. (2002): Artenspektrum, Systematik, Verbreitung und biographische Zuordnung von Laufkäfern der Gattungen *Anthia* Weber und *Thermophilum* Basilewsky (Coleoptera: Carabidae: Anthiini) im südlichen Afrika. Mitt. naturwiss. Mus. Aschaffenburg 21(1): 1–67.

Schmidt, E. (1980): Untersuchungen zur Nahrungsökologie des Schwarzstirnwürgers (*Lanius minor*). Ökol. Vögel 2: 177–188.

Schmidt, E. (2011): Insektenkundliche Flächenuntersuchungen in der endneolithischen Feuchtbodensiedlung Torwiesen II. In: Die endneolithische Moorsiedlung Bad Buchau – Torwiesen II am Federsee. Band 1: Naturwissenschaftliche Untersuchungen. Hemmenhoferner Skripte 9: 281–337.

Schmidt, E. (2013): Wirbellosenreste aus einem mittellatènezeitlichen Brunnen im Bereich der Viereckschanze in Mengen am Oberrhein (Gem. Schallstadt-Wolfenweiler, Lkrs. Breisgau-Hochschwarzwald). Fundber. Baden-Württ. 33: 453–470.

Schmidt, J. (1994): Revision der mit *Agonum* (s. str.) *viduum* (Panzer, 1797) verwandten Arten (Coleoptera, Carabidae). Beitr. Entomol. 44(1): 3–51.

Schmidt, J.; Benedikt, S. (2010): Zur Verbreitung von *Agonum scitulum* Dejean, 1828 (Coleoptera, Carabidae). Entomol. Nachr. Ber. 54: 64–65.

Schmidt, J.; Trautner, J. (2016): Herausgehobene Verantwortlichkeit für den Schutz von Laufkäfervorkommen in Deutschland: Verbesserter Kenntnisstand und kritische Datenbewertung erfordern eine Revision der bisherigen Liste. Angew. Carabidol. 11: 31–57.

Schmidt, J.; Trautner, J.; Müller-Motzfeldt, G. (2016): Rote Liste und Gesamtartenliste der Laufkäfer (Coleoptera: Carabidae) Deutschlands. 3. Fassung, Stand April 2015. Naturschutz Biol. Vielfalt 70(4): 137–202.

Schmidt, M. H.; Lefebvre, G.; Poulin, B.; Tscharntke, T. (2005): Reed cutting affects arthropod communities, potentially reducing food for passerine birds. Biol. Conserv. 121: 151–166.

Schmitt, M.; Frank, M. (2013): Notes on the ecology of rolled-leaf hispines (Chrysomelidae, Cassidinae) at La Gamba (Costa Rica). In: Jolivet, P.; Santiago-Blay, J.; Schmitt, M. (eds.): Research on Chrysomelidae 4. ZooKeys 332: 55–69.

Schneider, T. (1991): *Faunistisch-ökologische Untersuchungen an Käferpopulationen (Coleoptera: Carabidae, Staphylinidae und Lathridiidae) des Naturschutzgebietes Federsee. Dissertation Univ. Tübingen.

Schnitter, P.; Trost, M. (2004): Rote Liste der Laufkäfer (Coleoptera: Carabidae) des Landes Sachsen-Anhalt. Ber. Landesamt Umweltschutz Sachsen-Anhalt 39: 252–263.

Schreiber, K.-F.; Mattes, H.; Broll, G.; Brauckmann, H.-J. (1996): *Faunistische Untersuchungen auf Bracheversuchsflächen in Baden-Württemberg. Sukzessionsflächen im Vergleich zu extensiv gepflegtem Grünland (II). Veröff. PAÖ 16: 405–418.

Schreiner, A. (2015): Sukzessionsentwicklung in Buchenwäldern des Ruhrtals (NRW) am Beispiel epigäischer Carabiden (Coleoptera: Carabidae). Angew. Carabidol. 11: 13–20.

Schreiner, R.; Irmler, U. (2009): Niche differentiation and preferences of *Elaphrus cupreus* Duftschmid, 1812 and *Elaphrus uliginosus* (Fabricius, 1792) (Coleoptera: Carabidae) as reason for their different endangerment in Central Europe. J. Insect Conserv. 13: 193–202.

Schreiner, R.; Irmler, U. (2010): Mobility and Spatial use of the Ground Beetle species *Elaphrus cupreus* and *Elaphrus uliginosus* (Coleoptera: Carabidae). Entomol. Gen. 32(3): 165–179.

Schremmer, F. (1960): Beitrag zur Biologie von *Ditomus clypeatus* Rossi, eines körnersammelnden Carabiden. Z. Arbeitsgem. Österr. Entomol. 3: 140–146.

Schröder, B.; Antvogel, H.; Bonn, A. (2003): Habitatmodelle für Insekten – am Beispiel der Carabidengemeinschaft (Coleoptera, Carabidae) eines Auwaldes an der Elbe. Verh. Westd. Entomol. Tag 2001: 111–119.

Schubert, W. (1983): Vogelwelt in Schönbuch und Gäu. Veröff. Naturschutz Landschaftspflege Baden-Württ. Beiheft 31.

Schuldt, A.; Assmann, T. (2011): Belowground carabid beetle diversity in the western Palaearctic – effects of history and climate on range-restricted taxa (Coleoptera, Carabidae). In: Kotze D. J.; Assmann, T.; Noordijk, J.; Turin, H.; Vermeulen, R. (eds.): Carabid Beetles as Bioindicators: Biogeographical, Ecological and *Environmental* Studies. ZooKeys 100: 461–474.

Schüle, P. (2007): Die Laufkäfer (Col., Carabidae) der Teverener Heide bei Geilenkirchen. Mitt. Arb.gem. rhein. Koleopterol. 17(3-4): 13–25.

Schüle, P.; Persohn, M. (1997): *Anmerkungen zum Vorkommen und zur Verbreitung einiger Laufkäferarten (Coleoptera, Carabidae) in Rheinland-Pfalz und dem nördlichen Rheinland, Teil I. Mitt. Arb.gem. rhein. Koleopterol. 7(1): 13–25.

Schulz, B.; Reck, H. (2004): Großflächige extensive Beweidung und die Habitate von *Elaphrus uliginosus* im Vergleich zu denen der anderen Elaphrinae Schleswig-Holsteins. Angew. Carabidol. 6: 43–54.

Schumacher, J.; Trautner, J. (2006): Spatial Modeling for the purpose of regional planning using species related expert knowledge. The Biotope Information- and Management System of Stuttgart Region (BIMS) and its deduction from the Information System on Target Species in Baden-Württemberg. In: Buhmann, E.; Ervin, S.; Jørgensen, I.; Strobl, J. (eds.): Trends in Knowledge-Based Landscape Modeling. Proceedings at Anhalt University of Applied Sciences 2006. Heidelberg: Wichmann: 89–103.

Schürstedt, H.; Assmann, T. (1999): Die Käferfauna ausgewählter eutraphenter Röhrichte in Nordwest-Deutschland (Coleoptera: Carabidae, Cantharidae, Malachiidae, Cucujidae, Coccinellidae, Chrysomelidae). Osnabrücker Naturwiss. Mitt. 25: 241–278.

Schwan, B. (1995): Eine Hohlweg-Baumhecke als Korridorbiotop für Laufkäfer. Diplomarbeit Univ. Karlsruhe (unveröff.).

Schwenninger, H. R. (1988): *Die Bedeutung der Feldraine für die Artenvielfalt von Agrarökosystemen unter besonderer Berücksichtigung der Insektenfauna der Krautschicht. Mitt. Dtsch. Ges. allg. angew. Entomol. 6(4-6): 364–370.

Schwenninger, H. R.; Schanowski, A. (1999): Wiederfund von *Poecilus kugelanni* (Panzer, 1797) in Südwestdeutschland (Coleoptera: Carabidae). Mitt. Entomol. Ver. Stuttgart 34(2): 123–124.

Schwerk, A. (2014): Changes in carabid beetle fauna (Coleoptera: Carabidae) along successional gradients in post-industrial areas in Central Poland. Eur. J. Entomol. 111(5): 677–685.

Sciaky, R. (1986): Revisione delle specie paleartiche occidentali del genere *Ophonus* Dejean 1821. Mem. Soc. Entomol. Ital. 65: 29–120.

Sciaky, R. (1991): Bestimmungstabellen der westpalaearktischen *Ophonus*-Arten (XXVIII. Beitrag zur Kenntnis der Coleoptera Carabidae). Übersetzung vom italienischen Original von Riccardo Sciaky. Acta Coleopterol. 7(1): 1–45.

Scott, P. D.; Hepburn, H. R.; Crewe, R. M. (1975): Pygidial defense secretions of some carabid beetles. Insect Biochem. 5: 805–811.

Sengbusch, P. von; Bogenrieder, A. (2001): Rückgang der Moorkiefer im südlichen Schwarzwald. Ökologische Untersuchungen an *Pinus rotundata* Link. Z. angew. Ökol. 33(8): 249–254.

Šerič Jelaska, L.; Franjevič, D.; Jelaska, S. D.; Symondson, W. O. C. (2014): Prey detection in carabid beetles (Coleoptera: Carabidae) in woodland ecosystems by PCR analysis of gut contents. Eur. J. Entomol. 111(5): 631–638.

Serrano J.; Gallego, D. (2004): Evaluación de la regeneración y el estado de salud de las masas forestales de Sierra Espuña (Murcia) mediante el análisis de la biomasa media individual en coleópteros carábidos. Anal. Biol. 26: 191–211.

Siemers, M. B.; Güttinger, R. (2006): Prey conspicuousness can explain apparent prey selectivity. Curr. Biol. 16: 157–159.

Siepe, A. (1989): Untersuchungen zur Besiedlung einer Auen-Catena am südlichen Oberrhein durch Laufkäfer unter besonderer Berücksichtigung der Einflüsse des Flutgeschehens. Dissertation Univ. Freiburg i. Br.

Siepe, A. (1994): Das „Flutverhalten" von Laufkäfern (Coleoptera: Carabidae), ein Komplex von öko-ethologischen Anpassungen an das Leben in der periodisch überfluteten Aue – I: Das Schwimmverhalten. Zool. Jahrb. Syst. 121: 515–566.

Silvestri, F. (1904): Contribuzione alla conoscenza della metamorfosi e dei costumi della *Lebia scapularis* Fourc.

con descrizione dell' apparato sericiparo della larva. Redia 2: 68–84.

Sivčev, L.; Büchs, W.; Prescher, S.; Graora, D. D.; Ćurčić, S. B.; Sivčev, I. L.; Schmidt, L.; Tomič, V. T.; Dudič, B. D.; Gotlin-Čuljak, T. (2014): Contribution to the knowledge of the ground beetle fauna from Serbia. Acta Entomol. Serbica 19(1/2): 13–23.

Skale, A.; Weigel, A. (1997): Zur Insektenfauna (Coleoptera, Lepidoptera, Saltatoria, Odonata, Trichoptera et Heteroptera) des NSG „Tannbach-Klingefelsen" (Saale-Orla-Kreis, Thüringen). Thür. Faun. Abh. 4: 139–172.

Sokolowski, K. (1958): Faunistische und ökologische Bemerkungen zu einigen deutschen Laufkäfern (Col., Carab.). Entomol. Bl. 54(2): 102–111.

Sowig, P. (1986a): Experimente zur Substratpräferenz und zur Frage der Konkurrenzverminderung uferbewohnender Laufkäfer (Coleoptera: Carabidae). Zool. Jahrb. Syst. 113(1): 55–77.

Sowig, P. (1986b): Untersuchungen zur Artenzusammensetzung und Phänologie einer Laufkäfergemeinschaft in einer Pestwurzflur. Veröff. Naturschutz Landschaftspflege Baden-Württ. 61: 419–436.

Sowig, P. (1986c): Bemerkungen zu einigen Bembidiinen Südbadens (Carab.). Entomol. Bl. 82(1/2): 122.

Spang, W. D. (1996): *Die Eignung von Regenwürmern (Lumbricidae), Schnecken (Gastropoda) und Laufkäfern (Carabidae) als Indikatoren für auentypische Standortbedingungen. Heidelberger Geograph. Arb. 102.

Spang, W. D. (1999): *Laufkäfer als Indikatoren hydrologischer Rahmenbedingungen in der Oberrheinaue. Angew. Carabidol. Suppl. 1: 103–114.

Sparmberg, H. (2004): Zeitlicher und räumlicher Vergleich der Laufkäferfauna auf den Gipskeuperhügeln nördlich von Erfurt (Thüringen). Angew. Carabidol. Suppl. 3: 45–57.

Spies, H.-G. (1998): Untersuchungen zur Habitatbindung von Laufkäfern (Col., Carabidae) in Saumstrukturen landwirtschaftlich genutzter Flächen des Naturraums Kraichgau. Dissertation. Univ. Hohenheim.

Spies, H.-G.; Zebitz, C. P. W. (1995): *Untersuchungen zur Habitatbindung von Laufkäfern (Col., Carabidae) in Saumstrukturen landwirtschaftlich genutzter Flächen. Mitt. Dtsch. Ges. allg. angew. Entomol. 10: 343–346.

Spreier, B. (1984): *Hecken in Flurbereinigungsgebieten als Inselbiotope. Laufener Seminarbeitr. 7: 39–48.

Stärk, O. J. (1976): *Über Besonderheiten und Seltenheiten aus der Fauna von Baden-Württemberg. Veröff. Naturschutz Landschaftspflege Baden-Württ. 43: 170–214.

Stärk, O. J. (1977): *Das Land Baden-Württemberg. Amtliche Beschreibung nach Kreisen und Gemeinden. Band I: Allgemeiner Teil. Stuttgart: W. Kohlhammer.

Statistisches Landesamt Bad.-Württ. (2015a): Bevölkerungsentwicklung in Baden-Württemberg 2014. Statistische Berichte Baden-Württ. Artikel-Nr. 3125 14001.

Statistisches Landesamt Bad.-Württ. (2015b): Ergebnisse der Bodennutzungshaupterhebung in Baden-Württemberg 2015. Statistische Berichte Baden-Württ. Artikel-Nr. 3331 15001.

Stegemann, K.-D. (1992): Weitere Funde von *Dicheirotrichus rufithorax* (Sahlb.) (Coleoptera; Carabidae) im Osten von Mecklenburg-Vorpommern. Entomol. Nachr. Ber. 36(1): 63.

Stein, W. (1984): Untersuchungen zur Mikrohabitatbindung von Laufkäfern des Hypolithions eines Seeufers (Col., Carabidae). Z. Angew. Entomol. 98: 190–200.

Steiner, H. (1970): *Beiträge zur Arthropodenfauna der Apfelbäume (Coleoptera, Cicadina, Heteroptera, Ichneumonidae, Diptera, Thysanoptera, Collembola, Araneina). Mitt. Entomol. Ver. Stuttgart 5: 7–33.

Stierlin, G. (1900): Fauna coleopterorum helvetica. Die Käfer-Fauna der Schweiz nach der analytischen Methode. I. Theil. Schaffhausen: Bolli & Böcherer.

Stolle, R. (1998): *Landschaftsökologische Untersuchungen im Regenbachtal und den angrenzenden Hochflächen nördlich von Niederstetten/Nordwürttemberg. Faun. flor. Mitt. Taubergrund 16: 1–14.

Stork, N. E.; McBroom, J.; Gelyb, C.; Hamilton, A. J. (2015): New approaches narrow global species estimates for beetles, insects, and terrestrial arthropods. Proc. Natl. Acad. Sci. U.S.A. (PNAS) 112(24): 7519–7523.

Straub, F. (1955): *Coleopterologische Notizen (einige interessante Käferfunde). Mitt. Entomol. Ges. Basel N. F. 5: 117–119.

Straub, H.-P. (1998): Zur Bedeutung von Käfern als Bioindikatoren für die Uferzone von südwestdeutschen Mittelgebirgsbächen. Dissertation. Univ. Hohenheim.

Sturani, M. (1962): Osservazioni e ricerche biologiche sul genere *Carabus* Linnaeus (sensu lato) (Coleoptera Carabidae). Mem. Soc. Entomol. Ital. 41: 85–202.

Sturani, M. (1963): Osservazioni biologiche e morfologiche sul *Carabus (Hygrocarabus) variolosus* Fabricius. Atti. Accad. Naz. Ital. Entomol. Rend. 11: 182–184.

Szallies, A. (1998): Bemerkenswerte Käfer aus Baden-Württemberg (2). Mitt. Entomol. Ver. Stuttgart 33(1): 47–52.

Szallies, A. (2001): Bemerkenswerte Käfer aus Baden-Württemberg (3). Mitt. Entomol. Ver. Stuttgart 36(2): 128–132.

Szallies, A.; Ausmeier, F. (2001a): *Elaphropus paulinae* n. sp. aus dem süddeutschen Alpenvorland (Coleoptera: Carabidae). Mitt. Entomol. Ver. Stuttgart 36(1): 65–67.

Szallies, A.; Ausmeier, F. (2001b): Die Käferfauna von Kalkschutthalden – Eiszeit- und Warmzeit-Relikte der Schwäbischen Alb. Mitt. Entomol. Ver. Stuttgart 36(1): 67–73.

Szallies, A.; Huber, C. (2013): Neubewertung von *Nebria (Nebriola) heeri* K. Daniel, 1903 stat. nov. Mitt. Schweiz. Entomol. Ges. 86: 35–42.

Taboada, A.; Kotze, D. J.; Salgado, J. M.; Tárrega, R. (2006): The influence of habitat type on the distribution of carabid beetles in traditionally managed "dehesa" ecosystems in NW Spain. Entomol. Fennica 17: 284–295.

Taquet, P. (1998): Les premiers pas d'un naturaliste sur les sentiers du Wurtemberg: récit inédit d'un jeune étudiant nommé Georges Cuvier. Geodiversitas 20(2): 285–318.

Teichmann, B. (1994): Eine wenig bekannte Konservierungsflüssigkeit für Bodenfallen. Entomol. Nachr. Ber. 38(1): 25–30.

Theves, F. (2007): Die Käferfauna an vier verschiedenen Stuttgarter Standorten mit unterschiedlicher anthropogener Beeinflussung. Mitt. Entomol. Ver. Stuttgart 42(1/2): 3–36.

Theves, F. (2013): Laufkäfer (Col., Carabidae) in Feldhecken Südwestdeutschlands. Vergesellschaftung und Biodiversität in Abhängigkeit von der Habitatqualität. Dissertation. Univ. Hohenheim.

Theves, F. (2015): *Beitrag zur Lauf- und Rüsselkäferfauna der Filderhecken bei Stuttgart (Coleoptera: Carabidae und Curculionidae). Mitt. Entomol. Ver. Stuttgart 50(2): 251–269.

Thiele, H.-U. (1964): Experimentelle Untersuchungen über die Ursachen der Biotopbindung bei Carabiden. Z. Morph. Ökol. Tiere 53: 387–452.

Thiele, H.-U. (1977): Carabid Beetles in Their Environments. A Study on Habitat Selection by Adaptations in Physiology and Behaviour. Zoophysiology and Ecology 10.

Thiele, H.-U.; Weiss, H.-E. (1976): Die Carabiden eines Auenwaldgebietes als Bioindikatoren für anthropogen bedingte Änderungen des Mikroklimas. Schr.reihe Veg. kd. 10: 359–374.

Thomas, C. F. G.; Holland, J. M.; Brown, N. J. (2002): The spatial distribution of carabid beetles in agricultural landscape. In: Holland, J. M. (ed.): The Agroecology of Carabid Beetles. Andover: Intercept: 305–344.

Thomas, M. B.; Mitchell, H.; Wratten, S. D. (1991): Abiotic and biotic factors influencing the winter distribution of predatory insects. Oecologia 89(1): 78–84.

Thomas, M. B.; Sotherton, N.; Coombes, D. S.; Wratten, S. D. (1992): Habitat factors influencing the distribution of polyphagous predatory insects between field boundaries. Ann. Appl. Biol. 120(2): 197–202.

Tietze, F. (1984): Zur Ökologie, Soziologie und Phänologie der Laufkäfer (Coleoptera – Carabidae) des Grünlandes im Süden der DDR. V. Teil (Schluß). Zur Phänologie der Carabiden des untersuchten Grünlands. Hercynia N. F. 11(1): 47–68.

Tietze, F. (1985): Veränderungen der Arten- und Dominanzstruktur in Laufkäfertaxozönosen (Coleoptera – Carabidae) bewirtschafteter Graslandökosysteme durch Intensivierungsfaktoren. Zool. Jahrb. Syst. 112: 367–382.

Tischler, W. (1958): Synökologische Untersuchungen an der Fauna der Felder und Feldgehölze. Z. Morph. Ökol. Tiere 47: 54–114.

Tolke, D.; Richter, K. (2000): Abundanz und Verbleiberate von Waldlaufkäfern (Carabidae, Coleoptera) – erste Ergebnisse einer 5-jährigen Fang-Wiederfang-Studie. Beitr. Ökol. 4(2): 189–206.

Trautner, J. (1980): *Pfingstlager Hayingen: Käfer und Tagfalter. Naturkundliche Beiträge des DJN 6: 39–48.

Trautner, J. (1984): Zur Verbreitung und Ökologie der *Dromius*-Arten (Coleoptera, Carabidae) in Württemberg. Jahresh. Ges. Nat.kd. Württ. 139: 211–215.

Trautner, J. (1986a): Die Laufkäfer im Landkreis Böblingen (Coleoptera, Carabidae). Jahresh. Ges. Nat.kd. Württ. 141: 253–286.

Trautner, J. (1986b): Die Laufkäfer (Col. Carabidae) der Baggerseen bei Bühl und Hirschau (Kreis Tübingen). Mitt. Entomol. Ver. Stuttgart 21(1): 7–18.

Trautner, J. (1986c): 78. *Omophron limbatum* F. und *Drypta dentata* Rossi (Col., Carabidae) in Württemberg. In: Kleine Mitteilungen. Mitt. Entomol. Ver. Stuttgart 21(1): 47.

Trautner, J. (1987): Die Laufkäfer (Coleoptera, Carabidae) der Grünlandbrachen des Südlichen Pfälzerwaldes. In: Roweck, H. (Hrsg.): Beiträge zur Biologie der Grünlandbrachen im Südlichen Pfälzerwald. Pollichia-Buch 12: 261–301.

Trautner, J. (1988): Zum Vorkommen von *Pterostichus rhaeticus* Heer 1837 in Baden-Württemberg (Col., Carabidae). Mitt. Entomol. Ver. Stuttgart 23(1): 56–60.

Trautner, J. (1990): Vorläufige Liste der Laufkäfer (Col., Carabidae s. lat.) Baden-Württembergs und Anmerkungen zum Stand der faunistisch-ökologischen Bearbeitung. Mitt. Entomol. Ver. Stuttgart 25(1): 7–18.

Trautner, J. (1991): Die Laufkäferfauna des Rosensteinparks und weiterer Grünflächen im Stadtgebiet von Stuttgart (Coleoptera, Carabidae). Jahresh. Ges. Nat.kd. Württ. 146: 233–258.

Trautner, J. (1992a): Rote Liste der in Baden-Württemberg gefährdeten Laufkäfer. Ökol. u. Naturschutz 4

Trautner, J. (1992b): Zu Verbreitung und Habitat des Laufkäfers *Pterostichus (Haptoderus) unctulatus* (Duftschmid, 1812) und seinem Vorkommen in Baden-Württemberg (Coleoptera, Carabidae). Mitt. Entomol. Ver. Stuttgart 27(2): 84–87.

Trautner, J. (1992c): Ein Fund von *Harpalus albanicus* Reitter, 1900 (Coleoptera, Carabidae) in Deutschland. Mitt. Entomol. Ver. Stuttgart 27(1): 9–10.

Trautner, J. (1992d): Laufkäfer – Methoden der Bestandsaufnahme und Hinweise für die Auswertung bei Naturschutz- und Eingriffsplanungen. In: Trautner, J. (Hrsg.): Arten- und Biotopschutz in der Planung: Methodische Standards zur Erfassung von Tierartengruppen [BVDL-Tagung Bad Wurzach, 9.–10. November 1991]. Ökol. in Forschung u. Anwendung 5: 145–162.

Trautner, J. (1993a): *Harpalus attenuatus* Stephens, 1828 neu in Deutschland (Col., Carabidae). Mitt. Arb.gem. Rhein. Koleopterol. 3(3): 60–63.

Trautner, J. (1993b): Laufkäfer als Indikatoren/Deskriptoren in der Planung und Probleme der Ausgleichbarkeit von Eingriffen am Beispiel dieser Artengruppe. Forschung Straßenbau Straßenverkehrstechnik 636: 207–233.

Trautner, J. (1994a): Die Laufkäfer Baden-Württembergs (Col., Carabidae). Übersicht zum Bearbeitungsstand sowie Aktualisierung von Checkliste und Roter Liste. Entomol. Nachr. Ber. 38(4): 255–260.

Trautner, J. (1994b): Zum Beutespektrum von *Gnaphosa lucifuga* (Aranea: Gnaphosidae). Arachnol. Mitt. 7: 41–44.

Trautner, J. (1994c): Laufkäfer. In: Gastel, R. (Hrsg.): Beantragtes Naturschutzgebiet Panzerübungsplatz Böblingen. Remshalden: Hennecke: 45–48.

Trautner, J. (1994d): Zielformulierung und Erfolgskontrolle für die Belange des Artenschutzes bei Planungen in Auen am Beispiel der Laufkäfer (Col.; Carabidae). In: Bernhardt, K.-G. (Hrsg.): Revitalisierung einer Flußlandschaft. Initiativen z. Umweltschutz 1: 289–303.

Trautner, J. (1994): *Zur Insektenfauna der Talhänge „Ringelstaler" und „Weinhalde" sowie des Theobaldwaldes bei Edelfingen (Main-Tauber-Kreis). Faun. flor. Mitt. Taubergrund 12: 13–26.

Trautner, J. (1995): *Mordgieriges Geschlecht? Einblicke in die Lebensweise, die Gefährdung und den Schutz unserer einheimischen Laufkäfer. Mitt. Bund Naturschutz Alb-Neckar 21(2): 41–57.

Trautner, J. (1996a): Rote Liste der in Baden-Württemberg gefährdeten Sandlaufkäfer und Laufkäfer (Col., Cicindelidae et Carabidae). 2. Fassung (Stand Dezember 1996). Arten- u. Biotopschutzprogramm Baden-Württ. 1, 3(Ergänzungslieferung IIIB): 49–54.

Trautner, J. (1996b): Historische und aktuelle Bestandssituation des Sandlaufkäfers *Cicindela arenaria* Fuesslin, 1775 in Deutschland (Col., Cicindelidae). Entomol. Nachr. Ber. 40(2): 83–88.

Trautner, J. (1996c): Der Große Puppenräuber *Calosoma sycophanta* (Linné, 1758) in Südwestdeutschland (Coleoptera: Carabidae). Mitt. Internat. Entomol. Ver. 21(3-4): 81–104.

Trautner, J. (1998): Siedlungsentwässerung und Abwasserbehandlung – Aspekte des Arten- und Biotopschutzes. Naturschutz u. Landschaftsplanung 30(5): 147–153.

Trautner, J. (1999): Handfänge als effektive und vergleichbare Methode zur Laufkäfer-Erfassung an Fließgewässern – Ergebnisse eines Tests an der Aich (Baden-Württemberg). Angew. Carabidol. Suppl. 1: 139–144.

TRAUTNER, J. (2000): Naturschutzfachliche Bewertung mit wirbellosen Tierarten. In: KURZ, H.; HAACK, A. (Hrsg.): Aktuelle Bewertungssysteme in der naturschutzfachlichen Planung. VSÖ-Publ. 4: 33–55.

TRAUTNER, J. (2001): Die Laufkäferfauna der Umgebung von Harthausen/Filderstadt (Coleoptera: Carabidae). Mitt. Entomol. Ver. Stuttgart 36(1): 25–30.

TRAUTNER, J. (2005): *Carabus menetriesi* nicht in Baden-Württemberg. Mitt. Entomol. Ver. Stuttgart 40(1/2): 141–142.

TRAUTNER, J. (2006): Zur Laufkäferfauna von Suhlen und Wühlstellen des Wildschweins (*Sus scrofa*) in den Naturräumen Schönbuch und Glemswald (Süddeutschland). Angew. Carabidol. 7: 51–54.

TRAUTNER, J. (2009): *Ein Leben auf und in Filderstadts Böden: Laufkäfer. Natur u. Umweltschutz Filderstadt 2009: 79–84.

TRAUTNER, J. (2010): Die Krux der charakteristischen Arten – Zu notwendigen und zugleich praktikablen Prüfungsanforderungen im Rahmen der FFH-Verträglichkeitsprüfung. Natur u. Recht 32(2): 90–98.

TRAUTNER, J. (2011): *Hecken als Lebensraum für Insekten. Natur u. Umweltschutz Filderstadt 2011: 46–49.

TRAUTNER, J.; Hrsg. (2016): Entwicklung einer Kiesabbaulandschaft im Hegau am westlichen Bodensee. Ergebnisse aus Untersuchungen zur Vegetation und Fauna im Zeitraum 1992 bis 2013. Deiningen: Steinmeier.

TRAUTNER, J.; ASSMANN, T. (1998): Bioindikation durch Laufkäfer – Beispiele und Möglichkeiten. Laufener Seminarbeitr. 8/98: 169–182.

TRAUTNER, J.; BACK, N. (2005): Der Zuckmantel – ein verschwundener Wald auf den Fildern. In: STADT FILDERSTADT (Hrsg.): Filderstadt und sein Wald. Filderstädter Schr.reihe Geschichte u. Landeskde. 18: 136–144.

TRAUTNER, J.; BRÄUNICKE, M. (1996): Verzeichnis der Sandlaufkäfer und Laufkäfer Baden-Württembergs (Col., Cicindelidae et Carabidae). 3. Fassung (Stand Dezember 1996). Arten- u. Biotopschutzprogramm Baden-Württ. 1, 3(Ergänzungslieferung IVB): 34–42.

TRAUTNER, J.; BRÄUNICKE, M. (1997): Laufkäferzönosen an der umgestalteten Oster im Saarland. Teilergebnisse des wissenschaftlichen Begleitprogramms eines E & E-Vorhabens. Natur u. Landschaft 72(9): 390–395.

TRAUTNER, J.; BRÄUNICKE, M. (1999): *Biotopmanagement im Städtebauprojekt „Stuttgart 21". Geobot. Kolloq. 14: 75–80.

TRAUTNER, J.; BRÄUNICKE, M.; KIECHLE, J.; KRAMER, M.; RIETZE, J.; SCHANOWSKI, A.; WOLF-SCHWENNINGER, K. (2005): Rote Liste und Artenverzeichnis der Laufkäfer Baden-Württembergs (Coleoptera: Carabidae). 3. Fassung, Stand Oktober 2005. Naturschutz-Praxis Artenschutz 9.

TRAUTNER, J.; BRÄUNICKE, M.; RIETZE, J. (1998): IV. Laufkäfer. In: BÜCKING, W. (wiss. Koord.): Faunistische Untersuchungen in Bannwäldern. Holzbewohnende Käfer, Laufkäfer, Vögel. Mitt. Forstl. Vers.- Forsch.anst. Baden-Württ. 203: 118–155.

TRAUTNER, J.; BRUNS, D. (1988): Tierökologische Grundlagen zur Entwicklung von Steinbrüchen. Ber. Akad. Naturschutz Landschaftspflege 12: 205–228.

TRAUTNER, J.; DETZEL, P. (1994): Die Sandlaufkäfer Baden-Württembergs (Coleoptera: Cicindelidae) Verbreitung, Lebensraumansprüche, Gefährdung und Schutz. Ökol. u. Naturschutz 5.

TRAUTNER, J.; DIEHL, B.; GEIGENMÜLLER, K. (1983): *Federsee – Sommerlager '82. Naturkundliche Beiträge des DJN 10.

TRAUTNER, J.; FRITZE, M.-A. (1999): 14. Laufkäfer. In: VUBD, VEREINIGUNG UMWELTWISSENSCHAFTLICHER BERUFSVERBÄNDE DEUTSCHLANDS E. V. (Hrsg.): Handbuch landschaftsökologischer Leistungen. Empfehlungen zur aufwandsbezogenen Honorarermittlung (3. überarb. u. erw. Aufl.). Veröff. VUBD 1: 184–195.

TRAUTNER, J.; FRITZE, M.-A.; HANNIG, K.; KAISER, M.; Hrsg. (2014): Verbreitungsatlas der Laufkäfer Deutschlands. Norderstedt: BoD.

TRAUTNER, J.; GEIGENMÜLLER, L. (2009): Die Laufkäferfauna des Naturdenkmals „Zwei Linden" mit Feldgehölz in Filderstadt (Coleoptera, Carabidae). Jahresh. Ges. Nat. kd. Württ. 165(1): 289–300.

TRAUTNER, J.; GEISSLER, S.; SETTELE, J. (1988): Zur Verbreitung und Ökologie des Laufkäfers *Diachromus germanus* (Linne 1758) (Col., Carabidae). Mitt. Entomol. Ver. Stuttgart 23(2): 86–105.

TRAUTNER, J.; MÜLLER-MOTZFELD, G. (1995): Faunistisch-ökologischer Bearbeitungsstand, Gefährdung und Checkliste der Laufkäfer. Eine Übersicht für die Bundesländer Deutschlands. Naturschutz u. Landschaftsplanung 27(3): 96–105, 1–12 (Beilage).

TRAUTNER, J.; PAILL, W. (2008): Erster Nachweis des Rötlichen Zwergahlenläufers *Porotachys bisulcatus* (Nicolai, 1822) in der Steiermark mit Anmerkungen zu dessen Lebensräumen (Coleoptera, Carabidae). Joannea 10: 177–181.

TRAUTNER, J.; RECK, H. (1989): Zur Laufkäfer- und Heuschreckenfauna einer Flugsanddüne im Siedlungsbereich von Karlsruhe (Col., Carabidae, Saltatoria). Mitt. Entomol. Ver. Stuttgart 24(1): 50–57.

TRAUTNER, J.; RIETZE, J. (2000): Zur Verbreitung und Bestandssituation von *Chlaenius sulcicollis* (Paykull, 1798) in Europa und seinem Wiederfund in Deutschland. Angew. Carabidol. 2/3: 73–80.

TRAUTNER, J.; RIETZE, J. (2001): Entwicklung der Laufkäferzönose einer Waldbrandfläche im Odenwald. Angew. Carabidol. Suppl. 2: 69–80.

TRAUTNER, J.; RIETZE, J.; BRÄUNICKE, M. (2004): Die Laufkäferfauna des Bannwaldes „Conventwald". In: FVA, FORSTLICHE VERSUCHS- UND FORSCHUNGSANSTALT BADEN-WÜRTT. (Hrsg.): Bannwald „Conventwald". Monographie. Waldschutzgebiete Baden-Württ. 2: 113–119.

TRAUTNER, J.; RIETZE, J.; BRÄUNICKE, M. (2005): Die Laufkäferfauna des Bannwaldes „Bechtaler Wald". In: FVA, FORSTLICHE VERSUCHS- UND FORSCHUNGSANSTALT BADEN-WÜRTT. (Hrsg.): Bannwald „Bechtaler Wald". Eine Laubwald-Biozönose vor und nach dem Sturm Lothar. Waldschutzgebiete Baden-Württ. 8: 169–177.

TRAUTNER, J.; SCHAWALLER, W. (1996): Larval morphology, biology and faunistics of Cicindelidae (Coleoptera) from Leyte, Philippines. Trop. Zool. 9(1): 47–59.

TRAUTNER, J.; SCHÜLE, P. (1996): Zur Verbreitung von *Leistus fulvibarbis* Dejean, 1826 und seinem Vorkommen in Deutschland (Col., Car.). Mitt. Arb.gem. Rhein. Koleopterol. 6(1): 37–42.

TRAUTNER, J.; SIMON, A. (1993): Maßnahmen zum Schutz des Kleinen Heidegrashüpfers *Stenobothrus stigmaticus* (Rambour, 1838) an einer isolierten Fundstelle bei Heilbronn, Bad.-Württ. Articulata 8(2): 63–67.

TRAUTNER, J.; STRAUB, F.; MAYER, J. (2015): Artenschutz bei häufigen gehölzbrütenden Vogelarten. Was ist wirklich erforderlich und angemessen? Acta ornithoecologica 8(2): 75–95.

TROST, M. (2001): Zur Laufkäferfauna von Trockenwaldstandorten des Oberen Saaletals bei Saalfeld (Thüringen). Angew. Carabidol. Suppl. 2: 61–68.

TROST, M.; SCHNITTER, P.; GRILL, E. (1999): Untersuchungen zur aktuellen Laufkäferfauna (Coleoptera: Carabidae) des ehemaligen Salzigen Sees im Mansfelder Land (Sachsen-Anhalt). Hercynia N. F. 32: 275–301.

TRÖSTER, G. (1987): *Skelett und Muskulatur des Kopfes der Larve von *Pterostichus nigrita* (Paykull) (Coleoptera: Carabidae). Stuttg. Beitr. Nat.kd. (A) 399.

TRUXA, C. M.; WAITZBAUER, W. (2008): Ist die Beweidung ein Selektionsfaktor für Laufkäfer (Carabidae) im Nationalpark Neusiedler See – Seewinkel? Abh. Zool.-Bot Ges. Österreich 37: 217–227.

TSCHARNTKE, T. (2012): Pflanzenbauliches Handeln bestimmt Biodiversität und assoziierte Ökosystemdienstleistungen in Agrarökosystemen. Mitt. Ges. Pflanzenbauwiss. 24: 17–20.

TURIN, H. (2000): De Nederlandse loopkevers, verspreiding en ecologie (Coleoptera: Carabidae). Nederlandse Fauna 3: 666 pp.

TURIN, H.; HEIJERMANN, T.; NOORDIJK, J.; TRAUTNER, J. (2012): Het recente Voorkomen van den Loopkever *Harpalus signaticornis* in Nederland (Coleoptera: Carabidae). Nederl. Faun. Med. 38: 9–16.

TURIN, H.; PENEV, L.; CASALE, A.; eds. (2003): The genus *Carabus* in Europe – a synthesis. Sofia, Moscow, Leiden: Pensoft Publishers; European Invertebrate Survey.

TUROWSKI, G. (2005): Raumplanung (Gesamtplanung). In: ARL, AKADEMIE FÜR RAUMFORSCHUNG UND LANDESPLANUNG (Hrsg.): Handwörterbuch der Raumordnung. Hannover: ARL: 893–898.

ULBRICH, E. (1988): *Ergebnis der Exkursionen 1986 der Arbeitsgemeinschaft südwestdeutscher Koleopterologen in das Bernbachtal (einschließlich Funde seit 1960). Mitt. Entomol. Ver. Stuttgart 23(1): 32–52.

ULBRICH, E. (1988): *Zur Begleit-Käfer-Fauna von Borkenkäfer-Pheromonschlitzfallen im Schwäbisch-Fränkischen Wald. Mitt. Entomol. Ver. Stuttgart 23(1): 53–55.

V. D. TRAPPEN, A. (1929): Die Fauna von Württemberg. Die Käfer. Jahresh. Ver. vaterl. Nat.kd. Württ. 85: 242–257.

V. D. TRAPPEN, A. (1930): Die Fauna von Württemberg. Die Käfer (Fortsetzung). Jahresh. Ver. vaterl. Nat.kd. Württ. 86: 65–94.

V. D. TRAPPEN, A. (1935): Die Fauna von Württemberg. Die Käfer (Fortsetzung und Schluss). Jahresh. Ver. vaterl. Nat.kd. Württ. 91: 128–145.

VAN DE POEL, D.; ZEHM, A. (2014): Die Wirkung des Mähens auf die Fauna der Wiesen – Eine Literaturauswertung für den Naturschutz. ANLiegen Natur 36(2): 36–51.

VAN DIJK, T. (1973): The age-composition of populations of *Calathus melanocephalus* L. analysed by studying marked individuals kept within fenced sites. Oecologia 12(3): 213–240.

VAN DIJK, T. (1979): On the relationship between egg production, age and survival in two carabid beetles: *Calathus melanocephalus* L. and *Pterostichus coerulescens* L. (Coleoptera, Carabidae). Oecologia 40: 63–80.

VIDAL, S. (2010): Die Schädlings-Armada marschiert gen Norden. top agrar 1/2010: 54–56.

VOGEL, J.; OTTOW, J. C. G. (1989): *Fluoridbelastung epigäischer Arthropoden in Emittentennähe. Mitt. Dtsch. Ges. allg. angew. Entomol. 7(1-3): 614–618.

VOLKMAR, C.; KREUTER, T. (2006): Zur Biodiversität von Spinnen (Araneae) und Laufkäfern (Carabidae) auf sächsischen Ackerflächen. Mitt. Dtsch. Ges. allg. angew. Entomol. 15: 97–102.

VOWINKEL, C.-J. (1998): Auswirkungen unterschiedlicher Nutzungsintensitäten auf die epigäische Arthropodenfauna von Harzer Bergwiesen. Ein Beitrag zur Landnutzungsgeschichte und zum Konfliktfeld Naturschutz – Landwirtschaft. Ökol. u. Umweltsicherung 15/98: 1–352.

VOWINKEL, K. (1996): Eignen sich Carabiden als Indikatoren für Nutzungsintensitätsunterschiede im Grünland? Artenschutzreport 6: 57–60.

WALCH, H. (1990): Faunistisch-ökologische Untersuchungen in flurbereinigten Weinbergen im mittleren Neckarraum. Einfluß verschiedener Bewirtschaftungsmaßnahmen. Dissertation Univ. Hohenheim.

WALLIN, H. (1988): The effects of spatial distribution on the development and reproduction of *Pterostichus cupreus* L., *P. melanarius* Ill., *P. niger* Schall. and *Harpalus rufipes* DeGeer (Col., Carabidae) on arable land. J. Appl. Entomol. 106(1-5): 483–487.

WALLIN, H. (1989): Habitat selection, reproduction and survival of two small carabid species on arable land: a comparison between *Trechus secalis* and *Bembidion lampros*. Holarctic Ecol. 12: 193–200.

WALLIN, H.; LINDELÖW, Å.; NYLANDER, U. (2000): Träsksammetslöparen *Chlaenius sulcicollis* (Paykull) (Coleoptera: Carabidae) i södra Gästrikland – aktivitet, käkslitage och ålder. Entomol. Tidskr. 121: 161–170.

WALTHER, C. (1995): *Untersuchungen zur Fauna regelmäßig beweideter Kalkmagerrasen. In: BEINLICH, B.; PLACHTER, H. (Hrsg.): Schutz und Entwicklung der Kalkmagerrasen der Schwäbischen Alb. Veröff. Naturschutz Landschaftspflege Baden-Württ. 83: 159–180.

WALTHER, C.; BEINLICH, B.; PLACHTER, H. (1996): *Die Bedeutung intensiv beweideter Kalkmagerrasen (Mesobromion) Südwestdeutschlands für die Laufkäfer (Carabidae), Heuschrecken und Tagfalter. Verh. Ges. Ökol. 26: 355–362.

WASNER, U. (1974): Die Carabidae des Federseerieds. In: LANDESSTELLE FÜR NATURSCHUTZ UND LANDSCHAFTSPFLEGE BADEN-WÜRTT. (Hrsg.): Beiträge zur Insektenfauna des Naturschutzgebiets Federsee. Veröff. Naturschutz Landschaftspflege Baden-Württ. Beiheft 4: 135–161.

WASNER, U. (1977): *Die *Europhilus*-Arten (*Agonum*, Carabidae, Coleoptera) des Federseerieds. Vergleichende Studien zur Ökologie sympatrischer Arten engster Verwandtschaft. Dissertation Univ. Tübingen.

WASNER, U. (1979): *Zur Ökologie und Biologie sympatrischer *Agonum* (*Europhilus*)-Arten (Carabidae, Coleoptera). 1. Individualentwicklung und Gonadenreifung, Generationsaufbau, Eiproduktion und Fruchtbarkeit. Zool. Jahrb. Allg. Zool. 106(1): 105–123.

WASNER, U. (1992): Artenhilfsprogramm Heidesandlaufkäfer (Carabidae: *Cicindela silvatica*). Naturschutz praktisch, Merkblätter z. Biotop- u. Artenschutz 27: 4.

WEBER, F.; HEIMBACH, U. (2001): Behavioural, reproductive and developmental seasonality in *Carabus auronitens* and *Carabus nemoralis* (Col., Carabidae). A demographic comparison between two co-existing spring breeding populations and tests for intra- and interspecific competition and for synchronizing weather events. Mitt. Biol. Bundesanstalt Land- u. Forstwirtschaft 382.

WEBER, U. (1996): Käferfunde auf der Südwest-Alb und im Albvorland (Teil 1). Mitt. Entomol. Ver. Stuttgart 31(2): 95–98.

WEIDEMANN, G. (1971): Zur Biologie von *Pterostichus metallicus* F. (Col. Car.). Faun. Ökol. Mitt. 4: 30–36.

WEIDEMANN, G. (1972): Die Stellung epigäischer Raubarthropoden im Ökosystem Buchenwald. Verh. Dtsch. Zool. Ges. 65: 106–116.

WEIDEMANN, H. (1986): 4.2 Nahrungsbeziehungen der Tiere. In: ELLENBERG, H.; MAYER, R.; SCHAUERMANN, J. (Hrsg.): Ökosystemforschung – Ergebnisse des Solling-projekts 1966–1986. Stuttgart: Eugen Ulmer: 183–195.

WENZEL, E.; HANNIG, K. (2002): *Bemerkenswerte Käfernachweise auf dem Heimberg bei Schloßböckelheim an der Mittleren Nahe (Ins., Coleoptera). coleo 3: 53–90.

WIESNER, J. (1993): **Cicindela hybrida subriparia* Schilder, 1953 in Süddeutschland (Coleoptera, Cicindelidae). (29. Beitrag zur Kenntnis der Cicindelidae.) NachrBl. Bayer. Entomol. 42(1): 5-6.

WILL, K. W.; ATTYGALLE, A. B.; HERATH, K. (2000): New defensive chemical data for ground beetles (Coleoptera: Carabidae): interpretations in a phylogenetic framework. Biol. J. Linn. Soc 71: 459–481.

WITZKE, G. (1976): Beitrag zur Kenntnis der Biologie und Ökologie des Laufkäfers *Pterostichus* (*Platysma*) *niger* Schaller 1783 (Coleoptera, Carabidae). Z. angew. Zool. 63: 145–162.

WOHLGEMUTH-VON REICHE, D.; GRUBE, R. (1999): Zur Lebensraumbindung der Laufkäfer und Webspinnen (Coleoptera, Carabidae; Araneae) im Überflutungsbereich der Odertal-Auen. Limnologie aktuell 9: 147–169.

WOLF, A.; ZIMMERMANN, P. (1991): *Flora und Fauna des geplanten Naturschutzgebietes „Kalkofen“ (Enzkreis, Gemeinde Mönsheim). Veröff. Naturschutz Landschaftspflege Baden-Württ. 66: 311–362.

WOLF, E. (1935): Beiträge zur Coleopterenfauna der Freiburger Bucht und des Kaiserstuhls. I. Mitt. bad. Landesver. Naturkunde u. Naturschutz N. F 3(10/11): 140–146.

WOLF, E. (1937): Beiträge zur Coleopterenfauna der Freiburger Bucht und des Kaiserstuhls. IV. Mitt. bad. Landesver. Naturkunde u. Naturschutz N. F 3(23/24): 334–341.

WOLF, E. (1938): Beiträge zur Coleopterenfauna der Freiburger Bucht und des Kaiserstuhls. V. Mitt. bad. Landesv. Naturkunde u. Naturschutz N.F 3(25/26): 361–370.

WOLF, E. (1944): Beiträge zur Coleopterenfauna der Freiburger Bucht und des Kaiserstuhls. VIII. Mitt. bad. Landesv. Naturkunde u. Naturschutz N.F 4(11/12): 385–393.

WOLF, E. (1963): Beiträge zur Coleopterenfauna der Freiburger Bucht und des Kaiserstuhls. IX. Mitt. bad. Landesver. Naturkunde u. Naturschutz N. F 8(3): 431–438.

WOLF-SCHWENNINGER, K. (1990): 119. *Amara infima* Dft. (Col.,Carabidae). In: Kleine Mitteilungen. Mitt. Entomol. Ver. Stuttgart 25(2): 109.

WOLF-SCHWENNINGER, K. (1996): 173. *Tachys fulvicollis* (Dejean) – Erstnachweis in Baden-Württemberg (Col., Carabidae). In: Kleine Mitteilungen. Mitt. Entomol. Ver. Stuttgart 31(2): 109.

WOLF-SCHWENNINGER, K. (2001): Die Käfer in der Wasserwechselzone der Brugga (Südschwarzwald). Mitt. Entomol. Ver. Stuttgart 36(2): 113–124.

WOLF-SCHWENNINGER, K. (2003): Zur Verbreitung von *Harpalus subcylindricus* (Dejean, 1829) in Baden-Württemberg (Coleoptera: Carabidae). Mitt. Entomol. Ver. Stuttgart 38(1): 23-26.

WOLF-SCHWENNINGER, K.; KONZELMANN, E. (1997): *Die Bodenkäfergesellschaften am Siegentalbach (Alb-Donau-Kreis). Mitt. Entomol. Ver. Stuttgart 32(2): 91–102.

WOLF-SCHWENNINGER, K.; SCHWENNINGER, H. R. (1992): Beitrag zur Käferfauna Baden-Württembergs: Carabidae (Laufkäfer). Mitt. Entomol. Ver. Stuttgart 27(2): 88–106.

WRASE, D. W.; PAILL, W. (1998): Charakterisierung und Unterscheidung von *Harpalus rubripes* (Duftschmid, 1812) und *H. marginellus* Dejean, 1829. Angew. Carabidol. 1: 95–98.

WRASE, D.; TRAUTNER, J.; KIECHLE, J. (2003): *Harpalus fuscicornis* Ménétries, 1832 und *H. fuscipalpis* Sturm, 1818: Differenzialmerkmale, Gesamtverbreitung und Vorkommen beider Arten in Deutschland (Coleoptera: Carabidae). Entomol. Z. 113(5): 155–158.

WÜRTH, C. (2002): Einfluss langjähriger Pflegemaßnahmen auf die Laufkäferfauna von Trockenrasen (NSG „Hundsheimer Berge“). Verh. Zool.-Bot. Ges. Österr. 139: 25–52.

ZAHN, A.; ROTTENWALLNER, A.; GÜTTINGER, R. (2006): Population density of the greater mouse-eared bat (*Myotis myotis*), local diet composition and availability of foraging habitats. J. Zool. 269: 486–493.

ZAWADZKI, F.; SCHMIDT, K. (1994): Faunistisch-ökologische Untersuchung der Laufkäfer in der Rheinaue Rastatt (Coleoptera: Carabidae). Carolinea 52: 83–92.

ZETTEL, H. (1993): Die Käferfauna der niederösterreichischen Marchauen. 1. Laufkäfer (Coleoptera: Carabidae). Koleopt. Rdsch. 63: 19–37.

ZETTO BRANDMAYR, T.; BRANDMAYR, P.; (1975): Biologia di *Ophonus puncticeps* Steph. Cenni sulla fitofagia delle larve e loro etologia (Coleoptera, Carabidae). Ann. Fac. Scienze Agr. Univ. Torino 9: 421–430.

ZIEGLER, H. (1989): *Ergebnis der Exkursionen 1987 der Arbeitsgemeinschaft südwestdeutscher Koleopterologen in Feuchtgebiete des Landkreises Biberach. Mitt. Entomol. Ver. Stuttgart 24(1): 10–32.

ZIEGLER, W. (2011): Bemerkenswerte Neu- und Wiederfunde von Käfern und Wanzen in Mecklenburg während des Hochwassers der Elbe im Januar 2011. Virgo, Mitt. Entomol. Ver. Mecklenburg 14(1): 89–91.

ZIER, L. (1998): Das Pfrunger Ried. Entstehung und Ökologie eines oberschwäbischen Feuchtgebietes. 2. korr. u. erw. Aufl. Führer Natur- u. Landschaftsschutzgebiete Baden-Württ. 10: 1–312.

ZIMMERMANN, P. (1987): *Dachbegrünung. Eine ökologische Untersuchung auf Kiesdach, extensiv und intensiv begrünten Dächern. Veröff. Naturschutz Landschaftspflege Baden-Württ. 62: 517–549.

ZIMMERMANN, P. (1989): *Zur Ökologie und Schutzproblematik der Mauereidechse (*Podarcis muralis*) am Beispiel einer Weinbergpopulation im Enzkreis, Gemeinde Knittlingen. Veröff. Naturschutz Landschaftspflege Baden-Württ. 64/65: 221–236.

ZINOVYEV, E. (2011): Sub-fossil beetle assemblages associated with the “mammoth fauna” in the Late Pleistocene ocalities of the Ural Mountains and West Siberia. In: KOTZE D. J.; ASSMANN, T.; NOORDIJK, J.; TURIN, H.; VERMEULEN, R. (eds.): Carabid Beetles as Bioindicators: Biogeographical, Ecological and Environmental Studies. ZooKeys 100: 149–169.

ZULKA, K. P. (1994): Natürliche Hochwasserdynamik als Voraussetzung für das Vorkommen seltener Laufkäferarten (Coleoptera, Carabidae). Wiss. Mitt. Niederösterr. Landesmuseum 8: 203–215.

ZULKA, K. P. (2012): Nachweise seltener und bemerkenswerter Laufkäfer (Coleoptera: Carabidae) aus Ostösterreich. Beitr. Entomofaunistik 13: 29–37.

Übersicht wichtiger Synonyme

Die nachfolgende Liste enthält nicht sämtliche Synonyme der in Baden-Württemberg vorkommenden Laufkäferarten, sondern nur die häufiger in der Literatur oder in früheren Verzeichnissen verwendeten. Von Fall zu Fall sind weitere verwendete wissenschaftliche Namen sowie Kommentare aufgeführt. Für eine weitergehende Recherche sei insbesondere auf LORENZ (2015) verwiesen.

Synonym > Akzeptierter/verwendeter Name und Kommentar

Abax ater (Villers, 1789) non O. F. Müller, 1776 > *Abax parallelepipedus*

Acupalpus dorsalis (Fabricius 1787) non (Pontoppidan, 1763) > *Acupalpus parvulus*

Agonum afrum (Duftschmid, 1812) non (Thunberg, 1787) > *Agonum emarginatum*

Agonum livens (Gyllenhal, 1810) > *Platynus livens*

Agonum lugubre (Duftschmid, 1812) non (Gmelin in Linnaeus, 1790) > *Agonum hypocrita*

Agonum moestum (Duftschmid, 1812) non (Gmelin in Linnaeus, 1790) > *Agonum duftschmidi* (Teil der früher unter *A. moestum* geführten Individuen)

Agonum moestum auct. > *Agonum emarginatum* (Teil der früher unter *A. moestum* geführten Individuen)

Agonum obscurum (Paykull, 1790) non Herbst, 1784 > *Agonum viduum*

Agonum pelidnum (Paykull, 1792) non (Herbst, 1784) > *Agonum thoreyi*

Amara eurinota (Panzer, 1796) > *Amara eurynota*

Amara fuscicornis C. Zimmermann, 1832 > *Amara cursitans*

Amara helleri Gredler, 1868 > *Amara gebleri*

Amara kodymi Jedlicka, 1936 > *Amara littorea*

Amara pindica Apfelbeck, 1904 > *Amara proxima*

Amara pseudocommunis Burakowski, 1957 > *Amara makolskii*

Badister anomalus Perris, 1866 > *Badister collaris*

Badister bipustulatus (Fabricius, 1792) non (Fabricius, 1775) > *Badister bullatus*

Badister kineli Makolski, 1952 > *Badister meridionalis*

Badister striatulus Hansen, 1944 > *Badister collaris*

Bembidion andreae bualei Jaquelin du Val, 1852 > *Bembidion cruciatum*

Bembidion decoratum (Duftschmid, 1812) > *Sinechostictus decoratus*

Bembidion doderoi Ganglbauer, 1891 > *Sinechostictus doderoi*

Bembidion elongatum Dejean, 1831 > *Sinechostictus elongatus*

Bembidion harpaloides Audinet-Serville, 1821 > *Ocys harpaloides*

Bembidion inustum Jacquelin du Val, 1857 > *Sinechostictus inustus*

Bembidion millerianum Heyden, 1883 > *Sinechostictus millerianus*

Bembidion nitidulum (Marsham, 1802) non (Schrank, 1781) > *Bembidion deletum*

Bembidion pusillum Gyllenhal, 1827 > *Bembidion minimum*

Bembidion quinquestriatum (Gyllenhal, 1810) > *Ocys quinquestriatus*

Bembidion redtenbacheri K. Daniel, 1902 > *Bembidion geniculatum*

Bembidion ruficorne Sturm, 1825 > *Sinechostictus ruficornis*

Bembidion rupestre (Linnaeus, 1767) > *Bembidion bruxellense*

Bembidion stomoides Dejean, 1831 > *Sinechostictus stomoides*

Bembidion tetragrammum illigeri auct. > *Bembidion genei* (ssp. *tetragrammum*)

Bembidion tricolor (Fabricius, 1801) non (Fabricius 1798) > *Bembidion varicolor*

Bembidion unicolor Chaudoir, 1850 > *Bembidion mannerheimii*

Bembidion ustulatum auct. > *Bembidion tetracolum* (in älterer Literatur teilweise hierauf bezogen)

Bradycellus collaris (Paykull, 1798) non (Herbst, 1784) > *Bradycellus caucasicus*

Bradycellus similis (Dejean, 1829) > *Bradycellus ruficollis*

Calathus erythroderus Gemminger & Harold, 1868 > *Calathus cinctus*

Calathus mollis erythroderus sensu Freude et al. 1976 > *Calathus cinctus*

Calathus piceus (Marsham, 1802) non (Linnaeus, 1758) > *Calathus rotundicollis*

Carabus arvensis (Paykull, 1790) > *Carabus arcensis*

Carabus nodulosus Creutzer, 1799 > *Carabus variolosus* (ssp. *nodulosus*)

Carabus purpurascens Fabricius, 1787 > *Carabus violaceus* (hierzu teilweise als eigene Art geführte Unterart)

Cicindela arenaria Fuesslin, 1775 > *Cylindera arenaria*

Cicindela germanica Linnaeus, 1758 > *Cylindera germanica*

Cicindela silvatica auct. > *Cicindela sylvatica*

Cicindela silvicola auct. > *Cicindela sylvicola*

Cicindela transversalis Dejean, 1822 > *Cicindela hybrida*

Clivina contracta (Geoffroy in Fourcroy, 1785) > *Clivina collaris*

Cychrus rostratus (Linnaeus, 1760) > *Cychrus caraboides*

Dromius linearis (Olivier, 1795) > *Paradromius linearis*

Dromius longiceps Dejean, 1826 > *Paradromius longiceps*

Dromius longulus J. Frivaldszky, 1884 > *Dromius angustus*

Dromius marginellus (Fabricius, 1794) non (Herbst, 1784) > *Dromius schneideri*

Dromius melanocephalus Dejean, 1825 > *Philorhizus melanocephalus*

Dromius nigriventris (Thomson, 1857) > *Philorhizus notatus*

Dromius notatus Stephens, 1827 > *Philorhizus notatus*

Dromius quadrinotatus (Panzer, 1801) non (Fabricius, 1798) > *Calodromius spilotus*

Dromius quadrisignatus Dejean, 1825 > *Philorhizus quadrisignatus*

Dromius sigma (P. Rossi, 1790) > *Philorhizus sigma*

Dyschirius lucidus Putzeys, 1866 > *Dyschirius agnatus*

Dyschirius luedersi Wagner, 1915 > *Dyschirius tristis*

Dyschirius makolskii J. Müller, 1934 > *Dyschirius agnatus*

Dyschirius obenbergeri Mařan, 1935 > *Dyschirius agnatus*

Dyschirius similis Ganglbauer, 1896 non Petri, 1891 > *Dyschirius abditus*

Dyschirius uliginosus Putzeys, 1846 > *Dyschirius angustatus*

Elaphropus paulinae Szallies & Ausmeier 2001 > *Elaphropus walkerianus*

Elaphrus smaragdinus Reitter, 1887 > *Elaphrus aureus*

Europhilus > *Agonum* (hierzu zeitweise als eigene Gattung geführte Untergattung)

Harpalus aeneus (Fabricius, 1775) non (De Geer, 1774) > *Harpalus affinis*

Harpalus fuliginosus (Duftschmid, 1812) non (Panzer, 1809) > *Harpalus solitaris*

Harpalus pubescens (O.F. Müller, 1776) > *Harpalus rufipes*

Harpalus pumilus Dejean, 1829 > *Harpalus subcylindricus* (Hinweis: Es gibt außerdem *H. pumilus* Sturm, 1818, s. dort.)

Harpalus quadripunctatus Dejean, 1829 > *Harpalus laevipes*

Harpalus rufitarsis (Duftschmid, 1812) non (Illiger, 1778) > *Harpalus rufipalpis*

Harpalus rufus Brueggemann, 1873 > *Harpalus flavescens*

Harpalus vernalis (Fabricius, 1801) non (Panzer, 1796) > *Harpalus pumilus*

Lasiotrechus discus (Fabricius, 1792) > *Blemus discus*

Leistus rufescens (Fabricius 1775) non (Stroem, 1768) > *Leistus terminatus*

Metabletus > *Syntomus*

Nebria castanea (Bonelli, 1810) > *Oreonebria castanea*

Nebria castanea boschi (Winkler in Horion, 1949) > *Oreonebria boschi*

Nebria cordicollis praegensis Huber & Molenda, 2004 > *Nebria praegensis*

Nebria degenerata L. Schaufuss, 1862 > *Nebria salina*

Nebria gyllenhali (Schönherr, 1806) > *Nebria rufescens*

Nebria iberica D'Oliveira, 1876 > *Nebria salina*

Notiophilus hypocrita auct. > *Notiophilus germinyi*

Notiophilus pusillus Waterhouse, 1833 non (Schreber, 1759) > *Notiophilus aestuans*

Olisthopus rotundicollis (Marsham, 1802) > *Olisthopus rotundatus*

Ophonus angusticollis Mueller, 1921 > *Ophonus puncticeps*

Ophonus brevicollis Dejean, 1829 non (Audinet-Serville, 1821) > *Ophonus rufibarbis*

Ophonus monticola (Dejean, 1829) > *Ophonus stictus*

Ophonus nitidulus Stephens, 1828 non Schrank, 1781 > *Ophonus laticollis*

Ophonus obscurus (Fabricius, 1792) non (Herbst, 1784) > *Ophonus stictus*

Ophonus punctatulus (Duftschmid, 1812) nec (Fabricius, 1792) > *Ophonus laticollis*

Ophonus seladon (Schauberger, 1926) > *Ophonus rufibarbis*

Ophonus signaticornis (Duftschmid, 1812) > *Harpalus signaticornis*

Ophonus stictus sensu Freude et al. 1976 > *Ophonus ardosiacus*

Ophonus zigzag Costa, 1882 > *Ophonus rupicola*

Ophonus zigzag sensu Freude, 1976 non Costa, 1882 > *Ophonus parallelus*

Paratachys bistriatus (Duftschmid, 1812) > *Tachys bistriatus*

Paratachys fulvicollis (Dejean, 1831) > *Tachys fulvicollis*

Paratachys micros (Fischer von Waldheim, 1828) > *Tachys micros*

Patrobus excavatus (Pakull, 1790) > *Patrobus atrorufus*

Patrobus septentrionis auct. > *Patrobus australis* (Hinweis: Es gibt die Art *P. septentrionis* Dejean, 1828, die nicht in Deutschland vertreten ist.)

Pedius > *Pterostichus* (hierzu Untergattung; in neuerer Zeit auch als eigene Gattung geführt mit einheimischer Art *P. longicollis*)

Platynus albipes (Fabricius, 1796) > *Paranchus albipes*

Platynus assimilis (Paykull, 1790) > *Limodromus assimilis*

Platynus dorsalis (Pontoppidan, 1763) > *Anchomenus dorsalis*

Platynus longiventris (Mannerheim, 1825) > *Limodromus longiventris*

Platynus obscurus (Herbst, 1784) > *Oxypselaphus obscurus*

Platynus ruficornis (Goeze, 1777) non (De Geer, 1774) > *Paranchus albipes*

Poecilus coerulescens auct. > *Poecilus versicolor* (in älterer Literatur überwiegend hierauf bezogen)

Poecilus dimidiatus (A. G. Olivier, 1795) > *Poecilus kugelanni*

Poecilus virens (O. F. Müller, 1774) > *Poecilus lepidus*

Pseudoophonus > *Harpalus* (hierzu zeitweise als eigene Gattung geführte Untergattung)

Pterostichus angustatus (Duftschmid, 1812) non Fabricius, 1787 > *Pterostichus quadrifoveolatus*

Pterostichus brunneus (Sturm, 1824) > *Pterostichus minor*

Pterostichus coerulescens auct. > *Poecilus versicolor* (in älterer Literatur überwiegend hierauf bezogen)

Pterostichus cupreus (Linnaeus, 1758) > *Poecilus cupreus*

Pterostichus guentheri (Sturm, 1824) > *Pterostichus gracilis*

Pterostichus inaequalis (Marsham, 1802) nec (Panzer, 1796) > *Pterostichus longicollis*

Pterostichus interstinctus (Sturm, 1824) > *Pterostichus ovoideus*

Pterostichus metallicus (Fabricius, 1792) non Scopoli, 1773 > *Pterostichus burmeisteri*

Pterostichus versicolor (Sturm, 1824) > *Poecilus versicolor*

Pterostichus vulgaris auct. non (Linnaeus, 1758) > *Pterostichus melanarius*

Synuchus nivalis (Panzer, 1797) > *Synuchus vivalis*

Tachys bisulcatus (Nicolai, 1822) > *Porotachys bisulcatus*

Tachys diabrachys Kolenati, 1845 > *Elaphropus diabrachys*

Tachys parvulus Dejean, 1831 > *Elaphropus parvulus*

Tachys quadrisignatus (Duftschmid, 1812) > *Elaphropus quadrisignatus*

Tachys sexstriatus (Duftschmid, 1812) > *Elaphropus sexstriatus*

Trechus cardioderus pilisensis Csiki, 1918 > *Trechus pilisensis*

Trechus rivularis (Gyllenhal, 1810) > *Epaphius rivularis*

Trechus secalis (Paykull, 1790) > *Epaphius secalis*

Zabrus gibbus (Fabricius, 1794) > *Zabrus tenebrioides*

Artregister

Das Register verzeichnet alle im Buch enthaltenen wissenschaftlichen Artnamen und subspezifischen Namen. Der Verweis auf das jeweilige Artkapitel des Speziellen Teils ist **fett** gesetzt, *kursiv* gesetzte Seitenzahlen beziehen sich auf die Checkliste. Deutsche Artnamen wurden nur für das jeweilige Artkapitel sowie für die Checkliste aufgenommen, Nennungen an weiteren Textstellen blieben unberücksichtigt. Wissenschaftliche Gattungsnamen wurden ausschließlich für Laufkäfer ins Register übernommen und nur für die Seite im Speziellen Teil, an der die Behandlung dieser Gattung beginnt. Nur bei solchen Gattungen, die nicht in Baden-Württemberg vertreten sind, wurde auch auf Textstellen im Allgemeinen sowie im Synoptischen Teil verwiesen.